普通高等教育给排水科学与工程系列教材

建筑给排水及消防
工程系统

主编 梅　胜　周　鸿　何　芳

参编 李　斌　罗鹏飞　李淑更

　　　　冯嘉庆　梁志君　郭　艳

机械工业出版社

本书是高等院校给排水科学与工程专业的专业课教材。全书共 12 章，主要介绍建筑给排水与消防工程系统的基本理论知识、设计要求及设计计算方法、步骤等。

本书主要具有以下三个特点：

1. 内容全面。不仅包括建筑给水系统、排水系统、雨水排水系统、水消防系统、热水供应系统等，还涵盖了注册公用设备工程师（给排水）职业资格考试建筑给排水考点的相关内容和注册消防工程师资格考试的部分内容。

2. 实例丰富。各主要章节均有相关实例，注重理论联系实际，将基本理论和基本计算与实例相结合，对于读者巩固学习各章节主要内容、正确运用公式进行工程设计有很大的帮助；第 12 章为建筑给排水设计基础知识与设计实例，可以作为本科生进行建筑给排水课程设计或毕业设计时的参考，为今后迅速融入工作、解决实际工程问题打下良好的基础。

3. 与时俱进。引用现行规范条文和设计参数，尽最大可能减少教材与行业发展脱节。

本书可供高等院校给排水科学与工程专业、建筑设备专业本科生作为专业课教材，也可供从事给排水科学与工程专业方向工作的高校教师、工程设计人员、工程技术人员及管理人员学习参考，对注册公用设备工程师（给排水）及注册消防工程师的备考人员同样具有较高的参考价值。

本书配有授课 PPT 等资源，免费提供给选用本书的授课教师，需要者请登录机械工业出版社教育服务网（www.cmpedu.com）注册下载。重点、难点通过二维码链接授课视频，学生可扫码观看学习。

图书在版编目（CIP）数据

建筑给排水及消防工程系统/梅胜，周鸿，何芳主编 .—北京：机械工业出版社，2020.9（2024.8 重印）

普通高等教育给排水科学与工程系列教材

ISBN 978-7-111-66682-0

Ⅰ.①建⋯ Ⅱ.①梅⋯ ②周⋯ ③何⋯ Ⅲ.①建筑工程—给水工程—高等学校—教材②建筑工程—排水工程—高等学校—教材 ③建筑物—消防—高等学校—教材 Ⅳ.①TU82②TU998.1

中国版本图书馆 CIP 数据核字（2020）第 186020 号

机械工业出版社（北京市百万庄大街 22 号　邮政编码 100037）
策划编辑：李　帅　责任编辑：李　帅
责任校对：闫玥红　封面设计：张　静
责任印制：单爱军
北京虎彩文化传播有限公司印刷
2024 年 8 月第 1 版第 5 次印刷
184mm×260mm·28.25 印张·702 千字
标准书号：ISBN 978-7-111-66682-0
定价：69.90 元

电话服务　　　　　　　　网络服务
客服电话：010-88361066　机 工 官 网：www.cmpbook.com
　　　　　010-88379833　机 工 官 博：weibo.com/cmp1952
　　　　　010-68326294　金 书 网：www.golden-book.com
封底无防伪标均为盗版　机工教育服务网：www.cmpedu.com

前言
FOREWORD

　　建筑物是人类进行生产、生活和政治、经济、文化等活动的场所，建筑给排水及消防工程对于保证建筑物内人员正常生活、顺利进行各项活动是必不可少的，因此，本课程不仅是给排水科学与工程专业学生的主要专业必修课之一，同时也是土木建筑工程中建筑设备工程（包括水、暖、电）的重要内容之一。

　　党的二十大报告指出："增进民生福祉，提高人民生活品质"。近十几年来，我国经济迅猛发展，城镇化脚步加快，城市范围日益扩大，各种建筑越来越多，建筑布局及功能日益复杂，人民群众对美好生活的追求越来越高，因此，对建筑给排水工程（建筑消防工程）设计提出新的要求，新材料、新设备、新技术等层出不穷，相关设计规范及标准不断整合、修订，设计参数变化较大，教材编写内容滞后问题凸现。

　　本书根据现行的一系列相关规范，结合多年来高校教学与学生互动交流的情况，在保证建筑给排水及消防工程系统基本理论、基本知识的系统性和完整性的基础上，以《建筑给水排水设计标准》（GB 50015—2019）为依据，编写了相关给排水的设计参数和设计规定；以《建筑设计防火规范（2018 年版）》（GB 50016—2014）为依据，编写了"消防基础知识"部分；以《消防给水及消火栓系统技术规范》（GB 50974—2014）为依据，编写了消火栓系统设计部分的内容，水喷雾灭火系统、细水雾灭火系统、消防炮灭火系统和大空间智能型主动灭火系统等内容；以《建筑中水设计标准》（GB 50336—2018）为依据，编写了中水设计相关内容。本书总体突出理论完整性、工程应用性和规范时效性，介绍了近年来建筑给排水与消防工程方面的主要进展。本书涉及的设计理论、方法、参数等均符合国家现行规范的要求。

　　本书由梅胜、周鸿、何芳任主编，参加编写的人员及具体分工如下：第 1 章、第 2 章、第 6 章、第 7 章由周鸿编写；第 4 章、第 5 章、第 8 章、第 9 章由梅胜、李斌编写；第 3 章由罗鹏飞编写；第 10 章由李淑更编写；第 11 章由何芳、冯嘉庆编写；第 12 章中设计基础知识部分由何芳、周鸿、郭艳编写，设计实例部分由梁志君、周鸿编写。部分插图、表格、水力计算等工作由研究生张嘉志、杨枝盟、苏炯恒、杨晓康、梁凯云等同学完成，在此表示感谢。全书由周鸿统稿。

　　在本书的编写过程中，编者参考了诸多资料文献，借鉴了其中的部分技术成果和实践经验，在此对有关人员表示由衷的谢意！由于编者理论水平及实践经验有限，书中疏漏之处在所难免，恳请广大读者批评指正，以使本书得到不断地完善。

编者

目录
CONTENTS

第 1 章

建 筑 给 水 系 统

■ 1.1 建筑给水系统的分类与组成

完善的建筑给水系统能够以充足的水量、合格的水质和适当的水压向居住建筑、公共建筑或工业企业建筑等各类建筑内部的生活、生产以及消防用水设施供水，通常包括管道系统（如引入管、干管、支管等）及附件（如水龙头、阀门、倒流防止器等）、设备（如水泵、气压罐等）、构筑物（如泵房、水箱、贮水池等）等。

1.1.1 建筑给水系统的分类

建筑给水系统经历了从无到有的过程。最初，人们用水并不方便，肩挑手提不一而足。目前，建筑给水系统按照其服务对象进行分类，一般可分为生活给水系统、生产给水系统和水消防系统。

红旗渠精神

1. 生活给水系统

生活给水系统为人们生活提供饮用、烹调、洗涤、盥洗、沐浴等用水。根据供水用途的不同可进一步分为：直饮水给水系统、饮用水给水系统、杂用水给水系统。生活给水系统除需要满足用水设施对水量和水压的要求外，还应符合国家规定的相对应的水质标准。

2. 生产给水系统

生产给水系统为产品制造、设备冷却、原料和成品洗涤等生产加工过程供水的给水系统。由于采用的工艺流程不同，生产同类产品的企业对水量、水压、水质的要求可能存在较大差异。

3. 水消防系统

水消防系统向建筑内部以水作为灭火剂的消防设施供水的给水系统，包括消火栓给水系统、自动喷水灭火系统、消防炮灭火系统、水喷雾灭火系统等。

同时具备两种以上给水用途的建筑，应该根据用水对象对水质、水量、水压的具体要求，通过技术经济比较，确定采用独立设置的给水系统或共用给水系统。共用给水系统有生产、生活共用给水系统，生活、消防共用给水系统，生产、消防共用给水系统，生活、生产、消防共用给水系统。共用方式包括共用贮水池、共用水箱、共用水泵、共用管道系统等。不同使用性质或计费的给水系统，应在引入管后分成各自独立的给水管网。

1.1.2 建筑给水系统的组成

1. 引入管

引入管是将室外给水管引入建筑物或由市政管道引入至小区给水管网的管段。

2. 水表节点

水表节点是安装在引入管上的水表及其前后设置的阀门和泄水装置的总称。

3. 管道系统

管道系统的作用是将由引入管引入建筑物内的水输送到各用水点，根据安装位置和所起作用不同，可分为干管、立管、支管。

4. 给水附件

给水附件包括在给水系统中控制流量大小、限制流动方向、调节压力变化、保障系统正常运行的各类水龙头、闸阀、止回阀、减压阀、安全阀、排气阀、水锤消除器等。

5. 升压设备

升压设备用于为给水系统提供适当的水压，常用的升压设备有水泵、气压给水设备、变频调速给水设备、叠压给水设备。

6. 贮水和水量调节构筑物

贮水池、水箱是给水系统中的贮水和水量调节构筑物，它们在系统中起调节流量、贮存消防用水和事故备用水等作用，水箱还具有稳定水压的功能。

7. 消防设备

建筑物内部应按照《建筑设计防火规范（2018 年版）》（GB 50016—2014）、《消防给水及消火栓系统技术规范》（GB 50974—2014）和《自动喷水灭火系统设计规范》（GB 50084—2017）、《固定消防炮灭火系统设计规范》（GB 50338—2003）、《水喷雾灭火系统设计规范》（GB 50219—2014）等相关规定设置消火栓系统、自动喷水灭火系统、固定消防炮灭火系统、水喷雾灭火系统等。水质有特殊要求时，可根据需要设置相应的水处理设备。

■ 1.2 水表、管材与附件

1.2.1 水表

水表用于计量建筑物的用水量，通常设置在建筑物的引入管、住宅的入户管和公用建筑物内需计量水量的水管上，具有累计功能的流量计可以替代水表。

1. 水表的类型

根据工作原理不同，水表可分为流速式和容积式 2 类。容积式水表要求通过的水质良好，精密度高，但构造复杂。流速式水表是根据管径一定时，水流速度与流量成正比的原理制成的。流速式水表按叶轮构造不同可进一步分为旋翼式、螺翼式和复式 3 种；按水流方向不同可分为立式和水平式 2 种；按计数机件所处状态不同可分为干式和湿式 2 种；按适用介质温度不同分为冷水表和热水表 2 种。远传式水表、IC 卡智能水表是现代计算机技术、电子信息技术、通信技术与水表计量技术结合的产物。

2. 水表的性能参数

水表性能参数包括过载流量、常用流量、分界流量、最小流量和始动流量，具体意义如下：

1）过载流量——也称为最大流量，只允许短时间流经水表的流量，为水表使用的上限值。

2）常用流量——也称为公称流量或额定流量，是水表允许长期使用的流量。

3）分界流量——水表误差限度改变时的流量。

4）最小流量——水表开始准确指示的流量值，为水表使用的下限值。

5）始动流量——也称为启动流量，是水表开始连续指示的流量值。

对于在计算时段内用水量相对均匀的生活给水系统（如用水量相对集中的工业企业生活间、公共浴室、洗衣房、公共食堂、体育场等建筑物），由于用水时间集中，用水密集，其设计秒流量与最大时平均流量折算成秒流量差别不大，选用水表应以给水设计秒流量选定水表的常用流量；用水量不均匀的生活给水系统的水表，应以设计秒流量选定水表的过载流量；在消防时除生活用水外尚需通过消防流量的水表，应以生活用水的设计流量叠加消防流量进行校核，校核流量不应大于水表的过载流量。

3. 水表的选用

选用水表时，应根据用水量及其变化幅度、水质、水温、水压、水流方向、管道口径、安装场所等因素经过比较后确定。常用水表如图1-1所示。

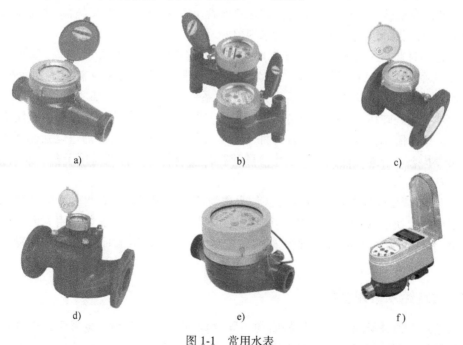

图1-1　常用水表
a）水平旋翼式水表　b）立式旋翼式水表　c）水平螺翼式水表　d）立式螺翼式水表
e）远传式水表　f）IC卡智能水表

旋翼式水表一般为小口径（≤DN50）水表，叶轮转轴与水流方向垂直，水流阻力较大，始动流量和计量范围较小，适用于用水量及逐时变化幅度都比较小的用户；螺翼式水表一般为大口径（>DN50）水表，叶轮转轴与水流方向平行，水流阻力较小，始动流量和计量范围较大，适用于用水量大的用户；对流量变化幅度非常大的用户，应选用复式水表。干式水表的计数机件与水隔离，计量精度较差，适用于水质浊度较大的场合；湿式水表的计数机件浸泡在水中，构造简单，精度较高，但要求水质纯净。水温≤40℃时选用冷水表，水温＞40℃时选用热水表。安装在住户室内的分户水表宜采用远传水表或IC卡水表等智能化水表。

4. 水表的设置方式

住宅的分户水表宜相对集中读数，宜设置在户外观察方便、不冻结、不被任何液体及杂质所淹没和不易受损坏处。

（1）传统设置方式　这是最简单的设置方式，即在厨房或卫生间用水比较集中处设置给水立管，每户设置水平支管，安装阀门、分户水表，再将水送到各用水点。这种方式管道系统简单，管道短，耗材少，沿程阻力小，但必须入户抄表给用户和抄表工作带来很大的麻烦，目前已被远传计量方式和IC卡计量方式取代。

（2）首层集中设置方式　将分户水表集中设置在首层管道井或室外水表井，每户有独立进户管、立管。这种设置方式适合于多层建筑，便于抄表，减轻抄表人员劳动强度，维修方便，但增加了施工难度，管材耗量大，需特定空间布置，上部几层水头损失较大，北方寒冷地区要注意管道保温。

（3）分层设置方式　将给水立管设于楼梯平台处，墙体预留500mm×300mm×220mm的分户水表箱安装孔洞。分层设置方式虽不能彻底解决抄表麻烦，但节省管材，水头损失小，适合于多层及高层住宅，但厨、卫分散的建筑设置不宜采用。暗敷在墙槽、楼板面层上的管道要杜绝出现接头，以防止出现渗、漏水现象。

（4）远传计量设置方式　这一方式是在传统的水表设置方式基础上，将普通水表改成远传水表。远传水表又称一次水表，可发出传感信号，通过电缆线被采集到数据采集箱（又称为二次表），采集箱上的数码管可以显示一系列相关信息，并如实记录水表运行状态，当远传信号线遭到破坏，系统自动启动报警记录，保证系统运行安全。这种方式使给水管道布置灵活，设计简化，也节省了大量管材，工作人员在办公室就可以通过电脑得到所需数据及用户用表状态，管理方便，但需预埋信号管线，投资较大，特别适用于多层及高层住宅，是今后的发展方向。

（5）IC卡计量设置方式　这种方法使水作为商品实现了先付费再使用的消费原则，在传统水表位置上换成IC卡智能水表，无须敷设线管及线路维护，安装使用方便。用户将已充值的IC卡插入水表存储器，通过电磁阀来控制水的通断，用水时IC卡上的金额会自动被扣除。

1.2.2　建筑给水常用管材

建筑给水管道种类繁多，根据材质的不同大体可分为3大类：金属管、塑料管、复合管。金属管包括镀锌钢管、不锈钢管、铜管等；塑料管包括硬聚氯乙烯管（UPVC）、聚乙烯管（PE）、交联聚乙烯管（PEX）、聚丙烯管（PP）、聚丁烯管（PB）、丙烯腈-丁二烯-苯乙烯管（ABS）等；复合管包括铝塑复合管、涂塑钢管、钢塑复合管、钢骨架塑料复合管等；其中，聚乙烯管、聚丙烯管、铝塑复合管为建筑给水推荐管材。

1. 金属管

（1）镀锌钢管　镀锌钢管曾经是我国生活饮用水系统采用的主要管材，由于管道内壁易生锈、结垢、可能滋生细菌及微生物等，使自来水在输送过程中受到"二次污染"，根据国家有关规定，从 2000 年 6 月 1 日起，在城镇新建住宅生活给水系统禁用镀锌钢管。镀锌钢管的优点是强度高、抗震性能好、连接方便；管道可采用焊接、螺纹连接、法兰连接或卡箍连接，目前主要用于水消防系统。

（2）不锈钢管　不锈钢管具有机械强度高、坚固、韧性好、耐腐蚀性好、热膨胀系数低、卫生性能好、可回收利用、外表靓丽大方、安装维护方便、经久耐用等优点，适用于建筑给水特别是管道直饮水及热水系统中。管道可采用焊接、螺纹连接、卡压式、卡套式等多种连接方式。

不锈钢管

（3）铜管　铜管是压制或拉制的无缝管道，有色金属管道的一种，传统的给水管材之一。建国初期，由于人们居住条件较低，对生活质量要求不高，同时因国防建设需要，铜作为战略物资而较少在住宅建筑中使用；随着我国经济的快速增长，人民居住条件的迅速改善，对生活质量水平有了更高的要求，改革开放后取消了限制铜材使用的规定，《建筑给水排水设计标准》（GB 50015—2019）在管材选用的条文中明确了铜管的应用。

铜管具有耐温性好、延展性好、抗腐蚀性能强、承压能力强、经久耐用、容易造型等优点；可采用螺纹连接、焊接及法兰连接。铜管公称压力 2.0MPa，冷、热水均适用。

2. 塑料管

（1）硬聚氯乙烯管（UPVC）　硬聚氯乙烯给水管材使用温度为 5~45℃，不适用于热水输送，公称压力为 0.6~1.0MPa。优点是轻便、耐腐蚀性好、抗衰老性强、价格低、产品规格全、质地坚硬，不含增塑剂；缺点为维修麻烦、无韧性，环境温度低于 5℃时脆化，高于 45℃时软化，长期使用可能有 UPVC 单体和添加剂渗出。通常采用承插粘接，也可采用橡胶密封圈柔性连接、螺纹连接或法兰连接。

（2）聚乙烯管（PE）　聚乙烯管包括高密度聚乙烯管（HDPE）和低密度聚乙烯管（LDPE）。聚乙烯管的特点是重量轻、韧性好、耐腐蚀、可盘绕、耐低温性能好、运输及施工方便、具有良好的柔性和抗蠕变性能，在建筑给水中得到广泛应用。聚乙烯管道的连接可采用电熔、热熔、橡胶圈柔性连接，工程上主要采用熔接。

（3）交联聚乙烯管（PEX）　交联聚乙烯是通过化学方法，使普通聚乙烯的线性分子结构改性成三维交联网状结构。交联聚乙烯管具有强度高、韧性好、抗老化（使用寿命达 50 年以上）、温度适应范围广（-70~110℃）、无毒、不滋生细菌、安装维修方便、价格适中等优点，主要用于建筑室内热水给水系统上。管径小于等于 25mm 的管道与管件采用卡套式，管径大于等于 32mm 的管道与管件采用卡箍式连接。

（4）聚丙烯管（PP）　普通聚丙烯材质耐低温性差，在 5℃ 以下因脆性太大而难以正常使用。通过共聚合的方式可以改善聚丙烯性能。改性聚丙烯管有三种：均聚聚丙烯（PP-H，一型）管、嵌段共聚聚丙烯（PP-B，二型）管、无规共聚聚丙烯（PP-R，三型）管。由于 PP-B、PP-R 的适用范围涵盖了 PP-H，故 PP-H 逐步退出了管材市场。PP-B、PP-R 的物理特性基本相似，应用范围基本相同。

PP-R 管的优点为强度高、韧性好、无毒、温度适应范围广（5~95℃）、耐腐蚀、抗老化、保温效果好、不结垢、沿程阻力小、施工安装方便。目前国内产品规格在 DN20~DN110 之间，不仅可用于冷、热水系统，且可用于纯净饮用水系统。管道之间采用热熔连接，管道与金属管件通过带金属嵌件的聚丙烯管件采用丝扣或法兰连接。

（5）聚丁烯管（PB）　聚丁烯管是用高分子树脂制成的高密度塑料管，管材质软、耐磨、耐热、抗冻、无毒无害、耐久性好、重量轻、施工安装简单，公称压力可达 1.6MPa，能在-20~95℃之间安全使用，适用于冷、热水系统。聚丁烯管与管件的连接方式有三种方式，即铜接头夹紧式连接、热熔式插接、电熔合连接。

（6）丙烯腈-丁二烯-苯乙烯管（ABS）　ABS 管材是丙烯腈、丁二烯、苯乙烯的三元共聚物，丙烯腈提供了良好的耐蚀性、表面硬度；丁二烯作为一种橡胶体提供了韧性；苯乙烯提供了优良的加工性能。3 种组合的共同作用使 ABS 管强度大，韧性高，能承受冲击。ABS 管材的工作压力 1.0MPa，冷水管使用温度为-40~60℃；热水管使用温度-40~95℃。管材连接方式为粘接。

3. 复合管

（1）铝塑复合管（PE-AL-PE 或 PEX-AL-PEX）　铝塑复合管是通过挤出成型工艺而制造出的新型复合管材，它由聚乙烯（或交联聚乙烯）层-胶黏剂层-铝层-胶黏剂层-聚乙烯层（或交联聚乙烯）5 层结构构成。既保持了聚乙烯管和铝管的优点，又避免了各自的缺点。可以弯曲，弯曲半径等于 5 倍直径；耐温差性能强，使用温度范围-100~110℃；耐高压，工作压力可以达到 1.0MPa 以上。管件连接主要是夹紧式铜接头，可用于室内冷、热水系统。

（2）钢塑复合管　钢塑复合管是在钢管内壁衬（涂）一定厚度的塑料层复合而成，依据复合管基材不同，可分为衬塑复合管和涂塑复合管两种。衬塑钢管是在传统的输水钢管内插入一根薄壁的 PVC 管，使二者紧密结合，就成了 PVC 衬塑钢管；涂塑钢管是以普通碳素钢管为基材，将高分子 PE 粉末融熔后均匀地涂敷在钢管内壁，经塑化后，形成光滑、致密的塑料涂层。

钢塑复合管兼备了金属管材的强度高、耐高压、能承受较强的外来冲击力和塑料管材的耐腐蚀、不结垢、导热系数低、流体阻力小等优点。钢塑复合管可采用沟槽式、法兰式或螺纹式连接方式，同原有的镀锌管系统完全相容，应用方便，但需在工厂预制，不宜在施工现场切割。

（3）钢丝网骨架聚乙烯塑料复合管　钢丝网骨架聚乙烯塑料复合管是以高强度钢丝左右螺旋缠绕成型的网状骨架为增强体，以高密度聚乙烯（HDPE）为基体，并用高性能的黏结树脂层将钢丝骨架内外层高密度聚乙烯紧密地连接在一起。该黏结树脂是一种高性能黏结材料，属于 HDPE 改性材料，与 HDPE 在加热的条件下能完全融为一体，同时，其极性键与钢有极强的黏结性能。由于黏结树脂的使用，成功地解决了钢和 HDPE 间无连接因子的问题，具有优良的复合效果。

钢丝网骨架塑料复合管具有强度高、刚性好、环刚度大、抗蠕变、线性膨胀系数小等特点。具有内壁光滑、压力损失小、双面防腐、无二次污染、保温性能好、施工维修方便、工程造价低、使用寿命长等优点，充分克服了钢管耐压不耐腐、塑料管耐腐不耐压等不足，是国家推广使用的绿色环保、性能卓越的新型材料。适用温度为小于 60℃，适用压力为 1MPa 和 1.6MPa，连接方式为电热熔连接，主要用作埋地管材。

4. 建筑给水管材选择一般原则

选用给水管材时，首先应了解各类管材的特性指标，如耐温耐压能力、线性膨胀系数、抗冲击能力、热传导系数及保温性能、管径范围、卫生性能等，然后根据建筑装饰标准、输送水的温度及水质要求、使用场合、敷设方式等进行技术经济比较后确定，需要遵循的原则是：安全可靠、卫生环保、经济合理、水力条件好、便于施工维护。

小区室外埋地给水管道采用的管材，应具有耐腐蚀和能承受相应地面荷载的能力。可采用塑料给水管、有衬里的铸铁给水管、经可靠防腐处理的钢管。室内的给水管道应选用耐腐蚀和安装连接方便可靠的管材，可采用塑料给水管、塑料和金属复合管、铜管、不锈钢管及经可靠防腐处理的钢管。高层建筑给水立管不宜采用塑料管。

1.2.3　给水管道附件

给水管道附件是安装在管道及设备上的具有启闭或调节功能、保障系统正常运行的装置，分为配水附件、控制附件与其他附件 3 类。

1. 配水附件

配水附件是指为各类卫生洁具或受水器分配或调节水流的各式水龙头（或阀件），是使用最为频繁的管道附件，产品应符合节水、耐用、开关灵便、美观等要求。

1）旋启式水龙头。旋启式水龙头如图 1-2a 所示，普遍用于洗涤盆、污水盆、盥洗槽等卫生器具的配水，由于密封橡胶垫磨损容易造成滴、漏现象，我国已禁用普通旋启式水龙头，以陶瓷芯片水龙头而代之。

2）旋塞式水龙头。旋塞式水龙头如图 1-2b 所示，手柄旋转 90°即完全开启，可在短时间内获得较大流量；由于启闭迅速易产生水击，一般设在浴池、洗衣房、开水间等压力不大的给水设备上。因水流直线流动，阻力较小。

3）陶瓷芯片水龙头。陶瓷芯片水龙头如图 1-2c 所示，采用精密的陶瓷片作为密封材料，由动片和定片组成，通过手柄的水平旋转或上下提压造成动片与定片的相对位移启闭水源，使用方便，但水流阻力较大。陶瓷芯片硬度极高，优质陶瓷阀芯使用 10 年也不会漏水。新型陶瓷芯片水龙头大多有流畅的造型和不同的颜色，有的水龙头表面镀钛金、镀铬、烤漆、烤瓷等；造型除常见的流线型、鸭舌形外，还有球形、细长的圆锥形、倒三角形等，使水龙头具有了装饰功能。

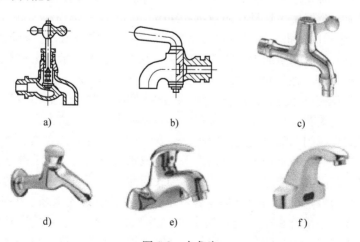

图 1-2　水龙头

a）旋启式水龙头　b）旋塞式水龙头　c）陶瓷芯片水龙头　d）延时自闭水龙头　e）混合水龙头　f）感应式水龙头

4）延时自闭水龙头。延时自闭水龙头如图 1-2d 所示，主要用于酒店及商场等公共场所的洗手间，使用时将按钮下压，每次开启持续一定时间后，靠水压力及弹簧的增压而自动关闭水流，能够有效避免"长流水"现象，避免浪费。

5）混合水龙头。混合水龙头如图 1-2e 所示，安装在洗面盆、浴盆等卫生器具上，通过控制冷、热水流量调节水温，作用相当于两个水龙头，使用时将手柄上下移动控制流量，左右偏转调节水温。

6）感应式水龙头。感应式水龙头如图 1-2f 所示，根据光电效应、电容效应、电磁感应等原理，自动控制水龙头的启闭，常用于建筑装饰标准较高的盥洗、淋浴、饮水等的水流控制，具有防止交叉感染、提高卫生水平及舒适程度的功能。

2. 控制附件

控制附件是用于调节水量、水压、关断水流、控制水流方向和水位的各式阀门。控制附件应符合性能稳定、操作方便、便于自动控制、精度高等要求。

（1）种类

1）闸阀。闸阀如图 1-3 中 a 所示，是指关闭件（闸板）由阀杆带动，沿阀座密封面作升降运动的阀门，一般用于口径 $DN \geqslant 70mm$ 的管道。闸阀具有流体阻力小、开闭所需外力较小、介质的流向不受限制等优点；但外形尺寸和开启高度都较大、安装所需空间较大、水中有杂质落入阀座后阀不能关闭严密、关闭过程中密封面间的相对摩擦容易引起擦伤现象。

2）截止阀。截止阀如图 1-3 中 b 所示，是指关闭件（阀瓣）由阀杆带动，沿阀座（密封面）轴线作升降运动的阀门。截止阀具有开启高度小、关闭严密、在开闭过程中密封面的摩擦力比闸阀小、耐磨等优点；但截止阀的水头损失较大，由于开闭力矩较大，结构长度较长，一般用于 $DN \leqslant 200mm$ 以下的管道中。

3）球阀。球阀如图 1-3 中 c 所示，是指启闭件（球体）绕垂直于通路的轴线旋转的阀门，在管道中用来做切断、分配和改变介质的流动方向，适用于安装空间小的场所。球阀具有流体阻力小、结构简单、体积小、重量轻、开闭迅速等优点；但容易产生水击。

4）蝶阀。蝶阀如图 1-3 中 d 所示，是指启闭件（蝶板）绕固定轴旋转的阀门。蝶阀具有操作力矩小、开闭时间短、安装空间小、重量轻等优点；蝶阀的主要缺点是蝶板占据一定的过水断面，增大水头损失，且易挂积杂物和纤维。

5）止回阀。止回阀是指启闭件（阀瓣或阀芯）借介质作用力，自动阻止介质逆流的阀门。一般安装在引入管、密闭的水加热器或用水设备的进水管、水泵出水管上、进出水管合用一条管道的水箱（塔、池）的出水管段上。根据启闭件动作方式的不同，可进一步分为旋启式止回阀、升降式止回阀、消声止回阀、缓闭止回阀等类型，如图 1-3 中 e~h 所示。

止回阀的阀瓣或阀芯，在水流停止流动时，应能在重力或弹簧力作用下自行关闭。一般来说，卧式升降式止回阀和阻尼缓闭止回阀只能安装在水平管上，立式升降式止回阀不能安装在水平管上，其他的止回阀均可安装在水平管上或水流方向自下而上的立管上。水流方向自上而下的立管，其阀瓣不能自行关闭，起不到止回作用，不应安装止回阀。

6）浮球阀。浮球阀如图 1-3 中 i 所示，广泛用于各类建筑的水箱、水池的进水管道中，通过浮球的调节作用来维持水箱（池）的水位。当水箱（池）充水到既定水位时，浮球随水位浮起，关闭进水口，防止流溢，当水位下降时，浮球下落，进水口开启。为保障进水的可靠性，一般采用两个浮球阀并联安装，浮球阀前应安装检修用的阀门。

7）减压阀。给水管网的压力高于配水点允许的最高使用压力时，应设置减压阀，给水系统中常用的减压阀有比例式减压阀和可调式减压阀两种，分别见图 1-3 中 j、k 所示。比例式减压阀用于阀后压力允许波动的场合，减压比不宜大于 3∶1；当采用减压比大于 3∶1

时，应避免汽蚀区。可调式减压阀用于阀后压力要求稳定的场合，阀前与阀后的最大压差不应大于0.4MPa 要求环境安静的场所不应大于0.3MPa；当最大压差超过规定值时，宜串联设置。减压阀前的水压宜保持稳定，阀前的管道不宜兼作配水管。

供水保证率要求高，停水会引起重大经济损失的给水管道上设置减压阀时，宜采用两个减压阀，并联设置，一用一备工作，但不得设置旁通管。减压阀后配水件处的最大压力应按减压阀失效（串联使用时按其中一个失效）情况下进行校核，其压力不应大于配水件的产品标准规定的试验压力。

8）泄压阀。泄压阀如图1-3 中 l 所示，与水泵配套使用，主要安装在供水系统中的泄水旁路上，可保证供水系统的水压不超过主阀上导阀的设定值，以确保供水管道、阀门及其他设备的安全。当给水管网存在短时超压工况，且短时超压会引起使用不安全时，应设置泄压阀。泄压阀前应设置阀门，泄水口应连接管道，泄压水宜排入非生活用水水池，当直接排放时，应有消能措施。

9）安全阀。安全阀如图1-3 中 m 所示，可以防止系统内压力超过预定的安全值，它利用介质本身的力量排出额定数量的流体，不需借助任何外力，当压力恢复正常后，阀门再行关闭并阻止介质继续流出。安全阀的泄流量很小，主要用于释放压力容器因超温引起的超压。安全阀前不得设置阀门，泄压口应连接管道将泄压水（气）引至安全地点排放。

10）多功能阀。多功能阀如图1-3 中 n 所示，兼有电动阀、止回阀和水锤消除器的功能，一般装在口径较大的水泵的出水管道的水平管段上。

11）紧急关闭阀。紧急关闭阀如图1-3 中 o 所示，用于生活小区中消防用水与生活用水

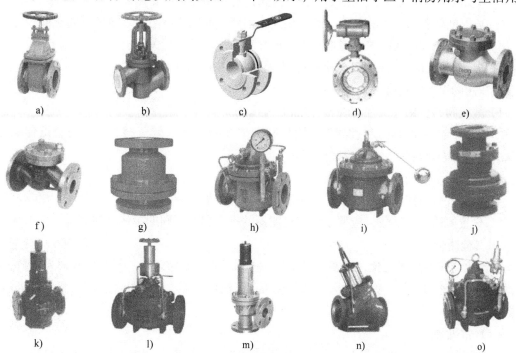

图1-3 控制附件

a）闸阀　b）截止阀　c）球阀　d）蝶阀　e）旋启式止回阀　f）升降式止回阀
g）消声止回阀　h）缓闭止回阀　i）浮球阀　j）比例式减压阀　k）可调式减压阀
l）泄压阀　m）安全阀　n）多功能阀　o）紧急关闭阀

并联的供水系统中，当消防用水时，阀门自动紧急关闭，切断生活用水，保证消防用水，当消防结束时，阀门自动打开，恢复生活供水。

（2）设置要求

给水管道上使用的阀门，应根据使用要求按下列原则选型：

1）需调节流量、水压时，宜采用调节阀、截止阀。

2）要求水流阻力小的部位（如水泵吸水管上），宜采用闸板阀、球阀、半球阀。

3）安装空间小的场所，宜采用蝶阀、球阀。

4）水流需双向流动的管段上，不得使用截止阀。

5）口径较大的水泵，出水管上宜采用多功能阀。

给水管道的下列管段上应设置止回阀：

1）直接从城镇给水管网接入小区或建筑物的引入管上。

2）密闭的水加热器或用水设备的进水管上。

3）水泵出水管上。

4）进出水管合用一条管道的水箱、水塔、高地水池的出水管段上。

止回阀的阀型选择，应根据止回阀的安装部位、阀前水压、关闭后的密闭性能要求和关闭时引发的水锤大小等因素确定，应符合下列要求：

1）阀前水压小的部位，宜选用旋启式、球式和梭式止回阀。

2）关闭后密闭性能要求严密的部位，宜选用有关闭弹簧的止回阀。

3）要求削弱关闭水锤的部位，宜选用速闭消声止回阀或有阻尼装置的缓闭止回阀。

4）止回阀的阀瓣或阀芯，应能在重力或弹簧力作用下自行关闭。

5）管网最小压力或水箱最低水位应能自动开启止回阀。

减压阀的设置应符合下列要求：

1）减压阀的公称直径宜与管道管径相一致。

2）减压阀前应设阀门和过滤器；需拆卸阀体才能检修的减压阀后，应设管道伸缩器；检修时阀后水会倒流时，阀后应设阀门。

3）减压阀节点处的前后应装设压力表。

4）比例式减压阀宜垂直安装，可调式减压阀宜水平安装。

5）设置减压阀的部位，应便于管道过滤器的排污和减压阀的检修，地面宜有排水设施。

3. 其他附件

在给水系统的适当位置，经常需要安装一些保障系统正常运行、延长设备使用寿命、改善系统工作性能的附件，如排气阀、橡胶接头、管道伸缩器、过滤器、倒流防止器、水锤消除器等。

（1）常见种类

1）排气阀。排气阀如图 1-4 所示，用来排除集积在管中的空气。间歇性使用的给水管网，其管网末端和最高点应设置自动排气阀；给水管网有明显起伏积聚空气的管段，宜在该段的峰点设自动排气阀或手动阀门排气；采用自动补气的气压给水装置，其配水管网的最高点应设自动排气阀。

2）橡胶接头。橡胶接头如图1-5所示，由织物增强的橡胶件与活结头或金属法兰组成，用于管道吸收振动、降低噪声，补偿各种因素引起的水平位移、轴向位移、角度偏移。

3）管道伸缩器。管道伸缩器如图1-6所示，可在一定的范围内轴向伸缩，也能在一定的角度范围内克服因管道对接不同轴而产生的偏移。它既能极大方便各种管道、水泵、水表、阀门、管道的安装与拆卸，也可补偿管道因温差引起的伸缩变形、代替U形管。

图1-4 排气阀

图1-5 橡胶接头

图1-6 管道伸缩器

4）管道过滤器。过滤器如图1-7所示，用于除去液体中少量固体颗粒，安装在水泵吸水管、水加热器进水管、换热装置的循环冷却水进水管上以及进水总表、住宅进户水表、减压阀、自动水位控制阀，温度调节阀等阀件前，保护设备免受杂质的冲刷、磨损、淤积和堵塞，保证设备正常运行，延长设备的使用寿命。

减压阀、泄压阀、自动水位控制阀，温度调节阀等阀件前应设置管道过滤器；水泵吸水管、水加热器的进水管、换热装置的循环冷却水进水管上也宜设置管道过滤器。

5）倒流防止器。倒流防止器如图1-8所示，由两个止回阀中间加一个排水器组成，用于防止生活饮用水管道发生回流污染。倒流防止器与止回阀的区别在于：止回阀只是引导水流单向流动的阀门，不是防止倒流污染的有效装置；管道倒流防止器具有止回阀的功能，而止回阀则不具备管道倒流防止器的功能，装有倒流防止器的管段，不需再装止回阀。

图1-7 过滤器

图1-8 倒流防止器

6）水锤消除器。水锤消除器如图1-9所示，在高层建筑物内用于消除因阀门或水泵快速开、闭所引起管道中压力骤然升高的水锤危害，减少水锤压力对管道及设备的破坏，可安装在水平、垂直、甚至倾斜的管道中。

7）真空破坏器。真空破坏器如图1-10所示，用于自动消除给水管道内真空，有效防止虹吸回流，常用的有大气型和压力型。大气型可在给水管内压力小于大气压时导入大气消除真空，压力型在给水管道内失压至某一设定压力时先行断流，然后在产生真空时导入大气防止虹吸回流。

（2）设置要求

倒流防止器设置位置应满足以下要求：

图 1-9　水锤消除器

图 1-10　真空破坏器

1）不应装在有腐蚀性和污染的环境。

2）排水口不得直接接至排水管，应采用间接排水。

3）应安装在便于维护的地方，不得安装在可能结冻或被水淹没的场所。

真空破坏器设置位置应满足以下要求：

1）不应装在有腐蚀性和污染的环境。

2）应直接安装于配水支管的最高点，其位置高出最高用水点或最高溢流水位的垂直高度，压力型不得小于 300mm，大气型不得小于 150mm。

3）大气型真空破坏器的进气口应向下。

■ 1.3　建筑给水系统所需水压及给水方式的确定

1.3.1　建筑给水系统所需压力

建筑给水系统中相对于水源点（如直接给水方式的引入管、增压给水方式的水泵出水管、高位水箱等）而言，静扬程（配水点位置标高减去水源点位置标高）、总水头损失、卫生器具最低工作压力三者之和最大的配水点称为最不利点。建筑给水系统的水压必须保证最不利点的用水要求。

以图 1-11 所示的直接给水方式为例，该给水系统所需水压可按下式计算：

$$H = H_1 + H_2 + H_3 + H_4 \qquad (1-1)$$

式中　H——引入管接管处应该保证的最低水压（kPa）；

H_1——由最不利配水点与引入管起点的高程差产生的静压差（kPa）；

H_2——设计流量通过水表时产生的水头损失（kPa）；

H_3——设计流量下引入管起点至最不利配水点的总水头损失（kPa）；

H_4——最不利点配水附件所需最低工作压力（kPa）。

对于居住建筑的生活给水系统，在进行方案的初步设计时，可根据建筑层数估算自室外地面算起系统所需的水压。

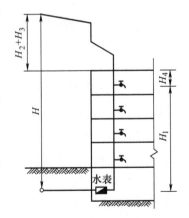

图 1-11　给水系统所需压力

一般，1 层建筑物所需水压为 100kPa；2 层建筑物为 120kPa；3 层及 3 层以上建筑物，每增加 1 层，水压增加 40kPa。

对采用竖向分区供水方案的高层建筑，也可根据已知的室外给水管网能够保证的最低水压，按上述标准初步确定由市政管网直接供水的范围。

1.3.2　建筑给水方式

建筑给水方式是指建筑内部给水系统的供水方案，必须依据用户对水质、水压和水量的要求，结合室外管网所能提供的水质、水量和水压情况、卫生器具及消防设备在建筑物内的分布、用户对供水安全可靠性的要求等因素，经过技术经济比较或经综合评判来确定。建筑物内的给水系统应尽量利用室外给水管网的水压直接供水；当室外给水管网的水压和（或）水量不足时，应根据卫生安全、经济节能的原则选用贮水调节和加压供水方案。

建筑内部给水方式选择应按以下原则进行：

1）在满足用户要求的前提下，应力求给水系统简单，管道长度短，以降低工程造价和运行管理费用。

2）应充分利用室外管网水压直接供水，室外管网水压不能满足建筑物用水要求时，应考虑下面楼层利用外网水压直接供水，上面楼层采用加压供水。

3）供水应安全可靠、管理维修方便。

4）当两种及两种以上用水的水质接近时，应尽量采用共用给水系统。

5）生产给水系统应优先设置循环给水系统或重复利用给水系统。

6）生产、生活、消防给水系统中的管材、管件所承受的水压，均不得大于产品标称的允许工作压力。

7）高层建筑生活给水系统的竖向分区，应根据建筑物用途、层数、使用要求、材料设备性能、维护管理、节约供水、能耗等因素综合确定。

8）卫生器具给水配件承受的最大工作压力，不得大于 0.6MPa，当压力超过规定时，宜采用减压措施。

常见的给水方式有以下几种：

1. 直接给水方式

建筑物内部只设有给水管道系统，不设增压及贮水设备，室内给水管道系统与室外供水管网直接相连，利用室外管网压力直接向室内给水系统供水，如图 1-12 所示。这是最为简单、经济的给水方式。

直接给水方式适用于室外管网水量和水压充足、能够全天保证室内用户用水要求的地区。它的优点是给水系统简单，投资少，安装维修方便，充分利用室外管网水压，供水较为安全可靠。缺点是系统内部无贮备水量，当室外管网停水时，室内系统立即断水。

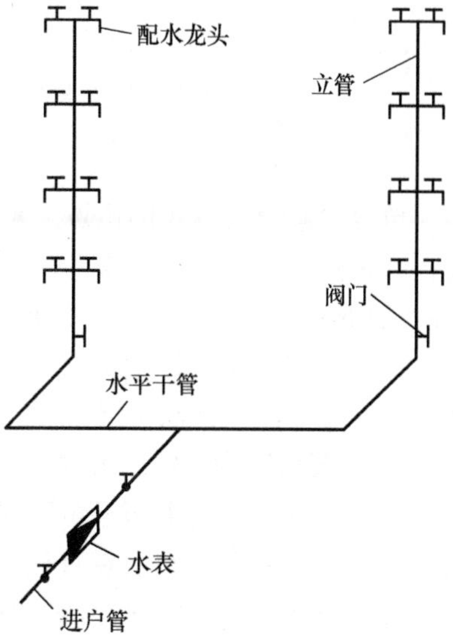

图 1-12　直接给水方式

2. 单设水箱给水方式

建筑物内设有管道系统和屋顶水箱，且室内给水系统与室外给水管网直接连接，如图 1-13 所示。当室外管网压力能够满足室内用水需要时，由室外管网直接向室内供水，并向水箱充水，以贮备一定水量；当高峰用水时，室

单设水箱

13

外管网压力不足，由水箱向室内系统补充供水。为了防止水箱中的水回流至室外管网，在引入管上要设置止回阀。这种给水方式适用于室外管网水压周期性不足及室内用水要求水压稳定，并且允许设置水箱的建筑物。

在室外管网水压周期性不足的多层建筑中，可以采用如图 1-14 所示的给水方式，即建筑物下面几层由室外管网直接供水，建筑物上面几层采用有水箱的给水方式，可以减小水箱的容积。

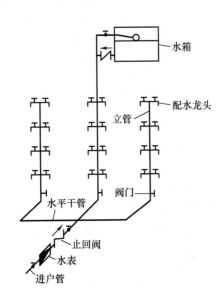

图 1-13　单设水箱给水方式

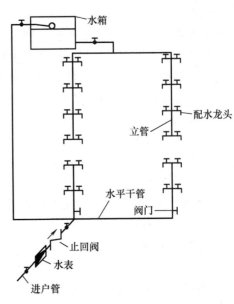

图 1-14　下层直接给水、上层水箱给水方式

单设水箱给水方式的优点是系统比较简单，可以充分利用室外管网的压力供水，节省电耗；系统具有一定的贮备水量，供水的安全可靠性较好；缺点是设置了高位水箱，增加建筑物的结构荷载，给建筑物的立面处理带来一定困难；当水压较长时间持续不足时，需增大水箱容积，并有可能出现断水情况。

3. 水泵水箱联合给水方式

当室外给水管网水压经常不足、室内用水不均匀、室外管网不允许水泵直接吸水而建筑物允许设置水箱时，常采用图 1-15 所示的给水方式。

水泵从贮水池吸水，经加压后送入水箱；因水泵供水量大于系统用水量，水箱水位上升，至最高水位时停泵，此后由水箱向系统供水，水箱水位下降，至最低水位时水泵重新启动。

这种给水方式由水泵和水箱联合工作，水泵及时向水箱充水，可以减小水箱容积。同时，在

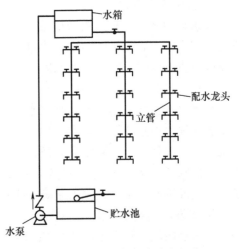

图 1-15　水泵水箱联合给水方式

水箱的调节下，水泵能稳定在高效点工作，节省电耗。贮水池和水箱能够贮备一定水量，增强供水安全可靠性。

4. 变频调速给水方式

离心式水泵扬程随流量减少而增大，管路水头损失随流量减少而减少，当用水量下降时，水泵扬程在恒速条件下得不到充分利用，为达到节能目的，可采用变频调速泵替代传统的离心式水泵。

变频调速水泵工作原理为：当给水系统中流量发生变化时，扬程也随之发生变化，压力传感器不断向微机控制器输入水泵出水管压力的信号，如果测得的压力值大于设计给水量对应的压力值时，则微机控制器向变频调速器发出降低电流频率的信号，从而使水泵转速降低，水泵出水量减少，水泵出水管压力下降，反之亦然。

5. 叠压给水方式

传统的二次给水方式都设有贮水池，不仅容易产生二次污染，还由于市政管网剩余水压得不到利用导致能量浪费，为解决这两个问题，可采用如图 1-16 所示叠压给水方式。

叠压给水系统由调速水泵、稳流罐和变频数控柜组成，取消了贮水池，水泵通过稳流罐直接从市政管网抽水，水厂至用户水龙头形成密闭系统，完全避免了来自外界的二次污染，并使得市政管网剩余压力得到利用。

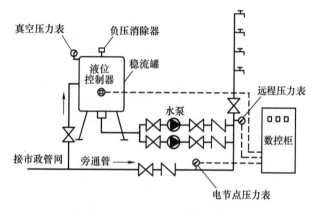

图 1-16 叠压给水方式

6. 分区给水方式

在多层建筑物中，当室外给水管网的压力只能满足建筑物下面几层供水要求时，为了充分利用室外管网水压，可将建筑物供水系统划分为上、下两区。下区由外网直接供水，上区由升压、贮水设备供水。可将两区的 1 根或几根立管相互连通，在连接处装设阀门，以备下区进水管发生故障或外网水压不足时，打开阀门由高区水箱向低区供水，如图 1-14 所示。

对于建筑高度较大的高层建筑，如果采用同一个给水系统，建筑低层管道系统的静水压力会很大，可能会产生以下弊端：

1）必须采用高压管材、零件及配水器材，使设备材料费用大大增加。

2）容易产生水锤及水锤噪声，水龙头、阀门等附件易被磨损，使用寿命缩短。

3）低层水龙头的流出水头过大，不仅使水流形成射流喷溅，影响使用，而且管道内流速增加，以致产生流水噪声、振动噪声。

为了降低管道中的静水压力，消除或减轻上述弊端，当建筑物达到一定高度时，给水系统需进行竖向分区，即在建筑物的垂直方向按一定高度依次分为若干个供水区域，每个供水区域分别组成各自独立的给水系统。

高层建筑给水系统的竖向分区，应根据使用设备材料性能、维护管理条件、建筑层数和室外给水管网水压等合理确定。如果分区压力过小，则分区数较多，给水设备、给水管道系统以及相应的土建投资将增加，维护管理也不方便。如果分区压力过大，就会出现水压过大、噪声大、用水设备和给水附件易损坏等的不良现象。我国《建筑给水排水设计标准》（GB 50015—2019）规定：各分区最低卫生器具配水点处的静水压力不宜大于 0.45MPa。

根据各分区之间的相互关系，高层建筑给水方式可分为串联给水方式、并联给水方式和减压给水方式。设计时应根据工程的实际情况，按照供水安全可靠、技术先进、经济合理的原则确定给水方式。

1）串联给水方式。串联给水方式如图 1-17 所示，各分区均设有水泵和水箱，上区的水泵从下区的水箱中抽水。这种方式的优点是各区水泵的扬程和流量按本区需要设计，使用效率高，能源消耗较小，且水泵压力均衡，扬程较小，水锤影响小；另外，不需要高压泵和高压管道，设备和管道较简单，投资较省。其缺点为水泵分散布置，维护管理不方便；水泵和水箱占用楼层的使用面积较大；水泵设在楼层，振动的噪声干扰较大，因此，需防振动、防噪声、防漏水；工作不可靠，若下区发生事故，则其上部数区供水受影响。这种方式适用于允许分区设置水箱和水泵的各类高层建筑，建筑高度超过 100m 的建筑宜采用这种给水方式。

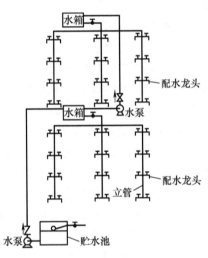

图 1-17　串联给水方式

2）并联给水方式。并联给水方式如图 1-18 所示，各分区独立设置水箱和水泵，水泵集中布置在建筑底层或地下室，各区水泵独立向各区的水箱供水。这种方式的优点为各区独立运行，互不干扰，供水安全可靠，水泵集中布置，便于维护管理，水泵效率高，能源消耗较小，水箱分散设置，各区水箱容积小，有利于结构设计。其缺点为管材耗用较多，且需要高压水泵和管道，设备费用增加，水箱占用楼层的使用面积，影响经济效益。由于这种方式优点较显著，因而在允许分区设置水箱的各类高度不超过 100m 的高层建筑中被广泛采用。采用这种给水方式供水，水泵宜采用相同型号不同级数的多级水泵，并应尽可能利用外网水压直接向下层供水。

对于分区不多的高层建筑，当电价较低时，也可以采用并联单管供水方式，如图 1-19 所示。这种方式所用的设备、管道较少，投资较节省，维护管理也较方便。但低区压力损耗过大，能源消耗较大，供水可靠性也不如前者。采用这种给水方式供水，低区水箱进水管上宜设减压阀，以防浮球阀损坏和减缓水锤作用。并联给水方式可采用变频调速给水或叠压给水。

3）减压给水方式。减压给水方式分为减压水箱给水方式和减压阀给水方式，如图 1-20 所示。这两种方式的共同点是建筑物的用水由设置在底层的水泵一次提升至屋顶总水箱，再由此水箱依次向下区减压供水。

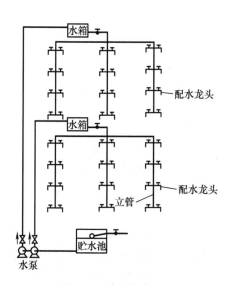

图 1-18　并联给水方式

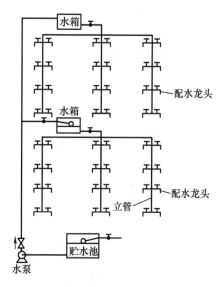

图 1-19　单管并联给水方式

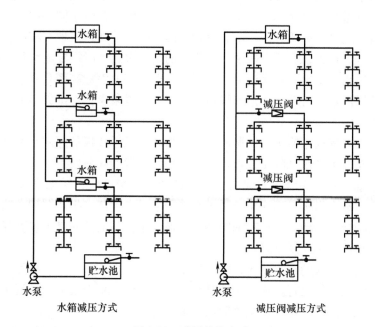

图 1-20　减压给水方式

　　减压水箱给水方式是通过各区减压水箱实现减压供水。优点是水泵台数少，管道简单，投资较省，设备布置集中，维护管理简单。缺点是下区供水受上区供水限制，供水可靠性不如并联供水方式。另外，建筑内全部用水均要经水泵提升至屋顶总水箱，不仅能源消耗较大，而且水箱容积大，对建筑的结构和抗地震不利。这种方式适用于允许分区设置水箱，电力供应充足，电价较低的各类高层建筑。采用这种给水方式供水，中间水箱进水管上最好安装减压阀，以防浮球阀损坏并起到减缓水锤的作用。

　　减压阀给水方式是利用减压阀替代减压水箱，这种方式与减压水箱给水方式相比，最大优点是节省了建筑的使用面积。

1.4 升压设备

1.4.1 水泵

1. 常用水泵

水泵是给水系统中的主要升压设备，除了直接给水方式和单设水箱给水方式以外，其他给水方式都需要使用水泵。在建筑给水系统中，较多采用离心式水泵，主要有单级单吸卧式离心泵、单级双吸卧式离心泵、分段多级卧式离心泵、分段多级立式离心泵、管道泵、自吸泵、潜水泵等。

离心式水泵的共同特点是结构简单、体积小、效率高、流量和扬程在一定范围内可调。单吸式水泵流量较小，适用于用水量小的给水系统；双吸式水泵流量较大，适用于用水量大的给水系统。单级泵扬程较低，一般用于低层或多层建筑；多级泵扬程较高，通常用于高层建筑。立式泵占地面积较小，在泵房面积紧张时适用；卧式泵占地面积较大，多用于泵房面积宽松的场合。管道泵一般为小口径泵，进出口直径相同，并位于同一中心线上，可以像阀门一样安装于管道之中，灵活方便，不必设置基础，紧凑美观，占地面积小，带防护罩的管道泵可设置在室外。自吸泵除了在安装或维修后的第一次启动时需要灌水外，以后再次启动均不需要灌水，适用于从地下贮水池吸水、不宜降低泵房地面标高而且水泵机组频繁启动的场合。潜水泵不需灌水、启动快、运行噪声小、不需设置泵房，但维修不方便。

2. 水泵选择

水泵选择的主要依据是给水系统所需要的水量和水压。选择的原则是在满足给水系统所需的水压与水量条件下，水泵的工况点位于水泵特性曲线的高效段。

（1）水泵流量 给水系统无水箱时，应按设计秒流量确定；采用高位水箱调节的生活给水系统，水泵的最大出水量不应小于最大小时用水量。生活、生产采用调速水泵的出水量应按设计秒流量确定。生活、生产和消防共用调速水泵，在消防时其流量除保证消防用水总量外，还应满足生活、生产用水量的要求。

对于用水量变化较大的给水系统，应采用水泵并联、大小泵交替工作等方式适应用水量的变化，实现系统的节能运行。采用调速泵组供水时，应按系统最大设计流量选泵，调速泵在额定转速时的工作点，应位于水泵高效区的末端。

（2）水泵扬程 水泵的扬程应满足最不利处的用水点或消火栓所需水压，具体分两种情况：

1）当采用直接从城镇给水管网吸水的叠压供水时，水泵扬程按下式确定：

$$H_b = H_1 + H_2 + H_3 + H_4 - H_0 \tag{1-2}$$

式中 H_b——水泵扬程（kPa）；

H_1——最不利配水点与引入管起点的静压差（kPa）；

H_2——设计流量下计算管路的总水头损失（kPa）；

H_3——最不利点配水附件的最低工作压力（kPa）；

H_4——水表的水头损失（kPa）；

H_0——城镇给水管网允许最低水压（kPa）。

此外，还应以室外管网的最大水压校核系统是否超压。

2）水泵从贮水池吸水时，总扬程按下式确定：

$$H_b = H_1 + H_2 + H_3 \tag{1-3}$$

式中　H_1——最不利配水点与贮水池最低工作水位的静压差（kPa）。

其他符号意义同前。

3. 水泵设置

（1）管道敷设　吸水管道和压水管道是泵房的重要组成部分，正确设计、合理布置与安装，对保证水泵的安全运行，节省投资，减少电耗有很大的关系。

水泵压水管内水流速度可采用 1.5~2.0m/s，所选水泵扬程较大时采用上限值，反之，则采用下限值。

水泵宜自灌吸水，卧式离心泵的泵顶设放气孔、立式多级离心泵吸水端第一级（段）泵体可置于最低设计水位标高以下，每台水泵宜设置单独从水池吸水的吸水管。吸水管长度应尽可能短、管件要少、水头损失要小；吸入式水泵的吸水管应有向水泵方向上升且大于 0.005 的坡度；如吸水管的水平管段变径时，偏心异径管的安装要求管顶平接；吸水管内的流速宜采用 1.0~1.2m/s；吸水管口应设置向下的喇叭口，喇叭口低于水池最低水位不宜小于 0.5m，达不到此要求时，应采取防止空气被吸入的措施。吸水管喇叭口至池底的净距，不应小于 0.8 倍吸水管管径，且不应小于 0.1m；吸水管喇叭口边缘与池壁的净距，不宜小于 1.5 倍吸水管管径；吸水管与吸水管之间的净距，不宜小于 3.5 倍吸水管管径（管径以相邻两者的平均值计）。

当每台水泵单独从水池吸水有困难时，可采用单独从吸水总管上自灌吸水，吸水总管应符合下列规定：

1）吸水总管伸入水池的引水管不宜少于两条（水池有独立的两个及以上的分格，每格有 1 条引水管，可视为有两条以上引水管），当 1 条引水管发生故障时，其余引水管应能通过全部设计流量，每条引水管上应设闸门。

2）引水管应设向下的喇叭口，喇叭口的设置也应符合单独从水池吸水的吸水管喇叭口的相应规定，但喇叭口低于水池最低水位的距离不宜小于 0.3m。

3）吸水总管内的流速应小于 1.2m/s。

4）水泵吸水管与吸水总管的连接，应采用管顶平接或高出管顶连接。

自吸式水泵每台应设置独立从水池吸水的吸水管。泵房内管道管外底距地面或管沟底面的距离，当管径≤150mm 时，不应小于 0.2m；当管径≥200mm 时，不应小于 0.25m。

（2）管道附件　每台水泵的出水管上，应装设压力表、止回阀和阀门（符合多功能阀安装条件的出水管，可用多功能阀取代止回阀和阀门），必要时应设置水锤消除装置。自灌式吸水的水泵吸水管上应装设阀门，并宜装设管道过滤器。

水泵吸水管上的阀门平时常开，仅在检修时关闭，宜选用手动阀门；出水管上的阀门启闭比较频繁，应选用电动、液动或气动阀门。为减小水泵运行时振动所产生的噪声，每台水泵的吸水管、压水管上应设橡胶接头或其他减振装置。自灌式吸水的水泵吸水管上应安装真空压力表，吸入式水泵的吸水管上应安装真空表。出水管可能滞留空气的管段上方应设排气阀。

水泵直接从室外给水管网吸水时，应在吸水管上装设阀门和压力表，并应绕水泵设旁通管，旁通管上应装设阀门和止回阀。

（3）水泵基础　水泵机组基础应牢固地浇注在坚实的地基上。水泵块状基础的尺寸，按下列方法确定：

1）带底座的水泵机组基础尺寸：

基础长度＝底座长度＋（0.15～0.20）m；

基础宽度＝底座宽度方向最大螺栓孔间距＋（0.15～0.20）m。

2）无底座水泵机组基础尺寸：根据水泵和电机地脚螺栓孔沿长度和宽度方向的最大间距，另外加 0.4～0.5m 来确定其基础长度和宽度。

3）基础高度：

基础高度＝地脚螺栓长度＋（0.15～0.20）m；

地脚螺栓长度一般可按螺栓直径的 20～30 倍取用或按计算确定；

基础高度还可按基础质量等于 2.5～4.0 倍的机组质量进行校核，但高度不得小于0.5m；基础高出地板面不得少于 0.1m，埋深不得小于邻近地沟的深度。

（4）机组设置　生活加压给水系统的水泵机组应设备用泵，备用泵的供水能力不应小于最大一台运行水泵的供水能力。生产给水系统的水泵备用机组，应按工艺要求确定。每组消防水泵应有 1 台不小于主要消防泵的备用机组。不允许断水的给水系统水泵应有不间断的动力供应。水泵宜自动切换交替运行。水泵机组的布置应保证机组工作可靠，运行安全、卫生条件好、装卸及维修和管理方便，且管道总长度最短，接头配件最少，并考虑泵房有扩建的余地。

当水泵中心线高出吸水井或贮水池水面时，均需设引水装置启动水泵。水泵以水池最低水位计的允许安装高度，应根据当地的大气压力、最高水温时的饱和蒸汽压、水泵的汽蚀余量、水池最低水位和吸水管道的水头损失，经计算确定，并应有不小于 0.3m 的安全余量。

民用建筑物内设置的水泵机组，宜设在水池的侧面、下方，单台泵可设于水池内或管道内。

水泵机组外轮廓面与墙和相邻机组间的间距与电动机额定功率有关，当电动机额定功率不超过 25kW 时，机组外廓面与墙面之间的最小间距为 0.8m，相邻机组外轮廓面之间最小间距为 0.4m；当电动机额定功率为 25～55kW 时，机组外廓面与墙面之间的最小间距为1.0m，相邻机组外轮廓面之间最小间距为 0.8m；当电动机额定功率在 55～160kW 时，机组外廓面与墙面之间的最小间距、相邻机组外轮廓面之间最小间距均为 1.2m。当水泵侧面有管道时，外轮廓面计至管道外壁面。

（5）泵房　民用建筑物内设置的生活给水泵房不应毗邻居住用房或在其上层或下层，其运行的噪声应符合《民用建筑隔声设计规范》（GB 50118—2010）的规定。设在建筑物内的给水泵房，应采用下列减振防噪措施：

1）应选用低噪声水泵机组。

2）吸水管和出水管上应设置减振装置。

3）水泵机组的基础应设置减振装置。

4）管道支架、吊架和管道穿墙、楼板处，应采取措施防止固体传声。

5）必要时，泵房的墙壁和天花应采取隔音吸音处理。

消防专用水泵因平时很少使用，可不受上述要求限制。水泵隔振安装结构如图 1-21 所示。

泵房内宜有检修水泵的场地，检修场地尺寸宜按水泵或电机外形尺寸四周有不小于 0.7m 的通道确定。泵房内靠墙安装的落地式配电柜和控制柜前面的通道不宜小于 1.5m，挂墙式配电柜和控制柜前面的通道不宜小于 1.0m。泵房内宜设置手动起重设备。

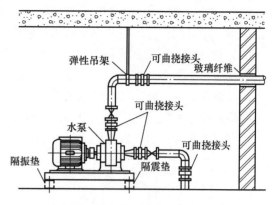

图 1-21　水泵隔振安装结构示意图

设置水泵的房间，应设排水设施，通风良好，不得结冻。泵房的大门应保证能使搬运的机件进出，应比最大件宽 0.5m。

1.4.2　气压给水设备

气压给水设备利用密闭压力罐内的压缩空气，将罐中的水送到管网中各配水点，其作用相当于水塔或高位水箱，可以调节和贮存一定水量并保持所需的压力，是应用较为广泛的升压设备。由于气压给水设备的供水压力由罐内压缩空气维持，故罐体的安装高度可不受限制，因而在不宜设置水塔和高位水箱的场所，如在隐蔽的国防工程、地震区的建筑物、建筑艺术要求较高以及消防要求较高的建筑物中都可采用。这种设备的优点是投资少，建设速度快，容易拆迁，设置地点灵活，维护管理简便，水质不易受到二次污染，具有一定的消除水锤作用；缺点是调节能力小（一般调节水量仅占总容积的 20%～30%），运行费用高，耗用钢材较多。

1. 分类

气压给水设备可按输水压力稳定性和罐内气水接触方式进行分类。按气压给水设备输水压力稳定性不同，可分为变压式和定压式。按罐内气水接触方式不同，可分为补气式和隔膜式。

（1）变压式气压给水设备　图 1-22 所示为单罐变压式气压给水设备，其工作过程为：罐内空气的起始压力高于管网所需的设计压力，水在压缩空气的作用下被送至配水管网。随着水量的减少，水位下降，罐内的空气体积增大，压力逐渐减小，当压力降到设定压力的下限值时，在压力继电器作用下，水泵自动启动，将水压入罐内，同时供向配水管网。随着罐内水位上升，空气被压缩，压力回升，当压力达到设定压力的上限值时，压力继电器切断电路，水泵停止工作，如此往复循环。变压式气压给水设备的供水压力变化

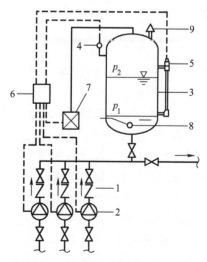

图 1-22　单罐变压式气压给水设备
1—止回阀　2—水泵　3—气压罐　4—压力信号器
5—液位信号器　6—控制器　7—补气装置
8—排气阀　9—安全阀

幅度较大，对给水附件的寿命有一定的影响，不适于用水量大和要求水压稳定的用水对象，使用受到一定限制，常用在中小型给水系统中。

（2）定压式气压给水设备　对于需要保持管网压力稳定的给水系统，可采用定压式气压给水设备，如图 1-23 所示。常见的做法是在气水共罐的单罐变压式气压给水设备的供水管上，安装压力调节阀，将出水压力控制在要求范围内，使供水压力相对稳定。也可在气与水不共罐的双罐变压式气压给水设备的压缩空气连通管上安装压力调节阀，将调节阀出口的气压控制在要求范围内，以使供水压力稳定。

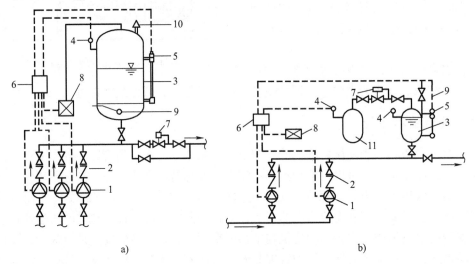

图 1-23　定压式气压给水设备

a）单罐　b）双罐

1—水泵　2—止回阀　3—气压罐　4—压力信号器　5—液位信号器　6—控制器　7—压力调节阀

8—补气装置　9—排气阀　10—安全阀　11—贮气罐

（3）补气式气压给水设备　补气式气压给水设备中，气与水在气压水罐中直接接触，设备运行过程中，部分气体溶于水中，随着空气量的减少，罐内压力下降，不能满足供水需要，为保证给水系统的设计工况，需设补气调压装置。补气的方法很多，在允许停水的给水系统中，可采用开启罐顶进气阀，泄空罐内存水的简单补气法；对不允许停水的给水系统，可采用空气压缩机补气，也可通过在水泵吸水管上安装补气阀，水泵出水管上安装水射器或补气罐等方法补气。以上方法属余量补气，多余的补气量需通过排气装置排出。有条件时，宜采用限量补气法，使补气量等于需气量，如当气压水罐内气量达到需气量时，补气装置停止从外界吸气，自行平衡，达到限量补气的目的，可省去排气装置。图 1-24 为设补气罐的气压给水设备。

（4）隔膜式气压给水设备　隔膜式气压给水设备在气压水罐中设置弹性隔膜，将气与水分离，不但水质不易污染，气体也不会溶入水中，故不需设补气调压装置。隔膜主要有帽形、囊形两类，囊形隔膜又有球囊、梨囊、斗囊、筒囊、折囊、胆囊之分。两类隔膜均固定在罐体法兰盘上，如图 1-25 所示。囊形隔膜可缩小气压水罐固定隔膜的法兰，气密性好，调节容积大，且隔膜受力合理，不易损坏，优于帽形隔膜。

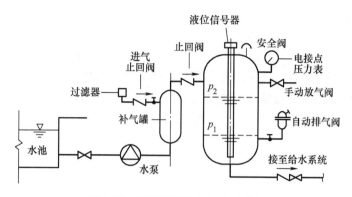

图1-24　设补气罐的气压给水设备

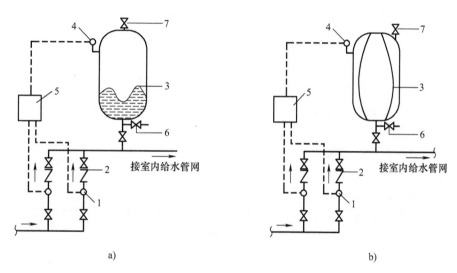

图1-25　隔膜式气压给水设备

a）帽形隔膜　b）胆囊形隔膜

1—水泵　2—止回阀　3—隔膜式气压罐　4—压力信号器　5—控制器　6—泄水阀　7—安全阀

2. 容积计算

根据波义尔-马略特定律，气压给水装置的储罐内，空气的压力和体积的关系为

$$V_0 P_0 = V_1 P_1 = V_2 P_2 \tag{1-4}$$

$$V_x = V_1 - V_2 = V_z \frac{P_0}{P_1} - V_z \frac{P_0}{P_2} = V_z \frac{P_0}{P_1}\left(1 - \frac{P_1}{P_2}\right) \tag{1-5}$$

式中　V_z——气压罐的总容积（m^3）；

V_1——气压罐最低工作压力时的空气容积（m^3）；

V_2——气压罐最高工作压力时的空气容积（m^3）；

V_x——气压罐的调节容积（m^3）；

P_0——气压罐未充水时罐内空气的绝对压强（kPa）；

P_1——以绝对压强计的最低工作压力（kPa）；

P_2——以绝对压强计的最高工作压力（kPa）。

由式（1-5）可得：

$$V_z = \frac{P_1}{P_0} \frac{V_x}{1-\alpha_b} = \frac{V_z}{V_1} \frac{V_x}{1-\alpha_b} = \beta \frac{V_x}{1-\alpha_b} \tag{1-6}$$

式中　β——容积附加系数，气压罐总容积与最低工作压力时空气容积的比值；

　　　α_b——最低工作压力与最高工作压力的比值。

气压罐调节容积与用水量、水泵出水量之间满足以下关系：

$$t_1 = \frac{V_x}{q_b - Q} \tag{1-7}$$

$$t_2 = \frac{V_x}{Q} \tag{1-8}$$

$$T = t_1 + t_2 = \frac{V_x}{q_b - Q} + \frac{V_x}{Q} = \frac{V_x q_b}{Q(q_b - Q)} \tag{1-9}$$

$$V_x = \frac{TQ(q_b - Q)}{q_b} = \frac{Q(q_b - Q)}{q_b N} \tag{1-10}$$

式中　t_1——水泵运行时段（h）；

　　　t_2——水泵停止工作时段（h）；

　　　T——水泵的工作周期；

　　　N——水泵每小时启动次数；

　　　Q——用水量（m^3/h）；

　　　q_b——水泵出水量（m^3/h）。

当用水量等于水泵出水量的一半时，按式（1-10）计算所需气压罐的最大调节容积：

$$V_x = C \frac{q_b}{4N} \tag{1-11}$$

式中　C——安全系数。

3. 设置要求

气压水罐内的最低工作压力应满足管网最不利配水点所需水压；气压水罐内的最高工作压力不得使管网最大水压处配水点的水压大于 0.55MPa；水泵（或泵组）的流量（以气压水罐内的平均压力计，其对应的水泵扬程的流量），不应小于给水系统最大小时用水量的1.2倍；水泵在1h内的启动次数，宜采用6~8次；安全系数宜取1.0~1.3；气压水罐内的最小工作压力与最大工作压力比（以绝对压力计），宜采用0.65~0.85；气压水罐的水容积应不小于调节容量；气压水罐的容积附加系数，补气式卧式水罐宜采用1.25，补气式立式水罐宜采用1.10，隔膜式气压水罐取1.05。

补气式气压罐应设置在空气清洁的场所。利用空气压缩机补气时，小型的气压给水设备，可采用手摇式空气压缩机；大中型气压给水设备一般采用电动空气压缩机。空气压缩机的工作压力应略大于气压水罐的最大工作压力，一般可选用小型空气压缩机。

1.4.3　变频调速给水设备

1. 工作原理

变频调速给水设备主要由微机控制器、变频调速器、水泵机组、压力传感器（或电接点压力表）4部分组成。压力传感器对系统某点的压力进行检测，并将压力信号转换成电信号，输出电信号的变化与压力变化相协调。变频调速器根据需要改变电源的输出频率，从而改变水泵电机的转速。微机控制器根据压力传感器的信号按事先编排好的程序进行分析、处理，并输出一定的电压信号控制变频调速器的频率。

变频调速给水设备的控制方式有恒压变量与变压变量两种。恒压变量控制方式在水泵出水管上安装电接点压力表或压力传感器取样，当用水减少时，管网压力增大，电接点压力表或压力传感器将取样压力信号转换为电信号与设定的压力信号进行比较，指令变频调速器降低电源输出频率，水泵电机转速下降，反之亦然。变压变量控制方式是将压力传感器设置在给水管网末端，系统通过自动调节使管网末端水压保持恒定，而水泵出水口压力则随着供水量变化依管道特性曲线而改变。另一种变压变量控制方式是在水泵出水管上设置流量计和压力传感器，并将管网特性参数、各水泵性能参数等输入计算机，计算机根据实测流量对管网进行水力计算，在满足最不利点压力条件下计算出水泵扬程，并将计算值与压力传感器的实测值进行比较，控制变频调速器调整水泵转速。由于变压变量控制方式的实施存在较大难度，工程实际中多采用恒压变量控制方式。

变频调速供水技术相对于传统的技术具有节能效益明显、控制和保护功能完善、可实现机组的软启动软停机、输入电压范围宽、电磁冲击小、水泵运行组合切换灵活方便等优越性，目前广泛应用于水厂送水泵站、二次加压站、工业锅炉给水、小区和建筑供水和其他工业供水等领域。

2. 优化运行

变频调速给水方式具有节能的优点，但如果选泵或运行调度不当，就不一定能够取得节能效果。图 1-26 中 A、B 分别为水泵在额定转速下特性曲线高效段的两个端点，OA、OB 分别是过 A、B 的相似工况抛物线（等效率曲线），如果水泵有效调速范围的下限转速（一般可取额定转速的 80%～75%）等于 n_1，相应于下限转速的特性曲线与 OA、OB 相交于 C、D 两点，显然，曲边四边形 $ABDC$ 所包围的范围是水泵调速运行的高效区间，当系统的工况点在 $ABDC$ 以外时，调速水泵无法高效运行。对于恒压变量给水系统，当工作压力 H_1 等于 H_B 时，根据相似定律，E 点的流量 $Q_{min} = Q_A \sqrt{\dfrac{H_E}{H_A}} = Q_A \sqrt{\dfrac{H_B}{H_A}}$，系统高效运行的流量范围是 Q_{min} 到 Q_{max}。当工作压力等于 H_2 时，系统高效运行的流量范围将由 EB 缩小到 FG。因此，生活给水系统采用恒压变量供水时，设定的工作压力应等于或略高于水泵高效区的末端的扬程。

对于用水量变化范围大的给水系统，为适应流量变化，一般采用水泵并联工作。图 1-27 所示两台同型号水泵并联，系统最大流量为 Q_{max}，供水压力为 H_0，如果采用一调一定并联，当用水量小于等于 Q_2（$Q_{max}/2$）时，调速泵单独运行，其中高效运行的流量范围是 Q_1 至 Q_2；当用水量大于 Q_2 时，调速泵与恒速泵并联运行，其中高效运行的流量范围是 Q_1+Q_2 至 Q_{max}。显然，流量小于 Q_1 或介于 Q_2 与 Q_2+Q_1 之间时，调速泵无法高效运行。为取得好的节能效果，对于流量小于 Q_1 的情况，实际工程一般采用在系统中增设小流量工频辅泵、小流量变频辅泵、气压罐等措施。当流量介于 Q_2 与 Q_2+Q_1 之间时，应该对两台水泵都实施调速。对于多台同型号水泵并联工作的情况，仍只需要对两台水泵实施调速。

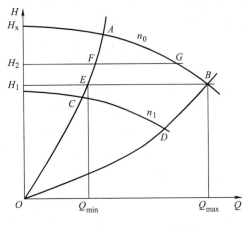

图 1-26　水泵调速运行性能分析

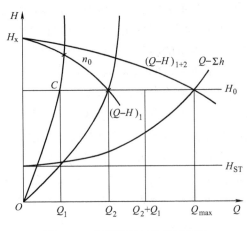

图 1-27　水泵并联时的调速运行

1.4.4　叠压给水设备

1. 设备组成与工作原理

叠压给水系统主要由水泵、稳流罐和变频数控柜组成，取消了贮水池和屋顶水箱，水泵直接从与自来水管网连接的稳流罐吸水加压，然后送至各用水点。系统组成见图 1-16 所示。

叠压给水系统的工作原理分以下几种情况：

1）在自来水管网水压能满足用水要求的情况下，即管网压力大于或等于设定压力时，加压水泵停止工作，自来水通过旁通管直接到达用水点。

2）当自来水管网水压不能满足用水要求时，电接点压力表向变频数控柜发出信号，变频软起动水泵机组加压供水，直至实际供水压力等于设定压力时，变频数控柜控制水泵机组以恒定转速运行。

3）在用水高峰期间，用户管网压力下降低于设定值时，远传压力表发出信号给变频数控柜，使变频器频率升高，水泵机组转速增加，出水量和压力都随之上升，直至用户实际压力等于设定值。

4）在用水低谷期间，用户管网压力上升高于设定值时，远传压力表发出信号给变频数控柜，使变频器频率降低，水泵机组转速降低，直至用户管网实际压力值等于设定值。若水泵机组已无实际流量，水泵处于空转状态时，则水泵机组自动停止工作，自来水直接通过旁通管到达用户。

5）对稳流罐来说，如果自来水的进水量大于或等于水泵机组的供水量，则稳流罐与外界隔绝，维持正常供水。当进水量小于供水量时，负压消除器使稳流罐与外界相通，破坏负压的形成，从而确保自来水管网的正常供水，不影响其他用户的供水。

6）当自来水管网停水时，因为稳流罐具有部分调节容积，水泵机组仍可继续工作一段时间，当稳流罐的水位降至液位控制器所设定的水位时，自动停机，来水后随着水位的上升而自动开机。

7）停电时，水泵机组不工作，自来水通过旁通管到达低层用户，保证楼层较低的部分用户的用水，来电时水泵机组自动开机，恢复所有用户的正常供水。

2. 技术优点

叠压给水与传统的二次供水相比具备以下优点：

1）节约能源。叠压给水设备与自来水管网直接串接，在自来水管网剩余压力的基础上叠加不够部分的压力，能充分利用自来水管网余压，避免能源的浪费。

2）运行成本低。由于充分利用了自来水管网的余压，水泵扬程大幅度降低，对于周期性水压不足的系统，当水压满足要求时加压水泵甚至可以停止运行，所以运行成本大大降低。此外，由于取消了屋顶水箱和地下贮水池，省去了定期的清洗费用。

3）节省投资。由于无须修建大型贮水池和屋顶水箱，节省了土建投资，又由于利用了自来水给水管网的余压，加压泵的选型较传统的给水方式少，减少了水泵及变频设备投资。

4）占地面积小。因为省去了贮水池和屋顶水箱，缩小了占地面积。

5）管理方便、简单。叠压给水设备全自动运行，停电停水时自动停机，来电来水时自动开机，便于管理。

6）卫生、无二次污染。叠压给水设备采用全密封方式运行，可防止灰尘等异物进入给水系统；负压消除器的滤膜可将空气中的细菌挡住，稳流罐采用食品级不锈钢制作，不会滋生藻类。

3. 水泵适用范围

叠压给水系统中水泵适用的流量区间为

$$(0.75 \sim 0.80)Q_A \leqslant Q \leqslant \sqrt{Q_A^2 + \left(\frac{Q_B^2 - Q_A^2}{H_A - H_B}\right)(H_A - H_0 + H_{Smin})} \qquad (1\text{-}12)$$

叠压给水系统中水泵适用的扬程区间为

$$(0.56 \sim 0.64)H_A \leqslant H \leqslant H_A + \frac{H_A - H_B}{Q_B^2 - Q_A^2}(Q_A^2 - Q_{max}^2) \qquad (1\text{-}13)$$

式中　Q——水泵流量，下标 A、B 分别表示水泵高效区左右两端点的值（m^3/h）；

$\quad H$ ——水泵扬程，下标意义同上（m）。

Q_{max}——建筑内部最大用水量（m^3/h）；

H_0——水泵出口设定的恒定工作压力（以液柱高度表示）（m）；

H_{Smin}——相对于水泵出口高程的市政管网最低供水压力（以液柱高度表示）（m）。

4. 相对于普通变频调速给水的节能率

相对于普通变频调速给水的节能率为：

$$e = 1 - \left(\frac{H_s - H_m + S_x Q_1^2}{H_s + S_x^* Q_1^2}\right)^{\frac{3}{2}} \cdot \left(\frac{H_x^*}{H_x}\right)^{\frac{3}{2}} \cdot \frac{N}{N^*} \times 100\% \qquad (1\text{-}14)$$

式中　e ——叠压给水相对于普通变频调速给水的节能率（%）；

$\quad H_s$——水泵出口设定的工作压力（以液柱高度表示）（m）；

$\quad H_m$——市政管网剩余压力（以液柱高度表示）（m）；

$\quad H_x$——水泵的虚总扬程，上标 * 号表示普通变频调速给水方式的参数（m）；

$\quad S_x$——泵体内虚阻耗系数，上标 * 号意义同上；

$\quad N$——额定转速下的水泵轴功率，上标 * 号意义同上（W）；

$\quad Q_1$——水泵实际供水量（m^3/h）。

思考题

1. 建筑给水系统基本组成有哪几部分？分别具有什么作用？

2. 选择建筑给水方式时有哪些基本原则？说明常用给水方式的主要特点及适用条件。

3. 高层建筑给水系统为什么要进行竖向分区？常用的分区方式有哪几种？分区压力如何确定？

4. 建筑给水常用管材有哪些？主要性能如何？给水管道的连接方式有哪些？

5. 建筑给水系统常用附件有哪些？分别起什么作用？如何选用？

6. 建筑给水系统常用的水表有哪几种？水表主要性能参数有哪些？

7. 如何选用水表？常见的水表设置方式有哪些？特点如何？

8. 如何确定建筑给水系统中水泵的流量和扬程？

9. 水泵布置有哪些基本要求？为减少水泵运行时产生的噪声，可采取哪些措施？

10. 试说明气压给水设备的工作原理。

11. 简述变频调速给水方式的工作原理及控制方式。

12. 试述叠压给水设备的组成部分和工作原理。

第 2 章

建筑给水系统设计与计算

■ 2.1 建筑给水管道的布置与敷设

2.1.1 建筑给水管道的布置

建筑给水管道的布置按供水可靠度不同可分为枝状和环状 2 种形式。枝状管网单向供水，节省管材，但可靠性差；环状管网双向、多向供水，可靠性高，但管线长，造价高。

按水平干管位置不同，可分为上行下给、下行上给和中分式 3 种形式：

1) 上行下给供水方式的干管设在顶层顶棚下、吊顶内或技术夹层中，由上向下供水，适用于设置高位水箱的建筑。

2) 下行上给供水方式的干管埋地，设在底层或地下室中，由下向上供水，适用于利用市政管网直接供水或增压设备位于底层，但不设高位水箱的建筑。

3) 中分式的干管设在中间技术夹层或某中间层的吊顶内，由中间向上、下两个方向供水，适用于屋顶用作露天茶座、舞厅并设有中间技术夹层的建筑。

建筑给水管道布置是否合理直接关系到给水系统的工程投资、运行费用、供水可靠性、安装维护、操作使用，甚至会影响到生产和建筑物的使用。因此，在管道布置时，不仅需要与供暖、通风、燃气、电力、通信等其他管线的布置相互协调，还要重点考虑以下几个因素：

1) 经济合理。室内生活给水管道宜布置成枝状管网，单向供水。为减少工程量，降低造价缩短管网向最不利点输水的管道长度，减少管道水头损失，节省运行费用，给水管道布置时应力求长度最短。当建筑物内卫生器具布置不均匀时，引入管应从建筑物用水量最大处引入；当建筑物内卫生器具布置比较均匀时，引入管应从建筑物中部引入。给水干管、立管应尽量靠近用水量最大设备处，以减少管道转输流量，使大口径管道长度最短。

2) 供水可靠，运行安全。当建筑物不允许间断供水时，引入管要设置两条或两条以上，并应由市政管网的不同侧引入，在室内将管道连成环状或贯通状双向供水。如不可能时，可由同侧引入，但两根引入管间距不得小于 15m，并应在接管点间设置阀门。如条件不可能满足，可采取设贮水池（箱）或增设第二水源等安全供水措施。给水干管应尽可能靠近不允许间断供水的用水点，以提高供水可靠性。

埋地敷设的给水管道应避免布置在可能受重物压坏处；不得穿越生产设备基础，在特殊情况下必须穿越时，应采取有效的保护措施。给水管道不得敷设在烟道、风道、电梯井内、排水沟内；不宜与输送易燃、可燃或有害的液体或气体的管道同管廊（沟）敷设。

室内给水管道不宜穿过伸缩缝、沉降缝，必须穿过时，应设置补偿管道伸缩和剪切变形的装置。常用的措施有：软性接头法，即用橡胶软管或金属波纹管连接沉降缝或伸缩缝两边的管道；丝扣弯头法，在建筑沉降过程中，两边的沉降差由丝扣弯头的旋转来补偿，仅适用于小管径的管道；活动支架法，在沉降缝两侧设支架，使管道只能垂直位移，以适应沉降、伸缩的应力。丝扣弯头法与活动支架法分别如图 2-1 和图 2-2 所示。

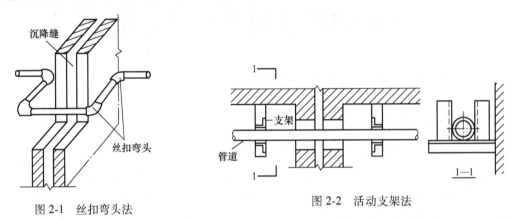

图 2-1　丝扣弯头法　　　　　　　　图 2-2　活动支架法

3）便于安装维修及操作使用。布置给水管道时，其周围要留有一定的空间，以满足安装、维修的要求。室内给水立管与墙面的最小净距见表 2-1。

表 2-1　室内给水立管与墙面的最小净距

立管管径/mm	<32	32～50	70～100	125～150
与墙面净距/mm	25	35	50	60

管道井应每层设外开检修门，管道井的尺寸，应根据管道数量、管径大小、排列方式、维修条件，结合建筑平面和结构形式等合理确定。需进人维修管道的管井，其维修人员的工作通道净宽度不宜小于 0.6m。

室内给水管道上的各种阀门，宜装设在便于检修和操作的位置。室外给水管道上的阀门，宜设置在阀门井或阀门套筒内。遵照规范相关规定，给水管道的下列部位应设置阀门：小区给水管道从城镇给水管道的引入管段上；小区室外环状管网的节点处，应按分隔要求设置；环状管段过长时，宜设置分段阀门；从小区给水干管上接出的支管起端或接户管起端；入户管、水表前和各分支立管；室内给水管道向住户、公用卫生间等接出的配水管起端；水池（箱）、加压泵房、加热器、减压阀、管道倒流防止器等处应按安装要求配置。

4）不影响生产和建筑物的使用。室内给水管道不得布置在遇水会引起燃烧、爆炸的原料、产品和设备的上面；不得妨碍生产操作、交通运输和建筑物的使用；不允许穿过橱窗、壁柜、吊柜、木装修处；不应穿越变配电房、电梯机房、通信机房、大中型计算机房、计算机网络中心、音像库房等遇水会损坏设备和引发事故的房间，并应避免在生产设备上方通过；应避免穿越人防地下室，必须穿越时应按现行的《人民防空地下室设计规范》（GB 50038—2019）的要求设置防护阀门等措施。

2.1.2　建筑给水管道的敷设

1. 敷设方式

根据建筑对卫生、美观方面的要求，给水管道的敷设一般分为明设和暗设 2 类：

（1）明设　管道沿墙、梁、柱、天花板下暴露敷设为明设，其优点是造价低，施工安装和维护修理均较方便；缺点是管道表面积灰、产生凝结水等可能影响环境卫生，管道外露，可能影响房屋内部的美观。一般装修标准不高的民用建筑和大部分生产车间均采用明设方式。

（2）暗设　将管道直接埋地或埋设在墙槽、楼板找平层中，或隐蔽敷设在地下室、技术夹层、管道井、管沟或吊顶内均为暗设。优点是卫生条件好，隐蔽、不影响美观；缺点是造价高，施工复杂，维修较为困难。对于标准较高的高层建筑、宾馆、实验室等一般采用管道暗设；在工业企业中，针对某些生产工艺要求，如精密仪器或电子元件车间要求室内洁净无尘时，也采用暗设。

2. 敷设要求

明设的给水管道应设在不显眼处，并尽可能呈直线走向与墙、梁、柱平行敷设；给水管道暗设时，不得直接敷设在建筑物结构层内；干管和立管应敷设在吊顶、管井、管窿内，支管宜敷设在楼（地）面的垫层内或沿墙敷设在管槽内；敷设在垫层或墙体内的给水支管宜采用塑料、金属与塑料复合管材或耐腐蚀的金属管材，外径不宜大于 25mm；敷设在垫层或墙体内的管材，不得有卡套式或卡环式接口，柔性管材宜采用分水器向各卫生器具配水，中途不得有连接配件，两端接口应明露。

室内冷、热水管上、下平行敷设时，冷水管应在热水管下方；卫生器具的冷水连接管，应在热水连接管的右侧。在给水管道穿越屋面、地下室或地下构筑物的外墙、钢筋混凝土水池（箱）的壁板或底板处，应设置防水套管。明设的给水立管穿越楼板时，应采取防水措施。管道在空间敷设时，必须采取固定措施，以保证施工方便和供水安全。固定管道可用管卡、托架、吊环等，如图 2-3 所示。

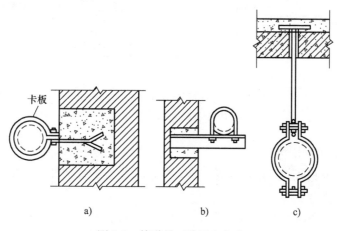

图 2-3　管道的三种固定方式
a）管卡　b）托架　c）吊环

管道在穿过建筑物内墙、基础及楼板时均应预留孔洞口，暗设管道在墙中敷设时，也应预留墙槽，以免临时打洞、刨槽影响建筑结构的强度。管道预留孔洞和墙槽的尺寸见表2-2。横管穿过预留洞时，管顶上部净空不得小于建筑物的沉降量，以保护管道不致因建筑沉降而损坏，一般不小于0.1m。需要泄空的给水管道，其横管宜设有0.002～0.005的坡度坡向泄水装置。

表 2-2　给水管预留孔洞、墙槽尺寸　　　　　　　（单位：mm）

管道名称	管径	明管预留孔洞 长（高）×宽	暗管墙槽 宽×深
立管	≤25	100×100	130×130
	32～50	150×150	150×130
	70～100	200×200	200×200
2根立管	≤32	150×100	200×130
横支管	≤25	100×100	60×60
	32～40	150×130	150×100
入户管	≤100	300×200	—

引入管进入建筑内有两种情况，一种由浅基础下面通过，另一种穿过建筑物基础或地下室墙壁，如图2-4所示。

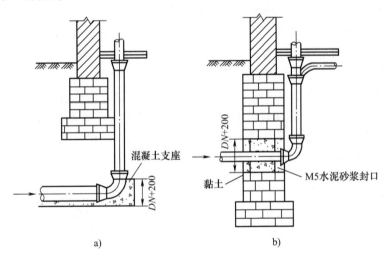

图 2-4　引入管进入建筑物的两种方式
a）从浅基础下通过　b）穿基础

3. 给水管道的防护措施

为保证给水管道在较长年限内正常工作，除应加强维护管理外，在布置和敷设过程中还需要采取以下防护措施：

（1）防腐　明设和暗设的金属管道都要采取防腐措施，通常的防腐做法是首先对管道除锈，使之露出金属光泽，然后在管外壁刷涂防腐涂料。明设的焊接钢管和铸铁管外刷防锈漆1道，银粉面漆2道；镀锌钢管外刷银粉面漆2道；暗设和埋地管道均刷沥青漆2道。防腐层应采用具有足够的耐压强度、良好的防水性、绝缘性和化学稳定性、能与被保护管道牢固黏结、无毒的材料。

（2）防冻、防露 在结冻地区，室外明设的给水管道应做保温层，保温层的外壳，应密封防渗。敷设在有可能结冻的房间、地下室及管井、管沟等处的给水管道应有防冻措施。

在环境温度较高、空气湿度较大的房间（如厨房、洗衣房、某些生产车间），当管道内水温低于环境温度时，管道及设备的外壁可能产生凝结水。当给水管道结露会影响环境，引起装饰、物品等受损害时，应做防结露保冷层，防结露保冷层的计算和构造，可按现行《设备及管道绝热技术通则》GB/T 4272—2008 执行。

（3）防高温 室外明设的给水管道应避免受到阳光直接照射，塑料给水管应有有效保护措施；室内塑料给水管道不得与水加热器或热水炉直接连接，应有不小于 0.4m 的金属管段过渡；塑料给水管道不得布置在灶台上边缘，塑料给水立管距灶台边缘不得小于 0.4m，距燃气热水器边缘不宜小于 0.2m。

给水管道因水温变化而引起伸缩，必须予以补偿。塑料管的线膨胀系数是钢管的 7~10倍，必须予以重视。一般可利用管道自身的折角补偿温度变形。如需设置伸缩补偿装置，应按直线长度、管材的线胀系数、环境温度和管内水温的变化、管道节点的允许位移量等因素经计算确定。

（4）防振 当管道中水流速度过大时，启闭水龙头、阀门，易出现水锤现象，引起管道、附件的振动，不但会损坏管道附件造成漏水，还会产生噪声。所以，在设计时应控制管道的水流速度，在系统中尽量减少使用电磁阀或速闭型水栓。住宅建筑进户管的阀门后，装设可曲挠橡胶接头进行隔振；也可在管道支架、管卡内衬垫减振材料，减少噪声的扩散。

2.2 建筑给水系统水量及水压

2.2.1 用水定额与卫生器具额定流量

1. 用水定额

用水定额是针对不同的用水对象，在一定时期内制订相对合理的单位用水量，是国家根据各个地区的人民生活水平、生产用水和消防用水情况，经调查统计而制定的，主要有生活用水定额、生产用水定额和消防用水定额。用水定额是确定设计用水量的主要参数之一，合理选定用水定额直接关系到建筑给水系统的规模及工程造价。

（1）生活用水定额及小时变化系数 生活用水定额是指每个用水单位（如每人每日、每床位每日、每顾客每次、每 m² 营业面积等）用于生活目的所消耗的水量，一般以 L 为单位。根据建筑物的类型具体分为住宅最高日生活用水定额，宿舍、旅馆和公共建筑生活用水定额及工业企业建筑生活、淋浴用水定额等。

因为生活用水量每日都发生着变化，在一日之内用水量也是不均匀的。最高日用水时间内最大一小时的用水量称为最大时用水量，最高日最大时用水量与平均时用水量的比值称为小时变化系数。

住宅的最高日生活用水定额及小时变化系数，根据住宅类别、建筑标准、卫生器具完善程度和区域等因素，可按表2-3确定。

表 2-3 住宅生活用水定额及小时变化系数

住宅类别	卫生器具设置标准	最高日用水定额/[L/(人·d)]	平均日用水定额/[L/(人·d)]	小时变化系数 K_h
普通住宅	有大便器、洗脸盆、洗涤盆、洗衣机、热水器和沐浴设备	130~300	50~200	2.8~2.3
	有大便器、洗脸盆、洗涤盆、洗衣机、集中热水供应（或家用热水机组）和沐浴设备	180~320	60~230	2.5~2.0
别墅	有大便器、洗脸盆、洗涤盆、洗衣机、洒水栓，家用热水机组和沐浴设备	200~350	70~250	2.3~1.8

公共建筑的生活用水量定额及小时变化系数，可按表 2-4 确定。

表 2-4 公共建筑生活用水定额及小时变化系数

序号	建筑物名称		单位	生活用水定额/[L/(人·d)]		使用时数/h	小时变化系数 K_h
				最高日	平均日		
1	宿舍	居室内设卫生间	每人每日	150~200	130~160	24	3.0~2.5
		设公用盥洗卫生间		100~150	90~120		6.0~3.0
2	招待所、培训中心、普通旅馆	设公用卫生间、盥洗室	每人每日	50~100	40~80	24	3.0~2.5
		设公用卫生间、盥洗室、淋浴室		80~130	70~100		
		设公用盥洗室、淋浴室、洗衣室		100~150	90~120		
		设单独卫生间、公用洗衣室		120~200	110~160		
3	酒店式公寓		每人每日	200~300	180~240	24	2.5~2.0
4	宾馆客房	旅客	每床位每日	250~400	220~320	24	2.5~2.0
		员工	每人每日	80~100	70~80	8~10	
5	医院住院部	设公用卫生间、盥洗室	每床位每日	100~200	90~160	24	2.5~2.0
		设公用卫生间、盥洗室、淋浴室		150~250	130~200		
		设单独卫生间		250~400	220~320		
		医务人员	每人每班	150~250	130~200		2.0~1.5
	门诊部、诊疗所	病人	每病人每次	10~15	6~12	8	1.5~1.2
		医务人员	每人每班	80~100	60~80	8~12	2.5~2.0
	疗养院、休养所住房部		每床位每日	200~300	180~240	24	2.0~1.5
6	养老院、托老所	全托	每人每日	100~150	90~120	24	2.5~2.0
		日托		50~80	40~60	10	2.0

（续）

序号	建筑物名称		单位	生活用水定额/[L/（人·d）]		使用时数/h	小时变化系数 K_h
				最高日	平均日		
7	幼儿园、托儿所	有住宿	每儿童每日	50~100	40~80	24	3.0~2.5
		无住宿		30~50	25~40	10	2.0
8	公共浴室	淋浴	每顾客每次	100	70~90	12	2.0~1.5
		浴盆、淋浴		120~150	120~150		
		桑拿浴（淋浴、按摩池）		150~200	130~160		
9	理发室、美容院		每顾客每次	40~100	35~80	12	2.0~1.5
10	洗衣房		每 kg 干衣	40~80	40~80	8	1.5~1.2
11	餐饮业	中餐酒楼	每顾客每次	40~60	35~50	10~12	1.5~1.2
		快餐店、职工及学生食堂		20~25	15~20	12~16	
		酒吧、咖啡馆、茶座、卡拉 OK 房		5~15	5~10	8~18	
12	商场	员工及顾客	每 m² 营业厅面积每日	5~8	4~6	12	1.5~1.2
13	办公楼	坐班制	每人每班	30~50	25~40	8~10	1.5~1.2
		公寓式	每人每日	130~300	120~250	10~24	2.5~1.8
		酒店式		250~400	220~320	24	2.0
14	科研楼	化学	每工作人员每日	460	370	8~10	2.0~1.5
		生物		310	250		
		物理		125	100		
		药剂调制		310	250		
15	图书馆	阅览者	每座位每次	20~30	15~25	8~10	1.5~1.2
		员工	每人每班	50	40		
16	书店	顾客	每 m² 营业厅每日	3~6	3~5	8~12	1.5~1.2
		员工	每人每班	30~50	27~40		
17	教学、实验楼	中小学校	每学生每日	20~40	15~35	8~9	1.5~1.2
		高等院校		40~50	35~40		
18	电影院、剧院	观众	每观众每场	3~5	3~5	3	1.5~1.2
		演职员	每人每场				
19	健身中心		每人每次	30~50	25~40	8~12	1.5~1.2
20	体育场（馆）	运动员淋浴	每人每次	30~40	25~40	4	3.0~2.0
		观众	每人每场	3	3		1.2
21	会议厅		每座位每次	6~8	6~8	4	1.5~1.2

（续）

序号	建筑物名称		单位	生活用水定额/[L/（人·d）]		使用时数/h	小时变化系数 K_h
				最高日	平均日		
22	会展中心（博物馆、展览馆）	观众	每 m^2 展厅面积每日	3~6	3~5	8~16	1.5~1.2
		员工	每人每班	30~50	27~40		
23	航站楼、客运站旅客		每人次	3~6	3~6	8~16	1.5~1.2
24	菜市场地面冲洗及保鲜用水		每 m^2 每日	10~20	8~15	8~10	2.5~2.0
25	停车库地面冲洗水		每 m^2 每次	2~3	2~3	6~8	1.0

注：1. 中等院校、兵营等宿舍设置公用卫生间和盥洗室。当用水时段集中时，最高日小时变化系数 K_h 宜取高值6.0~4.0；其他类型宿舍设置公用卫生间和盥洗室时，最高日小时变化系数 K_h 宜取低值3.5~3.0。

2. 除注明外，均不含员工生活用水，员工最高日用水定额为每人每班40~60L，平均日用水定额为每人每班30~45L。

3. 大型超市的生鲜食品区按菜市场用水。

4. 医疗建筑用水中已含医疗用水。

5. 空调用水应另计。

工业企业建筑，管理人员的生活用水定额可取30~50L/（人·班）；车间工人的生活用水定额应根据车间性质确定，一般宜采用30~50L/（人·班）；用水时间宜取8h，小时变化系数宜取1.5~2.5。

工业企业建筑淋浴用水定额，应根据《工业企业设计卫生标准》（GBZ 1—2010）中车间的卫生特征分级确定，可采用40~60L/（人·次），延续供水时间宜取1h。

由于我国幅员辽阔，气候条件、生活习惯、水资源状况、经济收入水平存在较大差异，即使是相同的建筑物类型、卫生器具设置标准和用水对象，用水定额仍可在一定范围内有不同取值，设计时应根据具体情况合理确定用水量。一般在气候炎热、水资源丰富、经济发达地区可取上限值，反之宜取下限值。

（2）生产用水定额 工业生产种类繁多，即使同类生产，也会由于工艺不同致使用水量有很大差异，设计时可参阅有关设计规范和规定或由工艺方面提供用水资料。

汽车冲洗用水定额应根据冲洗方式、车辆用途、道路路面等级、沾污程度等确定，可按表2-5确定。

表2-5 汽车冲洗用水定额 （单位：L/辆·次）

冲洗方式	高压水枪冲洗	循环用水冲洗补水	抹车、微水冲洗	蒸汽冲洗
轿车	40~60	20~30	10~15	3~5
公共汽车载重汽车	80~120	40~60	15~30	—

注：1. 汽车冲洗台自动冲洗设备用水量定额有特殊要求时，其值应按产品要求确定。

2. 在水泥和沥青路面行驶的汽车，宜选下限值；路面等级较低时，宜选用上限值。

（3）消防用水量 消防用水量是指用以扑灭火灾的消防设施所需水量，一般分为室外、室内消防用水量。室内消防用水量应根据现行《建筑设计防火规范（2018版）》（GB 50016—2014）与《消防给水与消火栓系统设计规范》（GB 50974—2014）、《自动喷水灭火系统设计规范》（GB 50084—2017）等确定，详细介绍见第 6 章。

2. 卫生器具额定流量

生活用水量是通过各种卫生器具和用水设备消耗的，卫生器具的供水能力与所连接的管道直径、配水阀前的工作压力有关。给水额定流量是卫生器具配水出口在单位时间内流出的规定的水量，见表 2-6。卫生器具当量是以某一卫生器具的流量 0.2L/s 为基数，其他卫生器具的流量与该流量的比值，是为方便管道水力计算而引进的概念，即一个给水当量对应的流量为 0.2L/s。

表 2-6　卫生器具的给水额定流量、当量、连接管公称管径和工作压力

序号	给水配件名称	额定流量 /(L/s)	当量	连接管公称管径/mm	工作压力 /MPa
1	洗涤盆、拖布盆、盥洗槽 　单阀水嘴 　单阀水嘴 　混合水嘴	0.15~0.20 0.30~0.40 0.15~0.20（0.14）	0.75~1.00 1.50~2.00 0.75~1.00（0.50）	15 20 15	0.100
2	洗脸盆 　单阀水嘴 　混合水嘴	0.15 0.15（0.10）	0.75 0.75（0.50）	15 15	0.100
3	洗手盆 　感应水嘴 　混合水嘴	0.10 0.15（0.10）	0.50 0.75（0.50）	15 15	0.100
4	浴盆 　单阀水嘴 　混合水嘴（含带淋浴转换器）	0.20 0.24（0.20）	1.00 1.20（1.00）	15 15	0.100
5	淋浴器 　混合阀	0.15（0.10）	0.75（0.50）	15	0.100~0.200
6	大便器 　冲洗水箱浮球阀 　延时自闭式冲洗阀	0.10 1.20	0.50 6.00	15 25	0.050 0.100~0.150
7	小便器 　手动或自动自闭式冲洗阀 　自动冲洗水箱进水阀	0.10 0.10	0.50 0.50	15 15	0.050 0.020
8	小便槽穿孔冲洗管（每 m 长）	0.05	0.25	15~20	0.015
9	净身盆冲洗水嘴	0.10（0.07）	0.50（0.35）	15	0.100
10	医院倒便器	0.20	1.00	15	
11	实验室化验水嘴（鹅颈） 　单联 　双联 　三联	0.07 0.15 0.20	0.35 0.75 1.00	15 15 15	0.020 0.020 0.020
12	饮水器喷嘴	0.05	0.25	15	0.050
13	洒水栓	0.40 0.70	2.00 3.50	20 25	0.050~0.100 0.050~0.100

（续）

序号	给水配件名称	额定流量 /（L/s）	当量	连接管公称 管径/mm	工作压力 /MPa
14	室内地面冲洗水嘴	0.20	1.00	15	0.100
15	家用洗衣机水嘴	0.20	1.00	15	0.100

注：1. 表中括弧内的数值系在有热水供应时，单独计算冷水或热水时使用。

2. 当浴盆上附设淋浴器时，或混合水嘴有淋浴器转换开关时，其额定流量和当量只计水嘴，不计淋浴器。但水压应按淋浴器计。

3. 家用燃气热水器，所需水压按产品要求和热水供应系统最不利配水点所需工作压力确定。

4. 绿地的自动喷灌应按产品要求设计。

5. 卫生器具给水配件所需额定流量和最低工作压力有特殊要求时，其值应按产品要求确定。

2.2.2 给水系统所需压力

各种配水装置为克服给水配件内摩阻、冲击及流速变化等阻力，其额定出流流量所需的最小静水压力称为最低工作压力，又称为"流出水头"。不同卫生器具的工作压力可参见表2-6"工作压力"。给水系统水压应满足最不利配水点卫生器具的工作压力，这是设计给水管道系统的基本要求。

当采用直接供水方式，系统所需水压可按式（1-1）计算；当采用水泵增压供水方式时，水泵扬程应按式（1-2）或式（1-3）计算确定。

由高位水箱供水的生活给水系统，水箱设置高度（以水箱底板面计）应满足最高层用户的用水水压要求，当达不到要求时，宜采取管道增压措施。水箱设置高度可由下式确定：

$$Z = Z_1 + H_1 + H_2 \tag{2-1}$$

式中　Z ——水箱最低动水位标高（m）；

Z_1 ——最不利配水点标高（m）；

H_1 ——设计流量下水箱至最不利配水点的总水头损失（mH$_2$O）；

H_2 ——最不利点配水附件所需最低工作压力（mH$_2$O）。

居住建筑入户管给水压力不应大于 0.35MPa，对于水压大于 0.35MPa 的入户管（或配水横管），宜设减压或调压设施。竖向分区的高层建筑生活给水系统，各分区最不利配水点的水压都应满足用水水压要求，最低卫生器具配水点处的静水压不宜大于 0.45MPa。

2.3 建筑给水设计流量与管道水力计算

2.3.1 设计流量

建筑给水设计流量是建筑物给水系统中的设备和管道在使用过程中可能出现的最大流量，它不仅是确定设备规格和管道直径的主要依据，也是计算管道水头损失，进而确定给水系统所需压力的主要依据。因此，设计流量的确定应符合用水规律、满足用水要求。

1. 最高日用水量

最高日用水量按下式计算：

$$Q_d = \frac{mq_0}{1000} \tag{2-2}$$

式中　Q_d——最高日用水量（m^3/d）；

　　　m——用水单位数，人数或床位数等；

　　　q_0——用水定额，见表2-3、表2-4。

上式适用于各类建筑物用水、汽车库汽车冲洗用水、绿化用水、道路浇洒用水。对于多功能的建筑，应分别按不同建筑物的用水定额计算各自的最高日用水量，然后将同时用水者叠加，取最大一组用水量作为整幢建筑物的最高日用水量。当一幢建筑物可用于几种功能时，应按耗水量最大的功能计算。

2. 最大时平均秒流量

最大时平均秒流量按下式计算：

$$Q_h = \frac{Q_d K_h}{3.6 \times T} \tag{2-3}$$

式中　Q_h——最大时平均秒流量（L/s）；

　　　Q_d——最高日用水量（m^3/d）；

　　　K_h——小时变化系数，见表2-3、表2-4；

　　　T——用水小时数（h）。

3. 设计秒流量

卫生器具按配水最不利情况组合出流的最大短时流量称为给水设计秒流量。建筑物内生活给水管网设计秒流量的计算方法，根据用水特点和计算方法分为以下三种：

（1）住宅　住宅建筑给水设计秒流量按下列步骤进行计算。

1）根据住宅配置的卫生器具给水当量、使用人数、用水定额、使用时数及小时变化系数，按下式计算最大用水时卫生器具给水当量平均出流概率：

$$U_0 = \frac{q_0 m K_h}{0.2 N_G T \times 3600} \tag{2-4}$$

式中　U_0——生活给水管道的最大用水时卫生器具给水当量平均出流概率（%）；

　　　q_0——最高日生活用水定额，L/（人·d），按表2-3取用；

　　　m——每户用水人数；

　　　K_h——小时变化系数，按表2-3取用；

　　　N_G——每户设置的卫生器具给水当量数；

　　　T——用水小时数（h）；

　　　0.2——1个卫生器具给水当量的额定流量。

2）根据计算管段上的卫生器具给水当量总数，按下式计算得出该管段的卫生器具给水当量的同时出流概率：

$$U = \frac{1 + \alpha_c (N_g - 1)^{0.49}}{\sqrt{N_g}} \tag{2-5}$$

式中　U——计算管段的卫生器具给水当量同时出流概率（%）；

　　　α_c——对应于不同 U_0 的系数，按表2-7取用；

N_g——计算管段的卫生器具给水当量总数。

表 2-7　给水管段卫生器具给水当量同时出流概率计算系数 α_c

U_0	1.0	1.5	2.0	2.5	3.0	3.5	4.0	4.5	5.0	6.0	7.0	8.0
α_c	0.00323	0.00697	0.01097	0.01512	0.01939	0.02374	0.02816	0.03263	0.03715	0.04629	0.05555	0.06489

3）根据计算管段上的卫生器具给水当量同时出流概率，按下式计算得计算管段的设计秒流量：

$$q_g = 0.2UN_g \qquad (2-6)$$

式中　q_g——计算管段的给水设计秒流量（L/s）。

4）给水干管有两条或两条以上具有不同最大用水时卫生器具给水当量平均出流概率的给水支管时，该管段的最大用水时卫生器具给水当量平均出流概率按下式计算：

$$\overline{U}_0 = \frac{\sum U_{0i} N_{gi}}{\sum N_{gi}} \qquad (2-7)$$

式中　$\overline{U}_0$——给水干管的卫生器具给水当量平均出流概率（%）；

$\quad\quad U_{0i}$——支管的最大用水时卫生器具给水当量平均出流概率（%）；

$\quad\quad N_{gi}$——相应支管的卫生器具给水当量总数。

（2）用水分散型公共建筑　对于用水分散型的公共建筑，如宿舍（居室内设卫生间）、旅馆、宾馆、酒店式公寓、门诊部、诊疗所、医院、疗养院、幼儿园、养老院、办公楼、商场、图书馆、书店、客运站、航站楼会展中心、教学楼、公共厕所等建筑的生活给水设计秒流量，采用平方根法按下式计算：

$$q_g = 0.2\alpha\sqrt{N_g} \qquad (2-8)$$

式中　q_g——计算管段的给水设计秒流量（L/s）；

$\quad\quad \alpha$——根据建筑物用途而定的系数，按表 2-8 取用；

$\quad\quad N_g$——计算管段的卫生器具给水当量总数。

当计算值小于该管段上 1 个最大卫生器具给水额定流量时，应采用 1 个最大的卫生器具给水额定流量作为设计秒流量；如计算值大于该管段上按卫生器具给水额定流量累加所得流量值时，应按卫生器具给水额定流量累加所得流量值采用。有延时自闭冲洗阀大便器的给水管段，其给水当量均以 0.5 计，计算得到的 q_g 附加 1.20L/s 的流量后，为该管段的给水设计秒流量。综合楼建筑的 α 值应按加权平均法计算。

表 2-8　根据建筑物用途而定的系数 α 值

建筑物类型	幼儿园、托儿所、养老院	门诊部诊疗所	办公楼商场	图书馆	书店	学校	医院、疗养院、休养所	酒店式公寓	宿舍（居室内设卫生间）、旅馆、招待所、宾馆	客运站、航站楼、会展中心、公共厕所
α	1.2	1.4	1.5	1.6	1.7	1.8	2.0	2.2	2.5	3.0

（3）用水集中型公共建筑　对于用水集中型公共建筑，如宿舍（设公用盥洗卫生间）、工业企业生活间、公共浴室、职工（学生）食堂或营业餐馆的厨房、体育场馆、剧院、普通理化实验室等建筑的生活给水管道的设计秒流量，应根据卫生器具给水额定流量、同类型卫生器具数和卫生器具的同时给水百分数按下式计算：

$$q_g = \sum q_0 N_0 b \tag{2-9}$$

式中　　q_g——计算管段的给水设计秒流量（L/s）；

　　　　q_0——同类型的 1 个卫生器具给水额定流量（L/s）；

　　　　N_0——计算管段同类型卫生器具数；

　　　　b——卫生器具的同时给水百分数，应按表 2-9、表 2-10 和表 2-11 采用。

表 2-9　宿舍（设公用盥洗卫生间）、工业企业生活间、公共浴室、影剧院、
体育场馆等卫生器具同时给水百分数（%）

卫生器具名称	宿舍（设公用盥洗卫生间）	工业企业生活间	公共浴室	影剧院	体育场馆
洗涤盆（池）	—	33	15	15	15
洗手盆	—	50	50	50	70（50）
洗脸盆、盥洗槽水嘴	5~100	60~100	60~100	50	80
浴盆	—	—	50	—	—
无间隔淋浴器	20~100	100	100	—	100
有间隔淋浴器	5~80	80	60~80	(60~80)	(60~100)
大便器冲洗水箱	5~70	30	20	50（20）	70（20）
大便槽自动冲洗水箱	100	100	—	100	100
大便器自闭式冲洗阀	1~2	2	2	10（2）	15（2）
小便器自闭式冲洗阀	2~10	10	10	50（10）	70（10）
小便器（槽）自动冲洗水箱	—	100	100	100	100
净身盆	—	33	—	—	—
饮水器	—	30~60	30	30	30
小卖部洗涤盆	—	—	50	50	50

注：1. 表中括号内的数值系电影院、剧院的化妆间，体育场馆的运动员休息室使用。

　　2. 健身中心的卫生间，可采用本表体育场馆运动员休息室的同时给水百分率。

表 2-10　职工食堂、营业餐馆厨房设备同时给水百分数

厨房设备名称	污水盆（池）	洗涤盆（池）	煮锅	生产性洗涤机	器皿洗涤机	开水器	蒸汽发生器	灶台水嘴
同时给水百分数（%）	50	70	60	40	90	50	100	30

注：职工或学生饭堂的洗碗台水嘴，按 100% 同时给水，但不与厨房用水叠加。

表 2-11　实验室化验水嘴同时给水百分数

化验水嘴名称	同时给水百分数（%）	
	科研教学实验室	生产实验室
单联化验水嘴	20	30
双联或三联化验水嘴	30	50

　　如计算值小于该管段上 1 个最大卫生器具给水额定流量时，应采用 1 个最大的卫生器具给水额定流量作为设计秒流量。自闭式冲洗阀大便器应单列计算，当单列计算值小于

1. 2L/s 时，以 1.2L/s 计；大于 1.2L/s 时，以计算值计。

当建筑物内的生活用水全部由室外管网直接供水时，建筑物引入管的设计流量，采用设计秒流量；当建筑物内的生活用水全部经贮水池后自行加压供给时，采用贮水调节池的设计补水量，设计补水量不宜大于建筑物最高日最大时生活用水量，且不得小于建筑物最高日平均时生活用水量。当建筑物内的生活用水既有室外管网直接供水又有自行加压供水时，采用直接供水部分设计秒流量与贮水调节池设计补水量之和作为引入管的设计流量。

室外给水管道设计流量计算方法见第 10 章。

【例 2-1】 某 10 层普通单元住宅 II 型，每层 6 户，每户一卫一厨，生活热水由家用燃气热水器供应，设给水立管 A 和 B，每个单元一根，每户的卫生器具及当量为：洗涤盆 1 只 （$N=1.0$）；坐便器 1 具 （$N=0.5$）；洗脸盆 1 只 （$N=0.75$）；淋浴器 1 具 （$N=0.75$）；洗衣机水嘴 1 个 （$N=1.0$）。

某 10 层普通单元住宅 III 型，每层 4 户，每户两卫一厨，生活热水由家用燃气热水器供应，设给水立管 C 和 D，每个单元一根，每户的卫生器具及当量为：洗涤盆 1 只 （$N=1.0$）；坐便器 2 具 （$N=0.5\times2=1.0$）；洗脸盆 2 只 （$N=0.75\times2=1.5$）；浴盆 1 只 （$N=1.2$）；淋浴器 1 具 （$N=0.75$）；洗衣机水嘴 1 个 （$N=1.0$）。

生活给水管道水力计算草图如图 2-5 所示。

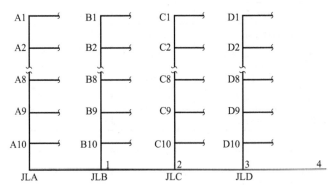

图 2-5　水力计算草图

【解】 立管 A 和 B 户当量小计：$N_G=4.0$；用水定额：250L/（人·d）；户均人数：3.5 人。用水时数：24h；时变化系数 $K_h=2.8$。

最大用水时卫生器具给水当量平均出流概率为

$$U_0 = \frac{250 \times 3.5 \times 2.8}{0.2 \times 4 \times 24 \times 3600} \times 100\% = 3.54\%$$

查表 2-7，$\alpha_c=0.02409$。

立管 C 和 D 户当量小计：$N_G=6.45$；用水定额：280L/（人·d）；户均人数：4 人。用水时数：24h；时变化系数 $K_h=2.5$。

最大用水时卫生器具给水当量平均出流概率为

$$U_0 = \frac{280 \times 4 \times 2.5}{0.2 \times 6.45 \times 24 \times 3600} \times 100\% = 2.51\%$$

查表 2-7，$\alpha_c=0.01521$。

管段 2~3 的最大用水时卫生器具给水当量平均出流概率为

$$U_{2\sim3} = \frac{4 \times 6 \times 10 \times 2 \times 0.0354 + 6.45 \times 4 \times 10 \times 0.0251}{4 \times 6 \times 10 \times 2 + 6.45 \times 4 \times 10} \times 100\% = 3.18\%$$

查表 2-7，$\alpha_c=0.02096$。

管段 3—4 的最大用水时卫生器具给水当量平均出流概率为：

$$U_{3 \sim 4} = \frac{4 \times 6 \times 10 \times 2 \times 0.0354 + 6.45 \times 4 \times 10 \times 2 \times 0.0251}{4 \times 6 \times 10 \times 2 + 6.45 \times 4 \times 10 \times 2} \times 100\% = 3.01\%$$

查表 2-7，$\alpha_c = 0.01948$。

根据式（2-5）、式（2-6）可计算各管段设计秒流量，计算结果见表 2-12。

表 2-12 管段设计秒流量表

管段编号	N_g	U	q_g/(L/s)	管段编号	N_g	U	q_g/(L/s)
入户管 A	4	0.5206	0.42	入户管 C	6.45	0.4075	0.53
A1~A2	24	0.2270	1.09	C1~C2	25.8	0.2113	1.09
A2~A3	48	0.1673	1.61	C2~C3	51.6	0.1537	1.59
A3~A4	72	0.1408	2.03	C3~C4	77.4	0.1281	1.98
A4~A5	96	0.1250	2.40	C4~C5	103.2	0.1129	2.33
A5~A6	120	0.1142	2.74	C5~C6	129.0	0.1025	2.64
A6~A7	144	0.1062	3.06	C6~C7	154.8	0.0948	2.93
A7~A8	168	0.1000	3.36	C7~C8	180.6	0.0888	3.21
A8~A9	192	0.0950	3.65	C8~C9	206.4	0.0840	3.47
A9~A10	216	0.0908	3.92	C9~C10	232.2	0.0800	3.72
A10~1	240	0.0873	4.19	C10~2	258.0	0.0766	3.95
1~2	480	0.0683	6.55	2~3	738.0	0.0564	8.33
3~4	996	0.0499	9.93				

【例 2-2】 某高校 5 层教学楼，每层设有公共卫生间，内设大便器 12 个、小便器 4 个、洗脸盆 8 个，其当量总数为 $N_g = 14$；每层使用人数 $N = 50$ 人，用水定额 $q = 50 \text{L}/(人 \cdot d)$，每天工作时间按 10h 计。若采用直接供水方式，求该教学楼给水引入管的设计流量（L/s）。

【解】 教学楼属于用水相对分散型公共建筑，直接供水方式时引入管流量采用设计秒流量，应采用式（2-8）计算。用水人数、用水定额及工作时间在此题中为计算无用条件，如需计算平均日用水量，则可采用。

查表 2-8 可得，学校建筑使用系数 α 为 1.8，代入式（2-8）有：

$$q_g = 0.2\alpha\sqrt{N_g} = [0.2 \times 1.8 \times (14 \times 5)^{1/2}] (\text{L/s}) = 3.01 \text{L/s}$$

【例 2-3】 某车间内卫生间设有 6 个延时自闭冲洗阀蹲式大便器，3 个自闭式冲洗阀小便器，4 个洗手盆（感应水嘴），求该卫生间给水引入管设计流量是多少？

【解】 因为工业企业生活间属于用水相对集中型公共建筑，应采用式（2-9）计算给水设计流量。值得注意的是，自闭式冲洗阀大便器应单列计算，当单列计算值小于 1.2L/s 时，以 1.2L/s 计；大于 1.2L/s 时，以计算值计。

查表 2-9 可得不同类型卫生器具的同时给水百分数如下：延时自闭冲洗阀大便器 2%；自闭冲洗阀小便器 10%；感应水嘴洗手盆 50%。代入式（2-9）：

$$q_g = \sum q_0 N_0 b$$
$$= (1.2 \times 6 \times 2\% + 0.1 \times 3 \times 10\% + 0.1 \times 4 \times 50\%) (\text{L/s})$$

$$= 0.144L/s（取 1.2L/s）+0.03L/s+0.2L/s = 1.43L/s$$

2.3.2 设计流速

当管段的流量确定后，流速的大小将直接影响到管道系统技术、经济的合理性。流速过大易产生水锤，引起噪声，损坏管道或附件，并将增加管道的水头损失，提高建筑内给水系统所需的压力和增压设备的运行费用；流速过小，会使管道直径变大，增加工程投资。设计时应综合考虑以上因素，将给水管道流速控制在适当的范围内。生活或生产给水管道的水流速度宜按表 2-13 采用；消火栓给水系统的管道流速不宜大于 2.5m/s；自动喷水灭火系统的管道流速不宜大于 5.0m/s，特殊情况可控制在 10m/s 以下。

表 2-13 生活给水管道的水流速度

公称直径/mm	15~20	25~40	50~70	≥80
水流速度/（m/s）	≤1.0	≤1.2	≤1.5	≤1.8

2.3.3 管网水力计算

室内给水管网的水力计算，就是在满足各配水点用水要求的前提下，确定给水管道的直径及管道的水头损失，复核室外给水管网是否满足所需压力；对于设置升压设备和高位水箱的给水系统，需要根据计算结果选择设备型号和确定水箱安装高度。

1. 确定管径

根据各管段设计流量，初步选定管道设计流速，按下式计算管道直径：

$$d = \sqrt{\frac{4q_g}{\pi V}} \tag{2-10}$$

式中　d——管道直径（m）；

　　　q_g——管道设计流量（m^3/s）；

　　　V——管道设计流速（m/s）。

由式（2-10）计算所得管道直径一般不等于标准管径，可根据计算结果取相近的标准管径，并核算流速是否符合要求。如不符合，应调整流速后重新计算。

住宅的入户管，公称直径不宜小于 20mm。

2. 沿程水头损失

给水管道的沿程水头损失可按下式计算：

$$h_f = iL = 105C_h^{-1.85}d_j^{-4.87}q_g^{1.85}L \tag{2-11}$$

式中　h_f——沿程水头损失（kPa）；

　　　i——单位长度管道上的水头损失（kPa/m）；

　　　L——管道长度（m）；

　　　C_h——海澄-威廉系数，按表 2-14 采用；

　　　d_j——管道计算内径（m）；

　　　q_g——管道设计流量（m^3/s）。

表 2-14 各种管材的海澄-威廉系数

管道类别	塑料管、内衬（涂）塑管	铜管、不锈钢管	衬水泥、树脂的铸铁管	普通钢管、铸铁管
C_h	140	130	130	100

3. 局部水头损失

生活给水管道的配水管的局部水头损失，宜按管道的连接方式，采用管（配）件当量长度法计算。螺纹接口的阀门及管件摩阻损失的当量长度见表 2-15。当管道的管（配）件当量长度资料不足时，可根据下列管件的连接状况，按管网的沿程水头损失的百分数取值：

1）管（配）件内径与管道内径一致，采用三通分水时，取 25%~30%；采用分水器分水时，取 15%~20%。

2）管（配）件内径略大于管道内径，采用三通分水时，取 50%~60%；采用分水器分水时，取 30%~35%。

3）管（配）件内径略小于管道内径，管（配）件的插口插入管口内连接，采用三通分水时，取 70%~80%；采用分水器分水时，取 35%~40%。

表 2-15 螺纹接口的阀门及管件的摩阻损失当量长度表

管件内径 /mm	各种管件的折算管道长度/m						
	90°弯头	45°弯头	三通 90°转角	三通直向流	闸阀	球阀	角阀
9.5	0.3	0.2	0.5	0.1	0.1	2.4	1.2
12.7	0.6	0.4	0.9	0.2	0.1	4.6	2.4
19.1	0.8	0.5	1.2	0.2	0.2	6.1	3.6
25.4	0.9	0.5	1.5	0.3	0.2	7.6	4.6
31.8	1.2	0.7	1.8	0.4	0.2	10.6	5.5
38.1	1.5	0.9	2.1	0.5	0.3	13.7	6.7
50.8	2.1	1.2	3.0	0.6	0.4	16.7	8.5
63.5	2.4	1.5	3.6	0.8	0.5	19.8	10.3
76.2	3.0	1.8	4.6	0.9	0.6	24.3	12.2
101.6	4.3	2.4	6.4	1.2	0.8	38.0	16.7
127.0	5.2	3	7.7	1.5	1.0	42.6	21.3
152.4	6.1	3.6	9.1	1.8	1.2	50.2	24.3

注：本表的螺纹接口是指管件无凹口的螺纹，当管件为凹口螺纹或管件与管道为等径焊接，其当量长度取本表值的一半。

水表的局部水头损失应按选用产品所给定的压力损失值计算。在未确定具体产品时，可按下列情况选用：住宅入户管上的水表，宜取 0.01MPa；建筑物或小区引入管上的水表，在生活用水工况时，宜取 0.03MPa；在校核消防工况时，宜取 0.05MPa。

4. 水力计算方法步骤

水力计算方法步骤如下：

1）根据建筑平面图和确定的给水方式，绘出给水管道平面布置图及轴测图，列出水力计算表，以便将每步计算结果填入表内，使计算有条不紊地进行。

2）根据轴测图选择最不利配水点，确定计算管路。若在轴测图中难以判定最不利配水点，则应同时选择几条计算管路，分别计算各管路所需压力，其最大值为建筑内给水系统所需的压力。

3）根据建筑的性质选用设计秒流量公式，计算各管段的设计秒流量。

4）以流量变化处为节点，从配水最不利点开始，进行节点编号，将计算管路划分成计算管段，并标出两节点间计算管段的长度。

5）确定各管段直径；计算沿程水头损失、局部水头损失、管路总水头损失。

6）确定给水系统所需压力，选择增压设备，确定水箱设置高度。

若初定为外网直接给水方式，当室外给水管网可利用水压 $H_0 \geqslant$ 给水系统所需压力 H 时，原方案可行；当 H 略大于 H_0 时，可适当放大部分管段的管径，减小管道系统的水头损失，以满足 $H_0 \geqslant H$ 的条件；若 H 比 H_0 大很多，则应修正原方案，在给水系统中增设升压设备。对采用水箱上行下给布置方式的给水系统，则应按式（2-1）校核水箱的安装高度，若水箱高度不能满足供水要求，可采用提高水箱高度、放大管径、设置管道泵或选用其他供水方式来解决。

7）确定非计算管路各管段的管径。

■ 2.4　水量调节与水质防护

2.4.1　贮水池

除了采用叠压供水方式的生活给水系统之外，采用水箱水泵联合给水方式、气压给水方式或变频调速给水方式的建筑给水系统一般都设有贮水池。贮水池在给水系统中起到调节建筑物用水量与水源供水量之间的差额、贮存消防用水量及事故备用水量的作用。

1. 有效容积

贮水池的有效容积与水源的供水能力和用水量变化情况以及用水可靠性要求有关，包括调节水量、消防贮备水量和生产事故备用水量 3 部分，一般按下式计算：

$$V = (Q_b - Q_g)T_b + V_f + V_s \qquad (2-12)$$

式中　V——贮水池的有效容积（m^3）；

Q_b——水泵出水量（m^3/h）；

Q_g——水源供水能力（水池进水量）（m^3/h）；

T_b——水泵最长连续运行时间（h）；

V_f——消防贮备水量（m^3）；

V_s——生产事故备用水量（m^3）。

水源的供水能力应满足下式要求：

$$Q_g \geqslant \frac{T_b}{T_b + T_t} Q_b \qquad (2-13)$$

式中　T_t——水泵运行的间隔时间（h），其他符号意义与式（2-12）相同。

水源供水能力大于水泵出水量时，不需要考虑调节水量，取 $Q_g = Q_b$；消防贮备水量根据现行的《建筑设计防火规范（2018 年版）》（GB 50016—2014）的要求确定，火灾期间能够确保连续供水的贮水池，应扣除补充水量；生产事故备用水量主要是在进水管道系统发生故障需要检修期间，满足室内生产、生活用水的需要，可根据建筑物的重要性，取 2~3 倍最大小时用水量。

供单体建筑物的生活饮用水池应与其他用水的水池分开设置，有效容积应按进水量与用水量变化曲线经计算确定，当资料不足时，宜按建筑物最高日用水量的 20%~25% 确定。当小区的生活贮水量大于消防贮水量时，小区生活用水贮水池与消防用贮水池可合并设置，合并贮水池有效容积贮水设计更新周期不得大于 48h。

2. 设置要求

生活饮用水贮水池应设在通风良好、不结冻的房间内；为防止渗漏造成损害和避免噪声影响，贮水池不宜毗邻电气用房和居住用房或在其下方；贮水池外壁与建筑本体结构墙面或其他池壁之间的净距，应满足施工或装配的需要，无管道的侧面，净距不宜小于 0.7m；安装有管道的侧面，净距不宜小于 1.0m，且管道外壁与建筑本体墙面之间的通道宽度不宜小于 0.6m；设有人孔的池顶，顶板面与上面建筑本体板底的净空不应小于 0.8m。贮水池内宜设有水泵吸水坑，吸水坑的大小和深度，应满足水泵或水泵吸水管的安装要求。生活、消防合用贮水池应设有保证消防贮备水量不被动用的措施，如图 2-6 所示。

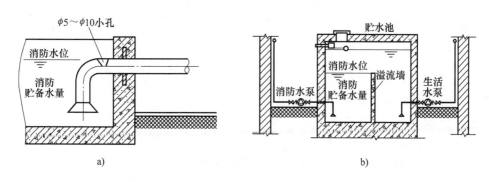

图 2-6 保证消防水不被动用的技术措施

贮水池应设进水管、出水管、溢流管、泄水管和水位信号装置，进、出水管宜分别设置，并应有防止短路的措施。当利用城镇给水管网压力直接进水时，应设置自动水位控制阀，控制阀直径与进水管管径相同。当采用浮球阀时，不宜少于两个，且进水管标高应一致；浮球阀前应设检修用控制阀。溢流管宜采用水平喇叭口集水，喇叭口下的垂直管段不宜小于 4 倍溢流管管径。溢流管的管径，应按能排泄贮水池的最大入流量确定，并宜比进水管大一级。泄水管的管径应按水池泄空时间和泄水受体排泄能力确定。

容积大于 500m³ 的贮水池，应分成容积基本相等的两格，以便清洗检修时不中断供水。

2.4.2 水箱

1. 有效容积

高位水箱在建筑给水系统中起到稳定水压、贮存和调节水量的作用。水箱的有效容积应根据调节容积、生产事故备用水量及消防贮备水量之和计算。水箱的调节容积应根据进水（室外给水管网或水泵向水箱供水）与出水（水箱向建筑内部给水管网供水）情况，经分析后确定。

1）由室外给水管网供水。

$$V = QT \tag{2-14}$$

式中　V——水箱的调节容积（m^3）；

　　　Q——水箱连续供水的平均小时用水量（m^3/h）；

　　　T——水箱连续供水的最长时间（h）。

缺乏上述资料时，宜按用水人数和最高日用水定额确定。

2）由人工操作水泵进水。

$$V = \frac{Q_d}{N} - T_b Q_p \tag{2-15}$$

式中　V——水箱的调节容积（m^3）；

　　　Q_d——最高日用水量（m^3）；

　　　N——水泵每天启动次数；

　　　T_b——水泵启动 1 次的最短运行时间（h），由设计确定；

　　　Q_p——水泵运行时间 T_b 内的平均时用水量（m^3/h）。

3）水泵自动启动供水。

$$V = C \frac{Q_b}{4n} \tag{2-16}$$

式中　V——水箱的调节容积（m^3）；

　　　C——安全系数，可在 1.5~2.0 内采用；

　　　Q_b——水泵供水量（m^3/h）；

　　　n——水泵 1h 内最大启动次数，一般选用 4~8 次/h。

水泵为自动控制时，水箱调节容积不宜小于最大小时用水量的 50%。生产事故备用水量可按工艺要求确定。消防贮备水量用以扑救初期火灾，水箱消防储水量与建筑类别、建筑规模、建筑高度、使用性质等有关。

2. 设置要求

水箱应设置在通风良好、不结冻的房间内；为防止结冻或阳光照射水温上升导致余氯加速挥发，露天设置的水箱应采取保温措施；高位水箱箱壁与水箱间墙壁及其他水箱之间的净距与贮水池的布置要求相同，水箱底与水箱间地面板的净距，当有管道敷设时不宜小于0.8m；水箱的设置高度（以底板面计）应满足最高层用户的用水水压要求，如达不到，宜在其入户管上设管道泵增压。

水箱应设进水管、出水管、溢流管、泄水管和水位信号装置。进水管宜设在检修孔的下方，利用市政管网直接进水的水箱，进水管布置要求与贮水池相同，当水箱采用水泵加压进水时，应设置水箱水位自动控制水泵开、停的装置。出水管可由水箱侧壁或底部接出，管口应高出箱底50mm，以免将箱底沉淀物带入配水管网。水箱进、出水管宜分别设置，并应有防止短路的措施。溢流管口应在水箱报警水位以上 50mm 处，管径宜比进水管大 1~2 级，管顶设 1∶1.5~1∶2 喇叭口。溢流管上不允许设阀门，其出口应设网罩。泄水管用以检修或清洗时放空水箱，管上应设阀门，管径一般比进水管小一级，但不应小于 50mm，从箱底接出，可与溢流管相连后用同一根管排水，但不能与下水管道直接连接。水箱的管道及附件如图 2-7 所示。

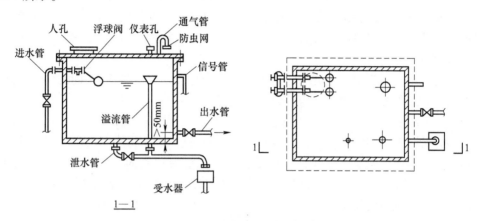

图 2-7　水箱配管、附件示意图

为减少工程中由于自动水位控制阀失灵，水箱溢水造成水资源浪费，水箱宜设置水位监视和溢流报警装置，信息应传至监控中心。报警水位应高出最高水位 50mm 左右，小水箱可小一些，大水箱可取大一些。生活用水水箱的贮水量较大时，应在箱盖上设通气管，以使水箱内空气流通，一般通气管管径≥50mm，通气管高出水箱顶 0.5m。

2.4.3　水质污染与防护

1. 水质污染现象及原因

生活饮用水系统的水质，应符合《生活饮用水卫生标准》（GB 5749—2006）的要求。如果建筑内部给水系统设计、施工、维护、管理不当，有可能出现水质污染现象，导致建筑给水系统水质污染的常见原因有：

1）材料方面。UPVC 管在生产过程中由于加了入重金属添加剂，以及 PVC 本身残存的单体氯乙烯和一些小分子，在使用的时候易转移到水中；塑料管如果采用溶剂连接，所用的黏接剂很难保证无毒；混凝土贮水池或水箱墙体中石灰物渗出，导致水中的 pH 值、Ca 含量、碱度增加，混凝土还能渗出钡、铬、镍、镉等金属污染物；金属贮水设备防锈漆的脱落等都可引起水质污染。

2）施工方面。地下水位较高时贮水池底板防渗处理不好；贮水池与水箱的溢流管、间接排水的泄水管不符合要求；配水件出水口高出承接用水容器溢流边缘的空气间隙太小；布置在环境卫生条件恶劣地段的管道接口密闭不严可能导致水质污染。

3）系统布置方面。生活饮用水贮水池与化粪池、污水处理构筑物、渗水井、垃圾堆放点等污染源没有足够的卫生防护距离；水箱与厕所、浴室、盥洗室、厨房、污水处理间等相邻；饮用水系统与其他给水系统直接连接；给水管道穿过大便槽和小便槽；给水管道与排水管道间距或相对位置不当等都是水质污染的隐患。

4）设计方面。贮水池、水箱进出水管位置不合适，在水池、水箱内形成死水区；贮水池、水箱总容积过大，水流停留时间长但无二次消毒设备；直接向锅炉、热水机组、水加热器、气压水罐等有压容器或密闭容器注水的注水管上没有可靠的防止倒流污染的措施等设计缺陷也会造成水质污染。

5）管理方面。贮水池、水箱等贮水设备未定期进行水质检验，未按规范要求进行冲洗、消毒；通气管、溢流管出口网罩破损后没有及时修补；人孔盖板密封不严密；配水龙头上任意连接软管，形成淹没出流等管理不善问题，也是水质污染的主要因素。

2. 防护措施

生活饮用水不得因管道产生虹吸、背压回流而受污染。卫生器具和用水设备、构筑物等的生活饮用水管道的配水件出水口应符合下列规定：

1）出水口不得被任何液体或杂质所淹没。

2）出水口高出承接用水容器溢流边缘的最小空气间隙，不得小于出水口直径的 2.5 倍。

生活饮用水水池（箱）的进水管口的最低点高出溢流边缘的空气间隙应等于进水管管径，且不应小于 25mm，可不大于 150mm。当进水管从最高水位以上进入水池（箱），管口为淹没出流时，管顶应装设真空破坏器等防虹吸回流措施。不存在虹吸回流的低位生活饮用水贮水池，其进水管不受上述限制，但仍宜从最高水面以上进入水池。

从生活饮用水管网向消防等其他用水的贮水池（箱）补水时，其进水管口最低点高出溢流边缘的空气间隙不应小于 150mm。

从给水管道上直接供下列用水管道时，应在这些用水管道的下列部位设置管道倒流防止器：

1）从城镇给水管网的不同管段接出两路及两路以上的引入管，且与城镇给水管网形成环状管网的小区或建筑物，在其引入管上。

2）从城镇生活给水管网直接抽水的水泵的吸水管上。

3）利用城镇给水管网水压且小区引入管无防回流设施时，向商用的锅炉、热水机组、水加热器、气压水罐等有压容器或密闭容器注水的注水管上。

从小区或建筑物内生活饮用水管道系统上接至下列用水管道或设备时应设置倒流防止器。

1）单独接出消防用水管道时，在消防用水管道的起端。

2）从生活用水与消防用水合用贮水池抽水的消防水泵的出水管上。

生活饮用水管道系统上连接下列含有对健康有危害物质等有害有毒场所或设备时，必须设置倒流防止设施：

1）贮存池（罐）、装置、设备的连接管上。

2）化工剂罐区、化工车间、三级及三级以上的生物安全实验室等除贮存池（罐）、装置、设备的连接管上外，还应在其引入管上设置有空气间隙的水箱，其设置位置应在防护区外。

从小区或建筑物内生活饮用水管道上直接接出下列用水管道时，应在这些用水管道上设置真空破坏器：

1）当游泳池、水上游乐池、按摩池、水景池、循环冷却水集水池等的充水或补水管道出口与溢流水位之间的空气间隙小于出口管径 2.5 倍时，在其充（补）水管上。

2）不含有化学药剂的绿地喷灌系统，当喷头为地下式或自动升降式时，在其管道起端。

3）消防（软管）卷盘和轻便消防水龙。

4）出口接软管的冲洗水嘴（阀）、补水水嘴与给水管道连接处。

城镇给水管道严禁与自备水源的供水管道直接连接。严禁生活饮用水管道与大便器（槽）、小便斗（槽）采用非专用冲洗阀直接连接冲洗。生活饮用水管道应避开毒物污染区，当条件限制不能避开时，应采取防护措施。给水管道不得穿过大便槽和小便槽，且立管离大、小便槽端部不得小于 0.5m。建筑物内埋地敷设的生活给水管与排水管之间的最小净距，平行埋设时不应小于 0.5m；交叉埋设时不应小于 0.15m，且给水管应在排水管的上面。

埋地式生活饮用水贮水池周围 10m 以内，不得有化粪池、污水处理构筑物、渗水井、垃圾堆放点等污染源；周围 2m 以内不得有污水管和污染物。当达不到此要求时，应采取防污染的措施。建筑物内的生活饮用水水池（箱）体，应采用独立结构形式，不得利用建筑物的本体结构作为水池（箱）的壁板、底板及顶盖。生活饮用水水池（箱）与其他用水水池（箱）并列设置时，应有各自独立的分隔墙。建筑物内的生活饮用水水池（箱）宜设在专用房间内，其上层的房间不应有厕所、浴室、盥洗室、厨房、污水处理间等。生活饮用水水池，应设置水消毒处理装置。

生活饮用水水池（箱）的构造和配管，应符合下列规定：

1）人孔、通气管、溢流管应有防止生物进入水池（箱）的措施。

2）进水管宜在水池（箱）的溢流水位以上接入。

3）进出水管布置不得产生水流短路，必要对应设导流装置。

4）不得接纳消防管道试压水、泄压水等回流水或溢流水。

5）泄空管和溢流管的出口，不得与污废水管道系统直接连接，应采取间接排水的方式。

6）水池（箱）材质、衬砌材料和内壁涂料，不得影响水质。

在非饮用水管道上接出水嘴或取水短管时，应采取防止误饮误用的措施。

3. 储水设施消毒

自 2007 年 5 月 1 日起施行的《城市供水水质管理规定》（建设部令第 156 号）第十四条明文规定：二次供水管理单位，应当建立水质管理制度，配备专（兼）职人员，加强水质管理，定期进行常规检测并对各类储水设施清洗消毒（每半年不得少于一次）。不具备相应水质检测能力的，应当委托经质量技术监督部门资质认定的水质检测机构进行现场检测。

 **思考题**

1. 给水管道布置的原则和要求有哪些？

2. 给水管道明设和暗设各有什么优缺点？敷设时有什么要求？

3. 简述给水管道防腐、防冻、防结露、防高温、防振措施。

4. 生活用水定额和生产用水定额与哪些因素有关？

5. 如何确定给水系统中最不利配水点和给水系统所需压力？

6. 什么是给水当量？什么是给水设计秒流量？

7. 我国生活给水管网设计秒流量的计算方法有哪几种？分别适用于什么类型的建筑？

8. 为什么要将给水管道的水流速度控制在一定范围内？常用的流速范围是多少？

9. 如何确定各种阀门和管件的局部水头损失？

10. 请说明生活给水管网水力计算的方法步骤。

11. 如何确定贮水池或水箱容积？贮水池或水箱的设置有哪些要求？

12. 导致建筑给水系统水质污染的常见原因有哪些？防止水质污染应采取哪些措施？

第 3 章

建筑排水系统设计与计算

建筑排水系统是将建筑内部人们在日常生活和工业生产过程中使用过的、受到污染的水及降落到屋面的雨雪水收集起来，及时排到室外。

■ 3.1 建筑排水系统的分类和组成

3.1.1 建筑排水系统的分类

按系统接纳的污废水类型不同，建筑排水系统可分为以下 3 类：

1. 生活排水系统

生活排水系统用于排除居住建筑、公共建筑及工厂生活间产生的污废水。有时，由于污废水处理、卫生条件或杂用水水源的需要，把生活排水系统又进一步分为排除冲洗便器的生活污水排水系统和排除盥洗、洗涤废水的生活废水排水系统。生活废水经过处理后，可作为杂用水，用来冲洗厕所、浇洒绿地和道路、冲洗汽车等。

2. 工业废水排水系统

工业废水排水系统排除工艺生产过程中产生的污废水。为便于污废水的处理和综合利用，按污染程度可分为生产污水排水系统和生产废水排水系统。生产污水污染较重，需要经过处理，达到排放标准后排放；生产废水污染较轻，如机械设备冷却水，生产废水可作为杂用水水源，也可经过简单处理后（如降温）回收使用或排入水体。

3. 屋面雨水排水系统

屋面雨水排水系统收集排除降落到多跨工业厂房、大屋面建筑和高层建筑屋面上的雨雪水。

本章主要介绍建筑生活排水系统的设计与计算。屋面雨水排水系统设计与计算见本书第 4 章。

3.1.2 建筑排水系统的选择

1. 建筑排水体制

按照污水和废水的排除方式，建筑排水体制可分为分流制和合流制 2 种。分流制指生活污水与生活废水、生产污水与生产废水从建筑物内分别排至建筑物外。合流制指生活污水与生活废水、生产污水与生产废水在建筑物内合流后排至建筑物外。

2. 建筑排水系统的选择

建筑排水系统采用分流制还是合流制，应根据污（废）水性质、污染程度、室外排水体制、污（废）水综合利用的可能性及处理要求等确定。

建筑排水体制的确定主要取决于室外的排水体制，室外排水体制是指污水和雨水的分流与合流，室内排水体制是指污水与废水的分流与合流。当室外无污水处理厂和污水管道，即室外仅有雨水管道时，室内宜分流；当室外有污水管道和污水处理厂，即室外分别有污水和雨水管道时，室内宜合流。

建筑物在下列情况下宜采用生活污水与生活废水分流的排水系统：

1）当政府有关部门要求污水、废水分流且生活污水需经化粪池处理后才能排入城镇排水管道时。

2）生活废水需回收利用时。

下列建筑排水应单独排水至水处理或回收构筑物：

1）职工食堂、营业餐厅的厨房含有大量油脂的洗涤废水。

2）机械自动洗车台冲洗水。

3）含有大量致病菌，放射性元素超过排放标准的医院污水。

4）水温超过40℃的锅炉、水加热器等加热设备排水。

5）用作回用水水源的生活排水。

6）实验室产生的有害、有毒废水。

建筑物雨水管道应单独设置，雨水回收利用可参照现行国家标准《建筑与小区雨水控制及利用工程技术规范》（GB 50400—2016）执行。

3.1.3 建筑排水系统的组成

建筑排水系统的组成应能满足以下3个基本要求：首先，系统能迅速畅通地将产生的污废水排到室外；其次，建筑排水管道系统气压稳定，有毒、有害气体不能进入室内，保持室内环境卫生；第三，排水管线布置合理，简短顺直，工程造价低。

为满足上述要求，建筑排水系统的基本组成部分为：卫生器具和生产设备的受水器、排水管道、清通设备和通气管道系统，室内排水系统基本组成如图3-1所示。根据需要，有些排水系统设有污废水的提升设备和污水局部处理构筑物。

1. 卫生器具和生产设备受水器

卫生器具又称为卫生设备或卫生洁具，是建筑生活排水系统的起点，用来供水并接受、排出人们在日常生活中产生的污废水或污物的容器或装置。生产设备受水器是接受、排出工业企业在生产过程中产生的污废水或污物的容器或装置。卫生器具和生产设备受水器应满足人们在日常生活和生产过程中的卫生和工艺要求。

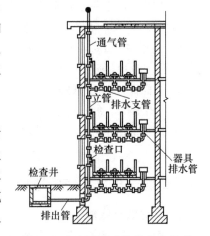

图3-1 室内排水系统的基本组成

卫生器具的结构、形式和材料各不相同，应根据其用途、设置地点、维护条件和安装条件选用。为满足卫生清洁的要求，卫生器具一般采用不透水、无气孔、表面光滑、耐腐蚀、耐磨损、耐冷热、便于清扫有一定强度的材料制造，如陶瓷、搪瓷生铁、塑料、水磨石、复合材料等。为防止粗大污物进入管道，发生堵塞，除了大便器外,所有卫生器具均应在放水口处设栏栅。

(1) 便溺器具　便溺用器具是用来收集排除粪便、尿液用的卫生器具。设置在卫生间和公共厕所内。便溺器具包括便器和冲洗设备两部分。

1) 大便器。常用的大便器有坐式大便器、蹲式大便器和大便槽三种。大便器选用应根据使用对象、设置场所、建筑标准等因素确定,且均应选用节水型大便器。

坐式大便器按冲洗的水力原理分为冲洗式和虹吸式两种,坐式大便器如图 3-2 所示。

冲洗式坐便器环绕便器上口是一圈开有很多小孔口的冲水槽。冲洗开始时,水进入冲洗槽,经小孔沿便器内表面冲下,便器内水面涌高,将粪便冲出存水弯边缘。冲洗式坐便器的缺点是受污面积大,水面面积小,每次冲洗不一定能保证将污物冲洗干净。

虹吸式坐便器是靠虹吸作用,把粪便全部吸出。在冲水槽进水口处有一个冲水缺口,部分水从这里冲射下来,加快虹吸作用。虹吸式坐便器为使冲洗水冲下时有力,流速很大,所以会发生较大噪声。

坐式大便器安装尺寸如图 3-3 所示。

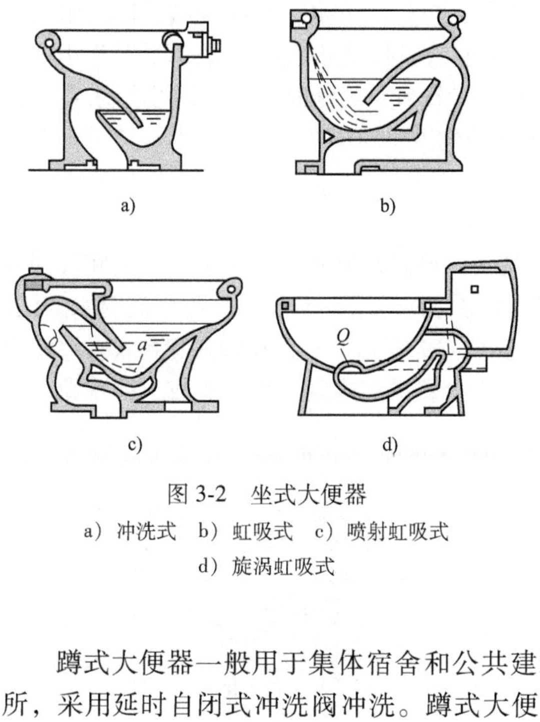

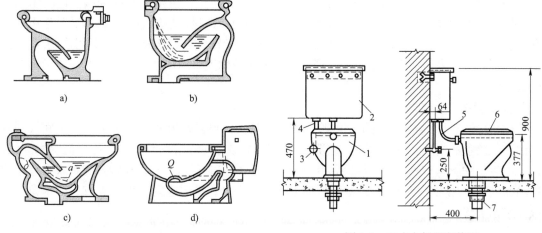

图 3-2　坐式大便器
a) 冲洗式　b) 虹吸式　c) 喷射虹吸式
d) 旋涡虹吸式

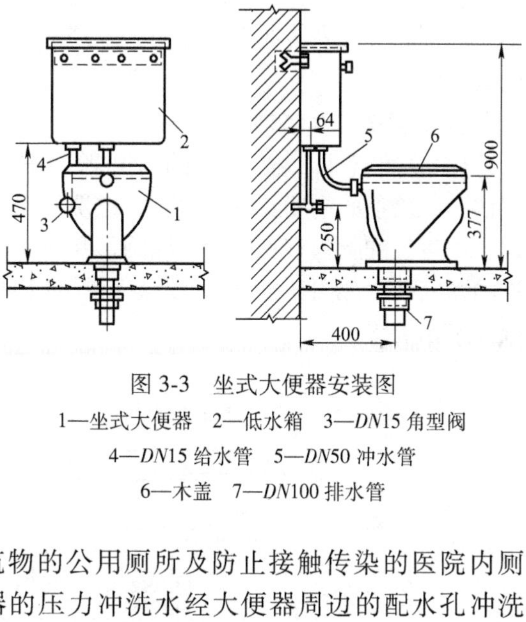

图 3-3　坐式大便器安装图
1—坐式大便器　2—低水箱　3—DN15 角型阀
4—DN15 给水管　5—DN50 冲水管
6—木盖　7—DN100 排水管

蹲式大便器一般用于集体宿舍和公共建筑物的公用厕所及防止接触传染的医院内厕所,采用延时自闭式冲洗阀冲洗。蹲式大便器的压力冲洗水经大便器周边的配水孔冲洗便器。

大便槽用于学校、火车站、汽车站、游乐场等人员较多的场所,代替成排的蹲式大便器。大便槽造价低,便于采用集中自动冲洗水箱和红外线数控冲洗装置,既节水又卫生。

2) 小便器。小便器设于公共建筑男厕所内,收集和排除小便的便溺用卫生器具,多为陶瓷制品,有挂式、立式和小便槽 3 类。其中立式小便器用于标准高的建筑,小便槽用于工业企业、公共建筑和集体宿舍等建筑。立式小便器安装图如图 3-4 所示,挂式小便器安装图如图 3-5 所示。

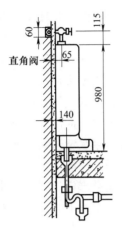

图 3-4 立式小便器安装图

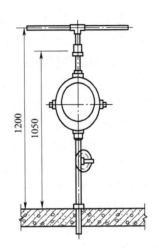

图 3-5 挂式小便器安装图

3）冲洗设备。冲洗设备是便溺器具的配套设备，包括冲洗水箱和冲洗阀。冲洗水箱是冲洗便溺用卫生器具的专用水箱，箱体材料多为陶瓷、塑料、玻璃钢、铸铁等。其作用是贮存足够的冲洗用水，保证一定冲洗强度，并起流量调节和空气隔断作用，防止给水系统污染。冲洗阀直接安装在大小便器冲洗管上，公共场所的卫生间小便器宜采用感应式或延时自闭式冲洗阀。

（2）盥洗、沐浴器具

1）洗脸（手）盆。一般用于洗脸、洗手和洗头，设置在盥洗室、浴室、卫生间及理发室内。洗脸盆的高度及深度适宜，盥洗不用弯腰较省力，使用时不溅水，可用流动水盥洗，比较卫生。洗脸盆有长方形、椭圆形和三角形，安装方式有墙架式、柱脚式和台式，墙架式洗脸盆安装图如图 3-6 所示。公共场所的卫生间洗手盆宜采用感应式水龙头或自闭水龙头等限流节水装置。

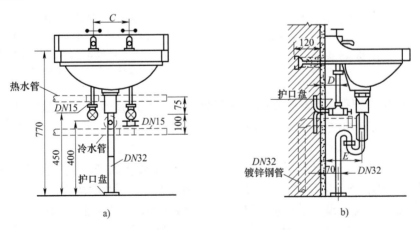

图 3-6 墙架式洗脸盆安装图
a）正面 b）侧面

2）盥洗槽。用瓷砖、水磨石等材料现场建造的卫生设备，设置在同时有多人使用的地方，如集体宿舍、车站、工厂生活间等。

3）浴盆。浴盆设在住宅、宾馆、医院等卫生间或公共浴室。浴盆配有冷热水管或混合龙头，有的还配有淋浴设备，浴盆安装图如图 3-7 所示。

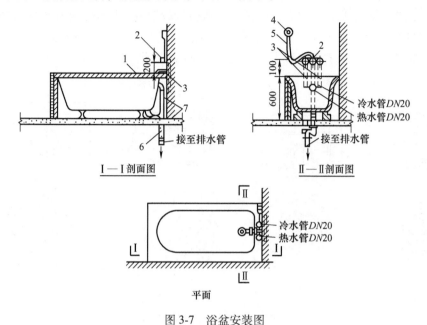

图 3-7　浴盆安装图
1—浴盆　2—混合阀门　3—给水管　4—莲蓬头　5—蛇皮管　6—存水弯　7—排水管

4）淋浴器。淋浴器多用于工厂、学校、机关、部队公共浴室和集体宿舍、体育馆内。与浴盆相比，淋浴器具有占地面积小，设备费用低，耗水量小，清洁卫生，避免疾病传染的优点。淋浴器有成品的，也有现场安装的。淋浴器安装图如图 3-8 所示。

5）净身盆。净身盆与大便器配套安装，供便溺后洗下身用，更适合妇女和痔疮患者使用。一般用于医院、疗养院和养老院中的公共浴室或宾馆高级客房的卫生间内，也用于医院、工厂的妇女卫生室内。净身盆的尺寸与大便器基本相同，有立式和墙挂式两种。

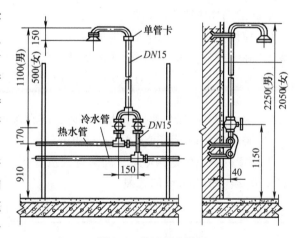

图 3-8　淋浴器安装图

（3）洗涤器具

1）洗涤盆。装设在厨房或公共食堂内，用来洗涤碗碟、蔬菜等。洗涤盆多为陶瓷、搪瓷、不锈钢和玻璃钢制品，有单格、双格和三格之分，双格洗涤盆一格洗涤，一格泄水。

2）化验盆。设置在工厂、科研机关和学校的化验室或实验室内，盆体本身常带有存水弯，材质为陶瓷，也有玻璃钢、搪瓷制品。根据需要，可装置单联、双联、三联鹅颈龙头。

3）污水盆（池）。污水盆（池）设置在公共建筑的厕所、盥洗室内，供洗涤拖把、打扫厕所或倾倒污废水的洗涤用卫生器具。污水盆多为陶瓷、不锈钢或玻璃制品，污水池以水磨石现场建造，按设置高度，污水盆（池）有挂墙式和落地式两类。

（4）地漏 地漏是用来排放地面水的装置。卫生间、盥洗室、淋浴间等需经常从地面排水的房间，应设置地漏。住宅套内应按洗衣机位置设置洗衣机排水专用地漏或洗衣机排水存水弯，其排水管道不得接入室内雨水管道。地漏有直通式、普通式、多通道式、网框式、防回流式、密闭式、侧墙式等多种类型。其中几种类型的地漏如图3-9所示。

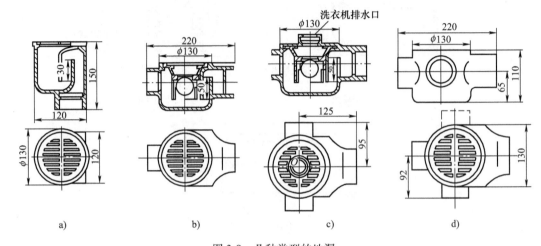

图 3-9 几种类型的地漏

a）普通地漏 b）单通道地漏 c）双通道带洗衣机排水地漏 d）三通道地漏

地漏的选择应符合下列要求：

1）应优先采用具有防涸功能的地漏。

2）在无安静要求和无须设置环形通气管、器具通气管的场所，可采用多通道地漏。

3）食堂、厨房和公共浴室等排水宜设置网框式地漏。

4）严禁采用钟罩（扣碗）式地漏。

5）废水中如夹带纤维或有大块物体，应在排水管道连接处设置带网筐地漏或格栅。

6）带水封的地漏深度不得小于50mm。

淋浴室内一般用地漏排水，地漏直径按表3-1选用，当采用排水沟排水时，8个淋浴器可设1个直径为100mm的地漏。

表 3-1 淋浴室地漏直径

淋浴器数量（个）	地漏直径/mm
1~2	50
3	75
4~5	100

2. 排水管道

排水管道包括器具排水管（含存水弯）、排水横支管、立管、埋地干管和排出管。按管道设置地点、条件及污水的性质和成分，建筑内部排水管材主要有塑料管、铸铁管、钢管等。建筑内部排水管道应采用建筑排水塑料管及管件或柔性接口机制排水铸铁管及相应管件；当连续排水温度大于 40℃时，应采用金属排水管或耐热塑料排水管；压力排水管道可采用耐压塑料管、金属管或钢塑复合管。

（1）塑料管　建筑内使用的排水塑料管主要有硬聚氯乙烯塑料（PVC-U）管和高密度聚乙烯（HDPE）管。PVC-U 管具有重量轻、不结垢、不腐蚀、外壁光滑、容易切割、便于安装、可制成各种颜色、投资省和节能的优点，但也有强度低、耐温性差（使用温度在−5~50℃之间）、立管产生噪声、暴露于阳光下管道易老化、防火性能差等缺点。排水硬聚氯乙烯管规格见表 3-2，常用塑料排水管件如图 3-10 所示。

表 3-2　排水硬聚氯乙烯管规格

公称直径/mm	40	50	75	100	150
外径/mm	40	50	75	110	160
壁厚/mm	2.0	2.0	2.3	3.2	4.0
参考重量/(g/m)	341	431	751	1535	2803

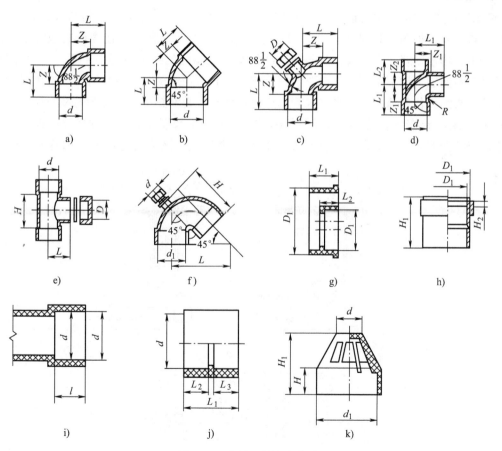

图 3-10　常用塑料排水管件

a）90°弯头　b）45°弯头　c）带检查90°弯头　d）三通　e）立管检查口　f）带检查口存水弯
g）变径　h）伸墙节　i）管性粘接承口　j）套筒　k）通气帽

（2）铸铁管　排水铸铁管有刚性接口和柔性接口 2 种。为使管道具有良好的曲挠性和伸缩性，以适应因建筑楼层间变位而导致的轴向位移和横向挠曲变形，防止管道裂缝、折断，建筑内部排水管道应采用柔性接口机制排水铸铁管。柔性接口机制排水铸铁管有 2 种：一种是连续铸造工艺制造，承口带法兰，管壁较厚，采用法兰压盖、橡胶密封圈、螺栓连接；另一种是水平旋转离心铸造工艺制造，无承口，管壁薄而均匀，重量轻，采用不锈钢带、橡胶密封圈、卡紧螺栓连接，具有安装、更换管道方便、美观的特点。

柔性接口机制排水铸铁管具有强度高、抗震性能好、噪声低、防火性能好、寿命长、膨胀系数小、安装施工方便、美观（不带承口）、耐磨和耐高温性能好的优点；缺点是造价较高。建筑高度超过 100m 的高层建筑、对防火等级要求高的建筑物、要求环境安静的场所、环境温度可能出现 0℃以下的场所，以及连续排水温度大于 40℃或瞬时排水温度大于 80℃的排水管道应采用柔性接口机制排水铸铁管。

（3）钢管　钢管主要用于洗脸盆、小便器、浴盆等卫生器具与横支管间的连接短管，管径一般为 32mm、40mm、50mm。工厂车间内振动较大的地点也可用钢管代替铸铁管。

3. 清通设备

为疏通建筑内部排水管道，保障排水畅通，需设清通设备。清通设备包括清扫口、检查口和检查口井，如图 3-11 所示。清扫口装在排水横管上，并宜设置在楼板或地坪上，且与地面相平，排水横管起点的清扫口与其端部相垂直的墙面的距离不得小于 0.2m。当排水横管悬吊在转换层或地下室顶板下设置清扫口有困难时，可用检查口替代清扫口，也可用带清扫口的弯头配件代替清扫口。当排水管起点设置堵头代替清扫口时，堵头与墙面应有不小于0.4m 的距离。检查口装设在立管或较长横管上，立管上设置检查口，检查口检查盖应面向便于检查清扫的方位，应在地（楼）面以上 1m，并应高于该层卫生器具上边缘 0.15m；横

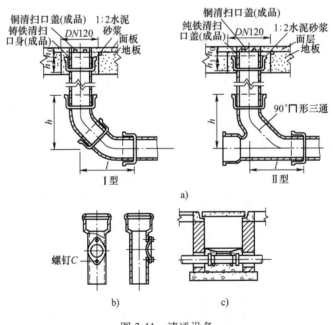

图 3-11　清通设备

a）清扫口　b）检查口　c）检查口井

干管上的检查口应垂直向上。检查口井设在室内较长的埋地横干管上，检查口井不同于一般的检查井，为防止管内有毒、有害气体外逸，在井内上下游管道之间由带检查口的短管连接。在生活排水管道上应按下列规定设置检查口和清扫口：

1）排水立管上连接排水横支管的楼层应设检查口，且在建筑物底层必须设置，当立管水平拐弯或有乙字管时，在该层立管拐弯处和乙字管的上部应设检查口。

2）在连接 2 个及 2 个以上大便器或 3 个及 3 个以上卫生器具的铸铁排水横管上，宜设置清扫口；在连接 4 个及 4 个以上的大便器的塑料排水横管上宜设置清扫口。

3）在水流偏转角大于 45° 的排水横管上，应设检查口或清扫口。

4）当排水立管底部或排出管上的清扫口至室外检查井中心的最大长度大于表 3-3 中的数值时，应在排出管上设清扫口。

表 3-3　排水立管底部或排出管上的清扫口至室外检查井中心的最大长度

管径/mm	50	75	100	100 以上
最大长度/m	10	12	15	20

5）排水横管的直线管段上检查口或清扫口之间的最大距离应符合表 3-4 中的规定。

表 3-4　排水横管直线管段上检查口或清扫口之间的最大距离

管道管径/mm	清扫设备种类	距离/m	
		生活废水	生活污水
50~75	检查口	15	12
	清扫口	10	8
100~150	检查口	20	15
	清扫口	15	10
200	检查口	25	20

6）在管径小于 100mm 的排水管道上设置清扫口，其尺寸应与管道同径；管径等于或大于 100mm 的排水管道上设置清扫口，应采用 100mm 直径清扫口。

7）铸铁排水管道设置的清扫口，其材质应为铜质；硬聚氯乙烯管道上设置的清扫口应与管道同质。

8）排水横管连接清扫口的连接管管件应与清扫口同径，并采用 45° 斜三通和 45° 弯头或由 2 个 45° 弯头组合的管件。

4. 提升设备

民用建筑的地下室、人防建筑物、高层建筑地下技术层、某些工厂车间的地下室和地下铁道等地下建筑物的污废水不能自流排至室外检查井，需设污废水提升设备。

5. 污水局部处理构筑物

当建筑内部污水未经处理不允许直接排入市政排水管网或水体时，须设污水局部处理构筑物。

6. 通气管道系统

建筑内部排水管内是水气两相流，为防止因气压波动造成的水封破坏，有毒、有害气体进入室内，需要设置通气系统。对于层数不高、卫生器具不多的建筑物，可将排水立管上端延长并伸出屋顶，这一段管叫伸顶通气管。对于层数较高、卫生器具较多的建筑物，因排水量大，空气流动过程易受排水过程干扰，需将排水管和通气管分开，设专用通气管道。

3.1.4 排水管道组合类型

建筑排水管道系统按排水立管和通气立管的设置情况分为以下 3 种系统。

1. 单立管排水系统

单立管排水系统是指只有 1 根排水立管，没有专门通气立管系统。利用排水立管本身及其连接的横支管和附件进行气流交换，这种通气系统称为内通气系统。根据建筑层数和卫生器具的多少，单立管排水系统分为 2 类：

1）有通气的普通单立管排水系统。排水立管向上延伸穿出屋顶或在侧墙伸出与大气连通，适用于一般多层建筑。

2）特制配件单立管排水系统。在横支管与立管连接处，设置特制配件（称为上部特制配件）代替一般的三通；在立管底部与横干管或排出管连接处设置特制配件（称为下部特制配件）代替一般弯头。在排水立管管径不变的情况下改善管内水流与通气状态，增大排水流量。这种内通气方式因利用特殊结构改变水流方向和状态，所以也称为诱导式内通气方式，适用于各类多层、高层建筑。

2. 双立管排水系统

双立管排水系统也称为两管制，由 1 根排水立管和 1 根专用通气立管组成。因为双立管排水系统利用排水立管与另 1 根立管之间进行气流交换，所以称为外通气系统，适用于污废水合流的各类多层和高层建筑。

3. 三立管排水系统

三立管排水系统也称为三管制，由 1 根生活污水立管，1 根生活废水立管和 1 根通气立管组成，2 根排水立管共用 1 根通气立管。三立管排水系统也是外通气系统，适用于生活污水和生活废水需分别排出室外的各类多层、高层建筑。

三立管排水系统还有一种变形系统，称为湿式外通气系统，即省掉专用通气立管，将废水立管与污水立管每隔 2 层互相连接，利用两立管的排水时间差，互为通气立管。

■ 3.2 建筑排水管系中水气流动的物理现象

3.2.1 建筑排水流动特点

按重力非满流设计的排水管道内，污水中含有固体杂物，所以，建筑排水系统中存在水、气、固 3 种介质的复杂运动。其中，固体物较少，可以简化为水-气两相流。建筑排水与室外排水相比，主要特点如下：

（1）水量气压变化幅度大　与室外排水相比，建筑排水管网接纳的排水量少，且不均匀，排水历时短，高峰流量时可能充满整个管道断面，而大部分时间管道内可能没有水。管内水量和气压不稳定，水气容易掺和。

（2）流速变化剧烈　建筑内部横管与立管交替连接，当水流由横管进入立管时，流速急骤增大，水气混合；当水流由立管进入横管时，流速急骤减小，水气分离。

（3）事故危险大　建筑内部排水不畅，污水外溢到室内地面，或管内气压波动，有毒、有害气体进入房间，将直接危害人体健康，影响室内环境卫生，其危害性大。

为合理设计建筑排水系统，既要使排水安全畅通，又要做到管线短、管径小、造价低，需专门研究建筑排水管系中的水气流动物理现象。

3.2.2　水封的作用及其破坏原因

1. 水封的作用

水封是利用一定高度的静水压力来抵抗排水管内气压变化，防止管内气体进入室内的措施。水封通常用存水弯来实施，设在卫生器具排水口下。常用的管式存水弯有 P 形和 S 形两种，水封如图 3-12 所示。水封高度 h 与管内气压变化、水蒸发率、水量损失、水中杂质的含量及密度有关，不能太大也不能太小。若水封高度太大，污水中固体杂质容易沉积在存水弯底部，堵塞管道；水封高度太小，管内气体容易克服水封的静水压力进入室

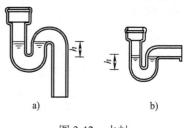

水封

图 3-12　水封
a）S 形　b）P 形

内，污染环境。构造内无存水弯的卫生器具或无水封的地漏与生活污水管道或其他可能产生有害气体的排水管道连接时，必须设存水弯，存水弯的水封深度不得小于 50mm。严禁采用活动机械密封替代水封，医疗卫生机构内门诊、病房、化验室、试验室等处在不同房间内的卫生器具不得共用存水弯。

2. 水封破坏

因静态和动态原因造成存水弯内水封高度减少，不足以抵抗管道内允许的压力变化值时（一般为 ±25mmH$_2$O，1mmH$_2$O = 9.8Pa），管道内气体进入室内的现象称为水封破坏。在排水系统中，只要有一个水封破坏，整个排水系统的平衡就被打破。水封的破坏与水封的强度有关，水封强度是指存水弯内水封抵抗管道系统内压力变化的能力，其值与存水弯内水量损失有关。水封水量损失越多，水封强度越小，抵抗管内压力波动的能力越弱。水封水量损失主要有以下 3 个原因：

（1）自虹吸损失　卫生设备在瞬时大量排水的情况下，存水弯自身充满而形成虹吸，排水结束后，存水弯内水封实际高度低于应有的高度 h。这种情况多发生在卫生器具底盘坡度较大呈漏斗状，存水弯管径小，无延时供水装置，采用 S 形存水弯或连接排水横支管较长（大于 0.9m）的 P 形存水弯中。

（2）诱导虹吸损失　卫生器具不排水时，其存水弯内水封高度符合要求，但管道系统内其他卫生器具大量排水时，引起系统内压力变化，使该存水弯内的水上下波动形成虹吸，引起水量损失。水量损失的多少与存水弯的形状，即存水弯流出端断面积与流入端断面积之比 K 和系统内允许的压力波动值 P 有关。当系统内允许的压力波动一定时，K 值越大，水量损失越小；K 值越小时，水量损失越大。

（3）静态损失　静态损失是因卫生器具较长时间不使用造成的水量损失。在水封流入端，水封水面会因自然蒸发而降低，造成水量损失。在流出端，因存水弯内壁不光滑或粘有油脂，会在管壁上积存较长的纤维和毛发，产生毛细作用，造成水量损失。蒸发和毛细作用造成的水量减少属于正常水量损失，损失量大小与室内温度、湿度及卫生器具使用情况有关。

3.2.3 横管内水流状态

建筑排水系统所接纳的排水点少，排水时间短，具有断续的非均匀流特点。水流在立管内下落过程中会挟带大量空气一起向下运动，进入横管后变成横向流动，其能量、流动状态、管内压力及排水能力均发生变化。

1. 能量关系

竖直下落的污水具有较大的动能，进入横管后，由于改变流动方向，流速减小，转化为具有一定水深的横向流动，其能量转换关系式为

$$K\frac{v_0^2}{2g} = h_e + \frac{v^2}{2g} \tag{3-1}$$

式中　v_0——竖直下落末端水流速度（m/s）；

　　　h_e——横管断面水深（m）；

　　　v——h_e水深时水流速度（m/s）；

　　　K——与立管和横管间连接形式有关的能量损失系数。

式（3-1）中横管断面水深和流速的大小，与排放点的高度、单位时间内排放流量、管径、卫生器具类型有关。

2. 水流状态

根据国内外的实验研究，污水由竖直下落进入横管后，横管中的水流状态可分为急流段、水跃段、跃后段及逐渐衰减段，横管内水流状态示意图如图3-13所示。急流段水流速度大，水深较浅，冲刷能力强。急流段末端由于管壁阻力使流速减小，水深增加形成水跃。在水流继续向前运动中，由于管壁阻力，能量逐渐减小，水深逐渐减小，趋于均匀流。

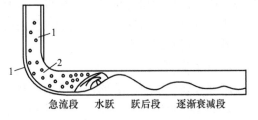

图3-13　横管内水流状态示意图
1—水膜状高速水流　2—气体

3. 管内压力

竖直下落的大量污水进入横管形成水跃，管内水位骤然上升，甚至充满整个管道断面，使水流中挟带的气体不能自由流动，短时间内横管中压力突然增加。

（1）横支管内压力变化　横支管内压力变化如图3-14所示，为连接3个卫生器具的横支管。在排水立管大量排水的同时，中间的卫生器具 B 突然放水，在与卫生器具连接处的排水横支管内，水流呈八字形，在其前后形成水跃。AB 和 BC 段内气体不能自由流动形成正压，使 A 和 C 两个存水弯进水端水面上升。随着 B 卫生器具排水逐渐减少，在横支管坡度作用下，水流向 D 点作单向运动。AB 和 BC 段因得不到空气补充形成负压，A 和 C 存水弯内形成诱导虹吸，损失部分水量，使 A 和 C 存水弯内水封高度降低。但是，由于卫生器具距横支管的高差

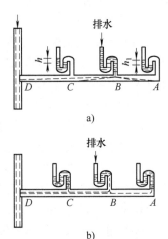

图3-14　横支管内压力变化
a）排水起始时　b）排水结束时

较小，污水在 B 点的动能小，形成的水跃低。所以，排水横支管自身排水造成的排水横支管内的压力波动不大。存水弯内水封高度降低得很少，一般不会造成水封破坏。

（2）横干管内压力变化 横干管在立管和室外排水检查井之间，接纳的卫生器具多，存在着多个卫生器具同时排水的可能，所以排水量大。另外，卫生器具距横干管的高差大，下落污水在立管与横干管连接处动能大，在横干管起端产生的冲激流强烈，水跃高度大，水流有可能充满管道断面。当上部水流不断下落时，立管底部与横干管之间的空气不能自由流动，空气压力骤然上升，使下部几层横支管内形成较大的正压，有时会将存水弯内的污水喷溅至卫生器具内。为防止这种现象发生，靠近生活排水立管底部的排水支管连接，应符合下列规定：

1）排水立管最低排水横支管与立管连接处距排水立管管底垂直距离不得小于表 3-5 中的规定。

2）排水支管连接在排出管或排水横干管上时，连接点距立管底部下游水平距离不得小于 1.5m。

3）横支管接入横干管竖直转向管段时，连接点距转向处以下不得小于 0.6m。

4）当靠近排水立管底部的排水支管的连接不能满足上述 1）、2）点的要求，或在距排水立管底部 1.5m 范围之内的排出管、排水横管有 90° 水平转弯管段时，底层排水支管应单独排至室外检查井或采取有效的防反压措施。

5）当排水立管采用内螺旋管时，排水立管底部宜采用长弯变径接头，且排出管管径宜放大一号。

表 3-5 最低横支管与立管连接处至立管管底的最小垂直距离

立管连接卫生器具的层数	垂直距离/m		立管连接卫生器具的层数	垂直距离/m	
	仅设伸顶通气	设通气立管		仅设伸顶通气	设通气立管
≤4	0.45	按配件最小安装尺寸确定	13~19	底层单独排出	0.75
5~6	0.75		≥20		1.20
7~12	1.20				

注：单根排水立管的排出管宜与排水立管相同管径。

3.2.4 立管中水流状态

排水立管上接各层排水横支管，下接横干管或排出管，立管内水流呈竖直下落流动状态，水流能量转换和管内压力变化很剧烈。

1. 排水立管水流特点

由于卫生器具排水特点和对建筑内部排水安全可靠性能的要求，污水在立管内的流动有以下几个特点：

（1）断续的非均匀流 污水由横支管流入立管初期，立管中流量有个递增过程；在排水末期，流量有个递减过程。当没有卫生器具排水时，立管中流量为零，被空气充满。所以，排水立管中流量是断断续续的，时大时小的。

（2）水、气两相流 为防止排水管道系统内气压波动太大，破坏水封，排水立管是按非满流设计的。立管中存在水、空气和固体污物 3 种介质的复杂运动，因固体影响不大，可以忽略，可简化为水与空气两种。水流在下落过程中会挟带管内气体一起流动，气水间界限不十分明显，水中有气，气中有水滴，是水、气两相流。

（3）管内压力变化　横支管排入的污水进入立管竖直下落过程中会挟带一部分气体一起向下流动，若不能及时补充带走的气体，则在立管上部形成负压。最大负压发生在排水横支管下面，如图 3-15 所示为普通伸顶单立管排水系统中内压力分布示意图。最大负压值的大小，与排水横支管的高度、排水量大小和通气量大小有关。排水横支管距立管底部越高，形成的负压越大；排水量越大，形成的负压越大；通气量越小，形成的负压越大。挟气水流进入横干管后，因流速减小，形成水跃，水流充满干管断面，因流速减小从水

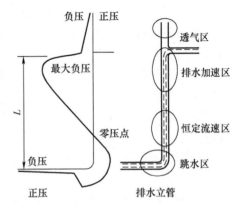

图 3-15　排水管内压力分布示意图

中分离出的气体不能及时排走，在立管底部和横干管内形成正压。在立管中从上向下，压力由负到正，由小到大逐渐增加，零压点靠近立管底部。

2. 水流流动状态

在部分充满水的排水立管中，水流运动状态与排水量、水质、管壁粗糙度、横支管与立管连接处的几何形状、立管高度及同时向立管排水的横支管数目等因素有关。当管径一定时，排水量是影响水流运动状态的主要因素，通常用充水率 α 表示，充水率 α 是指水流断面面积与管道断面面积的比值。

对单一横支管排水，立管上端开口通大气，立管下端经排出横干管接室外检查井的情况下进行实验研究发现，随着流量的不断增加，立管中水流状态主要经过 3 个阶段，立管水流状态如图 3-16 所示。

（1）附壁螺旋流　当排水量较小时，由于排水立管内壁粗糙，固（管道内壁）液（污水）两相间的界面力大于液体分子间的内聚力，进入立管的水不能以水团形式脱离管壁在管中心坠落，而是沿管壁周边向下作螺旋流动。因螺旋运动产生离心力，使水流密实，气液界面清晰，水流挟气作用不明显，立管中心气流正常，管内气压稳定。如图 3-16a 所示。

随着排水量增加，当水量足够覆盖整个管壁时，水流改为附着于管壁向下流动，水流向下有挟气作用。但因排水量较小，管中心气流仍正常，气压较稳定。这种状态历时很短，很快会过渡到下一阶段。

（2）水膜流　流量进一步增加，由于空气阻力和管壁摩擦力的共同作用，水流沿管壁作下落运动，形成有一定厚度的带有横向隔膜的附壁环状水膜流，附壁环状水膜流与其上部的横向隔膜连在一起向下运动，但两者的运动方式不同。环状水膜形成后比较稳定，向下作加速运动。水膜厚度近似与下降速度成正比。随着水流下降流速的增加，水膜所受管壁摩擦力也随之增加。当水膜受到的管壁摩擦力与重力达到平衡，水膜的下降速度和水膜厚度不再发生变化，此时的流速为终限流速，从排水横支管水流入口至终限流速形成处的高度称为终限长度。

横向隔膜不稳定，在向下运动过程中，会引起管内气压波动。由于水膜流时排水量不是很大，形成的横向隔膜厚度较薄，随着隔膜向下运动，隔膜下部管内压力增加，管内气体将

横向隔膜冲破，管内气压又恢复正常。在继续下降的过程中，又形成新的横向隔膜。横向隔膜的形成与破坏交替进行，直至立管底部。在水膜流阶段，立管内的充水率在 1/4～1/3 之间，立管内气压有波动，但其变化一般不会破坏水封，如图 3-16b 所示。

（3）水塞流　随着排水量继续增加，横向隔膜的形成与破坏越来越频繁，水膜厚度不断增加，隔膜下部压力不能冲破水膜，最后形成较稳定的水塞，如图 3-16c 所示。水塞向下运动，管内气体压力波动剧烈，导致水封破坏，整个排水系统不能正常使用。

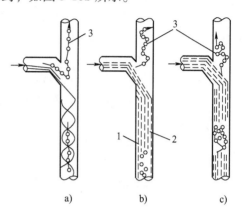

图 3-16　立管水流状态
a）附壁螺旋流　b）水膜流　c）水塞流
1—水流　2—水膜　3—气流

排水立管中 3 种流动状态的形成与管径和排水量的大小有关，即与水流充满立管断面的大小有关。一般用水流断面积 w_t 与管道断面积 w_j 的比值 α 来表示。经试验，在设有专用通气立管的排水系统中，当 α 小于 1/4 时为附壁螺旋流；α 介于 1/4～1/3 之间时为水膜流；α 大于 1/3 时呈现水塞流。排水立管内的水流状态为水膜流时，排水系统既安全可靠，又经济合理。

3. 水膜流运动的力学分析

为确定水膜流阶段排水立管在允许的压力波动范围内最大允许排水能力，为室内排水立管的设计提供理论依据，应对立管中水膜流运动进行力学分析。

在水膜流时，水沿管壁呈环状水膜竖直向下运动，环中心是空气流，水膜和中心气流间没有明显的界限，水膜中混有空气，含气量从管壁向中心逐渐增加，气核中也含有下落的水滴。这时立管中下落流体运动分为 2 类特性不同的两相流，一种是水膜区以水为主的水气两相流，另一种是气核区以气为主的气水两相流。为便于研究，可忽略水膜区中的气和气核区中的水，流动简化为水膜运动和气流运动两类单相流，可以用能量方程和动量方程来描述。

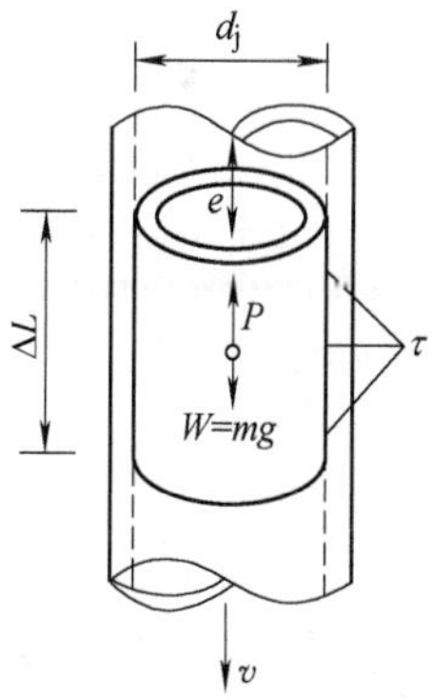

排水立管中水膜可以近似看作一个中空的圆柱状物体，中空基本小环示意图如图 3-17 所示。这个脱离体在变加速下降过程中，同时受到向下的重力 W 和向上的管壁摩擦力 P 的作用。取一个长度为 ΔL 的基本小环，根据牛顿第二定律：

$$F = ma = m\frac{dv}{dt} = W - P \qquad (3-2)$$

图 3-17　中空基本
小环示意图

式（3-2）中重力的表达式为

$$W = mg = Q\rho tg \qquad (3-3)$$

式中　m——t 时刻内通过所给断面水流的质量（kg）；

　　　W——重力（N）；

　　　g——重力加速度（m/s²）；

　　　Q——下落水流流量（m³/s）；

ρ——水的密度（kg/m³）；

t——时间（s）。

式（3-2）中表面摩擦力 P 的表达式为

$$P = \tau \pi d_j \Delta L \tag{3-4}$$

式中　P——表面摩擦力（N）；

d_j——立管内径（m）；

ΔL——中空圆柱体长度（m）；

τ——水流内摩擦力，以单位面积上的平均切应力表示（N/m²）。

在紊流状态下：

$$\tau = \frac{\lambda}{8}\rho v^2 \tag{3-5}$$

式中 λ 为沿程阻力系数，由试验分析可知，λ 值的大小与管壁粗糙度 K_p 和水膜厚度 e 有关，即

$$\lambda = 0.1212 \left(\frac{K_p}{e}\right)^{\frac{1}{3}} \tag{3-6}$$

将式（3-3）、式（3-4）、式（3-5）、式（3-6）代入式（3-2）整理得：

$$m\frac{dv}{dt} = Q\rho tg - \frac{0.1212\pi}{8}\left(\frac{K_p}{e}\right)^{\frac{1}{3}}\rho v^2 d_j \Delta L \tag{3-7}$$

等式两侧同除 $t\rho$，且 $\frac{\Delta L}{t} = v$，式（3-7）变为

$$\frac{m}{\rho t}\frac{dv}{dt} = Qg - \frac{0.1212\pi}{8}\left(\frac{K_p}{e}\right)^{\frac{1}{3}}v^3 d_j \tag{3-8}$$

当水流下降速度达到终限流速 v_t 时，水膜厚度 e 达到终限流速时的水膜厚度 e_t，此时水流下降速度恒定不变，加速度 $a = \frac{dv}{dt} = 0$，式（3-8）可整理为

$$v_t = \left[\frac{21Qg}{d_j}\left(\frac{e_t}{K_p}\right)^{\frac{1}{3}}\right]^{\frac{1}{3}} \tag{3-9}$$

水膜如图 3-18 所示，图中 w_t 为终限流速时过水断面积（cm²），由图可知，终限流速时的排水流量为

$$Q = v_t\frac{\pi}{4}\left[d_j^2 - (d_j - 2e_t)^2\right] \tag{3-10}$$

展开式（3-10）右侧，因 e_t^2 项很小，忽略不计，整理得：

$$e_t = \frac{Q}{v_t\pi d_j} \tag{3-11}$$

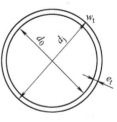

图 3-18　水膜图

将式（3-11）代入式（3-9），得：

$$v_t = 2.22\left(\frac{g^3}{K_p}\right)^{\frac{1}{10}}\left(\frac{Q}{d_j}\right)^{2/5} \tag{3-12}$$

将 $g=9.81\text{m/s}^2$ 代入式（3-12），得到终限流速 v_t 与流量 $Q(\text{m}^3/\text{s})$、管径 $d_j(\text{m})$ 和管壁粗糙度 $K_p(\text{m})$ 之间的关系为

$$v_t = 4.4\left(\frac{1}{K_p}\right)^{1/10}\left(\frac{Q}{d_j}\right)^{\frac{2}{5}} \tag{3-13}$$

若流量以 L/s 计，管径以 cm 计，则上式换算为

$$v_t = 1.75\left(\frac{1}{K_p}\right)^{\frac{1}{10}}\left(\frac{Q}{d_j}\right)^{\frac{2}{5}} \tag{3-14}$$

根据终限长度的定义，对复合函数 $v=f(L)$，$L=f(t)$ 取导数，演算得

$$\frac{\mathrm{d}v}{\mathrm{d}t} = \frac{\mathrm{d}v}{\mathrm{d}L}\frac{\mathrm{d}L}{\mathrm{d}t} = v\frac{\mathrm{d}v}{\mathrm{d}L} \tag{3-15}$$

式中　L——从水流入口起下落的高度（m）。

经数学推导，可得终限长度 L_t 表达式：

$$L_t = 0.14433v_t^2 \tag{3-16}$$

将式（3-14）代入式（3-16）得：

$$L_t = 0.44\left(\frac{1}{K_p}\right)^{\frac{1}{10}}\left(\frac{Q}{d_j}\right)^{\frac{2}{5}} \tag{3-17}$$

3.2.5　排水立管在水膜流时的通水能力

式（3-14）和式（3-17）表达了在水膜流状态下，终限流速和终限长度与排水量、管径及粗糙高度之间的关系。在实际应用中，终限流速和终限长度不便测定，应将其消去。找出立管通水能力与管径、过水断面与管道断面之比 α，以及粗糙度间的关系，便于设计中应用。

在水膜流状态，当达到终限流速时，水膜下降流速和厚度保持不变，立管内通水能力也不变，表达式为

$$Q = 10w_t v_t \tag{3-18}$$

式中　Q——排水流量（L/s）；

v_t——终限流速（m/s）。

由式（3-10）化简得

$$w_t = \pi e_t(d_j - e_t) \tag{3-19}$$

将式（3-14）和式（3-19）代入式（3-18），整理得

$$Q = \frac{0.3686\left(\frac{1}{K_p}\right)^{\frac{1}{6}}\left[(d_j - e_t)e_t\right]^{\frac{5}{3}}}{d_j^{2/3}} \tag{3-20}$$

利用式（3-20）计算排水立管的通水能力，需消去不便测定的水膜厚度 e_t。令 d_0 表示中空断面直径（见图 3-18），过水断面积 w_t 和管道断面积 w_j 分别为：$w_t = \frac{\pi}{4}(d_j^2 - d_0^2)$ 和 $w_j = \frac{\pi}{4}d_j^2$。过水断面积与管道断面积之比为

$$\alpha = \frac{w_t}{w_j} = 1 - \left(\frac{d_0}{d_j}\right)^2 \tag{3-21}$$

整理得：

$$d_0 = \sqrt{1 - \alpha}\, d_j \tag{3-22}$$

又因为：

$$d_0 = d_j - 2e_t \tag{3-23}$$

将式（3-22）代入式（3-23）得：

$$e_t = \frac{1}{2}(1 - \sqrt{1 - \alpha})\, d_j \tag{3-24}$$

将式（3-24）代入式（3-20）整理得：

$$Q = 0.0365 \left(\frac{1}{K_p}\right)^{1/6} \alpha^{\frac{5}{3}} d_j^{\frac{8}{3}} \tag{3-25}$$

将式（3-25）分别代入式（3-14）和式（3-17）整理得：

$$v_t = 0.466 \left(\frac{1}{K_p}\right)^{1/6} \alpha^{\frac{2}{3}} d_j^{\frac{2}{3}} \tag{3-26}$$

$$L_t = 0.031 \left(\frac{1}{K_p}\right)^{\frac{1}{3}} \alpha^{\frac{4}{3}} d_j^{\frac{4}{3}} \tag{3-27}$$

在有专用通气管排水系统中，水膜流时 $\alpha = 1/4 \sim 1/3$，代入式（3-24），求出不同管径时水膜厚度，水膜流状态时水膜厚度见表 3-6。由表可以看出，水膜厚度 e_t 与管内径 d_j 之比为 $1:14.9 \sim 1:10.9$。

沿程阻力系数计算公式 [式（3-6）] 是在人工粗糙度基础上得出来的经验公式，实际应用于排水管道时，由于材料及制作技术不同，其粗糙度、粗糙形状及其分布是无规则的。计算时引入"当量粗糙度"概念。当量粗糙度是指和实际管道沿程阻力系数 λ 值相等的同直径人工粗糙管的粗糙度，部分排水管当量粗糙度 K_p 值见表 3-7。

表 3-6 水膜流状态时水膜厚度 （单位：mm）

管内径	w_t/w_j			管内径	w_t/w_j		
	1/4	7/24	1/3		1/4	7/24	1/3
50	3.3	4.0	4.6	125	8.4	9.9	11.5
75	5.0	5.9	6.9	150	10.0	11.9	13.8
100	6.7	7.9	9.2	e_t/d_j	1/14.9	1/12.6	1/10.9

表 3-7 当量粗糙度 K_p

管材种类	当量粗糙度/mm	管材种类	当量粗糙度/mm
聚氯乙烯管	0.002~0.015	旧铸铁管	1.0~3.0
新铸铁管	0.15~0.50	轻度锈蚀钢管	0.25

3.2.6　影响立管内压力波动的因素及防止措施

确保立管内通水能力和防止水封破坏是建筑内部排水系统中两个最重要的问题，这两个问题都与立管内压力有关。在保证水封不被破坏的前提下，为了增大排水立管的通水能力，需分析立管内压力变化规律，确定影响立管内压力变化的因素，从而采取相应的解决措施。

1. 影响排水立管内部压力的因素

普通单立管排水系统如图 3-19 所示。水流由横支管进入立管，在立管中呈水膜流状态挟气向下流动，空气从伸顶通气管顶端补入。选管顶空气入口处为基准面（0—0），另一断面（1—1）选取在排水横支管下最大负压形成处。空气在两个断面上的能量方程为

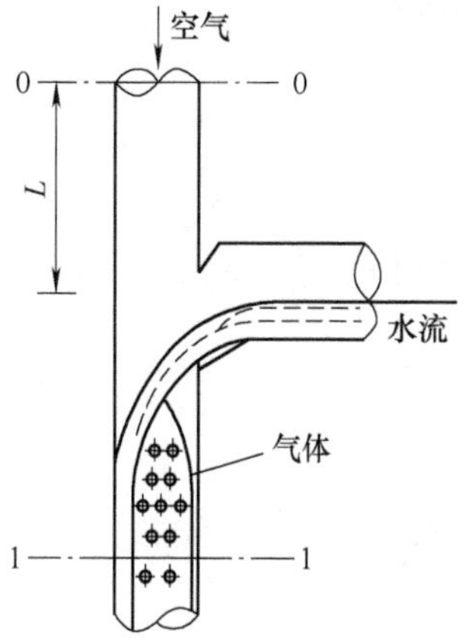

$$\frac{v_0^2}{2g} + \frac{P_0}{\rho g} = \frac{v_1^2}{2g} + \frac{P_1}{\rho g} + \left(\xi + \lambda \frac{L}{d_j} + K\right)\frac{v_a^2}{2g} \quad (3\text{-}28)$$

式中　v_0——0—0 断面处空气流速（m/s）；

$\quad\quad v_1$——1—1 断面处空气流速（m/s）；

$\quad\quad P_0$——0—0 断面处空气相对压力（Pa）；

$\quad\quad P_1$——1—1 断面处空气相对压力（Pa）；

$\quad\quad v_a$——空气在通气管内的流速（m/s）；

$\quad\quad \rho$——空气密度（kg/m³）；

$\quad\quad g$——重力加速度，$g = 9.81\text{m/s}^2$；

$\quad\quad \xi$——管顶空气入口处的局部阻力系数；

$\quad\quad L$——从管顶到排水横支管处的长度（m）；

$\quad\quad d_j$——管道内径（m）；

$\quad\quad \lambda$——管壁摩擦系数；

$\quad\quad K$——进水水舌局部阻力系数。

图 3-19　普通单立管排水系统

水舌是水流在冲激流状态下，由横支管进入立管下落，在横支管与立管连接处短时间内形成的水力学现象，水舌如图 3-20 所示。它沿进水流动方向充塞立管断面，同时，水舌两侧有两个气孔作为空气流动通路。这两个气孔的断面远比水舌上方立管内的气流断面积小，在水流拖拽下，向下流动的空气通过水舌时，造成空气能量的局部损失。水舌阻力系数与排水量大小，横支管与立管连接处的几何形状有关。

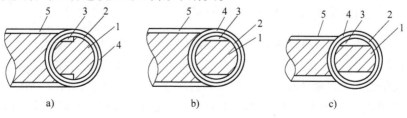

图 3-20　水舌

a）同径正三通　b）同径斜三通　c）异径三通

1—水舌　2—环状水膜　3—气流通道　4—立管　5—横支管

管顶空气入口处空气流速和相对压力很小，为简化计算，令 $v_0 = 0$，$P_0 = 0$，整理得：

$$P_1 = -\rho \left[\frac{v_1^2}{2} + \left(\xi + \lambda \frac{L}{d_j} + K \right) \frac{v_a^2}{2} \right] \quad (3\text{-}29)$$

因通气管内空气向下流动，补充挟气水流造成的真空，所以，$v_a \approx v_1$，式（3-29）简化为

$$P_1 = -\rho \left(1 + \xi + \lambda \frac{L}{d_j} + K \right) \frac{v_1^2}{2} \quad (3\text{-}30)$$

式中 $\left(1 + \xi + \lambda \dfrac{L}{d_j} + K \right)$ 为空气在通气管内总阻力系数，令：

$$\beta = \left(1 + \xi + \lambda \frac{L}{d_j} + K \right) \quad (3\text{-}31)$$

代入式（3-30）得：

$$P_1 = -\rho \beta \frac{v_1^2}{2} \quad (3\text{-}32)$$

断面1—1处为产生最大负压处，该处气核随水膜一起下落，其流速 v_1 与终限流速近似相等，式（3-32）变为

$$P_1 = -\rho \beta \frac{v_t^2}{2} \quad (3\text{-}33)$$

将式（3-14）代入上式得：

$$P_1 = -1.53 \rho \beta \left(\frac{1}{K_p} \right)^{\frac{1}{5}} \left(\frac{Q}{d_j} \right)^{\frac{4}{5}} \quad (3\text{-}34)$$

式中　P_1——立管内最大负压值（Pa）；

　　　　ρ——空气密度（kg/m^3）；

　　　　K_p——管壁粗糙度（m）；

　　　　Q——排水流量（L/s）；

　　　　d_j——管道内径（cm）；

　　　　β——空气阻力系数，$\beta = 1 + \xi + \lambda \dfrac{L}{d_j} + K$。

由式（3-33）和式（3-34）可以得出立管内最大负压值的大小与排水立管内壁粗糙度和管径成反比；与排水流量、终限流速以及空气总阻力系数 β 成正比。空气总阻力系数中，水舌阻力系数 K 值最大，其他3项很小。但是当排水立管不伸顶通气时，局部阻力系数 $\xi \longrightarrow \infty$，排水时造成的负压很大，水封极易被破坏，因此对不通气系统的最大通水能力做了限制。

2. 稳定立管压力增大通水能力的措施

当管径一定时，在影响立管压力波动的因素中，可以调整改变的主要因素是终限流速 v_t

和水舌阻力系数 K。其他因素或影响较小，如空气进口阻力系数一般取 0.5；或不能随意调整改变，如通气管长度和空气密度 ρ 等。

（1）减小终限流速　在排水立管内采取一些增阻消能措施，减小水流下降速度，一方面可以减小立管内的负压，防止水封破坏，另一方面可以增加水膜厚度，增大了通水能力，常见的措施有如下几种：

1）增加管材内壁粗糙度 K_p，使水膜与管壁间的界面力增加，减小水流下降速度。

2）立管上隔一定距离设乙字形弯（5 ~ 6 层）消能，有试验表明可以减小流速 50% 左右。

3）利用横支管与立管连接处的特殊构造，发生溅水现象，使下落水流与空气混合，形成密度小的水沫状水气混合物，减小下降速度。

4）使由横支管排出的水流沿切线方向进入立管，在重力与离心力共同作用和管壁的限定下，水流旋流而下，其垂直方向的下落速度大幅度降低。有实验表明，进入立管的水流与水平方向成 60° 角时垂直流速将减小 15%，空气阻力减小 30%；成 45° 角时，垂直流速减少 30%，空气阻力减小 50%。

5）对立管内壁作特殊处理，增加水与管内壁间的附着力。

（2）减小水舌阻力系数　减小水舌阻力系数可以通过改变水舌形状或向负压区补充的空气不经过水舌两种途径来实现。

1）设置通气立管。常用的有专用通气立管，主通气立管和副通气立管 3 种，几种典型的通气方式如图 3-21 所示。其中，专用通气立管在通气系统中属中级标准。设置通气立管后，向负压区补充的空气不经过水舌，水舌阻力系数 $K \longrightarrow 0$，立管内负压减小。

2）在横支管上设单路进气阀。单路进气阀是用优质塑料和橡胶经过精密加工制成的灵敏度较高、经久耐用的只进气不出气的通气阀。当某一支管排水时，立管内形成负压，其他支管上的进气阀打开补气，不经过水舌，水舌阻力系数 $K \longrightarrow 0$。

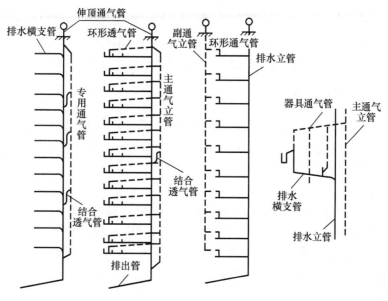

图 3-21　几种典型的通气方式

3）在排水横管与立管连接处的立管内设置挡板。使横支管排出的冲激流被挡板阻挡，不会射到立管对面形成水舌，使水舌阻力系数减小。

4）将排水立管内壁制作成有螺旋线导流突起，立管内的水流在螺旋线导流下，旋转下落，立管中心形成一个通畅的空气柱，避免形成水舌。

5）排水立管轴线与横支管轴线错开半个管径连接，使水流沿切线方向流入立管。形成的水膜密实而稳定，气液界面清晰，管中心形成一个畅通的空气柱，加大了气流断面，减小了水舌阻力系数。

6）对于一般建筑，应采用形成水舌面积小，两侧气孔面积大的斜三通或异径三通。

3.3 建筑排水系统的布置与敷设

3.3.1 布置与敷设的原则

建筑排水系统直接影响着人们的日常生活和生产，为创造一个良好的生活和生产环境，建筑排水管道布置和敷设时应遵循以下原则：

1）排水畅通，水力条件好，尽量采用重力自流排水。

2）使用安全可靠，不影响室内环境卫生。

3）占地面积小，总管线短，工程造价低。

4）施工安装、维护管理方便。

5）美观。

排水系统布置
与敷设原则

在设计过程中应首先保证排水畅通和室内良好的生活环境。然后再根据建筑类型、标准、投资等因素进行管道的布置和敷设。

3.3.2 卫生器具的布置

应根据卫生间和公共厕所的平面尺寸、所选用的卫生器具类型和尺寸，合理布置卫生器具，既要考虑使用方便（卫生器具安装高度应满足人体工程学要求），又要考虑排水管线尽量短、少拐弯，排水通畅，便于维护管理。卫生器具平面布置实例如图3-22所示。

3.3.3 排水管道布置与敷设

排水管道宜地下或楼板填层中埋设或在地面上、楼板下明设。如建筑有要求时，可在管槽、管道井、管窿、管沟或吊顶、架空层内暗设，但应便于安装和检修。在气温较高、全年不结冻的地区，可沿建筑物外墙敷设。

1. 排水横支管

1）不宜太长，尽量少转弯，1根支管连接的卫生器具不宜太多。

2）不宜穿越橱窗、壁柜；不得穿过沉降缝、伸缩缝、变形缝、烟道、风道，必须穿过沉降缝、伸缩缝和变形缝时，应采取相应的技术措施。

3）不得敷设在有特殊卫生要求的生产厂房、食品及贵重商品仓库、通风小室、电气机房和电梯机房内。

4）不得布置在遇水会引起燃烧、爆炸的原料、产品和设备的上面；不得布置在食堂、

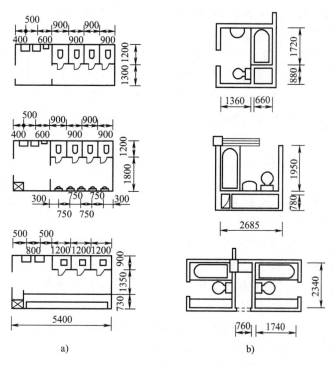

图 3-22　卫生器具平面布置实例示意图

a）公共厕所　b）住宅或酒店卫生间

饮食业厨房的主副食操作、烹调和备餐的上方。

5）距楼板和墙应有一定的距离，便于安装和维修。

6）高层建筑中，管径大于等于 110mm 的明敷塑料排水横支管接入管道井时，在穿越管道井处应设置阻火装置，阻火装置一般采用防火套管或阻火圈。

7）当横支管悬吊在楼板下，有 2 个及 2 个以上大便器或 3 个及 3 个以上卫生器具的铸铁排水横管上，或接有 4 个或 4 个以上的大便器的塑料排水横管上，宜设置清扫口。

2. 排水立管

1）宜靠近排水量最大或水质最差的排水点。

2）不得穿过卧室、客厅、餐厅、病房，并不宜靠近与卧室相邻的内墙。

3）宜靠近外墙，以减少埋地管长度，便于清通和维修。

4）塑料排水立管不应布置在易受机械撞击处，不应布置在热源附近，与家用灶具边净距不得小于 0.4m。

5）高层建筑中，塑料排水立管明设且其管径大于或等于 110mm 时，在立管穿越楼层处应设置阻火装置。

6）立管应设检查口，排水立管上连接排水横支管的楼层应设检查口，且在建筑物底层必须设置，当立管水平拐弯或有乙字管时，在该层立管拐弯处和乙字管上部应设检查口。

7）厨房间和卫生间的排水立管应分别设置。

3. 横干管及排出管

1）排出管以最短的距离排出室外，应尽量避免在室内转弯。

2）建筑层数较多时，应按表3-5确定底部横管是否单独排出。

3）不得穿越生活饮用水池部位的上方。

4）埋地管不得布置在可能受重物压坏处或穿越生产设备基础；穿越承重墙或基础处应预留洞口，且管顶上部净空不得小于建筑物的沉降量，一般不宜小于0.15m。

5）排出管与室外排水管之间的连接应设检查井，检查井中心到建筑物外墙的距离不宜小于3m。排出管较密且无法直接连接检查井时，可在室外采用管件连接后接入检查井，但应设置清扫口。

6）排出管穿过地下室外墙或地下构筑物的墙壁处，应采取防水措施，如在管道穿越处预埋刚性或柔性防水管等。

7）塑料排水横干管不宜穿越防火分区隔墙和防火墙；当不可避免确需穿越时，应在管道穿越墙体处的两侧设置阻火装置。

8）湿陷性黄土地区的排出管应设在地沟内，并应设检漏井。

9）距离较长的直线管段上应设检查口或清扫口。

10）当建筑物沉降可能导致排出管倒坡时，应采取防倒坡措施。

4. 排水沟

室内生活废水在下列情况下，可采用有盖的排水沟排除：

1）废水中含有大量悬浮物或沉淀物需经常冲洗。

2）设备排水支管很多，用管道连接有困难。

3）设备排水点的位置不固定。

4）地面需要经常冲洗。

5. 管道连接

1）卫生器具排水管与排水横支管垂直连接，宜采用90°斜三通。

2）排水横支管与立管连接，宜采用45°斜三通或45°斜四通和顺水三通或顺水四通，在特殊单立管系统中横支管与立管连接可采用特殊配件。

3）排水立管与排出管端部的连接，宜采用两个45°弯头，弯曲半径不小于4倍管径的90°弯头或90°变径弯头。

4）排水立管应避免在轴线偏置，当受条件限制时，宜用乙字管或两个45°弯头连接。

5）当排水支管、排水立管接入横干管时，应在横干管管顶或其两侧45°范围内采用45°斜三通接入。

6）排出管管顶标高不得低于室外接户管管顶标高。

7）室内排水沟与室外排水管道连接处，应设水封装置。

6. 间接排水

下列构筑物和设备的排水管不得与污废水管道系统直接连接，应采取间接排水的方式：

1）生活饮用水贮水箱（池）的泄水管和溢流管。

2）开水器、热水器排水。

3）医疗灭菌消毒设备的排水。

4）蒸发式冷却器、空调设备冷凝水的排水。

5）贮存食品或饮料的冷藏库房的地面排水和冷风机溶霜水盘的排水。

设备间接排水宜排入邻近的洗涤盆、地漏。无法满足时，可设置排水明沟、排水漏斗或容器。间接排水的漏斗或容器不得产生溅水、溢流，并应布置在容易检查、清洁的位置。

间接排水口最小空气间隙，应按表 3-8 确定。

表 3-8　间接排水口最小空气间隙　　　　　　　　　（单位：mm）

间接排水管管径	排水口最小空气间隙
≤25	50
32~50	100
>50	150

注：饮料用贮水箱的间接排水口最小空气间隙不得小于 150mm。

7. 同层排水

同层排水是指器具排水管和排水支管不穿越本层结构楼板到下层空间、与卫生器具同层敷设并接入排水立管的排水方式，分为沿墙敷设方式和地面敷设方式。同层排水形式应根据卫生间空间、卫生器具布置、室外环境气温等因素，经技术经济比较确定。

当卫生间净空高度受限时，宜采用沿墙敷设方式，即排水支管和器具排水管在本层结构楼板上方暗敷，在非承重墙（或装饰墙）内或明装在墙体外，与排水立管相连。卫生器具的布置应便于排水管道的连接，接入同一排水立管的器具排水管和排水支管宜沿同一墙面或相邻墙面敷设，大便器应采用壁挂式坐便器或后排式坐（蹲）便器，净身盆和小便器应采用后排式，宜为壁挂式，浴盆及淋浴房宜采用内置水封的排水附件，地漏宜采用内置水封的直埋式地漏。

当卫生间净空高度足够时，宜采用地面敷设方式，即排水横支管和器具排水管敷设在本层的结构楼板和最终装饰地面之间，与排水立管相连。地面敷设方式可采用降板和不降板（抬高建筑面层）两种结构形式。卫生间宜采用降板结构形式，降板高度应根据卫生器具的布置、降板区域、管径大小、管道长度、接管要求、使用管材等因素确定。采用排水管道通用配件时，住宅卫生间降板高度不宜小于 300mm；采用排水汇集器时，降板高度应根据产品的要求确定。大便器宜采用下排式坐便器或后排式蹲便器。器具排水横支管布置和设置标高不得造成排水滞留、地漏冒溢；埋设于填层中的管道不得采用橡胶圈密封接口；卫生间地坪应有可靠的防渗漏措施。

3.3.4　通气系统的布置与敷设

伸顶通气、伸出侧墙通气，设置成汇合通气管后在侧墙伸出延伸至屋面以上时，应满足以下要求：

1）伸顶通气管高出屋面不小于 0.3m，且应大于该地区最大积雪厚度，屋顶有人停留时，应大于 2m。在通气管口周围 4m 以内有门窗时，通气管口应高出窗顶 0.6m 或引向无门窗一侧。如设置在其他隐蔽部位时，应高出地面不得小于 2m。当伸顶通气管为金属管材时，应根据防雷要求设置防雷装置。

2）排水立管的排水设计流量超过表 3-20 中设伸顶通气的排水立管最大设计排水能力时，应设置通气立管。

3）连接 4 个及 4 个以上卫生器具且长度大于 12m 的排水横支管、连接 6 个及 6 个以上大便器的污水横支管、设有器具通气管的排水管段上应设置环形通气管。环形通气管应在横支管始端的两个卫生器具之间接出，并应在排水横支管中心线以上与排水横支管呈垂直或45°连接。建筑物内各层的排水管道上设有环形通气管时，应设置连接各层环形通气管的主通气立管或副通气立管。

4）对卫生、安静要求较高的建筑物内，生活排水管道宜设器具通气管。器具通气管应设在存水弯出口端，如图3-21所示。

5）器具通气管和环形通气管应在卫生器具上边缘以上不小于0.15m处，按不小于0.01的上升坡度与通气立管连接。

6）结合通气管宜每层或隔层与专用通气立管、排水立管连接，与主通气立管、排水立管连接不宜多于8层。结合通气管下端宜在排水横支管以下与排水立管以斜三通连接；上端可在卫生器具上边缘以上不小于0.15m处与通气立管以斜三通连接。

7）专用通气立管和主通气立管的上端可在最高层卫生器具上边缘以上不小于0.15m或检查口以上与排水立管通气部分以斜三通连接。下端应在最低排水横支管以下与排水立管以斜三通连接。

8）当用H管件替代结合通气管时，H管与通气管的连接点应设在卫生器具上边缘以上不小于0.15m处。当污水立管与废水立管合用一根通气立管时，H管配件可隔层分别与污水立管和废水立管连接。但最底横支管连接点以下应装设结合通气管。

9）通气立管不得接纳污水、废水和雨水，不得与风道和烟道连接。

10）在建筑物内不得设置吸气阀替代通气管。

当采取自循环通气系统时，除满足上述要求外，还应满足以下要求：

1）排水立管与通气立管顶端应在卫生器具上边缘以上不小于0.15m处采用两个90°弯头相连。

2）通气立管应每层与排水立管相连。

3）通气立管下端应在排水横干管或排出管上采用倒顺水三通或倒斜三通相连。

4）在室外接户管的起始检查井上应设置管径不小于100mm的通气管。

5）自循环通气立管应与排水立管管径相同。

3.4 污废水提升和局部处理设施

3.4.1 污废水提升

民用和公共建筑的地下室、人防建筑及工业建筑内部标高低于室外地坪的车间和其他用水设备房间排放的污废水，若不能自流排至室外检查井，必须提升排出。建筑内部污废水提升包括污水泵的选择，污水集水池容积确定和污水泵房设计。

（1）污水泵　建筑内污水提升常用的设备有潜水泵、液下泵、立式和卧式离心泵。潜水泵和液下泵在水下运行，无噪声和振动，自灌问题也自然解决，所以，应优先选用。当选用卧式泵时，因污水中含有杂物，吸水管上一般不能装设底阀，不能人工灌水，所以应设计成自灌式，水泵轴线应在集水池水位下面。

为使水泵各自独立，自动运行，各水泵应有独立的吸水管。污水泵宜单独设置排水管排至室外，排出管的横管段应有坡度坡向出口。当2台或2台以上水泵共用一条出水管时，应在每台水泵出水管上装设阀门和止回阀；单台水泵排水有可能产生倒灌时，应设置止回阀。

污水泵较易堵塞，其部件易磨损，常需检修，所以，污水泵应有一台备用机组。公共建筑内应以每个生活污水集水池为单元设置一台备用泵。地下室、设备机房、车库冲洗地面的排水，当有 2 台及 2 台以上排水泵时可不设备用泵。当集水池无事故排出管时，水泵应有不间断的动力供应。污水水泵的启闭，应设置自动控制装置。

污水泵的流量应按生活排水设计秒流量选定。当有排水量调节时，可按生活排水最大小时流量选定。当集水池接纳水池溢流水、泄空水时，应按水池溢流量、泄流量与排入集水池的其他排水量中大者选择水泵机组。消防电梯集水池内的排水泵流量不小于 10L/s。

水泵扬程应按提升高度、管路系统水头损失附加 2~3m 流出水头计算。排水泵吸水管和出水管的流速应在 0.7~2.0m/s。

（2）集水池　集水池有效容积不宜小于最大一台水泵 5min 的出水量，水泵每小时启动次数不宜超过 6 次；设有调节容积时，生活排水调节池的有效容积不得大于 6h 生活排水平均小时流量。消防电梯井集水池的有效容积不得小于 $2.0m^3$。工业废水集水池按工艺要求定。

集水池的有效水深取 1~1.5m，保护高度取 0.3~0.5m。集水池设计最低水位，应满足水泵吸水要求。集水池除满足有效容积外，还应满足水泵设置、水位控制器、格栅等安装、检查要求。集水池底应有不小于 0.05 坡度坡向泵位。集水池底宜设置自冲管。为便于操作管理，集水池应设置水位指示装置，必要时应设置超警戒水位报警装置，将信号引至物业管理中心。集水池如设置在室内地下室时，池盖应密封，并设通气管系；室内有敞开的集水池时，应设强制通风装置。

（3）污水泵房　污水泵房应设在有良好通风的地下室或底层单独的房间内，并靠近集水池。污水泵房不得设在对卫生环境有特殊要求的生产厂房和公共建筑内，不得设在有安静和防振要求的房间邻近和下面。当水泵房设在建筑物内时，应有隔振防噪措施。

3.4.2　污废水局部处理设施

1. 化粪池

化粪池是利用沉淀和厌氧发酵原理去除生活污水中悬浮性有机物的初级处理构筑物。当建筑物所在的城镇或小区内没有集中的污水处理厂，或虽然有污水厂但已超负荷运行时，建筑物排放的污水在进入水体或城市管网前，一般应采用化粪池进行简单处理。

生活污水中含有大量粪便、纸屑、病原虫等杂质，悬浮物固体浓度为 100~350mg/L，有机物浓度 BOD_5 在 100~400mg/L，其中悬浮性的有机物 BOD_5 在 50~200mg/L。污水进入化粪池经过 12~24h 的沉淀，去除 50%~60% 的悬浮物。沉淀下来的污泥经过 3 个月以上的厌氧消化，使污泥中的有机物分解成稳定的无机物，易腐败的生污泥转化为稳定的熟污泥，改变了污泥的结构，降低了污泥的含水率，定期清掏外运，填埋或用作肥料。

污水在化粪池中的停留时间是影响化粪池出水的重要因素。在一般平流式沉淀池中，污水中悬浮固体的沉淀效率在 2h 内最显著。但是，因为化粪池服务人数较少，排水量较少，进入化粪池的污水不连续、不均匀；矩形化粪池的长宽比和宽深比很难达到平流式沉淀池的水力条件；化粪池的配水不均匀，容易形成短流；同时，池底污泥厌氧消化产生的大量气体上升，破坏了水流的层流状态，干扰颗粒的沉降。所以，化粪池的停留时间取 12~24h，污水量大时取下限；生活污水单独排入时取上限。

（1）设置要求　化粪池多设于建筑物背向大街一侧靠近卫生间的地方，应尽量隐蔽，不宜设在人们经常活动之处，化粪池宜设置在接户管的下游端，便于机动车清掏的位置。化粪池外壁距建筑物外墙不宜小于5m，并不得影响建筑物基础。因化粪池出水处理不彻底，含有大量细菌，为防止污染水源，化粪池距地下水取水构筑物不得小于30m。

（2）容积计算　化粪池总容积由有效容积和保护层容积组成，保护层容积根据化粪池的大小确定，保护层高度一般为250~450mm。化粪池有效容积应为污水部分和污泥部分容积之和，可按下列公式计算：

$$V = V_w + V_n \tag{3-35}$$

$$V_w = \frac{mb_f q_w t_w}{24 \times 1000} \tag{3-36}$$

$$V_n = \frac{mb_f q_n t_n (1 - b_x) M_s \times 1.2}{(1 - b_n) \times 1000} \tag{3-37}$$

式中　V_w——化粪池污水部分容积（m^3）；

V_n——化粪池污泥部分容积（m^3）；

q_w——每人每日计算污水量，[（L/(人·d)]，见表3-9；

t_w——污水在池中停留时间（h），应根据污水量确定，宜采用12~24h；

q_n——每人每日计算污泥量，[L/(人·d)]，见表3-10；

t_n——污泥清掏周期，应根据污水温度和当地气候条件确定，宜采用3~12个月；

b_x——新鲜污泥含水率，可按95%计算；

b_n——发酵浓缩后的污泥含水率，可按90%计算；

M_s——污泥发酵后体积缩减系数，宜取0.8；

1.2——清掏后遗留20%的容积系数；

m——化粪池服务总人数；

b_f——化粪池实际使用人数占总人数的百分比，可按表3-11确定。

表3-9　化粪池每人每日计算污水量　　　［单位：L/(人·d)]

分　　类	生活污水与生活废水合流排入	生活污水单独排入
每人每日污水量/L	0.85~0.95用水量	15~20

表3-10　化粪池每人每日计算污泥量　　　［单位：L/(人·d)]

建筑物分类	生活污水与生活废水合流排入	生活污水单独排入
有住宿的建筑物	0.7	0.4
人员逗留时间大于4h并小于等于10h的建筑物	0.3	0.2
人员逗留时间小于等于4h的建筑物	0.1	0.07

表 3-11 化粪池使用人数百分数

建筑物名称	百分数（％）
医院、疗养院、养老院、幼儿园（有住宿）	100
住宅、宿舍、旅馆	70
办公楼、教学楼、试验楼、工业企业生活间	40
职工食堂、餐饮业、影剧院、体育场（馆）、商场和其他场所（按座位）	5～10

标准化粪池有 13 种规格，容积为 2～100m³，有矩形和圆形两种。对于矩形化粪池，当日处理污水量小于等于 10m³ 时，采用双格，其中第一格占容积的 75%，当日处理水量大于 10m³ 时采用 3 格，第一格容积占总容积的 60%，其余 2 格各占 20%。

（3）构造要求及选用　化粪池的长度与深度、宽度的比例应按污水中悬浮物的沉降条件和积存数量经水力计算确定，但深度（水面至池底）不得小于 1.3m，宽度不得小于 0.75m，长度不得小于 1.0m，圆形化粪池直径不得小于 1.0m。化粪池格与格、池与连接井之间应设通气孔洞；化粪池进水口、出水口应设置连接井与进水管、出水管相接；化粪池进水管口应设导流装置，出水口处及格与格之间应设拦截污泥浮渣的设施；化粪池池壁和池底应防止渗漏；化粪池顶板上应设有人孔和盖板。

化粪池虽然具有结构简单、便于管理、不消耗动力和造价低等优点，但实践中也发现许多缺点，如有机物去除率低，仅为 20% 左右；沉淀和厌氧消化在一个池内进行，污水与污泥接触，使化粪池出水呈酸性，有恶臭。另外，由于化粪池距建筑物较近，清掏污泥时臭气污染空气，影响环境卫生。为克服化粪池存在的缺点，可用新型无动力污水局部处理构筑物代替，它具有水头损失小，处理效果好，产泥量少，造价低，管理简单，无噪声，占地小等优点。

2. 隔油池

公共食堂和饮食业排放的污水中含有植物油和动物油脂。污水中含油量的多少与地区、生活习惯有关，一般在 50～150mg/L 之间。厨房洗涤中含油约 750mg/L。据调查，含油量超过 400mg/L 的污水排入下水道后，随着水温的下降，污水中挟带的油脂颗粒便开始凝固，黏附在管壁上，使管道过水断面减小，堵塞管道。所以，职工食堂和营业餐厅的含油污水应经除油装置后方可排入污水管道。目前一般采用隔油池或隔油器。

隔油池设计应符合下列规定：

1）污水流量应按设计秒流量计算。

2）含食用油污水在池内的流速不得大于 0.005m/s。

3）含食用油污水在池内的停留时间宜为 2～10min。

4）人工除油的隔油池内存油部分的容积不得小于该池有效容积的 25%。

5）隔油池应设活动盖板，进水管应考虑有清通的可能。

6）隔油器出水管管底至池底的深度不得小于 0.6m。

隔油器设计应符合下列规定：

1）含油污水在容器前应有拦截固体残渣装置，并便于清理。

2）容器内宜设置气浮、加热、过滤等油水分离装置。

3）隔油器应设置超越管，超越管管径与进水管管径相同。

4）密闭式隔油器应设置通气管，通气管应单独排至室外。

5）隔油器设置在设备间时，设备间应用通风排气装置，换气次数不宜小于 15 次/h。

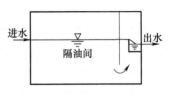

图 3-23　隔油池示意图

隔油池示意图如图 3-23 所示，含油污水进入隔油井后，过水断面增大，水平流速减小，污水中密度小的可浮油自然上浮至水面，收集后去除。

隔油池设计的控制条件是污水在隔油池内停留时间 t 和污水在隔油池内水平流速 v，隔油池设计算按下列公式进行：

$$V = 60Qt \tag{3-38}$$

$$A = \frac{Q}{v} \tag{3-39}$$

$$L = \frac{V}{A} \tag{3-40}$$

$$b = \frac{A}{h} \tag{3-41}$$

式中　V——隔油池有效容积（m^3）；

　　　Q——含油污水设计秒流量（m^3/s）；

　　　t——污水在隔油池内停留时间（min），含食用油污水的停留时间为 2~10min；含矿物油污水的停留时间为 10min；

　　　v——污水在隔油池中水平流速（m/s），一般不得大于 0.005m/s；

　　　A——隔油池中过水断面积（m^2）；

　　　L——隔油池长（m）；

　　　b——隔油池宽（m）；

　　　h——隔油池有效水深，即隔油池出水管底至池底的高度（m），取大于 0.6m。

隔油池构造及选用详见国家建筑标准设计图集《小型排水构筑物》04S519。

3. 降温池

建筑物附属的发热设备和加热设备排污水及工业废水的水温超过《污水排入城镇下水道水质标准》（GB/T 31962—2015）中不大于 40℃的规定时，应进行降温处理；否则，会影响维护管理人员身体健康和管材的使用寿命。目前一般采用降温池处理。

降温池降温的方法主要有二次蒸发，水面散热和加冷水降温。以锅炉排污水为例，当锅炉排出的污水由锅炉内的工作压力骤然减到大气压力时，一部分热污水气化蒸发（二次蒸发），减少了排污水量和所带热量，对剩余的热污水加入冷水混合，使污水温度降到 40℃后排放。

设锅炉排污量为 Q，排出锅炉后蒸发的水量为 q，i_1 为锅炉工作压力下的热污水热焓，i 和 i_2 分别为大气压力下饱和蒸汽热焓和排污热水热焓，由热量平衡式：

$$Qi_1 = qi + (Q - q)i_2 \tag{3-42}$$

得：

$$q = \frac{i_1 - i_2}{i - i_2}Q \tag{3-43}$$

在大气压力下，水与蒸汽的热焓差等于气化热 γ，所以有：

$$i - i_2 = \gamma \tag{3-44}$$

不同压力下的热焓差近似等于温度差与比热的乘积，即：

$$i_1 - i_2 = C_B(t_1 - t_2) \tag{3-45}$$

将式（3-44）和式（3-45）代入式（3-43）得：

$$q = \frac{(t_1 - t_2)QC_B}{\gamma} \tag{3-46}$$

式中　q——蒸发的水量（kg）；

$\quad\quad Q$——排污水量（kg）；

$\quad\quad t_1$——锅炉工作压力下排污热水温度（℃）；

$\quad\quad t_2$——大气压力下排污热水温度（℃）；

$\quad\quad C_B$——水的比热，$C_B = 4.19$〔kJ/(℃·kg)〕。

为简化计算，单位体积排污水的二次蒸发量可按图 3-24 查出，例如，当绝对压力由 1.2MPa 减到 0.2MPa 时，1m³ 排污水可以蒸发 112kg 水蒸气。降温池容积 V 由 3 部分组成，即：

$$V = V_1 + V_2 + V_3 \tag{3-47}$$

式中　V——降温池容积（m³）；

$\quad\quad V_1$——存放排污水的容积（m³）；

$\quad\quad V_2$——存放冷却水的容积（m³）；

$\quad\quad V_3$——保护容积（m³）。

三部分容积的计算方法分别为：

$$V_1 = \frac{Q - k_1 q}{\rho} \tag{3-48}$$

$$V_2 = \frac{t_2 - t_Y}{t_Y - t_L} K V_1 \tag{3-49}$$

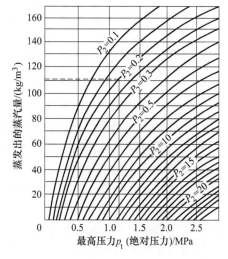

图 3-24　降温池过热水蒸发量计算图

$$V_3 = Ah \tag{3-50}$$

式中　Q——一次排放的污水重量（kg）；

$\quad\quad q$——二次蒸发带走的水重量（kg），按式（3-46）计算；

$\quad\quad k_1$——安全系数，取 0.8；

$\quad\quad \rho$——锅炉工作压力下水的密度（kg/m³）；

$\quad\quad t_Y$——允许排放的水温，一般取 40℃；

$\quad\quad t_L$——冷却水温度，取该地最冷月平均水温（℃）；

$\quad\quad A$——降温池面积（m²）；

$\quad\quad h$——保护高度（m），一般取 0.3~0.5m；

$\quad\quad K$——混合不均匀系数，取 1.5。

降温池应设置于室外，敞开式有利于降温。

4. 医院污水处理

医院污水处理包括医院污水消毒处理、放射性污水处理、重金属污水处理、废弃药物污水处理和污泥处理。医院污水必须进行消毒处理。

需要消毒处理的医院污水是指医院（包括综合医院、传染病医院、专科医院、疗养病院）和医疗卫生的教学和研究机构排放的被病毒、病菌、螺旋体和原虫等病原体污染了的水。这些水如不进行消毒处理，排入水体后会污染水源，导致传染病流行，危害很大。

（1）医院污水水量和水质　医院的分项生活用水定额和小时变化系数应按《建筑给水排水设计标准》（GB 50015—2019）确定。排水量宜为给水量的85%～95%。医院污水排放水量包括住院病房排水量、门诊、化验和制剂排水量，不包括未被致病微生物污染的病人及职工厨房、锅炉房、冷却水等排放量。医院污水排水量按病床床位计算，平均排水量标准和小时变化系数与医院性质、规模、设备完善程度有关，见表3-12。医院污水的水质与每张病床每日污染物的排放量有关，应实测确定。当无实测资料时，可按下列数值采用：BOD_5 为 60 [g/（床·d）]，COD 为 100～150 [g/（床·d）]，悬浮物为 50～100 [g/（床·d）]。

表 3-12　医院污水排放定额及小时变化系数

医院类型	病床床位	日耗水量/ [L/（床·d）]	小时变化系数
设备齐全的大型医院	>300	650～800	2.0～2.2
一般设备的中型医院	100～300	500～600	2.2～2.5
小型医院	<100	350～400	2.5

（2）医院污水处理　医院污水处理由预处理和消毒2部分组成。

医院污水在消毒处理前进行预处理的目的主要有2方面：

一是节约消毒剂用量。医院污水所含的污染物中有一部分是还原性的，若不进行预处理去除水中悬浮的污染物，直接进行消毒处理会增加消毒剂用量。二是使消毒彻底。如果不进行预处理去除水中悬浮的污染物，病菌、病毒和寄生虫卵等致病体会包藏在这些悬浮物中，阻碍消毒剂作用，使消毒不彻底。

医院污水处理流程应根据污水性质、排放条件等因素确定，排入终端已建有正常运行的二级污水处理厂的城镇下水道时，宜采用一级处理；直接或间接排入地表水体或海域时，应采用二级处理。一级处理主要构筑物有化粪池、沉淀池等。

一级处理可去除悬浮物50%～60%，但去除的有机物较少，BOD_5 仅去除20%左右，在后续消毒过程中，消毒剂耗费多，接触时间长。因工艺流程简单，运转费用和基建投资少，所以，当医院所在城市有污水处理厂时，应采用一级处理，医院污水一级处理工艺流程如图3-25所示。

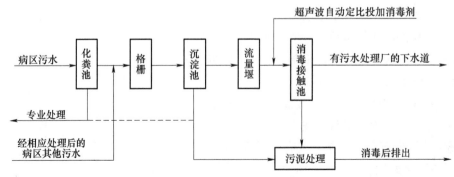

图 3-25　医院污水一级处理工艺流程

医院污水二级处理工艺流程如图 3-26。其中，生物处理常采用生物转盘和生物接触氧化池。因有机物去除率在 90% 以上，所以，消毒剂用量少，仅为一级处理的 40%，而且消毒彻底。

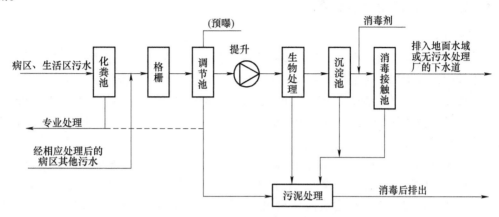

图 3-26　医院污水二级处理工艺流程

（3）消毒方法　医院污水消毒方法主要有氯化法和臭氧法。氯化法按消毒剂又分为液氯、商品次氯酸钠、现场制备次氯酸钠、二氧化氯、漂粉精或三氯氰尿酸。消毒方法和消毒剂的选择应根据污水量、污水水质、受纳水体对排放污水的要求及投资、运行费用、药剂供应、处理站离病房和居民区的距离、操作管理水平等因素，经技术经济比较后确定。

1）氯化法。氯化法具有消毒剂货源充沛、价格低、消毒效果好，且消毒后在污水中保持一定的余氯，能抑制和杀灭污水中残留的病菌，已广泛应用于医院污水消毒处理。

液氯法具有成本低、运行费用省的优点，但要求安全操作，如有泄漏会危及人身安全。所以，污水处理站离病房和居民区保持一定距离的大型医院可采用液氯法。

漂粉精投配方便，操作安全，但价格较贵，适用于小型或局部污水处理。

漂白粉有效氯含量低、操作条件差，投加后有残渣，适用于县级医院或乡镇卫生院。

次氯酸钠法安全可靠，但运行费用高，适用于处理站离病房和居民区较近的情况。

为满足排放污水中余氯量的要求，预处理为一级处理时，加氯量为 $30\sim50\text{mg/L}$；预处理为二级处理时，加氯量为 $15\sim25\text{mg/L}$。需要指出，加氯量不是越多越好。处理后水中余氯过多，会形成氯酚等有机氯化物，造成二次污染，同时，可能会腐蚀管道和设备。

2）臭氧法。臭氧消毒灭菌具有快速和全面的特点。不会生成危害很大的三氯甲烷，能有效去除水中色、臭、味及有机物，降低污水的浊度和色度，增加水中的溶解氧，具有很好的发展前景，同时，存在投资大、制取成本高、工艺设备腐蚀严重、管理水平要求高等缺点。当处理后污水排入有特殊要求的水域，不能用氯化法消毒时，可考虑用臭氧法。

（4）污泥处理　医院污水处理过程中产生污泥中含有大量的病原体，可用加氯法、高温堆肥法、石灰消毒法、加热法消毒灭菌，也可用干化和焚烧法处理。

3.5　建筑生活排水系统水力计算

建筑生活排水系统水力计算是在进行排水管线布置、绘出管道轴测图后进行的。计算的目的是确定排水管网各管段的管径、横向管道的坡度、通气管的管径以及各控制点的标高和排水管件的组合形式。

3.5.1 排水定额和设计秒流量

1. 排水定额

建筑生活排水定额有2类，一类是以每人每日为标准，另一类是以卫生器具为标准。每人每日排放的污水量和小时变化系数与气候、建筑物内卫生设备完善程度有关。因建筑内部给水量散失较少，所以生活排水定额和小时变化系数与生活给水相同。生活排水平均时排水量和最大时排水量的计算方法与建筑内部的生活给水量计算方法相同，计算结果主要用来设计污水泵、化粪池等。

卫生器具排水定额是经过实测得来的。主要用来计算建筑内部各管段的排水设计秒流量，进而确定各管段的管径。各管段的设计流量与其接纳的卫生器具类型、数量及使用频率有关。为了便于累加计算，与建筑内部给水一样，以污水盆排水量0.33L/s为一个排水当量，将其他卫生器具的排水量与0.33L/s的比值，作为该种卫生器具的排水当量。由于卫生器具排水具有突然、迅速、流率大的特点，所以，一个排水当量的排水流量是一个给水当量额定流量的1.65倍。卫生器具的排水流量、当量和排水管管径见表3-13。

表3-13　卫生器具的排水流量、当量和排水管管径

序号	卫生器具名称	排水流量/（L/s）	当量	排水管管径/mm
1	洗涤盆、污水盆（池）	0.33	1.00	50
2	餐厅、厨房洗菜盆（池）			
	单格洗涤盆（池）	0.67	2.00	50
	双格洗涤盆（池）	1.00	3.00	50
3	盥洗槽（每个水嘴）	0.33	1.00	50~75
4	洗手盆	0.10	0.30	32~50
5	洗脸盆	0.25	0.75	32~50
6	浴盆	1.00	3.00	50
7	淋浴器	0.15	0.45	50
8	大便器			
	冲洗水箱	1.50	4.50	100
	自闭式冲洗阀	1.20	3.60	100
9	医用倒便器	1.50	4.50	100
10	小便器			
	自闭式冲洗阀	0.10	0.30	40~50
	感应式冲洗阀	0.10	0.30	40~50
11	大便槽			
	≤4个蹲位	2.50	7.50	100
	>4个蹲位	3.00	9.00	150
12	小便槽（每米长）			

（续）

序号	卫生器具名称	排水流量/（L/s）	当量	排水管管径/mm
	自动冲洗水箱	0.17	0.50	—
13	化验盆（无塞）	0.20	0.60	40~50
14	净身器	0.10	0.30	40~50
15	饮水器	0.05	0.15	25~50
16	家用洗衣机	0.50	1.50	50

注：家用洗衣机下排水软管直径为 30mm，上排水软管内径为 19mm。

2. 设计秒流量

建筑内部排水管道的设计流量是确定各管段管径的依据，因此，排水设计流量的确定应符合建筑内部排水规律。建筑内部排水流量与卫生器具的排水特点和同时排水的卫生器具数量有关，具有历时短、瞬时流量大、两次排水间隔时间长的特点。建筑内部每昼夜、每小时的排水量都是不均匀的。与给水相同，为保证最不利时刻的最大排水量能迅速、安全排放，排水设计流量应为建筑内部的最大排水瞬时流量，又称为排水设计秒流量。

目前，我国生活排水设计秒流量计算公式有两个，根据建筑物不同排水情况进行选用。

1）住宅、宿舍（居室内设卫生间）、旅馆、宾馆、酒店式公寓、医院、疗养院、幼儿园、养老院、办公楼、商场、图书馆、书店、客运中心、航站楼、会展中心、中小学教学楼、食堂或营业餐厅等建筑用水设备使用不集中，用水时间长，同时排水百分数随卫生器具数量增加而减少，排水设计秒流量计算公式为

$$q_p = 0.12\alpha\sqrt{N_p} + q_{max} \tag{3-51}$$

式中　q_p——计算管段排水设计秒流量（L/s）；

N_p——计算管段的卫生器具排水当量总数；

q_{max}——计算管段上排水量最大的一个卫生器具的排水流量（L/s）；

α——根据建筑物用途而定的系数，按表 3-14 确定。

用式（3-51）计算排水管网起端的管段时，因连接的卫生器具较少，计算结果有时会大于该管段上所有卫生器具排水流量的总和，这时应按该管段所有卫生器具排水流量的累加值作为设计秒流量。

表 3-14　根据建筑物用途而定的系数值

建筑物名称	宿舍（居室内设卫生间）、住宅、宾馆、酒店式公寓、医院、疗养院、幼儿园、养老院的卫生间	旅馆和其他公共建筑的盥洗室和厕所间
α 值	1.5	2.0~2.5

2）宿舍（设公用盥洗卫生间）、工业企业生活间、公共浴室、洗衣房、职工食堂或营业餐厅的厨房、实验室、影剧院、体育场、候车（机、船）等建筑的卫生设备使用集中，排水时间集中，同时排水百分数高，排水设计秒流量计算公式为

$$q_p = \sum_{i=1}^{m} q_0 n_0 b \tag{3-52}$$

式中　q_p——计算管段排水设计秒流量（L/s）；

　　　q_0——同类型的一个卫生器具排水流量（L/s）；

　　　n_0——同类型卫生器具的数量；

　　　b——卫生器具同时排水百分数，冲洗水箱大便器按 12% 计算，其他卫生器具同给水；

　　　m——计算管段上卫生器具的种类数。

对于有大便器接入的排水管网起端，因卫生器具较少，大便器的同时排水百分数定的较小（如冲洗水箱大便器仅定为 12%），按式（3-52）计算的排水设计秒流量可能会小于一个大便器的排水量，这时，应按一个大便器的排水量作为该管段的排水设计秒流量。

3.5.2　排水管网的水力计算

1. 横管的水力计算

（1）设计规定　为保证管道系统有良好的水力条件，稳定管内气压，防止水封破坏，保证良好的室内环境卫生，横干管和横支管的设计计算需满足下列规定：

1）最大设计充满度。建筑内部排水横管按非满流设计，使污、废水释放出的有毒、有害气体能自由排出；调节排水管道系统内的压力，接纳意外的高峰流量。排水管道的最大设计充满度见表 3-15。

表 3-15　排水管道的最大设计充满度

排水管道名称	排水管道管径/mm	最大计算充满度（以管径计）
生活污废水排水管	150 以下	0.5
生活污废水排水管	150~200	0.6
生产污废水排水管	50~75	0.6
生产污废水排水管	100~150	0.7
生产废水排水管	200 及 200 以上	1.0
生产污水排水管	200 及 200 以上	0.8

注：排水沟最大计算充满度为计算断面深度的 0.8。

2）自净流速。污水中含有固体杂质，如果流速过小，固体物会在管内沉淀，减小过水断面积，造成排水不畅或堵塞管道，为此规定了一个最小流速，即自净流速。自净流速的大小与污废水的成分、管径、设计充满度有关。排水横管自净流速见表 3-16。

表 3-16　各种排水管道的自净流速值

污废水类别	生活污水在下列管径时/mm			明渠（沟）	雨水道及合流制排水管
	$D<150$	$D=150$	$D=200$		
自净流速/(m/s)	0.6	0.65	0.70	0.40	0.75

3）管道坡度。管道设计坡度与污废水性质、管径和管材有关。污废水中含有的污染物越多，管道坡度应越大。建筑内部生活排水横管的坡度有通用坡度和最小坡度两种。通用坡度为正常条件下应予保证的坡度；最小坡度为必须保证的坡度，一般情况下应采用通用坡度。当横管过长或建筑空间受限制时，可采用最小坡度。塑料管采用粘接、熔接时排水横支管的标准坡度应为 0.026，采用胶圈密封连接时排水横支管的坡度可按表

3-17 调整为通用坡度。

表 3-17　生活排水管道的通用坡度和最小坡度

管材	管径 /mm	坡度		管材	管径 /mm	坡度	
		通用坡度	最小坡度			通用坡度	最小坡度
塑料管	110	0.012	0.004	铸铁管	50	0.035	0.025
	125	0.010	0.0035		75	0.025	0.015
	160	0.007	0.003		100	0.020	0.012
	200	0.005	0.003		125	0.015	0.010
	250	0.005	0.003		150	0.010	0.007
	315	0.005	0.003		200	0.008	0.005

工业废水的水质与生活污水不同，其排水横管的通用坡度和最小坡度见表 3-18。

表 3-18　工业废水排水管道的通用坡度和最小坡度

管径/mm	生产废水		生产污水	
	通用坡度	最小坡度	通用坡度	最小坡度
50	0.025	0.020	0.035	0.030
75	0.020	0.015	0.025	0.020
100	0.015	0.008	0.020	0.012
125	0.010	0.006	0.015	0.010
150	0.008	0.005	0.010	0.006
200	0.006	0.004	0.007	0.004
250	0.005	0.0035	0.006	0.0035
300	0.004	0.003	0.005	0.003

4）最小管径。为了排水通畅，防止管道堵塞，保障室内环境卫生，建筑内排水管道的最小管径为 50mm。公共食堂厨房排水中含有大量油脂及菜叶、泥沙等杂质，为防止堵塞，实际选用管径应比计算管径大一级，且支管管径不小于 75mm，干管管径不小于 100mm。医院污物洗涤间内洗涤盆和污水盆内往往有一些棉花球、纱布碎块、玻璃瓶、塑料瓶和竹签等杂物落入，为防止管道堵塞，管径不小于 75mm。

大便器没有十字栏栅，同时排水量大且猛，所以，凡连接大便器的支管，即使仅有 1 个大便器，其最小管径均为 100mm。如果小便斗和小便槽冲洗不及时，尿垢聚积可能堵塞管道，因此，小便槽或连接 3 个及 3 个以上小便器的污水支管管径不宜小于 75mm。

（2）横管水力计算方法　对于横干管和连接多个卫生器具的横支管，应逐段计算各管段的排水设计秒流量，通过水力计算来确定各管段的管径和坡度。建筑内横向管道按明渠均匀流公式计算：

$$q_p = \omega v \tag{3-53}$$

$$v = \frac{1}{n} R^{\frac{2}{3}} I^{\frac{1}{2}} \tag{3-54}$$

式中 q_p——排水设计秒流量（m^3/s）；

ω——管道在设计充满度的过水断面（m^2）；

v——流速（m/s）；

R——水力半径（m）；

I——水力坡度，即管道坡度；

n——管道粗糙系数，铸铁管为 0.013，混凝土管、钢筋混凝土管为 $0.013\sim0.014$，钢管为 0.012，塑料管为 0.009。

为便于设计计算，根据式（3-53）和式（3-54）及各项规定，编制了建筑内部铸铁排水管水力计算表和塑料排水管水力计算表，见附录 A 和附录 B，供设计时使用。

建筑底层生活排水管道单独排出且符合下列条件时，可不设通气管：

1）住宅排水管以户排出时。

2）公共建筑无通气的底层生活排水支管单独排出的最大卫生器具数量符合表 3-19 规定时。

3）排水横管长度不应大于 12m。

表 3-19 公共建筑无通气的底层生活排水支管单独排出的最大卫生器具数量

排水横支管管径/mm	卫生器具	数量
50	排水管径≤50mm	1
75	排水管径≤75mm	1
	排水管径≤50mm	3
100	大便器	5

注：1. 排水横支管连接地漏时，地漏可不计数量。

2. DN100 管道除连接大便器外，还可连接该卫生间配置的小便器及洗涤设备。

2. 立管水力计算

排水立管的通水能力与管径、系统是否通气、通气的方式有关，生活排水立管的最大设计排水能力应按表 3-20 确定。排水立管管径不得小于所连接的横支管管径，多层住宅厨房间排水立管管径不宜小于 75mm。

表 3-20 生活排水立管最大设计排水能力

排水立管系统类型				最大设计通水能力/（L/s）		
				排水立管管径/mm		
				75	100（110）	150（160）
伸顶通气			厨房	1.00	4.0	6.40
			卫生间	2.00		
专用通气	专用通气管75mm	结合通气管每层连接			6.30	
		结合通气管隔层连接			5.20	
	专用通气管100mm	结合通气管每层连接		—	10.00	—
		结合通气管隔层连接			8.00	
	主通气立管+环形通气管					
自循环通气	专用通气形式				4.40	
	环形通气形式				5.90	

3. 通气管道计算

单立管排水系统的伸顶通气管管径应与排水立管管径相同，但在最冷月平均气温低于 −13℃ 的地区，为防止通气管口结霜，减小通气管断面，应在室内平顶或吊顶以下 0.3m 处将管径放大一级。

通气管的管径应根据排水能力、管道长度来确定，一般不宜小于排水管管径的 1/2，其最小管径可按表 3-21 确定。

在双立管排水系统中，当通气立管长度小于等于 50m 时，通气管最小管径可按表 3-21 确定。当通气立管长度大于 50m 时，空气在管内流动时阻力损失增加，为保证排水立管内气压稳定，通气立管管径应与排水立管相同。

通气立管长度小于等于 50m 的三立管排水系统和多立管排水系统中，2 根或 2 根以上排水立管与 1 根通气立管连接，应按最大 1 根排水立管管径查表 3-21 确定共用通气立管管径，但同时应保证共用通气立管管径不小于其余任何 1 根排水立管管径。

结合通气管管径不宜小于与其连接的通气立管管径，通气管最小管径见表 3-21。

表 3-21　通气管最小管径　　　　　（单位：mm）

通气管名称	排水管管径/mm			
	50	75	100	150
器具通气管	32	—	50	—
环形通气管	32	40	50	—
通气立管	40	50	75	100

注：表中通气立管系指专用通气立管、主通气立管、副通气立管。

有些建筑不允许伸顶通气管分别出屋顶，可用 1 根横向管道将各伸顶通气管汇合在一起，集中在一处出屋顶，该横向通气管称为汇合通气管。汇合通气管的断面积应为最大一根通气管的断面积加其余通气管断面积之和的 0.25 倍。汇合通气管管径可按下式计算：

$$D \geqslant \sqrt{d_{max}^2 + 0.25 \sum d_i^2}$$ 　　　　（3-55）

式中　D——汇合通气管和总伸顶通气管管径（mm）；

　　　d_{max}——最大 1 根通气立管管径（mm）；

　　　d_i——其余通气立管管径（mm）。

【例 3-1】　如图 3-27 所示，为某 7 层教学楼男厕排水管道系统图，管材为排水塑料管。每层横支管设污水盆 1 个，自闭式冲洗阀小便器 2 个，高位水箱大便器 3 个，试计算确定管径。

【解】

1）横支管计算。按公式（3-51）计算排水设计秒流量，其中 α 取 2.5，卫生器具当量和排水流量按表 3-13 选取，各层横支管计算结果见表 3-22。

表 3-22　各层横支管计算表

管段编号	卫生器具名称数量			排水当量总数 N_p	设计秒流量 q_n/（L/s）	管径 d_e /mm	坡度 i
	污水盆 $N_p = 1.0$	小便器 $N_p = 0.3$	大便器 $N_p = 4.5$				
0-1	1	—	—	1.00	0.33	50	0.026
1-2	1	1	—	1.30	0.43	50	0.026
2-3	1	2	—	1.60	0.53	50	0.026
3-4	1	2	1	6.10	2.01	110	0.026
4-5	1	2	2	10.60	2.48	110	0.026
5-6	1	2	3	15.10	2.67	110	0.026

注：1. 0-1 段按表 3-13 确定。

　　2. 1-2、2-3 和 3-4 段按式（3-53）计算结果大于卫生器具流量累加值，所以，设计秒流量按累加值计算。

2）立管计算。1 根立管接纳的排水当量总数为：$N_p = 15.10 \times 7 = 105.7$

立管最下部管段排水设计秒流量为

$$q_p = (0.12 \times 2.5 \sqrt{105.7} + 1.5) \text{L/s} = 4.58 \text{L/s}$$

查表 3-20，选用立管管径 $d_e = 160$mm，因设计秒流量 4.58L/s 小于排水塑料管最大允许排水流量 6.4L/s，所以不需要设专用通气立管。

3）立管底部和排出管计算。立管底部和排出管管径仍取 $d_e = 160$mm，管道取通用坡度 0.007，充满度为 0.6 时，允许最大流量为 12.8L/s，流速为 1.13m/s，符合要求。

【例 3-2】　某 24 层宾馆层高 3m，排水系统采用污、废水分流制，设专用通气立管，管材采用柔性接口机制铸铁排水管，设计计算草图如图 3-28 所示。每根立管每层设洗脸盆、低水箱坐便器和浴盆各 2 个，试设计排水管道。

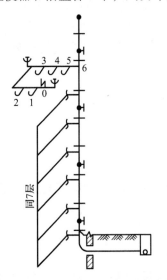

图 3-27　某层数为 7 层的建筑男厕排水管道系统图

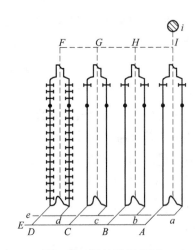

图 3-28　设计计算草图

【解】

1）计算公式及参数。排水设计秒流量按公式（3-51）计算，其中 α 取 1.5。生活污水系统 $q_{max} = 1.5$ L/s；生活废水系统 $q_{max} = 1.0$ L/s。

2）支管。污水系统每层支管只连接一个大便器，支管管径取 $DN = 100$，采用通用坡度 $i = 0.02$。

废水系统每层支管连接一个洗脸盆和一个浴盆，排水设计秒流量为

$$q_p = (0.12 \times 1.5\sqrt{3.75} + 1.00) \text{L/s} = 1.35 \text{L/s}$$

大于洗脸盆和浴盆排水量之和为：$(1.00 + 0.25)$ L/s $= 1.25$ L/s，故取 $q_p = 1.25$ L/s，管径取 $DN75$，采用通用坡度 $i = 0.025$。

3）立管。污水系统每根立管的排水设计秒流量为：

$$q_p = (0.12 \times 1.5\sqrt{4.5 \times 2 \times 24} + 1.5) \text{L/s} = 4.15 \text{L/s}$$

因有大便器，立管管径 $DN100$，设专用通气立管。

废水系统每根立管的排水设计秒流量为：

$$q_p = (0.12 \times 1.5\sqrt{(3 + 0.75) \times 2 \times 24} + 1) \text{L/s} = 3.41 \text{L/s}$$

立管管径 $DN100$，与污水共用专用通气立管。

4）排水横干管计算。计算各管段设计秒流量。选用通用坡度，横干管及排出管水力计算结果见表 3-23。

表 3-23　横干管及排出管水力计算表

管段编号	卫生器具数量			当量总数 N_p	设计秒流量 q_u/(L/s)	管径 DN /mm	坡度 i
	坐便器 ($N_p = 4.5$)	浴盆 ($N_p = 3$)	洗脸盆 ($N_p = 0.75$)				
A-B	48	—	—	216	4.15	125	0.015
B-C	96	—	—	432	5.24	125	0.015
C-D	144	—	—	648	6.08	150	0.010
D-E	192	—	—	864	6.79	150	0.010
a-b	—	48	48	180	3.41	100	0.020
b-c	—	96	96	360	4.42	125	0.015
c-d	—	144	144	540	5.18	125	0.015
d-e	—	192	192	720	5.83	125	0.015

5）通气管计算。专用通气立管与生活污水和生活废水两根立管连接，生活污水立管管径为 $DN100$，该建筑 24 层，层高 3m，通气立管超过 50m，所以通气立管管径与生活污水立管管径相同，取 $DN100$。

6）汇合通气管及总伸顶通气管计算。FG 段汇合通气管只负担一根通气立管，其管径与通气立管相同，取 $DN100$，GH 段汇合通气管负担两根通气立管，按式（3-55）计算得：

$$D \geq (\sqrt{100^2 + 0.25 \times 100^2}) \text{mm} = 111.8 \text{mm}$$

G 至 H 段汇合通气管管径取 $DN125$。H 至 I 段和伸顶通气管 I 至 J 段分别负担 3 根和 4 根通气立管，经计算，管径分别为 $DN125$ 和 $DN150$。

7）结合通气管。结合通气管隔层分别与污水立管和废水立管连接，与污水立管连接的结合通气管径与污水立管相同，与废水立管连接的结合通气管径与废水立管相同，均为 *DN*100。

 思考题

1. 什么是建筑排水系统体制？如何选择建筑的排水体制？
2. 卫生器具出口设置水封的作用是什么？常用水封的种类有哪些？如何保证水封作用？
3. 设置通气管道系统的目的是什么？各类通气管道的设置原则是什么？
4. 排水横干管内压力变化情况如何？工程实践中应解决什么问题？
5. 排水管道系统的通水能力受到哪些因素的制约？
6. 某学校有一栋六层学生宿舍，每层设厕所间，盥洗间各一个。厕所间内设有高水箱蹲式大便器4套、自动冲洗小便器3个、洗脸盆1个；盥洗间内设有5个水龙头的盥洗槽2个、污水池1个。厕所内设地漏1个，盥洗室内设地漏2个。如图3-29所示为排水管道平面布置图，如图3-30所示为排水管道系统计算草图。管材为建筑排水塑料管。试确定排水管道的直径和横管坡度。

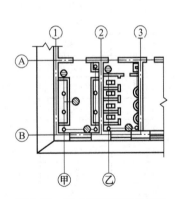

图 3-29　排水管道平面布置图

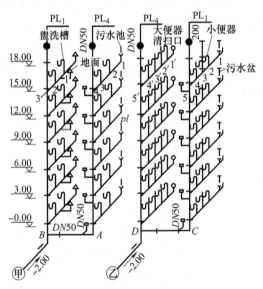

图 3-30　排水管道系统计算草图

第 4 章

建筑雨水排水系统设计与计算

建筑雨水排水系统的作用是汇集落在建筑屋面上的雨水、雪水并有组织地加以排放。工作良好的建筑雨水排水系统可以避免屋面形成积水对屋顶结构造成危害，防止屋顶漏水、溢流、淹水等事故，保证建筑的安全和正常使用。

■ 4.1 建筑雨水排水系统的分类与选择

4.1.1 建筑雨水排水系统的分类

1. 按集水方式分类

根据屋面雨水的收集方式，建筑雨水排水系统可以分为檐沟外排水系统、天沟外排水系统和屋面雨水斗排水系统。

檐沟外排水系统由檐沟和雨落管组成，如图 4-1 所示。降落到屋面的雨水沿屋面集流到檐沟，然后流入隔一定距离沿外墙设置的雨落管排至地面或雨水口。先根据降雨量和管道的通水能力确定一根雨落管服务的屋面面积，再根据屋面形状和面积确定雨落管间距。根据经验，民用建筑雨落管间距为 8~12m，工业建筑为 18~24m。檐沟外排水系统适用于普通住宅、一般公共建筑和小型单跨厂房。

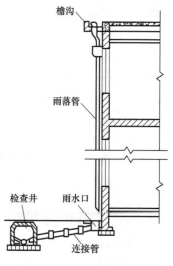

图 4-1　檐沟外排水系统

天沟外排水系统由天沟、雨水斗和排水立管组成，如图 4-2 所示。天沟设置在两跨中间并坡向端墙，雨水斗沿外墙布置，如图 4-3 所示。降落到屋面上的雨水沿坡向天沟的屋面汇集到天沟，沿天沟流至建筑物两端（山墙、女儿墙），入雨水斗，经立管排至地面或雨水井。天沟外排水系统适用于大型屋面，尤其是长度不超过 100m 的多跨工业厂房。

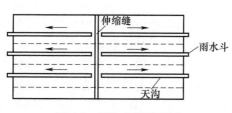

图 4-2　天沟布置示意图

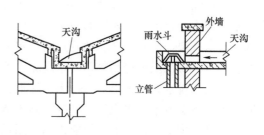

图 4-3　天沟与雨水管连接

天沟的排水断面形式根据屋面情况而定，一般多为矩形和梯形。天沟坡度不宜太大，以免天沟起端屋顶垫层过厚而增加结构的荷重，但也不宜太小，以免天沟抹面时局部出现倒坡，使得雨水在天沟中积聚，增大屋顶漏水风险，所以天沟坡度一般在 0.003~0.006。

天沟内的排水分水线应设置在建筑物的伸缩缝、变形缝、沉降缝处，天沟的长度应根据地区暴雨强度、建筑物跨度、天沟断面形式等进行水力计算确定，一般不宜超过 50m。为了排水安全，防止天沟末端积水太深，在天沟顶端设置溢流口，溢流口比天沟上檐低 50~100mm。

采用天沟外排水方式时，在屋面不设雨水斗，排水安全可靠，不会因施工不善造成屋面漏水或检查井冒水，且节省管材，施工简便，有利于厂房内空间利用，也可减小厂区雨水管道的埋深。但因天沟有一定的坡度，且较长，排水立管在山墙外，存在屋面垫层厚、结构负荷增大的问题，使得晴天屋面堆积灰尘多，可能导致雨天天沟排水不畅。另外，在寒冷地区，排水立管有被冻裂的可能。屋面集水优先考虑天沟形式。

2. 按雨水管道的位置分类

根据排水管道的安装位置，建筑雨水排水系统可以分为外排水系统、内排水系统和混合雨水排水系统。檐沟外排水系统和天沟外排水系统属于外排水系统，雨水管道系统优先考虑外排水，但应取得建筑师同意。内排水是指建筑物内部有雨水管道的雨水排水系统，屋面雨水斗排水系统属于内排水系统，降落到屋面上的雨水，沿屋面流入雨水斗，经连接管、悬吊管，进入排水立管，再经排出管流入雨水检查井，或经埋地干管排至室外雨水管道。寒冷地区尽量采用内排水系统。

在实际设计时，应根据建筑物的类型、建筑结构形式、屋面面积大小、当地气候条件及生产生活的要求，经过技术经济比较来选择排除方式。一般情况下，应尽量采用外排水系统或将两种排水系统综合考虑。对于跨度大、特别长的多跨工业厂房，在屋面设天沟有困难的锯齿形或壳形屋面厂房及屋面有天窗的厂房，应考虑采用内排水形式。对于建筑立面要求高的建筑，大屋面建筑及寒冷地区的建筑，在墙外设置雨水排水立管有困难时，也可考虑采用内排水形式。

3. 按雨水斗的数量分类

内排水系统按雨水斗的连接方式可分为单斗和多斗雨水排水系统 2 类。

1) 单斗系统：悬吊管上仅连接一个雨水斗，水流状态简单，计算方法较易，采用较普遍。

2) 多斗系统：悬吊管上连接 1 个以上（一般不得多于 4 个）雨水斗的系统，水流状态复杂，在条件允许的情况下，应尽量采用多斗系统。

4. 按排除雨水的安全程度分类

根据排除雨水的安全程度，内排水系统分为敞开式和密闭式两种排水系统。前者利用重力排水，雨水经排出管进入普通检查井。但由于设计和施工的原因，当暴雨发生时，会出现检查井冒水现象，造成危害。敞开式内排水系统也有在室内设悬吊管、埋地管和室外检查井的做法，这种做法虽可避免室内冒水现象，但管材耗量大且悬吊管外壁易结露。

密闭式内排水系统利用压力排水，埋地管在检查井内用密闭的三通连接。当雨水排水不畅时，室内不会发生冒水现象。其缺点是不能接纳生产废水，需另设生产废水排水系统。

不允许室内地面冒水的建筑应采用密闭系统或外排水系统，不得采用敞开式内排水雨水系统。

5. 按设计流态分类

根据雨水在管道中的设计流态，建筑雨水排水系统可以分为满管压力流（虹吸式）排水系统、重力流排水系统。檐沟外排水宜按重力流排水系统设计；长天沟外排水宜按满管压力流排水系统设计；高层建筑屋面雨水排水宜按重力流排水系统设计；工业厂房、库房、公共建筑的大型屋面雨水排水宜按满管压力流排水系统设计。两种系统的特点比较见表 4-1。

表 4-1　压力流系统与重力流系统的特点比较

系统类别	压力流（虹吸式）系统	重力流系统
设计流态	水一相流	气水混合流
雨水斗形式	淹没进水式	87 型或 65 型
服役期间允许经历的流态	附壁膜流、气水混合流、水一相流	附壁膜流、气水混合流、水一相流
管道设计数据	公式计算	主要来自试验
超设计重现期雨量排除	主要通过溢流 设计状态充分利用了水头，超量水难再进入	主要通过系统本身、 设计方法考虑了排超量雨水
屋面溢流频率	大	小
设计重现期取值	大	小
雨斗标高设置要求	严格	一般
管材耗用	省	较多
系统计算	准确，但复杂	简单，但粗糙

满管压力流（虹吸式）雨水排水系统采用虹吸式雨水斗，利用悬吊管内负压抽吸流动，管道中呈全充满的压力流状态，屋面雨水的排除是一个虹吸排水过程。

满管压力流系统的设计流态是水的一相满流，再提高系统的流量须升高屋面水位，但升高的水位与原有总水头（建筑高度）相比仍然很小，系统的流量增加亦很小，超重现期雨水须由溢流设施排除；重力流系统在确定系统的负荷时，预留了排放超设计重现期雨水的余量，比如 $DN100$ 雨水斗排水能力的试验数据是 $25 \sim 35L/s$（斗前水位 10cm），设计数据取 $12 \sim 16L/s$，悬吊管和立管的余量也大致如此。

当屋面形式比较复杂、面积较大时，也可在屋面的不同部位采用几种不同形式的排水系统，即混合式排水系统，如采用内、外排水系统结合，压力、重力排水结合，暗管、明沟结合等系统以满足排水要求。

4.1.2　建筑雨水排水系统的选择

1. 选用原则

1) 选择屋面雨水排水系统最基本的原则：能迅速、及时地将屋面雨水排至室外。

2) 尽量减少或避免非正常排水，即尽量避免雨水从屋面溢流口溢流、从室内地面冒水或屋面冒水。

3) 应本着安全、经济的原则选择系统。安全的含义：室内地面不冒水、屋面溢水频率低、管道不漏水、冒水。经济的含义：在满足安全的前提下，系统造价低、寿命长。

2. 选用次序

（1）根据安全性大小，各雨水系统的先后排列次序

密闭式系统 > 敞开式系统

外排水系统 > 内排水系统

87 型雨水斗重力流系统 > 虹吸式压力流系统 > 堰流式雨水斗重力流系统

（2）根据经济性优劣，各雨水系统的先后排列次序

虹吸式压力流系统 > 87 型雨水斗重力流系统 > 堰流式雨水斗重力流系统

（3）各种雨水排水系统的适用特点　除考虑安全、经济因素外，雨水排水系统的选择主要应根据各雨水系统的特点以及该建筑的实际情况综合分析确定。

1）优先考虑外排水，但应先征得建筑师的同意。

2）屋面集水优先考虑天沟形式，雨水斗应设置在天沟内。

3）虹吸式压力流系统适用于大型屋面的库房、工业厂房、公共建筑等。

4）室内不允许有冒水的系统，应选择密闭系统或外排水系统。

5）87 型雨水斗系统和虹吸式压力流系统应选择密闭系统。

6）寒冷地区应尽量采用内排水系统。

7）单斗与多斗系统比较，一般情况下优先采用单斗系统。但虹吸式雨水系统悬吊管上接入的雨水斗数量一般不受限制。

在选择雨水排水系统时应注意：屋面雨水严禁接入室内生活污废水系统，严禁室内生活污废水管道直接与屋面雨水管道连接。

4.1.3　建筑雨水排水系统的组成与设置

外排水系统的组成与布置分别如图 4-1~图 4-3 所示。内排水系统由以下几部分组成：

（1）雨水斗　屋面排水系统应设置雨水斗。不同设计排水流态、排水特征的屋面雨水排水系统应选用相应的雨水斗。雨水斗设有整流格栅装置，格栅进水孔的有效面积是雨水斗下连接管面积的 2~2.5 倍，能迅速排除屋面雨水。格栅还具有整流作用，避免形成过大的旋涡，稳定斗前水位，减少掺气，并拦隔树叶等杂物。整流格栅可以拆卸，以便清理格栅上的杂物。

（2）连接管　连接管是连接雨水斗和悬吊管的一段竖向短管。连接管一般与雨水斗同径，但不宜小于 100mm，连接管应牢固固定在建筑物的承重结构上，下端用 45°三通与悬吊管连接。

（3）悬吊管　悬吊管连接雨水斗和排水立管，是雨水内排水系统中架空布置的横向管道。其管径不小于连接管管径，也不应大于 300mm。

（4）立管　雨水立管承接悬吊管或雨水斗流来的雨水，重力流屋面雨水排水系统立管管径不得小于悬吊管管径，压力流雨水排水系统立管管径应经计算确定，可小于上游横管管径。

（5）排出管　排出管是立管和检查井间的一段有较大坡度的横向管道，其管径不得小于立管管径。排出管与下游埋地管在检查井中宜采用管顶平接，水流转角不得小于 135°。

（6）埋地管　埋地管敷设于室内地下，承接立管的雨水，并将其排至室外雨水管道。埋地管最小管径为 200mm，最大不超过 600mm。埋地管一般采用埋地塑料管、混凝土管或钢筋混凝土管。

（7）附属构筑物　常见的附属构筑物有检查井、检查口井和排气井，用于雨水管道的

清扫、检修、排气。检查井适用于敞开式内排水系统，设置在排出管与埋地管连接处，埋地管转弯、变径及超过 30m 的直线管路上。检查井井深不小于 0.7m，井内采用管顶平接，井底设流槽，流槽应高出管顶 200mm。埋地管起端几个检查井与排出管间应设排气井，如图 4-4 所示。水流从排出管流入排气井，与溢流墙碰撞消能，流速减小，气水分离，水流经格栅稳压后平稳流入检查井，气体由放气管排出。密闭内排水系统的埋地管上设检查口，将检查口放在检查井内，便于清通检修，称检查口井，如图 3-11c 所示。

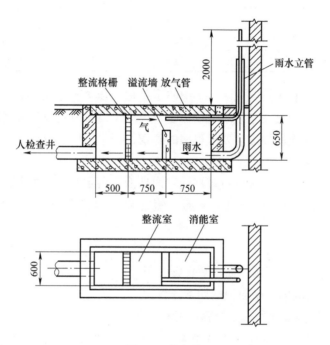

图 4-4 排气井

4.2 雨水排水系统设计与计算

4.2.1 雨水量计算

1. 设计降雨强度

降雨强度应根据当地降雨强度公式计算，各地降雨强度公式可在室外排水设计手册中查到。如无当地降雨强度公式或有明显缺陷时，可根据当地雨量记录进行推算或借用邻近地区的降雨强度公式进行计算。降雨强度公式形式如下：

$$q_j = \frac{1.67A(1 + c\lg P)}{(t + b)^n} \tag{4-1}$$

式中　　q_j——设计降雨强度 $[L/(s \cdot 10^4 m^2)]$；

　　　　P——设计重现期 (a)；

　　　　t——降雨历时 (min)；

A、b、c、n——当地降雨参数。

2. 设计重现期

各种汇水区域的设计重现期见表 4-2。

表 4-2　各种汇水区域的设计重现期

汇水区域名称		设计重现期/a
建筑物屋面	一般性建筑物屋面	5
	重要公共建筑物屋面	≥10
室外场地	居住小区	3~5
	车站、码头、机场的基地	5~10
	下沉式广场、地下车库坡道出入口	10~50

重力流系统的设计重现期宜取表 4-2 中的下限值。压力流系统的设计重现期应取表 4-2 中的上限值。设计中应充分注意该系统的流量负荷中未留排放超设计重现期雨水的余量,这部分水将会溢流。对防止屋面溢流要求严格的建筑,当采用压力流系统时,其排水能力宜用 50a 重现期雨水量校核。

敞开式内排水雨水系统的设计重现期视室内地面冒雨水产生的损害程度而定。室外小区雨水系统的设计重现期宜与当地规划一致。短期积水即能引起较严重后果的地点,选用 3~5a。

3. 汇水面积

1) 屋面雨水的汇水面积按屋面水平投影面积计算。

2) 高出屋面的侧墙的汇水面积按如下计算:

① 一面侧墙,按侧墙面积一半折算成汇水面积。

② 两面相邻侧墙,按两面侧墙面积平方和的平方根 $\left(\sqrt{a^2+b^2}\right)$ 的一半折算成汇水面积。

③ 两面相对等高侧墙,可不计汇水面积。

④ 两面相对不等高侧墙,按高出低墙上面面积的一半折算成汇水面积。

⑤ 三面侧墙,按最低墙顶以下中间墙面积的一半,加上最低墙的墙顶以上墙面面积值,按②或④折算的汇水面积。

⑥ 四面侧墙,最低墙顶以下的面积不计入,最低墙顶以上的面积,按①、②、④或⑤折算的汇水面积。

3) 半球形屋面或斜坡较大的屋面,其汇水面积等于屋面的水平投影面积与竖向投影面积的一半之和。

4) 窗井、贴近高层建筑外墙的地下汽车库出入口坡道和高层建筑裙房屋面的雨水汇水面积,应附加其高出部分侧墙面积的一半。

5) 屋面按分水线的排水坡度划分为不同排水区时,应分区计算汇水面积和雨水流量。

4. 降雨历时

建筑屋面雨水排水管道设计降雨历时应按 5min 计算。

小区雨水管道的设计降雨历时应按下式计算:

$$t = t_1 + t_2 \tag{4-2}$$

式中　t ——降雨历时（min）；

　　　t_1 ——地面集水时间（min），根据汇水距离长短、地形坡度和地面种类计算而定，一般取 5~15min；

　　　t_2 ——管渠内雨水流行时间（min）。

5. 径流系数

各种屋面、地面的雨水径流系数可按表4-3取值。各种汇水面积的综合径流系数应加权平均计算。如资料不足，小区综合径流系数根据建筑稠密程度在 0.5~0.8 内选用。北方干旱地区的小区径流系数一般可取 0.3~0.6。建筑密度大取高值，密度小取低值。

表 4-3　径流系数 ψ

屋面、地面种类	ψ
屋面	1.00
金属板材屋面	1.0
混凝土和沥青路面	0.90
块石路面	0.60
级配碎石路面	0.45
干砖及碎石路面	0.40
非铺砌地面	0.30
公园绿地	0.15
地下建筑覆土绿地（覆土厚度≥500mm）	0.25
地下建筑覆土绿地（覆土厚度<500mm）	0.40

6. 设计流量

雨水设计流量按下式计算：

$$q_y = \frac{q_j \psi F_w}{10000} \tag{4-3}$$

式中　q_y ——雨水设计流量（L/s）；

　　　q_j ——设计降雨强度 [L/(s·hm²)]，对于坡度大于 2.5% 的斜屋面或采用内檐沟集水时，设计降雨强度应乘以系数 1.5；

　　　F_w ——汇水面积（m²）；

　　　ψ ——径流系数，按表 4-3 选取。

4.2.2　系统设置

1. 雨水斗

屋面排水系统应设置雨水斗，雨水斗应有权威机构测试的水力设计参数，如排水能力（流量）、对应的斗前水深等。未经测试的雨水斗不得使用在屋面上。重力流系统的雨水斗应采用重力流雨水斗，不可用平箅或通气帽等替代雨水斗，避免造成排水不通畅或管道吸瘪的现象发生。压力流系统的雨水斗应采用淹没式雨水斗，雨水斗不得在系统之间借用。

雨水斗的设置位置应根据屋面汇水情况并结合建筑结构承载、管系敷设等因素确定。雨水斗可设在天沟内或屋面坡底面上，压力流系统雨水斗应设于天沟内，但 DN50 的雨水斗可直接埋设于屋面。寒冷地区雨水斗宜设在冬季易受室内温度影响的屋顶范围内。

雨水斗的设计排水负荷应根据各种雨水斗的特性、并结合屋面排水条件等情况设计确定，一般可按表 4-4 选用。布置雨水斗的原则是雨水斗的服务面积应与雨水斗的排水能力相适应。雨水斗间距的确定应能使建筑专业实现屋面设计坡度，还应考虑建筑结构特点使立管沿墙柱布置，以固定立管。

表 4-4　屋面雨水斗的最大泄流量　　　　（单位：L/s）

雨水斗规格尺寸/mm		50	75	100	125	150
重力流排水系统	重力流雨水斗泄流量	—	5.6	10	—	23
	87 型雨水斗泄流量	—	8	12	—	26
满管压力流排水系统	一个雨水斗泄流量	6~18*	12~32*	25~70*	60~120*	100~140

注：* 表示不同型号的雨水斗排水负荷有所不同，应根据具体的产品确定其最大泄流量。

压力流系统接入同一悬吊管的雨水斗应在同一标高层屋面上。当系统的设计流量小于立管的负荷能力时，可将不同高度的雨水斗接入同一立管，但最低雨水斗距立管底端的高度，应大于最高雨水斗距立管底端高度的 2/3。具有 1 个以上立管的重力流系统承接不同高度屋面上的雨水斗时，最低斗的几何高度应不小于最高斗几何高度的 2/3，几何高度以系统的排出横管在建筑外墙处的标高为基准。

内排水系统布置雨水斗时应以伸缩缝、沉降缝和防火墙作为天沟分水线，各自自成排水系统。在不能以伸缩缝或沉降缝为屋面雨水分水线时，应在缝的两侧各设雨水斗。如果分水线两侧两个雨水斗需连接在同一根立管或悬吊管上时，应采用伸缩接头，并保证密封不漏水。

当采用多斗排水系统时，雨水斗宜相对立管对称布置。一根悬吊管上连接的雨水斗不得多于 4 个，接有多斗悬吊管的立管顶端不得设置雨水斗。

2. 天沟与溢流设置

天沟布置应以伸缩缝、沉降缝、变形缝为界，天沟坡度不宜小于 0.003，金属屋面的水平金属长天沟可无坡度。单斗的天沟长度不宜大于 50m。天沟的净宽度和深度应按雨水斗的要求确定，65 型和 87 型雨水斗的天沟最小净宽度为：DN100，300mm；DN150，350mm。

建筑屋面雨水排水工程应设置溢流口、溢流堰、溢流管系等溢流设施。溢流排水不得危害建筑设施和行人安全。

一般建筑的重力流屋面雨水排水工程与溢流设施的总排水能力不应小于 10a 重现期的雨水量。重要公共建筑、高层建筑的屋面雨水排水工程与溢流设施的总排水能力不应小于 50a 重现期的雨水量。

溢流口底面应水平，口上不得设格栅。屋面天沟排水时溢流口宜设于天沟末端，屋面坡底排水时溢流口设于坡底一侧。

3. 悬吊管及其他横管（包括排出管）

重力流系统的悬吊管及其他横管的最小敷设坡度应符合下列规定：塑料管不小于 0.005，金属管不小于 0.01；压力流系统大部分排水时间是在非满流状态下运行，悬吊管宜设 0.003 的排空坡度。悬吊管中心线与雨水斗出口的高差宜大于 1.0m。重力流系统的悬吊管管径不得小于雨水斗连接管的管径。

悬吊管采用铸铁管，用铁箍、吊卡固定在建筑物的桁架或梁上。在管道可能受振动或生产工艺有特殊要求时，可采用钢管焊接连接。在悬吊管的端头和长度大于 15m 的悬吊管上，应设检查口或带法兰盘的三通，其间距不宜大于 20m，且应布置在便于维修操作处。悬吊管与立管间宜采用两个 45°弯头或 90°斜三通连接，不应使用内径直角的 90°弯头。

雨水系统的悬吊管应尽量对称于立管布置。悬吊管及其他横管跨越建筑的伸缩缝，应设置伸缩器或金属软管。

排出管宜就近引出室外，穿越基础、墙应预留墙洞，洞口尺寸应保证建筑物沉陷时不压坏管道，在一般情况下管顶宜有不小于 150mm 的净空。穿地下室外墙应做防水套管。

4. 立管

一根立管连接的悬吊管根数不多于 2 根。建筑屋面各汇水范围内，雨水排水立管不宜少于 2 根。立管尽量少转弯，雨水立管宜沿墙、柱明装，若因建筑或工艺有隐蔽要求时，可敷设于墙槽或管井内，但必须考虑安装和检修方便，在设检查口处应设检修门。在民用建筑中，立管常设在楼梯间、管井、走廊或辅助房间内。住宅不应设在套内。立管的管材和接口与悬吊管相同，在距地面 1m 处设检查口。有埋地排出管的屋面雨水排出管系，立管底部应设清扫口。高层建筑的立管底部应设托架。

各雨水立管宜单独排出室外。当受建筑条件限制，一个以上的立管必须接入同一排出横管时，各立管宜设置出口与排出横管连接。寒冷地区，立管宜布置在室内。当布置在室外且有横向转弯时，不应采用塑料管。

5. 管材与附件

重力流排水系统多层建筑宜采用建筑排水塑料管，高层建筑宜采用耐腐蚀的金属管、承压塑料管。压力流排水系统宜采用内壁较光滑的带内衬的承压排水铸铁管、承压塑料管和钢塑复合管等，其管材工作压力应大于建筑物净高度产生的静水压。用于压力流排水的塑料管，其管材抗环变形外压力应大于 0.15MPa。

雨水斗受日照强烈时，材质宜为金属。

4.2.3　建筑物雨水系统水力计算

1. 重力流雨水系统计算

（1）单斗系统　单斗系统的雨水斗、连接管、悬吊管、立管、排出横管的口径均相同，系统的设计流量（金属或非金属材质）不应超过表 4-4 中的数值。

（2）多斗系统的雨水斗　悬吊管上具有 1 个以上雨水斗的多个系统中，雨水斗的设计流量根据表 4-4 取值。最远端雨水斗的设计流量不得超过表中数值。其他斗与立管的距离逐渐变小，泄流量会依次递增。为更接近实际，设计中宜考虑这部分附加量，将距立管较近的雨水斗划分的汇水面积增大些，即设计流量加大些。建议以最远为基准，其他各斗的设计流量依次比上游斗递增 10%，但到第 5 个斗时，设计流量不宜再增加。

（3）多斗系统的悬吊管　多斗悬吊管的排水能力可按式（4-4）～式（4-6）近似计算，其中充满度 h/D 不大于 0.8：

$$Q = vA \tag{4-4}$$

$$v = \frac{1}{n} R^{2/3} I^{1/2} \tag{4-5}$$

$$I = (h + \Delta h)/L \tag{4-6}$$

式中　Q——排水流量（m^3/s）；

v——流速（m/s）；

A——水流断面积（m^2）；

n——粗糙系数；

R——水力半径（m）；

I——水力坡度；

h——立管顶部即悬吊管末端的最大负压（mH_2O），取 0.5；

Δh——雨水斗和悬吊管末端的几何高差（m）；

L——悬吊管的长度（m）。

悬吊管的管径根据各雨水斗流量之和确定，并宜保持管径不变。重力流屋面雨水排水管系的悬吊管应按非满流设计，其充满度不宜大于 0.8，管内流速不宜小于 0.75m/s。

钢管和铸铁管的设计负荷可按表 4-5 选取，表中 $n = 0.014$，$h/D = 0.8$。

表 4-5　多斗悬吊管（铸铁管、钢管）的最大排水能力　　　（单位：L/s）

水力坡度	管径/mm					
	75	100	150	200	250	300
0.02	3.1	6.6	19.6	42.1	76.3	124.1
0.03	3.8	8.1	23.9	51.6	93.5	152.0
0.04	4.4	9.4	27.7	59.5	108.0	175.5
0.05	4.9	10.5	30.9	66.6	120.2	196.3
0.06	5.3	11.5	33.9	72.9	132.2	215.0
0.07	5.7	12.4	36.6	78.8	142.8	215.0
0.08	6.1	13.3	39.1	84.2	142.8	215.0
0.09	6.5	14.1	41.5	84.2	142.8	215.0
≥0.10	6.9	14.8	41.5	84.2	142.8	215.0

各种塑料管的设计负荷可按表 4-6 选取，表中 $n = 0.012$，$h/D = 0.8$。

表 4-6　多斗悬吊管（塑料管）的最大排水能力　　　（单位：L/s）

水力坡度	（公称外径/mm）×（壁厚/mm）					
	90×3.2	110×3.2	125×3.7	160×4.7	200×5.9	250×7.3
0.02	5.8	10.2	14.3	27.7	50.1	91.0
0.03	7.1	12.5	17.5	33.9	61.4	111.5
0.04	8.1	14.4	20.2	39.1	70.9	128.7
0.05	9.1	16.1	22.6	43.7	79.2	143.9
0.06	10.0	17.7	24.8	47.9	86.8	157.7
0.07	10.8	19.1	26.8	51.8	93.8	170.3
0.08	11.5	20.4	28.6	55.3	100.2	170.3
0.09	12.2	21.6	30.3	58.7	100.2	170.3
≥0.10	12.9	22.8	32.0	58.7	100.2	170.3

（4）立管 重力流屋面雨水排水立管的最大设计泄流量，应按表 4-7 确定。

表 4-7 重力流屋面雨水排水立管的泄流量

铸铁管		塑料管		钢 管	
公称直径 /mm	最大泄流量 /(L/s)	（公称外径/mm）× （壁厚/mm）	最大泄流量 /(L/s)	（公称外径/mm）× （壁厚/mm）	最大泄流量 /(L/s)
75	4.30	75×2.3	4.50	108×4	9.40
100	9.50	90×3.2	7.40	133×4	17.10
		110×3.2	12.80		
125	17.00	125×3.2	18.30	159×4.5	27.80
		125×3.7	18.00	168×6	30.80
150	27.80	160×4.0	35.50	219×6	65.50
		160×4.7	34.70		
200	60.00	200×4.9	64.60	245×6	89.80
		200×5.9	62.80		
250	108.00	250×6.2	117.00	273×6	119.10
		250×7.3	114.10		
300	176.00	315×7.7	217.00	325×6	194.00
		315×9.2	211.00		

（5）排出管和其他横管 排出管（又称为出户管）和其他横管（如管道层的汇合管等）可近似按悬吊管的方法计算，见表 4-5 和表 4-6，但 Δh 取横管起点和末点的高差，h 为横管起点压力，可取 1。排出管的管径根据系统的总流量确定，并且从起点开始不宜变径。重力流屋面雨水排水管系的埋地管可按满流排水设计，管内流速不宜小于 0.75m/s。排出管在出建筑外墙时流速若大于 1.8m/s，应设置消能措施。

2. 压力流雨水系统计算

（1）雨水斗 雨水斗的公称口径一般有 5 种：$\phi 50mm$、$\phi 75mm$、$\phi 100mm$、$\phi 125mm$、$\phi 150mm$。各口径雨水斗的排水能力因型号和制造商而异，需根据生产厂提供的资料选取。缺少资料时可参照表 4-4 选取。雨水斗出口与悬吊管中心线的高差宜大于 1.0m。

（2）管道计算公式 管道水头损失按海曾-威廉公式（Hazen-Williams）计算。满管压力流雨水系统的雨水斗和管道一般由专业设备商配套供应。

（3）悬吊管和立管的管径确定 悬吊管和立管的管径选择计算应同时满足下列条件：

1）悬吊管最小流速不宜小于 1m/s，立管最小流速不宜小于 2.2m/s，且不宜大于 10m/s。

2）悬吊管管径不宜小于 50mm，立管管径可小于上游悬吊管管径，但不应小于 40mm。

3）悬吊干管水头损失不得大于 80kPa，系统的总水头损失与流出水头之和（mH₂O），不得大于雨水管进、出口的几何高差。

4）系统中的各个雨水斗到系统出口的水头损失之间的差值不大于 10kPa，否则，应调整管径重算。同时，各节点的压力的差值不大于 10kPa(≤DN75) 或 5kPa(≥DN100)。

5）系统中金属管的最大负压绝对值应小于 80kPa；塑料管视产品的力学性能而定，但不得大于 70kPa。当负压值超出上述规定时，应调整管径（放大悬吊管管径或缩小立管管径）进行重算。

6）系统高度（雨水斗顶面和系统出口的几何高差）H 和立管管径的关系应满足：立管管径 $\leq DN75$，$H \geq 3m$；立管管径 $\geq DN90$，$H \geq 5m$。如不满足，可增加立管根数，减小管径。

（4）出口及下游管道　确定系统出口的设置位置，当只有一个立管或者多个立管，但雨水斗在同一高度时，可设在外墙处；当两个及以上的立管接入同一排出管，且雨水斗设置高度不同时，则各立管分别设出口，出口设在与排出管连接点的上游，先放大管径再汇合。

系统出口处的下游管径应放大，流速应控制在 1.8m/s 内。出口水流速度大于 1.8m/s 时，应采取消能措施。

（5）计算步骤

1）计算各斗汇水面积内的设计雨水量 Q。

2）计算系统的总高度 H（雨水斗和系统出口的高差）和管长 L（最远的斗到系统出口）。

3）确定系统的计算（当量）管长 L_A；可按 $L_A = 1.2L$（金属管）和 $1.6L$（塑料管）估计。

4）估算单位管长的水头损失 $I = H/L_A$。

5）根据管段流量 Q 和水力坡度 I 在水力计算图上查出管径及新的 I，需注意流速应不小于 1m/s。

6）检查系统高度 H 和立管管径的关系应满足要求。

7）精确计算管道计算长度（直线长+配件当量长）L_A。

8）计算系统的压力降 $h_f = IL_A$。有多个计算管段时，应逐段累计。

9）检查 $H - h_f$，应大于等于 1m。

10）计算系统的最大负压值，负压值发生在立管最高点。若不符合要求，调整管径。

11）检查节点压力平衡状况，若不满足要求，调整管径。

3. 溢流口计算

溢流口的功能主要是（雨水系统）事故排水和超量雨水排除。按最不利情况考虑，溢流口的排水能力不宜小于 50a 重现期、5min 降雨历时的雨水量。

溢流口的孔口尺寸可按下式近似计算：

$$Q = 385b\sqrt{2g}h^{3/2} \tag{4-7}$$

式中　　Q——溢流口服务面积内的最大溢流水量（L/s）；

　　　　b——溢流口宽度（m）；

　　　　h——溢流口高度（m）；

　　　　g——重力加速度（m/s^2），取 9.81m/s^2。

4. 天沟外排水设计计算

天沟外排水设计计算主要是配合土建要求，设计天沟的形式和断面尺寸，确定天沟汇水长度。为了增大天沟泄流量，天沟断面形式多采用水力半径大、湿周小的宽而浅的矩形或梯形，具体尺寸应由计算确定。屋面天沟的深度应包括设计水深和保护高度，为了排水安全可靠，天沟和边沟的最小保护高度不得小于表 4-8 的尺寸。

表 4-8　天沟和边沟的最小保护高度　　　　　　　　　（单位：mm）

含保护高度在内的沟深 h_z	最小保护高度
<85	25
85~250	$0.3h_z$
>250	75

通常天沟实际断面另加保护高度 50~100mm，天沟起点水深不宜小于 80mm。对于粉尘较多的厂房，考虑到积灰占去部分容积，应适当增大天沟断面，以保证天沟排水畅通。

屋面天沟排水属明渠排水，天沟水流流速可按式（4-5）计算。天沟粗糙系数 n 与天沟材料及施工情况有关，见表 4-9。

表 4-9　各种壁面材料的粗糙系数 n 值

壁面材料的种类	n 值
钢管、石棉水泥管、水泥砂浆光滑水槽	0.012
铸铁管、陶土管、水泥砂浆抹面混凝土槽	0.012~0.013
混凝土及钢筋混凝土槽	0.013~0.014
无抹面的混凝土槽	0.014~0.017
喷浆护面的混凝土槽	0.016~0.021
表面不整齐的混凝土槽	0.020
豆沙沥青玛蹄脂护面的混凝土槽	0.025

天沟的设计计算有两种情况，一种是土建专业根据屋面结构要求，已确定了天沟的形式和断面尺寸，需要计算天沟的排水能力，其设计计算步骤如下：

1）确定屋面分水线，计算每条天沟的汇水面积 F。

2）计算天沟过水断面面积 W。

3）利用式（4-5）计算天沟水流速度 v。

4）求天沟允许泄流量 $Q = Wv$。

5）确定设计重现期，计算 5min 暴雨强度 q_j。

6）利用式（4-3）计算汇水面积 F_w 上的雨水量 q_y，比较 q_y 与 Q，检验重现期是否满足。计算允许汇水面积 F，根据汇水区域的宽度 B，求出天沟允许长度 L，与实际天沟长度比较。

7）根据雨水量 q_y，查表确定立管管径。

另一种情况是在已确定天沟长度、暴雨强度重现期的情况下，计算确定天沟形式和断面尺寸，提交给土建专业。设计计算步骤如下：

1）确定屋面分水线，计算每条天沟的汇水面积 F_w。

2）根据暴雨强度重现期计算暴雨强度。

3）利用式（4-3）计算雨水量 q_y。

4）初步确定天沟形式和断面尺寸。

5）计算天沟泄流量 $Q = Wv$。

6）比较 q_y 与 Q，若 $Q < q_y$，应增加天沟的宽或深，重复第 5）和 6）步，直至 $Q \geq q_y$。

7）根据雨水量 q_y，查表确定立管管径。

【例4-1】 已知某厂房全长96m，天沟雨水系统布置如图4-5所示。天沟为矩形，沟宽 $B=0.4\text{m}$，积水深度 $H=0.08\text{m}$，天沟坡度为0.006，天沟表面铺设豆石，$n=0.025$。当地暴雨强度见表4-10。验证天沟设计是否合理；若已知该厂房采用多斗内排水系统，试进行水力计算。

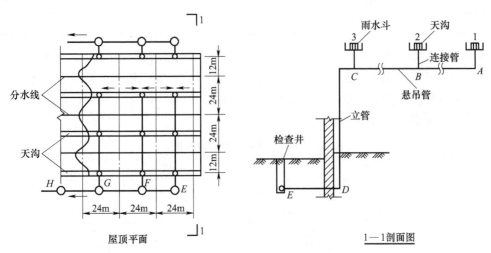

图4-5　天沟雨水系统布置图

表4-10　不同设计重现期5min暴雨强度

设计重现期/a	1	2	3
$q_j/[\text{L}/(\text{s}\cdot\text{hm}^2)]$	124	179	211

【解】

（1）验证天沟是否合理

1）每条天沟的汇水面积：

$$F = 24\text{m} \times 24\text{m} = 576\text{m}^2$$

边沟的汇水面积只有288m²，为方便计算，以下的计算都按576m²考虑。

2）天沟过水断面积：

$$W = BH = 0.4\text{m} \times 0.08\text{m} = 0.032\text{m}^2$$

3）天沟水力半径：

$$R = \frac{W}{B+2H} = \frac{0.032m^2}{0.4m + 2 \times 0.08m} = 0.0571\text{m}$$

4）天沟水流速度：

$$v = \frac{1}{n}R^{2/3}I^{1/2} = \left(\frac{1}{0.025} \times 0.0571^{2/3} \times 0.006^{1/2}\right)\text{m/s} = 0.459\text{m/s}$$

5）天沟允许泄流量：

$$Q = Wv = (0.032 \times 0.459)\text{m}^3/\text{s} = 0.0147\text{m}^3/\text{s} = 14.7\text{L/s}$$

6）每条天沟汇水面积上的设计流量（取 $P=3\text{a}$，$\Psi=0.9$）：

$$q_y = \frac{q_j F \Psi}{10000} = \left(\frac{211 \times 576 \times 0.9}{10000}\right)\text{L/s} = 10.94\text{L/s} < Q$$

满足设计重现期为 3 年，5min 暴雨强度的雨水排放要求。

（2）雨水内排水系统设计

1）雨水斗。由上面的计算可知：1、2 号雨水斗 $F_w = 576m^2$，$q_y = 10.94L/s$，查表 4-4，选用 $DN100$ 的雨水斗，排水能力为 12L/s。3 号斗 $F_w = 288m^2$，$q_y = 5.47L/s$，查表 4-4，选用 $DN75$ 的雨水斗，排水能力为 8L/s。

2）连接管。连接管采用与雨水斗相同的管径。

3）悬吊管。管材选用塑料管，坡度取 0.03。AB、BC 段的设计流量分别为 10.94 L/s 和 21.88 L/s，查表 4-6，管径分别选用 110mm 和 160mm。

4）立管。立管负担的总排水量为 27.35L/s，查表 4-7，立管管径为 150mm，采用 $DN160$ 塑料管。

5）排出管。排出管管径与立管管径相同，取 $DN160$。

6）埋地管。埋地管采用铸铁管，坡度取 0.005，按满流计算，结果列入表 4-11。

表 4-11　埋地管水力计算表

管段编号	设计流量 /(L/s)	管径 /mm	流速 /(m/s)	水力坡度 /(kPa/m)	管长 /m	水头损失 /kPa
$E\text{-}F$	27.35	200	0.87	0.068	24	1.63
$F\text{-}G$	54.70	250	1.11	0.083	24	1.99
$G\text{-}H$	82.05	300	1.16	0.072	24	1.73
$H\text{-}I$	82.05	300	1.16	0.072	30	2.16

按最大流量考虑，沿程水头损失 $\sum h_y = 7.51kPa$，总水头损失 $1.3\sum h_y = 9.76kPa$。

 思考题

1. 简述雨水系统的分类及组成。

2. 如何根据不同的建筑类型选择雨水系统？

3. 简述不同常见汇水区域设计重现期的取值范围。

4. 如何确定雨水系统的汇水面积？

5. 重力流雨水系统与压力流雨水系统的主要区别有哪些？

第 5 章

建筑饮水供应系统设计与计算

饮水供应系统主要包括开水供应系统、冷饮水供应系统和饮用净水供应系统（管道直饮水系统）3 类。采用何种系统（或其组合）应根据地区条件、人们的生活习惯和建筑物的性质确定。饮水供应系统包括饮水的制备和饮水的供应 2 大部分。

■ 5.1 饮用冷水（开水）供应系统

5.1.1 饮用水的分类及水质特征

目前，饮用净水（直饮水）主要分为纯净水、矿泉水与深度处理优质水 3 大类。

1. 纯净水

纯净水是一种通俗的称谓，严格来讲应分为高（超）纯水、纯水、蒸馏水等。高纯水又称超纯水，指的是水中所有物质的阴、阳离子基本上已去除，只有 H_2O 的成分，其含盐量在 0.05mg/L 以下，在 25℃条件下，水的电阻率 ρ 在 10MΩ·cm 以上。将高纯水作为饮用水目前相对较少。而纯水作为饮用水目前市场上相对较多，其剩余含盐量一般在 0.5mg/L 以下，电阻率 ρ 为 1~10MΩ·cm。蒸馏水是通过水加热汽化，再使蒸汽冷凝而得，其纯度仅次于纯水，电阻率 ρ 为 0.1~1.0MΩ·cm。目前市场上瓶装蒸馏水的供应量亦较多。

对于瓶装纯净水，要求其原水水质符合国家标准《生活饮用水卫生标准》（GB 5749—2006）的各项要求，其水质符合国家标准《瓶装饮用纯净水》（GB 17323—1998）的要求。

2. 矿泉水

饮用矿泉水分为天然矿泉水和人工矿泉水两种。天然矿泉水直接取自地层深部循环的地下水，主要特征是含有一定的矿物盐、微量元素、二氧化碳气体，其化学成份、流量、温度等在不定期的自然周期内相对稳定；而人工矿泉水是将人工净化后的水放入装有矿石的装置中进行矿化，再经消毒处理后制成的。

对于天然矿泉水，要求其水源水从地下深处自然涌出或经钻井采集；水源的卫生防护和水源水水质监测按照《包装饮用水生产卫生规范》（GB 19304—2018）执行；其水质符合《饮用天然矿泉水》（GB 8537—2018）的要求。

3. 优质水

一般指以符合生活饮用水水质标准的水或城市市政管网供给的自来水为原水，经过深度处理后，达到直接饮用标准。其水质符合《饮用净水水质标准》（CJ 94—2005）。优质水与纯净水的不同之处在于纯净水几乎除掉水中所有的无机盐类，而优质水则保留了水中对人体有益的矿物质和微量元素。

5.1.2　饮用水水质、水温及饮水定额

1. 水质

供应的开水、温水、凉开水要求原水符合我国《生活饮用水卫生标准》（GB 5749—2006）的要求，其水质符合《饮用净水水质标准》（CJ 94—2005）的要求，煮沸、输送过程中不受到二次污染。

有关"饮用水与健康"的问题正日益为人们所关注，饮水不仅是人们补充水分的基本生理要求，而且要具备保障居民身体健康的功用，这就是新的饮水观念。健康饮用水一般应满足以下要求：

1）不含对人体有害、有毒及有异味的物质。

2）水的硬度适中。

3）人体所需矿物质含量适中。

4）水中溶解氧及二氧化碳含量适中。

5）pH 值呈弱碱性。

6）水分子团小。

7）水的营养生理功能（渗透性、溶解力、代谢力、乳化力、洗净力）强。

2. 水温

（1）开水。为达到灭菌消毒的目的，应将水烧至100℃后并持续3min，计算温度采用100℃；对于闭式开水供应系统水温按105℃计；温水供应系统水温按不大于50℃计。饮用开水目前仍是我国采用较多的饮水方式。

（2）生饮水。随地区不同，水源种类不同而异，一般为10~30℃，国外采用这种饮水方式较多，国内随着各种饮用净水的出现，这种饮水方式逐渐为人们所接受。

（3）冷饮水。冷饮水温度因人、气候、工作条件和建筑物性质等不同而异，一般水温采用7~15℃。也可参照下述温度采用：

高温环境的重体力劳动：14~18℃；露天作业的重体力劳动：10~14℃；轻体力劳动：7~10℃；一般地区：7~10℃；高级饭店、餐馆、冷饮店：4.5~7℃。

3. 饮水定额

饮用水量定额、小时变化系数与建筑物的性质、当地的条件和用户习惯等因素相关，可由表 5-1 确定。

表 5-1　饮用水量定额、小时变化系数

建筑物名称	单位	饮用水量定额/L	小时变化系数 K_h
热车间	每人每班	3~5	1.5
一般车间	每人每班	2~4	1.5
工厂生活间	每人每班	1~2	1.5
办公楼	每人每班	1~2	1.5
集体宿舍	每人每日	1~2	1.5

（续）

建筑物名称	单位	饮用水量定额/L	小时变化系数 K_h
教学楼	每学生每日	1~2	2.0
医院	每病床每日	2~3	1.5
影剧院	每观众每场	0.2	1.0
招待所、旅馆	每客人每日	2~3	1.5
体育馆（场）	每观众每日	0.2	1.0

注：表中时变化系数为饮水供应时间内的时变化系数。

5.1.3 饮用水的设计计算

饮用开水和冷饮水的用水量应按表 5-1 的饮水定额和小时变化系数计算。开水温度在集中开水供应系统中按 100℃ 计算。

设计最大时饮用水量的计算公式如下：

$$q_{max} = K_h \frac{m q_E}{T} \tag{5-1}$$

式中 q_{max} ——设计最大时饮用水量（L/h）；

K_h ——小时变化系数，按表 5-1 选用；

m ——用水计算单位数，人数或床位数等；

q_E ——饮水定额［L/（人·d）或 L/（床·d）或 L/（观众·d）］；

T ——供应饮用水时间（h）。

制备开水所需的最大时耗热量按下式计算：

$$Q_K = (1.05 \sim 1.10)(t_K - t_L) q_{max} C_s \rho_r \tag{5-2}$$

式中 Q_K ——制备开水所需的最大时耗热量（kJ/h）；

t_K ——开水温度（℃），集中开水供应系统按 100℃ 计算，管道输送全循环系统按 105℃ 计算；

t_L ——冷水计算温度（℃），按表 8-3 确定；

C_s ——水的质量热容，$C_s = 4.19$ kJ/（kg·℃）；

ρ_r ——热水密度（kg/L）。

在冬季需把冷饮水加热到 35~40℃，制备冷饮水所需的最大时耗热量如下：

$$Q_K = (1.05 \sim 1.10)(t_E - t_L) q_{max} C_s \rho_r \tag{5-3}$$

式中 t_E ——冬季冷饮水的温度（℃），一般取 40℃；其他符号同式（5-2）。

5.1.4 冷饮水供应系统设计

冷饮水和饮用温水即是把自来水经过滤消毒后加以冷却或加热（或烧开）处理达到所需水温的饮用水。

1. 制备流程

饮用温水的制备流程见图 5-1，冷饮水制备流程见图 5-2。

制备流程的几点说明如下：

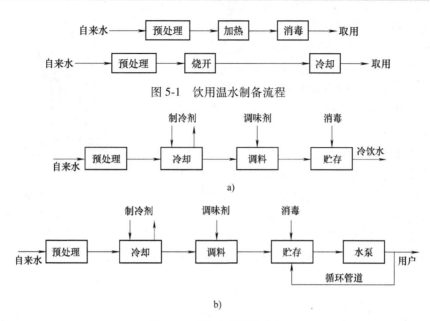

图 5-1　饮用温水制备流程

图 5-2　冷饮水的制备流程

a）集中制备容器分装　b）集中制备管道输送

（1）预处理　主要有活性炭、砂滤、陶瓷滤芯、电渗析等，应按不同的原水（自来水）水质和需用水质选择不同的过滤处理方式。

（2）消毒　宜采用紫外线消毒。对于集中循环供应系统，应在制备冷饮水的供水管和系统循环回水管上分设消毒措施。

（3）加热与烧开水　宜采用蒸汽、燃气和电加热方式。

（4）冷却　小型冷饮水的冷却可采用成品冷饮水机，其余冷却可采用制冷机组冷却。

（5）管道　应采用铜管、不锈钢管、铝塑复合管和相应附件。

2. 冷饮水的供应

冷饮水的供应方法与开水的供应方法基本相同，也有集中制备分散供应和集中制备管道输送等方式。我国多采用集中制备分装的方式，不仅可以节省投资，便于管理，而且容易保证所需水质。

（1）冷饮水集中制备分散供应对中、小学校以及体育场（馆）、车站，码头等人员流动较集中的公共场所，可采用如图 5-3 所示的冷饮水供应系统，人们从饮水器中直接喝水。在夏季，预处理后的自来水经制冷设备冷却后降至要求水温；在冬季，需启用加热设备，冷饮水温度要求与人体温度接近，一般取 35~40℃ 。

饮水器如图 5-4 所示，其装设高度一般为 0.9~1.0m，材料应采用金属镀

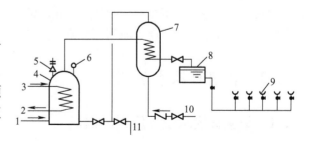

图 5-3　冷饮水集中制备分散供应

1—冷水（预处理）　2—凝结水　3—蒸汽　4—水加热器
5—安全阀　6—压力表　7—冷却设备　8—冷（温）水箱
9—饮水器　10—冷水　11—泄水

铬、瓷质或搪瓷等，表面光洁易于清洗。饮水器应保证水质和饮水安全，不能造成水的二次污染。饮水器的喷嘴应倾斜安装，以免饮水后余水回落，污染喷嘴。同时，喷嘴上应有防护设备，避免饮水者接触喷嘴。此外，喷嘴孔的高度应保证排水管堵塞时喷嘴不被淹没。

（2）冷饮水集中制备管道输送　根据制冷设备、饮水器循环水泵安装位置、管道布置情况等，冷饮水供应有：如图 5-5a 所示的制冷设备和循环水泵置于供、回水管下部，上行下给的全循环方式；如图 5-5b 所示的下行上给的全循环方式；如图 5-5c 所示的制冷设备和循环水泵置于建筑物上部的全循环方式。

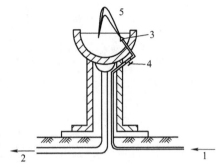

图 5-4　饮水器
1—供水管　2—排水管　3—喷嘴
4—调节阀　5—水柱

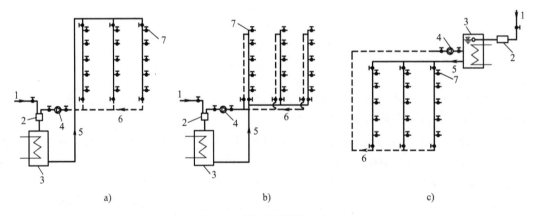

a)　　　　　　　　　　b)　　　　　　　　　　c)

图 5-5　冷饮水管道输送方式
a）上行下给全循环方式　b）下行上给全循环方式　c）设备置于建筑上部方式
1—给水　2—过滤器　3—冷饮水罐（箱）（接制冷设备）　4—循环泵　5—冷饮水配水管　6—回水管　7—配水水嘴

5.1.5　饮水供应点设置要求

饮水供应点应设在不受污染的地点，在经常产生有害气体或粉尘的车间，亦应设在不受污染的生活间或小室内，便于取用、检修、清扫，并设良好的通风、照明设施。

■ 5.2　管道直饮水系统

5.2.1　管道直饮水设计原则和组成

1. 设计原则

管道直饮水供水系统设计应执行国家标准《建筑给水排水设计标准》（GB 50015—2019）及其他相关行业、地方标准和规定的要求，符合卫生、安全、节能、经济原则，同时考虑施工安全、操作运行、维护管理便利等因素。

2. 系统组成

管道直饮水系统通常包括水源、深度净化水站、专用饮用净水（直饮水）供水管网等，如图 5-6 所示。

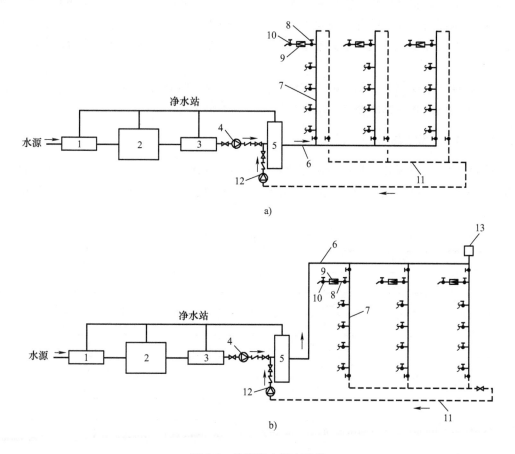

图 5-6　饮用净水供应系统

a）下行上给供水方式　b）上行下给供水方式

1—原水调节水池　2—净水处理设备　3—供水设备　4—供水泵　5—紫外线消毒设备　6—净水配水水平干管
7—配水立管　8—进户支管　9—水表　10—净水配水水嘴　11—回水管　12—循环泵　13—自动排气阀

（1）水源　水源一般取用城镇自来水，取自建筑或小区的生活给水管网。

（2）深度净化水站　可简称为净水站，净水站内设有深度净水设备、加压设备和贮水设备。深度净水设备一般包括前期预处理设备、主要处理设备和后期消毒设备三大部分。前期预处理是根据城镇自来水水质情况而设置的措施，通过预处理使水质满足后续深度净化设备的进水要求。主要处理设备是净水站的核心组成部分，一般采用膜分离技术和吸附净水技术。为确保水质安全，消毒设备常为紫外线消毒设备和臭氧消毒设备。

一般净水站均设有原水调节水池（原水贮水罐）和饮用净水贮水罐，前者用来贮存城镇自来水，后者用来贮存饮用净水（直饮水）。

（3）供水管网　饮用净水（直饮水）供水管网由室内外配水管网及循环回水管网和循

环泵组成。配水管网是用来将净水输送至各用水点，根据净水配水水平干管的位置不同，如图 5-6a 所示为下行上给供水方式和如图 5-6b 所示为上行下给供水方式。

一般住宅、公寓每户仅考虑在厨房安装一个饮用净水（直饮水）配水水嘴，其他公共建筑则根据需要设置饮水点。循环泵和循环回水管道的主要功能是收集饮用净水（直饮水）配水管网中未能及时使用的深度净化水，将其送回净水站重新消毒处理，避免当净水用量小或夜间无用水时滞留在管道中成为死水，确保管网中饮用净水（直饮水）的水质始终安全、可靠。

为确保净水水质及整个工艺的正常运行，应设置系统监测与自动控制系统；对采用远传水表收取水费的管道直饮水系统，应有相应的抄表计费系统。

5.2.2 管道直饮水的水质要求

管道直饮水水质需要满足现行国家标准《饮用净水水质标准》（CJ 94—2005）的各项要求，见表 5-2，且制备直饮水的原水需满足《生活饮用水卫生标准》（GB 5749—2006）的规定。

表 5-2 饮用净水水质标准

项 目		限 值
感官性状	色	5 度
	浑浊度	不超过 0.5 度（NTU）
	臭和味	不得有异臭、异味
	肉眼可见物	不得含有
一般化学指标	pH	6.0~8.5
	总硬度（以 $CaCO_3$ 计）	300mg/L
	铁	0.2mg/L
	锰	0.05mg/L
	铜	1.0mg/L
	锌	1.0mg/L
	铝	0.2mg/L
	挥发酚类（以苯酚计）	0.002mg/L
	阴离子合成洗涤剂	0.2mg/L
	硫酸盐	100mg/L
	氯化物	100mg/L
	溶解性总固体	500mg/L
	耗氧量（COD_{Mn} 以 O_2 计）	2mg/L
毒理学指标	氟化物	1.0mg/L
	硝酸盐氮（以 N 计）	10mg/L
	砷	0.01mg/L
	硒	0.01mg/L
	汞	0.001mg/L

（续）

项　目		限　值
毒理学指标	镉	0.003mg/L
	铬（六价）	0.05mg/L
	铅	0.01mg/L
	银（采用载银活性炭时测定）	0.05mg/L
	氯仿	0.03mg/L
	四氯化碳	0.002mg/L
	亚氯酸盐（使用 ClO_2 消毒时测定）	0.7mg/L
	氯酸盐（使用 ClO_2 消毒时测定）	0.7mg/L
	溴酸盐（使用臭氧 O_3 时测定）	0.01mg/L
	甲醛（使用臭氧 O_3 时测定）	0.9mg/L
细菌学指标	细菌总数	50CFU/mL
	总大肠菌群	每 100mL 水样中不得检出
	粪大肠菌群	每 100mL 水样中不得检出
	余氯	0.01mg/L（管网末梢水）
	臭氧（使用臭氧 O_3 时测定）	0.01mg/L（管网末梢水）
	二氧化氯（使用 ClO_2 消毒时测定）	0.01mg/L（管网末梢水） 或余氯0.01mg/L（管网末梢水）

5.2.3　管道直饮水的水量和水压要求

直饮水系统用水量的大小与当地经济水平、生活习惯、气候、水费等诸多因素有关。最高日直饮水定额可按表 5-3 采用。

表 5-3　最高日直饮水定额

用水场所	单位	最高日直饮水定额
住宅楼	L/（人·d）	2.0~2.5
办公楼	L/（人·班）	1.0~2.0
教学楼	L/（人·d）	1.0~2.0
旅馆	L/（床·d）	2.0~3.0

注：1. 此定额仅为饮用水量。

　　2. 经济发达地区的住宅楼可提高至 4~5L/（人·d）

　　3. 最高日直饮水定额亦可根据用户要求确定。

设计选用时应注意不同规格饮水水嘴的额定流量和压力的关系，要求管道直饮水水嘴出水额定流量宜为 0.04~0.06L/s，自由水头尽量相近，且最低共组压力不得小于 0.03MPa。

5.2.4　管道直饮水的水处理方法

1. 过滤

机械过滤、保安过滤（精密过滤）的作用是去除水中粒径大于 $5\mu m$ 的颗粒，将原水中易被卷式膜表面截留的细小颗粒除去，防止膜表面形成黏垢、硬垢，其装置一般为机械过滤器、保安过滤器（精密过滤器）。机械过滤即介质过滤，多采用砂滤、无烟煤过滤或煤、砂双层滤料过滤；保安过滤即精滤，一般采用滤布滤芯、绕线式（蜂房）滤芯、熔喷式聚丙烯纤维滤芯。

活性炭过滤也称为活性炭吸附，主要利用活性炭的巨大表面积吸附去除水中的有机物，如为载银活性炭，则同时具有杀菌的作用。其装置一般为活性炭过滤器，内填粒状活性炭（亚甲蓝值大者为佳）或活性炭滤芯。

铜锌合金滤料（KDF）过滤的主要作用是去除水中的氯，使膜处理时避免有机膜氧化，活性炭吸附处理也有脱氯作用。

2. 软化

软化的方法一般为药剂软化、离子交换等，饮用水处理多采用离子交换的方式置换出水中的 Ca^{2+} 和 Mg^{2+} 离子，使原水软化，防止膜处理时表面结垢。当原水硬度不高时也可采用投加阻垢剂的方法防止结垢，阻垢剂一般由磷酸盐制成。

3. 膜处理

（1）微滤（MF）　微滤也属于精密过滤，其滤膜的孔径在 $0.1 \sim 2\mu m$，$20℃$ 时的渗透量为 $120 \sim 600L/(h \cdot m^2)$，工作压力 $0.05 \sim 0.2MPa$，水耗 $5\% \sim 18\%$，能耗 $0.2 \sim 0.3kW \cdot h/m^3$。水通量大，使用寿命约 $5 \sim 8$ 年。其出水浊度低，可去除水中胶体、有机物、细菌等物质，防止在膜表面形成黏泥。

（2）超滤（UF）　超滤的孔径在 $0.01 \sim 0.05\mu m$，$20℃$ 时的渗透量为 $30 \sim 300L/(h \cdot m^2)$，工作压力 $0.04 \sim 0.4MPa$，水耗 $8\% \sim 20\%$，能耗 $0.3 \sim 0.5kW \cdot h/m^3$。出水浊度很低，使用寿命约 $5 \sim 8$ 年。其作用是截留水中粒径微细的杂质，去除水中胶体、有机物、细菌、病毒等物质。

（3）纳滤（NF）　纳滤的孔径在 $0.001 \sim 0.01\mu m$，$20℃$ 时的渗透量为 $25 \sim 30L/(h \cdot m^2)$，工作压力 $0.5 \sim 1.0MPa$，水耗 $15\% \sim 25\%$，能耗 $0.6 \sim 1.0kW \cdot h/m^3$，使用寿命约 5 年。水中硬度、二价离子、一价离子的去除率 $50\% \sim 80\%$，截留分子量 300 以上的物质，并使出水 Ames 致突活性试验呈阴性。

（4）反渗透（RO）　反渗透的孔径小于 $1nm$，$20℃$ 时的渗透量为 $4 \sim 10L/(h \cdot m^2)$，工作压力大于 $1.0MPa$，水耗大于 25%，能耗 $3 \sim 4kW \cdot h/m^3$，使用寿命约 5 年。水中二价离子、一价离子的去除率 $95\% \sim 99\%$，有效去除水中无机、有机污染，使出水 Ames 致突活性试验呈阴性，是纯净水制作必经的处理工艺，缺点是将水中对人体有害、有益的物质都去除了。

4. 消毒

消毒可采用臭氧、氯、二氧化氯、紫外线照射、光催化氧化、微电解杀菌器等方式杀灭水中的细菌。

1）选用紫外线消毒时，紫外线有效剂量不应低于 $40mJ/cm^2$。紫外消毒设备应符合现行国家标准《城市给排水紫外线消毒设备》（GB/T 19837—2005）的规定。

2）采用臭氧消毒时，管网末梢水中臭氧残留浓度不应小于 $0.01mg/L$。

3）采用二氧化氯消毒时，管网末梢水中二氧化氯残留浓度不应小于 $0.01mg/L$。

4）采用氯消毒时，管网末梢水中氯残留浓度不应小于 $0.01mg/L$。

5）采用光催化氧化技术时，应能产生羟基自由基。

5. 矿化

经过膜处理的水中矿物盐含量降低，为满足某些种类饮用水如矿泉水对矿化度的要求，进行矿化处理。将需进行矿化处理的水经过含矿物介质（如麦饭石、木鱼石等）的过滤器，滤料中的矿物质会溶入滤后水中。

6. 活化

活化能增加饮用水的能量，使水分子团变小，有利于人体的健康。

5.2.5 管道直饮水深度处理工艺流程

1. 关键技术

1）臭氧氧化——活性炭——微滤或超滤。

2）活性炭——微滤或超滤。

3）离子交换——微滤或超滤。

4）纳滤。

因为饮用净水对电导率和亚硝酸盐均无要求，所以可以有多种技术优化组合。以上 1）、2）不对无机离子作处理，保留所有矿物盐，只去除有机污染。3）可以降低硬度，不能去除无机盐。4）既可以去除硬度、无机盐、又可去除有机污染。

1）城市自来水的水质较好时，可推荐采用如下工艺流程：

自来水→砂滤→超滤（或微滤）→消毒→出水

自来水→精密过滤→超滤→消毒→出水

2）城市自来水的水质较好，但受到轻度有机污染时，可推荐采用如下工艺流程：

自来水→砂滤→活性炭过滤→消毒→出水

自来水→砂滤→活性炭过滤→超滤（或微滤）→消毒→出水

3）城市自来水的水质较好，但受到有机物的污染时，可推荐采用如下工艺流程：

自来水→砂滤→臭氧→活性炭过滤→超滤（或微滤）→消毒→出水

自来水→精密过滤→超滤→纳滤→消毒→出水

4）城市自来水的水质很差，受到有机物的污染情况严重时，应根据自来水水质检测资料，通过试验来确定处理工艺流程。

设计时应根据城市自来水或其他水源的水质情况、净化水质要求、当地条件等，选择饮用净水处理工艺。一般地面水源的主要污染物是胶体和微量有机污染物，直饮水深度处理工艺中必须采用活性炭过滤，微滤或超滤也常被采用；地下水源的主要污染物一般是无机盐、硬度、硝酸盐或总溶解固体，也可能受到有机污染，在处理工艺中，必须有离子交换和纳滤，也常用活性炭进行处理。

2. 直饮水深度处理工艺流程

图 5-7 所示为完整的深度处理流程，图 5-8 所示为简易的深度处理流程。

5.2.6 管道直饮水输送系统设计

管道直饮水输送系统应根据区域规划、区域内建筑物性质、规模、布置等因素确定，独立设置，不得与其他用水系统相连。采用的管材应保证化学、物理性质稳定，宜优先选用薄

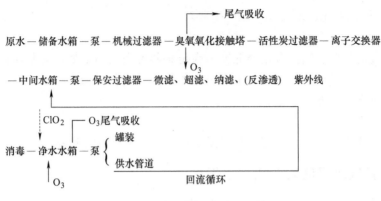

图 5-7　完整的深度处理工艺

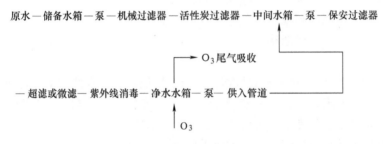

图 5-8　简易的深度处理工艺

壁不锈钢管，埋地管材选 SUS316，明装选 SUS304。系统应为环状，以保证用水点的水量、水压要求。

输送系统应采用动态循环和循环消毒，系统循环不得影响配水系统的正常供水，保证管路不滞水，循环水宜经再净化或消毒后再进入系统。室内循环管道为同程式，供水在系统内各段的停留时间不超过 4~6h。小区集中供水系统的建筑物内循环回水管在出户前设流量控制阀，如果室内管网分高、低区，且高区的回水管上设减压阀，则高、低区的最终回水管可合并出户与室外循环回水管连接。回净水箱的循环回水管须设减压装置及循环运行启闭控制装置（如可调减压阀、电磁阀、流量压力控制阀等）。

配水管网应设检修阀、采样口（每个独立系统的原水、成品水、用户点、回流处应设采样口）、最高处设排气装置（应有滤菌、防尘措施）、最远端设排水装置（其设置点不应出现死水，出口处有防污染措施），循环立管的上、下端部应设球阀。为保证水质，系统宜采用变频供水的方式，避免采用高位储水罐。

各用户从干管或立管上接出的支管应尽量短，宜设倒流防止器、隔菌器、带止水器的水表。系统内的水罐、水箱应为常压，有泄空、溢流装置，如果储存产品水则应有 $0.2\mu m$ 的膜呼吸器（臭氧消毒方式膜呼吸器前需设吸气阀，同时设呼气管道、臭氧尾气处理装置）。

系统应设计有水力强制冲洗、消毒、置换系统水的措施。系统应留有冲洗水的进出口，定期对管网进行水力冲洗；定期投药进行管道消毒，避免管道内细菌、微生物繁殖；在管网使用前须彻底消毒、清洗。

管道附件宜避免内壁的凹凸不平，不应造成细菌停留、繁殖及颗粒聚积，其材料应与管材配套，优先使用不锈钢材质。管件的密封圈应达到卫生食品级要求。分户室内计量水表应采用容积式水表，条件许可应带远传发讯装置。始动流量计量等级达到 0.01，计量精度达到 C 或 D 级，水表的材质应符合饮用水计量仪表材料的要求。

在建筑小区集中供水系统中，室内外埋地管宜尽量少。室内明装管道应有防止结露的保温层，如管道的布置不能保证在温度大于 4℃ 的地方，则应有防冻措施；同时也应避免靠近热力管道或其他热源。

5.2.7 管道直饮水净水机房设计

净水机房应靠近集中用水点，机房内应有防蚊蝇、防尘、防鼠等设施，确保符合食品级卫生要求，实现清洁生产，严格做到杀菌和消毒。所有与饮水接触的器材、设备应符合食品级卫生标准，并取得国家级资质认证。

机房应为独立的封闭间，面积应满足生产工艺的要求；设备布置要考虑采光、机械通风、消毒、防腐、地面排水、消防的协调配合；处理水量应预留发展并考虑到原水水质恶化的最不利情况；设备宜按流程布置，同类设备相对集中，机房上部的房间不应设排水管及卫生设备；机房设计应采取防噪措施，应使产生的噪声不大于 45dB；机房地面，建筑物结构完整，采用紫外线空气消毒，紫外线灯按照 $30W/(10\sim15m^2)$ 选用，地面上 2m 吊装；门窗应耐腐蚀、不变形。

净水机房的附属设施应包括更衣设施（如衣柜、鞋柜等）、流动洗手及消毒设施、化验设施等。开水器或开水炉的排污、排水管道不宜采用塑料排水管。

5.2.8 管道直饮水系统的计算与设备规格选择

1. 系统最高日直饮水量

$$Q_d = Nq_d \tag{5-4}$$

式中　Q_d——系统最高日直饮水量（L/d）；

　　　N——系统服务的人数（人）；

　　　q_d——最高日直饮水定额 [L/(d·人)]。

2. 饮用水水嘴同时使用概率

$$P = \frac{\alpha Q_d}{1800 n q_0} \tag{5-5}$$

式中　P——饮用水水嘴使用概率；

　　　α——经验系数，住宅楼取 0.22，办公楼取 0.27，教学楼取 0.45，旅馆取 0.15；

　　　n——水嘴设置个数；

　　　q_0——水嘴额定流量（L/s）。

3. 计算管段上同时使用水嘴数量 m

当计算管段上水嘴设置数量为 24 个及 24 个以下时，其同时使用水嘴数量 m 的取值见表 5-4；当水嘴设置数量为 24 个以上时，查表 5-5 取值。

表 5-4　水嘴设置数量 ≤24 个时的 m 值

水嘴设置数量 n	1	2	3~8	9~24
同时使用水嘴数量 m	1	2	3	4

表 5-5　水嘴设置数量 24 个以上时的 m 值

n	P																		
	0.010	0.015	0.020	0.025	0.030	0.035	0.040	0.045	0.050	0.055	0.060	0.065	0.070	0.075	0.080	0.085	0.090	0.095	0.100
25	—	—	—	—	—	4	4	4	4	5	5	5	5	5	6	6	6	6	6
50	—	—	4	4	5	5	6	6	7	7	7	8	8	9	9	9	10	10	10
75	—	4	5	6	6	7	8	8	9	9	10	10	11	11	12	13	13	14	14
100	4	5	6	7	8	8	9	10	11	11	12	13	14	15	16	16	17	18
125	4	6	7	8	9	10	11	12	13	13	14	15	16	17	18	18	19	20	21
150	5	6	8	9	10	11	12	13	14	15	16	17	18	19	20	21	22	23	24
175	5	7	8	10	11	12	14	15	16	17	18	20	21	22	23	24	25	26	27
200	6	8	9	11	12	14	15	16	18	19	20	22	23	24	25	27	28	29	30
225	6	8	10	12	13	15	16	18	19	21	22	24	25	27	28	29	31	32	34
250	7	9	11	13	14	16	18	19	21	23	24	26	27	29	31	32	34	35	37
275	7	9	12	14	15	17	19	21	23	25	26	28	30	31	33	35	36	38	40
300	8	10	12	14	16	18	21	22	24	26	28	30	32	34	36	37	39	41	43
325	8	11	13	15	18	20	22	24	26	28	30	32	34	36	38	40	42	44	46
350	8	11	14	16	19	21	23	25	28	30	32	34	36	38	40	42	45	47	49
375	9	12	14	17	20	22	24	27	29	32	34	36	38	41	43	45	47	49	52
400	9	12	15	18	21	23	26	28	31	33	36	38	40	43	45	48	50	52	55
425	10	13	16	19	22	24	27	30	32	35	37	40	43	45	48	50	53	55	57
450	10	13	17	20	23	25	28	31	34	37	39	42	45	47	50	53	55	58	60
475	10	14	17	20	24	27	30	33	35	38	41	44	47	50	52	55	58	61	63
500	11	14	18	21	25	28	31	34	37	40	43	46	49	52	55	58	60	63	66

注：1. P 为水嘴同时使用概率。

　　2. 水嘴设置数量 n 不在表中时，可用内插法确定。

4. 设计秒流量：

$$q_s = m q_0 \qquad (5\text{-}6)$$

式中　q_s——配水管的设计秒流量（L/s）；

　　　q_0——饮水水嘴额定流量（L/s），取 0.04~0.06L/s；

　　　m——计算管段上同时使用水嘴数量 m 值。

5. 循环流量：

$$q_x = V/T_1 \qquad (5\text{-}7)$$

式中　q_x——循环流量（L/h）；

　　　V——循环系统的总容积（L），包括供回水管网和净水水箱容积；

T_1——循环时间（h），不宜超过 4h。

6. 计算管径

管道的设计流量确定后，选择合理的管道流速，即可根据水力学公式计算管径，即：

$$d = \sqrt{\frac{4q}{\pi u}} \tag{5-8}$$

式中　d——计算管径（m）；

q——管段设计流量（m³/s）；

u——流速（m/s）。

直饮水管道中的流速不宜过大，可按表 5-6 取值。

表 5-6　饮用净水管道中的控制流速

公称直径/mm	15~20	25~40	≥50
流速/(m/s)	≤0.8	≤1.0	≤1.2

7. 净水设备产水量（L/h）

$$Q_j = \frac{1.2Q_d}{T_2} \tag{5-9}$$

式中　Q_j——净水设备产水量（L/h）。

T_2——最高用水日净水设备工作时间（h），一般取 10~16h。

8. 水头损失

1）塑料管的沿程水头损失

$$i = 0.000915Q^{1.774}/d_i^{4.774} \tag{5-10}$$

式中　i——塑料管的沿程水头损失；

Q——计算管段的流量（m³/s）；

d_i——计算管段的内径（m）。

2）不锈钢、铝塑管的沿程水头损失

$$i = 0.00246Q^{1.75}/d_i^{4.75} \tag{5-11}$$

式中　i——不锈钢、铝塑管的沿程水头损失；

Q——计算管段的流量（m³/s）；

d_i——计算管段的内径（m）。

3）局部水头损失

管道的局部水头损失可采用沿程水头损失的 20%~30%，也可将各种管件折算成当量长度，按沿程水头损失的公式计算。

9. 供水泵

1）水泵设计流量（L/h）

$$Q_b = q_s \tag{5-12}$$

式中　Q_b——水泵设计流量（L/s）。

2）水泵设计扬程（m）

$$h_b = h_0 + Z + \sum h \tag{5-13}$$

式中 h_b——水泵设计扬程（m）；

      h_0——最低工作压力（m）；

      Z——最不利水嘴与净水箱（槽）最低水位的几何高差（m）；

      $\sum h$——最不利水嘴到净水箱（槽）的管路总水头损失（m）。

若系统的循环也由供水泵维持，则需校核在循环状态下，系统的总流量不得大于水泵设计流量。

10. 净水箱（槽）有效容积

$$V_j = k_j Q_b \tag{5-14}$$

式中 V_j——净水箱（槽）有效容积（L）；

      k_j——容积经验系数，一般取 0.3~0.4；

11. 原水调节水箱（槽）容积

$$V_y = 0.2 Q_d \tag{5-15}$$

式中 V_y——原水调节水箱（槽）容积（L）。

原水水箱（槽）的自来水管按系统最大时用水量设计，还应考虑反冲洗要求水量。当自来水供应的压力和流量足够时，原水水箱（槽）可不设，自来水管上必须装设倒流防止器。

5.2.9 管道直饮水系统的管材和循环水泵

1. 管材

由于直饮水性质的特殊性，为保证水质在输送过程中的洁净，防止二次污染，除将输送管道系统设置为全封闭式循环外，对管道的材料也提出了更高的要求。对优质水管道管材要求见表 5-7。

表 5-7　优质水管道对管材要求

特　　性	要　　　　求
化学稳定性	在常温下主要成分不能溶于优质水中，不腐、不锈
物理稳定性	管道承压高，外部受压后不变形，使用寿命长
耐热性	耐热性能好，受热后膨胀率要小
产品	内表面光滑，配件齐全
施工	材料便宜，通用性强，施工简单

饮用净水（直饮水）管道可选用耐腐蚀，内表面光滑，符合食品品质卫生要求的薄壁不锈钢管、铜管等金属管材；塑覆铜管、钢塑复合管、铝塑复合管等复合管材及优质的塑料管（如交联聚乙烯 PEX 管、改性聚丙烯 PPC、PPR 管及 ABS 管等）。不锈钢管金属溶出量少，内表面光滑，机械性能、耐热性能、耐腐蚀性能以及连接施工等各方面有明显的优越性，但是工程造价比较高。目前流行的钢塑复合管具有优良的耐腐蚀性能，具有无毒、安全、抗磨、防结垢等优点。在实际工程中可针对不同的情况，选用合适的管材。

此外，管道连接件、阀门、水表、配水水嘴等选用材质均应符合食品级卫生要求，并应与管材匹配。

2. 循环水泵

（1）循环流量。按式（5-7）计算。

（2）循环扬程的确定

$$H = H_p + H_x + H_j \tag{5-16}$$

式中　H_p——循环流量通过配水计算管路的沿程和局部水头损失（mH_2O）；

　　　H_x——循环流量通过回水计算管路的沿程和局部水头损失（mH_2O）；

　　　H_j——循环流量通过过滤器的水头损失（mH_2O）。

5.2.10　管道直饮水系统设置及控制

为了保证供水，选择一种经济、安全、可靠的供水设备是直饮水供应的关键之一。深度净化水处理站供水方式有恒速泵供水、气压供水和变频调速供水。3 种供水方式各有其特点。

（1）气压罐供水方式。采用气压罐和配套水泵供水，由于普通气压罐需要补气，空气进入罐内，会对水产生二次污染。若采用囊式气压罐，罐体内设有橡胶囊，气水不接触，水质不受二次污染，但水与胶囊接触，有时出水略带橡胶味，影响净水生饮时的口感。气压罐具有一定贮水调节作用，但占地面积大，设备投资也大。

（2）恒速泵供水方式。无论用水量多少，水泵都在恒速运行，故水泵运行能耗较大，但这种供水方式比较简单，一次性投资也低。

（3）变频调速恒压供水方式。应用变频器调整水泵转速，改变水泵出水量。常用控制方式为水泵出口定压控制，其特点是无论水泵出水量如何变化，水泵出口的压力始终保持恒定，通常只需在水泵出口设一个压力传感器。变频器和压力传感器价格较高，故调速泵供水方式一次性投资较大，但水泵运行节能效果好。

综上所述，选用何种供水设备，可依据用水量大小、投资多少及管理方式而定。有条件时应采用变频调速泵供水。为保证饮用净水（直饮水）水质，水泵应采用不锈钢材质。气压供水、恒速泵及变频泵设备选用与生活给水的确定方法相同。管道饮用净水供水方式与给水系统相同，但采用水泵和高位水罐（箱）供水方式或屋顶水罐（箱）重力流供水方式时难以保证循环效果和饮用水水质。因此宜采用调速泵组直接供水的方式，还可使所有设备均集中在设备间，便于管理控制。

高层建筑管道直饮水系统应竖向分区，分区时可优先考虑使用减压阀而不是多设水泵，减压阀可只设一个，不设备用。各分区最低配水点的静水压不宜大于 0.35MPa，公共建筑不宜大于 0.40MPa。根据经验，管道直饮水系统的分区压力可比自来水系统的值取小些，住宅中分区压力≤0.32MPa，办公楼中分区压力≤0.40MPa。

建筑小区压力分区宜在各建筑内进行，水泵出水口应设倒流防止器；建筑物集中供水系统高低区供水泵可设在净水机房内，也可采用减压阀分区供水。不同分区其循环回水管分别接回中间水箱。典型的减压阀分区系统如图 5-9 所示。

水净化站宜设自动化监控系统（制水和供水系统），应运行可靠，且易于管理，实行无人值守。根据工艺流程的特点，宜配置水质在线实时检测仪表，可显示浊度、电导率、pH值、水量、水压、药剂浓度等。监控系统应有各设备运行状态（如制水、供水设备清洗，设备反洗等），可根据设定程序自动控制，并在显示屏上显示状态。监控系统应有系统保护

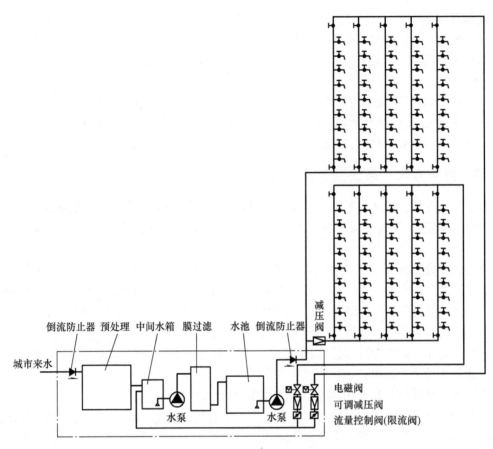

图 5-9 减压阀分区管道直饮水系统示意图

（如缺水、过压、水泵切换和系统的协调），根据反馈信号进行相应控制。大型的水净化站宜设水质实时检测网络分析系统。

 思考题

1. 试述饮水的种类。
2. 常用的管道直饮水的水处理方法有哪些？各有哪些特点？
3. 常见的饮水供应系统有哪些？各适用于什么场合？
4. 如何理解直饮水这一概念？它是如何制备的？
5. 简述管道直饮水系统的组成及其各部分的作用。
6. 在选择直饮水给水管的管材时，应考虑哪些因素？
7. 试述预防管道直饮水系统二次污染的主要措施。

第6章

建筑水消防系统

■ 6.1 消防基础知识

火灾实例

6.1.1 火灾及其分类

火灾是一种在时间和空间上失去控制的燃烧所造成的灾害。火灾，能烧掉人们辛勤劳动创造的物质财富，使大量的生活、生产资料在顷刻之间化为灰烬；火灾，涂炭生灵，夺去许多人的生命和健康，给人们的身心带来难以消除的痛苦。

2007年6月26日公安部下发的《关于调整火灾等级标准的通知》，火灾等级标准由原来的特大火灾、重大火灾、一般火灾3个等级调整为特别重大火灾、重大火灾、较大火灾和一般火灾4个等级，具体见表6-1。

表6-1　火灾等级标准

	火灾类型	死亡人数	重伤人数	直接财产损失（元）
按火灾事故所造成灾害损失程度	特别重大火灾	$n_1 \geq 30$	$n_2 \geq 100$	$n_3 \geq 1$ 亿
	重大火灾	$30 > n_1 \geq 10$	$100 > n_2 \geq 50$	1 亿 $> n_3 \geq 5000$ 万
	较大火灾	$10 > n_1 \geq 3$	$50 > n_2 \geq 10$	5000 万 $> n_3 \geq 1000$ 万
	一般火灾	$3 > n_1$	$10 > n_2$	1000 万 $> n_3$

2009年4月1日施行的《火灾分类》（GB/T 4968—2008）根据可燃物的类型和燃烧特性将火灾分为以下6类：

A类：指固体物质火灾。

B类：指液体火灾和可熔化的固体物质火灾。

C类：指气体火灾。

D类：指金属火灾。

E类：指带电火灾，是物体带电燃烧的火灾。

F类：指烹饪器具内烹饪物（如动植物油脂）火灾。

6.1.2 火灾危险性

建筑物是人类进行生活、生产和政治、经济、文化等活动的场所，一般会存在可燃物和着火源，稍有不慎，就可能引起火灾；建筑又是财产和人员极为集中的地方，因而建筑物发生火灾会造成十分严重的损失。随着城市日益扩大，各种建筑越来越多，建筑布局及功能日益复杂，用火、用电、用气和化学物品的应用日益广泛，建筑火灾的危险性和危害性大大增加。火灾损失统计表明，发生次数最多、损失最严重者当属建筑火灾。

现行《建筑设计防火规范》（GB 50016—2014）于 2014 年 8 月 27 日发布，自 2015 年 5 月 1 日起实施，它是在《建筑设计防火规范》（GB 50016—2006）和《高层民用建筑设计防火规范》（GB 50045—1995，2005 年版）的基础上经过整合修订而成，调整了两项标准间不协调的要求，将住宅建筑统一按照建筑高度分类，对消防设施的设置做出了明确规定并完善了有关内容，原规范《建筑设计防火规范》（GB 50016—2006）和《高层民用建筑设计防火规范》（GB 50045—1995，2005 年版）于新规范发布之日起同时废止。现行规范中以黑体字标志的条文为强制性条文，必须严格执行。

《建筑设计防火规范》（GB 50016—2014）（以下可简称"建规"）适用下列新建、扩建和改建的建筑：厂房；仓库；民用建筑；甲、乙、丙类液体储罐（区）；可燃、助燃气体储罐（区）；可燃材料堆场；城市交通隧道。人民防空工程、石油和天然气工程、石油化工工程和火力发电厂与变电站等建筑防火设计，当有专门的国家标准时，宜遵从其规定。该规范不适用于火药、炸药及其制品厂房（仓库）、花炮厂房（仓库）的建筑防火设计。

建筑高度超过 250m 的建筑，除应符合建筑设计采取的特殊的防火措施，应结合实际情况采取更加严格的防火措施，其防火设计应提交国家消防主管部门组织专题研究、论证。

1. 生产及仓储建筑

生产建筑即厂房的火灾危险性是按生产过程中使用或加工的物品的火灾危险性进行分类的，见表 6-2。仓储建筑即库房的火灾危险性是按物品在储存过程中的火灾危险性进行分类的，见表 6-3。

表 6-2　生产的火灾危险性分类

生产的火灾危险性类别	使用或产生下列物质生产的火灾危险性特征
甲	1. 闪点至<28℃的液体 2. 爆炸下限<10%的气体 3. 常温下能自行分解或在空气中氧化即能导致迅速自然或爆炸的物质 4. 常温下受到水或空气中水蒸气的作用，能产生可燃气体并引起燃烧或爆炸的物质 5. 遇酸、受热、撞击、摩擦、催化以及遇有机物或硫黄等易燃的无机物，极易引起燃烧或爆炸的强氧化剂 6. 受撞击、摩擦或与氧化剂、有机物接触时能引起燃烧或爆炸的物质 7. 在密闭设备内操作温度等于或超过物质本身自燃点的生产
乙	1. 闪点不小于 28℃，但小于 60℃的液体 2. 爆炸下限不小于 10%的气体 3. 不属于甲类的氧化剂 4. 不属于甲类的化学易燃固体 5. 助燃气体 6. 能与空气形成爆炸性混合物的浮游状态的粉尘、纤维、闪点不小于 60℃的液体雾滴

（续）

生产的火灾危险性类别	使用或产生下列物质生产的火灾危险性特征
丙	1. 闪点不小于 60℃的液体 2. 可燃固体
丁	1. 对不燃烧物质进行加工，并在高热或熔化状态下经常产生强辐射热、火花或火焰的生产 2. 利用气体、液体、固体作为燃烧或将气体、液体进行燃烧作其他用的各种生产 3. 常温下使用或加工难燃烧物质的生产
戊	常温下使用或加工不燃烧物质的生产

表 6-3　储存物品的火灾危险性分类

储存物品的火灾危险性类别	储存物品的火灾危险性特征
甲	1. 闪点小于 28℃的液体 2. 爆炸下限小于 10%的气体，以及受到水或空气中水蒸气的作用，能产生爆炸下限小于 10%气体的固体物质 3. 常温下自行分解或在空气中氧化即能导致迅速自燃或爆炸的物质 4. 常温下受到水或空气中水蒸气的作用，能产生可燃气体并引起燃烧或爆炸的物质 5. 遇酸、受热、撞击、摩擦以及遇有机物或硫黄等易燃的无机物，极易引起燃烧或爆炸的强氧化剂 6. 受撞击、摩擦或与氧化剂、有机物接触时能引起燃烧或爆炸的物质
乙	1. 闪点不小于 28℃，但小于 60℃的液体 2. 爆炸下限不小于 10%的气体 3. 不属于甲类的氧化剂 4. 不属于甲类的化学易燃固体 5. 助燃气体 6. 常温下与空气接触能缓慢氧化，积热不散引起自燃的物品
丙	1. 闪点不小于 60℃的液体 2. 可燃固体
丁	难燃烧物品
戊	不燃烧物品

　　厂房、仓库等建筑物的耐火等级可分为四级，一级最高，四级最低；耐火等级越高，需要的消防水量越少。除规范另有规定外，不同耐火等级建筑相应构件的燃烧性能和耐火极限均需符合规范相关要求。耐火极限是在标准耐火试验条件下，建筑构件、配件或结构从受到火的作用时起，至失去承载能力、完整性或隔热性时所用时间，用小时表示。

2. 民用建筑

　　民用建筑的耐火等级可分为四级，除规范另有规定外，不同耐火等级建筑相应构件的燃烧性能和耐火极限均需符合规范相关要求。根据建筑高度，民用建筑可分为单、多层民用建筑和高层民用建筑。高层建筑是指建筑高度大于 27m 的住宅建筑和建筑高度大于 24m 的非单层厂房、仓库和其他民用建筑。高层建筑起始高度的划分主要依据有 3 个：扑救火灾时消防设备的登高工作高度；消防车供水高度；参考国外高层建筑起始高度的划分。

建筑物的建筑高度计算应符合下列规定：

1）建筑屋面为坡屋面时，建筑高度应为建筑室外设计地面至其檐口与屋脊的平均高度。

2）建筑屋面为平屋面（包括有女儿墙的平屋面）时，建筑高度应为建筑室外设计地面至其屋面面层的高度。

3）同一座建筑有多种形式的屋面时，建筑高度应按上述方法分别计算后，取其中最大值。

4）对于台阶式地坪，当位于不向高程地坪上的同一建筑之间有防火墙分隔，各自有符合规范规定的安全出口，且可沿建筑的两个长边设置贯通式或尽头式消防车道时，可分别计算各自的建筑高度。否则，应按其中建筑高度最大者确定该建筑的建筑高度。

5）局部突出屋顶的瞭望塔、冷却塔、水箱间、微波天线间或设施、电梯机房、排风和排烟机房以及楼梯出口小间等辅助用房占屋面面积不大于1/4者，可不计入建筑高度。

6）对于住宅建筑，设置在底部且室内高度不大于2.2m的自行车库、储藏室、敞开空间，室内外高差或建筑的地下或半地下室的顶板面高出室外设计地面的高度不大于1.5m的部分，可不计入建筑高度。

近年来，高层民用建筑呈快速发展之势，建筑高度大于100m的建筑越来越多，火灾也呈多发态势，一旦发生火灾，后果严重。一般而言，建筑高度越大，功能越复杂，火灾危险性越高。高层建筑火灾具有以下6个特点：

1）引发火灾因素多。高层建筑大多数功能复杂，人流频繁，现代化设施多，有通信设施、空调系统、机电设备等。

2）火势蔓延快。高层建筑楼层高、风大，易助长火势蔓延；建筑内竖向通道多（如电梯井、通风竖井、管道井、电缆井、自动扶梯、楼梯井等），空气对流明显，易产生烟囱效应和风效应，着火时井中烟气扩散速度可达3~4m/s。

3）疏散手段有限，疏散时间长。安全通道是垂直疏散的主要途径，由于受烟火威胁时人具有的本能的恐惧心理和逃生的欲望，大量疏散人流在有限的通道处汇集，人多拥挤，极易造成堵塞或疏散速度缓慢。

4）消防设施存在局限性，外部灭火难以奏效。建筑的高层部分无法依靠室外消防设施协助救火，给扑救带来很大的困难。

5）火灾时可能造成供水困难，难以保证室内消防水量和水压。一旦发生火灾，灭火用水量会比较大；如果大楼停电，消防泵失效或发生故障，给水系统无法正常工作，供水就更为困难。

6）排烟困难。受消防登高设备和玻璃幕墙的限制以及风向风力的影响，难以实施破拆玻璃进行自然排烟，采用机械排烟系统也可能受到风力、气压等自然气候条件的影响难以实现理想的排烟效果。大量烟气笼罩在建筑内部难于排除，会对建筑内人员的疏散和消防队员的灭火行动造成严重的阻碍。

鉴于此，我国对高层民用建筑进行分类，具体见表6-4。建筑物的类别、高度、使用性质、火灾危险性和扑救难度等因素共同影响高层建筑消防用水量的大小。

表 6-4　高层民用建筑分类

名称	一　类	二　类
住宅建筑	建筑高度大于 54m 的住宅建筑（包括设置商业服务网点的住宅建筑）	建筑高度大于 27m，但不大于 54m 的住宅建筑（包括设置商业服务网点的住宅建筑）
公共建筑	1. 建筑高度大于 50m 的公共建筑； 2. 建筑高度 24m 以上部分的任一楼层建筑面积大于 1000m² 的商店、展览、电信、邮政、财贸金融建筑和其他多种功能组合的建筑 3. 医疗建筑、重要公共建筑独立建造的老年人照料设施 4. 省级及以上的广播电视和防灾指挥调度建筑、网局级和省级电力调度建筑 5. 藏书超过 100 万册的图书馆、书库	除一类高层公共建筑外的其他高层公共建筑

重要公共建筑是指发生火灾可能造成重大人员伤亡、财产损失和严重社会影响的公共建筑。

商业服务网点是指设置在住宅建筑的首层或首层及二层，每个分隔单元建筑面积不大于 300m² 的商店、邮政所、储蓄所、理发店等小型营业性用房。

"其他多种功能组合"，指公共建筑中具有 2 种或 2 种以上的公共使用功能，不包括住宅与公共建筑组合建造的情况。

除住宅建筑外，其他类型的居住建筑火灾危险性与公共建筑接近，其防火要求需按照公共建筑的有关规定执行。

6.1.3　燃烧条件、灭火机理及灭火剂

1. 燃烧及燃烧条件

燃烧条件

燃烧是可燃物与氧化剂作用发生的放热反应，通常伴有火焰、发光和（或）发烟现象。放热、发光、生成新物质是燃烧现象的 3 个特征。燃烧可分为有焰燃烧和无焰燃烧，通常看到的明火都是有焰燃烧；有些可燃固体发生表面燃烧时，有发光发热现象，但是没有火焰产生，属于无焰燃烧。物质无焰燃烧的必要条件有 3 个：可燃物、氧化剂和温度。凡是能与空气中的氧或其他氧化剂起燃烧化学反应的物质称为可燃物。帮助和支持可燃物燃烧的物质，即能与可燃物发生氧化反应的物质称为氧化剂。温度，又称为引火源，是指供给可燃物与氧或助燃剂发生燃烧反应能量来源。有焰燃烧除发生以上 3 个条件外，需有未受抑制的链式反应。

2. 灭火机理

灭火即指破坏燃烧条件使燃烧终止。针对燃烧的条件，灭火机理主要有冷却、窒息、隔离和化学抑制。

1）冷却。可燃物能够持续燃烧的条件之一就是在火焰或热的作用下达到了各自的着火温度。将可燃物冷却到其燃点或闪点以下，燃烧反应就会中止。水的灭火机理主要是冷却作用。

2）窒息。可燃物燃烧必须在最低氧气浓度以上进行，降低燃烧物周围的氧气浓度可以起到灭火作用。二氧化碳、水蒸气、氮气等的灭火机理主要是窒息作用。

3）隔离。把可燃物与引火源或氧气隔离开来，燃烧反应就会自动中止。关闭阀门，切断流向着火区的可燃气体和液体的通道；打开阀门，使已经燃烧或受到火势威胁的容器中的

液体可燃物通过管道输导到安全区域，都是隔离灭火的措施。

4）化学抑制。灭火剂与链式反应的中间体自由基反应，从而使燃烧的链式反应中断。干粉灭火剂、卤代烷灭火剂的主要灭火机理就是化学抑制作用。

3. 灭火剂

灭火剂，又称为灭火介质。按照灭火系统所使用的灭火介质来分，常用的灭火系统可分为水消防系统、气体灭火系统、泡沫灭火系统和干粉灭火系统等。

由于水具有热容量大、取用方便、资源较为丰富等优点，长期以来，水消防系统得到广泛应用。水消防系统相对投资较低，可以适用于绝大多数场所，经济有效，灭火效率高；水的灭火原理有 3 个：冷却作用；产生的水蒸气能阻止空气进入燃烧区、稀释氧气含量（起窒息作用）；水枪喷射出来的压力水流具有很大的动能和冲击力，显著减弱燃烧强度。

气体灭火系统、泡沫灭火系统、细水雾灭火系统、干粉灭火系统等在规定场所使用。

6.1.4 水消防系统

按照使用范围和水流形态的不同，水消防系统可以分为消火栓给水系统（包括室外消火栓给水系统、室内消火栓给水系统）和自动喷水灭火系统（包括湿式系统、干式系统、预作用系统、重复启闭预作用系统、雨淋系统、水幕系统等）。水消防系统主要是依靠水对燃烧物的冷却降温作用来扑灭火灾。

有关消防给水系统、室内外消火栓系统的要求，制定了相应的国家标准《消防给水及消火栓系统技术规范》GB 50974—2014（以下可简称"消规"），该规范于 2014 年 1 月 29 日发布，自 2014 年 10 月 1 日实施；适用于新建、改建、扩建的工业、民用、市政等建设工程的消防给水及消火栓给水系统的设计、施工、验收和维护管理。

有关自动喷水灭火系统的要求，制定了相应的国家标准《自动喷水灭火系统设计规范》GB 50084—2017（以下可简称"喷规"），该规范于 2017 年 5 月 27 日发布，自 2018 年 1 月 1 日实施；适用于新建、扩建、改建的民用与工业建筑中自动喷水灭火系统的设计，不适用于火药、炸药、弹药、火工品工厂、核电站及飞机库等特殊功能建筑中自动喷水灭火系统的设计。为保障自动喷水灭火系统的施工质量和使用功能，减少火灾危害，保护人身和财产安全，同步发布《自动喷水灭火系统施工及验收规范》（GB 50261—2017），适用于工业与民用建筑中设置的自动喷水灭火系统的施工、验收及维护管理。

■ 6.2 消火栓给水系统的组成与布置

消防给水系统按压力可分为 3 类：

1）高压给水系统。能始终保持满足水灭火设施所需的工作压力和流量，火灾时无须消防水泵直接加压的供水系统。

2）临时高压给水系统。平时不能满足水灭火设施所需的工作压力和流量，火灾时能自动启动消防水泵以满足水灭火设施所需的工作压力和流量的供水系统。

3）低压给水系统。能满足车载或手抬移动消防水泵等取水所需的工作压力和流量的供水系统。

工程上普遍采用在临时高压给水系统中增设稳压装置（如增压泵、气压水罐等）的系统，通常称之为稳高压给水系统，准工作状态时水压由稳压装置保证，流量一般小于 1 支水枪或 1 只喷头的出流量，消防时连锁启动消防水泵满足水量及水压要求。现行规范将稳高压给水系统按临时高压给水系统对待。

按消防范围的不同，建筑消火栓给水系统可分为室外消火栓给水系统和室内消火栓给水系统，室内、室外消火栓系统存在着密不可分的联系。

6.2.1　消火栓给水系统的组成

室外消火栓给水系统的组成包括水源、水泵接合器、室外消火栓、供水管网和相应的控制阀门等。室内消火栓给水系统由室内消火栓、消防水枪、消防水带、消防卷盘、消火栓箱、消防水泵、消防水箱、消防水池、水泵接合器、管道系统、控制阀等组成。

1. 水源

在城乡规划区域范围内，市政消防给水应与市政给水管网同步规划、设计与实施。消防水源水质应满足水灭火设施的功能要求。市政给水、消防水池、天然水源等均可作为消防水源，并宜采用市政给水；雨水清水池、中水清水池、水景和游泳池可作为备用消防水源。消防给水管道内平时所充水的 pH 值应为 6.0～9.0。严寒、寒冷等冬季结冰地区的消防水池、水塔和高位消防水池等应采取防冻措施。

雨水清水池、中水清水池、水景和游泳池必须作为消防水源时，应有保证在任何情况下均能满足消防给水系统所需的水量和水质的技术措施。

2. 消火栓

消火栓是安装在给水管网上，向火场供水的带有阀门的标准接口，是室内外消防供水的主要水源之一。

（1）室外消火栓　室外消火栓分为地上式和地下式两种。图 6-1a、b 分别为地上式和地下式室外消火栓。地上式消火栓部分露出地面，目标明显、易于寻找、操作方便，但容易冻结、有些场合妨碍交通，容易被车辆意外撞坏，影响市容，适应于气温较高地区。地下式消火栓隐蔽性强，不影响城市美观，受破坏情况少，但目标不明显，寻找、操作和维修都不方便，容易被建筑和停放的车辆等埋、占、压，一般需要与消火栓连接器配套使用，适用于较寒冷地区。室外消火栓型号规格见表 6-5。

表 6-5　室外消火栓型号规格

类别	型号	公称压力/MPa	进水口		出水口	
			口径/mm	数量（个）	口径/mm	数量（个）
地上消火栓	SS100—1.0	1.0	100	1	65	2
					100	1
	SS100—1.6	1.6	100	1	65	2
					100	1
	SS150—1.0	1.0	150	1	65 或 80	2
					150	1
	SS150—1.6	1.6	150	1	65 或 80	2
					150	1

（续）

类别	参数					
	型号	公称压力/MPa	进水口		出水口	
			口径/mm	数量（个）	口径/mm	数量（个）
地下消火栓	SX65—1.0	1.0	100	1	65	2
	SX65—1.6	1.6	100	1	65	2
	SX100—1.0	1.0	100	1	65	1
					100	1
	SX100—1.6	1.6	100	1	65	1
					100	1
	SX100—1.0	1.0	100	1	100	1
	SX100—1.6	1.6	100	1	100	1

（2）室内消火栓　室内消火栓的常用类型有直角单阀单出口（图6-1a）、45°单阀单出口（图6-1b）、直角单阀双出口和直角双阀双出口（图6-1c）等4种，出水口直径为50mm或65mm。

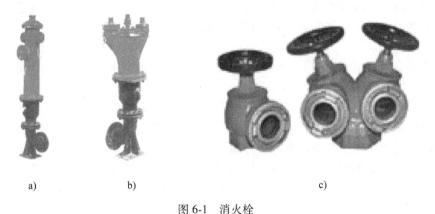

a) b) c)

图6-1　消火栓
a）直角单阀单出口　b）45°单阀单出口　c）直角单阀单出口和直角双阀双出口

高层建筑的室内消火栓由于高程差别很大，为满足最不利消火栓的压力和流量要求，下部的消火栓必然会超压，需要采取减压措施。传统的解决方案是在消火栓前安装减压阀或减压孔板，减压孔板只能减动压，不能减静压，在既减动压又减静压的场合，可以在消火栓前串联设置减压阀，优点是消火栓所需压力可以根据要求调节，缺点是价格偏高、安装要求的长度较大。

将减压阀置于室内消火栓内，这类消火栓称为减压稳压室内消火栓，既可以节省安装位置又可节省投资。减压稳压消火栓保留了普通室内消火栓的外形、接口标准及传统的安装、操作方式，并能够根据栓前压力变化自动调节泄水孔有效断面，保持栓后出口压力稳定，在工程设计中不必进行计算、安装时无须调试即可使用。例如：SNJ65—Ⅰ/Ⅱ/Ⅲ型室内减压稳压消火栓，Ⅰ型进口压力为0.4~0.8MPa；Ⅱ型进口压力为0.4~1.2MPa；Ⅲ型进口压力为0.4~1.6MPa；出口压力均为0.25~0.35MPa，稳压精度±0.05MPa，流量≥5L/s。

3. 消防水枪

消防水枪的功能是把水带内的均匀水流转化成所需流态，喷射到火场的物体上，达到灭火、冷却或防护的目的。消防水枪按出水水流状态可分为直流水枪、喷雾水枪、开花水枪 3 类；按水流是否能够调节可分为普通水枪（流量和流态均不可调）、开关水枪（流量可调）、多功能水枪（流量和流态均可调）3 类。

直流水枪用来喷射柱状密集充实水流，具有射程远、水量大等优点，适用于远距离扑救一般固体物质（A 类）火灾。开花水枪可以根据灭火的需要喷射开花水流，使压力水流形成一个伞形水屏障，用来冷却容器外壁、阻隔辐射热，阻止火势蔓延、扩散、减少灾情损失，掩护灭火人员靠近着火地点。喷雾水枪利用离心力使压力水流变成水雾，水雾粒子与烟尘中的炭粒子结合可沉降从而消烟，可有效减少火场水渍损失、高温辐射和烟熏危害。喷雾水枪喷出的雾状水流，适用于扑救阴燃物质的火灾、低燃点石油产品的火灾、浓硫酸、浓硝酸或稀释浓度高的强酸场所的火灾，还适用于扑救油类火灾及油浸式变压器、多油式断路器等电气设备火灾。

在室内消火栓箱内一般只配置直流水枪，喷嘴直径规格有 13mm、16mm 和 19mm 3 种，13mm 和 16mm 水枪可与 50mm 消火栓及消防水带配套使用，16mm 和 19mm 水枪可与 65mm 消火栓及消防水带配套使用。

4. 消防水带

消防水带指两端均带有消防接口，可与消火栓、消防泵（车）配套，用于输送水或其他液体灭火剂。消防水带按材料分为有衬里消防水带、无衬里消防水带两类；按承受的工作压力可分为 0.8MPa、1.0MPa、1.3MPa、1.6MPa 4 类。

无衬里水带一般采用平纹组织，由经线和纬线交叉编织而成，这类水带的主要特点是重量轻、体积小、使用方便；缺点是不耐高压，内壁粗糙，水流阻力大，容易漏水，易腐烂，使用寿命短，现已逐渐被淘汰。有衬里的消防水带由编织层和胶层组成，外层为高强度合成纤维编织成管状外套，内层为天然橡胶衬里、EPDM 合成橡胶衬里、聚氨酯衬里、TPE 合成树脂衬里等。这类水带的主要特点是：耐高压、耐磨损、耐霉腐、经久耐用、涂层紧密、光滑、不渗漏、水流阻力小、流量大、管体柔软、可任意弯曲折叠。

与室内消火栓配套使用的消防水带长度有 15m、20m、25m 和 30m 等规格，直径为 50mm 或 65mm。供消防车或室外消火栓使用的水带直径大于等于 65mm，单管最大长度已超过 60m。

5. 消防卷盘

消防卷盘俗称水喉，一般安装在室内消火栓箱内，以水作灭火剂，在启用室内消火栓之前，供建筑物内一般人员自救扑灭 A 类初起火灾。与室内消火栓比较，具有设计体积小、操作轻便、机动、灵活、能在三维空间内作 360° 转动等优点，可减少水渍损失。消防卷盘由阀门、输入管道、卷盘、软管、喷枪、固定支架、活动转臂等组成，栓口直径为 25mm，配备的胶带内径不小于 19mm，软管长度有 20m、25m、30m 3 种，喷嘴口径不小于 6mm，可配直流、喷雾两用喷枪。

高级旅馆、重要的办公楼、一类建筑的商业楼、展览楼、综合楼等和建筑高度超过 100m 的其他高层建筑，应设消防卷盘，建筑面积大于 200m² 的商业服务网点应设置消防软管卷盘。设有室内消火栓的人员密集公共建筑宜设置消防卷盘；消防卷盘的间距应保证有一股水流能到达室内地面任何部位，消防卷盘的安装高度应便于取用。

6. 消火栓箱

消火栓箱安装在建筑物内的消防给水管道上，集室内消火栓、消防水枪、消防水带、消防卷盘及电气设备于一体，具有给水、灭火、控制、报警等功能。消火栓箱根据安装方式可分为明装、暗装、半明装 3 类，制造材料有铝合金、冷轧板、不锈钢 3 种。

消火栓箱材料设备配置见表 6-6。

表 6-6　消火栓箱材料设备表

编号	名称	材料	规格	单位	数量
1	消火栓箱	铝合金、不锈钢或冷轧钢板	由设计定	个	1
2	消火栓	铸铁	SN50 或 SN65	个	1 或 2
3	水枪	铝合金或铜	$\phi13$、$\phi16$ 或 $\phi19$	只	1 或 2
4	水龙带	有衬里或无衬里	$DN50$ 或 $DN65$	条	1 或 2
5	水龙带接口	铝合金	KD50 或 KD65	个	2 或 4
6	挂架	钢	由设计定	套	1 或 2
7	消防软管卷盘	—	由设计定	套	1
8	暗杆楔式闸阀	铸铁	$DN25$	个	1
9	软管或镀锌钢管	—	$DN25$	m	1
10	消防按钮	由设计定		个	1

7. 消防水泵

消防水泵应能手动启停和自动启动；消防水泵应由消防水泵出水干管上设置的压力开关、高位消防水箱出水管上的流量开关或报警阀压力开关等开关信号直接自动启动；应确保从接到启泵信号到水泵正常运转的自动启动时间不应大于 2min；消防水泵房内的压力开关宜引入消防水泵控制柜内。

多出口消防泵是针对具有竖向分区的消火栓给水系统而开发的产品，属多级分段离心泵，可以是立式泵或卧式泵，通过增减级数产生不同的出口压力，以适应不同分区的压力要求。任一出口单独工作时水力特性与相应级数的单出口泵相同，两个出口同时工作时，其流量之和等于水泵的额定流量，各出口的压力随流量的分配不同而变化，可以满足同时供水的要求。

当消防水泵采用离心泵时，泵的形式宜根据流量、扬程、气蚀余量、功率和效率、转速、噪声，以及安装场所的环境要求等因素综合确定。单台消防水泵的最小额定流量不应小于 10L/s，最大额定流量不宜大于 320L/s。消防水泵的选择和应用应符合下列规定：

1）消防水泵的性能应满足消防给水系统所需流量和压力的要求。

2）消防水泵所配驱动器的功率应满足所选水泵性能曲线上任何一点运行所需功率的要求。

3）当采用电动机驱动的消防水泵时，应选择电动机干式安装的消防水泵。

4）流量扬程性能曲线应为无驼峰、无拐点的光滑曲线，零流量时的压力不应大于设计工作压力的 140%，且宜大于设计工作压力的 120%。

5）当出流量为设计流量的 150% 时，其出口压力不应低于设计工作压力的 65%。

6）泵轴的密封方式和材料应满足消防水泵在低流量时运转的要求。

7）消防给水同一泵组的消防水泵型号宜一致，且工作泵不宜超过 3 台。

8）多台消防水泵并联时，应校核流量叠加对消防水泵出口压力的影响。

消防水泵的外壳宜为球墨铸铁，叶轮宜为青铜或不锈钢。消防水泵应设置备用泵，其性能应与工作泵性能一致，但下列建筑可不设置备用泵：

1）建筑高度小于 54m 的住宅和室外消防给水设计流量小于等于 25L/s 的建筑。

2）室内消防给水设计流量小于等于 10L/s 的建筑。

消防水泵应采取自灌式吸水，因为火灾的发生是不定时的，为保证消防水泵随时启动并可靠供水，消防水泵应经常充满水，以保证及时启动供水。当消防水泵从市政管网直接抽水时，应在消防水泵出水管上设置有空气隔断的倒流防止器；当吸水口处无吸水井时，吸水口处应设置旋流防止器。一组消防水泵应在消防水泵房内设置流量和压力测试装置，每台消防水泵出水管上应设置 *DN*65 的试水管，并应采取排水措施。

8. 消防水箱

高位消防水箱用于贮存扑灭初期火灾用水，设置高度应保证最不利点消火栓静水压力。当建筑高度不超过 100m 时，高层建筑最不利点消火栓静水压力不应低于 0.07MPa；当建筑高度超过 100m 时，高层建筑最不利点消火栓静水压力不应低于 0.15MPa。当高位消防水箱不能满足上述静压要求时，应设增压设施。

重力自流的消防水箱应设置在建筑的最高部位。消防用水与其他用水合用的水箱，应采取确保消防用水不作他用的技术措施。并联给水方式的分区消防水箱容量应与高位消防水箱相同。除串联消防给水系统外，发生火灾时由消防水泵供给的消防用水不应进入高位消防水箱。

同一时间内只考虑一次火灾的高层建筑群，可共用高位消防水箱，水箱的容量应按消防用水量最大的一幢高层建筑计算，并应设置在高层建筑群内最高的一幢高层建筑的屋顶最高处。设置常高压给水系统并能保证最不利点消火栓和自动喷水灭火系统等的水量和水压的建筑物，或设置了干式消防竖管的建筑物，可不设置消防水箱。

9. 消防水池和高位消防水池

1）消防水池。消防水池用以贮存火灾延续时间内室内外消防用水总量。当室外给水管网能保证室外消防用水量时，消防水池的有效容量应满足在火灾延续时间内室内消防用水量的要求。当室外给水管网不能保证室外消防用水量时，消防水池的有效容量应满足在火灾延续时间内室内消防用水量与室外消防用水量不足部分之和的要求。

消防水池进水管应根据其有效容积和补水时间经计算确定，且不应小于 *DN*100；补水时间不宜大于 48h，但当消防水池有效总容积大于 2000m³ 时，不应大于 96h。消防水池的总蓄水有效容积大于 500m³ 时，宜设两个能独立使用的消防水池；当大于 1000m³ 时，应设置能独立使用的两座消防水池。每格（或座）消防水池应设置独立的出水管，并应设置满足最低有效水位的连通管，且其管径应能满足消防给水设计流量的要求。

贮存室外消防用水或供消防车取水的消防水池应设置取水口（井），且吸水高度不应大于 6.0m。取水口（井）与建筑物（水泵房除外）的距离不宜小于 15m；与甲、乙、丙类液体储罐的距离不宜小于 40m；与液化石油气储罐的距离不宜小于 60m，如采取防止辐射热的保护措施时，可减为 40m。消防用水与生产、生活用水合并的水池，应采取确保消防用水不作他用的技术措施。

同一时间内只考虑一次火灾的高层建筑群，可共用消防水池，消防水池的容量应按消防用水量最大的一幢高层建筑计算。

2）高位消防水池。高位消防水池是高压消防给水系统的水源，以重力流供水。高位消防水池的最低有效水位应能满足其所服务的水灭火设施所需的工作压力和流量，有效容积应满足火灾延续时间内所需消防用水量；如果高位消防水池储存室内消防用水量确有困难，但火灾时补水可靠，其总有效容积不应小于室内消防用水量的50%。

除可一路消防供水的建筑物外，向高位消防水池供水的给水管不应少于两条。高压消防给水系统的高位消防水池总有效容积大于200m³时，宜设置蓄水有效容积相等且可独立使用的两个消防水池；当建筑物建筑高度大于100m时应设置独立的两座。每格（座）应有一条独立的出水管向消防给水系统供水。高位消防水池设置在建筑物内时，应采用耐火极限不低于2.00h的隔墙和1.50h的楼板与其他部位隔开，并应设甲级防火门；消防水池及其支承框架与建筑构件应连接牢固。

10. 稳压泵

稳压泵是用于临时高压消防给水系统和低压消防给水系统管网充水和维持管网非火灾供水时的压力要求，不是消防供水水泵，是消防给水系统能正常运行的附属设备。稳压泵宜采用单吸单级或单吸多级离心泵，应设置备用泵；泵外壳和叶轮等主要部件的材质宜采用不锈钢。

稳压泵的设计流量不应小于消防给水系统管网的正常泄漏量和系统自动启动流量；正常泄漏量应根据管道材质、接口形式等确定，当没有管网泄漏量数据时，稳压泵的设计流量宜按消防给水设计流量的1%~3%计，且不宜小于1L/s。《给水排水管道工程施工及验收规范》（GB 50268—2008）规定的压力管道水压试验允许渗水量如表6-7所示，为室外给水管道的预测漏水量。一般而言，室内管道的漏水量相对较小，设计计算较为复杂，难以掌握。

表6-7 压力管道水压试验允许渗水量 ［单位：L/（min·km）］

类型	管径/mm						
	100	150	200	300	400	600	800
焊接接口钢管	0.28	0.42	0.56	0.85	1.00	1.20	1.35
球墨铸铁管	0.70	1.05	1.40	1.70	1.95	2.40	2.70

稳压泵的设计压力应满足系统自动启动和管网充满水的要求；应保持系统自动启泵压力设置点处的压力在准工作状态时大于系统设置自动启泵压力值，且增加值宜为0.07~0.10MPa；设计压力应保持系统最不利点处水灭火设施在准工作状态时的静水压力应大于0.15MPa。

设置稳压泵的临时高压消防给水系统应设置防止稳压泵频繁启停的技术措施，当采用气压水罐时，其调节容积应根据稳压泵启泵次数不大于15次/h计算确定，但有效贮水容积不宜小于150L。

水泵接合器

11. 水泵接合器

水泵接合器用以将建筑内部的消防系统与消防车或机动泵进行连接，消防车或机动泵通过水泵接合器的接口，向建筑物内送消防用水或其他液体灭火剂，用以扑灭建筑物内部的火灾，解决了高层建筑或其他各种建筑在发生火灾时，室内消防水泵因检修、停电、发生故障或室内给水管道水压低，供水不足或无法供水等问题。

《建筑设计防火规范》（GB 50016—2014）第8.1.3条是强制性条文，规定自动喷水灭火系统、水喷雾灭火系统、泡沫灭火系统和固定消防炮灭火系统等系统及下列建筑的室内消火栓给水系统应设置消防水泵接合器：

1）超过5层的公共建筑。

2）超过4层的厂房或仓库。

3）其他高层建筑。

4）超过2层或建筑面积大于10000m² 的地下建筑（室）。

消防水泵接合器主要由弯管、本体、法兰接管、消防接口、闸阀、止回阀、安全阀、放水阀等零（部）件组成。闸阀在管路上作为开关使用，平时常开。止回阀的作用是防止水倒流。安全阀用来保证管道水压不大于1.6MPa，以防超压造成管道爆裂。放水阀是供排泄管内余水之用，防止冰冻破坏，避免水锈腐蚀。

水泵接合器根据安装形式可以分为地上式、地下式、墙壁式、多用式等4种类型，如图6-2所示。

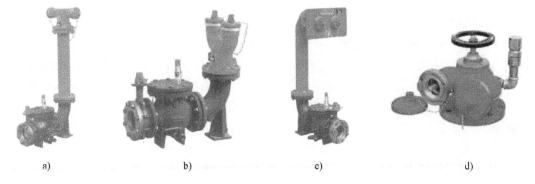

a)　　　　　　　b)　　　　　　　c)　　　　　　　d)

图6-2　水泵接合器

a）地上式　b）地下式　c）墙壁式　d）多用式

1）地上式水泵接合器高出地面，目标显著，使用方便。

2）地下式水泵接合器安装在路面下，应使进水口与井盖底面的距离不大于0.40m，且不应小于井盖的半径，特别适用于寒冷的地区。

3）墙壁式水泵接合器一般安装在建筑物的墙脚处，墙面上只露出两个接口和装饰标志，安装高度距地面宜为0.70m；与墙面上的门、窗、孔、洞的净距离不应小于2.0m，且不应安装在玻璃幕墙下方。

4）多用式消防水泵接合器是综合国内外样机进行改型的产品，具有体积小、外形美观、结构合理、维护方便等优点。

水泵接合器处应设置永久性标志铭牌，并应标明供水系统、供水范围和额定压力等。

消防水泵接合器适用的介质有水或泡沫液，公称压力一般为1.6MPa；常用消防水泵接合器技术参数详见表6-8。

表 6-8　消防水泵接合器技术参数

产品名称	型号规格	接口型号	公称直径/mm	安装方式	公称压力/MPa	适用介质
多用式水泵接合器	SQD80-1.6W	KWS65	80	R3 连接		
	SQD100-1.6W	KWS65	100	R4 连接		
	SQD150-1.6	KWS80	150			
地下式水泵接合器	SQX100-1.6W	KWS65	100			
	SQX150-1.6	KWS80	150		1.6	水或泡沫液
地上式水泵接合器	SQS100-1.6W	KWS65	100	法兰连接		
	SQS150-1.6	KWS80	150			
墙壁式水泵接合器	SQB100-1.6W	KWS65	100			
	SQB100-1.6W	KWS80	150			

6.2.2　消火栓给水系统的设置范围

消防给水和消防设施的设置应根据建筑的用途及其重要性、火灾危险性、火灾特性和环境条件等因素综合确定，目的是尽早报警、快速灭火、及时排烟，从而保障人员及建筑的消防安全、尽量减少火灾损失。

1. 室外消火栓给水系统

应设置室外消火栓系统的建筑和场所规定如下：

1）城镇（包括居住区、商业区、开发区、工业区等）应沿可通行消防车的街道设置市政消火栓系统。民用建筑、厂房、仓库、储罐（区）和堆场周围应设置室外消火栓系统。

2）用于消防救援和消防车停靠的屋面上，应设置室外消火栓系统。

耐火等级不低于二级，且建筑体积不大于 $3000m^3$ 的戊类厂房，居住区人数不超过 500 人且建筑物层数不超过两层的居住区，可不设置室外消火栓系统。

2. 室内消火栓给水系统

应设置室内消火栓系统的建筑和场所规定如下：

1）建筑占地面积大于 $300m^2$ 的厂房和仓库。

2）高层公共建筑和建筑高度大于 21m 的住宅建筑。

3）体积大于 $5000m^3$ 的车站、码头、机场的候车（船、机）建筑、展览建筑、商店建筑、旅馆建筑、医疗建筑、老年人照料设施和图书馆建筑等单、多层建筑。

4）特等、甲等剧场，超过 800 个座位的其他等级的剧场和电影院等以及超过 1200 个座位的礼堂、体育馆等单、多层建筑。

5）建筑高度大于 15m 或体积大于 $10000m^3$ 的办公建筑、教学建筑和其他单、多层民用建筑。

建筑高度不大于 27m 的住宅建筑，设置室内消火栓系统确有困难时，可只设置干式消防竖管和不带消火栓箱的 DN65 的室内消火栓。因为 27m 以下的住宅建筑可以通过加强被动防火措施和依靠外部扑救来防止火势扩大并灭火，可以根据不同地区的气候条件、水源状况等设置干式消防竖管或湿式室内消火栓系统。当设置消火栓和干式消防竖管时，应符合下列规定：

1）干式消防竖管宜设置在楼梯间休息平台，且仅应配置消火栓栓口。

2）干式消防竖管应设置消防车供水接口。

3）消防车供水接口应设置在首层便于消防车接近和安全的地点。

4）竖管顶端应设置自动排气阀。

采用干式系统时，火灾发生后由消防车通过设置在首层外墙上的接口向室内供水，消防队员自带水龙带驳接室内消火栓口取水灭火；如果住宅建筑中的楼梯间位置不靠外墙，应采用管道与干式消防竖管连接，干式消防竖管宜采用 $DN80$ 管道，消火栓口径应采用65mm。

下列建筑和场所可不设置室内消火栓系统，但宜设置消防软管卷盘或轻便消防水龙：

1）耐火等级为一、二级且可燃物较少的单、多层丁、戊类厂房（仓库）。

2）耐火等级为三、四级且建筑体积不大于 $3000m^3$ 的丁类厂房；耐火等级为三、四级且建筑体积不大于 $5000m^3$ 的戊类厂房（仓库）。

3）粮食仓库、金库、远离城镇且无人值班的独立建筑。

4）存有与水接触能引起燃烧爆炸的物品的建筑。

5）室内无生产、生活给水管道，室外消防用水取自储水池且建筑体积不大于 $5000m^3$ 的其他建筑。

消防软管卷盘和轻便水龙的用水量可不计入消防用水总量。

国家级文物保护单位的重点砖木或木结构的古建筑，宜设置室内消火栓系统。人员密集的公共建筑、建筑高度大于100m的建筑和建筑面积大于 $200m^2$ 的商业服务网点内应设置消防软管卷盘或轻便消防水龙。高层住宅建筑的户内宜配置轻便消防水龙。

老年人照料设施内应设置与室内供水系统直接连接的消防软管卷盘，消防软管卷盘的设置间距不应大于 $30.0m$。

3. 消防水池

消防水池是消防给水系统的水源选择之一。符合下列规定之一时，应设置消防水池：

（1）当生产、生活用水量达到最大时，市政给水管网或入户引入管不能满足室内、室外消防给水设计流量。

（2）当采用一路消防供水或只有一条入户引入管，且室外消火栓设计流量大于 $20L/s$ 或建筑高度大于50m。

（3）市政消防给水设计流量小于建筑室内外消防给水设计流量。

4. 消防水箱

高位消防水箱是临时高压消防给水系统的一个组成部分，作用是贮存火灾初期的室内消防用水量，在消防水泵启动前供灭火设施用水。高层民用建筑、总建筑面积大于 $10000m^2$ 且层数超过2层的公共建筑和其他重要建筑，必须设置高位消防水箱。

高位消防水箱的最低有效水位应满足水灭火设施最不利点处的静水压力，具体要求如下：

1）一类高层公共建筑，不应低于 $0.10MPa$，但当建筑高度超过100m时，不应低于 $0.15MPa$。

2）高层住宅、二类高层公共建筑、多层公共建筑，不应低于 $0.07MPa$，多层住宅不宜低于 $0.07MPa$。

3）工业建筑不应低于 $0.10MPa$，当建筑体积小于 $20000m^3$ 时，不宜低于 $0.07MPa$。

4）自动喷水灭火系统等自动水灭火系统应根据喷头灭火需求压力确定，但最小不应小于0.10MPa。

对水箱设置高度不能满足最不利消火栓水压要求的系统，可设增压泵。增压水泵的出水量，对消火栓给水系统不应大于5L/s；对自动喷水灭火系统不应大于1L/s。增压泵应与消防主泵连锁，当消防主泵启动后增压泵自动停运。

6.2.3 消火栓给水系统的设置要求

1. 室外消火栓系统

（1）系统选择　建筑物室外宜采用低压消防给水系统，当采用市政给水管网供水时，应符合下列规定：

1）应采用两路消防供水，除建筑高度超过54m的住宅外，室外消火栓设计流量小于等于20L/s时可采用一路消防供水。

2）室外消火栓应由市政给水管网直接供水。

当室外采用高压或临时高压消防给水系统时，宜与室内消防给水系统合用。独立的室外临时高压消防给水系统宜采用稳压泵维持系统的充水和压力。

工艺装置区、储罐区、堆场等构筑物室外消防给水，应符合下列规定：

1）工艺装置区、储罐区等场所应采用高压或临时高压消防给水系统，但当无泡沫灭火系统、固定冷却水系统和消防炮，室外消防给水设计流量不大于30L/s，且在城镇消防站保护范围内时，可采用低压消防给水系统。

2）堆场等场所宜采用低压消防给水系统，但当可燃物堆场规模大、堆垛高、易起火、扑救难度大，应采用高压或临时高压消防给水系统。

市政消火栓或消防车从消防水池吸水向建筑供应室外消防给水时，应符合下列规定：

1）供消防车吸水的室外消防水池的每个取水口宜按一个室外消火栓计算，且其保护半径不应大于150m。距建筑外缘5~150m的市政消火栓可计入建筑室外消火栓的数量，但当为消防水泵接合器供水时，距建筑外缘5~40m的市政消火栓可计入建筑室外消火栓的数量。

2）当市政给水管网为环状时，符合第1）条的室外消火栓出流量宜计入建筑室外消火栓设计流量；但当市政给水管网为枝状时，计入建筑的室外消火栓设计流量不宜超过一个市政消火栓的出流量。

（2）室外消防给水管道的布置

室外消防给水管道的布置应符合下列要求：

1）室外消防给水采用两路消防供水时应采用环状管网，但当采用一路消防供水时可采用枝状管网。

2）管道的直径应根据流量、流速和压力要求经计算确定，但不应小于DN100。

3）消防给水管道应采用阀门分成若干独立段，每段内室外消火栓的数量不宜超过5个。

4）管道设计的其他要求应符合《室外给水设计标准》（GB 50013—2018）的有关规定。

（3）室外消火栓的布置

室外消火栓的布置应符合下列要求：

1）宜采用DN150室外消火栓，地上式消火栓应有1个DN150或DN100和2个DN65的栓口，地下式消火栓应有DN100和DN65的栓口各1个。建筑室外消火栓的数量应根据室外消火栓设计流量和保护半径经计算确定，每个室外消火栓的出流量宜按 10~15L/s 计算。消火栓的间距不应大于 120m，保护半径不应大于 150.0m。

2）室外消火栓宜沿建筑周围均匀布置，且不宜集中布置在建筑一侧；建筑消防扑救面一侧的室外消火栓数量不宜少于 2 个。应布置在消防车易于接近的人行道和绿地等地点，且不应妨碍交通，距路边不宜小于 0.5m，并不应大于 2.0m；距建筑外墙或外墙边缘不宜小于 5.0m；应避免设置在机械易撞击的地点，确有困难时，应采取防撞措施。

3）人防工程、地下工程等建筑应在出入口附近设置室外消火栓，且距出入口的距离不宜小于 5m，并不宜大于 40m。

4）停车场的室外消火栓宜沿停车场周边设置，且与最近一排汽车的距离不宜小于 7m，距加油站或油库不宜小于 15m。

5）甲、乙、丙类液体储罐区和液化烃储罐区等构筑物的室外消火栓，应设在防火堤或防护墙外，数量应根据每个罐的设计流量经计算确定，但距罐壁 15m 范围内的消火栓，不应计算在该罐可使用的数量内。当工艺装置区、罐区、堆场、可燃气体和液体码头等构筑物的面积较大或高度较高，室外消火栓的充实水柱无法完全覆盖时，宜在适当部位设置室外固定消防炮。

6）室外消防给水引入管当设有倒流防止器，且火灾时因其水头损失导致室外消火栓不能满足《消防给水及消火栓系统技术规范》（GB 50974—2014）第 7.2.8 条："当市政给水管网设有市政消火栓时，其平时运行工作压力不应小于 0.14MPa，火灾时水力最不利市政消火栓的出流量不应小于 15L/s，且供水压力从地面算起不应小于 0.10MPa。"要求时，应在该倒流防止器前设置一个室外消火栓。

7）地下式室外消火栓应有明显的永久性标志。

2. 室内消火栓系统

室内消防给水应采用高压或临时高压给水系统，且不应与生产、生活、给水系统合用；当室内消防用水量达到最大时，其水压应满足室内最不利点灭火设施的要求。

（1）室内消火栓的布置

室内消火栓的布置应符合下列要求：

1）设置室内消火栓的建筑，包括设备层在内的各层均应设置消火栓。

2）屋顶设有直升机停机坪的建筑，应在停机坪出入口处或非电器设备机房处设置消火栓，且距停机坪机位边缘的距离不应小于 5.0m。

3）消防电梯前室应设置室内消火栓，并应计入消火栓使用数量。

4）室内消火栓的布置应满足同一平面有 2 支消防水枪的 2 股充实水柱同时到达任何部位的要求，但建筑高度小于等于 24.0m 且体积小于等于 5000m³ 的多层仓库、建筑高度小于或等于 54m 且每单元设置一部疏散楼梯的住宅，以及规范规定可采用 1 支消防水枪的场所，可采用 1 支消防水枪的 1 股充实水柱到达室内任何部位。

5）消火栓的设置位置应满足火灾扑救要求。应设置在楼梯间及其休息平台和前室、走道等明显、易于取用、便于火灾扑救的位置；住宅的室内消火栓宜设置在楼梯间及其休息平台；汽车库内消火栓的设置不应影响汽车的通行和车位的设置，并应确保消火栓的开启；同一楼梯间及其附近不同层设置的消火栓，其平面位置宜相同；冷库的室内消火栓应设置在常温穿堂或楼梯间内。

6）建筑室内消火栓栓口的安装高度应便于消防水龙带的连接和使用，其距地面高度宜为 1.1m；其出水方向应便于消防水带的敷设，并宜与设置消火栓的墙面成 90°角或向下。

7）设有室内消火栓的建筑应设置带有压力表的试验消火栓。一般，多层和高层建筑应在其屋顶设置，严寒、寒冷等冬季结冰地区可设置在顶层出口处或水箱间内等便于操作和防冻的位置；单层建筑宜设置在水力最不利处，且应靠近出入口。

8）室内消火栓宜按直线距离计算其布置间距，并应符合下列规定：消火栓按 2 支消防水枪的 2 股充实水柱布置的建筑物，消火栓的布置间距不应大于 30.0m；消火栓按 1 支消防水枪的 1 股充实水柱布置的建筑物，消火栓的布置间距不应大于 50.0m。

9）消火栓栓口静水压力大于 1.0MPa 时，应分区供水。

10）消防给水为竖向分区供水时，在消防车供水压力范围内的分区，应分别设置水泵接合器。消防水泵接合器应设置在室外便于消防车使用的地点，且与室外消火栓或消防水池的距离宜为 15~40m。每个消防水泵接合器的流量宜按 10~15L/s 计算；消防水泵接合器的数量应按室内消防用水量计算确定。

11）室内消火栓栓口动压力不应大于 0.50MPa，当大于 0.70MPa 时必须设置减压装置；高层建筑、厂房、库房和室内净空高度超过 8m 的民用建筑等场所，消火栓栓口动压不应小于 0.35MPa；其他场所，消火栓栓口动压不应小于 0.25MPa。

12）住宅户内宜在生活给水管道上预留一个接 DN15 消防软管或轻便水龙的接口。跃层住宅和商业网点的室内消火栓应至少满足一股充实水柱到达室内任何部位，并宜设置在户门附近。

（2）室内消火栓的选型　根据使用者、火灾危险性、火灾类型和不同灭火功能等因素综合确定，应符合下列要求：

1）应采用 DN65 室内消火栓，并可与消防软管卷盘或轻便水龙设置在同一箱体内。

2）应配置 DN65 有内衬里的消防水带，长度不宜超过 25.0m；消防软管卷盘应配置内径不小于 φ19 的消防软管，其长度宜为 30.0m；轻便水龙应配置 DN25 有内衬里的消防水带，长度宜为 30.0m。

3）宜配置当量喷嘴直径 16mm 或 19mm 的消防水枪，但当消火栓设计流量为 2.5L/s 时宜配置当量喷嘴直径 11mm 或 13mm 的消防水枪；消防软管卷盘和轻便水龙应配置当量喷嘴直径 6mm 的消防水枪。

（3）室内消防给水管道的布置

1）室内消火栓系统管网应布置成环状；当室外消火栓设计流量不大于 20L/s，且室内消火栓不超过 10 个时，除《消防给水及消火栓系统技术规范》（GB 50974—2014）第 8.1.2条规定必须采用环状管网的情况外，可布置成枝状。

第 8.1.2 条　下列消防给水应采用环状给水管网：
1 向两栋或两座及以上建筑供水时；
2 向两种及以上水灭火系统供水时；
3 采用设有高位消防水箱的临时高压消防给水系统时；
4 向两个及以上报警阀控制的自动水灭火系统供水时。

2）由室外生产、生活、消防合用系统直接供水时，合用系统除应满足室外消防给水设计流量以及生产和生活最大小时设计流量的要求外，还应满足室内消防给水系统的设计流量和压力要求。

3）室内消防管道管径应根据系统设计流量、流速和压力要求经计算确定；室内消火栓立管管径应根据立管最低流量经计算确定，但不应小于 DN100。

4）室内消火栓给水管网宜与自动喷水灭火等其他水灭火系统的管网分开设置；当合用消防泵时，供水管路沿水流方向应在报警阀前分开设置。

5）室内消火栓环状给水管道检修时应保证检修管道时关闭停用的竖管不超过 1 根，当竖管超过 4 根时，可关闭不相邻的 2 根；每根竖管与供水横干管相接处应设置阀门。

6）室内消防给水系统由生活、生产给水系统管网直接供水时，应在引入管处设置倒流防止器。当消防给水系统采用有空气隔断的倒流防止器时，该倒流防止器应设置在清洁卫生的场所，其排水口应采取防止被水淹没的技术措施。

7）当市政给水管网能满足生产生活和消防给水设计流量，且市政允许消防水泵直接吸水时，临时高压消防给水系统的消防水泵宜直接从市政给水管网吸水，但城镇市政消防给水设计流量宜大于建筑的室内外消防给水设计流量之和。

■ 6.3 消火栓给水系统设计与计算

6.3.1 消防用水量

城镇市政消防给水设计流量，应按同一时间内的火灾起数和一起火灾灭火设计流量经计算确定，同一时间内的火灾起数和一起火灾灭火设计流量不应小于表 6-9 的规定。

表 6-9 城镇同一时间内的火灾起数和一起火灾灭火设计流量

人数（万人）	≤1.0	≤2.5	≤5.0	≤10.0	≤20.0	≤30.0	≤40.0	≤50.0	≤70.0	>70.0
同一时间内的火灾次数（次）	1	1	2	2	2	2	2	3	3	3
一起火灾灭火设计流量/(L/s)	15	20	30	35	45	60	75	75	90	100

工厂、仓库和民用建筑应按不小于表 6-10 规定的同一时间内的火灾次数和一次灭火用水量确定。

表 6-10 工厂、仓库、储罐（区）和民用建筑同一时间内的火灾次数

名 称	基地面积/ha	附有居住区人数（万人）	同一时间内的火灾次数（次）	备 注
工厂	≤100	≤1.5	1	按需水量最大的 1 座建筑物（堆场、储罐）计算
		>1.5	2	工厂、居住区各 1 次
	>100	不限	2	按需水量最大的 2 座建筑物（堆场、储罐）之和计算
仓库、民用建筑	不限	不限	1	按需水量最大的 1 座建筑物（堆场、储罐）计算

注：采矿、选矿等工业企业当各分散基地有单独的消防给水系统时，可分别计算。

1. 室外消火栓用水量

工厂、仓库和民用建筑物的室外消火栓设计流量应按表6-11确定。

表6-11　建筑物室外消火栓设计流量　　　　　（单位：L/s）

耐火等级	建筑物名称及类别		建筑体积 V/m^3					
			$V \leqslant 1500$	$1500 < V \leqslant 3000$	$3000 < V \leqslant 5000$	$5000 < V \leqslant 20000$	$20000 < V \leqslant 50000$	$V > 500000$
一、二级	工业建筑	厂房 甲、乙类	15	20	25	30	35	
		厂房 丙类	15	20	25	30	40	
		厂房 丁、戊类	15				20	
		仓库 甲、乙类	15		25		—	
		仓库 丙类	15		25		35	45
		仓库 丁、戊类	15				20	
	民用建筑	住宅	15					
		公共建筑 单层及多层	15			25	30	40
		公共建筑 高层	—			25	30	40
	地下建筑（包括地铁）、平战结合的人防工程		15			20	25	30
三级	工业建筑 乙、丙类		15	20	30	40	45	—
	工业建筑 丁、戊类		15			20	25	35
	单层及多层民用建筑		15		20	25	30	—
四级	丁、戊类工业建筑		15		20	25	—	
	单层及多层民用建筑		15		20	25	—	

注：1. 成组布置的建筑物应按消火栓设计流量较大的相邻两座建筑物的体积之和确定。

2. 火车站、码头和机场的中转库房，其室外消火栓设计流量应按相应耐火等级的丙类物品库房确定。

3. 国家级文物保护单位的重点砖木、木结构的建筑物室外消火栓设计流量，按三级耐火等级民用建筑物消火栓设计流量确定。

4. 当单座建筑的总建筑体积大于 $500000m^3$ 时，建筑物室外消火栓设计流量应按本表规定的最大值增加一倍。

易燃、可燃材料露天、半露天堆场，可燃气体储罐或储罐区的室外消火栓用水量，不应小于表6-12的规定。

表6-12　易燃、可燃材料露天、半露天堆场、可燃气体罐（区）的室外消火栓设计流量

（单位：L/s）

名　　称		总储量或总容量	消防用水量	名　　称	总储量或总容量	消防用水量
粮食/t	土圆囤	$30 < W \leqslant 500$	15	稻草、麦秸、芦苇等易燃材料/t	$50 < W \leqslant 500$	20
		$500 < W \leqslant 5000$	25		$500 < W \leqslant 5000$	35
		$5000 < W \leqslant 20000$	40		$5000 < W \leqslant 10000$	50
		$W > 20000$	45		$W > 10000$	60
	席穴囤	$30 < W \leqslant 500$	20	棉、麻、毛、化纤百货/t	$10 < W \leqslant 500$	20
		$500 < W \leqslant 5000$	35		$500 < W \leqslant 1000$	35
		$5000 < W \leqslant 20000$	50		$1000 < W \leqslant 5000$	50

（续）

名　　称	总储量或总容量	消防用水量	名　　称	总储量或总容量	消防用水量
木材等可燃材料 /m³	50<W≤1000	20	可燃气体储罐（区） /m³	500<V≤10000	15
	1000<W≤5000	30		10000<V≤50000	20
	5000<W≤10000	45		50000<V≤100000	25
	W>10000	55		100000<V≤200000	30
煤和焦炭 /t	露天或半露天堆放 100<W≤5000	15		V>200000	35
	W>5000	20			

城镇的室外消防用水量应包括居住区、工厂、仓库（含堆场、储罐）和民用建筑的室外消火栓用水量。当两者的计算结果不一致时，应取其较大值。消防用水可由城市给水管网、天然水源或消防水池供给。利用天然水源时，其保证率不应小于 97%，且应设置可靠的取水设施。

由于我国城市化进程的不断发展，城市交通建设的规模和数量不断地扩大；在一些中、大型城市的建设过程中，城市交通隧道的建设日益增加。截至 2016 年底，全国公路隧道为 15181 处、14040 公里，其中特长隧道 815 处、长隧道 3520 处；公路隧道数量和里程数已位居世界第一。数量多、里程长的交通隧道虽然能给人民群众带来极大的方便，但是，作为其主要灾害的火灾也屡见不鲜。隧道火灾一旦发生，由于其封闭式结构特性，隧道内人员与车辆疏散困难，往往会造成严重的人员伤亡和巨大的社会影响；封闭性还将造成隧道内温度急升，也会损害隧道结构。因此，城市隧道火灾的预防和初期火灾的扑灭是非常重要的。

城市交通隧道按其封闭段长度和交通情况分为一、二、三、四类，第四类隧道仅限人行或非机动车通行。表 6-13 所列为城市交通隧道洞口外室外消火栓设计流量。

表 6-13　城市交通隧道洞口外室外消火栓设计流量

名　　称	类　　别	长度/m	室外消火栓设计流量/(L/s)
可通行危险化学品等机动车	一、二	L>500	30
	三	L≤500	20
仅限通行非危险化学品等机动车	一、二、三	L≥1000	30
	三	L<1000	20

2. 室内消火栓用水量

建筑物室内消火栓设计流量与建筑物的用途功能、体积、高度、耐火等级、火灾危险性等因素有关。工厂、仓库和民用建筑等建筑物的室内消火栓用水量，应不小于表 6-14 的规定。

表 6-14 建筑物室内消火栓设计流量

建筑物名称		高度 h/m、层数、体积 V/m³、座位数 n（个）、火灾危险性		消火栓设计流量/（L/s）	同时使用消防水枪数（支）	每根竖管最小流量/（L/s）
工业建筑	厂房	$h \leqslant 24$	甲、乙、丁、戊类	10	2	10
			丙类 $V \leqslant 5000$	10	2	10
			丙类 $V > 5000$	20	4	15
		$24 < h \leqslant 50$	乙、丁、戊类	25	5	15
			丙类	30	6	15
		$h > 50$	乙、丁、戊类	30	6	15
			丙类	40	8	15
	仓库	$h \leqslant 24$	甲、乙、丁、戊类	10	2	10
			丙类 $V \leqslant 5000$	15	3	15
			丙类 $V > 5000$	25	5	15
		$h > 24$	丁、戊类	30	6	15
			丙类	40	8	15
民用建筑	单层及多层	科研楼、实验楼	$V \leqslant 10000$	10	2	10
			$V > 10000$	15	3	10
		车站、码头、机场的候车（船、机）楼和展览建筑（包括博物馆）等	$5000 < V \leqslant 25000$	10	2	10
			$25000 < V \leqslant 50000$	15	3	10
			$V > 50000$	20	4	15
		剧场、电影院、会堂、礼堂、体育馆等	$800 < n \leqslant 1200$	10	2	10
			$1200 < n \leqslant 5000$	15	3	10
			$5000 < n \leqslant 10000$	20	4	15
			$n > 10000$	30	6	15
		旅馆	$5000 < V \leqslant 10000$	10	2	10
			$10000 < V \leqslant 25000$	15	3	10
			$V > 25000$	20	4	15
		商店、图书馆、档案馆等	$5000 < V \leqslant 10000$	15	3	10
			$10000 < V \leqslant 25000$	25	5	15
			$V > 25000$	40	8	15
		病房楼、门诊楼等	$5000 < V \leqslant 25000$	10	2	10
			$V > 25000$	15	3	10
		办公楼、教学楼、公寓、宿舍等其他建筑	$h > 15$ 或 $V > 10000$	15	3	10
		住宅	$21 < h \leqslant 27$	5	2	5
	高层	住宅	$27 < h \leqslant 54$	10	2	10
			$h > 54$	20	4	10
		二类公共建筑	$h \leqslant 50$	20	4	10
		一类公共建筑	$h \leqslant 50$	30	6	15
			$h > 50$	40	8	15

（续）

建筑物名称		高度 h/m、层数、体积 V/m³、座位数 n（个）、火灾危险性	消火栓设计流量/（L/s）	同时使用消防水枪数（支）	每根竖管最小流量/（L/s）
国家级文物保护单位的重点砖木或木结构的古建筑		$V \leqslant 10000$	20	4	10
		$V > 10000$	25	5	15
地下建筑		$V \leqslant 5000$	10	2	10
		$5000 < V \leqslant 10000$	20	4	15
		$10000 < V \leqslant 25000$	30	6	15
		$V > 25000$	40	8	20
人防工程	展览厅、影院、剧院、礼堂、健身体育场所等	$V \leqslant 1000$	5	1	5
		$1000 < V \leqslant 2500$	10	2	10
		$V > 2500$	15	3	10
	商场、餐厅、旅馆、医院等	$V \leqslant 5000$	5	1	5
		$5000 < V \leqslant 10000$	10	2	10
		$10000 < V \leqslant 25000$	15	3	10
		$V > 25000$	20	4	10
	丙、丁、戊类生产车间、自行车库	$V \leqslant 2500$	5	1	5
		$V > 2500$	10	2	10
	丙、丁、戊类物品库房、图书资料档案馆	$V \leqslant 2500$	5	1	5
		$V > 2500$	10	2	10

注：1. 丁、戊类高层厂房（仓库）室≤内消火栓的设计流量可按本表减少 10L/s，同时使用消防水枪数量可按本表减少 2 支。

2. 消防软管卷盘、轻便消防水龙及多层住宅楼梯间中的干式消防竖管，其消火栓设计流量可不计入室内消防给水设计流量。

3. 当一座多层建筑有多种使用功能时，室内消火栓设计流量应分别按本表中不同功能计算，且应取最大值。

当建筑物室内设有自动喷水灭火系统、水喷雾灭火系统、泡沫灭火系统或固定消防炮灭火系统等一种或两种以上自动水灭火系统全保护时，建筑高度不超过 50m 且室内消火栓设计流量超过 20L/s 的高层建筑，其室内消火栓设计流量可按表 6-14 减少 5L/s；多层建筑室内消火栓设计流量可减少 50%，但不应小于 10L/s。

宿舍、公寓等非住宅类居住建筑的室内消火栓设计流量，当为多层建筑时，应按表 6-14 中的宿舍、公寓确定，当为高层建筑时，应按表 6-14 中的公共建筑确定。

城市交通隧道室内消火栓系统的设置应符合下列规定：

1）隧道内宜设置独立的消防给水系统。

2）管道内的消防供水压力应保证用水量达到最大时，最低压力不应小于 0.30MPa，但当消火栓栓口处的出水压力超过 0.70MPa 时，应设置减压设施。

3）在隧道出入口处应设置消防水泵接合器和室外消火栓。

4）消火栓的间距不应大于 50m，双向同行车道或单行通行但大于 3 车道时，应双面间隔设置。

5）隧道内允许通行危险化学品的机动车，且隧道长度超过 3000m 时，应配置水雾或泡沫消防水枪。

城市交通隧道内室内消火栓设计流量不应小于表6-15的规定。

表6-15 城市交通隧道内室内消火栓设计流量

用途	类别	长度/m	设计流量/(L/s)
可通行危险化学品等机动车	一、二	$L>500$	20
	三	$L\leqslant 500$	10
仅限通行非危险化学品等机动车	一、二、三	$L\geqslant 1000$	20
	三	$L<1000$	10

6.3.2 消火栓系统设计计算

1. 水枪充实水柱

从水枪喷嘴喷出的水流应该具有足够的射程，保证所需的消防流量到达着火点；消防水流的有效射程通常用充实水柱表述。水枪的充实水柱是指从水枪喷嘴出口起到90%的射流水柱水量穿过直径380mm圆孔处的密集不分散的一段射流长度，如图6-3所示。如果水枪充实水柱长度过小，由于火灾时火场温度高，辐射热可能使消防人员无法接近着火点，不能有效灭火；如果水枪的充实水柱长度过大，射流过大的反作用力会使消防人员无法掌控水枪，影响灭火工作的顺利进行。充实水柱长度一般不宜小于7m，不宜大于15m。

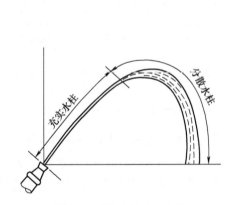

图6-3 直流水枪充实水柱

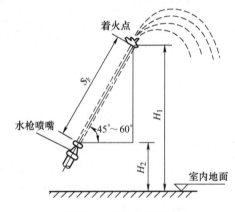

图6-4 充实水柱计算

灭火所需的水枪充实水柱长度，如图6-4所示，按下式计算：

$$S_k = \frac{H_1 - H_2}{\sin\alpha} \tag{6-1}$$

式中　S_k——灭火所需的水枪充实水柱长度（m）；

　　　H_1——室内最高着火点距地面高度（m）；

　　　H_2——水枪喷嘴距地面高度（m）；

　　　α——水枪射流倾角，一般取45°~60°。

不同建筑要求水枪充实水柱长度不同。高层建筑、厂房、库房和室内净空高度超过8m的民用建筑等场所消火栓栓口动压不小于0.35MPa，水枪充实水柱按13m计算；其他场所，消火栓栓口动压不小于 0.25MPa，水枪充实水柱按 10m 计算。

2. 消火栓口所需水压

为保证水枪的充实水柱长度，消火栓口所需的水压按式（6-2）计算：

$$H_{xh} = H_q + ALq_{xh}^2 + H_k \tag{6-2}$$

式中　H_{xh}——消火栓口的水压（kPa）；

　　　H_q——水枪喷嘴处的压力（kPa）；

　　　A——水带比阻，按表6-16采用；

　　　L——水带长度（m）；

　　　q_{xh}——水枪出流量（L/s）；

　　　H_k——消火栓口的水头损失，取 20kPa。

水枪喷嘴处的压力 H_q 可按同时满足表6-14对每支水枪最小流量的要求和对充实水柱的要求，根据表6-17确定。

表 6-16　水带比阻 *A* 值

水带口径/mm	比阻 A 值	
	帆布、麻织水带	衬胶水带
50	0.1501	0.0677
65	0.0430	0.0172

表 6-17　水枪喷嘴处压力与充实水柱、流量的关系

充实水柱/m	13mm		16mm		19mm	
	流量/(L/s)	压力/kPa	流量/(L/s)	压力/kPa	流量/(L/s)	压力/kPa
9	2.10	128	3.11	122	4.31	118
10	2.25	146	3.31	138	4.58	133
11	2.40	166	3.51	155	4.85	149
12	2.54	186	3.70	173	5.10	165
13	2.69	209	3.90	192	5.36	182
14	2.84	233	4.11	213	5.63	201
15	3.00	260	4.32	235	5.89	220
16	3.17	290	4.52	258	6.16	241

3. 消火栓的保护半径

消火栓的保护半径，是指以消火栓为中心，一定规格的消火栓、水枪、水龙带配套后，消火栓能充分发挥灭火作用的圆形区域的半径。可按下式计算：

$$R = 0.8L + S_k\cos\alpha \tag{6-3}$$

式中　R——消火栓的保护半径（m）；

　　　L——水龙带长度（m）；

　　　S_k——充实水柱长度（m）；

α ——水枪射流倾角，一般取 45°~60°。

4. 室内消火栓的布置间距

室内消火栓的间距应由计算确定。消火栓按 2 支消防水枪的 2 股充实水柱布置的建筑物，消火栓的布置间距不应大于 30.0m；消火栓按 1 支消防水枪的 1 股充实水柱布置的建筑物，消火栓的布置间距不应大于 50.0m。当室内只有一排消火栓，并且要求有 1 股水柱到达室内任何部位时，如图 6-5 所示，消火栓的间距按下式计算：

$$S_1 = 2\sqrt{R^2 - b^2} \tag{6-4}$$

式中　S_1——消火栓的布置间距（m）；

R——消火栓的保护半径（m）；

b——消火栓的最大保护宽度（m）。

当室内只有一排消火栓，并且要求有 2 股水柱同时到达室内任何部位时，如图 6-6 所示，消火栓间距按下式计算：

$$S_2 = \sqrt{R^2 - b^2} \tag{6-5}$$

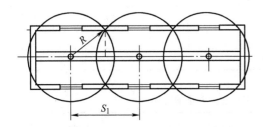

图 6-5　单排消火栓 1 股水柱

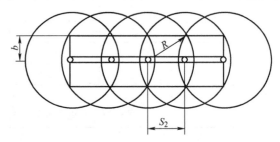

图 6-6　单排消火栓 2 股水柱

式中　S_2——消火栓的布置间距（m）；其他符号意义与式（6-4）相同。

当室内需要布置多排消火栓，并且要求有 1 股水柱或 2 股水柱到达室内任何部位时，可按图 6-7 和图 6-8 布置。

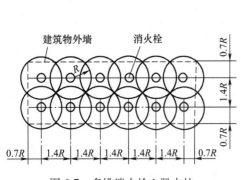

图 6-7　多排消火栓 1 股水柱

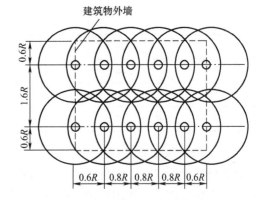

图 6-8　多排消火栓 2 股水柱

5. 消防水池、水箱容积

（1）消防水池　消防水池的消防贮水量应按下式确定：

$$V_f = 3.6Q_1 + 3.6(Q_2 + Q_3 - Q_4) T \tag{6-6}$$

式中 V_f——消防贮水量（m³）；

  Q_1——自动喷水灭火系统消防用水量（L/s）；

  Q_2——室内消火栓系统消防用水量（L/s）；

  Q_3——室外消火栓系统消防用水量（L/s）；

  Q_4——发生火灾时，室外管网能够保证的消防用水量（L/s）；

  T——火灾延续时间（h），采用表6-18的数据。

消防水池进水管管径应根据消防水池有效容积和补水时间确定，补水时间不宜大于48h，但当消防水池有效总容积大于2000m³时，不应大于96h。消防水池进水管管径应经计算确定，且不应小于$DN100$。当消防水池采用两路消防供水且在火灾情况下连续补水能满足消防要求时，消防水池的有效容积应根据计算确定，但不应小于100m³，当仅设有消火栓系统时不应小于50m³。

表 6-18   不同场所的火灾延续时间

建筑物类别	火灾延续时间/h
公共建筑、居住建筑 丁、戊类厂房（仓库）	2
总容积小于等于220m³的储罐区且单罐容积小于等于50m³的液化石油气储罐 湿式储罐、干式储罐、固定容积储罐 煤、焦炭露天堆场 甲、乙、丙类仓库（仓库） 高层商业楼、展览楼、综合楼 一类高层建筑的财贸金融楼、图书馆、书库 重要的档案楼、科研楼和高级旅馆	3
甲、乙、丙类液体浮顶储罐 甲、乙、丙类液体地下和半地下固定顶式罐、覆土储罐 直径小于等于20.0m的甲、乙、丙类液体地上固定顶立式罐	4
直径大于20.0m的甲、乙、丙类液体地上固定顶立式罐 总容积大于220m³的储罐区或单罐容积大于50m³的储罐 可燃材料露天、半露天堆场	6

城市交通隧道的火灾延续时间与隧道的类别、隧道的长度、隧道通行的机动车类型等有关。具体可见表6-19。

表 6-19   城市交通隧道的火灾延续时间

用途	类别	长度/m	火灾延续时间/h
可通行 危险化学品等机动车	二	$500 < L \leqslant 1500$	3.0
	三	$L \leqslant 500$	2.0
仅限通行 非危险化学品等机动车	二	$1500 < L \leqslant 3000$	3.0
	三	$500 < L \leqslant 1500$	2.0

（2）消防水箱　在消防泵启动之前，室内消防用水主要由消防水箱提供，而初期火灾的控制对于人员安全疏散、阻碍火灾蔓延等具有重要意义。由于对消防工作的日益重视、对灭火安全可靠性的愈高要求，与之前相比，消防水箱的有效容积明显增加，根据建筑物类别不同，消防水箱的有效容积应符合下列规定：

1）一类高层公共建筑，不应小于 36m³，但当建筑高度大于 100m 时，不应小于 50m³，当建筑高度大于 150m 时，不应小于 100m³。

2）多层公共建筑、二类高层公共建筑和一类高层住宅，不应小于 18m³，当一类高层住宅建筑高度超过 100m 时，不应小于 36m³。

3）二类高层住宅，不应小于 12m³。

4）建筑高度大于 21m 的多层住宅，不应小于 6m³。

5）工业建筑室内消防给水设计流量当小于或等于 25L/s 时，不应小于 12m³，大于 25L/s 时，不应小于 18m³。

6）总建筑面积大于 10000m² 且小于 30000m² 的商店建筑，不应小于 36m³，总建筑面积大于 30000m² 的商店，不应小于 50m³，当与本条第 1 款规定不一致时应取其较大值。

6. 管网水力计算步骤

消防给水管网的水力计算目的是确定消防管道管径，计算水头损失，确定系统所需水压；确定消防水池/水箱容积；根据消防流量和水压选择合适的消防水泵。水力计算步骤如下：

1）将环状管网最上部的联络管去掉，使之简化为树状管网。

2）根据管网布置情况及消防泵的位置，确定最不利立管，相邻立管、次相邻立管，并按表 6-20 确定消防时每条立管的出流水枪数。

表 6-20　消防立管出流水枪数

室内消火栓计算流量/（L/s）	10	15	20	25	30	40
最不利消防立管出水枪数（支）	2	2	2	3	3	3
相邻消防立管出水枪数（支）	—	1	2	2	3	3
次相邻消防立管出水枪数（支）	—	—	—	—	—	2

3）根据表 6-14 对每支水枪最小出流量，结合不同建筑物充实水柱要求，确定最不利水枪喷嘴处的压力。

4）按式（6-2）计算最不利消火栓口所需压力。

5）控制设计流速为 1.4~1.8m/s（设计流速不宜大于 2.5m/s）确定管道直径，依次计算最不利消火栓以下各层消火栓口处的实际压力并按下式计算水枪的实际出流量：

$$q_{xh} = \sqrt{\frac{H_{xh} - H_k}{AL + \dfrac{1}{B}}} \tag{6-7}$$

式中 *B* ——水枪出流特性系数，按表6-21选用，其他符号意义与式（6-2）相同；

　　6）计算各管段水头损失，局部水头损失按管道沿程水头损失的10%~20%计；

　　7）选择消防水泵。

表6-21 水枪出流特性系数 *B* 值

喷嘴口径/mm	13	16	19
B 值	0.0346	0.0793	0.1577

【例6-1】 某14层高级酒店，建筑高度55.0m，其消火栓给水系统水力计算简图如图6-9所示。拟选用喷嘴直径 $d = 19$mm 的水枪，消火栓口径65mm，衬胶水龙带直径65mm、长20m。试确定消防管道直径及消防水泵的流量和扬程。

【解】 查表6-4可知，该高级酒店属于一类公共建筑，查表6-14确定室内消防用水量为40L/s，三根消防立管，流量分别为15L/s、15L/s和10L/s；充实水柱长度13m。

去掉上部水平横管，很容易判定Ⅰ、Ⅱ号消防竖管为最不利竖管和次不利竖管，Ⅰ号消防竖管上的节点1为最不利消火栓。发生火灾时，最不利竖管和次不利竖管应满足3支水枪同时工作，每支水枪的最小流量为5L/s，每根竖管最小流量要求均为15L/s。

查表6-17知：当充实水柱 $H_m = 13$m、水枪流量 $q_{xh}^{(1)} = 5.36$L/s（满足水枪流量 ≥5L/s 的要求）时，水枪喷嘴处的压力 $H_q = 182$kPa。

节点1处消火栓口所需压力为：

$$H_{xh}^{(1)} = (182 + 0.0172 \times 20 \times 5.36^2 + 20)\text{kPa} = 212\text{kPa}$$

初步确定竖管直径为 *DN*100mm，当消防流量达到15L/s时，管内流速为：

$$V = \left(\frac{4 \times 0.015}{3.14 \times 0.1^2}\right)\text{m/s} = 1.91\text{m/s}（未超过2.5m/s）$$

节点2处消火栓口的压力为：

$$H_{xh}^{(2)} = H_{xh}^{(1)} + \gamma\Delta h + iL = 251\text{kPa}$$

水枪射流量为：

$$q_{xh}^{(2)} = \left(\sqrt{\frac{251 - 20}{0.0172 \times 20 + 1 \div 0.1577}}\right)\text{L/s} = 5.88\text{L/s}$$

同理可求得节点3处消火栓的压力为290kPa，出水量6.36L/s。近似认为Ⅱ号竖管的流量与Ⅰ号竖管相等，Ⅲ号管竖管的流量与Ⅰ号竖管节点1、2相等，消防泵流量为46.44L/s。

底部水平干管直径采用 *DN*200，流速小于2.5m/s。

因为《消防给水及消火栓系统技术规范》（GB 50974—2014）明文要求"高层建筑、厂房、库房和室内净空高度超过8m的民用建筑等场所消火栓栓口动压不小于0.35MPa"，最不利点（节点1处消火栓）计算需要压力为0.212MPa，小于规范要求的0.35MPa，故取0.35MPa。消防水泵的扬程可根据节点1处消火栓口的压力、节点1与消防水池最低动水位之差、计算管路水头损失求出。

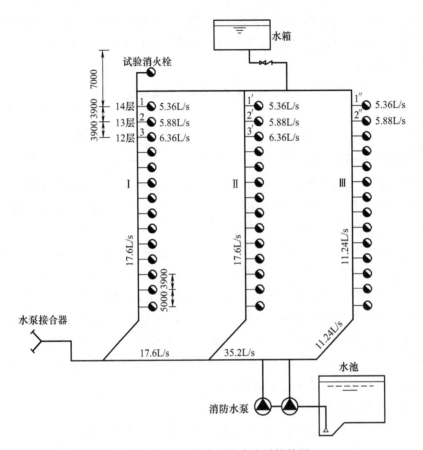

图 6-9　消火栓给水系统水力计算简图

■ 6.4 闭式自动喷水灭火系统

自动喷水灭火系统是在发生火灾时能自动喷水灭火，并同时发出火警信号的灭火系统，具有性能稳定、适应范围广、安全可靠、控火灭火成功率高、维护简便等优点，可用于各种建筑物中允许用水灭火的保护对象和场所。根据被保护建筑物的使用性质、环境条件和火灾发生、发展特性的不同，可以有多种不同类型。工程中通常根据系统中喷头开闭形式的不同，分为闭式和开式自动喷水灭火系统 2 大类。本节主要对闭式自动喷水灭火系统进行介绍。

6.4.1 闭式自动喷水灭火系统分类

闭式自动喷水灭火系统包括湿式系统、干式系统、干湿两用系统、预作用系统、重复启闭预作用系统、自动喷水-泡沫联用系统等。

1. 湿式自动喷水灭火系统

湿式系统是准工作状态时配水管道内充满用于启动系统的有压水的闭式系统，由闭式喷头、管道系统、湿式报警阀、水流指示器、报警装置和供水设施等组成，如图 6-10 所示。

由于该系统在报警阀的前后管道内始终充满着压力水，故称湿式喷水灭火系统。火灾发生时，在火场温度作用下，闭式喷头的感温元件温度达到预定的动作温度后，喷头开启喷水灭火，阀后压力下降，湿式阀瓣打开，水经延时器后通向水力警铃，发出声响报警信号，同时，压力开关及水流指示器也将信号传送至消防控制中心，经判断确认火警后启动消防水泵向管网加压供水，实现持续自动喷水灭火。

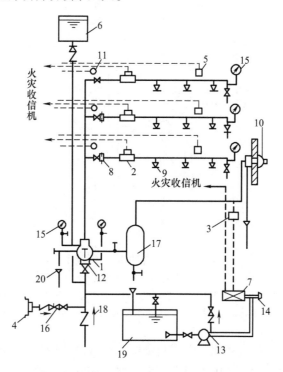

图 6-10　湿式自动喷水灭火系统

1—湿式报警阀　2—水流指示器　3—压力继电器　4—水泵接合器　5—感烟探测器　6—水箱
7—控制箱　8—减压孔板　9—喷头　10—水力警铃　11—报警装置　12—闸阀　13—水泵　14—按钮
15—压力表　16—安全阀　17—延迟器　18—止回阀　19—贮水池　20—排水漏斗

湿式自动喷水灭火系统具有结构简单、施工和管理维护方便、使用可靠、灭火速度快、控火效率高、建设投资少等优点。由于其管道和喷头中始终充满水，渗漏会损坏建筑装饰，应用受环境温度的限制，适用于环境温度不低于 4℃、不高于 70℃且能用水灭火的建（构）筑物内。

建筑物中保护局部场所的干式系统、预作用系统、雨淋系统、自动喷水-泡沫联用系统，可串联接入同一建筑物内湿式系统，并应与其配水干管连接。

2. 干式自动喷水灭火系统

干式自动喷水灭火系统是为了满足寒冷和高温场所安装自动灭火系统的需要，在湿式自动系统的基础上发展起来的，该系统由闭式喷头、管道系统、干式报警阀、水流指示器、报警装置、充气设备、排气设备和供水设备等组成，如图 6-11 所示。管道和喷头内平时没有水，只处于充气状态，故称之为干式系统。由于报警阀后的管道中无水，不怕冻结，不怕环境温度高，因而干式喷水灭火系统适用于环境温度低于 4℃或高于 70℃的建筑物和场所。

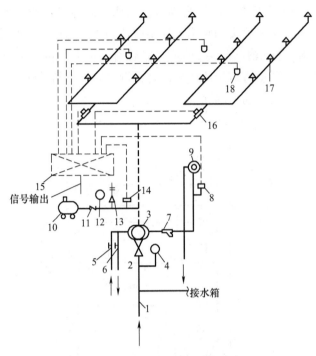

图 6-11　干式自动喷水灭火系统

1—供水管　2—闸阀　3—干式报警阀　4—压力表　5、6—截止阀　7—过滤器
8—压力开关　9—水力警铃　10—空压机　11—止回阀　12—压力表　13—安全阀
14—压力开关　15—火灾报警控制箱　16—水流指示器　17—闭式喷头　18—火灾探测器

与湿式自动喷水灭火系统相比，干式自动喷水灭火系统增加了一套充气设备，管网内的气压要经常保持在一定范围内，因而投资较多，管理较复杂。喷水前需排放管内气体，灭火速度不如湿式自动喷水灭火系统快。

3. 干湿两用自动喷水灭火系统

干湿两用自动喷水灭火系统是干式自动喷水灭火系统与湿式自动喷水灭火系统交替使用的系统；由闭式喷头、管网系统、干湿两用报警阀、水流指示器、信号阀、末端试水装置、充气设备和供水设施等组成。干湿两用系统在使用场所环境温度高于70℃或低于4℃时，系统呈干式；环境温度在4℃至70℃之间时，可将系统转换成湿式系统。

4. 预作用自动喷水灭火系统

预作用自动喷水灭火系统是在准工作状态时配水管道内不充水，发生火灾时由火灾自动报警系统、充气管道上的压力开关联锁控制预作用装置和启动消防水泵，向配水管道供水的闭式系统，由闭式喷头、管道系统、雨淋阀、火灾探测器、报警控制装置、充气设备、控制组件和供水设施等部件组成，如图6-12所示。系统将火灾自动探测报警技术和自动喷水灭火系统有机地结合在一起，雨淋阀之后的管道平时呈干式，充满低压空气或氮气，在火灾发生时，安装在保护区的感温、感烟火灾探测器首先发出火警信号，同时开启雨淋阀，使水进入管道，在很短时间内将系统转变为湿式，以后的动作与湿式系统相同。

预作用系统在雨淋阀以后的管网中平时不充水，可避免因系统破损而造成的水渍损失。

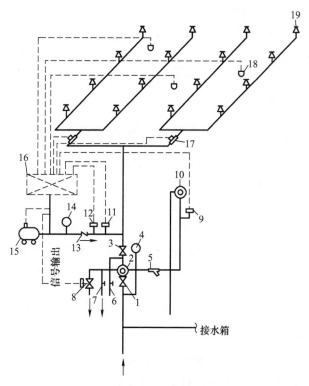

图 6-12　预作用自动喷水灭火系统

1—总控制阀　2—预作用阀　3—检修闸阀　4—压力表　5—过滤器　6—截止阀　7—手动开启阀
8—电磁阀　9—压力开关　10—水力警铃　11—启闭空压机压力开关　12—低气压报警压力开关
13—止回阀　14—压力表　15—空压机　16—报警控制箱　17—水流指示器　18—火灾探测器　19—闭式喷头

这种系统有早期报警装置，能在喷头动作之前及时报警并转换成湿式系统，克服了干式喷水灭火系统必须待喷头动作，完成排气后才能喷水灭火，从而延迟喷水时间的缺点。预作用系统比湿式系统或干式系统多一套自动探测报警和自动控制系统，构造比较复杂，建设投资多。对于要求系统处于准工作状态时严禁管道漏水、严禁系统误喷、替代干式系统等场所，应采用预作用系统。

5. 重复启闭预作用系统

重复启闭预作用系统是在预作用系统的基础上发展起来的，该系统不仅能够自动喷水灭火，而且当火灾扑灭后又能自动关闭系统。重复启闭预作用系统的组成和工作原理与预作用系统相似，不同之处是重复启闭预作用系统采用了即可输出火警信号，又可在环境恢复常温时输出灭火信号的感温探测器，当感温探测器感应到环境的温度超出预定值时，报警并开启供水泵和打开具有复位功能的雨淋阀，为配水管道充水，并在喷头动作后喷水灭火。喷水过程中，当火场温度恢复至常温时，探测器发出关停系统的信号，在按设定条件延迟喷水一段时间后关闭雨淋阀，停止喷水。若火灾复燃、温度再次升高时，系统则再次启动，直至彻底灭火。

重复启闭预作用系统功能优于其他喷水灭火系统，但造价高。灭火后必须及时停止喷水的场所，应采用重复启闭预作用系统。

6. 自动喷水-泡沫联用灭火系统

在特殊场合，如扑灭可燃液体火灾时，喷水系统的灭火效果不佳，可采用自动喷水-泡沫联用灭火系统。该系统在自动喷水灭火系统的报警阀之后的供水管上连接一个胶囊式泡沫液储罐，启动时为喷水系统，经过一定时间后通过比例混合器将水成膜泡沫液按一定比例投加到消防水中，由喷水转换为喷泡沫。

6.4.2 闭式自动喷水灭火系统设置范围及设计原则

闭式自动喷水灭火系统应在人员密集、不易疏散、外部增援灭火与救生较困难的性质重要或火灾危险性较大的场所中设置。

1. 设置范围

除《建筑设计防火规范》（GB 50016—2014）另有规定和不宜用水保护或灭火的场所外，分别对以下4类需要设置自动喷水灭火系统的建筑或场所进行了说明：

1）厂房或生产部位。

2）仓库。

3）高层民用建筑或场所。

4）单、多层民用建筑或场所。

根据《建筑设计防火规范》（GB 50016—2014）第8.3.1条规定，下列厂房或生产部位场所应设置自动灭火系统，并宜采用自动喷水灭火系统：

1）不小于50000纱锭的棉纺厂的开包、清花车间；不小于5000锭的麻纺厂的分级、梳麻车间；火柴厂的烤梗、筛选部位。

2）占地面积大于1500m^{2}或总建筑面积大于3000m^{2}的单、多层制鞋、制衣、玩具及电子等类似生产的厂房。

3）占地面积大于1500m^{2}的木器厂房。

4）泡沫塑料厂的预发、成型、切片、压花部位。

5）高层乙、丙类厂房。

6）建筑面积大于500m^{2}的地下或半地下丙类厂房。

根据《建筑设计防火规范》（GB 50016—2014）第8.3.2条规定，下列仓库应设置自动灭火系统，并宜采用自动喷水灭火系统：

1）每座占地面积大于1000m^{2}的棉、毛、丝、麻、化纤、毛皮及其制品的仓库。

2）每座占地面积大于600m^{2}的火柴仓库。

3）邮政楼中建筑面积大于500m^{2}的空邮袋库。

4）可燃、难燃物品的高架仓库和高层仓库。

5）设计温度高于0℃的高架冷库，设计温度高于0℃且每个防火分区建筑面积大于1500m^{2}的非高架冷库。

6）总建筑面积大于500m^{2}的可燃物品地下仓库。

7）每座占地面积大于1500m^{2}或总建筑面积大于3000m^{2}的其他单层或多层丙类物品仓库。

根据《建筑设计防火规范》（GB 50016—2014）第 8.3.3 条规定，下列高层民用建筑或场所应设置自动灭火系统，并宜采用自动喷水灭火系统：

1）一类高层公共建筑（除游泳池、溜冰场外）及其地下、半地下室。

2）二类高层公共建筑及其地下、半地下室的公共活动用房、走道、办公室和旅馆的客房、可燃物品库房、自动扶梯底部。

3）高层民用建筑内的歌舞娱乐放映游艺场所。

4）建筑高度大于 100m 的住宅建筑。

根据《建筑设计防火规范》（GB 50016—2014）第 8.3.4 条规定，下列单、多层民用建筑或场所应设置自动灭火系统，并宜采用自动喷水灭火系统：

1）特等、甲等剧场，超过 1500 个座位的其他等级的剧场，超过 2000 个座位的会堂或礼堂，超过 3000 个座位的体育馆，超过 5000 人的体育场的室内人员休息室与器材间等。

2）任一层建筑面积大于 1500m^2 或总建筑面积大于 3000m^2 的展览、商店、餐饮和旅馆建筑以及医院中同样建筑规模的病房楼、门诊楼和手术部。

3）设置送回风道（管）的集中空气调节系统且总建筑面积大于 3000m^2 的办公建筑。

4）藏书量超过 50 万册的图书馆。

5）大中型幼儿园，老年人照料设施。

6）总建筑面积大于 500m^2 的地下或半地下商店。

7）设置在地下或半地下或地上 4 层及以上楼层的歌舞娱乐放映游艺场所（除游泳场所外）；设置在首层、2 层和 3 层且任一层建筑面积大于 300m^2 的地上歌舞娱乐放映游艺场所（除游泳场所外）。

2. 设计原则和系统选型

（1）设计原则　应符合下列规定：

1）闭式洒水喷头或启动系统的火灾探测器，应能有效探测初期火灾。

2）湿式系统、干式系统应在开放一只洒水喷头后自动启动，预作用系统、雨淋系统和水幕系统应根据其类型由火灾探测器、闭式洒水喷头作为探测元件，报警后自动启动。

3）作用面积内开放的洒水喷头，应在规定时间内按设计选定的喷水强度持续喷水。

4）喷头洒水时，应均匀分布，且不应受阻挡。

（2）系统选型　自动喷水灭火系统选型要考虑诸多因素：环境温度、建筑性质、净空高度、火灾特点等。环境温度不低于 4℃ 且不高于 70℃ 的场所，应采用湿式系统。环境温度低于 4℃ 或高于 70℃ 的场所，应采用干式系统。系统处于准工作状态时严禁误喷的场所和严禁管道充水的场所应采用预作用系统，也可用预作用系统替代干式系统。灭火后必须及时停止喷水的场所，应采用重复启闭预作用系统。

应根据设置场所的建筑特征、环境条件和火灾特点等选择相应的开式或闭式系统。露天场所不宜采用闭式系统。闭式系统的洒水喷头，其公称动作温度宜高于环境最高温度 30℃。除了仅用于保护室内钢屋架等建筑构件和设置货架内置喷头的闭式系统之外，采用闭式自动喷水灭火系统场所的最大净空高度应符合表 6-22 的规定。

表 6-22　洒水喷头类型和场所净空高度

设置场所		喷头类型			场所净空高度 h/m
		一只喷头的保护面积	相应时间性能	流量系数 K	
民用建筑	普通场所	标准覆盖面积洒水喷头	快速响应喷头 特殊响应喷头 标准响应喷头	$K \geqslant 80$	$h \leqslant 8$
		扩大覆盖面积洒水喷头	快速响应喷头	$K \geqslant 80$	
	高大空间场所	标准覆盖面积洒水喷头	快速响应喷头	$K \geqslant 115$	$8 < h \leqslant 12$
		非仓库型特殊应用喷头			
		非仓库型特殊应用喷头			$12 < h \leqslant 18$
厂房		标准覆盖面积洒水喷头	特殊响应喷头 标准响应喷头	$K \geqslant 80$	$h \leqslant 8$
		扩大覆盖面积洒水喷头	特殊响应喷头	$K \geqslant 80$	
		标准覆盖面积洒水喷头	特殊响应喷头 标准响应喷头	$K \geqslant 115$	$8 < h \leqslant 12$
		非仓库型特殊应用喷头			
仓库		标准覆盖面积洒水喷头	特殊响应喷头 标准响应喷头	$K \geqslant 80$	$h \leqslant 9$
		仓库型特殊应用喷头			$h \leqslant 12$
		早期抑制快速响应喷头			$h \leqslant 13.5$

6.4.3　闭式自动喷水灭火系统的主要组件

1. 闭式喷头

闭式喷头的喷口由感温元件组成的释放机构封闭，当温度达到喷头的公称动作温度时感温元件动作，释放机构脱落，喷头开启。闭式喷头具有感温自动开启的功能，并按照规定的水量和形状洒水，主要在湿式系统、干式系统和预作用系统中使用，有时也可作为火灾探测器使用。

闭式喷头在自动喷水灭火系统中担负着探测火灾、启动系统和喷水灭火的任务，它是系统中的关键组件。喷头的分类有不同方法：

1）按安装方式可分为普通型（上、下喷通用）、下垂型（下喷水）、直立型（上喷水）、边墙型、吊顶型 5 类。

2）按热敏元件可分为玻璃球洒水喷头、易熔元件洒水喷头两类。

3）按热敏性能可分为标准响应型、快速响应型、特殊响应型 3 类。

4）按出水口径可分为小口径（≤11.1mm）、标准口径（12.7mm）、大口径（13.5mm）、超大口径（≥15.9mm）4 类。

5）其他喷头（特殊应用喷头、家用喷头等）。

（1）按安装方式分类

1）普通型喷头。又称为传统型喷头或老式喷头，既可直立安装，向上喷水，又可下垂安装，向下喷水，并且布水曲线相同。此类喷头的历史久远，但已逐渐被下垂型喷头和直立型喷头所取代。

2）下垂型喷头。安装时溅水盘朝下，向下安装在配水支管的下面，洒水形状为抛物体，全部水量洒向下方。这种喷头适用于安装在各种保护场所，是最普遍使用的一种。干式下垂型喷头由下垂型闭式喷头和一段特殊短管组成，用于房间内安装了吊顶的干式自动喷水灭火系统或预作用系统。

3）直立型喷头。喷头安装时溅水盘朝上，直立安装在配水支管上，洒水形状为抛物体，水量的 60%~80% 直接洒向下方，同时还有一小部分洒向上方。这种喷头适合安装在管道下面经常存在移动物体的场所，可以避免发生碰撞碰头的事故。在灰尘或其他飞扬物较多的场所，为防止飞扬物覆盖喷头感温元件导致喷头动作迟缓，应安装直立型洒水喷头。

4）边墙型。分为直立型和水平型两种。边墙直立型喷头向上安装，垂直喷侧向布水。只适用于轻危险级和规范指定的中危险级、并无障碍物的场所。在下列条件下可以考虑采用：

① 房间中央顶部不可走管道，但周边可走。

② 保护物在喷头的侧边。

③ 顶棚太低、无法布置下垂型喷头等。

边墙水平型喷头垂直于墙面安装，水平喷侧向布水。与边墙直立型喷头相比，喷射的距离远，并且宽度宽，同样只适用于轻危险级和规范指定的中危险级、并无障碍物的场所。喷头的连接管水平穿越墙体，不走在被保护的房间内，适用于下列场所：

① 房间内无法走管道。

② 顶棚太低无法布置下垂型喷头。

③ 房间中央顶部不能走管道或布置喷头等。

5）吊顶型喷头。属于装饰型喷头，安装在吊顶内的管道上，提高了喷头的装饰性，适用于高级宾馆等装饰要求高的场所。常见形式有全隐蔽型、半隐蔽型和平齐型。全隐蔽型完全隐藏在顶棚里，所属的孔眼由喷头附带的盖板遮没，盖板色彩可向生产厂家预定。发生火灾时喷头的动作程序是：顶棚孔板先以低于喷头额定温度从顶棚处脱落，喷头在感受额定温度后即行动作。半隐蔽型喷头一般只有感温元件部分暴露于顶棚或吊顶之下。在火灾发生后，当抵达额定温度时，封闭球阀的易熔环即行熔解，释放球阀和连在一起的溅水盘和感温元件，由两根滑竿支撑着从喷头下降到喷洒位置。这种喷头的优点是感温元件不受任何构件的遮蔽影响，而且采用叶片快速感温，动作时间比一般喷头快。平齐型喷头实际上为普通下垂型喷头与装饰罩配合而成。

各类闭式喷头如图 6-13 所示。

（2）按热敏性能分类　最初，自动洒水喷头仅以公称动作温度作为启动开放的指标。后来，人们认识到不仅是公称动作温度决定喷头在火灾中的开放时间，而且喷头的热敏元件受热后升温至公称动作温度所需要的时间是影响喷头能否迅速动作的一个重要因素。提高喷头热敏元件的灵敏度是提高喷头响应速度的关键，所以提出用响应时间指数 *RTI*（Response Time Index）来衡量喷头热敏元件对稳态火的灵敏度。

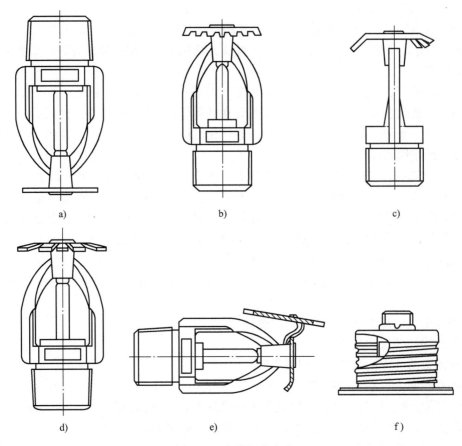

图 6-13　各类闭式喷头

a) 下垂型喷头　b) 直立型喷头　c) 边墙直立型喷头　d) 普通型喷头　e) 边墙水平型喷头　f) 吊顶型喷头

标准响应喷头的响应时间指数 $RTI \geqslant 80(\mathrm{m} \cdot \mathrm{s})^{0.5}$。快速响应喷头的响应时间指数 $RTI \leqslant 50(\mathrm{m} \cdot \mathrm{s})^{0.5}$，热敏性能明显高于标准响应喷头，可在火场中提前动作，在初起小火阶段喷水灭火，可最大限度地减少人员伤亡、火灾烧损与水渍污染造成的经济损失。各种安装方式和热敏元件的闭式喷头都有快速响应喷头。下列场所宜采用快速响应喷头：

1）公共娱乐场所、中庭环廊。

2）医院、疗养院的病房及治疗区域，老年、少儿、残疾人的集体活动场所。

3）超出水泵接合器供水高度的楼层。

4）地下的商业及仓储用房。

特殊响应喷头的典型代表之一为早期抑制快速响应喷头 ESFR（Early Suppression Fast Response sprinkler），其流量系数 $K \geqslant 161$，响应时间指数 $RTI \leqslant 28 \pm 8(\mathrm{m} \cdot \mathrm{s})^{0.5}$，适用于保护堆垛与高架仓库的标准覆盖面积洒水喷头。

（3）其他喷头　近年来，不断研发新型喷头以适应功能复杂、防火要求高的各类建筑物，力求在保证灭火效果的前提下，扩大单个喷头保护面积或增加单个喷头的灭火设计流量（提高流量系数 K），降低管道系统及设备总投资等。

1）标准覆盖面积洒水喷头。喷头流量系数 $K \geqslant 80$，一只直立型或下垂型洒水喷头的最大保护面积不超过20m²，一只边墙型洒水喷头的最大保护面积不超过18m²。

2) 扩大覆盖面积洒水喷头。喷头流量系数 $K \geq 80$，一只喷头的最大保护面积大于标准覆盖面积洒水喷头的保护面积且不超过36m²的洒水喷头，包括直立型、下垂型和边墙型扩大覆盖面积洒水喷头。大流量、大保护面积的喷头可以有效保证灭火效果，并减少喷头个数，提高经济性。

3) 特殊应用喷头。流量系数 $K \geq 161$，具有较大水滴粒径，在通过标准试验验证后，可用于民用建筑高大空间场所和仓库的标准覆盖面积洒水喷头，包括非仓库型特殊应用喷头和仓库型特殊应用喷头。

4) 家用喷头。适用于住宅建筑和非住宅类居住建筑的一种快速响应洒水喷头。

（4）选型原则　湿式系统的洒水喷头选型应符合下列规定：

1) 不做吊顶的场所，当配水支管布置在梁下时，应采用直立型洒水喷头。

2) 吊顶下布置的洒水喷头，应采用下垂型洒水喷头或吊顶型洒水喷头。

3) 顶板为水平面的轻危险级、中危险级Ⅰ级住宅建筑、宿舍、旅馆建筑客房、医疗建筑病房和办公室，可采用边墙型洒水喷头。

4) 易受碰撞的部位，应采用带保护罩洒水喷头或吊顶型洒水喷头。

5) 顶板为水平面，且无梁、通风管道等障碍物影响喷头洒水的场所，可采用扩大覆盖面积洒水喷头。

6) 住宅建筑和宿舍、公寓等非住宅类居住建筑宜采用家用喷头。

7) 不宜选用隐蔽式洒水喷头；确需采用时，应仅适用于轻危险级和中危险级Ⅰ级场所。

2. 报警阀

报警阀的作用是开启和关闭管道系统中的水流，同时传递控制信号到控制系统，驱动水力警铃直接报警，根据其构造和功能分为：湿式报警阀、干式报警阀、干湿两用报警阀、雨淋报警阀和预作用报警阀等。

（1）湿式报警阀　湿式报警阀有导阀型和座圈型两种。座圈型湿式报警阀如图6-14所示，阀内设有阀瓣、阀座等组件，阀瓣铰接在阀体上，在平时阀瓣上下充满水，水压近似相等。由于阀瓣上面与水接触的面积大于下面的水接触面积，阀瓣受到的总压力向下，处于关闭状态。当水源压力出现波动或冲击时，通过补偿器使上下腔压力保持一致，水力警铃不发生报警，压力开关不接通，阀瓣仍处于准工作状态。闭式喷头喷水灭火时，补偿器来不及补水，阀瓣上面的水压下降，下腔的水便向洒水管网及动作喷头供水，同时水沿着报警阀的环形槽进入报警口，流向

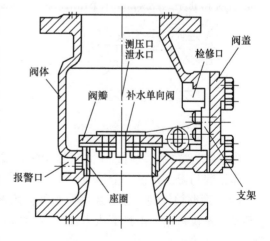

图6-14　座圈型湿式报警阀

延迟器、水力警铃，警铃发出声响报警，压力开关开启，发出电信号报警并启动水泵。

导阀型湿式报警阀的阀芯（或阀瓣）装有导向杆，水通过导向杆中的水压平衡小孔保

持阀瓣上、下的水压平衡。喷头喷水灭火时，由于水压平衡小孔来不及补水，阀瓣上面的水压下降，导致阀瓣开启，报警阀转入工作状态。

（2）干式报警阀　干式报警阀前后的管道内分别充满压力水和压缩空气，图6-15为差动型干式阀，阀瓣将阀腔分成上、下两部分，与喷头相连的管道充满压缩空气，与水源相连的管道充满压力水。平时靠作用于阀瓣两侧的气压与水压的力矩差使阀瓣封闭，发生火灾时，气体一侧的压力下降，作用于水体一侧的力矩使阀瓣开启，向喷头供水灭火。

（3）干、湿两用报警阀　干、湿两用报警阀是用于干、湿两用自动喷水灭火系统中的供水控制阀，报警阀上方管道既可充有压气体，又可充水。充有压气体时，其作用与干式报警阀相同，充水时作用与湿式报警阀相同。

干、湿两用报警阀由干式报警阀、湿式报警阀上下叠加而成，如图6-16所示。干式阀在上，湿式阀在下。当系统为干式系统时，干式报警阀起作用。干式报警阀室注水口上方及喷水管网充满压缩空气，阀瓣下方及湿式报警阀全部充满压力水。当有喷头开启时，空气从打开的喷头泄出，管道系统的气压下降，直至干式报警阀的阀瓣被下方的压力水开启，水流进入喷水管网。部分水流同时通过环形隔离室进入报警信号管，启动压力开关和水力警铃。系统进入工作状态，喷头喷水灭火。

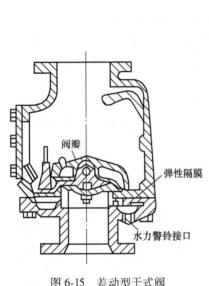

图6-15　差动型干式阀

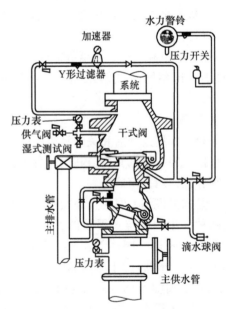

图6-16　干、湿两用报警阀

当系统为湿式系统时，干式报警阀的阀瓣被置于开启状态，只有湿式报警阀起作用，系统工作过程与湿式系统完全相同。

（4）雨淋报警阀　除湿式报警阀外，雨淋报警阀是在自动喷水灭火系统中应用较多的报警阀，不仅可用于雨淋灭火系统、水喷雾系统、水幕系统等开式系统，还可用于预作用系统。

雨淋报警阀结构如图6-17所示，阀内设有阀瓣组件、阀瓣锁定杆、驱动杆、弹簧或膜片等。阀腔分成上腔、下腔和控制腔三部分，上腔为空气，下腔为压力水，控制腔与供水主管道和启动管道连通，供水管道中的压力水推动控制腔中的膜片、进而推动驱动杆顶紧阀瓣锁定杆，锁定杆产生力矩，把阀瓣锁定在阀座上，使下腔的压力水不能进入上腔。当失火时，启动管道自动泄压，控制腔压力迅速降低，使驱动杆作用在阀瓣锁定杆上的力矩低于供水压力作用在阀瓣上的力矩，于是阀瓣开启，压力水进入配水管网。

雨淋阀带有防自动复位机构，阀瓣开启后，需人工手动复位。

（5）预作用阀　预作用阀由湿式阀和雨淋阀上下串接而成，雨淋阀位于供水侧，湿式阀位于喷头侧，其动作原理与雨淋阀相类似。平时靠供水压力为锁定机构提供动力，把阀瓣扣住，探测器或探测喷头动作后，锁定机构上作用的供水压力迅速降低，从而使阀瓣脱扣开启，供水进入消防管网。

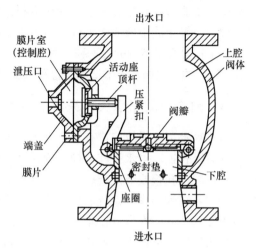

图 6-17　雨淋报警阀

按照自动开启方式，预作用报警阀可分为无联锁、单联锁、双联锁 3 种。探测器或灭火喷头其中之一动作阀组便开启称为无联锁；只有探测器动作阀组便开启称为单联锁；探测器和灭火喷头都动作阀组才开启称为双联锁。

3. 水流报警装置

水流报警装置包括水力警铃、压力开关和水流指示器。

水力警铃是一种水力驱动的机械装置，安装在报警阀的报警管路上，不得由电动报警器取代。当自动喷水灭火系统启动灭火，消防用水的流量等于或大于一个喷头的流量时，压力水流沿报警支管进入水力警铃驱动叶轮，带动铃锤敲击铃盖，发出报警声响。

压力开关是自动喷水灭火系统的自动报警和自动控制部件，当系统启动，报警支管中的压力达到压力开关的动作压力时，触点就会自动闭合或断开，将水流信号转化为电信号，输送至消防控制中心或直接控制和启动消防水泵、电子报警系统或其他电气设备。压力开关应垂直安装在水力警铃前，如报警管路上安装了延迟器，则压力开关应安装在延迟器之后。

水流指示器是将水流信号转换成电信号的一种报警装置，通常安装于各楼层的配水干管或支管上。当喷头开启喷水时，管道中的水流推动水流指示器的桨片，桨片探测到水流信号并接通延时电路 20～30s 之后，水流指示器将水流信号转换为电信号传至报警控制器或控制中心，告知发生火灾的区域。水流指示器类型有叶片式、阀板式等。目前应用得最广泛的是叶片式水流指示器。

4. 其他

（1）延迟器　延迟器是一个罐式容器，属于湿式报警阀的辅件，用以防止水源压力波动、报警阀渗漏而引起的误报警。报警阀开启后，水流需经 30s 左右充满延迟器后方可冲击水力警铃。延迟器下端为进水口，与报警阀报警口连接相通；上端为出水口，接水力警铃。

当湿式报警阀因水锤或水源压力波动阀瓣被冲开时，水流由报警支管进入延迟器，因为波动时间短，进入延迟器的水量少，压力水不会推动水力警铃的轮机或作用到压力开关上，故能有效起到防止误报警的作用。

（2）末端试水装置和试水阀　末端试水装置由试水阀、压力表以及试水接头组成，用来测试系统能否在开放一只喷头的最不利条件下可靠报警并正常启动。试水接头出水口的流量系数，应等于同楼层或防水分区内的最小喷头的流量系数。

每个报警阀组控制的最不利点喷头处，应设末端试水装置，其他防火分区、楼层均应设直径为25mm的试水阀。末端试水装置和试水阀应便于操作，且应有足够排水能力的排水设施。

6.4.4 闭式自动喷水灭火系统的设置规定

自动喷水灭火系统应设有洒水喷头、水流指示器、报警阀组、压力开关等组件和末端试水装置以及管道、供水设施；控制管道静压的区段宜分区供水或设减压阀，控制管道动压的区段宜设减压孔板或节流管；系统应设有泄水阀（或泄水口）、排气阀（或排气口）和排污口；干式系统和预作用系统的配水管道应设快速排气阀。有压充气管道的快速排气阀入口前应设电动阀，并应在启动供水泵的同时开启。

配水管道应采用内外壁热镀锌钢管或符合国家现行的相关标准，并经国家固定灭火系统质量监督检验测试中心检测合格的涂覆其他防腐材料的钢管及铜管、不锈钢管。当报警阀入口前管道采用不防腐的钢管时，应在该段管道的末端设过滤器。镀锌钢管应采用沟槽式连接件（卡箍）、丝扣或法兰连接。铜管、不锈钢管应采用配套的支架、吊架。报警阀前采用内壁不防腐钢管时，可焊接连接。水平安装的管道宜有坡度，并应坡向泄水阀。

干式系统、预作用系统应采用直立型喷头或干式下垂型喷头。净空高度大于800mm的闷顶和技术夹层内有可燃物时，应设置喷头。当局部场所设置自动喷水灭火系统时，与相邻不设自动喷水灭火系统场所连通的走道或连通门窗的外侧，应设喷头。装设通透性吊顶的场所，喷头应布置在顶板下。顶板或吊顶为斜面时，喷头应垂直于斜面，并应按斜面距离确定喷头间距。尖屋顶的屋脊处应设一排喷头。喷头溅水盘至屋脊的垂直距离，屋顶坡度≥1/3时，不应大于0.8m；屋顶坡度<1/3时，不应大于0.6m。

直立型、下垂型喷头的布置，包括同一根配水支管上喷头的间距及相邻配水支管的间距，应根据系统的喷水强度、喷头的流量系数和工作压力确定，并不应大于表6-23的规定，且不宜小于2.4m。

表6-23 同一根配水支管上喷头的间距及相邻配水支管的间距

喷水强度 /[L/(min·m²)]	正方形布置的边长/m	矩形或平行四边形布置的长边长/m	一只喷头的最大保护面积/m²	喷头与端墙的最大距离/m
4	4.4	4.5	20.0	2.2
6	3.6	4.0	12.5	1.8
8	3.4	3.6	11.5	1.7
≥12	3.0	3.6	9.0	1.5

注：1. 仅在走道上布置单排喷头的闭式系统，其喷头间距按走道地面不留漏喷空白点确定。

2. 喷水强度大于8L/(min·m²)时，宜采用流量系数K>80的喷头。

3. 货架内置喷头的间距均不应小于2m，并不应大于3m。

除吊顶型喷头及吊顶下安装的喷头外，直立型、下垂型标准喷头，其溅水盘与顶板的距离，不应小于75mm，不应大于150mm。当在梁或其他障碍物底面下方的平面上布置喷头时，溅水盘与顶板的距离不应大于300mm，同时溅水盘与梁等障碍物底面的垂直距离不应小于25mm，不应大于100mm。早期抑制快速响应喷头的溅水盘与顶板的距离，应符合表6-24的规定：

表6-24　早期抑制快速响应喷头溅水盘与顶板的距离　　　　　（单位：mm）

喷头安装方式	直立型		下垂型	
溅水盘与顶板的距离	≥100	≤150	≥150	≤360

图书馆、档案馆、商场、仓库中的通道上方宜设有喷头。喷头与被保护对象的水平距离，不应小于0.3m，标准喷头溅水盘与保护对象的最小垂直距离不应小于0.45m，其他喷头溅水盘与保护对象的最小垂直距离不应小于0.90m。

货架内喷头宜与顶板下喷头交错布置，其溅水盘与上方层板的距离不应小于75mm，且不应大于150mm，与其下方货品顶面的垂直距离不应小于150mm。货架内喷头上方的货架层板，应为封闭层板，货架内喷头上方如有孔洞、缝隙，应在喷头的上方设置集热挡水板。集热挡水板应为正方形圆形金属板，其平面面积不宜小于$0.12m^2$，周围弯边的下沿，宜与喷头的溅水盘平齐。

边墙型标准喷头的最大保护跨度与间距，应符合表6-25的规定。边墙型扩展覆盖喷头的最大保护跨度、配水支管上的喷头间距、喷头与两侧端墙的距离，应按喷头工作压力下能够喷湿对面墙和邻近端墙距溅水盘1.2m高度以下的墙面确定。直立边墙型喷头溅水盘与顶板的距离不应小于100mm，且不宜大于150mm，与背墙的距离不应小于50mm，且不宜大于100mm；水平边墙型喷头溅水盘与顶板的距离不应小于150mm，且不应大于300mm。

表6-25　边墙型标准喷头的最大保护跨度与间距　　　　　（单位：m）

设置场所火灾危险等级	轻危险级	中危险级 I 级
配水支管上喷头的最大间距	3.6	3.0
单排喷头的最大保护跨度	3.6	3.0
两排相对喷头的最大保护跨度	7.2	6.0

注：1. 两排相对喷头应交错布置。

　　2. 室内跨度大于两排相对喷头的最大保护跨度时，应在两排相对喷头的中间增设一排喷头。

喷头洒水时，应均匀分布，且不应受阻挡。当喷头附近有障碍物时，喷头与障碍物的间距应符合相关规定或增设补偿喷水强度的喷头。建筑物同一隔间内应采用相同热敏性能的喷头，喷头应布置在顶板或吊顶下易于接触到火灾热气流并有利于均匀布水的位置。闭式系统的喷头，其公称动作温度宜高于环境最高温度30℃。自动喷水灭火系统应有备用喷头，其数量不应少于总数的1%，且每种型号均不得少于10只。

一个报警阀组控制的喷头数，湿式系统、预作用系统不宜超过800只；干式系统不宜超过500只；当配水支管同时安装保护吊顶下方和上方空间的喷头时，应只将数量较多一侧的喷头计入报警阀组控制的喷头总数。串联接入湿式系统配水干管的其他自动喷水灭火系统，应分别设置独立的报警阀组，其控制的喷头数计入湿式阀组控制的喷头总数。每个报警阀组供水的最高与最低位置喷头，其高程差不宜大于50m。

报警阀组宜设在安全及易于操作的地点，报警阀距地面的高度宜为1.2m。安装报警阀的部位应设有排水设施。连接报警阀进出口的控制阀应采用信号阀。当不采用信号阀时，控制阀应设锁定阀位的锁具。当自动喷水灭火系统中设有2个及以上报警阀组时，报警阀组前宜设环状供水管道。保护室内钢屋架等建筑构件的闭式系统，应设独立的报警阀组。

水力警铃的工作压力不应小于0.05MPa，并应设在有人值班的地点附近，与报警阀连接的管道的管径应为20mm，总长不宜大于20m。

除报警阀组控制的喷头只保护不超过防火分区面积的同层场所外，每个防火分区、每个楼层均应设水流指示器。仓库内顶板下喷头与货架内喷头应分别设置水流指示器。当水流指示器入口前设置控制阀时，应采用信号阀。

减压孔板应设在直径不小于50mm的水平直管段上，前后管段的长度均不宜小于该管段直径的5倍；孔口应采用不锈钢板制作，直径不应小于设置管段直径的30%，且不应小于20mm。节流管直径宜按上游管段直径的1/2确定，长度不宜小于1m，节流管内水的平均流速不应大于20m/s。减压阀应设在报警阀组入口前，其前应设过滤器，当连接2个及以上报警阀组时，应设置备用减压阀，垂直安装的减压阀，水流方向宜向下。

系统应设独立的供水泵，并应按一运一备或二运一备比例设置备用泵。每组供水泵的吸水管不应少于2根。报警阀入口前设置环状管道的系统，每组供水泵的出水管不应少于2根。系统的供水泵、增压泵应采用自灌式吸水方式，采用天然水源时水泵的吸水口应采取防止杂物堵塞的措施。供水泵的吸水管应设控制阀；出水管应设控制阀、止回阀、压力表和直径不小于65mm的试水阀。必要时，应采取控制供水泵出口压力的措施。

采用临时高压给水系统的自动喷水灭火系统，应设高位消防水箱，其储水量应符合现行国家标准规定。消防水箱的供水，应满足系统最不利点处喷头的最低工作压力和喷水强度。不设高位消防水箱的建筑，系统应设气压供水设备。气压供水设备的有效水容积，应按系统最不利处4只喷头在最低工作压力下的10min用水量确定。干式系统、预作用系统设置的气压供水设备，应同时满足配水管道的充水要求。消防水箱的出水管上应设止回阀，并应与报警阀入口前管道连接；轻危险级、中危险级场所的系统，管径不应小于80mm，严重危险级和仓库危险级不应小于100mm。

系统应设水泵接合器，其数量应按系统的设计流量确定，每个水泵接合器的流量宜按10~15L/s计算。当水泵接合器的供水能力不能满足最不利点处作用面积的流量和压力要求时，应采取增压措施。

仓库内设有自动喷水灭火系统时，宜设消防排水设施。

6.4.5 闭式自动喷水灭火系统设计计算

1. 设计基本参数

（1）火灾危险等级划分 设置场所的火灾危险等级，应根据其用途、容纳物品的火灾荷载及室内空间条件等因素，在分析火灾特点和热气流驱动喷头开放及喷水到位的难易程度后确定，火灾危险等级举例参见表6-26。当建筑物内各场所的火灾危险性及灭火难度存在较大差异时，宜按各场所的实际情况确定系统选型与火灾危险等级。

表 6-26　设置场所火灾危险等级举例

火灾危险等级		设置场所举例
轻危险级		住宅建筑、幼儿园、老年人建筑、建筑高度为 24m 及以下的旅馆、办公楼，仅在走道设置闭式系统的建筑等
中危险级	I级	（1）高层民用建筑：旅馆、办公楼、综合楼、邮政楼、金融电信楼、指挥调度楼、广播电视楼（塔）等 （2）公共建筑（含单、多、高层）：医院、疗养院；图书馆（书库除外）、档案馆、展览馆（厅）；影剧院、音乐厅和礼堂（舞台除外）及其他娱乐场所；火车站、飞机场及码头的建筑，总建筑面积小于 5000m² 的商场、总建筑面积小于 1000m² 的地下商场等 （3）文化遗产建筑：木结构古建筑、国家文物保护单位等 （4）工业建筑：食品、家用电器、玻璃制品等工厂的备料与生产车间等，冷藏库、钢屋架等建筑构件
	II级	（1）民用建筑：书库、舞台（葡萄架除外）、汽车停车场、总建筑面积 5000m² 及以上的商场、总建筑面积 1000m² 及以上的地下商场、净空高度不超过 8m、物品高度不超过 3.5m 的自选商场等 （2）工业建筑：棉毛麻丝及化纤的纺织、织物及制品，木材木器及胶合板，谷物加工、烟草及制品，饮用酒（啤酒除外），皮革及制品，造纸及纸制品，制药等工厂的备料与生产车间
严重危险级	I级	印刷厂、酒精制品、可燃液体制品等工厂的备料与车间、净空高度不超过 8m、物品高度不超过 3.5m 的自选商场等
	II级	易燃液体喷雾操作区域，固体易燃物品、可燃的气溶胶制品、溶剂清洗、喷涂、油漆、沥青制品等工厂的备料及生产车间，摄影棚、舞台"葡萄架"下部
仓库危险级	I级	食品、烟酒，木箱、纸箱包装的不然难燃物品，仓储式商场的货架区等
	II级	木材、纸、皮革、谷物及制品、棉毛麻丝化纤及制品、家用电器、电缆、B 组塑料与橡胶及其制品、钢塑混合材料制品、各种塑料瓶盒包装的不燃物品及各类物品混杂储存的仓库等
	III级	A 组塑料与橡胶及其制品，沥青制品等

注：1. A 组：丙烯腈-丁二烯-苯乙烯共聚物，缩醛、聚甲基丙烯酸甲酯、玻璃纤维增强聚酯、热塑性聚酯、聚丁二烯、聚碳酸酯、聚乙烯、聚丙烯、聚苯乙烯、聚氨基甲酸酯、高增塑聚氯乙烯、苯乙烯-丙烯腈等；丁基橡胶、乙丙橡胶、发泡类天然橡胶、腈橡胶、聚酯合成橡胶、丁苯橡胶等。

2. B 组：醋酸纤维素、醋酸丁酸纤维素、乙基纤维素、氟塑料、锦纶、三聚氰胺甲醛、酚醛塑料、硬聚氯乙烯、聚偏二氯乙烯、聚偏氟乙烯、聚氟乙烯、脲甲醛等；氯丁橡胶、不发泡类天然橡胶、硅橡胶等。

（2）设计基本参数　民用建筑和工业厂房的系统设计基本参数不应低于表 6-27 的规定，非仓库类高大净空场所的系统设计基本参数不应低于表 6-28 的规定。作用面积是指一次火灾中系统按喷水强度保护的最大面积。

表 6-27　民用建筑和工业厂房的系统设计基本参数

火灾危险等级		净空高度/m	喷水强度 /［L/（min·m²）］	作用面积/m²
轻危险级		≤8	4	160
中危险级	I		6	
	II		8	
严重危险级	I		12	260
	II		16	

注：系统最不利点处喷头工作压力不应低于 0.05MPa。

仅在走道设置单排喷头的闭式系统，其作用面积应按最大疏散距离所对应的走道面积确定。装设网格、栅板类通透性吊顶的场所，系统的喷水强度应按表 6-27 规定值的 1.3 倍确定。干式系统的作用面积应按表 6-27 规定值的 1.3 倍确定。

表 6-28　民用建筑和厂房高大空间场所采用湿式系统的设计基本参数

适用场合		最大净空高度 h/m	喷水强度 $/[L/(min \cdot m^2)]$	作用面积 $/m^2$	喷头间距 S $/m$
民用建筑	中庭、体育馆、航站楼等	$8<h \leqslant 12$	12	160	$1.8<$ $S \leqslant 3.0$
		$12<h \leqslant 18$	15		
	影剧院、音乐厅、会展中心等	$8<h \leqslant 12$	15		
		$12<h \leqslant 18$	20		
厂房	制衣制鞋、玩具、木器、电子生产车间等	$8<h \leqslant 12$	15		
	棉纺厂、麻纺厂、泡沫塑料生产车间等		20		

注：1. 表中未列入的场所，应根据本表规定场所的火灾危险性类比确定。
　　2. 当民用建筑高大空间场所的最大净空高度为 $8<h \leqslant 12m$ 时，应采用非仓库型特殊应用喷头。

仓库危险级 I、II 级场所的系统设计基本参数不应低于表 6-29 和表 6-30 的规定。

表 6-29　仓库危险级 I 级场所的系统设计基本参数

储存方式	最大净空高度 h/m	最大储物高度 $/m$	喷水强度 $/[L/(min \cdot m^2)]$	作用面积 $/m^2$	持续喷水时间 $/h$
堆垛、托盘	9.0	$h \leqslant 3.5$	8.0	200	1.5
		$3.5<h \leqslant 6.0$	10.0		
		$6.0<h \leqslant 7.5$	14.0		
单、双、多排货架		$h \leqslant 3.0$	6.0	160	
		$3.0<h \leqslant 3.5$	8.0		
单、双排货架		$3.5<h \leqslant 6.0$	18.0		
		$6.0<h \leqslant 7.5$	14.0+1J		
多排货架		$3.5<h \leqslant 4.5$	12.0	200	
		$4.5<h \leqslant 6.0$	18.0		
		$6.0<h \leqslant 7.5$	18.0+1J		

注：1. 货架储物高度大于 7.5m 时，应设置货架内置洒水喷头。顶板下洒水喷头的喷水强度不应低于 $18L/(min \cdot m^2)$，作用面积不应小于 $200m^2$，持续喷水时间不应小于 2h。
　　2. 字母"J"表示货架内置洒水喷头，"J"前的数字表示货架内置洒水喷头的层数。

表 6-30　仓库危险级 II 级场所的系统设计基本参数

储存方式	最大净空高度 h/m	最大储物高度/m	喷水强度/[L/(min·m²)]	作用面积/m²	持续喷水时间/h
堆垛、托盘	9.0	$h \leqslant 3.5$	8.0	160	1.5
		$3.5 < h \leqslant 6.0$	16.0	200	2.0
		$6.0 < h \leqslant 7.5$	22.0		
单、双、多排货架		$h \leqslant 3.0$	8.0	160	1.5
		$3.0 < h \leqslant 3.5$	12.0	200	
单、双排货架		$3.5 < h \leqslant 6.0$	24.0	280	
		$6.0 < h \leqslant 7.5$	22.0+1J	200	2.0
多排货架		$3.5 < h \leqslant 4.5$	18.0		
		$4.5 < h \leqslant 6.0$	18.0+1J		
		$6.0 < h \leqslant 7.5$	18.0+2J		

注：1. 货架储物高度大于 7.5m 时，应设置货架内置洒水喷头。顶板下洒水喷头的喷水强度不应低于 20L/(min·m²)，作用面积不应小于 200，持续喷水时间不应小于 2h。

2. 字母"J"表示货架内置洒水喷头，"J"前的数字表示货架内置洒水喷头的层数。

货架、堆垛储存时仓库危险级 III 级场所的系统设计基本参数不应低于表 6-31 和表 6-32 的相关规定。货架储物仓库应采用钢制货架，并应采用通透层板，层板中通透部分的面积不应小于层板总面积的 50%。采用木制货架及采用封闭层板货架的仓库应按堆垛储物仓库设计。

表 6-31　货架储存时仓库危险级 III 级场所的系统设计参数

序号	最大净空高度 h/m	最大储物高度/m	货架类型	喷水强度/[L/(min·m²)]	货架内置洒水喷头 层数	货架内置洒水喷头 高度/m	货架内置洒水喷头 流量系数 K
1	4.5	$1.5 < h \leqslant 3.0$	单、双、多排	12.0	—	—	—
2	6.0	$1.5 < h \leqslant 3.0$	单、双、多排	18.0	—	—	—
3	7.5	$3.0 < h \leqslant 4.5$	单、双、多排	24.5	—	—	—
4	7.5	$3.0 < h \leqslant 4.5$	单、双、多排	12.0	1	3.0	80
5	7.5	$4.5 < h \leqslant 6.0$	单、双排	24.5	—	—	—
6	7.5	$4.5 < h \leqslant 6.0$	单、双、多排	12.0	1	4.5	115
7	9.0	$4.5 < h \leqslant 6.0$	单、双、多排	18.0	1	3.0	80
8	8.0	$4.5 < h \leqslant 6.0$	单、双、多排	24.5	—	—	—
9	9.0	$6.0 < h \leqslant 7.5$	单、双、多排	18.5	1	4.5	115
10	9.0	$6.0 < h \leqslant 7.5$	单、双、多排	32.5	—	—	—
11	9.0	$6.0 < h \leqslant 7.5$	单、双、多排	12.0	2	3.0, 6.0	80

注：1. 作用面积不应小于 200m²，持续喷水时间不应低于 2h。

2. 序号 4，6，7，11：货架内设置一排货架内置喷头时，喷头的间距不应大于 3.0m；设置两排或多排货架内置喷头时，喷头的间距不应大于 3.0m×2.4m。

3. 序号 9：货架内设置一排货架内置喷头时，喷头的间距不应大于 2.4m；设置两排或多排货架内置喷头时，喷头的间距不应大于 2.4m×2.4m。

4. 序号 8：应采用流量系数 K=161，202，242，363 的洒水喷头。

5. 序号 10：应采用流量系数 K=242，363 的洒水喷头。

6. 货架储物高度大于 7.5m 时，应设置货架内置洒水喷头，顶板下洒水喷头的喷水强度不应低于 22.0L/(min·m²)，作用面积不应小于 200m²，持续喷水时间不应低于 2h。

表6-32　堆垛储存时仓库危险级Ⅲ级场所的系统设计基本参数

最大净空高度 h/m	最大储物高度 /m	喷水强度/[L/(min·m²)]			
		A	B	C	D
7.5	1.5	8.0			
4.5		16.0	16.0	12.0	12.0
6.0	3.5	24.5	22.0	20.5	16.5
9.0		32.5	28.5	24.5	18.5
6.0	4.5	24.5	22.0	20.5	16.5
7.5	6.0	32.5	28.5	24.5	18.5
9.0	7.5	36.5	34.5	28.5	22.5

注：1. A—袋装与无包装的发泡塑料橡胶；B—箱装的发泡塑料橡胶；C—袋装与无包装的不发泡塑料橡胶；D—箱装的不发泡塑料橡胶。

2. 作用面积不应小于240m²，持续喷水时间不应小于2h。

当危险级Ⅰ级、Ⅱ级仓库中混杂储存仓库危险级Ⅲ级的货品时，设计参数不应低于表6-33规定。

表6-33　仓库危险级Ⅰ级、Ⅱ级场所中混杂储存仓库危险级Ⅲ级场所物品时的系统设计参数

储物类别	储存方式	最大净空高度 h/m	最大储物高度/m	喷水强度/[L/(min·m²)]	作用面积/m²	持续喷水时间/h
储物中包括沥青制品或箱装A组塑料橡胶	堆垛与货架	9.0	≤1.5	8	160	1.5
		4.5	1.5<h≤3.0	12	240	2.0
		6.0	1.5<h≤3.0	16	240	2.0
		5.0	3.0<h≤3.5			
	堆垛	8.0	3.0<h≤3.5	16	240	2.0
	货架	9.0	1.5<h≤3.5	8+1J	160	2.0
储物中包括A组塑料橡胶	堆垛与货架	9.0	h≤1.5	8	160	1.5
		4.5	1.5<h≤3.0	16	240	2.0
		5.0	3.0<h≤3.5			
	堆垛	9.0	1.5<h≤2.5	16	240	2.0
储物中包括袋装不发泡A组塑料橡胶	堆垛与货架	6.0	1.5<h≤3.0	16	240	2.0
储物中包括袋装发泡A组塑料橡胶	货架	6.0	1.5<h≤3.0	8+1J	160	2.0
储物中包括轮胎或纸卷	堆垛与货架	9.0	1.5<h≤3.5	12	240	2.0

注：1. 无包装的塑料橡胶视同纸袋、塑料袋包装。

2. 货架内置洒水喷头应采用与顶板下洒水喷头相同的喷水强度，用水量应按开放6只洒水喷头确定。

3. 字母"J"表示货架内置洒水喷头，"J"前的数字表示货架内置洒水喷头的层数。

仓库及类似场所采用早期抑制快速响应喷头时，系统设计基本参数不应低于表6-34规定。

表 6-34　仓库采用早期抑制快速响应喷头的系统设计基本参数

储物类别	最大净空高度/m	最大储物高度/m	喷头流量系数 K	喷头设置方式	喷头最低工作压力/MPa	喷头最大间距/m	喷头最小间距/m	作用面积内开放的喷头数
I、II级、沥青制品、箱装不发泡塑料	9.0	7.5	202	直立型	0.35	3.7	2.4	12
			202	下垂型	0.35			
			242	直立型	0.25			
			242	下垂型	0.25			
			320	下垂型	0.20			
			363	下垂型	0.15			
	10.5	9.0	202	直立型	0.50	3.0		
			202	下垂型	0.50			
			242	直立型	0.35			
			242	下垂型	0.35			
			320	下垂型	0.25			
			363	下垂型	0.20			
	12.0	10.5	202	下垂型	0.50			
			242	下垂型	0.35			
			363	下垂型	0.30			
	13.5	12.0	363	下垂型	0.35			
袋装不发泡塑料	9.0	7.5	202	下垂型	0.50	3.7		
			242	下垂型	0.35			
			363	下垂型	0.25			
	10.5	9.0	363	下垂型	0.35	3.0		
	12.0	10.5	363	下垂型	0.10			
箱装发泡塑料	9.0	7.5	202	直立型	0.35	3.7		
			202	下垂型	0.35			
			242	直立型	0.25	3.7		
			242	下垂型	0.25			
			320	下垂型	0.25			
			363	下垂型	0.15			
	12.0	10.5	363	下垂型	0.40	3.0		
袋装发泡塑料	7.5	6.0	202	下垂型	0.50	3.7		
			242	下垂型	0.35			
			363	下垂型	0.20			
	9.0	7.5	202	下垂型	0.70			
			242	下垂型	0.50			
			363	下垂型	0.30			
	12.0	10.5	363	下垂型	0.50	3.0		20

注：应选用非仓库型特殊应用喷头。

货架储物仓库的最大净空高度或最大储物高度超过表6-34的规定时，应设货架内置洒水喷头，且货架内置洒水喷头上方的层间隔板应为实层板。货架内置洒水喷头的设置应符合下列规定：

1）宜在自地面起每4m高度处设置一层货架内置喷头。

2）当采用喷头流量系数$K = 80$的标准覆盖面积洒水喷头时，工作压力不应小于0.20MPa；当采用喷头流量系数$K = 115$的标准覆盖面积洒水喷头时，工作压力不应小于0.10MPa。

3）洒水喷头间距不应大于3m，且不宜小于2m，计算货架内开放洒水喷头数量不应小于表6-35规定。

4）设置2层及以上货架内置洒水喷头时，喷头应交错布置。

表6-35　货架内开放洒水喷头数量

仓库危险级	货架内喷头的层数		
	1	2	>2
Ⅰ	6	12	14
Ⅱ	8	14	
Ⅲ	10		

配水管两侧每根配水支管控制的标准喷头数，轻危险级、中危险级场所不应超过8只，同时在吊顶上下安装喷头的配水支管，上下侧均不应超过8只。严重危险级及仓库危险级场所均不应超过6只。轻危险级、中危险级场所配水支管、配水管控制的标准喷头数不应超过表6-36规定。

表6-36　较危险级、中危险级场所中配水支管、配水管控制的标准喷头数

公称管径/mm		25	32	40	50	65	80	100
控制的标准喷头数（只）	轻危险级	1	3	5	10	18	48	—
	中危险级	1	3	4	8	12	32	64

配水管道的工作压力不应大于1.20MPa，并不应设置其他用水设施。管道的直径应经水力计算确定，短立管及末端试水装置的连接管，其管径不应小于25mm。配水管道的布置，应使配水管入口的压力均衡。轻危险级、中危险级场所中各配水管入口的压力均不宜大于0.40MPa。

干式系统的配水管道充水时间，不宜大于1min；预作用系统与雨淋系统的配水管道充水时间，不宜大于2min。利用有压气体作为系统启动介质的干式系统、预作用系统，其配水管道内的气压值，应根据报警阀的技术性能确定；利用有压气体检测管道是否严密的预作用系统，配水管道内的气压值不宜小于0.03MPa，且不宜大于0.05MPa。干式系统、预作用系统的供气管道，采用钢管时，管径不宜小于15mm；采用铜管时，管径不宜小于10mm；自动喷水-泡沫联用系统自喷水至喷泡沫的转换时间，按4L/s流量计算，不应大于3min，

泡沫比例混合器应在流量等于和大于 4L/s 时符合水与泡沫灭火剂的混合比规定，持续喷泡沫的时间不应小于 10min。

2. 设计计算

自动喷水灭火系统管网水力计算的任务是确定管网各管段管径、计算管网所需的供水压力、确定高位水箱的设置高度和选择水泵，具体可按以下步骤进行：

1）根据被保护对象的性质，参照表 6-26 划分其火灾危险等级，选择系统类型。

2）根据表 6-27 或表 6-28 确定作用面积和喷水强度的最低要求。

3）根据对喷头间距的规定，结合被保护区间的形状进行喷头布置，计算出一只喷头的保护面积。一只喷头的保护面积等于同一根配水支管上相邻喷头的距离与相邻配水支管之间距离的乘积。

4）确定作用面积内的喷头数。作用面积内喷头数的取值，不小于规定作用面积除以一只喷头保护面积所得结果。

5）确定作用面积的形状。水力计算选定的最不利点处作用面积宜为矩形，其长边应平行于配水支管，其长度不宜小于作用面积平方根的 1.2 倍。

6）根据下式计算第一个喷头的流量为

$$q = DA \tag{6-8}$$

式中　q——喷头流量（L/min）；

　　　D——喷水强度 [L/(min·m²)]；

　　　A——一只喷头的保护面积（m²）。

7）根据下式确定第一个喷头的工作压力为

$$P = 0.1 \left(\frac{q}{K} \right)^2 \tag{6-9}$$

式中　P——喷头工作压力（MPa）；

　　　q——喷水流量（L/min）；

　　　K——喷头的流量系数。

8）依次计算第一根支管各管段的水头损失、支管上各喷头的压力和流量、支管总流量。

每米管道的水头损失应按式（6-10）计算，管道内的水流速度宜采用经济流速，必要时可超过 5m/s，但不应大于 10m/s。在喷头处压力已知后，其他喷头的流量可由式（6-9）求出。

$$i = 0.0000107 \frac{V^2}{d_j^{1.3}} \tag{6-10}$$

式中　i——每米管道的水头损失（MPa/m）；

　　　V——管道内水的平均流速（m/s）；

　　　d_j——管道的计算内径（m），按管道的内径减 1mm 确定。

管道的局部水头损失，宜采用当量长度法计算。管件及阀门的当量长度见表 6-37。湿式报警阀、水流指示器的局部水头损失取 0.02MPa，雨淋阀的局部水头损失取 0.07MPa。

表 6-37　管件及阀门的当量长度

管件名称	管件直径/mm											
	25	32	40	50	70	80	100	125	150	200	250	300
45°弯头	0.3	0.3	0.6	0.6	0.9	0.9	1.2	1.5	2.1	2.7	3.3	4.0
90°弯头	0.6	0.9	1.2	1.5	1.8	2.1	3.1	3.7	4.3	5.5	5.5	8.2
三通或四通	1.5	1.8	2.4	3.1	3.7	4.6	6.1	7.6	9.2	10.7	15.3	18.3
蝶阀	—	—	—	1.8	2.1	3.1	3.7	2.7	3.1	3.7	5.8	6.4
闸阀	—	—	—	0.3	0.3	0.3	0.6	0.6	0.9	1.2	1.5	1.8
止回阀	1.5	2.1	2.7	3.4	4.3	4.9	6.7	8.3	9.8	13.7	16.8	19.8
U 型过滤器	12.3	15.4	18.5	24.5	30.8	36.8	49.0	61.2	73.5	98.0	122.5	—
Y 型过滤器	11.2	14.0	16.8	22.4	28.0	33.6	46.2	57.4	68.6	91.0	113.4	—
异径接头	32~ 25	40~ 32	50~ 40	70~ 50	80~ 70	100~ 80	125~ 100	150~ 125	200~ 150			
	0.2	0.3	0.3	0.5	0.6	0.8	1.1	1.3	1.6			

注：异径接头的出口直径不变而入口直径提高 1 级时，当量长度应增大 0.5 倍；提高 2 级或 2 级以上时，当量长度应
增大 1.0 倍。

9）依次计算作用面积范围内配水管各段流量、水头损失、其他各支管流量。在如图 6-18
所示配水支管布置相同的自动喷水灭火系统中，其他支管的流量可按下式计算。

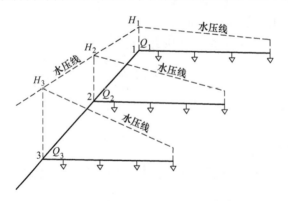

图 6-18　自动喷水灭火系统水力计算图

$$Q_i = Q_1 \sqrt{\frac{H_i}{H_1}} \tag{6-11}$$

式中　　H_1——第一根配水支管与配水管连接处的节点水压（MPa）；

　　　　Q_1——第一根配水支管的总流量；

　　　　H_i——第 i 根配水支管与配水管连接处的节点水压（MPa）；

　　　　Q_i——第 i 根配水支管的总流量。

10）根据系统的设计流量计算系统供水压力或水泵扬程（包括水泵选型）。系统的设计
流量，应按下式确定：

$$Q_s = \frac{1}{60} \sum_{i=1}^{n} q_i \tag{6-12}$$

式中 　Q_s——系统设计流量（L/s）；

　　　q_i——最不利点处作用面积内各喷头的流量（L/min）；

　　　n——最不利点处作用面积内的喷头数。

　　系统的设计流量，应按最不利点处作用面积内喷头同时喷水的总流量确定，并应保证任意作用面积内的平均喷水强度不低于表6-27～表6-33的规定值。最不利点处作用面积内任意4只喷头围合范围内的平均喷水强度，轻危险、中危险级不应低于表6-27规定值的85%；严重危险级和仓库危险级不应低于表6-27～表6-33的规定值。设置货架内置喷头的仓库，顶板下喷头与货架内喷头应分别计算设计流量，并应按其设计流量之和确定系统的设计流量。建筑内设有不同类型的系统或有不同危险等级的场所时，系统的设计流量，应按其设计流量的最大值确定。

　　消防水泵的流量不小于系统设计流量，水泵扬程根据最不利喷头的工作压力、最不利喷头与贮水池最低工作水位的高程差、设计流量下计算管路的总水头损失三者之和确定。

　　11）确定系统的水源和管网的减压措施。减压孔板、节流管和减压阀的设计，应参照相关规定进行计算。

　　【例6-2】 某总建筑面积小于5000m² 的商场内最不利配水区域的喷头布置如图6-19所示，试确定自动喷水灭火系统的设计流量。

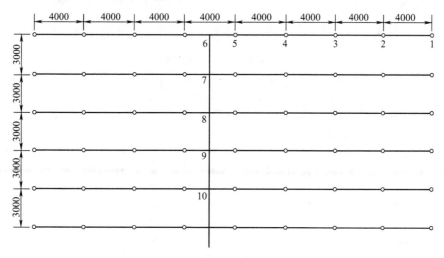

图6-19　喷头布置平面图

　　【解】 由表6-26可知设置场所的火灾危险等级为中危险级Ⅰ级，由表6-27可知要求的喷水强度为6L/（min·m²），作用面积为160m²，由图6-19可知1只喷头的保护面积等于12m²。因此作用面积内的喷头数应为（160÷12）只＝13.3只，取14只。实际作用面积为14m×12m＝168m²。

　　作用面积的平方根等于12.6m，作用面积长边的长度不应小于1.2×12.6m＝15.1m，根据喷头布置情况，实际取16m。喷头1为最不利喷头，实际作用面积为图6-20中虚线所包围的面积。

　　参照表6-36确定各管段直径，标注在图6-20中。

　　第一个喷头的流量：$q_1 = DA = (6 \times 12)$L/min＝72L/min

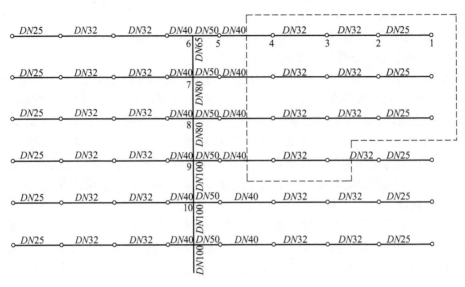

图 6-20　水力计算图

第一个喷头的工作压力：$P_1 = 0.1\left(\dfrac{q_1}{K}\right)^2 = \left[0.1 \times \left(\dfrac{72}{80}\right)^2\right]\ \text{MPa} = 0.081\text{MPa}$

依次计算管段流量、流速、水头损失、喷头压力、喷头出流量，列入表 6-38 中。

表 6-38　水力计算结果

节点编号	管段编号	节点压力 /MPa	喷头流量 /(L/min)	管段流量 /(L/s)	管径 /mm	流速 /(m/s)	水头损失 /MPa
1	1~2	0.081	72	1.20	25	2.44	0.034
2	2~3	0.115	85.8	2.63	32	3.27	0.042
3	3~4	0.157	100.2	4.30	32	5.35	0.120
4	4~5	0.277	133.1	6.52	40	5.19	0.084
5	5~6	0.361	—	6.52	50	3.32	0.024
6	6~7	0.385	—	6.52	65	1.96	0.005
7	7~8	0.390	(393.6)	13.08	80	2.60	0.007
8	8~9	0.397	(397.1)	19.70	80	3.92	0.017
9	9~10	0.414	(241.9)	23.73	100	3.02	—
10							

表 6-38 中括号内的数值为支管流量，节点 9 以后的管径和流量均不再变化，系统的设计流量为 23.73L/s。

■ 6.5　开式自动喷水灭火系统

开式自动喷水灭火系统一般由开式喷头、管道系统、雨淋阀、火灾探测装置、报警控制组件和供水设施等组成，根据喷头形式及使用目的不同，分为雨淋系统、水幕系统、水喷雾系统。由于水喷雾灭火系统在设计参数（如灭火用水量、压力要求、火灾持续时间等）上有所不同，另有《水喷雾灭火系统技术规范》（GB 50219—2014）对该系统的设计要求进行规定。

开式系统和闭式系统的主要区别在于喷头。开式喷头的分类、形式及用途见表 6-39 所示。

表 6-39　开式喷头的分类、形式及用途

类别	形式		公称口径	用　途
洒水喷头	双臂下垂		10、15、20 由闭式喷头取下感温及密封组件而成	用于火灾蔓延速度快、闭式喷头开放后喷水不能有效覆盖起火范围的高度危险场所的雨淋系统
	双臂直立			
	双臂边墙			用于净空高度超过规定、闭式喷头不能及时动作的场所的雨淋系统
	单臂下垂		10、15、20	
水幕喷头	幕帘式	缝隙式	单缝、双缝 6、8、10、12.7、16、19	舞台口、生产区的防火分隔及防火卷帘的冷却防护
		雨淋式	10、15、20	用于一般水幕难以分隔的部位，可取代防火墙
	窗口式		6、8、10、12.7、16、19	保护门窗、防火卷帘
	檐口式			保护上方平面，如屋檐
喷雾喷头	撞击式（中速）		5、6、7、8、9、10	对设备进行冷却防护
	离心式（高速）		12.7、15、19、22	扑救闪点在 60℃ 以上的液体火灾、电气火灾及冷却防护

开式洒水喷头如图 6-21 所示，有双臂下垂，双臂直立，双臂边墙和单臂下垂式 4 种，其公称口径有 10mm、15mm、20mm 3 种，规格、型号、接管螺纹和外形与玻璃球闭式喷头完全相同，都是在玻璃球闭式喷头上卸掉感温元件和密封座而成。

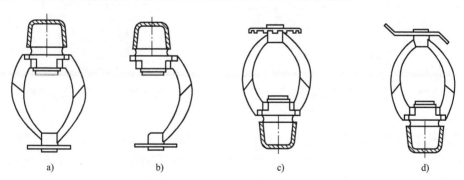

图 6-21　开式洒水喷头
a）双臂下垂型　b）单臂下垂型　c）双臂直立型　d）双臂边墙型

开式喷头既可以用于雨淋系统，也可以用于设置防火阻火型水幕，起到控制火势，防止火灾蔓延的作用，当用于水幕系统时，称为雨淋式水幕喷头。

水幕喷头将压力水分布成一定的幕帘状、起到阻隔火焰穿透、吸热及隔热的防火分隔作用。适用于大型厂房、车间、厅堂、戏剧院、舞台及建筑物门、窗洞口部位或相邻建筑之间的防火隔断及降温。

檐口式水幕喷头如图 6-22 所示，是专用于建筑檐口的水幕喷头。它可向建筑檐口喷射水幕，增强檐口的耐火能力，防止相邻建筑火灾向本建筑的檐口蔓延。窗口式水幕喷头如图

6-23 所示，安装在窗户的上方，其作用是增强窗扇的耐火能力，防止高温烟气穿过窗口蔓延至邻近房间，也可以用它冷却防火卷帘等防火分隔设施。

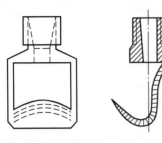 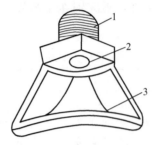 

图 6-22 檐口式水幕喷头 　　　　　　　图 6-23 窗口式水幕喷头

1—丝扣接头　2—洒水口　3—反射板

水平缝隙式水幕喷头如图 6-24 所示，有单缝隙式及双缝隙式两种，由于其缝隙沿圆周方向布置，有较长的边长布水，可获得较宽的水幕；而如图 6-25 所示的下垂缝隙式水幕喷头，喷出的水帘幕与喷头的中心轴线平行，其缝隙宽度受喷头直径限制，为获得较宽的水幕，需要较大直径喷头，接管螺纹规格相应增大。

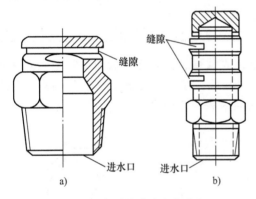 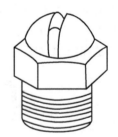

图 6-24 水平缝隙式水幕喷头 　　　　　　图 6-25 下垂缝隙式水幕喷头

a）单缝隙　b）双缝隙

水幕喷头的公称口径有 6mm、8mm、10mm、12.7mm、16mm、19mm 几种规格，但在实际的产品中也有 11mm、12mm、15mm 以及更大口径的水幕喷头。一般称口径大于 10mm 的喷头为大型水幕喷头，口径不大于 10mm 的称为小型水幕喷头。

开式自动喷水灭火系统中供水设施、减压装置、管道系统等，应满足与闭式自动喷水灭火系统相同的规定。

6.5.1 雨淋自动喷水灭火系统

雨淋系统由开式洒水喷头、雨淋报警阀组等组成，发生火灾时由火灾自动报警系统或传动管控制，自动开启雨淋报警阀组和启动消防水泵，用于灭火的开式系统。雨淋系统具有出水量大、灭火及时的优点。火灾的水平蔓延速度快、闭式喷头的开放不能及时使喷水有效覆盖着火区域；室内净空高度超过闭式系统限定的最大净空高度，且必须迅速扑救初期火灾；严重危险级Ⅱ级等 3 种场所应采用雨淋系统。

1. 设置范围

《建筑设计防火规范》（GB 50014—2014）第 8.3.7 条规定，以下场所宜设置雨淋自动喷水灭火系统：

1）火柴厂的氯酸钾压碾厂房，建筑面积大于 $100m^2$ 且生产或使用硝化棉、喷漆棉、火胶棉、赛璐珞胶片、硝化纤维的厂房。

2）乒乓球厂的轧坯、切片、磨球、分球检验部位。

3）建筑面积大于 $60m^2$ 或储存量大于 2t 的硝化棉、喷漆棉、火胶棉、赛璐珞胶片、硝化纤维的仓库。

4）日装瓶数量大于 3000 瓶的液化石油气储配站的灌瓶间、实瓶库。

5）特等、甲等剧场、超过 1500 个座位的其他等级剧场和超过 2000 个座位的会堂或礼堂的舞台葡萄架下部。

6）建筑面积不小于 $400m^2$ 的演播室，建筑面积不小于 $500m^2$ 的电影摄影棚。

2. 工作原理

雨淋喷水灭火系统和预作用喷水灭火系统都采用雨淋阀，二者的区别在于预作用系统采用闭式喷头，雨淋阀后的管道内平时充有压缩气体；而雨淋系统采用开式喷头，雨淋阀后的管道平时为空管，没有水流。发生火灾时，火灾探测器将信号送至火灾报警控制器，压力开关、水力警铃一起报警，控制器输出信号打开雨淋阀，同时启动水泵连续供水，使整个保护区内的开式喷头喷水灭火。因雨淋阀开启后所有开式洒水喷头同时喷水，类似倾盆大雨，故称为雨淋系统。

雨淋系统可由电气控制启动、传动管控制启动或手动控制。传动管控制启动雨淋系统如图 6-26 所示，发生火灾时，湿（干）式导管上的喷头受热爆破，喷头出水（排气），雨淋阀控制膜室压力下降，雨淋阀打开，压力开关动作，启动水泵向系统供水。

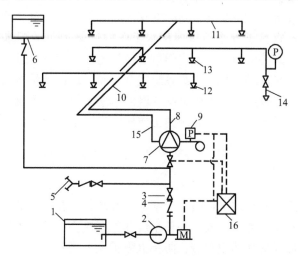

图 6-26　传动管控制启动雨淋系统

1—水池　2—水泵　3—闸阀　4—止回阀　5—水泵接合器　6—消防水箱　7—雨淋报警阀组
8—配水干管　9—压力开关　10—配水管　11—配水支管　12—开式洒水喷头　13—闭式喷头
14—末端试水装置　15—传动管　16—报警控制器　M—驱动电机

电动启动雨淋系统见图6-27所示，保护区内的火灾自动报警系统探测到火灾后发出信号，打开控制雨淋阀的电磁阀，雨淋阀控制膜室压力下降，雨淋阀开启，压力开关动作，启动水泵向系统供水。

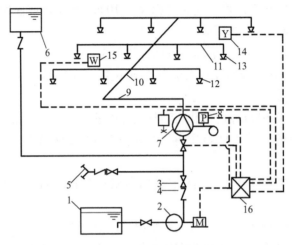

图6-27　电动启动雨淋系统

1—水池　2—水泵　3—闸阀　4—止回阀　5—水泵接合器　6—消防水箱　7—雨淋报警阀组
8—压力开关　9—配水干管　10—配水管　11—配水支管　12—开式洒水喷头　13—闭式喷头
14—烟感探测器　15—温感探测器　16—报警控制器　M—驱动电机

3. 设置规定及计算方法

雨淋系统的防护区内应采用相同的喷头，其设计基本参数与闭式自动喷水灭火系统相同，每个雨淋阀控制的喷水面积不宜大于表6-27和表6-28规定的作用面积。

采用多组雨淋阀联合分区，联动控制设备应能准确地启动火源区域上方喷头所属的雨淋阀组。并联设置雨淋阀组的雨淋系统，其雨淋阀控制腔的入口应设止回阀。雨淋系统每根配水支管上装设的喷头不宜多于6个，每根配水干管的一侧担负的配水支管数量不应多于6根。管网系统在任何时间的压力波动不应超过工作压力的10%~20%，以免系统误动作。

雨淋系统的设计计算方法步骤与闭式系统完全相同，设计流量按雨淋阀控制的全部喷头同时开启喷水的流量之和确定，多个雨淋阀并联的雨淋系统，其系统设计流量，按同时启动的雨淋阀的流量之和的最大值确定。系统的工作压力应满足在设计流量下最不利喷头的喷水要求。

6.5.2　水幕系统

水幕系统由开式洒水喷头或水幕喷头、雨淋报警阀组或感温雨淋报警阀等组成，用于防火分隔或防护冷却的开式系统。一般，水幕系统并不直接用于扑灭火灾，而是利用水幕喷头或洒水喷头密集喷射形成的水墙或水帘，防止火势扩大和蔓延。

根据阻火作用的不同，水幕系统进一步分为防火分隔水幕和防护冷却水幕。防火分隔水幕主要用于需要而无法设置防火分隔物的部位，例如商场营业厅、展览厅、剧院舞台、吊车的行车道等部位，用以阻止火焰和高温烟气穿过，防止火灾向相邻区域蔓延。防护冷却水幕的作用是向防火卷帘、防火钢幕、门窗、檐口等保护对象喷水，冷却降温，增强保护对象的耐火能力。

1. 设置范围

《建筑设计防火规范》（GB 50014—2014）第 8.3.6 条规定，以下场所宜设置水幕系统：

1）特等、甲等剧场、超过 1500 个座位的其他等级的剧场和超过 2000 个座位的会堂或礼堂和高层民用建筑内超过 800 个座位剧场或礼堂的舞台口及上述场所内与舞台相连的侧台、后台的洞口。

2）应设置防火墙等防火分隔物而无法设置的局部开口部位。

3）需要防护冷却的防火卷帘或防火幕的上部。

舞台口也可采用防火幕进行分隔，侧台、后台的较小洞口宜设置乙级防火门、窗。

2. 设置规定

防护冷却水幕应采用水幕喷头，喷头成排设置在被保护对象的上方，直接将水喷向被保护对象。门、窗的冷却防护水幕，喷头应布置在火灾危险性小的一侧，采用窗口式喷头时，喷水方向应指向窗扇，喷头距窗扇顶的垂直距离为 50mm，离窗扇的水平距离不应小于 300mm，也不宜大于 450mm。

冷却保护防火卷帘时，喷头只布置在火灾危险性小的一侧，喷头距卷帘箱或结构底的垂直距离为 50mm，与卷帘的水平距离不应小于 300mm，也不宜大于 450mm。冷却保护舞台口钢防火幕时，宜采用下垂缝隙式喷头。喷头设在舞台内侧，喷头的水流应以 30°~45° 的交角射向幕的顶部，以减少喷溅损失，喷头距钢幕平面的距离不应小于 300mm，也不宜大于 450mm。

设在单一的防火卷帘或防火门处、由小型感温雨淋阀或感温释放阀控制的冷却水幕系统，配置的喷头数不超过 8 只，进水总管管径不大于 50mm，一组感温雨淋阀只保护一处分隔设施。由手动快开阀控制的小型冷却水幕系统，一般只设在火灾时能有足够的时间由人工启动的场所，给水总管直径不大于 50mm。

防护冷却水幕一般采用枝状管网，喷头单排布置。当水幕保护的卷帘樘数较多又需要同时保护时，可以采用如图 6-28 所示的双雨淋阀并联控制的水幕系统，但每组雨淋阀的出口应设密封性能好的止回阀，防止由于一组雨淋阀动作，而另一组雨淋阀不能同步开启时，水流进入雨淋阀的出口立管，使雨淋阀的阀板承受反向水压，导致雨淋阀的脱扣压力改变而不能开启。

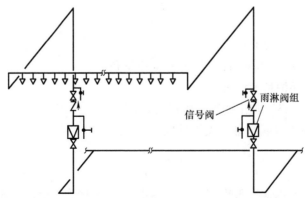

图 6-28 双雨淋阀并联控制的冷却型水幕系统

防火分隔水幕不宜用于尺寸超过 15m（宽）×8m（高）的开口（舞台口除外），喷头布置应保证水幕的宽度不小于 6m。防火分隔水幕应采用开式洒水喷头或水幕喷头，采用水幕喷头时，喷头不少于 3 排；采用开式洒水喷头时，喷头不少于 2 排。喷头的布置间距根据规定的喷水强度和喷头特性系数经计算确定，并符合均匀布水和不出现空白点的要求。一组雨淋阀控制的水幕喷头应采用同一规格，等距布置。相邻两排管道上的喷头应交叉布置。

3. 设计计算

水幕系统的设计基本参数应符合表 6-40 的规定。

表 6-40　水幕系统的设计基本参数

水幕类别	喷水点高度/m	喷水强度/[L/(s·m)]	喷头工作压力/MPa
防火分隔水幕	≤12	2	0.1
防护冷却水幕	≤4	0.5	

注：防护冷却水幕的喷水点高度每增加 1m，喷水强度应增加 0.1L/(s·m)，但超过 9m 时喷水强度仍采用 1L/(s·m)。

水幕喷头的流量计算公式较多，但都是孔口出流的基本公式推导而得，由于单位制的不同，流量系数的取值不同，公式也应相应地变化，但在本质上是和闭式喷头是一致的。目前水幕喷头的流量系数由生产厂家给出，只要注意计量单位，完全可以按闭式喷头流量公式计算。当建筑物内同时设有自动喷水灭火系统和水幕系统时，系统的设计流量，应按同时启用的自动喷水灭火系统和水幕系统的用水量计算，并取二者之和中的最大值确定。

水幕系统设计计算步骤如下：

1) 按下式计算喷头流量：

$$q = K\sqrt{10P} \tag{6-13}$$

式中　q——喷头流量（L/min）；

　　　K——流量系数；

　　　P——喷头最小工作压力（MPa）。

2) 按下式确定每排喷头数量：

$$N = \frac{60q_k L_1}{q} \tag{6-14}$$

式中　N——喷头数量（只）；

　　　q_k——喷水强度[L/(s·m)]，按表 6-40 取值；

　　　L_1——水幕的保护长度（m）；

　　　q——按式（6-13）求出的喷头流量（L/min）。

3) 按下式确定防火分隔水幕的喷头排数：

$$M = \frac{60q_k L_2}{q} \tag{6-15}$$

式中　M——防火分隔水幕喷头排数，采用洒水喷头不少于 2 排，采用缝隙式喷头不少于 3 排；

q_k——喷水强度 [L/(s·m)]，按表 6-40 取值；

L_2——水幕的保护宽度，不得小于 6m；

q——按式（6-13）求出的喷头流量（L/min）。

4）从最不利点喷头开始，依次计算各节点处的水压和喷头出流量，计算方法与闭式系统的水力计算相同。

5）将全部喷头在实际工作压力下的实际流量之和作为系统设计流量，计算管网水头损失。

6）根据最不利喷头的实际工作压力、最不利喷头与贮水池最低工作水位的高程差、设计流量下管路的总水头损失三者之和确定水泵扬程。

6.5.3　水喷雾灭火系统

水喷雾系统利用喷雾喷头在一定压力下在设定区域内能将水流分解成粒径在 1mm 以下的细小雾滴，通过表面冷却、窒息、乳化、稀释的共同作用实现灭火和防护，保护对象主要是火灾危险大、扑救困难的专用设施或设备。系统既能够扑救固体火灾，也可以扑救液体火灾和电气火灾，还可用于可燃气体和甲、乙、丙类液体的生产、储存装置或装卸设施的防护冷却。

1. 灭火机理

水喷雾灭火系统的组成和工作原理与雨淋系统基本一致，其区别主要在于喷头的结构和性能不同：雨淋系统采用标准开式喷头，而水喷雾灭火系统则采用中速或高速喷雾喷头。当水以细小的雾状水滴喷射到正在燃烧的物质表面时，会产生以下作用：

1）表面冷却。相同体积的水以水雾滴形态喷出时，比射流形态喷出时的表面积大几百倍，当水雾滴喷射到燃烧表面时，因换热面积大而会吸收大量的热迅速汽化，使燃烧物质的表面温度迅速降到物质热分解所需要的温度以下，使热分解中断，燃烧即中止。

2）窒息。水雾滴受热后汽化形成原体积 1680 倍的水蒸气，可使燃烧物质周围空气中的氧含量迅速降低，燃烧将会因缺氧而削弱或中断。

3）乳化。当水雾滴喷射到正在燃烧的液体表面时，由于水雾滴的冲击，在液体表层起搅拌作用，从而造成液体表层的乳化。由于乳化层是不能燃烧的，故使燃烧中断。对于轻质油类，其乳化层只有在连续喷射水雾的条件下存在，对黏度大的重质油类，乳化层在喷射停止后保持相当长的时间，对防止复燃十分有利。

4）稀释。对于水溶性液体火灾，可利用水雾稀释液体，使液体的燃烧速度降低而较易扑灭。

喷雾系统的灭火效率比喷水系统的灭火效率高，耗水量小，一般标准喷头的喷水量为 1.33L/s，而细水雾喷头的流量为 0.17L/s。

由于水喷雾灭火的原理与喷水灭火存在差别，有时在分类时单列为水喷雾灭火系统。

2. 设置范围

《建筑设计防火规范》（GB 50014—2014）第 8.3.8 条规定，以下场所宜设置水喷雾系统：

1）单台容量在 40MV·A 及以上的厂矿企业油浸变压器，单台容量在 90MV·A 及以上的电厂油浸变压器，单台容量在 125MV·A 及以上的独立变电站油浸变压器。

2）飞机发动机试验台的试车部位。

3）充可燃油并设置在高层民用建筑内的高压电容器和多油开关室。

设置在室内的油浸变压器、充可燃油的高压电容器和多油开关室，可采用细水雾灭火系统。

3. 水雾喷头

水雾喷头利用离心力或机械撞击力将流经喷头的水分解为细小的水雾，并以一定的喷射角将水雾喷出。按照水流特点，水雾喷头可分为离心式水雾喷头和撞击式水雾喷头，如图 6-29 所示。按照喷出的雾滴流速，水雾喷头可分为高速水雾喷头和中速水雾喷头，离心式水雾喷头一般都是高速喷头，而撞击式水雾喷头一般都是中速喷头。

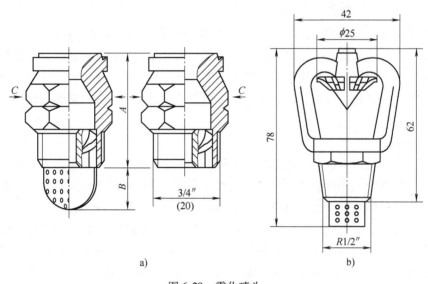

图 6-29　雾化喷头
a）离心式　b）撞击式

离心式高速水雾喷头由使水流产生旋转流动的雾化芯和决定雾化角的喷口构成，水进入喷头后，一部分沿内壁的流道高速旋转形成旋转水流，另一部分仍沿喷头轴向直流，两部分水流从喷口喷出后成为细水雾。离心式水雾喷头体积小，喷射速度高，雾化均匀，雾滴直径细，贯穿力强，适用于扑救电气设备的火灾和闪点高于 60℃ 以上的可燃液体的火灾。

撞击式中速水雾喷头由射水口和溅水盘组成，从渐缩口喷出的细水柱喷射到溅水盘上，溅散成小粒径的雾滴，由于惯性作用沿锥形面射出，形成水雾锥。溅水盘的锥角不同，雾化角也不同。撞击式喷头的水流通过撞击才能雾化，因而射流速度减小，雾化后的水雾流速也降低，雾化性能次于离心式喷头，贯穿能力也稍差，但可有效地作用在液面上，不会产生大的搅动，所以可用于甲、乙、丙类可燃液体及液化石油气装置的防护冷却及开口容器中可燃液体的火势控制。

4. 设置规定

保护对象的水雾喷头数量应根据设计喷雾强度、保护面积和水雾喷头特性计算确定，其布置应使水雾直接喷射和覆盖保护对象，当不能满足要求时应增加水雾喷头的数量。水雾喷头与保护对象之间的距离不得大于水雾喷头的有效射程。扑救电气火灾应选用离心雾化型水雾喷头；腐蚀性环境应选用防腐型水雾喷头；粉尘场所设置的水雾喷头应有防尘罩。

水雾喷头的平面布置方式可为矩形或菱形。当按矩形布置时，喷头间距不应大于 1.4 倍水雾锥底圆半径；当按菱形布置时，水雾喷头间距不应大于 1.7 倍水雾锥底圆半径。水雾锥底圆半径应按下式计算：

$$R = B\tan\frac{\theta}{2} \tag{6-16}$$

式中　R——水雾锥底圆半径（m）；

　　　B——水雾喷头的喷口与保护对象之间的距离（m）；

　　　θ——水雾喷头的雾化角，可取值为 30°、45°、60°、90°、120°。

当保护对象为油浸式电力变压器时，水雾喷头应布置在变压器的周围，不宜布置在变压器顶部；保护变压器顶部的水雾不应直接喷向高压套管；水雾喷头之间的水平距离与垂直距离应满足水雾锥相交的要求；油枕、冷却器、集油坑应设水雾喷头保护。

当保护对象为可燃气体和甲、乙、丙类液体储罐时，水雾喷头与储罐外壁之间的距离不应大于 0.7m。当保护对象为电缆时，喷雾应完全包围电缆。当保护对象为输送机皮带时，喷雾应完全包围输送机的机头、机尾和上、下行皮带。

当保护对象为球罐时，水雾喷头的喷口应面向球心；水雾锥沿纬线方向应相交，沿经线方向应相接；球罐的容积等于或大于 1000m³ 时，水雾锥沿纬线方向应相交，沿经线方向宜相接，但赤道以上环管之间的距离不应大于 3.6m；无防护层的球罐钢支柱和罐体液位计、阀门等处应设水雾喷头保护。

当保护对象的保护面积较大或保护对象的数量较多时，水喷雾灭火系统宜设置多台雨淋阀，并利用雨淋阀控制同时喷雾的水雾喷头数量。保护液化气储罐的水喷雾灭火系统的控制，除应能启动直接受火罐的雨淋阀外，尚应能启动距离直接受火罐 1.5 倍罐径范围内邻近罐的雨淋阀。分段保护皮带输送机的水喷雾灭火系统，除应能启动起火区段的雨淋阀外，尚应能启动起火区段下游相邻区段的雨淋阀，并应能同时切断皮带输送机的电源。

水喷雾灭火系统应同时具备自动控制、消防控制室（盘）手动远控和水泵房现场应急操作 3 种启动供水泵和开启雨淋阀的控制方式，应能在火灾系统报警后，立即自动向配水管道供水。响应时间大于 60s 的水喷雾灭火系统，可采用手动控制和应急操作两种控制方式。雨淋阀的自动控制方式，可采用电动、液（水）动或气动。当雨淋阀采用充液（水）传动管自动控制时，闭式喷头与雨淋阀之间的高程差，应根据雨淋阀的性能确定。

雨淋阀组应设在环境温度不低于 4℃、并有排水设施的室内，其安装位置宜在靠近保护对象并便于操作的地点。雨淋阀组的电磁阀，其入口应设过滤器。雨淋阀前的管道应设置过滤器，当水雾喷头无滤网时，雨淋阀后的管道亦应设滤网孔径为 4.0~4.7 目/cm² 的过滤器。雨淋阀后的管道上不应设置其他用水设施。

5. 设计计算

水喷雾灭火系统的设计基本参数应根据防护目的和保护对象确定，设计供给强度、持续供给时间及响应时间不应小于表 6-41 的规定。水雾喷头的工作压力，用于灭火时不应小于 0.35MPa；用于防护冷却时不应小于 0.2MPa。

表 6-41　水喷雾灭火系统的设计基本参数

防护目的	保护对象			供给强度 /[L/(min·m²)]	持续喷雾时间/h	响应时间 /s
灭火	固体火灾			15	1	60
	输送机皮带			10	1	60
	液体火灾	闪点 60~120℃ 的液体		20	0.5	60
		闪点高于 120℃ 的液体		13		
		饮料酒		20		
	电气火灾	油浸式电力变压器、油断路器		20	0.4	60
		油浸式电力变压器的集油坑		6		
		电缆		13		
防护冷却	甲、乙、丙类液体储罐	固定顶罐		2.5	直径大于 20m 的固定顶罐为 6h，其他为 4h	300
		浮顶罐		2.0		
		相邻罐		2.0		
	液化烃或类似液体储罐	全压力、半冷冻式储罐		9	6	120
		全冷冻式储罐	单、双容罐	罐壁	2.5		
				罐顶	4		
			全容罐	罐顶泵平台、管道进出口等局部危险部位	20		
				管带	10		
		液氨储罐		6		
	甲、乙类液体及可燃气体生产、输送、装卸设施			9	6	120
	液化石油气灌瓶间、瓶库			9	6	60

注：1. 添加水系灭火剂的系统，其供给强度应由试验确定。

　　2. 钢制单盘式、双盘式、敞口隔舱式内浮顶罐应按浮顶罐对待。其他内浮顶罐应按固定顶罐对待。

　　水喷雾灭火系统保护对象的保护面积除《水喷雾灭火系统技术规范》（GB 50219—2014）另有规定外，应按其外表面面积确定，当保护对象外形不规则时，应按包容保护对象的最小规则形体的外表面面积确定。变压器的保护面积除应按扣除底面面积以外的变压器外表面面积确定外，还应包括油枕、冷却器的外表面面积和集油坑的投影面积。分层敷设的电缆保护面积按整体包容的最小规则形体的外表面面积确定。可燃气体和甲、乙、丙类液体的灌装间、装卸台、泵房、压缩机房等的保护面积按使用面积确定。输送机皮带的保护面积按上行皮带的上表面面积确定。开口容器的保护面积按液面面积确定。

　　水喷雾系统设计计算步骤如下：

　　1）按式（6-13）计算水雾喷头流量。

　　2）按下式计算保护对象的水雾喷头数量。

$$N = \frac{SW}{q} \tag{6-17}$$

式中　N——保护对象的水雾喷头数量（只）；

S——保护对象的保护面积（m^2）；

W——保护对象的设计喷雾强度 $[L/(min \cdot m^2)]$；

q——按式（6-13）求出的喷头流量（L/min）。

3）从最不利点喷头开始，依次计算各节点处的水压和喷头出流量，计算方法同闭式系统的水力计算。

4）按下式确定系统计算流量：

$$Q_j = \frac{1}{60} \sum_{i=1}^{n} q_i \qquad (6-18)$$

式中　Q_j——系统设计流量（L/s）；

q_i——各水雾喷头的实际流量（L/min）；

n——系统启动后同时喷雾的水雾喷头的数量。

当采用雨淋阀控制同时喷雾的水雾喷头数量时，水喷雾灭火系统的计算流量应按系统中同时喷雾的水雾喷头的最大用水量确定。

5）取计算流量的 1.05~1.10 倍作为系统设计流量，计算管网水头损失。

6）根据最不利喷头的实际工作压力、最不利喷头与贮水池最低工作水位的高程差、设计流量下管路的总水头损失三者之和确定水泵扬程。

 思考题

1. 常高压消防给水系统与临时高压消防给水系统是如何定义的？

2.《建筑设计防火规范》适用于哪些建筑？

3. 室外消火栓有哪几种类型？分别适用于什么场合？有何优、缺点？

4. 室内消火栓给水系统有哪些主要组成部分？各组成部分的作用是什么？

5. 室内消火栓、消防水带、水枪有哪些规格？如何选用？

6. 水泵接合器的形式有哪几种？各有什么特点？每个水泵接合器的流量是多少？

7. 室外消火栓给水系统设置应符合哪些要求？

8. 室内消火栓给水系统设置应符合哪些要求？

9. 影响消防用水量的因素有哪些？

10. 何谓充实水柱？充实水柱的长度范围一般是多少？为什么要控制充实水柱长度？

11. 如何确定消火栓口所需水压？怎样确定消火栓的布置间距？

12. 试述消火栓给水系统水力计算的方法和步骤。

13. 闭式自动喷水灭火系统分为哪几类？各自的特点是什么？分别适用于什么场合？

14. 闭式自动喷水灭火系统的主要组件有哪些？分别在系统中起什么作用？

15. 常用的闭式喷头有哪几类？简述各自的特点和适用场合。

16. 报警阀分为哪几类？各自的工作原理是什么？

17. 报警阀的设置应符合哪些规定？

18. 自动喷水灭火系统设置场所的火灾危险等级分几级？各自的作用面积和喷水强度是多少？

19. 如何进行闭式自动喷水灭火系统的设计计算？

20. 开式自动喷水灭火系统与闭式自动喷水灭火系统有哪些相同和不同之处？
21. 开式自动喷水灭火系统分为哪几类？各自的特点是什么？分别适用于什么场合？
22. 试述水喷雾灭火系统的灭火机理。
23. 简述雨淋系统、水幕系统、水喷雾系统的设置范围。
24. 常用的开式喷头有哪些？各自的特点和适用场合怎样？
25. 如何进行水幕系统设计计算？
26. 如何进行水喷雾系统设计计算？

第 7 章

其他建筑消防灭火系统及防火设计

建筑消防灭火系统包括被动灭火（防）和主动灭火（消）2种，前者包含建筑防火设计（如耐火构造、防火分隔等）、人员疏散、可燃物控制、防烟系统设置等内容，能在发生火灾时尽量防止火势迅速蔓延、减少烟气扩散、提高疏散能力，达到降低人员伤亡和财务损失的目的；后者包括消火栓系统、自喷灭火系统（第6章已有详述）、气体灭火系统、灭火器设置、消防排烟、火灾报警系统等，力求做到早期发现、初期灭火，尽可能通过控制初期火灾达到防火目的。两者目的一致，都是为了减轻火灾损失，保证人员的生命及财产安全。

在建筑物中，有些场所的火灾是不能使用水扑救的，因为有的物质（如电石、碱金属等）与水接触会引起燃烧爆炸或助长火势蔓延；有些场所有易燃、可燃液体，很难用水扑灭火灾；而有些场所（如电子计算机房、通信机房、文物资料、图书、档案馆等）用水扑救会造成严重的水渍损失。所以，在建筑物内除设置水消防系统外，还应根据其内部不同房间或部位的性质和要求采用其他消防灭火装置，用以控制或扑灭其初期火灾。

本章拟对气体灭火系统、泡沫灭火系统、细水雾灭火系统、消防炮及大空间智能型主动灭火系统及不同场所、建筑的防火设计进行介绍。

7.1　气体灭火系统

7.1.1　二氧化碳灭火系统

二氧化碳灭火系统是一种物理的、不发生化学反应的气体灭火系统。该系统通过向被保护空间喷放二氧化碳灭火剂，以减少空气中氧的含量，使其降低到不能燃烧的浓度而使火灾熄灭。二氧化碳灭火剂在常温、常压下为无色、无味的气体，在常温和6MPa压力下变成为无色的液体。二氧化碳灭火剂具有不燃烧、不助燃、不导电、不含水分、灭火后能很快散逸，对保护物不会造成污损等优点，是一种采用较早、应用较广的灭火剂。二氧化碳对人体有窒息作用，当含量达到15%以上时能使人窒息死亡，因此使用受到限制。

二氧化碳灭火系统主要用于扑救甲、乙、丙类液体火灾，某些气体火灾、固体表面和电器设备火灾，主要应用场所有：

1）油浸变压器室、装有可燃油的高压电容器室、多油开关及发电机房等。
2）电信、广播电视大楼的精密仪器室及贵重设备室、大中型电子计算机房等。
3）加油站、档案库、文物资料室、图书馆的珍藏室等。
4）大、中型船舶货舱及油轮油舱等。

二氧化碳在高温条件下能与锂、钠等金属发生燃烧反应，不适用于扑救活泼金属（如钾、钠、镁、铝、铀等）及其氢化物的火灾、自己能供氧的化学物品（如硝酸纤维和火药等）火灾、能自行分解的化学物质火灾。二氧化碳灭火剂主要是通过窒息和冷却作用达到灭火目的，其中窒息作用为主导作用。

在常温、常压条件下二氧化碳的物态为气相，当储存于密封的高压气瓶中以气、液两相共存。灭火时钢瓶内的液态二氧化碳施放时，压力骤然下降，二氧化碳迅速蒸发成气体，体积扩大约 500 倍，隔绝空气、稀释和降低空气中的含氧量，达到控制和熄灭火灾的目的。二氧化碳由液体气化时，吸收大量的热，可对燃烧物起到降温、冷却的辅助灭火作用。

1. 分类

（1）按防护区特征和灭火方式分类

1）全淹没灭火系统。在规定时间内向防护区喷射一定浓度的灭火剂并使其均匀地充满整个防护区的气体灭火系统。对事先无法预计防护区范围内火灾产生的具体部位时，应采用这种灭火方式。

系统由二氧化碳储存容器、容器阀、管道、操作控制系统及附属装置等组成。操作控制系统有自动、手动两种。该系统将整套灭火设施设置于一个有限的封闭空间内，发生火灾时，火灾探测器发出火灾报警信号，并通过控制盘打开起动容器的阀门，起动气体可打开选择阀及二氧化碳容器瓶阀，使二氧化碳迅速、均匀地喷入整个防护区实施灭火。如采用手动控制系统时，可直接打开手动起动装置，按下按钮，接通电源启动系统灭火。

全淹没系统可以用一套装置保护一个防护区，也可以由一套装置保护一组防护区，前者称为单元独立系统，图 7-1 为其原理图；后者称为组合分配系统，图 7-2 为其原理图。

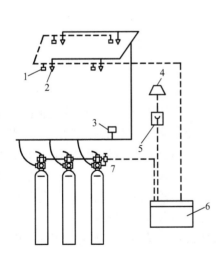

图 7-1　全淹没单元独立系统

1—探测器　2—喷嘴　3—压力继电器
4—报警器　5—手动启动装置
6—控制盘　7—电动启动头

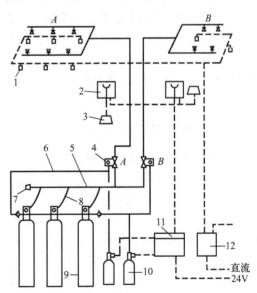

图 7-2　全淹没组合分配系统

1—探测器　2—手动按钮起动装置　3—报警阀
4—选择阀　5—总管　6—操作管　7—安全阀
8—连接管　9—储存容器　10—起动用气容器
11—报警控制装置　12—检测盘

全淹没灭火系统的保护区应形成封闭空间，二氧化碳应达到灭火所要求的设计浓度并持续一段时间。组合分配系统较为经济合理，但前提是同一组合中各个防护区不能够同时着火，并且在火灾初期不能够形成蔓延趋势。

2）局部应用系统。直接向燃烧着的物体表面喷射灭火剂，使被保护物体完全被淹没，并维持灭火所必须的最短时间。在灭火过程中不能封闭，或是虽然能封闭但不符合全淹没系统要求的表面火灾采用。局部应用系统由二氧化碳储备钢瓶、管道、喷嘴、操纵系统及附属装置等组成。

如图 7-3 所示为用于保护发电机组的局部应用系统。发生火灾时，自动或手动启动系统，将二氧化碳灭火剂直接喷射于被保护的对象上并持续一定的时间，直到火灾熄灭。

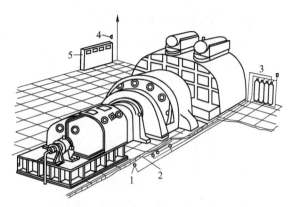

图 7-3　保护发电机组的局部应用系统
1—喷嘴　2—感温探测器　3—二氧化碳钢瓶组
4—警铃　5—控制箱

（2）按储存压力分类

1）高压储存系统。采用加压方式将二氧化碳灭火剂以液态形式储存在容器内，其储存压力在 21℃时为 5.17MPa。为保证安全并维持系统正常工作，储存环境温度必须符合要求，对于局部应用系统，最高温度不得超过 49℃，最低温度不得低于 0℃；对于全淹没系统，最高温度不得超过 54℃，最低温度不得低于 −18℃。

2）低压储存系统。采用冷却与加压相结合的方式将二氧化碳灭火剂以液态形式储存在容器中，储存压力为 2.07MPa，储存环境温度保持在 −18℃。

低压二氧化碳自动灭火系统由火灾报警控制系统、灭火剂储存装置、管网、喷头及控制柜等组成。灭火剂储存装置主要有灭火剂储槽、总控阀、分配阀、连接阀、安全阀、爆破片装置、测压装置、液位仪、差压变送器和制冷机组等组成。

低压二氧化碳灭火系统占地面积小，自动性能好，动作准确可靠，操作方便，可以预先设定自动释放二氧化碳灭火剂的时间，还可随时手动启动或关闭系统控制灭火剂的喷放。低压二氧化碳灭火系统还具有便于安装、维护、保养等优点。

2. 系统基本要求

（1）对防护区的要求

1）设置全淹没系统的防护区，应是一个固定的封闭空间，面积一般不宜大于 500m²，总容积不宜大于 2000m³。

2）防护区四周围护结构的耐火极限不应小于 0.5h，吊顶的耐火极限不应小于 0.25h。

3）防护区开口应能自动关闭。对气体、液体、电气火灾和固体表面火灾，在喷放二氧化碳前不能自动关闭的开口，其面积不应大于防护区总内表面积的 3%，且开口不应设在底面。

4）防护区设置的通风机和通风管道的防火阀，在喷放二氧化碳前应自动关闭。

5）启动释放二氧化碳之前或同时，必须切断可燃、助燃气体的气源。

6）防护区应根据围护结构的允许压强设置泄压口，防止灭火剂释放造成防护区内压力升高。泄压口宜设在外墙上，其高度应大于防护区净高的2/3。有门窗的防护区一般通过门窗四周缝隙所泄漏的二氧化碳防止空间压力过量升高，可不需再开泄压口。已设防爆泄压口的防护区也不需再设泄压口。泄压口的面积可按下式计算：

$$A_x = \alpha \frac{q}{\sqrt{p}} \tag{7-1}$$

式中　A_x——泄压口面积（m^2）；

　　　α——系数，取0.45；

　　　q——灭火剂平均喷射强度（kg/s）；

　　　p——围护结构的允许压强（Pa），应由建筑结构设计给出。表7-1的数据供参考。

7）为保证灭火效果，保护对象周围的空气流动速度不宜大于3m/s。

8）对于扑救易燃液体火灾的局部应用系统，为避免引起可燃液体的飞溅，造成流淌火或更大的火灾危险，除对射流速度加以限制外，还要求容器缘口到液面距离不得小于150mm。

表7-1　建筑物的内压允许压强

建筑物类型	允许压强/Pa
轻型和高层建筑	1200
标准建筑	2400
重型和地下建筑	4800

（2）对储存容器的要求

1）储存容器应符合现行国家标准《气瓶安全技术监察规程》（TSG R0006—2014）和《固定式压力容器安全技术监察规程》（TSG 21—2016）。

2）高压储存装置应设泄压爆破膜片，其动作压力应为（19±0.95）MPa；低压储存装置应设泄压装置和超压报警器，泄压动作压力应为（2.4±0.012）MPa。

3）低压储存系统应设置专用调温装置，二氧化碳温度应保持在-20～-18℃。

4）储存装置宜设置在靠近防护区的专用储瓶间内，储瓶间出口应直接通向室外或疏散通道，房间的耐火等级不低于二级，室内应经常保持干燥和通风。储存容器应避免阳光直接照时。

5）储存容器可以单排布置，也可双排布置，但要留有充足的操作空间。

（3）对系统设计的要求

1）全淹没系统二氧化碳灭火剂喷射时间，对于表面火灾不应大于1min；对于深位火灾不应大于7min，并应在前2min内达到30%的浓度。

2）二氧化碳灭火系统充装的灭火剂，应符合《二氧化碳灭火剂》（GB 4396—2005）的要求。

3）高压储存系统最高环境温度不超过 40℃时，充装密度应≤0.74kg/L，最高环境温度不超过 49℃时，充装密度应≤0.68kg/L。

4）喷嘴最小工作压力，高压储存系统为 $1.4×10^6$Pa，低压储存系统为 $1.0×10^6$Pa。

5）局部应用系统喷射时间一般不小于 0.5min。对于燃点温度低于沸点温度的可燃液体火灾，不小于 1.5min。

6）局部应用系统的灭火剂覆盖面积应考虑临界部分或可能蔓延的部位。

（4）对灭火剂备用量的要求

对于比较重要的防护区，短期内不能重新灌装灭火剂恢复使用的二氧化碳灭火系统，以及一套装置保护 4 个以上防护区的二氧化碳灭火系统都应考虑设置备用量。灭火剂备用量不能小于一次灭火需用量，且备用量储存容器应与管道直接相连，以保证能切换使用。

（5）对系统控制启动的要求

1）全淹没系统宜设自动控制和手动控制两种启动方式，经常有人的局部应用系统保护场所可设手动控制启动方式。

2）为了避免探测器误报引起系统的误动作，通常设置两种类型或两组同一类型的探测器进行复合探测。自动控制应在接收两个以上独立火灾信号并延时 30s 后才启动。两个独立的火灾信号可以是烟感和温感信号，也可以是两个烟感报警信号。

3）手动控制的操作装置应设在防护区外便于操作的地方，并能在一处完成系统启动的全部操作。

4）启动系统的释放机构当采用电动和气动时，必须保证有可靠的动力源。机械释放机构应传动灵活，操作省力。

5）灭火系统启动释放之前或同时，应保证完成必须的联动与操作。

（6）对安全措施的要求

1）防护区内应设火灾声报警器，若环境噪声在 80dB 以上应增设光报警器。光报警器应设在防护区入口处，报警时间不宜小于灭火过程所需的时间，并应能手动切除报警信号。

2）防护区应有能在 30s 内使该区人员疏散完毕的走道与出口。在疏散走道与出口处，应设火灾事故照明和疏散指示标志。

3）防护区入口处应设置二氧化碳喷射指示灯。

4）地下防护区和无窗或固定窗扇的地上防护区，应设机械排风装置。

5）防护区的门应向疏散方向开启，并能自行关闭，在任何情况下均应能从防护区内打开。

6）设置灭火系统的场所应配专用的空气呼吸器或氧气呼吸器。

3. 主要设备

（1）二氧化碳容器瓶　二氧化碳容器瓶由储存容器、容器阀、单向阀和集流管组成。储存容器的作用是储存二氧化碳灭火剂，并依靠容器内二氧化碳蒸汽压力驱动二氧化碳灭火剂喷出。储存容器有高压和低压两种，前者用于高压储存系统，后者用于低压储存系统。

为了检查储存容器内灭火剂泄漏情况，避免因泄漏过多在火灾发生时影响灭火效果，储存容器应设置称重装置，当储存容器中充装的二氧化碳泄漏量达到10%时，应及时补充或更换。二氧化碳泄漏一般用称重法来检查。

（2）容器阀（又称为瓶头阀）　容器阀是用以控制灭火剂的施放，安装在灭火剂储瓶口上，是具有封存、释放、加注、超压排放等功能的装置。容器阀由充装阀（截止阀和闸刀阀）、施放阀（截止阀或闸刀阀）和安全膜片组成，按启动方式有气动阀、机械式闸刀阀和电爆阀3种。

（3）单向阀及集流管（又称为汇流管）　单向阀起防止灭火剂回流的作用，集流管用于汇集从各储存器放出的灭火剂再送入管网。每个容器阀与集流管之间应设单向阀，组合分配系统不同防护区之间的管道上也应设单向阀。集流管分单排瓶组和双排瓶组两种。

（4）选择阀（又称为释放阀）　在组合分配系统中，每个防护区或保护对象的管道上应设一个选择阀。在火灾发生时，可以有选择地打开出现火情的防护区或保护对象管道上的选择阀，喷射灭火剂。选择阀上应设有标明防护区的铭牌，防止操作时出现差错。

选择阀设置应靠近储存容器，便于手动操作，方便检查维护，可采用电动、气动或机械操作方式。阀的工作压力不应小于12MPa。系统启动时，选择阀应在容器阀动作之前或同时打开，以防止超压。

（5）喷头　全淹没系统喷头布置应使二氧化碳均匀分布，局部应用系统喷头布置应使二氧化碳喷向被保护对象。全淹没系统常用的喷头有无喷管喷头和喷管喷头两种，局部应用系统采用的喷头为架空型喷头和槽边型喷头两种。

（6）管道及附件　管道及附件应能承受最高环境温度下二氧化碳的储存压力，并应符合下列规定：管道应采用符合现行国家标准《冷拔或冷轧精密无缝钢管》（GB/T 3639—2009）规定的无缝钢管，内外镀锌；在对镀锌层有腐蚀的环境中，可采用不锈钢管、铜管或其他抗腐蚀的材料；连接软管（储存容器与集流管之间连接管）必须能承受系统工作压力，要采用不锈钢软管、特制C形扣压胶管；公称直径不大于80mm的管道宜采用螺纹连接，公称直径超过80mm的管道宜采用法兰连接；集流管工作压力不应小于12MPa，并应设置泄压装置，泄压动作压力应为（15±0.75）MPa。

4. 二氧化碳全淹没灭火系统设计计算

二氧化碳全淹没系统的计算包括灭火剂用量和系统管网两大部分。

（1）灭火剂用量计算

1）灭火剂设计浓度。为保证灭火的可靠性，二氧化碳灭火设计浓度应取测定灭火浓度（临界值）的1.7倍，并不得低于34%。可燃物的二氧化碳设计浓度可按表7-2采用。有些物质还可能伴有无焰燃烧，表7-2同时列出了熄灭阴燃火的最小抑制时间。

为设计计算方便，取最小灭火设计浓度34%作基数，令其等于1，制定出反映各物质间不同灭火设计浓度倍数关系的系数称物质系数，物质系数可按下式计算：

$$K_b = \frac{\ln(1-C)}{\ln(1-0.34)} \tag{7-2}$$

式中　K_b——物质系数；

　　　C——二氧化碳灭火设计浓度（%）。

表7-2 二氧化碳设计浓度和抑制时间

可燃物质	物质系数	设计浓度（%）	抑制时间/min	可燃物质	物质系数	设计浓度（%）	抑制时间/min
一、气体和液体火灾				甲烷	1.00	34	—
丙酮	1.00	34	—	醋酸甲酯	1.03	35	—
乙炔	2.57	66	—	甲醇	1.22	40	—
航空燃料115#/145#	1.06	36	—	甲基丁烯—1	1.06	36	—
粗苯（安息油、偏苯油）、苯	1.10	37	—	甲基乙基酮（丁酮）	1.22	40	—
丁二烯	1.26	41	—	甲醇甲酯	1.18	39	—
丁烷	1.00	34	—	戊烷	1.03	35	—
丁烯-1	1.10	37	—	石脑油	1.00	34	—
二硫化碳	3.03	72	—	丙烷	1.06	36	—
一氧化碳	2.43	64	—	丙烯	1.06	36	—
煤气或天然气	1.10	37	—	淬火油、润滑油	1.00	34	—
环丙烷	1.10	37	—	二、固体火灾			
柴油	1.00	34	—	纤维材料	2.25	62	20
二乙基醚	1.22	40	—	棉花	2.00	58	20
二甲醚	1.22	40	—	纸张	2.25	62	20
二苯及其氧化物的混合物	1.47	46	—	塑料（颗粒）	2.00	58	20
乙烷	1.22	40	—	聚苯乙烯	1.00	34	—
乙醇（酒精）	1.34	43	—	聚苯基甲酸甲酯（硬）	1.00	34	—
乙醚	1.47	46	—	三、其他火灾			
乙烯	1.60	49	—	电缆间和电缆沟	1.50	47	10
二氯乙烯	1.00	34	—	数据储存间	2.25	62	20
环氧乙烯	1.80	53	—	电子计算机设备	1.50	47	10
汽油	1.00	34	—	电气开关和配电室	1.20	40	10
己烷	1.03	35	—	带冷却系统的发电机	2.00	58	到停转
正庚烷	1.03	35	—	油浸变压器	2.00	58	—
正辛烷	1.03	35	—	数据打印设备（间）	2.25	62	20
氢	3.30	75	—	油漆间和干燥设备	1.20	40	—
硫化氢	1.06	36	—	纺织机	2.00	58	—
异丁烷	1.06	36	—	干燥的电线	1.47	50	10
异丁烯	1.00	34	—	电气绝缘设备	1.47	50	10
甲酸异丁酯	1.00	34	—	皮毛储存库	3.30	75	20
航空煤油JP4	1.06	36	—	吸尘装置	3.30	75	20
煤油	1.00	34	—				

2）灭火剂用量计算。对于全淹没系统，二氧化碳总用量为设计灭火用量和剩余量之和。二氧化碳的设计灭火用量可按以下公式计算：

$$M = K_b(0.2A + 0.7V) \qquad (7-3)$$

$$A = A_v + 30A_0 \qquad (7-4)$$

$$V = V_v - V_c \qquad (7-5)$$

式中　M——二氧化碳设计用量（kg）；

　　　K_b——物质系数；

　　　A——折算面积（m^2）；

　　　A_v——防护区的内侧、顶面（包括其中开口）的总面积（m^2）；

　　　A_0——开口总面积（m^2）；

　　　V——防护区的净容积（m^3）；

　　　V_v——防护区容积（m^3）；

　　　V_c——防护区内非燃烧体和难燃烧体的总体积（m^3）。

防护区的净容积是指防护区空间体积扣除固定不变的实体部分的体积，如果有不能停止的空调系统，则应考虑空调系统的附加体积。

系统中灭火剂的剩余量，是系统泄压时存在于管网和储存容器内的灭火剂量。均衡系统管网内的剩余量可忽略不计；储存容器剩余量可按设计用量的8%计算。

（2）系统管网计算

管网宜布置成均衡系统。所谓均衡系统，是选用同一规格尺寸的喷头，给定每只喷嘴的设计流量相等，系统计算结果应满足下式要求：

$$\frac{h_{max} - h_{min}}{h_{max}} < 0.1 \qquad (7-6)$$

式中　h_{max}——喷头装在"最不利点"的全程阻力损失；

　　　h_{min}——喷头装在"最利点"的全程阻力损失。

管网计算的原则是，管道直径应满足输送设计流量的要求，同时，管道最终压力应满足喷头入口压力不低于喷头最低工作压力的要求。

1）储存容器数量的估算。根据灭火剂总用量和单个储存容器的容积及其在某个压力等级下的充装率，可按下式求储存容器个数：

$$N_p = 1.1 \frac{M}{\alpha V_0} \qquad (7-7)$$

式中　N_p——储存容器个数（个）；

　　　M——氧化碳灭火剂储存用量（kg）；

　　　V_0——单个储存容器的容积（L）；

　　　α——储存容器中二氧化碳的充装率（kg/L）；对于高压储存系统 $\alpha = 0.6 \sim 0.67$kg/L。

2）确定计算管段长度。根据管路布置，确定计算管段长度，计算管段长度应为管段实长与管道附件当量长度之和，管道附件当量长度如表7-3所示。

表 7-3　管道附件当量长度　　　　　　　　（单位：m）

管道公称直径/mm	螺纹连接			焊　接		
	90°弯头	三通的直通部分	三通的侧通部分	90°弯头	三通的直通部分	三通的侧通部分
15	0.52	0.3	1.04	0.24	0.21	0.82
20	0.67	0.43	1.37	0.33	0.27	0.85
25	0.85	0.55	1.74	0.43	0.37	1.07
32	1.13	0.7	2.29	0.55	0.46	1.4
40	1.31	0.82	2.62	0.64	0.52	1.65
50	1.68	1.07	3.42	0.85	0.87	2.1
65	2.01	1.25	4.09	1.01	0.82	2.5
80	2.50	1.56	5.06	1.25	1.01	3.11
100	—	—	—	1.65	1.34	4.09
125	—	—	—	3.04	1.68	5.12
150	—	—	—	2.47	2.01	6.18

3）初定管径。可按下式计算：

$$D = (1.5 \sim 2.5)\sqrt{Q} \tag{7-8}$$

式中　D——管道内径（mm）；

　　　Q——管道的设计流量（kg/min）。

4）计算输送干管平均流量。可按下式计算：

$$Q = \frac{M}{t} \tag{7-9}$$

式中　Q——管道的设计流量（kg/min）；

　　　M——二氧化碳设计用量（kg）；

　　　t——二氧化碳喷射时间（min）。

5）计算管道压力降。一般有公式法和图解法两种，分别介绍如下。

公式法：

$$Y_2 = Y_1 + ALQ^2 + B(Z_2 - Z_1)Q^2 \tag{7-10}$$

式中　Y——压力系数，Y_1、Y_2 分别为计算管段的始、终端的 Y 值（MPa·kg/m³）；

　　　Z——密度系数，Z_1、Z_2 分别为计算管段的始、终端的 Z 值；

　　　L——管段计算长度（m）；

　　　Q——管段中灭火剂的流量（kg/min）；

A、B——系数，其公式分别为：

$$A = \frac{1}{0.8725 \times 10^{-4} D^{5.25}} \tag{7-11}$$

$$B = \frac{4950}{D^4} \tag{7-12}$$

式中　D——管段内径（m）。

管道的压力系数 Y 及密度系数 Z 由表 7-4 和表 7-5 查得。也可按下式计算：

$$Y = \int_{\rho_1}^{\rho_2} \rho \, d\rho \qquad\qquad (7\text{-}13)$$

$$Z = \int_{\rho_1}^{\rho_2} \frac{d\rho}{\rho} \qquad\qquad (7\text{-}14)$$

式中 ρ_1——在压力为 p_1 时，二氧化碳密度（kg/m^3）；

ρ_2——在压力为 p_2 时，二氧化碳密度（kg/m^3）。

表 7-4 高压储存（5.17MPa）系统各压力点的 Y、Z 值

压力/MPa	$Y/(MPa \cdot kg \cdot m^{-3})$	Z	压力/MPa	$Y/(MPa \cdot kg \cdot m^{-3})$	Z
5.17	0	0	3.50	927.7	0.8300
5.10	55.4	0.0035	3.25	1005	0.9500
5.05	97.2	0.0600	3.00	1082.3	1.0860
5.00	132.5	0.0825	2.75	1150.7	1.2400
4.75	303.7	0.2100	2.50	1219.3	1.4300
4.50	460.6	0.3300	2.25	1250.2	1.6200
4.25	612	0.4270	2.00	1285.5	1.3400
4.00	725.6	0.5700	1.75	1318.7	2.1400
3.75	828.3	0.7000	1.40	1340.8	2.5900

表 7-5 低压储存（2.07MPa）系统各压力点的 Y、Z 值

压力/MPa	$Y/(MPa \cdot kg \cdot m^{-3})$	Z	压力/MPa	$Y/(MPa \cdot kg \cdot m^{-3})$	Z
2.07	0	0.000	1.50	369.6	0.994
2.00	66.5	0.120	1.40	404.5	1.169
1.90	150	0.295	1.30	433.8	1.344
1.80	220.1	0.470	1.20	458.4	1.519
1.70	278.0	0.645	1.10	478.9	1.693
1.60	328.5	0.820	1.00	496.2	1.368

图解法：将式（7-10）变换成如下形式：

$$\frac{L}{D^{1.25}} = \frac{0.8725 \times 10^{-5}Y}{(Q/D^2)^2} - 0.04319Z \qquad\qquad (7\text{-}15)$$

以 $L/D^{1.25}$（比管长）为横坐标，压力 P（MPa）为纵坐标，按式（7-15）关系在该坐标系统中取不同的比流量 Q/D^2 值，可得一组曲线簇，如图 7-4 和图 7-5。这样便可用图解法求出管道的压力降值。

使用图解法时，先计算出各计算管段的比管长 $L/D^{1.25}$ 和比流量 Q/D^2 值，取管道起点压力为储源的储存压力，以第二计算管段的始端压力等于第一计算管段的终端压力，找出第二计算管段的终端压力，以此类推，直至求得系统量末端的压力。

6）高程压力校正。在二氧化碳管网计算中，对于管道坡度引起的管段两端的水头差可以忽略，但对于管两端显著高程差所引起的水头不能忽略，应计入管段终点压力。在计算水头时，应取管段两端压力的平均值。当终点高度低于起点高度时取正值，反之取负值。

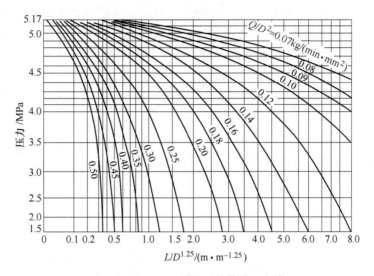

图 7-4　5.17MPa 储压下的管路压力降

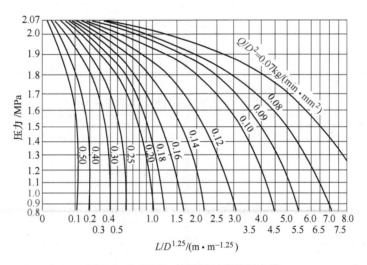

图 7-5　2.07MPa 储压下的管路压力降

流程高度所引起的压力校正值见表 7-6 和表 7-7。

表 7-6　高压系统的压力校正值

管道平均压力/MPa	5.17	4.83	4.48	4.14	3.79	3.45	3.10	2.76	2.41	2.07	1.72	1.40
流程高度所引起的压力校正值/(kPa·m⁻¹)	7.96	6.79	5.77	4.86	4.00	3.39	2.83	2.38	1.92	1.58	1.24	1.02

表 7-7　低压系统的压力校正值

管道平均压力/MPa	2.07	1.93	1.79	1.65	1.52	1.38	1.24	1.10	1.00
流程高度所引起的压力校正值/(kPa·m⁻¹)	10.00	7.76	5.99	4.68	3.78	3.03	2.42	1.92	1.62

7）喷头压力和等效孔口喷射率。喷头入口压力即是系统最末管段终端压力。对于高压

储存系统最不利喷头入口压力不应小于 1.4MPa；对于低压储存系统最不利喷头入口压力不应小于 1MPa。喷头的等效孔口喷射率是以流量系数为 0.98 的标准孔口进行测算的，它是储存容器内压的函数。高压和低压储存系统的等效孔口喷射率见表 7-8 和表 7-9。

表 7-8 高压系统等效孔口的喷射率

喷头入口压力/MPa	喷射率/[kg/(min·mm²)]	喷头入口压力/MPa	喷射率/[kg/(min·mm²)]
5.17	3.255	3.28	1.223
5.00	2.703	3.10	1.139
4.83	2.401	2.93	1.062
4.65	2.172	2.76	0.9843
4.48	1.993	2.59	0.9070
4.31	1.839	2.41	0.8296
4.14	1.705	2.24	0.7593
3.96	1.589	2.07	0.6890
3.79	1.487	1.72	0.6890
3.62	1.396	1.40	0.4833
3.45	1.308	—	—

表 7-9 低压系统等效孔口的喷射率

喷头入口压力/MPa	喷射率/[kg/(min·mm²)]	喷头入口压力/MPa	喷射率/[kg/(min·mm²)]
2.07	2.967	1.52	0.9175
2.00	2.039	1.45	0.8507
1.93	1.670	1.38	0.7910
1.86	1.441	1.31	0.7368
1.79	1.283	1.24	0.6869
1.72	1.164	1.17	0.6412
1.65	1.072	1.10	0.5990
1.59	0.9913	1.00	0.5400

8) 计算喷头孔口尺寸

喷头等效孔口面积可按下式计算：

$$F = \frac{Q_i}{q_0} \tag{7-16}$$

式中　F——喷头等效孔口面积（mm^2）；

　　q_0——等效孔口单位面积的喷射率［$kg/(min·mm^2)$］；

　　Q_i——单个喷头的设计流量（kg/min）。

喷头规格应根据等效孔口面积按表 7-10 选用。

表 7-10 喷头等效孔口尺寸

喷头代号	2	3	4	5	6	7	8	9	10	11	12	13	14
等效单孔面积/mm²	1.98	4.45	7.94	12.39	17.81	24.68	31.68	40.06	49.48	59.87	71.29	83.61	96.97
喷头代号	15	16	18	20	22	24	26	28	30	32	34	36	
等效单孔面积/mm²	111.3	126.7	169.3	197.9	239.5	285.0	334.5	387.9	445.3	506.7	572.0	641.3	

5. 局部应用系统设计计算

二氧化碳局部应用灭火系统的设计可采用面积法或体积法。当保护对象的着火部位是比较平直的表面时，宜采用面积法；当着火对象为不规则物体时，应采用体积法。

（1）面积法 采用面积法进行设计时，首先应确定所保护的面积，计算保护面积时应将火灾的临界部分考虑进去，另外还需考虑火灾可能蔓延到的部位。

1）计算保护面积。应按整体保护表面垂直投影面积。

2）布置局部应用喷头。设计中选用的喷头应具有以试验为依据的技术参数，这些参数是以物质系数 $K_b = 1$ 提供出的喷头在不同安装高度（喷头与被保护物表面的距离）的额定保护面积和喷射速率。

局部应用系统常用的喷头有架空型和槽边型两种。架空型喷头应根据喷头到保护对象表面的距离来确定喷头的设计流量和相应的保护面积。架空型喷头的布置宜垂直于保护对象的表面，其瞄准点应是喷头保护面积的中心。当确需非垂直布置时，喷头的安装角不应小于 45°。其瞄准点应偏向喷头安装位置的一方，如图 7-6 所示。喷头偏离保护面积中心距离可按表 7-11 确定。槽边型喷头应根据喷头的设计喷射速率来确定喷头的保护面积。

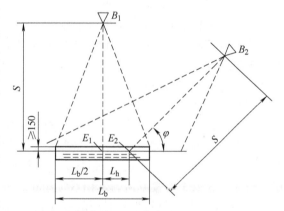

图 7-6 架空型喷头布置方法

B_1、B_2—喷头布置位置 E_1、E_2—喷头瞄准点

S—喷头出口至瞄准点的距离

L_h—瞄准点偏离喷头保护面积中心的距离 φ—喷头安装角度

3）确定喷头数量。喷头的保护面积，对架空型喷头为正方形，对槽边型喷头为矩形（或正方形）面积。为了保证可靠灭火，喷头的布置须使保护面积完全覆盖，采用边界相接的方法进行排列，喷头数量按下式计算：

$$n_t = K_b \frac{S_L}{S_i} \tag{7-17}$$

式中 n_t——计算喷头数量（只）；

K_b——物质系数，按表 7-2 选用；

S_L——保护面积（m²）；

S_i——单个喷头的保护面积（m²）。

表 7-11 喷头偏离保护面积中心的距离

喷头安装角	喷头偏离保护面积中心的距离/m
45°~60°	$0.25L_b$
60°~75°	$0.25L_b \sim 0.125L_b$
75°~90°	$0.125L_b \sim 0$

4）确定二氧化碳设计用量。二氧化碳设计用量的确定有以下 2 种方法：

可以根据喷头保护面积和相应的设计流量及喷射时间计算为

$$M = NQ_i t \qquad (7\text{-}18)$$

式中 M——二氧化碳设计用量（kg）；

$\quad N$——实际喷头数量，大于等于 n_t；

$\quad Q_i$——单个喷头的设计流量（kg/min）；

$\quad t$——喷射时间（min）。

也可以根据面积及喷射强度计算为

$$M = S_L \cdot q_S \qquad (7\text{-}19)$$

式中 M——二氧化碳设计用量（kg）；

$\quad S_L$——计算保护面积（m^2）；

$\quad q_S$——单位面积喷射强度[kg/(min·m^2)]。

喷头在不同安装高度上单位面积喷射强度不相同。安装在 1m 高度时，单位面积喷射强度为 13kg/(min·m^2)，随着安装高度增加，灭火强度也需增大。为安全可靠，推荐以式（7-18）计算二氧化碳用量。

（2）体积法

采用体积法设计时，首先围绕保护对象设定一个假想的封闭罩，假想封闭罩应有实际的底如地板，周围和顶部如没有实际的围护结构如墙等，则假想罩的每个"侧面"和"顶盖"都应离被保护物不小于 0.6m 的距离。这个假想封闭罩的容积即为"体积法"设计计算的体积，封闭罩内保护对象所占的体积不应扣除。

1）喷射强度。当被保护对象的物质系数 $K_b = 1$，全部侧面有实际围封时，喷射强度可取 4kg/(min·m^2)；当被保护对象的物质系数 $K_b = 1$，所设定的封闭罩其侧面完全无实际围封结构时，喷射强度可取 16kg/(min·m^2)；当设定的封闭罩侧面只有部分实际围封结构，则喷射强度介于上述二者之间时，其喷射强度可通过围封系数来确定。

围封系数系指实际围护结构与假想封闭罩总侧面积的比值，可按下式计算：

$$K_w = \frac{A_p}{A_t} \qquad (7\text{-}20)$$

式中 K_w——围封系数；

$\quad A_p$——在假定的封闭罩中存在的实体墙等实际围封面的面积（m^2）；

$\quad A_t$——假定的封闭罩侧面围封面积（m^2）。

二氧化碳的单位体积的喷射强度应按下式计算：

$$q_v = K_b(16 - 12K_w) = K_b\left(16 - \frac{12A_p}{A_t}\right) \qquad (7\text{-}21)$$

式中 q_v——单位体积的喷射强度[kg/(min·m^3)]；

K_b——物质系数。

2）灭火剂设计用量。二氧化碳设计用量可按下式计算：

$$M = V_L q_v t \tag{7-22}$$

式中 M——二氧化碳设计用量（kg）；

V_L——保护对象的计算体积（m^3）；

q_v——单位体积的喷射强度 [kg/(min·m^3)]；

t——喷射时间（min）。

（3）二氧化碳储存量

局部应用灭火系统将二氧化碳以液态形式直接喷射到被保护对象表面灭火，为保证设计用量全部呈液态形式喷出，必须增加灭火剂储存量以补偿气化部分。对于高压储存系统的储存量为基本设计用量的 1.4 倍；对于低压储存系统的储存量为基本设计用量的 1.1 倍。组合分配系统的二氧化碳储存量，不应小于所需储存量最大的一个保护对象的储存量。

当管道敷设在环境温度超过 45℃ 的场所且无绝热层保护时，可按下式计算二氧化碳在管道中的蒸发量：

$$M_v = \frac{M_g C_p (T_1 - T_2)}{H} \tag{7-23}$$

式中 M_v——二氧化碳在管道中的蒸发量（kg）；

M_g——受热管网的管道质量（kg）；

C_p——管道金属材料的比热 [kJ/(kg·℃)]，钢管可取 0.46 [kJ/(kg·℃)]；

T_1——二氧化碳喷射前管道的平均温度（℃），可取环境平均温度；

T_2——二氧化碳平均温度（℃），高压储存系统取 15.6℃；低压储存系统取 20.6℃；

H——液态二氧化碳蒸发潜热（kJ/kg），高压系统取 150.7；低压储存系统取 276.3。

【例 7-1】 某机械厂的淬火油槽长×宽×高 = 5.7m×1.5m×1m，拟设置 CO_2 局部灭火系统。根据工艺要求：CO_2 灭火系统喷嘴安装高度离油面不能低于 5.5m，其管系布置见图 7-7。试确定系统的喷头和数量、管道管径、CO_2 用量和储存量、储存器数量。

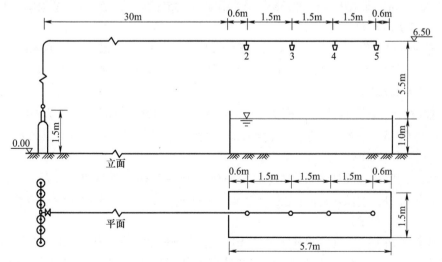

图 7-7 CO_2 局部灭火系统计算图

【解】 由于淬火槽如发生火情，其着火部位主要是油槽表面，故采用 CO_2 局部灭火系统中面积法计算。其计算步骤、方法和成果如下：

(1) 选定喷头及其数量 根据淬火槽所在厂房情况和工艺要求，喷头安装高度距油面为 5.5m 时，每个喷头面积（按厂家提供试验资料）应大于 $2.89m^2$（$1.7m \times 1.7m$），选 8#喷头 4 个，布置如图 7-7 所示，其保护面积大于淬火槽油面面积（$5.7m \times 1.7m = 9.55m^2$）。

(2) CO_2 设计用量 选用灭火剂喷射时间 $t = 0.5min$，8#喷头设计流量为 45.31kg/min，根据式（7-18），CO_2 设计用量为（$4 \times 45.31 \times 0.5$）kg = 90.62kg。

(3) CO_2 储存量 储存量按 1.4 倍设计用量和管道蒸发量两部分组成，其管道蒸发量按式（7-23）计算很小，可忽略不计；本工程 CO_2 灭火剂储存量（1.4×90.62）kg = 127kg。

(4) 储存器数量 选用高压储存器，按式（7-7）计算。

取 $\alpha = 0.6kg/L$，$V_0 = 40L/$个，则储存器数量为 5.8 个，取 6 个。

(5) 管路计算

1) 选定计算线路 1-2-3-4-5，并划分计算管段；

$L_{1-2} = 43.53m$　　$L_{2-3} = 1.5m$　　$L_{3-4} = 1.5m$　　$L_{4-5} = 1.5m$

2) 确定各管段中流量和初选其各管段管径；

$Q_{1-2} = （4 \times 45.31）kg/min = 181.24kg/min$　　$Q_{2-3} = （3 \times 45.31）kg/min = 135.93kg/min$

$Q_{3-4} = （2 \times 45.31）kg/min = 90.62kg/min$　　$Q_{4-5} = 45.31kg/min$

取系数值等于 2，用式（7-8）计算管径，得到：

$D_{1-2} = 26.9mm$，选 $DN_{1-2} = 32mm$；$D_{2-3} = 23.3mm$，选 $DN_{2-3} = 25mm$；

$D_{3-4} = 19.0mm$，选 $DN_{3-4} = 25mm$；$D_{4-5} = 13.5mm$，选 $DN_{4-5} = 20mm$。

3) 确定计算管路终点处喷头进口处压力，采用图解法计算。

1~2 管段：已知管段计算长度（包括局部管件当量长度）$L_{1-2} = （37.1 + 1.13）m = 38.23m$，始端 $P_1 = 5.17MPa$、$L/D^{1.25} = 0.502$、$Q/D^2 = 0.18$，查图 7-4 得：$\Delta x_{1-2} = 0.1$。再按 $x_{1-2} = 0.1 + 0.502 = 0.602$、$Q/D^2 = 0.18$，查图 7-4 得：$P_1 = 4.85MPa$。

因为 1~2 管段具有几何差，其静压力按管段平均压力 5.01MPa，查表 7-6 得到修正系数为 0.00736MPa/m，即 $\Delta P = （0.00736 \times 6.5）MPa = 0.05MPa$，管段 1~2 终端实际压力 $P_2 = （4.85 - 0.05）MPa = 4.80MPa$。

2~3 管段：已知管段计算长 $L_{2-3} = （1.5 + 0.55）m = 2.1m$、始端 $P_2 = 4.80MPa$、$L/D^{1.25} = 0.04$、$Q/D^2 = 0.22$，查图 7-4 得：$\Delta x_{2-3} = 0.5$。再按 $x_{2-3} = 0.5 + 0.04 = 0.54$、$Q/D^2 = 0.22$，查图 7-4 得：$P_3 = 4.78MPa$。

3~4 管段：已知管段计算长度 $L_{3-4} = 1.5 + 0.55 = 2.1m$，始端 $P_3 = 4.78MPa$、$L/D^{1.25} = 0.04$、$Q/D^2 = 0.15$，查图 7-4 得：$\Delta x_{3-4} = 1.2$。再按 $x_{3-4} = 1.2 + 0.04 = 1.24$、$Q/D^2 = 0.15$，查图 7-4 得：$P_4 = 4.75MPa$。

4~5 管段：已知管段计算长度 $L_{4-5} = （1.5 + 0.55）m = 2.1m$，始端 $P_4 = 4.75MPa$、$L/D^{1.25} = 0.05$、$Q/D^2 = 0.11$，查图 7-4 得：$\Delta x_{4-5} = 2.4$。又有 $x_{4-5} = 2.4 + 0.05 = 2.45$、$Q/D^2 = 0.11$，查图 7-4 得：$P_5 = 4.72MPa$。

上述计算成果喷头 5 处管道压力 4.72MPa 远大于喷头所需压力（1.40MPa），应缩小计算管中各管段管径再进行调整计算。经上述计算步骤和方法，调整计算成果见表 7-12。

表 7-12　调整计算成果表

管段	管径/mm	长度/m	当量长度/m	计算长度/m	压力/MPa	
					始端	终端
1~2	25	37.1	1.13	38.23	5.17	3.90
2~3	20	1.5	0.55	2.05	3.90	3.60
3~4	20	1.5	0.55	2.05	3.60	3.45
4~5	15	1.5	0.55	2.05	3.45	3.00

7.1.2　七氟丙烷灭火系统

七氟丙烷是一种无色、几乎无味、不导电的气体，化学分子式为 CF_3CHFCF_3，分子量为 170，密度大约为空气的 8 倍。七氟丙烷毒性较低，不会破坏大气臭氧层，其灭火机理为抑制化学链反应。

1. 概述

（1）适用范围　七氟丙烷灭火系统可用于扑救 4 类火灾：电气火灾；液体火灾或可熔化的固体火灾；固体表面火灾及灭火前能切断气源的气体火灾。

七氟丙烷灭火系统不得用于扑救含有下列物质的火灾。

1）含氧化剂的化学制品及混合物，如硝化纤维、硝酸钠等。

2）活泼金属，如钾、钠、镁、钛、锆、铀等。

3）金属氢化物，如氢化钾、氢化钠等。

4）能自行分解的化学物质，如过氧化氢、联胺等。

（2）对防护区的基本要求　七氟丙烷系统防护区的划分，应符合下列规定：

1）防护区宜以固定的单个封闭空间划分；当同一区间的吊顶层和地板下需同时保护时，可合为一个防护区。

2）当采用管网灭火系统时，一个防护区的面积不宜大于 $500m^2$；容积不宜大于 $2000m^3$。

3）当采用成品灭火装置时，一个防护区的面积不应大于 $100m^2$；容积不应大于 $300m^3$。

防护区的最低环境温度不应低于 $-10℃$；防护区围护结构及门窗的耐火极限均不应低于 0.5h，吊顶的耐火极限不应低于 0.25h；防护区围护结构承受内压的允许压强，不宜低于 1.2kPa；防护区灭火时应保持封闭条件，喷放七氟丙烷前，除泄压口以外的开口以及用于该防护区的通风机和通风管道中的防火阀应关闭。防护区的泄压口宜设在外墙上，应位于防护区净高的 2/3 以上，泄压口面积宜按式（7-1）计算，系数 α 取 0.15。设有外开门弹性闭门器或弹簧门的防护区，其开口面积不小于泄压口计算面积的，不需另设泄压口。

两个或两个以上邻近的防护区，宜采用组合分配系统。

（3）系统控制方式　从火灾发生、报警到灭火系统启动至灭火完成，具体控制方式有 3 种。

1）自动控制。保护区发生火灾，探测器接收到火情信息并经甄别后，由报警和灭火控制系统发出声、光报警及下达灭火指令。一般按下列程序工作：完成联动设备的启动（如停电、停止通风及关闭门窗等），延迟 0~30s 通电打开电磁启动器；继而打开 N_2 启动瓶瓶头阀→打开分区释放阀→打开各七氟丙烷储瓶瓶头阀→释放七氟丙烷实施灭火。

2）手动控制。将灭火控制盘（或自动/手动转换装置）的控制方式选择键拨到"手动"位置。此时自动控制无从执行。人为发觉火灾或火灾报警系统发出火灾信息，即可操作灭火控制盘上（或另设的）灭火手动按钮，按上述既定程序实施灭火。

一般情况下，手动灭火控制大都在保护区现场执行。保护区门外设有手动控制盒，有的手动控制盒内还设紧急停止按钮，可停止执行"自动控制"灭火指令（但要在延迟时间终了前）。

3）应急操作。如火灾报警系统、灭火控制系统发生故障不能投入工作，人们欲启动灭火系统的话，应通知人员撤离保护区，人为启动联动设备，再执行灭火行动：拨下电磁启动器上的保险盖，压下电磁铁芯轴，这样就打开了 N_2 启动瓶瓶头阀，然后与"自动控制"程序一样，将释放阀、七氟丙烷储瓶瓶头阀打开，释放七氟丙烷灭火。

（4）灭火设计浓度和惰化设计浓度　一般规定如下：

1）采用七氟丙烷灭火系统保护的防护区，其七氟丙烷设计用量应根据防护区内可燃物相应的灭火设计浓度或惰化设计浓度经计算确定。

2）有爆炸危险的气体、液体类火灾的防护区应采用惰化设计浓度；无爆炸危险的气体、液体类火灾和固体类火灾的防护区应采用灭火设计浓度。

3）当几种可燃物共存或混合时，其灭火设计浓度或惰化设计浓度应按其中最大的灭火浓度或惰化浓度确定。

4）可燃物的灭火设计浓度不应小于该物灭火浓度的1.2倍，可燃物的惰化设计浓度不应小于该物惰化浓度的1.1倍。

不同可燃物的灭火浓度和惰化浓度规定如下：A类危险物表面火灾的灭火浓度为5.8%；其他有关可燃物的灭火浓度或惰化浓度见表7-13或表7-14，表中未给出的可燃物，应由试验确定。

表7-13　可燃物的七氟丙烷灭火浓度

可燃物	灭火浓度（％）	可燃物	灭火浓度（％）	可燃物	灭火浓度（％）
丙酮	6.8	乙二醇	7.8	甲基异丁酮	6.6
乙腈	3.7	汽油(无铅,7.8%乙醇)	6.5	吗啉	7.3
AV 汽油	6.7	庚烷	5.8	硝基甲烷	10.1
丁醇	7.1	1 号水力流体	5.8	丙烷	6.3
丁基醋酸脂	6.6	异丙醇	7.3	四氢吡咯	7.0
环戊酮	6.7	JP-4	6.6	四氢呋喃	7.2
2 号柴油	6.7	JP-5	6.6	甲苯	5.8
乙烷	7.5	甲烷	6.2	变压器油	6.9
乙醇	8.1	甲醇	10.2	涡轮液压油23	5.1
乙基醋酸脂	5.6	甲乙酮	6.7	二甲苯	5.3

表 7-14　可燃物的七氟丙烷惰化浓度

可燃物	1-丁烷	1-氯-1.1-二氟乙烷	1.1-二氟乙烷	二氯甲烷	乙烯氧化物	甲烷	戊烷	丙烷
惰化浓度（%）	11.0	2.6	8.6	3.5	13.6	8.0	11.6	11.6

不同场所的设计灭火浓度有关规定如下：

1）图书、档案、票据和文物资料库等防护区，设计浓度宜采用 10%。

2）油浸变压器室、带油开关的配电室和自备发电机房等防护区，设计浓度宜采用 8.3%。

3）通信机房和电子计算机房等防护区，设计浓度宜采用 8%。

当几种可燃物共存或混合时，应按其中最大的灭火浓度或惰化浓度确定。

2. 系统组成

一般来说，七氟丙烷自动灭火系统由火灾报警系统、灭火控制系统和灭火系统 3 部分组成。而灭火系统又由七氟丙烷储存装置与管网系统两部分组成。系统构成形式如图 7-8 所示。

1）七氟丙烷储瓶。储瓶平时用来储存七氟丙烷，按设计要求充装七氟丙烷和增压 N_2，火灾发生时将七氟丙烷释放出去实施灭火。瓶口安装瓶头阀。瓶头阀出口与管网系统相连。

2）瓶头阀。瓶头阀由瓶头阀本体、开启膜片、启动活塞、安全阀门和充装接嘴、压力表接嘴等部分组成。零部件采用不锈钢与铜合金材料。安装在七氟丙烷储瓶瓶口上，具有封存、释放、充装、超压排放等功能。

3）电磁启动器。电磁启动器由顶部有手动启动孔的电磁铁、释放机构、传动机构组成，结构简单，作动力大，使用电流小，可靠性高。安装在启动瓶瓶头阀上，按灭火控制指令通电启动，打开释放阀及瓶头阀，释放七氟丙烷实施灭火；也可实行机械应急操作，启动灭火系统。

当七氟丙烷储瓶已充装好并在储瓶间就位后，才可将电磁启动器装在启动瓶瓶头阀上。连接时，将连接嘴从启动器上卸下，拧到启动瓶瓶头阀的启动接口上。拧紧之后，将接嘴的另一端插入启动器并用锁帽固紧。

4）释放阀。灭火系统为组合分配时设释放阀，对应每个保护区各设一个，安装在七氟丙烷储瓶出流的汇流管上，引导七氟丙烷喷入需要灭火的保护区。释放阀由阀本体和驱动气缸组成，零件采用铜合金和不锈钢材料制造，结构简单，动作可靠。

释放阀安装完毕后应检查压臂是否能正常抬起，将摇臂调整到位，并将压臂用固紧螺钉压紧。释放动作后，需由人工调整复位才可再用。

5）七氟丙烷单向阀。七氟丙烷单向阀由阀体、阀芯、弹簧等部件组成，安装在七氟丙

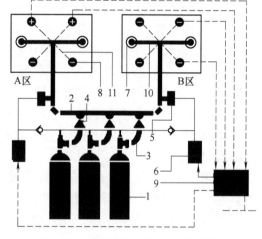

图 7-8　七氟丙烷自动灭火系统的构成
1—储瓶　2—汇流管　3—高压软管　4—单向阀
5—释放阀　6—启动装置　7—喷头　8—火灾探测器
9—火灾报警及控制设备　10—输送管道
11—探测与控制线路

烷储瓶出流的汇流管上，防止七氟丙烷从汇流管向储瓶倒流。密封采用塑料王，零件采用铜合金及不锈钢材料制造。

6）高压软管。用于瓶头阀与七氟丙烷单向阀之间的连接，形成柔性结构，适于瓶体称重检漏和便于安装。高压软管夹层中缠绕不锈钢螺旋钢丝，内外衬夹布橡胶衬套，按承压强度标准制造。进出口采用 O 形圈密封连接，弯曲使用时不宜形成锐角。

7）气体单向阀。气体单向阀由阀体、阀芯和弹簧等部件组成，用于组合分配的系统启动操纵气路上，控制哪些七氟丙烷瓶头阀应打开，另外的不应打开。平时要定期检查阀芯的灵活性与阀的密封性。

8）安全阀。组合分配系统采用了释放阀使汇流管形成封闭管段，一旦有七氟丙烷积存，由于温度的关系可能会形成较高的压力，故需装设安全阀。安全阀由阀体及安全膜片组成，零件采用不锈钢与铜合金材料制造，泄压动作压力为（6.8±0.4）MPa。

9）压力信号器。压力信号器由阀体、活塞和微动开关等组成，采用不锈钢和铜合金材料制造，安装在释放阀的出口部位（单元独立系统安装在汇流管上），当释放阀开启释放七氟丙烷时，压力信号器动作送出工作讯号给灭火控制系统。安装前进行动作检查，送进 0.2MPa 气压时讯号器应动作，动作后应经人工复位。

10）喷头。安装在防护区内，用于向防护区均匀喷射七氟丙烷。喷头的接管尺寸、喷口计算面积、保护半径和应用高度根据厂家提供的资料确定。

3. 设计计算

（1）灭火剂用量计算　系统的灭火剂设计用量等于防护区灭火设计用量（或惰化设计用量）与系统中喷放不尽的剩余量之和。

1）防护区灭火设计用量（或惰化设计用量）。灭火设计用量（或惰化设计用量）可按下式计算：

$$W = K \frac{V}{S} \frac{C}{(100 - C)} \tag{7-24}$$

式中　W——防护区七氟丙烷灭火（或惰化）设计用量（kg）；

C——七氟丙烷灭火（或惰化）设计浓度（%）；

S——七氟丙烷过热蒸汽在 101kPa 和防护区最低环境温度下的比容（m³/kg）；

V——防护区的净容积（m³）；

K——海拔高度修正系数，按表 7-15 的规定采用。

表 7-15　海拔高度修正系数

海拔高度/m	-1000	0	1000	1500	2000	2500	3000	3500	4000	4500
修正系数	1.130	1.000	0.885	0.830	0.785	0.735	0.690	0.650	0.610	0.565

七氟丙烷在不同温度下的过热蒸汽比容，应按下式计算：

$$S = 0.1269 + 0.000513T \tag{7-25}$$

式中　T——温度（℃）。

2）灭火剂剩余量。喷放不尽的灭火剂剩余量，包含储存容器内的剩余量和管网内的剩余量。储存容器内的剩余量，可按储存容器内引升管管口以下的容器容积量计算。

均衡管网和只含一个封闭空间的防护区的非均衡管网，其管网内的剩余量可不计；防护区中含两个或两个以上封闭空间的非均衡管网，其管网内的剩余量可按管网第 1 分支点后各支管的长度与最短支管长度的差值为计算长度，计算出的各长支管末段的内容积量，作为管网内的容积剩余量。

当系统为组合分配系统时，系统设置用量中有关防护区灭火设计用量的部分，应采用该组合中某个防护区设计用量最大者替代。

用于需不间断保护的防护区的灭火系统和超过 8 个防护区的组合分配系统，应设七氟丙烷备用量，备用量按设置用量的 100% 确定。

（2）系统设计

1）系统设计基本要求。系统设计与管网计算的额定温度采用 20℃；七氟丙烷灭火系统应采用氮气增压输送，氮气中水的体积分数不应大于 0.006%；额定增压压力分为两级：一级（2.5±0.125）MPa，二级（4.2±0.125）MPa；储存容器中七氟丙烷的充装率，不应大于 1150kg/m³；系统管网的管道内容积，不宜大于该系统七氟丙烷充装容积量的 80%；在管网上不应采用四通管件进行分流，管网布置宜设计为均衡系统，均衡系统各个喷头应取相等设计流量，管网上从第 1 分流点至各喷头的管道阻力损失，相互间的最大差值不应大于 20%。

2）七氟丙烷灭火时的浸渍时间。在防护区内维持规定的七氟丙烷设计浓度使火灾完全熄灭所需的时间，称为浸渍时间。七氟丙烷灭火时的浸渍时间，应符合下列规定：

①扑救木材、纸张、织物类等固体火灾时，不宜小于 20min。

②扑救通信机房、电子计算机房等防护区火灾时，不应小于 3min。

③扑救其他固体火灾时，不宜小于 10min。

④扑救气体和液体火灾时，不应小于 1min。

3）七氟丙烷喷放时间。七氟丙烷的喷放时间，在通信机房和电子计算机房等防护区，不宜大于 7s；在其他防护区，不应大于 10s。

（3）管网计算

进行管网计算时，各管道中的流量宜采用平均设计流量。管网中主干管的平均设计流量按下式计算：

$$Q_w = \frac{W}{t} \tag{7-26}$$

式中　Q_w——主干管平均设计流量（kg/s）；

　　　W——防护区七氟丙烷的灭火（或惰化）设计用量（kg）；

　　　t——七氟丙烷的喷放时间（s）。

管网中支管的平均设计流量，按下式计算：

$$Q_g = \sum_1^{N_g} Q_c \tag{7-27}$$

式中　Q_g——支管平均设计流量（kg/s）；

　　　N_g——安装在计算支管流程下游的喷头数量（个）；

　　　Q_c——单个喷头的设计流量（kg/s）。

管网计算宜采用喷放七氟丙烷设计用量 50% 时的"过程中点"容器压力和该点瞬时流量进行。该瞬时流量宜按平均设计流量计算。

喷放"过程中点"容器压力，宜按下式计算：

$$p_m = \frac{p_0 V_0}{V_0 + \dfrac{W}{2\gamma} + V_p} \tag{7-28}$$

式中　p_m——喷放"过程中点"储存容器内压力（绝对压强）（MPa）；

　　　p_0——储存容器额定增压压力（绝对压强）（MPa）；

　　　V_0——喷放前，全部储存容器内的气相总容积（m³），按式（7-29）计算；

　　　W——防护区七氟丙烷灭火（或惰化）设计用量（kg）；

　　　γ——七氟丙烷液体密度（kg/m³），20℃时，为1407；

　　　V_p——管网管道的内容积（m³）。

$$V_0 = nV_b\left(1 - \frac{\eta}{\gamma}\right) \tag{7-29}$$

式中　n——储存容器的数量（个）；

　　　V_b——储存容器的容量（m³）；

　　　η——七氟丙烷充装率（kg/m³）。

七氟丙烷管流采用镀锌钢管的阻力损失，可按下式计算，或按图7-9确定：

$$\Delta p = \frac{5.75 \times 10^5 Q_p^2}{\left(1.74 + 2\log \dfrac{D}{0.12}\right)^2 D^5} L \tag{7-30}$$

式中　Δp——计算管段阻力损失（MPa）；

　　　L——计算管段的计算长度（m）；

　　　Q_p——管道流量（kg/s）；

　　　D——管道内径（mm）。

根据平均设计流量，采用管道阻力损失为0.003~0.02MPa/m（图7-9中两条虚线之间的范围）初步确定管径。喷头工作压力应按下式计算：

$$p_c = p_m - \sum \Delta p \pm p_h \tag{7-31}$$

式中　p_c——喷头工作压力（绝对压强）（MPa）；

　　　p_m——喷放"过程中点"储存容器内压力（绝对压强）（MPa）；

　　　$\sum \Delta p$——系统流程阻力总损失（MPa）；

　　　p_h——高程压头（MPa），按下式计算：

$$p_h = 10^{-6}\gamma Hg \tag{7-32}$$

式中　H——喷头高度相对"过程中点"时储存容器液面的位差（m）；

　　　γ——七氟丙烷液体密度（kg/m³）；

　　　g——重力加速度（m/s²）。

喷头工作压力的计算结果，应符合下列规定：

1）一般情况下，$p_c \geqslant 0.8$MPa（绝对压强），最不利情况下，$p_c \geqslant 0.5$MPa（绝对压强）。

2）$p_c \geqslant 0.5 p_m$。

喷头孔口面积，可按下式计算：

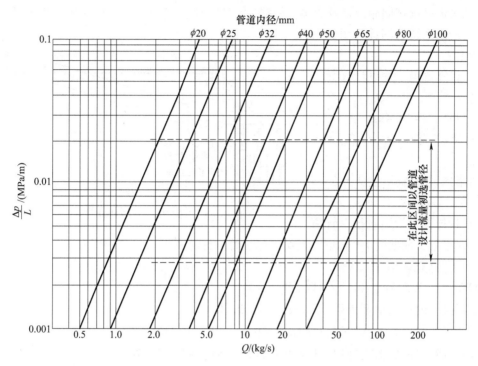

图 7-9 镀锌钢管阻力损失与七氟丙烷流量的关系

$$F_c = \frac{10Q_c}{u_c\sqrt{2\gamma p_c}} \tag{7-33}$$

式中 F_c——喷头孔口面积（cm^2）；

Q_c——喷头设计流量（kg/s）；

γ——七氟丙烷液体密度（kg/m^3）；

p_{cb}——喷头工作压力表压（MPa）；

u_c——喷头流量系数，与储存容器的充装压力与喷头孔口结构等因素有关，应经试验得出（厂家提供）。

【例 7-2】 有一通信机房，长 14m，宽 7m，房高 3.2m，设置七氟丙烷灭火系统，试确定相关设计参数。

解：设计计算步骤如下：

1）确定灭火设计浓度 取 $C = 8\%$。

2）计算保护空间实际容积 $V = 3.2m \times 14m \times 7m = 313.6m^3$。

3）计算灭火剂设计用量

$$S = (0.1269 + 0.000513 \times 20)m^3/kg = 0.13716m^3/kg$$

取 $K = 1$，得 $W = K\dfrac{V}{S}\dfrac{C}{(100-C)} = 198.8kg$

4）设定灭火剂喷放时间 取 $t = 7s$。

5）设定喷头布置与数量 选用 JP 型喷头，其保护半径 $R = 7.5m$，喷头数为 2 只；按保护区平面均匀喷洒布置喷头。

6）选定灭火剂储瓶规格及数量。根据 $W=198.8\mathrm{kg}$，选用 JR-100/54 型储瓶 3 只。

7）绘出系统管网计算图如图 7-10 所示。

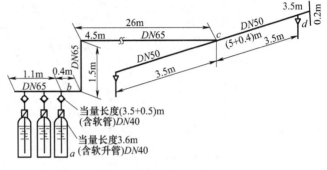

图 7-10　管网计算图

8）计算管道平均设计流量。

主干管流量：$Q_w = W/t = (198.8/7)\mathrm{kg/s} = 28.4\mathrm{kg/s}$；

支管流量：$Q_g = Q_w/2 = 14.2\mathrm{kg/s}$；

储瓶出流管流量：$Q_p = Q_p/n = (28.4/3)\mathrm{kg/s} = 9.47\mathrm{kg/s}$。

9）选择管网管道直径以管道平均设计流量，依据图 7-9 选取，其结果标在管网计算图中。

10）计算充装率。

$\Delta W_1 = (3\times3.5)\mathrm{kg} = 10.5\mathrm{kg}$，取 $\Delta W_2 = 0$。

七氟丙烷设置用量 $W_s = W + \Delta W_1 + \Delta W_2 = 209.3\mathrm{kg}$。

充装率 $\eta = W_s/n/V_b = (209.3/3/0.1)\mathrm{kg/m^3} = 697.7\mathrm{kg/m^3}$。

11）计算管网管道内容积　$V_p = 29\times3.42 + 7.4\times1.96 = 113.7\mathrm{dm^3}$。

12）储瓶增压压力　选用 $p_0 = 4.3\mathrm{MPa}$（绝对压强）。

13）计算全部储瓶气相总容积　$V_0 = nV_b(1-\eta/\gamma) = 0.1512\mathrm{m^3}$。

14）计算"过程中点"储瓶内压力。

$$p_m = \frac{p_0 V_0}{V_0 + \dfrac{W}{2\gamma} + V_p} = \left(\frac{4.3\times0.1512}{0.1512 + \dfrac{198.8}{2\times1407} + 0.1137}\right)\mathrm{MPa} = 1.938\mathrm{MPa}$$

15）计算管路阻力损失。

$a\sim b$ 段：以 $Q_p = 9.47\mathrm{kg/s}$ 及 $D=40\mathrm{mm}$，查图 7-9 得，$\Delta p/L = 0.0103\mathrm{MPa/m}$。

计算长度 $L = 3.6+3.5+0.5 = 7.6\mathrm{m}$，则有 $\Delta p = 0.0103\times7.6 = 0.0783\mathrm{MPa}$。

$b\sim c$ 段：以 $Q_p = 28.4\mathrm{kg/s}$ 及 $D=65\mathrm{mm}$，查图 7-9 得，$\Delta p/L = 0.008\mathrm{MPa/m}$。

计算长度 $L = 0.4+4.5+1.5+4.5+26 = 36.9\mathrm{m}$，则有 $\Delta p = 0.008\times36.9 = 0.2952\mathrm{MPa}$。

$c\sim d$ 段：以 $Q_p = 14.2\mathrm{kg/s}$ 及 $D=50\mathrm{mm}$，查图 7-9 得，$\Delta p/L\,0.009\mathrm{MPa/m}$。

计算长度 $L = 5+0.4+3.5+3.5+0.20 = 12.6\mathrm{m}$，则有 $\Delta p = 0.009\times12.6 = 0.1134\mathrm{MPa}$。

管路总损失：$\sum\Delta p = 0.0783+0.2952+0.1134 = 0.4869\mathrm{MPa}$。

16）计算高程压头。喷头高度相对"过程中点"储瓶液面的位差 $H = 2.8\mathrm{m}$，$p_h = (10^{-6}\times1407\times2.8\times9.81)\mathrm{MPa} = 0.0386\mathrm{MPa}$。

17）计算喷头工作压力。

$$p_c = p_m - (\sum\Delta p \pm p_h) = (1.938 - 0.4869 - 0.0386)\mathrm{MPa} = 1.412\mathrm{MPa}$$

18）验算设计计算结果。

$p_c \geqslant 0.5\mathrm{MPa}$ 且 $p_c \geqslant p_m/2$，合格。

19）计算喷头计算面积及确定喷头规格。

由喷头工作压力 p_c 和喷头平均设计流量 Q_c（本例等于 Q_g）用式（7-33）求得喷头计算面积，查表 7-10 可选用合适的喷头。

7.1.3　三氟甲烷灭火系统

三氟甲烷灭火剂无色、微味、低毒、不导电、不污染被保护对象，密度约为空气的 2.4 倍，在一定压力下呈液态，不含溴和氯，对大气臭氧层无破坏作用。三氟甲烷的灭火过程主要依靠化学作用，它能在火焰的高温中分解产生活性游离基，参与物质燃烧过程中的化学反应并生成稳定的分子，清除维持燃烧所必须的活性游离基 OH、H 等，从而使燃烧过程中的连锁反应链中断而灭火；同时，还可提高环境的总热容量使空气达不到助燃的状态，使火达不到理论热容值而熄灭。

二氧化碳、三氟甲烷、七氟丙烷灭火剂的性能比较见表 7-16。

表 7-16　气体灭火剂性能比较

主要性能	药剂种类		
	二氧化碳	三氟甲烷	七氟丙烷
最小设计灭火浓度（v/v）（庚烷火）	34%	14.4%	8.6%
NOAEL（v/v）	—	50%	9%
ODP 值	0	0	0
最大充装率/（kg/L）	0.67	0.86	1.15
灭火方式	物理	物理、化学	物理、化学
20℃储存压力/MPa	5.17	4.2	2.5/4.2
每公斤灭火剂保护容积/m³（以 500m³ 计算机房为基准）	0.77	1.94	1.58
范围	无人区域	无人区域	有人区域

三氟甲烷自动灭火系统压力随温度变化较大，无法采用压力表对药剂是否泄漏进行直观显示，应该采用称重方式显示，当储瓶内灭火剂的泄露量大于灭火剂充装量的 5% 时，泄漏报警器就会发出报警信号。

系统主要技术参数如下：

1）系统储存压力：4.2MPa（20℃时）。

2）启动钢瓶充装压力：6.0MPa（20℃时）。

3）灭火剂充装密度：≤0.86kg/L。

4）储存环境温度：−20～50℃。

5）灭火系统电磁阀工作电压：DC24V±3V。

6）灭火剂储瓶规格：40L、70L、90L。

1. 三氟甲烷灭火系统的组成与控制

主要由自动报警灭火控制系统、灭火剂储瓶、启动钢瓶、瓶头阀、选择阀、单向阀、压力开关、称重装置、框架、喷嘴、管道系统等主要部件组成。

系统的工作原理和操作方式同其他气体灭火系统相似，可采用自动、电气手动、机械应急操作 3 种启动方式，并具有紧急停止功能。

2. 防护区的划分与管网布设

（1）防护区设置要求　三氟甲烷的防护区为全淹没系统，防护区的划分应根据封闭空间的结构特点、数量和位置来确定。若相邻的两个或两个以上封闭空间之间的隔断不能阻止灭火剂流失而影响灭火效果，或不能阻止火灾蔓延，则应将这些封闭空间划分为一个防护区。三氟甲烷由于沸点低，液体密度和黏度小，输送压力高，所以传送距离远。一般对保护区的大小、管网长度和楼层高度无严格要求，经计算最远点喷头压力满足设计要求即可。

当防护区内温度低于灭火剂沸点时，施放的灭火剂将以液态形式存在。防护区的温度越低，灭火剂的汽化速度越慢，这将延长灭火剂在防护区内均化分布时间，降低灭火速度，同时还造成灭火剂的流失。

为了保证全淹没系统能将建筑物内的火灾全部扑灭，防护区的建筑物构件应有足够的耐火时间，以保证在完全灭火所需时间内。完成灭火所需要的时间一般包括火灾探测时间、探测出火灾后到施放灭火剂之前的延时时间、施放灭火剂时间、保持灭火剂设计浓度的浸渍时间。

保持灭火剂设计浓度所需浸渍时间见表7-17。若建筑物的耐火极限低于这一时间，则有可能在火灾扑灭前被烧坏，使防护区的密闭性受到破坏，造成灭火剂流失而导致灭火失败。

为防止保护区外发生的火灾蔓延到防护区内，防护区的围护结构及门窗的耐火极限不应低于0.50h，吊顶内不低于0.25h。防护区应为密闭形式，如必须开口时，应设置自动关闭装置，开口面积不应大于防护区总表面积的3%，且开口不应设在底面。

全密闭的防护区应设置泄压口。为防止灭火剂从泄压口流失，泄压口底部距室内地面高度不应小于室内净高的2/3。

表 7-17　不同灭火剂保持设计浓度所需浸渍时间

灭火剂名称	火灾类别	浸渍时间/min
HFC-227	可燃固体表面火灾	≥10
HFC-23 1301 1211	可燃气体及甲、乙、丙液体火灾，电气火灾	≥1
二氧化碳	部分电气火灾	≥10
	固体深位火灾	≥20

（2）管网布置　三氟甲烷灭火系统按管网布置形式可分为均衡管网系统和非均衡管网系统。均衡管网系统具备以下条件：

1）从储存容器到每个喷头的管道长度应大于最长管道长度的90%。

2）从储存容器到每个喷头的管道长度应大于管道计算长度的90%（管道计算长度＝实际管长+管件当量长度）。

3）每个喷头的平均质量流量相等。

对于气体灭火系统，管道宜布置成均衡系统。均衡系统特点是：

1）有利于灭火剂释放后的均化，使防护区各部分空间能迅速达到浓度要求。

2）能简化管网流体计算和管道剩余量的计算。

三氟甲烷自动灭火系统可以设计成单元独立和组合分配形式，如图7-11所示。

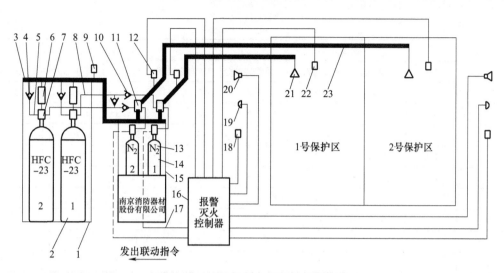

图 7-11 三氟甲烷自动灭火系统布置

1—储瓶框架 2—储瓶 3—集流管 4—液流单向阀 5—金属软管 6—称重装置 7—瓶头阀 8—启动管路
9—安全阀 10—气流单向阀 11—选择阀 12—压力开关 13—电磁瓶头阀 14—启动钢瓶 15—启动瓶框架
16—报警灭火控制器 17—控制线路 18—手动控制盒 19—放气显示灯 20—声光报警器
21—喷嘴 22—火灾探测器 23—输送管

3. 设计计算

三氟甲烷系统设计计算的任务是确定储存容器的个数、充装比、各管段管径和喷头的孔口面积。

系统设计计算必须达到的目标：整个系统应在规定的时间内，将需要的灭火剂用量施放到防护区，并使之在防护区内均匀分布。系统设计的总原则：管道直径应满足输送设计流量的要求，同时，管道最终压力也应满足喷头入口压力不低于最低工作压力要求。喷头的入口压力一般不宜低于 2.0MPa，最小不应小于 1.4MPa。

设计计算步骤如下：

1）根据灭火剂总用量、单个储存容器的容积及其充装比，求出储存器个数。

2）根据管路布置，确定管段计算长度。管段计算长度为管段沿程长度和管道附件当量长度之和。管道附件当量长度见表 7-18。

3）计算输送干管平均质量流量。

4）初定管径。

5）计算管路终端压力。

6）根据每个喷头流量和入口压力，算出喷头等效孔口面积。根据等效孔口面积，选定喷头产品的规格。

表 7-18 管道附件的当量长度 （单位：m）

管道公称直径/mm	螺纹连接				焊 接			
	45°弯头	90°弯头	三通直通部分	三通侧通部分	45°弯头	90°弯头	三通直通部分	三通侧通部分
15	0.2	0.5	0.3	0.9	0.1	0.2	0.2	0.7
20	0.3	0.7	0.4	1.3	0.2	0.4	0.3	1.0

（续）

管道公称	螺纹连接				焊接			
直径/mm	45°弯头	90°弯头	三通直通部分	三通侧通部分	45°弯头	90°弯头	三通直通部分	三通侧通部分
25	0.4	1.0	0.6	1.8	0.2	0.5	0.4	1.4
32	0.6	1.4	0.8	2.5	0.3	0.7	0.6	1.9
40	0.7	1.6	0.9	3.1	0.4	0.8	0.7	2.3
50	1.0	2.2	1.3	4.2	0.5	1.1	1.0	3.2
65	1.3	3.0	1.7	5.5	0.6	1.5	1.3	4.2
80	1.6	3.7	2.1	6.8	0.8	1.8	1.6	5.2
100	—	—	—	—	1.1	2.5	2.2	7.3
125	—	—	—	—	1.4	3.3	2.8	9.5
150	—	—	—	—	1.8	4.1	3.5	11.7

7.1.4 烟烙尽灭火系统

烟烙尽（INERGEN），又称为惰性气体（Inert Gas）、IG541 气体，是由 52% 的氮气、40% 的氩气和 8% 二氧化碳混合而成。因为各成分比例大约是 5∶4∶1，所以称为 IG541。IG541 气体既不支持燃烧，也不和大部分物质反应，对环境不会造成任何污染和破坏。

IG541 气体灭火系统，又称洁净气体灭火系统，由美国安素公司研制生产并推广应用，商业名 "INERGEN"。

IG541 气体以 15MPa 的压力纯气态的形式储存在钢瓶里，大量 IG541 气体喷放到火灾区，降低火灾区域内空气中氧的浓度，使火灾 "窒息" 而达到灭火的效果，与灭火剂不发生任何化学反应，是一种物理灭火方式。当灭火剂（IG541 气体）浓度低于 42.8% 时，对人的呼吸系统不会产生副作用。在通常情况下，氧浓度降到 15% 以下，大部分可燃物将停止燃烧。在系统的设计计算时，通常 IG 气体灭火剂把氧气浓度降到大约 12.5%，同时二氧化碳浓度上升到大约 4%，二氧化碳浓度的增加，加快了人的呼吸速率和人体吸收氧气的能力。所以向火灾区喷 IG541 气体时，能使火灾 "窒息"，而不会使人窒息。

1. 应用背景

在数据处理中心、通信和数据传送中心、公共交通领域、商业、金融和文化场地等场合所使用的消防系统所使用的灭火剂不能对火灾区的人产生危害，不能对火灾区的设备或物品产生水渍破坏，另外，由于《蒙特利尔协议》的制约，哈龙灭火系统被禁止使用。因此，IG541 气体（又称惰性气体）灭火系统被广泛使用在这些场合。IG541 气体灭火系统有以下优势：

1）完全由自然存在于大气中的惰性气体组成，对环境完全无害。

2）在规定的灭火浓度下对人体完全无害，可以在有人工作的场所安全地使用。

3）药剂来源广泛，可确保长期使用。

4）完全由惰性气体组成的灭火剂，在火灾时的高温下不会产生任何酸性化学分解物，对精密设备和其他珍贵财物等无任何腐蚀作用。

5）以气态方式储存的灭火剂，喷放时不会引起保护区域内温度急剧下降，对精密设备和其他珍贵财物无任何伤害。

6）可以较其他气体灭火系统输送更长的距离，在系统采用组合分配方式下，可以连接更多的保护区域，节约气体灭火系统的投资。

根据大量已经得到认证的灭火试验结果表明，IG541 气体灭火系统能够有效地扑灭 A 类火灾、B 类火灾和 C 类火灾。一般的民用建筑和工业建筑内发生的火灾都应该是属于 A 类火灾、B 类火灾和 C 类火灾，所以，IG541 气体灭火系统可以适用于目前绝大多数的场所。IG541 气体灭火系统自 1994 年投入使用后，已在数十个国家和地区得到了应用，已经投入使用的 IG541 气体灭火系统累计已经超过数万套。目前，IG541 灭火系统在我国也得到了广泛的应用。

2. 系统组成

IG541 气体灭火系统的设备可以分成 2 大部分：药剂储存和喷放设备；报警和控制设备。

药剂储存和喷放设备主要包括有 IG541 气体钢瓶、钢瓶固定支架、启动器、瓶头阀手动启动器、瓶头阀电磁减压孔板、高压软管、气动软管、止回阀、泄气螺塞、区域选择阀、喷嘴、喷嘴挡流罩等。

报警和控制设备主要包括有火灾探测器、控制盘、手拉开关、紧急停止开关、手动/自动选择开关、警铃、蜂鸣器和闪灯、气体释放指示灯、主用/备用选择开关、压力开关等。

一般的 IG541 气体灭火系统，根据需要会选择采用以上的部分或全部的系统基本设备。图 7-12 为 IG541 气体灭火系统组成图。

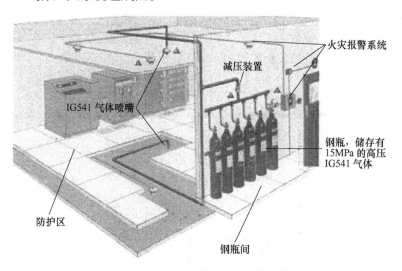

图 7-12　IG541 气体灭火系统组成图

3. 控制方式及设置要求

与其他气体灭火系统一样，IG541 灭火系统设有自动控制、手动控制和机械应急操作 3 种控制方式。设置要求如下：

1）IG541 混合气体灭火系统的灭火设计浓度不应小于灭火浓度的 1.3 倍，惰化设计浓度不应小于灭火浓度的 1.1 倍。

2）固体表面火灾的灭火浓度为 28.1%，其他可燃物对应的灭火浓度按表 7-19 的规定取值。表中未列出的，应经试验确定。

表 7-19　IG541 灭火浓度

可燃物	灭火浓度(%)	可燃物	灭火浓度(%)	可燃物	灭火浓度(%)
甲烷	15.4	醋酸乙酯	32.7	甲醇	44.2
乙烷	29.5	二乙醚	34.9	乙醇	35.0
丙烷	32.3	石油醚	35.0	1-丁醇	37.2
戊烷	37.2	甲苯	25.0	异丁醇	28.3
庚烷	31.1	乙腈	26.7	普通汽油	35.8
正庚烷	31.0	丙酮	30.3	航空汽油 100	29.5
辛烷	35.8	丁酮	35.8	Avtur（Jet A）	36.2
乙烯	42.1	甲基异丁酮	32.3	2 号柴油	35.8
醋酸乙烯酯	34.4	环己酮	42.1	真空泵油	32.0

3）当 IG541 混合气体灭火剂喷放至设计用量的 95% 时，喷放时间不应大于 60s 且不应小于 48s。

4）灭火浸渍时间应符合下列规定：

①木材、纸张、织物等固体表面火灾，宜采用 20min。

②通信机房、电子计算机房内的电气设备火灾，宜采用 10min。

③其他固体表面火灾，宜采用 10min。

5）储存容器充装量应符合下列规定：

①一级充压，20℃，充装压力为 15.0MPa（表压）时，其充装量应为 211.15kg/m³。

②二级充压，20℃，充装压力为 20.0MPa（表压）时，其充装量应为 281.06kg/m³。

4. 设计计算

1）泄压口面积。泄压口面积按式（7-1）计算得出，系数 α 取 1.1。

2）设计用量。

$$W = K \frac{V}{S} \ln\left(\frac{100}{100 - C_1}\right) \tag{7-34}$$

式中　W——灭火设计用量或惰化设计用量（kg）；

　　　C_1——灭火设计浓度或惰化设计浓度（%）；

　　　V——防护区净容积（m³）；

　　　S——灭火剂气体在 101kPa 大气压和防护区最低环境温度下的比容（m³/kg）；

　　　K——海拔高度修正系数，按表 7-15 取值。

灭火剂气体在 101KPa 大气压和防护区最低环境温度下的比容，应按下式计算：

$$S = 0.6575 + 0.0024T \tag{7-35}$$

式中　T——防护区最低环境温度（℃）。

3）灭火剂储存量。灭火剂储存量应为防护区灭火设计用量及系统灭火剂剩余量之和，系统灭火剂剩余量应按下式计算：

$$W_s \geqslant 2.7V_0 + 2.0V_p \tag{7-36}$$

式中　W_s——系统灭火剂剩余量（kg）；

V_0——系统全部储存容器的总容积（m^3）；

V_p——管网的管道内容积（m^3）。

4）管道流量。主干管、支管的平均设计流量，应按下式计算：

$$Q_w = \frac{0.95W}{t} \tag{7-37}$$

$$Q_g = \sum_1^{N_g} Q_c \tag{7-38}$$

式中　Q_w——主干网平均设计流量（kg/s）；

t——灭火剂设计喷放时间（s）；

Q_g——支管平均设计流量（kg/s）；

N_g——安装在计算支管下游的喷头数量（个）；

Q_c——单个喷头的平均设计流量（kg/s）。

5）管径。管道内径宜按下式计算：

$$D = (24 \sim 36)\sqrt{Q} \tag{7-39}$$

6）减压孔板前的压力按下式计算：

$$P_1 = P_0 \left(\frac{0.525V_0}{V_0 + V_1 + 0.4V_2} \right)^{1.45} \tag{7-40}$$

式中　P_1——减压孔板前的绝对压力（MPa）；

P_0——灭火剂储存容器充压绝对压力（MPa）；

V_0——系统全部储存容器的总容积（m^3）；

V_1——减压孔板前管网管道容积（m^3）；

V_2——减压孔板后管网管道容积（m^3）。

7）减压孔板后的压力为

$$P_2 = \delta P_1 \tag{7-41}$$

式中　P_2——减压孔板后的绝对压力（MPa）；

δ——落压比（临界落压比：$\delta = 0.52$）。

8）减压孔板孔口面积的计算：

$$F_k = \frac{Q_k}{0.95\mu_k P_1 \sqrt{\delta^{1.38} - \delta^{1.69}}} \tag{7-42}$$

式中　F_k——减压孔板孔口面积（cm^2）；

Q_k——减压孔板设计流量（kg/s）；

μ_k——减压孔板流量系数，根据孔径与管径的比值 d/D，取 0.6，0.61，0.62。减压孔板可按图 7-13 设计，其中，d 为孔口直径，D 为孔口前管道内径；d/D 为 0.25 ~ 0.55。当 $d/D \leq 0.35$，$\mu_k = 0.6$；$0.35 < d/D \leq 0.45$，$\mu_k = 0.61$；$0.45 < d/D \leq 0.55$，$\mu_k = 0.62$。

9）管网的压力损失从减压孔板后算起。按式（7-10）计算，其中：

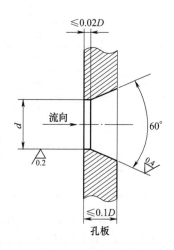

图 7-13　减压孔板图

$$A = \frac{1}{0.242 \times 10^{-8} D^{5.25}} \tag{7-43}$$

$$B = \frac{1.653 \times 10^7}{D^4} \tag{7-44}$$

管道压力系数 Y 和密度系数 Z 可查表 7-20 和表 7-21 求出。

表 7-20　一级充压（15MPa）IG541 混合气体灭火系统的管道压力系数和密度系数

绝对压力/MPa	$Y/(10^{-1}\mathrm{MPa \cdot kg/m^3})$	Z	绝对压力/MPa	$Y/(10^{-1}\mathrm{MPa \cdot kg/m^3})$	Z
3.7	0	0	2.8	474	0.363
3.6	61	0.0366	2.7	516	0.409
3.5	120	0.0746	2.6	557	0.457
3.4	177	0.114	2.5	596	0.505
3.3	232	0.153	2.4	633	0.552
3.2	284	0.194	2.3	668	0.601
3.1	335	0.237	2.2	702	0.653
3.0	383	0.277	2.1	734	0.708
2.9	429	0.319	2.0	764	0.766

表 7-21　二级充压（20MPa）IG541 混合气体灭火系统的管道压力系数和密度系数

绝对压力/MPa	$Y/(10^{-1}\mathrm{MPa \cdot kg/m^3})$	Z	绝对压力/MPa	$Y/(10^{-1}\mathrm{MPa \cdot kg/m^3})$	Z
4.6	0	0	3.4	770	0.370
4.5	75	0.0284	3.3	822	0.405
4.4	148	0.0561	3.2	872	0.439
4.3	219	0.0862	3.08	930	0.483
4.2	288	0.114	2.94	995	0.539
4.1	355	0.144	2.8	1056	0.595
4.0	420	0.174	2.66	1114	0.652
3.9	483	0.206	2.52	1169	0.713
3.8	544	0.236	2.38	1221	0.778
3.7	604	0.269	2.24	1269	0.847
3.6	661	0.301	2.1	1314	0.918
3.5	717	0.336			

10）喷嘴等效孔口面积。按式（7-16）计算，一级充压（15MPa）和二级充压（20MPa）IG541 混合气体灭火系统喷头等效孔口单位面积喷射率分别见表 7-22 和表 7-23，由喷嘴的等效孔口面积查表 7-10 求得喷嘴规格代号。

表 7-22 一级充压（15MPa）IG541 混合气体灭火系统喷头等效孔口单位面积喷射率

喷头入口绝对压力/MPa	喷射率/[kg/(s·cm²)]	喷头入口绝对压力/MPa	喷射率/[kg/(s·cm²)]
3.7	0.97	2.8	0.70
3.6	0.94	2.7	0.67
3.5	0.91	2.6	0.64
3.4	0.88	2.5	0.62
3.3	0.85	2.4	0.59
3.2	0.82	2.3	0.56
3.1	0.79	2.2	0.53
3.0	0.76	2.1	0.51
2.9	0.73	2.0	0.48

注：等效孔口流量系数为 0.98。

表 7-23 二级充压（20MPa）IG541 混合气体灭火系统喷头等效孔口单位面积喷射率

喷头入口绝对压力/MPa	喷射率/[kg/(s·cm²)]	喷头入口绝对压力/MPa	喷射率/[kg/(s·cm²)]
4.6	1.21	3.4	0.86
4.5	1.18	3.3	0.83
4.4	1.15	3.2	0.80
4.3	1.12	3.08	0.77
4.2	1.09	2.94	0.73
4.1	1.06	2.8	0.69
4.0	1.03	2.66	0.65
3.9	1.00	2.52	0.62
3.8	0.97	2.38	0.58
3.7	0.95	2.24	0.54
3.6	0.92	2.1	0.50
3.5	0.89		

注：等效孔口流量系数为 0.98。

【例 7-3】 某机房为 20m×20m×3.5m，最低环境温度 20℃，设计 IG541 气体灭火系统，系统布置如图 7-14 所示。减压孔板前管道（$a\sim b$）长 15m，减压孔板后主管道（$b\sim c$）长 75m，管道连接件当量长度 9m；一级支管（$c\sim d$）长 5m，管道连接件当量长度 11.9m；二级支管（$d\sim e$）长 5m，管道连接件当量长度 6.3m；三级支管（$e\sim f$）长 2.5m，管道连接件当量长度 5.4m；末端支管（$f\sim g$）长 2.6m，管道连接件当量长度 7.1m。

1）确定灭火设计浓度 取 $C_1 = 37.5\%$。

2）计算保护空间实际容积 $V = 20m×20m×3.5m = 1400m^3$。

3）计算灭火剂在最低环境温度下的比容 $S = (0.6575+0.0024×20)m^3/kg = 0.7055m^3/kg$。

4）计算灭火剂设计用量 $W = \left(\dfrac{1400}{0.7055} \ln \dfrac{100}{100-37.5} \right) kg = 932.68kg$。

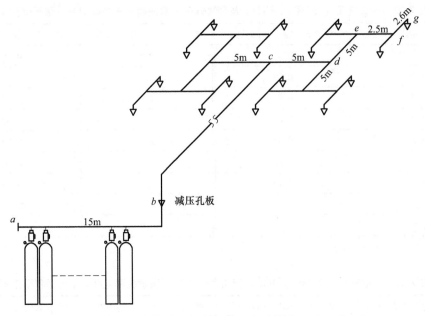

图 7-14 IG541 气体灭火系统图

5）确定灭火剂喷放时间 取 $t=55\text{s}$。

6）确定灭火剂储存容器规格及储存压力级别。选用 70L 的 15MPa 存储容器，根据 $W=932.68\text{kg}$，充装系数 $\eta=211.15\text{kg/m}^3$，储瓶数 $n=(932.68/211.15)/0.07=63.1$，取整后，$n=64$ 只。

7）计算管道平均设计流量。

主干管：$Q_\text{w}=\dfrac{0.95W}{t}=0.95\times932.68/55=16.110\text{kg/s}$；

一级支管：$Q_\text{g1}=Q_\text{w}/2=8.055\text{kg/s}$；

二级支管：$Q_\text{g2}=Q_\text{g1}/2=4.028\text{kg/s}$；

三级支管：$Q_\text{g3}=Q_\text{g2}/2=2.014\text{kg/s}$；

末端支管：$Q_\text{g4}=Q_\text{g3}/2=1.007\text{kg/s}$，即 $Q_\text{c}=1.007\text{kg/s}$。

8）计算管道通径。$D=(24\sim36)\sqrt{Q}$，初选管径为：

主干管：125mm；

一级支管：80mm；

二级支管：65mm；

三级支管：50mm；

末端支管：40mm。

9）确定系统剩余量及其增加的储瓶数量：

$V_1=0.1178\text{m}^3$，$V_2=1.1287\text{m}^3$，$V_\text{p}=V_1+V_2=1.2465\text{m}^3$；$V_0=0.07\times64\text{m}^3=4.48\text{m}^3$；

$W_\text{s}\geqslant(2.7V_0+2.0V_\text{p})\text{kg}\geqslant14.589\text{kg}$，计入剩余量后的储瓶数：$n_1\geqslant[(932.68+14.589)/211.15]/0.07\geqslant64.089$，取整后，$n_1=65$ 只。

10）计算减压孔板前压力 $P_1 = P_0\left(\dfrac{0.525V_0}{V_0+V_1+0.4V_2}\right)^{1.45} = 4.954\text{MPa}$。

11）计算减压孔板后压力 $P_2 = \delta \cdot P_1 = 0.52 \times 4.954 = 2.576\text{MPa}$。

12）计算减压孔板孔口面积 $F_k = \dfrac{Q_k}{0.95\mu_k P_1 \sqrt{\delta^{1.38}-\delta^{1.69}}}$；并初选 $\mu_k = 0.61$，得出 $F_k = 20.570\text{cm}^2$，$d = 51.177\text{mm}$。$d/D = 0.4094$；说明 μ_k 选择正确。

13）计算压强损失。根据 $P_2 = 2.576\text{MPa}$，查表 7-20，得 b 点 $Y = 566.6$，$Z = 0.5855$。利用式（7-10）、式（7-43）、式（7-44），代入各管段平均流量及计算长度（含沿程长度及管道连接件当量长度），并结合表 7-20，依次推算出：

c 点 $Y = 656.9$，$Z = 0.5855$；该点压力值 $P = 2.3317\text{MPa}$；

d 点 $Y = 705.0$，$Z = 0.6583$；

e 点 $Y = 728.6$，$Z = 0.6987$；

f 点 $Y = 744.8$，$Z = 0.7266$；

g 点 $Y = 760.8$，$Z = 0.7598$。

14）计算喷头等效孔口面积：

因 g 点为喷头入口处，根据其 Y、Z 值，查表 7-20，推算出该点压力 $P_c = 2.011\text{MPa}$；查表 7-22，推算出喷头等效单位面积喷射率 $q_c = 0.4832\text{kg}/(\text{s}\cdot\text{cm}^2)$；$F_c = \dfrac{Q_c}{q_c} = 2.084\text{cm}^2$。

查表 7-10，可选用规格代号为 22 的喷头 16 只。

7.2 泡沫灭火系统

泡沫灭火系统采用泡沫液作为灭火剂，主要用于扑救非水溶性可燃液体和一般固体火灾，如商品油库、煤矿、大型飞机库等。系统具有安全可靠、灭火效率高等特点。

7.2.1 灭火原理及过程

泡沫灭火剂主要通过窒息和冷却作用扑灭火灾。

泡沫灭火剂是一种体积较小，表面被液体围成的气泡群，其比重远小于一般可燃、易燃液体。可漂浮、黏附在可燃、易燃液体、固体表面，形成一个泡沫覆盖层，使燃烧物表面与空气隔绝，窒息灭火，阻止燃烧区的热量作用于燃烧物质的表面，抑制可燃物本身和附近可燃物质的蒸发。泡沫受热产生水蒸气，可减少着火物质周围空间氧的浓度，泡沫析出的水可对燃烧物产生冷却作用。

7.2.2 系统的分类及使用范围

泡沫灭火系统按泡沫发泡倍数有低、中、高倍数泡沫灭火系统；按设备安装使用方式有固定式、半固定式和移动式泡沫灭火系统；按泡沫喷射位置有液上喷射和液下喷射泡沫灭火系统。

1. 低倍数泡沫灭火系统

泡沫发泡倍数在 20 倍以下为低倍数泡沫灭火系统，主要用于扑救原油、汽油、煤油、柴油、甲醇、丙酮等 B 类火灾。一般民用建筑泡沫消防系统常采用低倍数泡沫消防系统。低倍数泡沫液有普通蛋白泡沫液、氟蛋白泡沫液、水成膜泡沫液（轻水泡沫液）及抗溶性泡沫液等类型。

普通蛋白泡沫液灭火剂是以蛋白或植物性蛋白的水解浓缩液为基料，加入适量的稳定、防腐、防冻剂等添加剂而制成。由于泡沫发泡倍数小，泡沫密度大，因此具有良好的稳定性，不随热气流上升，适用于扑救非水溶性的易燃、可燃液体火灾，如石油、油脂物火灾，也可用于扑救木材等一般可燃固体的火灾。

氟蛋白泡沫液中含有一定量的氟碳表面活性剂，灭火效率比蛋白泡沫液高，应用范围与蛋白泡沫液相同，显著特点是可以用液下喷射方式扑救大型储油罐等场所的火灾。

水成膜泡沫灭火剂是由氟碳表面活性剂、碳氢表面活性剂和添加剂及水组成。灭火时，泡沫和水膜有双重灭火作用，因此优于普通蛋白泡沫和氟蛋白泡沫液，能迅速控制火灾蔓延。在要求尽快控制和扑灭火灾确保人员或贵重物安全时，应选用水成膜泡沫灭火剂。

水溶性可燃液体如乙醇、甲醇、丙酮、醋酸乙醋等的分子极性较强，对一般灭火泡沫有破坏作用，一般泡沫灭火剂无法对其起作用，应采用抗溶性泡沫灭火剂。抗溶性泡沫灭火剂对水溶性可燃、易燃液体有较好的稳定性，可以抵抗水溶性可燃、易燃液体的破坏，发挥灭火作用。

低倍数泡沫灭火系统不宜用于扑救流动着的可燃液体或气体火灾，也不宜与水枪和水喷雾系统同时使用。

2. 中倍数灭火系统

泡沫发泡倍数在 20~200 之间为中倍数泡沫灭火系统，一般用于控制或扑灭易燃、可燃液体、固体表面火灾及固体深位阴燃火灾。其稳定性较低倍数泡沫灭火系统差，在一定程度上会受风的影响，抗复燃能力较低，因此，使用时需要增强供给的强度。中倍数泡沫灭火系统能扑救立式钢制储油罐内火灾。

3. 高倍数泡沫灭火系统

泡沫发泡倍数在 200~1000 之间为高倍数泡沫灭火系统，在灭火时能迅速以全淹没或覆盖方式充满防护空间灭火，并不受防护面积和容积大小的限制，可用以扑救 A 类火灾和 B 类火灾。高倍数泡沫绝热性能好、无毒，能消烟和排除有毒气体，形成防火隔离，对火场灭火人员无害。

高倍泡沫灭火系统一般可设置在固体物资仓库、易燃液体仓库、贵重仪器设备和物品建筑、地下建筑工程、有火灾危险的工业厂房等。但不能用于扑救立式油罐内的火灾、未封闭的带电设备及在无空气的环境中仍能迅速氧化的强氧化剂和化学物质的火灾（如硝化纤维、炸药等）。

4. 固定式泡沫灭火系统

固定式泡沫灭火系统由固定的泡沫液消防泵、泡沫液储罐、比例混合器、泡沫混合液输送管道及泡沫产生装置等组成，并与给水系统连成一体。当发生火灾时，先启动消防泵，打开相关阀门，系统即可实施灭火。

系统的主要特点为：可随时启动，立即进行灭火；自动化程度高、操作简便、安全可靠；但对保养和维修要求高。油罐爆炸时，可能使罐上安装的固定消防设备遭破坏，因此一般要另配一套移动式泡沫灭火设施。

固定式泡沫灭火系统的泡沫喷射方式可采用液上喷射和液下喷射方式，如图 7-15 和图 7-16 所示。

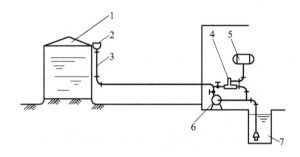

图 7-15 固定式液上喷射泡沫灭火系统
1—油罐 2—泡沫产生器 3—混合液管道 4—比例混合器 5—泡沫液罐 6—混合液泵 7—水池

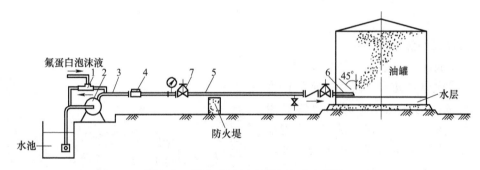

图 7-16 固定式液下喷射泡沫灭火系统
1—比例混合器 2—混合液泵 3—混合液管道 4—泡沫产生器 5—泡沫管 6—注入管 7—背压调节阀

液上喷射泡沫灭火系统的泡沫产生器安装于油罐壁的上部，喷射的泡沫覆盖整个燃烧液面进行灭火。系统可以采用普通蛋白泡沫、氟蛋白泡沫或其他泡沫。液上式造价较低，并且泡沫不易遭受油品污染，但当油罐发生爆炸时，泡沫混合液管道及泡沫产生器易被拉坏，造成火灾失控。

液下喷射泡沫灭火系统中的泡沫由泡沫喷射口从油罐底部喷入，经过油层上升到燃烧的液面扩散覆盖整个液面进行灭火。泡沫液应采用氟蛋白泡沫液或水成膜泡沫液。泡沫产生器采用高背压式，安装于防火堤外。由于泡沫是从罐底升到燃烧液面的，因此泡沫没有受到热气流、热辐射和热罐高温的破坏，同时泡沫产生的浮力使罐内油品上升，达到冷却表层油，从而使灭火更容易些。

5. 半固定式泡沫灭火系统

该系统有一部分设备为固定式，可及时启动，另一部分是不固定的，发生火灾时，进入现场与固定设备组成灭火系统灭火。根据固定安装的设备不同，有两种形式：一种为设有固定的泡沫产生装置、泡沫混合液管道、阀门、固定泵站。当发生火灾时，泡沫混合液由泡沫消防车或机动泵通过水带从预留的接口进入，如图 7-17a 所示。另一种为设有固定的泡沫消防泵站和相应的管道，灭火时，通过水带将移动的泡沫产生装置（如泡沫枪）与固定的管道相连，组成灭火系统，如图 7-17b 所示。

半固定式泡沫灭火系统适用于具有较强的机动消防设施的甲、乙、丙类液体的储罐区或单罐容量较大的场所及石油化工生产装置区内易发生火灾的局部场所。

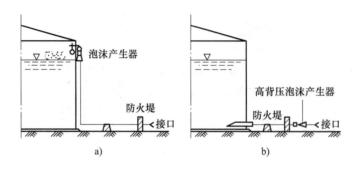

图 7-17　半固定式泡沫灭火系统

a）液上喷射　b）液下喷射

6. 移动式泡沫灭火系统

移动式泡沫灭火系统一般由水源、泡沫消防车或机动消防泵、移动式泡沫产生装置、水带、泡沫枪、比例混合器等组成。发生火灾时，所有移动设施进入现场通过管道、水带连接组成灭火系统，如图7-18 所示。该系统具有使用灵活、不受初期燃烧爆炸影响的优势。由于是在发生火灾后应用，扑救不如固定式泡沫灭火系统及时，同时由于灭火设备受风力等外界因素影响较大，造成泡沫的损失量大，需要供给的泡沫量和强度都较大。

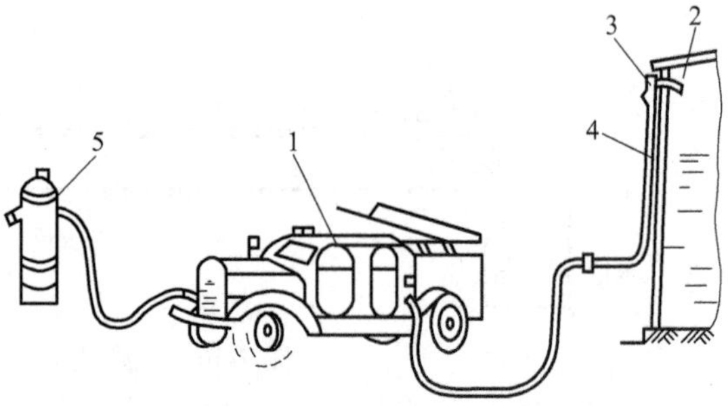

图 7-18　移动式泡沫灭火系统

1—泡沫消防车　2—油罐　3—泡沫产生器
4—泡沫混合液管道　5—地上式消火栓

7. 泡沫喷淋灭火系统

泡沫喷淋灭火系统是将泡沫通过泡沫喷头以喷淋或喷雾形式均匀喷洒在物体表面上，达到控制和扑救火灾的目的。系统一般由泡沫泵站、泡沫混合液管道、阀门、泡沫喷头及自动报警装置组成，适用于扑救或控制甲、乙、丙类液体的泄漏火灾，阻止火灾的进一步扩大，其系统如图7-19所示。

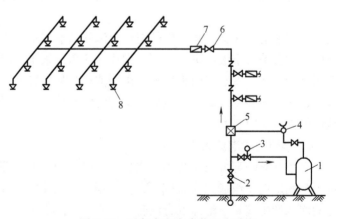

图 7-19　固定式泡沫喷淋灭火系统

1—泡沫液储罐　2—报警阀　3—电磁阀　4—储罐调节阀
5—比例混合器　6—信号阀　7—水流指示器　8—闭式喷头

7.2.3 主要设备的构造、性能及选用

1. 泡沫比例混合器

泡沫比例混合器的作用是将水与泡沫液按一定比例自动混合，形成泡沫混合液。泡沫比例混合器按混合方式不同分为负压比例混合器和正压比例混合器。负压比例混合器的有环泵式泡沫比例混合器和管线式泡沫比例混合器；正压比例混合器的有压力式泡沫比例混合器和平衡压力式比例混合器。

1）环泵式泡沫比例混合器。固定于消防水泵的压水管与吸水管之间的旁通管路上、形成环状管路的比例混合器。当水泵吸水时，由于吸、压水管间形成的压差，根据水射器原理，泡沫液将按比例被吸入后进入水泵的吸水管与水混合，形成泡沫混合液后被送至泡沫产生器。

2）管线式泡沫比例混合器。串联于消防管道或消防水带间，当消防水泵工作时，有一定压力的水流通过喷嘴，由于面积的突然减小，使水流的压能转化为动能，管内形成负压，泡沫液按比例通过吸管被吸入，与水形成泡沫混合液，输送至泡沫产生器。

3）压力式比例混合器。安装于泡沫液储罐上，当具有一定压力的水流过比例混合器时，在压差孔板前后造成压力差，孔板前具有较高压力的水由缓冲管进入泡沫液储罐上部，将泡沫液从罐底的出液管压出，当有压水通过节流孔板时，由于压差孔板后形成的负压使泡沫液被吸入，孔板处产生的高速射流，使泡沫液和水按要求的比例混合，形成混合液，输送到泡沫产生器。

4）平衡压力比例混合器。安装于消防水泵的压力管上，混合器内部有压力调节阀，压力水和泡沫液分别进入混合器内的调节室，其平衡压力调节阀片上部水压室的压力大于下部泡沫液压室的压力时，阀杆向下移动，使阀座的开启度增大，进入的泡沫量增加；当下部泡沫液压室的压力大于上部水压室的压力时，阀杆向下移动，使阀座的上、下开启度减小，进入的泡沫量随之减少。当增大或减小到调节阀片处于平衡状态时，泡沫液和水按要求的比例混合。

2. 空气泡沫产生器

空气泡沫产生器可将输送来的混合液与空气充分混合形成灭火泡沫，喷射覆盖于燃烧物表面。

1）液上喷射空气泡沫产生器。固定安装于油罐及各类烃类液体储存容器的器壁上部。根据安装方式的不同，有立式和横式两种。立式泡沫产生器由产生器、泡沫室、导板组成。横式泡沫产生器由壳体组、泡沫喷管组和导板组组成。它们的工作原理是在混合液通过产生器喷嘴时，由于射流造成负压，使大量空气被吸入，与混合液形成空气泡沫。带压的泡沫流将玻璃盖冲破脱落，进入油罐，在出口处导板的作用下，使泡沫平稳地沿罐壁流下，覆盖于燃烧液体的表面上，将火扑灭。由于横式泡沫产生器具有结构简单、体积小、重量轻、安装方便等优点，一般采用较多。

2）液下喷射空气泡沫产生器。由于液下喷射灭火系统的泡沫液是从罐底压入，因此必须克服管道阻力和储罐内油层的静压，因此又称为高背压泡沫产生器。该产生器具有一定压力的混合液以一定的流速从喷嘴喷出时，由于射流带走混合室内的空气形成真空，空气由进气管进入与混合液在混合管内混合形成微细泡沫，当它通过扩散管时，由于管径渐扩流速逐

渐变小，部分动能变成势能，使其压力增大，形成具有能克服管道阻力和油层静压的压力和一定倍数的空气泡沫而进入油罐灭火。

3）中倍数泡沫产生器。有固定式、移动式2种。固定式固定安装于油罐壁上；移动式可以移动使用，其重量轻，使用方便。其工作原理为：压力混合液通过喷嘴射流，击碎密封玻璃后喷洒到发泡网上，由于水流的速度高，边界有负压区形成，使大量的空气吸入，在发泡网上与混合液混合形成中倍数空气泡沫进入油罐，扑灭火灾。

4）高倍数泡沫产生器。高倍数泡沫灭火系统要求的泡沫倍数较大，如果仅靠高速水流产生的真空将空气吸入产生泡沫，无法达到，需要转动风扇鼓风产生泡沫。根据驱动方式的不同高倍数泡沫产生器分为电动式和水轮式两种。

电动式采用电动机驱动电扇叶轮旋转鼓风发泡，其发泡倍数数大，一般在600倍以上，发泡量范围为$200 \sim 2000 m^3/min$，可用于固定式灭火系统中保护容积较大的区域。水轮式是由压力水驱动水轮机转动，带动风扇叶轮旋转鼓风发泡，其发泡倍数较低，一般为$200 \sim 800$倍，发泡量范围$40 \sim 400 m^3/min$，可用于固定式或移动式高倍数泡沫灭火系统。

3. 泡沫喷头

泡沫喷头用于泡沫喷淋系统，按照喷头是否能吸入空气分为吸气型和非吸气型。

吸气型可采用蛋白、氟蛋白或水成膜泡沫液，通过泡沫喷头上的吸气孔吸入空气，形成空气泡沫灭火。喷头有3种形式：顶喷式泡沫喷头，安装于被保护物体的上部，泡沫从上向下喷洒；水平式泡沫喷头，安装于被保护物体的侧面，泡沫水平喷洒；弹射式泡沫喷头，安装于被保护物的下方地面上，泡沫垂直和水平喷洒。

非吸气型只能采用水成膜泡沫液，不能用蛋白和氟蛋白泡沫液。并且这种喷头没有吸气孔，不能吸入空气，通过泡沫喷头喷出的是雾状的泡沫混合液滴。类型有旋流型、撞击型、扩散型及喷洒型4种形式的喷头，一般不安装在地面上，而是悬挂安装。

目前国内生产的还有空气泡沫-水喷淋喷头，用于喷射泡沫，也可用做水喷淋的喷头，适合原来已有的雨淋式自动系统中增加泡沫液提高消防能力时采用。也可适用于闭式自动喷水灭火系统中增加泡沫灭火。

4. 泡沫液储罐

泡沫液储罐用于储存泡沫液。当用于压力式泡沫比例混合流程时，泡沫液储罐应选用压力储罐，其上应设安全阀、排渣孔、进料孔、人孔和取样孔；当用于其他泡沫比例混合流程时，泡沫液储罐应选用常压储罐。泡沫液储罐有卧式、立式圆柱形储罐，上有液面计、排渣孔、人孔、呼吸阀、取样口等。图7-20为立式圆柱形泡沫液储罐结构示意图。

泡沫液储罐宜采用耐腐蚀材料制作，若为钢罐，其内壁应作防腐处理。泡沫液储罐的容积由计算确定，应满足一次灭火所需要的泡沫液量。

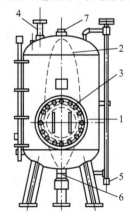

图7-20　泡沫液储罐
1—罐体　2—滤网　3—人孔
4—泡沫液注入孔　5—取扩口
6—排渣孔　7—呼吸阀

7.2.4　设计参数及计算

泡沫灭火系统的设计计算包括确定泡沫混合液流量、泡沫液总储量、选定比例混合器和泡沫混合液管道设计计算。

1. 低倍数泡沫灭火系统

（1）一般规定　低倍数泡沫灭火系统用于扑救储油罐区的泡沫混合液量，应为储罐区内扑救单罐火灾的最大用量及扑救该储罐流散液体火灾所需设的辅助泡沫枪混合液用量之和，表 7-24 为泡沫枪的数量和连续供给时间。

表 7-24　泡沫枪数量和连续供给时间

储罐直径/m	配备 PQ8 型泡沫枪数（支）	连续供给时间/min
<23	1	10
23~33	2	20
>33	3	30

泡沫液的总储量应为所需要的泡沫液量及充满管道所需要的量。

采用固定式泡沫灭火系统时，除设置固定式泡沫灭火设备外，还需配置一定数量的移动泡沫灭火设备如泡沫枪和泡沫消防车等。

（2）液上喷射泡沫灭火系统　扑救固定顶罐、浅盘式和浮盘采用易熔材料制作的内浮顶储罐发生初期火灾所需泡沫混合液流量应为扑救储罐和流散液体的流量之和：

$$Q = Q_1 + Q_2 \tag{7-45}$$

式中　Q——泡沫混合液流量（L/min）；

Q_1——扑救最大一个储罐的设计混合液流量（L/min），按式（7-46）计算；

Q_2——扑救流散液体所需混合液的流量，L/min；按式（7-47）计算。

$$Q_1 = FI \tag{7-46}$$

式中　F——最大储罐的燃烧面积（m^2），应按储罐横截面积计算；

I——泡沫混合液的供给强度，L/（min·m^2），应不小于表 7-25 的数据。

$$Q_2 = n_2 q_2 \tag{7-47}$$

式中　n_2——扑救储罐流散出来液体发生火焰，用辅助泡沫枪数量，可查表 7-24；

q_2——每支泡沫枪的泡沫混合液流量，L/min，按生产厂家提供的产品样本选用。

表 7-25　泡沫混合液的供给强度和连续供给时间

液体类别		供给强度/[L/（min·m^2）]		连续供给时间/min
		固定式半固定式	移动式	
非水溶性	甲、乙类	6.0	8.0	40
	丙类	6.0	8.0	30
水溶性	丙酮、丁醇	12	—	30
	甲醇、乙醇、丁酮、丙烯腈、醋酸乙酯	12	—	25

注：本表未列出的水溶性液体，其泡沫混合液的供给强度和连续供给时间由试验确定。

根据 Q_1 可确定需配置的泡沫产生器数目：

$$n_1 = \frac{Q_1}{q_1} \tag{7-48}$$

式中　q_1——每个泡沫产生器的泡沫混合液流量（L/s）。

一般泡沫产生器的进口压力为 0.3~0.6MPa，其对应的流量可按下式计算，也可直接查产品样本取值：

$$q_1 = K_1\sqrt{P} \tag{7-49}$$

式中　K_1——泡沫产生器流量特性系数，由产品生产厂家提供；

　　　　P——泡沫产生器进口压力（MPa）。

实际设置的泡沫产生器的数目不应小于表 7-26 的要求。

表 7-26　泡沫产生器的设置数量

储罐直径/m	<10	10~20	21~25	26~35
泡沫产生器设置数量（个）	1	2	3	4

泡沫混合液的总储量：

$$W_P = 0.06(W_1 + W_2 + W_3) \tag{7-50}$$

式中　W_P——泡沫液的总储量（m³）；

　　　　W_1——扑救储罐火灾所需的泡沫混合液总量（m³）；

　　　　W_2——扑救流散火灾的泡沫混合液量（m³）；

　　　　W_3——充满管道所需的泡沫液量（m³）；

　　0.06——泡沫液混合比的数值，一般按 6% 考虑。

$$W_1 = Q_1 t_1 \frac{1}{1000} \tag{7-51}$$

$$W_2 = Q_2 t_2 \frac{1}{1000} \tag{7-52}$$

$$W_3 = \frac{\pi d^2}{4}L \tag{7-53}$$

式中　t_1——扑救储罐火灾泡沫混合液连续供给时间（min），应不小于表 7-25 的规定。

　　　　t_2——扑救流散火灾的泡沫连续供给时间（min），应不小于表 7-24 的规定。

　　　　d——输送泡沫混合液管道内径（m）；

　　　　L——输送泡沫混合液管道长度（m）。

泡沫储罐的大小，应为计算出的泡沫液总储量加一定的净空容积。

泡沫混合液管道设置应符合以下规定：

1）每个泡沫产生器应用独立的混合液管道引至防火堤外。

2）连接泡沫产生器的泡沫混合液立管应用管卡固定在罐壁上，其间距不宜大于 3m，泡沫混合液的立管下端，应设锈渣清扫口。泡沫混合液立管宜用金属软管与水平管道连接。

3）防火堤内的泡沫混合液水平管道，宜敷设在管墩或管架上，但不应与管墩、管架固定，应有 3‰坡度坡向防火堤。

4）防火堤外的泡沫混合液管道上，宜设置消火栓，其设置数量应按表 7-24 的泡沫枪数量及其保护半径综合确定，其管道应有 2‰的坡度坡向放空阀。管道上的控制阀应设在防火堤外，并应有明显标志。在管道的高处，应设排气阀。

5）泡沫混合液管道的设计流速，不宜大于 3m/s，其水力计算按现行《自动喷水灭火系统设计规范》（GB 50084—2017）的要求计算。

水泵选定时，水泵的流量为系统所需的泡沫混合液的流量，可由式（7-45）计算，当水泵上设置环式比例混合器时，取安全系数 1.1。

水泵的扬程可按下式计算：

$$H_b = h_0 + \sum h_L + h_s + 0.01Z \tag{7-54}$$

式中　h_0——最不利泡沫产生器要求的工作压力（MPa）；

　　　$\sum h_L$——水泵输送混合液管道的沿程及局部水头损失之和（MPa）；

　　　h_s——水泵吸水管的水头损失（MPa）；

　　　Z——最不利泡沫产生器与吸水池最低水位的高程差（m）。

外浮顶储罐及单、双盘式内浮顶储罐的液上喷射泡沫灭火系统的设计应符合以下规定：

1) 泡沫混合液流量为燃烧面积和供给强度之积。燃烧面积为罐壁与泡沫堰板之间的环形面积，其最小供给强度、泡沫产生器的保护周长和连续供给时间应满足表 7-27 的要求。

表 7-27　泡沫混合液供给强度、泡沫产生器周长和连续供给时间

型号	混合液流量/（L/min）	供给强度/[L/（min·m²）]	保护周长/m	连续供给时间/min
PC4	240	12.5	18	30
PC8	480	12.5	36	30

2) 泡沫堰板距离罐壁不应小于 1.0m，当采用机械密封时，泡沫堰板高度不应小于 0.25m；当采用软密封时，泡沫堰板高度不应小于 0.9m。在泡沫堰板最下部应设置排水孔，其开孔面积宜按每 m² 环形面积设 2 个 12mm×8mm 的长方形孔计算。

3) 单、双盘式内浮顶储罐的泡沫堰板距罐壁不应小于 0.55m，其高度不应小于 0.5m。

（3）液下喷射泡沫灭火系统　泡沫混合液流量按式（7-45）确定。当采用氟蛋白泡沫液时，泡沫混合液的供给强度及连续供给时间可按表 7-25 选用。

泡沫产生器个数可按式（7-48）确定。

泡沫产生器的泡沫混合液流量为

$$q_2 = K_2 \sqrt{P} \tag{7-55}$$

式中　q_2——液下泡沫产生器的泡沫混合液流量（L/s）；

　　　K_2——液下泡沫产生器流量特性系数，由产品生产厂家提供；

　　　P——液下泡沫产生器的进口压力（MPa），一般进口压力应为 0.6~1.0MPa。

要求的泡沫量：

$$Q_{PL} = Q_1 N \tag{7-56}$$

式中　Q_1——泡沫混合液设计流量（L/s）；

　　　N——发泡倍数，一般按 3 倍计。

喷射口直径：

$$D = \sqrt{\frac{4Q_{PL}}{\pi V}} \tag{7-57}$$

式中　V——泡沫进入油品的速度（m/s），按小于 3m/s 考虑。

泡沫喷射口应安装于储罐水垫层上，如图 7-21 所示。液下泡沫喷射口的口型为向上斜，

其斜口角度为 45°，喷射管伸入罐内的长度应大于喷射管直径的 10 倍。当设置 1 个喷射口时，喷射口设于储罐中心；当设置多个喷射口时，其应均匀布置。泡沫喷射口的设置数量应符合表 7-28 要求。

泡沫管道的沿程水头损失计算，理论上按两种不同密度流体相掺杂的异种流运动规律所得到的计算公式：

$$h_\lambda = CQ_{PL}^{1.72} \qquad (7\text{-}58)$$

式中　h_λ——泡沫管道单位长度阻力损失（Pa/10m）；

　　　C——管道阻力损失系数，按表 7-29 取值；

　　　Q_{PL}——泡沫流量（L/s）。

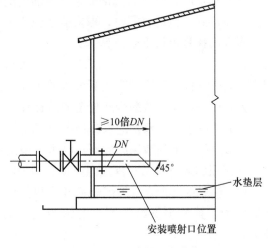

图 7-21　泡沫喷射口安装位置

表 7-28　喷射口设置数量

储罐直径/m	<23	23~33	>33
喷射口数量	1	2	3

表 7-29　管道阻力损失系数

管径/mm	100	150	200	250	300	350
管道阻力损失系数	12.920	2.140	0.555	0.210	0.111	0.070

泡沫管道上每种配件的水头损失以当量长度计，管道的总水头损失为

$$H_2 = (L_\lambda + L_\xi)h_\lambda \qquad (7\text{-}59)$$

式中　L_λ——管道的长度（m）；

　　　L_ξ——泡沫管道上各种配件局部水头当量长度之和（Pa），见表 7-30。

表 7-30　泡沫管道上的阀门和部分管件的当量长度

管件材料	公称直径/mm			
	150	200	250	300
闸阀	1.25	1.50	1.75	2.00
90°弯头	4.25	5.00	6.75	8.00
旋启式逆止阀	12.00	15.25	20.50	74.50

液下喷射泡沫灭火系统，防火堤外的泡沫管线，应设置钢质控制阀、放空阀，并宜有 2‰ 的坡度坡向放空阀；不应设置消火栓、排气阀。防火堤内的泡沫管道上，应设钢质控制阀和单向阀。

（4）泡沫喷淋系统　混合液设计流量可按下式计算：

$$Q_L = N_c q_L = IS \qquad (7\text{-}60)$$

式中　Q_L——喷淋系统计算需要的泡沫混合液流量（L/min）；

N_c——计算喷头数量（个）；

q_L——喷头工作流量（L/m²）；

I——泡沫混合液供给强度[L/(min·m²)]，应符合表 7-31 要求；

S——被保护区面积（m²）。

表 7-31　泡沫混合液供给强度　　　　　　[单位:(L/min·m²)]

药剂种类	吸气型		非吸气型	
	高度<10m	高度10m	高度<10m	高度10m
普通蛋白泡沫液、合成泡沫液	6.5	8	4	6.5
氟蛋白泡沫液、水成膜泡沫液	4	8		
抗溶水成膜泡沫液	试验确定		试验确定	

根据所选喷头的工作流量，按式（7-60）可初步确定需要的最小喷头数，然后根据被保护区现场情况确定实际喷头数 N。

泡沫混合液混合比 μ 为

$$\mu = \frac{\sum Q_B}{q_L N} \times 6\% \tag{7-61}$$

式中　Q_B——比例混合器额定输出混合液量（L/min）；

N——实际喷头数；

6%——泡沫液浓度，有 3% 和 6% 两种，一般可采用 6%。

水泵应按设计流量和设计压力要求选择。设计流量可按下式计算：

$$Q = 1.15 q_L N \tag{7-62}$$

水泵设计压力可按下式计算：

$$P = 1.5(P_B + P_I) \tag{7-63}$$

式中　P_B——喷头工作压力（MPa）；

P_I——沿程总阻力损失（MPa）。

泡沫混合液量 W_L 可按下式计算：

$$W_L = Q_L T \tag{7-64}$$

式中　T——连续供给泡沫混合液的时间（min），应符合表 7-32 的要求。

Q_L——见式（7-60）。

根据泡沫混合液流量确定泡沫混合液管道的管径，管道的设计流速不宜大于 3m/s，水力计算可按现行的国家标准《自动喷水灭火系统设计规范》（GB 50084—2017）水力计算确定。泡沫混合液管道在最高处应设排气阀，其水平管道应在管墩或管架上敷设，但不要与管墩或管架固定。

固定式泡沫灭火系统一般应设泡沫泵站，泡沫泵站的设计应符合下列要求：

表 7-32　混合液连续供给时间

（单位：min）

系统保护面积		吸气型	非吸气型
室内	<50m²	5	5
	>50m²	10	10
室　外		10	10

1）宜与消防水泵房合建，其耐火等级不应低于二级。与保护对象的距离不宜小于30m，且应满足在泡沫消防泵启动后，将泡沫混合液或泡沫输送到最远保护对象的时间不宜大于5min。

2）泡沫消防泵应设置备用泵，其工作能力不应小于最大一台泵的能力。非水溶性甲、乙、丙类液体总储量小于2500m³，且单罐容量小于1000m³的泡沫消防泵宜采用自灌引水启动。一组泡沫消防泵的吸水管不应少于两条，当其中一条损坏时，其余的吸水管能通过全部用水量时可不设置备用泵。

2. 中倍数泡沫灭火系统

（1）扑救油罐火灾时，油罐区的系统设计可按泡沫混合液的供给强度计算。

1）泡沫混合液设计流量 Q 为

$$Q = IF \tag{7-65}$$

式中　I——泡沫混合液供给强度，其值应大于4L/（min·m²），水溶性B类火灾的泡沫供给强度应由试验确定；

　　　F——油罐被保护区的面积（m²）。

2）泡沫发生器数量为

$$n_1 = \frac{Q}{q_1} \tag{7-66}$$

式中　q_1——单个泡沫发生器在额定工作压力下的泡沫混合液额定流量（L/s）。

根据 n_1 值结合现场状况在选定实际配置数量 $n(\geqslant n_1)$，可得泡沫混合液的实际设计流量：

$$Q_{设} = nq_1 \tag{7-67}$$

3）泡沫液的最小储备量 W_P 为

$$W_P = W_D + W_G \tag{7-68}$$

式中　W_D——油罐区内最大一个油罐的泡沫液最小储备量；

　　　W_G——泡沫液储罐至防护区内最远一个泡沫发生器之间管道所需的泡沫液量：

$$W_D = Q_{设}\, tK \tag{7-69}$$

$$W_G = \frac{\pi d^2}{\varphi}L \times 1000K \tag{7-70}$$

式中　t——泡沫的最小喷放时间（min），应符合表7-33规定；

　　　$Q_{设}$——泡沫混合液实际设计流量（L/min）；

　　　K——混合比，当采用混合比为6%型中倍数泡沫液时，取0.08；

　　　d——输送泡沫混合液管道的内径（m）；

　　　L——输送泡沫混合液管道的长度（m）。

表7-33　泡沫的最小喷放时间

火灾类型	时间/min	火灾类型	时间/min
油罐火灾	10	流散的B类火灾，不超过100m²流淌的B类火灾	15

注：水溶性B类火灾，泡沫的最小喷放时间应经试验确定。

4）最小储备用水量为

$$W_S = \frac{(1-K)}{K}W_P \tag{7-71}$$

（2）扑灭其他防护区火灾

中倍数泡沫灭火系统用于扑灭油罐区以外的防护区火灾时，可按泡沫供给速率进行系统设计。

1）泡沫混合液的设计流量。泡沫最小供给速率为

$$R = ZS \tag{7-72}$$

式中　Z——泡沫增高速率，宜取 0.3，水溶性 B 类火灾的泡沫供给速率由试验确定（m/min）；

　　　S——防护区的面积（m^2）。

泡沫发生器的数量为

$$n_1 = \frac{R}{r_Z} \tag{7-73}$$

式中　r_Z——单台中倍数泡沫发生器在额定工作压力下的发泡量（m^3/min）。

根据 n_1 值结合现场状况选定实际配置数量 $n(n \geqslant n_1)$。

防护区泡沫混合液的实际设计流量为

$$Q_设 = nq_h \tag{7-74}$$

式中　q_h——单台中倍数泡沫发生器在额定工作压力下的泡沫混合液额定流量（L/min）。

2）泡沫液储量为

$$W_P = Q_设 Kt \tag{7-75}$$

式中　t——泡沫最小喷放时间（min），应大于 12min；

　　　K——混合比，一般采用 3% 或 6% 高倍数泡沫液。

3）系统用水的最小储备量为

$$W_S = Q_设(1-K)t \tag{7-76}$$

储水设备的有效容积应超过计算用水储备量的 1.15 倍。

3. 高倍数泡沫灭火系统

当防护区域发生火灾时，高倍数泡沫灭火系统喷放出大量的高倍数泡沫，达到一定的淹没体积，使火灾区域封闭。当火灾被控制或扑灭后，在保护物上面仍留有一定厚度的泡沫，并保留一定的时间，对燃烧起到抗复燃和扑救可燃、易燃固体深部阴燃火灾的作用。当 A 类火灾单独使用高倍数泡沫灭火系统时，淹没体积的保持时间应大于 60min；若高倍数泡沫灭火与自动喷水灭火系统联合使用时，淹没体积的保持时间应大于 30min。

控制液化石油气和液化天然气的流淌火灾，高倍数灭火系统按供给强度大于 7.2L/（min·m^2）设计。由于高倍数泡沫灭火剂在扑灭火灾时，存在着破裂、燃烧、析液、干燥表面的浸润等引起的泡沫消失以及封闭空间的泡沫漏损，因此高倍数泡沫灭火系统扑救 A 类、B 类火灾是按供给速率来计算的。防护区的供给速率指防护区内全部高倍数泡沫发生器在单位时间内喷放高倍数泡沫的总体积。

（1）泡沫混合液流量　泡沫的最小供给速率为

$$R = \left(\frac{V}{T} + R_S\right)C_N C_L \tag{7-77}$$

式中　R——泡沫最小供给速率（m^3/min）；

　　　　V——淹没体积（m^3），按式（7-78）计算；

　　　　T——淹没时间（min），应符合表7-34的要求；

　　　　C_N——泡沫破裂补偿系数，宜取1.15；

　　　　C_L——泡沫泄漏补偿系数，宜取1.05~1.2；

　　　　R_S——喷水造成的泡沫破泡率（m^3/min），当高倍数泡沫灭火系统单独使用时等于0；当高倍数泡沫灭火系统与自动喷水灭火系统联合使用时，按式（7-79）计算。

表7-34　淹没时间　　　　　　　　　　　　　　（单位：h）

全淹没式、局部应用式高倍数泡沫灭火系统			移动式	水溶性液体
可燃物	高倍数泡沫灭火系统单独使用	高倍数泡沫灭火系统与自动喷水灭火系统联合使用	由现场情况定	由试验定
闪点不超过40℃的液体	2	3		
闪点超过40℃的液体	3	4		
发泡橡胶、发泡塑料、成卷的织物或皱纹纸等低密度可燃物	3	4		
成卷的纸、压制牛皮纸、涂料纸、纸板箱（袋）纤维圆筒、橡胶轮胎等高密度可燃物	5	7		

$$V = SH - V_g \qquad (7\text{-}78)$$

$$R_S = L_S Q_r \qquad (7\text{-}79)$$

式中　S——防护区地面面积（m^2）；

　　　　H——泡沫淹没深度（m）；当扑救A类火灾时，大于最高保护对象高度的1.1倍，且高于最高保护对象最高点以上0.6m；当扑救B类汽油、煤油、柴油火灾时，淹没深度应高于起火部位2m。扑救其他B类火灾，应由试验确定其淹没深度；

　　　　V_g——固定的机器设备等燃烧物体所占的体积（m^3）。

　　　　L_S——泡沫破泡率与水喷头排放速率之比，应取0.0748（m^3/min）/（L/min）；

　　　　Q_r——预计动作的最大水喷头数目总流量（L/min）。

　　泡沫发生器的数量为

$$n_1 = \frac{R}{r_g} \qquad (7\text{-}80)$$

式中　r_g——单台高倍数泡沫发生器在设定的平均进口压力下的发泡量（m^3/min）。

　　根据n_1值结合现场状况在选定实际配置数量n（$n \geq n_1$）。

　　防护区泡沫混合液的实际设计流量为

$$Q_设 = n q_L \qquad (7\text{-}81)$$

式中　q_L——单台泡沫发生器在设定的平均进口压力下泡沫混合液流量（L/min）。

　　（2）泡沫液储量为

$$W_P = Q_设 K t \qquad (7\text{-}82)$$

式中　t——泡沫液和水的连续供给时间（min），应符合表7-35的要求；

K——混合比，一般采用 3% 或 6% 高倍数泡沫液，其值取 0.03 和 0.06。

（3）系统用水的最小储备量为

$$W_S = Q_{设}(1 - K)t \tag{7-83}$$

（4）管道的水力计算

根据计算出的流量，确定主管道、支管道的管径。泡沫液、水和泡沫混合液在主管道内的流速不宜超过 5m/s，支管道内的流速不应超过 10m/s。系统管道的工作压力不宜超过 1.2MPa。输水管道沿程和局部阻力同给水管道计算方法。泡沫液管道的沿程阻力可按式（7-58）计算，其局部阻力系数可按表 7-30 当量长度计。日常无火警时处于不充泡沫液管段的管材可采用镀锌钢管；对日常充满泡沫液管道的管材，应采用不锈钢管道或经管内外作防腐处理的碳素钢管。

表 7-35　连续供给时间

系统名称	连续供给时间	
	扑救 A 类火灾	扑救 B 类火灾
全淹没式	>25	>15
局部应用式	>12	>12

注：当局部应用式高倍数泡沫灭火系统用于控制液化石油气和液化天然气流淌火灾时，系统泡沫液和水的连续供应时间应超过 40min。

7.3　细水雾灭火系统

细水雾灭火技术于 20 世纪 40 年代开始用于轮船灭火；1996 年美国发布了世界上第一个细水雾灭火系统的设计标准（NFPA750—1996），之后，细水雾灭火技术的应用得到了快速发展。2001 年 8 月，中国公安部消防局发布了《关于进一步加强哈龙替代品及其替代技术管理的通知》（公消〔2001〕217 号义），规定在我国可以使用高压细水雾等作为哈龙替代品。应该注意的是，细水雾（Water mist）与水喷雾（Water spray）是不同的概念。

细水雾的定义是：在最小设计工作压力下，经喷头喷出并在喷头轴线下方 1.0m 处的平面上形成的雾滴粒径得水雾最粗部分的水微粒直径 $D_{v0.99}$ 不大于 1000μm。图 7-22 所示为雾滴粒径等级划分示意图；按水雾中水微粒的大小，可分为 3 级：

1）第 1 级细水雾为 $D_{v0.1} = 100μm$ 同 $D_{v0.9} = 200μm$ 连线的左侧部分，这些代表最细的水雾。

2）第 2 级细水雾是第 1 级细水雾的界限与 $D_{v0.1} = 200μm$ 同 $D_{v0.9} = 400μm$ 连线之间的部分。这种细水雾可由高压喷嘴、双流喷嘴或许多冲撞式喷嘴产生。由于有较大的水微粒存在，相对于 1 级细水雾，2 级细水雾更容易产生较大的流量。

3）第 3 级细水雾为 $D_{v0.9}$ 大于 400μm，或者第 2 级细水雾分界线右侧至 $D_{v0.99} = 1000μm$ 之间的部分。这种细水雾主要由中压、小孔喷淋头、各种冲击式喷嘴等产生。

体积 10% 直径 $D_{v0.1}$：一种以喷雾液滴的体积来表示液滴大小的方法。当依照体积测量时，即表示喷雾液滴总体积中，90% 是由直径大于该数值的液滴，另 10% 是由直径小于该数值的液滴组成的。

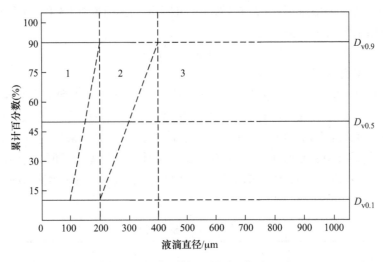

图 7-22　雾滴粒径等级划分示意图

为保证系统中形成细水雾的部件正常工作，系统对水质的要求较高。对于泵组系统，其供水水质要符合现行国家标准《生活饮用水卫生标准》（GB 5749—2006）的有关规定；对于瓶组系统，其供水水质不应低于现行国家标准《瓶（桶）装饮用纯净水卫生标准》（GB 17324—2003）的有关规定，而且系统补水水源的水质应与系统的水质要求一致。

7.3.1　灭火机理

细水雾的主要灭火机理是冷却、窒息、辐射热阻隔和浸湿作用，细小的雾滴会充满整个防护空间或包裹并充满保护对象的空隙。灭火过程中，往往会有几种作用同时发生，达到有效灭火的目的。

（1）高效冷却作用　由于细水雾的雾滴直径很小，普通细水雾系统雾粒直径 10～100μm，在汽化的过程中，从燃烧物表面或火灾区域吸收大量的热量。按 100℃ 水的蒸发潜热为 2257kJ/kg 计，喷水速度 0.133L/s 时，每只喷头喷出的水雾吸热功率约为 300kW。试验证明直径越小，水雾单位面积的吸热量越大，雾滴速度越快，直径越小，热传速率越高。

（2）窒息作用　细水雾喷入火场后，迅速蒸发形成蒸汽，体积急剧膨胀 1700～5800 倍，水蒸气的产生会稀释火焰附近 O_2 的浓度，降低氧在空气中的体积分数，在燃烧物周围形成一道屏障阻挡新鲜空气的吸入。随着水的迅速汽化，水蒸气含量将迅速增大，同时氧含量在火源周围空间减小到 16%～18% 时，火焰将被窒息。火场外非燃烧区域雾滴不汽化，空气中氧气含量不改变，不会危及人员生命安全。

（3）阻隔辐射热作用　高压细水雾喷入火场后，蒸发形成的蒸汽迅速将燃烧物、火焰和烟雾笼罩，对火焰的辐射热具有极佳的阻隔能力，能够有效抑制辐射热引燃周围其他物品，达到防止火焰蔓延的效果。水雾对辐射的衰减作用还可以用来保护消防队员的生命。

（4）稀释、乳化、浸润作用　颗粒大、冲量大的雾滴会冲击到燃烧物表面，从而使燃烧物得到浸湿，阻止固体挥发可燃气体的进一步产生，达到灭火和防止火灾蔓延的目的。

7.3.2 特点、适用范围及分类

细水雾灭火系统是以水为灭火剂的物理灭火，在备用状态下为常压，日常维护工作量和费用大大降低；用水量仅为水喷淋系统的 1%～5%，冷却速度却比一般喷淋系统快 100 倍，灭火效率高，水渍损失小，对环境、保护对象、保护区人员均无损害和污染，安全环保；相对于传统的灭火系统而言，管道管径小，仅为 10～32mm，安装简便，安装费用较低；能净化烟雾和废气，有利于人员安全疏散和消防人员的灭火救援工作。系统安装完成后可对系统进行模拟检验，系统动作可靠性高；所用泵组、阀门和管件均采用耐腐蚀材料，系统寿命可长达 30（60）年；既可局部使用，保护独立的设施或设施的某一部分；也可作为全淹没系统，保护整个空间，灵活方便。高压细水雾具有穿透性，可以解决全淹没和遮挡的问题，能有效防止火灾的复燃。

1. 适用范围

细水雾灭火系统适用于扑救相对封闭空间内的可燃固体表面火灾（A 类）、可燃液体火灾（B 类）和带电设备火灾（E 类），例如纸张、木材、纺织品和塑料泡沫、橡胶等固体火灾；正庚烷或汽油等低闪点可燃液体及润滑油、液化油等中、高闪点可燃液体火灾；电缆、控制柜等电子、电气设备火灾和变压器火灾等。

细水雾灭火系统不适用于扑救下列火灾：

1）可燃固体的深位火灾。

2）能与水发生剧烈反应或产生大量有害物质的活泼金属及其化合物的火灾。

3）可燃气体火灾（如液化天然气等低温液化气体火灾）。

因为细水雾雾滴粒径较小，不容易润湿可燃物表面，所以细水雾对可燃固体深位火灾的灭火效果不佳；对于室外场所，由于存在风力等环境气候条件的不确定性，可能影响系统的灭火、控火效果，因此目前对细水雾灭火系统的适用场所作了限制。能和水发生剧烈反应或产生大量有害物质的活泼金属及其化合物包括：

1）活泼金属，如锂、钠、钾、镁、钛、锆、铀等。

2）金属氨化物，如氨基钠等。

3）碳化物，如碳化钙、碳化钠、碳化铝等。

4）卤化物，如氯化甲酰、氯化铝等。

5）卤氧化物，如三溴氧化磷等。

6）硅烷，如三氯-氟化甲烷等。

7）硫化物，如五硫化二磷等。

8）氰酸盐，如甲基氰酸盐等。

9）过氧化物，如过氧化钠、过氧化钾、过氧化钡等。

细水雾灭火系统的设计，应密切结合保护对象的实际情况（如空间几何特征、环境条件等）和火灾特点，采用有效的技术措施，做到安全可靠、技术先进、经济合理；细水雾灭火系统的设计、施工、验收及维护管理，除应符合本规范外，尚应符合国家现行有关标准的规定，如《细水雾灭火系统及部件通用技术条件》（GB/T 26785—2011）、《工业金属管道工程施工规范》（GB 50235—2010）等。

2. 系统的组成及分类

（1）组成　细水雾灭火系统由水源（如储水池、储水箱、储水瓶等）、供水装置（如泵组或瓶组）、系统管网、控水阀组、细水雾喷头及火灾自动报警及联动控制系统组成。开式细水雾灭火系统示意图，如图7-23所示。

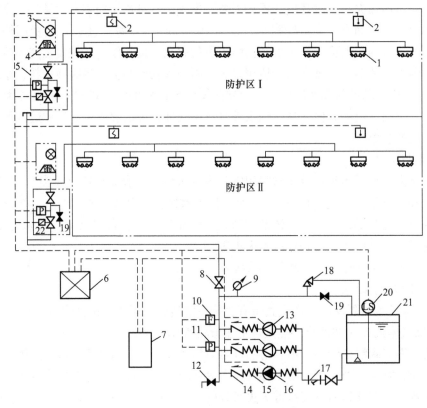

图7-23　开式细水雾灭火系统示意图

1—开式细水雾喷头　2—火灾探测器　3—喷雾指示灯　4—火灾声光报警器　5—分区控制阀组　6—火灾报警控制器
7—消防泵控制柜　8—控制阀（常开）　9—压力表　10—水流传感器　11—压力开关　12—泄水阀（常闭）
13—消防泵　14—止回阀　15—柔性接头　16—稳压泵　17—过滤器　18—安全阀　19—泄放试验阀
20—液位传感器　21—储水箱　22—分区控制阀（电磁/气动/电动阀）

（2）分类　细水雾灭火系统可按工作压力、应用方式、动作方式、雾化介质和供水方式进行分类。

1）按工作压力分为：

①低压系统。系统分布管网工作压力小于或等于1.2MPa的细水雾灭火系统。

②中压系统。系统分布管网工作压力大于1.2MPa且小于3.45MPa的细水雾灭火系统。

③高压系统。系统分布管网工作压力大于或等于3.45MPa的细水雾灭火系统。

2）按应用方式分为：

①全淹没式系统。向整个防护区内喷放细水雾并持续一定时间，保护其内部所有保护对象。适用于扑救相对封闭空间内的火灾。

②局部应用式系统。直接向保护对象喷放细水雾并持续一定时间，保护空间内某具体保

护对象。适用于扑救大空间内具体保护对象的火灾。

3）按动作方式分为：

①开式系统。采用开式细水雾喷头的细水雾灭火系统，包括全淹没应用方式和局部应用方式。系统由火灾自动报警系统或传动管控制，自动开启雨淋报警阀并启动供水泵，向开式细水雾喷头供水。

②闭式系统。采用闭式细水雾喷头的细水雾灭火系统。可分为湿式、干式和预作用三种。

4）按雾化介质分为：

①单流体系统。使用单个管道向每个喷头供给灭火介质。

②双流体系统。水和雾化介质分别用管道供给并在喷头处混合。

5）按供水方式分为：

①泵组式系统。采用泵组（或稳压装置）作为供水装置，适用于高、中、低压系统。泵组式细水雾灭火系统示意图，如图 7-24 所示。

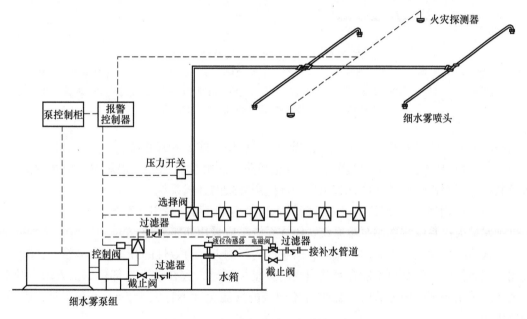

图 7-24　泵组式细水雾灭火系统示意图

②瓶组式系统。采用储水容器储水、储气容器进行加压供水，适用于中、高压系统。瓶组式细水雾灭火系统示意图，如图 7-25 所示。

③瓶组与泵组结合式系统。既采用泵组又采用瓶组作为供水装置，适用于高、中、低压系统。

7.3.3　系统选型及设计参数

1. 系统选型原则

细水雾灭火系统选型一般应符合下列规定：

1）液压站，配电室、电缆隧道、电缆夹层，电子信息系统机房，文物库，以及密集柜

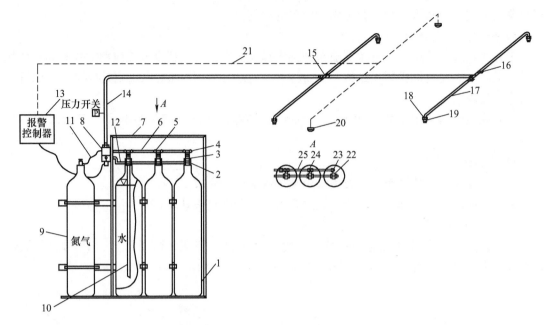

图 7-25　瓶组式细水雾灭火系统示意图

1—储水瓶　2—瓶接头体　3、22—管接头　4—管堵　5、16、24—三通　6、14、17、25—不锈钢管　7—瓶组支架
8—分配阀　9—氮气瓶　10—虹吸管　11—软连接管　12—气体单向阀　13—报警控制器　15—四通　18—短管
19—喷头　20—探测器　21—探测线路　23—弯头

存储的图书库、资料库和档案库，宜选择全淹没应用方式的开式系统。

2）油浸变压器室、涡轮机房、柴油发电机房、润滑油站和燃油锅炉房、厨房内烹饪设备及其排烟罩和排烟管道部位，宜采用局部应用方式的开式系统。

3）采用非密集柜储存的图书库、资料库和档案库，可选择闭式系统。

细水雾灭火系统宜选用泵组系统，闭式系统不应采用瓶组系统。

开式系统采用全淹没应用方式时，防护区内影响灭火有效性的开口宜在系统动作时联动关闭。当防护区内的开口不能在系统启动时自动关闭时，宜在该开口部位的上方增设喷头。开式系统采用局部应用方式时，保护对象周围的气流速度不宜大于 3m/s。必要时，应采取挡风措施。

2. 喷头的选择和布置要求

（1）喷头选择一般要求

细水雾灭火系统的关键部件——喷头的选择应符合下列规定：

1）对于环境条件易使喷头喷孔堵塞的场所，应选用具有相应防护措施且不影响细水雾喷放效果的喷头。

2）对于电子信息系统机房的地板夹层，宜选择适用于低矮空间的喷头。

3）对于闭式系统，应选择响应时间指数（RTI）不大于 50（m·s）0.5 的喷头，其公称动作温度宜高于环境最高温度 30℃，且同一防护区内应采用相同热敏性能的喷头。

（2）喷头布置一般要求　分别介绍闭式系统和开式系统喷头布置要求：

1）闭式系统。闭式系统的喷头布置应能保证细水雾喷放均匀、完全覆盖保护区域，喷头与墙壁的距离不应大于喷头最大布置间距的1/2；喷头与其他遮挡物的距离应保证遮挡物不影响喷头正常喷放细水雾；当无法避免时，应采取补偿措施；喷头的感温组件与顶棚或梁底的距离不宜小于75mm，并不宜大于150mm。当场所内设置吊顶时，喷头可贴临吊顶布置。

2）开式系统。开式系统的喷头布置应能保证细水雾喷放均匀并完全覆盖保护区域，喷头与墙壁的距离不应大于喷头最大布置间距的1/2；喷头与其他遮挡物的距离应保证遮挡物不影响喷头正常喷放细水雾；当无法避免时，应采取补偿措施；对于电缆隧道或夹层，喷头宜布置在电缆隧道或夹层的上部，并应能使细水雾完全覆盖整个电缆或电缆桥架。

采用局部应用方式的开式系统，喷头布置应保证细水雾完全包络或覆盖保护对象或部位，喷头与保护对象的距离不宜小于0.5m。用于保护室内油浸变压器时，喷头的布置还应符合下列规定：

①当变压器高度超过4m时，喷头宜分层布置。

②当冷却器距变压器本体超过0.7m时，应在其间隙内增设喷头。

③喷头不应直接对准高压进线套管。

④当变压器下方设置集油坑时，喷头布置应能使细水雾完全覆盖集油坑。

3. 设计参数

细水雾灭火系统中，喷头的最低设计工作压力不应小于1.20MPa。闭式系统的喷雾强度、喷头的布置间距和安装高度，宜经实体火灾模拟试验确定。当喷头的设计工作压力不小于10MPa时，闭式系统也可根据喷头的安装高度按表7-36的规定确定系统的最小喷雾强度和喷头的布置间距；当喷头的设计工作压力小于10MPa时，应经试验确定。

表7-36 闭式系统的喷雾强度、喷头的布置间距和安装高度

应用场所	喷头的安装高度/m	系统的最小喷雾强度/[L/(min·m²)]	喷头的布置间距/m
采用非密集柜储存的图书库、资料库、档案库	>3.0且≤5.0	3.0	>2.0且≤3.0
	≤3.0	2.0	

闭式系统的作用面积不宜小于140m²。每套泵组所带喷头数量不应超过100只。采用全淹没应用方式的开式系统，其喷雾强度、喷头的布置间距、安装高度和工作压力，宜经实体火灾模拟试验确定，也可根据喷头的安装高度按表7-37确定系统的最小喷雾强度和喷头的布置间距。

表7-37 采用全淹没应用方式开式系统的喷雾强度、喷头间距、安装高度和工作压力

应用场所	喷头的工作压力/MPa	喷头安装高度/m	系统最小喷雾强度[L/(min·m²)]	喷头最大布置间距/m
油浸变压器室、液压站、润滑油站、柴油发电机房、燃油锅炉房等	>1.2且≤3.5	≤7.5	2.0	2.5
电缆隧道、电缆夹层		≤5.0	2.0	
文物库、以密集柜存储的图书库、资料库、档案库		≤3.0	0.9	

（续）

应用场所		喷头的工作压力/MPa	喷头安装高度/m	系统最小喷雾强度[L/(min·m²)]	喷头最大布置间距/m
油浸变压器室、涡轮机房等			≤7.5	1.2	
液压站、柴油发电机房、燃油锅炉房等			≤5.0	1.0	
电缆隧道、电缆夹层			>3.0且≤5.0	2.0	
		≥10	≤3.0	1.0	3.0
文物库、以密集柜存储的图书库、资料库、档案库			>3.0且≤5.0	2.0	
			≤3.0	1.0	
电子信息系统机房	主机工作空间		≤3.0	0.7	
	地板夹层		≤0.5	0.3	

采用全淹没应用方式的开式系统，其防护区数量不应大于 3 个。单个防护区的容积，对于泵组系统不宜超过 3000m³，对于瓶组系统不宜超过 260m³。当超过单个防护区最大容积时，宜将该防护区分成多个分区进行保护，并应符合下列规定：

1）各分区的容积，对于泵组系统不宜超过 3000m³，对于瓶组系统不宜超过 260m³。

2）当各分区的火灾危险性相同或相近时，系统的设计参数可根据其中容积最大分区的参数确定。

3）当各分区的火灾危险性存在较大差异时，系统的设计参数应分别按各自分区的参数确定。

4）当设计参数与表 7-37 不相符合时，应经实体火灾模拟试验确定。

采用局部应用方式的开式系统，当保护具有可燃液体火灾危险的场所时，系统的设计参数应根据产品认证检验时，国家授权的认证检验机构根据现行国家标准《细水雾灭火系统及部件通用技术条件》（GB/T 26785—2011）认证检验时获得的试验数据确定，且不应超出试验限定的条件。

采用局部应用方式的开式系统，其保护面积应按下列规定确定：

1）对于外形规则的保护对象，应为该保护对象的外表面面积。

2）对于外形不规则的保护对象，应为包容该保护对象的最小规则形体的外表面面积。

3）对于可能发生可燃液体流淌火或喷射火的保护对象，除应符合本条第 1）或 2）的要求外，还应包括可燃液体流淌火或喷射火可能影响到的区域的水平投影面积。

开式系统的设计响应时间不应大于 30s。

采用全淹没应用方式的开式系统，当采用瓶组系统且在同一防护区内使用多组瓶组时，各瓶组应能同时启动，其动作响应时差不应大于 2s。

系统的设计持续喷雾时间应符合下列规定：

1）用于保护电子信息系统机房、配电室等电子、电气设备间，图书库、资料库、档案库，文物库，电缆隧道和电缆夹层等场所时，系统的设计持续喷雾时间不应小于 30min。

2）用于保护油浸变压器室、涡轮机房、柴油发电机房、液压站、润滑油站、燃油锅炉房等含有可燃液体的机械设备间时，系统的设计持续喷雾时间不应小于 20min。

3）用于扑救厨房内烹饪设备及其排烟罩和排烟管道部位的火灾时，系统的设计持续喷雾时间不应小于 15s，设计冷却时间不应小于 15min。

4) 对于瓶组系统，系统的设计持续喷雾时间可按其实体火灾模拟试验灭火时间的 2 倍确定，且不宜小于 10min。

为确定系统设计参数的实体火灾模拟试验应由国家授权的机构实施，并应符合《细水雾灭火系统技术规范》（GB 50898—2013）附录 A 的规定。在工程应用中采用实体模拟试验结果时，应符合下列规定：

1) 系统设计喷雾强度不应小于试验所用喷雾强度。

2) 喷头最低工作压力不应小于试验测得最不利点喷头的工作压力。

3) 喷头布置间距和安装高度分别不应大于试验时的喷头间距和安装高度。

4) 喷头的安装角度应与试验安装角度一致。

■ 7.4 消防炮灭火系统及大空间智能型主动灭火系统

7.4.1 消防炮灭火系统

消防炮灭火系统是以水、泡沫混合液流量大于 16L/s，或干粉喷射率大于 7kg/s，以射流形式喷射灭火剂的装置。消防炮系统流量大（16~1333L/s），射程远（50~230m），主要适于扑救石油化工企业、炼油厂、贮油罐区、飞机库、油轮、油码头、海上钻井平台和贮油平台等可燃易燃液体集中、火灾危险性大、消防人员不易接近的场所的火灾。优点是能进行空间定位、定点灭火，且仅对火灾区域喷洒灭火，减少对无火灾区域的影响，有效减少系统用水量；保护半径大，射程远；管线布置简单，安装维护容易。

消防炮系统可根据灭火剂的种类分为 3 类：消防水炮系统、消防泡沫炮系统和消防干粉炮系统；按系统启动方式可分为手动、远控和数控 3 种；按应用方式可分为移动式和固定式两种；按驱动动力装置不同可分为气控炮、液控炮和电控炮系统。

1. 系统选择

系统选用何种灭火剂，应与被保护场所的火灾危险性类别相关。水炮系统适用于一般固体可燃物火灾；泡沫炮系统适用于甲、乙、丙类液体火灾和固体可燃物火灾；干粉炮适用于液化石油气、天然气等可燃气体火灾。应该注意的是，水炮系统和泡沫炮系统不得用于扑救遇水发生化学反应而引起燃烧、爆炸等物质的火灾。

设置在下列场所的固定消防炮灭火系统宜采用远控炮系统：

1) 有爆炸危险性的场所。

2) 有大量有毒气体产生的场所。

3) 燃烧猛烈，产生强烈辐射热的场所。

4) 火灾蔓延面积较大且损失严重的场所。

5) 高度超过 8m，且火灾危险性较大的室内场所。

6) 发生火灾时，灭火人员难以及时接近或撤离固定消防炮位的场所。

2. 设计要求

（1）系统设置的一般规定如下：

1) 供水管道应与生产、生活用水管道分开。供水管道不宜与泡沫混合液的供给管道合用。寒冷地区的湿式供水管道应设防冻保护措施，干式管道应设排除管道内积水和空气的设施。管道设计应满足设计流量、压力和启动至喷射的时间等要求。

2）消防水源的容量不应小于规定灭火时间和冷却时间内需要同时使用水炮、泡沫炮、保护水幕喷头等用水量及供水管网内充水量之和，该容量可减去规定灭火时间和冷却时间内可补充的水量。消防水泵的供水压力应能满足系统中水炮、泡沫炮喷射压力的要求。

3）灭火剂及加压气体的补给时间均不宜大于 48h。水炮系统和泡沫炮系统从启动至炮口喷射水或泡沫的时间不应大于 5min，干粉炮系统从启动至炮口喷射干粉的时间不应大于 2min。

（2）消防炮的布置原则　室内消防炮的布置数量不应少于两门，其布置高度应保证消防炮的射流不受上部建筑构件的影响，并应能使两门水炮的水射流同时到达被保护区域的任一部位。室内系统应采用湿式给水系统，消防炮位处应设置消防水泵启动按钮。设置消防炮平台时，其结构强度应能满足消防炮喷射反力的要求，结构设计应能满足消防炮正常使用的要求。

室外消防炮的布置应能使消防炮的射流完全覆盖被保护场所及被保护物，且应满足灭火强度及冷却强度的要求。

消防炮的布置应符合下列规定：

1）消防炮应设置在被保护场所常年主导风向的上风方向。

2）当灭火对象高度较高、面积较大时，或在消防炮的射流受到较高大障碍物的阻挡时，应设置消防炮塔。

3）消防炮宜布置在甲、乙、丙类液体储罐区防护堤外，当不能满足上述灭火强度及冷却强度要求时，可布置在防护堤内，此时应对远控消防炮和消防炮塔采取有效的防爆和隔热保护措施。

4）液化石油气、天然气装卸码头和甲、乙、丙类液体、油品装卸码头的消防炮的布置数量不应少于两门，泡沫炮的射程应满足覆盖设计船型的油气舱范围，水炮的射程应满足覆盖设计船型的全船范围。

消防炮塔的布置应符合下列规定：

1）甲、乙、丙类液体储罐区、液化烃储罐区和石化生产装置的消防炮塔高度的确定应使消防炮对被保护对象实施有效保护。

2）甲、乙、丙类液体、油品、液化石油气、天然气装卸码头的消防炮塔高度应使消防炮的俯仰回转中心高度不低于在设计潮位和船舶空载时的甲板高度；消防炮水平回转中心与码头前沿的距离不应小于 2.5m。

3）消防炮塔的周围应留有供设备维修用的通道。

3. 设计计算

（1）水炮　水炮的设计射程应符合消防炮布置的要求。室内布置的水炮的射程按产品射程的指标值计算，室外布置的水炮的射程应按产品射程指标值的 90% 计算。当水炮的设计工作压力与产品额定工作压力不同时，应在产品规定的工作压力范围内选用。

水炮的设计射程可按下式确定：

$$D_s = D_{s0}\sqrt{\dfrac{P_e}{P_0}} \tag{7-84}$$

式中　D_s——水炮的设计射程（m）；

D_{s0}——水炮在额定工作压力时的射程（m）；

P_e——水炮的设计工作压力（MPa）；

P_0——水炮的额定工作压力（MPa）。

当上述计算的水炮设计射程不能满足消防炮布置的要求时，应调整原设定的水炮数量、布置位置或规格型号，直至达到要求。水炮的设计流量可按下式确定：

$$Q_s = q_{s0} \sqrt{\frac{P_e}{P_0}} \tag{7-85}$$

式中　Q_s——水炮的设计流量（L/s）；

q_{s0}——水炮的额定流量（L/s）。

室外配置的水炮额定流量不宜小于 30L/s。水炮系统灭火及冷却用水的连续供给时间应符合下列规定：

1）扑救室内火灾的灭火用水连续供给时间不应小于 1.0h。

2）扑救室外火灾的灭火用水连续供给时间不应小于 2.0h。

3）甲、乙、丙类液体储罐、液化烃储罐、石化生产装置和甲、乙、丙类液体、油品码头等冷却用水连续供给时间应符合国家有关标准的规定。

水炮系统灭火及冷却用水的供给强度应符合下列规定：

1）扑救室内一般固体物质火灾的供给强度应符合国家有关标准的规定，用水量应按两门水炮的水射流同时到达防护区任一部位的要求计算。民用建筑的用水量不应小于 40L/s，工业建筑的用水量不应小于 60L/s。

2）扑救室外火灾的灭火及冷却用水的供给强度应符合国家有关标准的规定。

3）甲、乙、丙类液体储罐、液化烃储罐和甲、乙、丙类液体、油品码头等冷却用水的供给强度应符合国家有关标准的规定。

4）石化生产装置的冷却用水的供给强度不应小于 16L/（min·m²）。

水炮系统的计算总流量应为系统中需要同时开启的水炮设计流量的总和，且不得小于灭火用水计算总流量及冷却用水计算总流量之和。

（2）泡沫炮　泡沫炮的设计射程应符合消防炮布置的要求。室内布置的泡沫炮的射程应按产品射程的指标值计算，室外布置的泡沫炮的射程应按产品射程指标值的 90% 计算。当泡沫炮的设计工作压力与产品额定工作压力不同时，应在产品规定的工作压力范围内选用。

泡沫炮的设计射程可按下式确定：

$$D_p = D_{p0} \sqrt{\frac{P_e}{P_0}} \tag{7-86}$$

式中　D_p——泡沫炮的设计射程（m）；

D_{p0}——泡沫炮在额定工作压力时的射程（m）；

P_e——泡沫炮的设计工作压力（MPa）；

P_0——泡沫炮的额定工作压力（MPa）。

当上述计算的泡沫炮设计射程不能满足消防炮布置的要求时，应调整原设定的泡沫炮数量、布置位置或规格型号，直至达到要求。

泡沫炮的设计流量可按下式确定：

$$Q_p = q_{p0} \sqrt{\frac{P_e}{P_0}} \tag{7-87}$$

式中　Q_p——泡沫炮的设计流量（L/s）；

　　　q_{p0}——泡沫炮的额定流量（L/s）。

室外配置的泡沫炮其额定流量不宜小于 48L/s。扑救甲、乙、丙类液体储罐区火灾及甲、乙、丙类液体、油品码头火灾等的泡沫混合液的连续供给时间和供给强度应符合国家有关标准的规定。供给泡沫炮的水质应符合设计所用泡沫液的要求。

泡沫混合液设计总流量应为系统中需要同时开启的泡沫炮设计流量的总和，且不应小于灭火面积与供给强度的乘积。混合比的范围应符合国家标准《低倍数泡沫灭火系统设计规范》（GB 50151—92）的规定，计算中应取规定范围的平均值。泡沫液设计总量应为其计算总量的 1.2 倍。

（3）干粉炮　室内布置的干粉炮的射程应按产品射程指标值计算，室外布置的干粉炮的射程应按产品射程指标值的 90% 计算。干粉炮系统的单位面积干粉灭火剂供给量可按表7-38 选取。

表 7-38　干粉炮系统的单位面积干粉灭火剂供给量

干粉种类	单位面积干粉灭火剂供给量/（kg/m²）
碳酸氢钠干粉	8.8
碳酸氢钾干粉	5.2
氨基干粉 磷酸铵盐干粉	3.6

可燃气体装卸站台等场所的灭火面积可按保护场所中最大一个装置主体结构表面积的50% 计算。干粉炮系统的干粉连续供给时间不应小于 60s。

干粉设计用量应符合下列规定：

1）干粉计算总量应满足规定时间内需要同时开启干粉炮所需干粉总量的要求，并不应小于单位面积干粉灭火剂供给量与灭火面积的乘积；干粉设计总量应为计算总量的 1.2 倍。

2）在停靠大型液化石油气、天然气船的液化气码头装卸臂附近宜设置喷射量不小于2000kg 干粉的干粉炮系统。

干粉炮系统应采用标准工业级氮气作为驱动气体，其含水量不应大于 0.005% 的体积比，其干粉罐的驱动气体工作压力可根据射程要求分别选用 1.4MPa、1.6MPa、1.8MPa。干粉供给管道的总长度不宜大于 20m。炮塔上安装的干粉炮与低位安装的干粉罐的高度差不应大于 10m。干粉炮系统的气粉比应符合下列规定：

1）当干粉输送管道总长度大于 10m、小于 20m 时，每千克干粉需配给 50L 氮气。

2）当干粉输送管道总长度不大于 10m 时，每千克干粉需配给 40L 氮气。

（4）水力计算　消防炮系统的供水设计总流量应按下式计算：

$$Q = \sum N_p Q_p + \sum N_s Q_s + \sum N_m Q_m \tag{7-88}$$

式中　Q——系统供水设计总流量（L/s）；

　　　N_p——系统中需要同时开启的泡沫炮的数量（门）；

　　　N_s——系统中需要同时开启的水炮的数量（门）；

　　　N_m——系统中需要同时开启的保护水幕喷头的数量（只）；

　　　Q_p——泡沫炮的设计流量（L/s）；

　　　Q_s——水炮的设计流量（L/s）；

　　　Q_m——保护水幕喷头的设计流量（L/s）。

供水或供泡沫混合液管道总水头损失应按下式计算：

$$\sum h = h_1 + h_2 \tag{7-89}$$

式中　$\sum h$——水泵出口至最不利点消防炮进口供水或供泡沫混合液管道水头总损失（MPa）；

　　　h_1——沿程水头损失（MPa）；

　　　h_2——局部水头损失（MPa）。

$$h_1 = i \cdot L_1 \tag{7-90}$$

式中　i——单位管长沿程水头损失（MPa/m）；

　　　L_1——计算管道长度（m）。

$$i = 0.0000107 \frac{v^2}{d^{1.3}} \tag{7-91}$$

式中　v——设计流速（m/s）；

　　　d——管道内径（m）。

$$h_2 = 0.01 \sum \zeta \frac{v^2}{2g} \tag{7-92}$$

式中　ζ——局部阻力系数；

　　　v——设计流速（m/s）。

消防炮系统中的消防水泵供水压力应按下式计算：

$$P = 0.01Z + \sum h + P_e \tag{7-93}$$

式中　P——消防水泵供水压力（MPa）；

　　　Z——最低引水位至最高位消防炮进口的垂直高度（m）；

　　　$\sum h$——水泵出口至最不利点消防炮进口供水或供泡沫混合液管道水头总损失（MPa）；

　　　P_e——泡沫（水）炮的设计工作压力（MPa）。

7.4.2　大空间智能型主动灭火系统

凡按照国家有关消防设计规范的要求应设置自动喷水灭火系统，火灾类别为 A 类，但由于空间高度较高，采用其他自动喷水灭火系统难以有效探测、扑灭及控制火灾的大空间场所应设置大空间智能型主动喷水灭火系统。该系统适合于空间高度大、容积大、火场温度升温较慢，难以设置传统闭式自动喷水灭火系统的场所，例如：大剧院、音乐厅、会展中心、候机楼；体育馆、宾馆、写字楼的中庭；大卖场、图书馆、科技馆等。

1. 特点及优点

大空间智能型主动灭火系统具有以下 4 个特点：

1）具有人工智能，可主动探测寻找并早期发现判定火源。

2）可对火源的位置进行定点定位并报警。

3）可主动开启系统定点定位喷水灭火。

4）可持续喷水、主动停止喷水并可多次重复启闭。

2. 不适用场所

大空间智能型主动灭火系统的优点是：适用空间高度范围广（灭火装置安装高度最高可达 25m）；安装方式灵活，不需贴顶安装，不需集热装置；射水型或洒水型灭火装置，水量集中，对火灾穿透能力强，扑灭火灾效果好；可对保护区域实施全方位连续监视。

大空间智能型主动喷水灭火系统不适用于以下场所：

1）在正常情况下采用明火生产的场所。

2）火灾类别为 B、C、D、E、F 类火灾的场所。

3）存在较多遇水发生爆炸或加速燃烧的物品的场所。

4）存在较多遇水发生剧烈化学反应或产生有毒有害物质的物品的场所。

5）存在较多因洒水而导致喷溅或沸溢的液体的场所。

6）存放遇水将受到严重损坏的贵重物品的场所，如档案库、贵重资料库、博物馆珍藏室等。

7）严禁管道漏水的场所。

8）因高空水炮的高压水柱冲击造成重大财产损失的场所。

9）其他不宜采用大空间智能型主动喷水灭火系统的场所。

3. 设计原则及系统组成

（1）设计原则　设置大空间智能型主动灭火系统的场所的火灾危险等级应按现行国家标准《自动喷水灭火系统设计规范》（GB 50084—2017）的规定划分；其设计原则应符合下列规定：

1）智能型探测组件应能有效探测和判定火源。

2）系统设计流量应保证在保护范围内设计同时开放的喷头、高空水炮在规定持续喷水时间内持续喷水。

3）大空间智能型主动喷水灭火系统的持续喷水灭火时间不应低于 1h。在这一时间范围内，可根据火灾扑灭情况，人工或自动关闭系统及复位。

4）喷头、水炮喷水时，不应受到障碍物的阻挡。

设置大空间智能型主动灭火系统的场所的火灾危险等级应按现行国家标准《自动喷水灭火系统设计规范》（GB 50084—2017）的规定划分。

（2）组成　大空间智能型主动灭火系统包括 4 个组成部分：

1）大空间灭火装置（如大空间智能灭火装置、自动扫描射水灭火装置、自动扫描射水高空水炮灭火装置等）。

2）信号阀组、水流指示器等组件。

3）管道（如配水支管、配水管、配水干管等）。

4）供水设施（如消防水池、水泵接合器、加压水泵或其他供水设施等）。

（3）**系统选择** 火灾危险等级为中危险级或轻危险级的场所可采用配置各种类型大空间灭火装置的系统。火灾危险等级为严重危险级的场所宜采用配置大空间智能灭火装置的系统。舞台的葡萄架下部、演播室、电影摄影棚的上方宜采用配置大空间智能灭火装置的系统。边墙式安装时宜采用配置自动扫描射水灭火装置或自动扫描射水高空水炮灭火装置的系统。灭火后需及时停止喷水的场所，应采用具有重复启闭功能的大空间智能型主动喷水灭火系统。大空间智能型主动喷水灭火系统的管网宜独立设置。

设置大空间智能型主动喷水灭火系统的场所，当喷头或高空水炮为平天花或平梁底吊顶设置时，设置场所地面至天花板或梁底的最大净空高度不应大于表 7-39 的规定。

表 7-39 采用标准型大空间智能型主动喷水灭火系统
场所的最大净空高度 （单位：m）

灭火装置喷头名称	地面至天花板或梁底的最大净空高度
大空间大流量喷头	25
扫描射水喷头	6
高空水炮	20

设置大空间智能型主动喷水灭火系统的场所，当喷头或高空水炮为边墙式或悬空式安装，且喷头及高空水炮以上空间无可燃物时，设置场所的净空高度可不受限制。

各种喷头和高空水炮应下垂式安装。标准型大空间智能灭火装置喷头布置间距不宜小于2.5m。喷头应平行或低于天花、梁底、屋架和风管底设置。

同一个隔间内宜采用同一种喷头或高空水炮，如需混合采用多种喷头或高空水炮，且合用一组供水设施时，应在供水管路的水流指示器前，将供水管道分开设置，并根据不同喷头的工作压力要求、安装高度及管道水头损失来考虑是否设置减压装置。

大空间智能型主动喷水灭火系统应有备用智能型灭火装置，其数量不应少于总数的1%，且每种型号均不得少于 1 只。

当大空间智能型主动喷水灭火系统的管网与湿式自动喷水灭火系统的管网合并设置时，必须满足下列条件：

1）系统设计水量、水压和一次灭火用水量应满足两个系统中最大的一个设计水量、水压及一次灭火用水量的要求。

2）应同时满足两个系统的其他设计要求，并能独立运行，互不影响。

当大空间智能型主动喷水灭火系统的管网与消火栓系统的管网合并设置时，必须满足下列条件：

1）系统设计水量、水压及一次灭火用水量应同时满足两个系统总的设计水量、最高水压及一次灭火用水量的要求。

2）应同时满足两个系统的其他设计要求，并能独立运行，互不影响。

大空间智能型主动喷水灭火系统的喷头（高空水炮）相关参数及水力计算公式及相关参数可查阅《大空间智能型主动喷水灭火系统技术规程》（CECS 263：2009），系统设计流量应根据喷头（高空水炮）的设置方式，喷头（高空水炮）布置的行数及列数、喷头（高空水炮）的设计同时开启数等确定。

7.5 其他建筑、场所防火设计

7.5.1 汽车库、修车库、停车库消防设计

停车问题是城市发展中出现的静态交通问题。静态交通是相对于动态交通而存在的一种交通形态，二者互相关联，互相影响；停车设施是城市静态交通的主要内容，包括露天停车场，各类汽车库、修车库等。近年来，北京、天津、上海、广州、武汉、沈阳、重庆等大城市车辆增长迅速，大型汽车库的建设也在成倍增长，许多城市的政府部门都把建设配套汽车库作为工程项目审批的必备条件，并制订了相应的地方性行政法规予以保证。特别是随着房地产开发经营的增多，在新建大楼中都配套建设了与大楼停车要求相适应的汽车库、停车库，由于城市用地紧张、地价昂贵，新建汽车、停车库等均向高层和地下空间发展。

根据国家统计局 2014 年统计公告，2014 年年末全国民用汽车保有量达到 1.54 亿辆，是 2005 年保有量的近 5 倍，从 2005 年的 3100 多万辆，10 年间增长了 1.23 亿辆，年均增加 1200 多万辆。根据最新的统计，全国现有汽车保有量超过百万的城市已有 35 个，其中天津、上海、苏州、广州、杭州、郑州等 10 个城市超过 200 万辆，重庆、成都、深圳超过 300 万辆，北京超过 500 万辆。汽车库、修车库、停车场发生火灾，开始时大多是由汽车着火引起的，但当汽车库着火后，往往汽油燃烧很快结束，接着是汽车本身的可燃材料，如木材、皮革、塑料、棉布、橡胶等继续燃烧。从目前的情况来看，扑灭这些可燃材料火灾最有效、最经济、最方便的灭火剂还是水。

为了防止和减少汽车库、修车库、停车场的火灾危险和危害，保护人身和财产的安全，制定了相应的防火设计规范，适用于新建、扩建和改建的汽车库、修车库、停车场的防火设计，应结合汽车库、修车库、停车场的特点，采取有效的防火措施，力求安全可靠、技术先进、经济合理。

1. 汽车库、修车库、停车场的分类

汽车库、修车库、停车场的分类应根据停车（车位）数量和总建筑面积确定，并应符合表 7-40 的规定。

表 7-40 汽车库、修车库、停车场的分类

名 称		I	II	III	IV
汽车库	停车数量（辆）	>300	151~300	51~150	≤50
	总建筑面积 S/m²	S>10000	5000<S≤10000	2000<S≤5000	S≤2000
修车库	车位数（个）	>15	6~15	3~5	≤2
	总建筑面积 S/m²	S>3000	1000<S≤3000	500<S≤1000	S≤500
停车场	停车数量（辆）	>400	251~400	101~250	≤100

注：1. 当屋面露天停车场与下部汽车库共用汽车坡道时，其停车数量应计算在汽车库的车辆总数内。

2. 室外坡道、屋面露天停车场的建筑面积可不计入汽车库的建筑面积之内。

3. 公交汽车库的建筑面积可按本表的规定值增加 2.0 倍。

汽车库和修车库的耐火等级应符合下列规定：

1）地下、半地下和高层汽车库应为一级。

2）甲、乙类物品运输车的汽车库、修车库和Ⅰ类汽车库、修车库，应为一级。

3）Ⅱ、Ⅲ类汽车库、修车库的耐火等级不应低于二级。

4）Ⅳ类汽车库、修车库的耐火等级不应低于三级。

2. 火灾危险性

汽车库、修车库、停车场内主要的可燃物是停放的汽车，其火灾过程包括固体火灾和液体火灾，火灾发生迅速，会释放出大量的热和有毒烟气，容易造成大面积蔓延，引起人员和财产损失。

1）汽车火灾荷载大，如木质车厢板、轮胎、座椅等，内饰大量采用聚氨酯类合成材料，燃烧产生大量的热和有毒有害气体，燃烧后产生的高温容易导致车上的油箱、气瓶等燃烧或爆炸，可能引起严重后果，由于可能是非单一物质火灾，火灾类型多、过程复杂，难以扑救。

2）汽车库内汽车数量多、间距小，火灾容易蔓延，可能形成"多米诺骨牌"效应，造成大面积汽车过火的失控状态，火灾影响范围大，直接影响或威胁到建筑物本身的安全。

3）通风排烟难度大，人员、车辆等疏散困难。

4）封闭空间内产生的高温有毒气体和浓烟的流动状态复杂，能见度差，消防队员难以确定起火点、判断火情状况，灭火救援困难。

3. 消防设计要求

汽车库、修车库、停车场应设置消防给水系统。消防给水可由市政给水管道、消防水池或天然水源供给。利用天然水源时，应设置可靠的取水设施和通向天然水源的道路，并应在枯水期最低水位时，确保消防用水量。当室外消防给水采用高压或临时高压给水系统时，汽车库、修车库、停车场消防给水管道内的压力应保证在消防用水量达到最大时，最不利点水枪的充实水柱不小于 10m；当室外消防给水采用低压给水系统时，消防给水管道内的压力应保证灭火时最不利点消火栓的水压不小于 0.1MPa（从室外地面算起）。

汽车库、修车库的消防用水量应按室内、室外消防用水量之和计算。其中，汽车库、修车库内设置消火栓、自动喷水、泡沫等灭火系统时，其室内消防用水量应按需要同时开启的灭火系统用水量之和计算。

符合下列条件之一的汽车库、修车库、停车场，可不设置消防给水系统：

1）耐火等级为一、二级且停车数量不大于 5 辆的汽车库。

2）耐火等级为一、二级的Ⅳ类修车库。

3）停车数量不大于 5 辆的停车场。

（1）消火栓系统　除《汽车库、修车库、停车场设计防火规范》（GB 50067—2014）另有规定外，汽车库、修车库、停车场应设置室外消火栓系统，其室外消防用水量应按消防用水量最大的一座计算，并应符合下列规定：

1）Ⅰ、Ⅱ类汽车库、修车库、停车场，不应小于 20L/s。

2）Ⅲ类汽车库、修车库、停车场。不应小于 15L/s。

3）Ⅳ类汽车库、修车库、停车场，不应小于 10L/s。

汽车库、修车库、停车场的室外消防给水管道、室外消火栓、消防泵房的设置，应符合现行国家标准《消防给水及消火栓系统技术规范》（GB 50974—2014）的有关规定。停车场的室外消火栓宜沿停车场周边设置，且距离最近一排汽车不宜小于7m，距加油站或油库不宜小于15m。室外消火栓的保护半径不应大于150m，在市政消火栓保护半径150m范围内的汽车库、修车库、停车场，市政消火栓可计入建筑室外消火栓的数量。

除《汽车库、修车库、停车场设计防火规范》（GB 50067—2014）另有规定外，汽车库、修车库应设置室内消火栓系统，其消防用水量应符合下列规定：

1）Ⅰ、Ⅱ、Ⅲ类汽车库及Ⅰ、Ⅱ类修车库的用水量不应小于10L/s，系统管道内的压力应保证相邻两个消火栓的水枪充实水柱同时到达室内任何部位。

2）Ⅳ类汽车库及Ⅲ、Ⅳ类修车库的用水量不应小于5L/s，系统管道内的压力应保证一个消火栓的水枪充实水柱到达室内任何部位。

室内消火栓水枪的充实水柱不应小于10m。同层相邻室内消火栓的间距不应大于50m，高层汽车库和地下汽车库、半地下汽车库室内消火栓的间距不应大于30m。室内消火栓应设置在易于取用的明显地点，栓口距离地面宜为1.1m，其出水方向宜向下或与设置消火栓的墙面垂直。

汽车库、修车库的室内消火栓数量超过10个时，室内消防管道应布置成环状，并应有两条进水管与室外管道相连接。室内消防管道应采用阀门分成若干独立段，每段内消火栓不应超过5个。高层汽车库内管道阀门的布置，应保证检修管道时关闭的竖管不超过1根，当竖管超过4根时，可关闭不相邻的2根。

4层以上的多层汽车库、高层汽车库和地下、半地下汽车库，其室内消防给水管网应设置水泵接合器。水泵接合器的数量应按室内消防用水量计算确定，每个水泵接合器的流量应按10~15L/s计算。水泵接合器应设置明显的标志，并应设置在便于消防车停靠和安全使用的地点，其周围15~40m范围内应设室外消火栓或消防水池。

设置高压给水系统的汽车库、修车库，当能保证最不利点消火栓和自动喷水灭火系统等的水量和水压时，可不设置消防水箱。

设置临时高压消防给水系统的汽车库、修车库，应设置屋顶消防水箱，其容量不应小于12m³，并应符合现行国家标准《消防给水及消火栓系统技术规范》（GB 50974—2014）的有关规定。消防用水与其他用水合用的水箱，应采取保证消防用水不作他用的技术措施。采用临时高压消防给水系统的汽车库、修车库，其消防水泵的控制应符合现行国家标准《消防给水及消火栓系统技术规范》（GB 50974—2014）的有关规定。采用消防水池作为消防水源时，其有效容量应满足火灾延续时间内室内、室外消防用水量之和的要求。

火灾延续时间应按2.00h计算，自动喷水灭火系统按1.00h计算，泡沫灭火系统可按0.50h计算。当室外给水管网能确保连续补水时，消防水池的有效容量可减去火灾延续时间内连续补充的水量。

供消防车取水的消防水池应设置取水口或取水井，其水深应保证消防车的消防水泵吸水高度不大于6m。消防用水与其他用水共用的水池，应采取保证消防用水不作他用的技术措施。严寒或寒冷地区的消防水池应采取防冻措施。

（2）自动喷水灭火系统　除敞开式汽车库、屋面停车场外，下列汽车库、修车库应设置自动灭火系统：

1）Ⅰ、Ⅱ、Ⅲ类地上汽车库。

2）停车数大于10辆的地下、半地下汽车库。

3）机械式汽车库。

4）采用汽车专用升降机作汽车疏散出口的汽车库。

5）Ⅰ类修车库。

对于需要设置自动灭火系统的场所，除符合设置泡沫、二氧化碳、气体灭火系统等可采用相应类型的灭火系统外，其他均应采用自动喷水灭火系统。环境温度低于4℃时间较短的非严寒或寒冷地区，可采用湿式自动喷水灭火系统，但应采取防冻措施。设置在汽车库、修车库内的自动喷水灭火系统，其设计除应符合现行国家标准《自动喷水灭火系统设计规范》（GB 50084—2017）的有关规定外，喷头布置还应符合下列规定：

1）应设置在汽车库停车位的上方或侧上方，对于机械式汽车库，尚应按停车的载车板分层布置，且应在喷头的上方设置集热板。

2）错层式、斜楼板式汽车库的车道、坡道上方均应设置喷头。

下列汽车库、修车库宜采用泡沫-水喷淋系统，泡沫-水喷淋系统的设计应符合现行国家标准《泡沫灭火系统设计规范》（GB 50151—2010）的有关规定：

1）Ⅰ类地下、半地下汽车库。

2）Ⅰ类修车库。

3）停车数大于100辆的室内无车道且无人员停留的机械式汽车库。

地下、半地下汽车库可采用高倍数泡沫灭火系统。停车数量不大于50辆的室内无车道且无人员停留的机械式汽车库，可采用二氧化碳等气体灭火系统。高倍数泡沫灭火系统、二氧化碳等气体灭火系统的设计，应符合现行国家标准《泡沫灭火系统设计规范》（GB 50151—2010）、《二氧化碳灭火系统设计规范（2010年版）》（GB 50193—93）和《气体灭火系统设计规范》（GB 50370—2005）的有关规定。

除室内无车道且无人员停留的机械式汽车库外，汽车库、修车库、停车场均应配置灭火器。灭火器的配置设计应符合现行国家标准《建筑灭火器配置设计规范》（GB 50140—2005）的有关规定。

7.5.2 人防工程消防设计

人民防空工程，简称"人防工程"，是指为保障人民防空指挥、通信、掩蔽等需要而建造的防护建筑，是具有特殊功能的地下建筑；其建设使用不但要满足战时的功能需要，贯彻"平战结合、综合利用"的战略方针，而且要与城市建设协调发展，适应不断发展变化的新形势。

1. 人防工程分类及火灾危险性

（1）人防工程分类

1）按构筑形式分类：

①坑道工程，大部分主体地坪高于最低出入口的暗挖工程，多建于山地或丘陵地。

②地道工程，大部分主体地坪低于最低出入口的暗挖工程，多建于平地。

③人民防空地下室，为保证人民防空指挥、通信、掩蔽等需要，具有预定防护功能的地下室。

④单建掘开式工程，单独建设的采用明挖法施工且大部分结构处于原地表以下的工程。

2）按使用功能分类：

①指挥工程，保障人民防空指挥机关战时工作的人防工程。

②医疗救护工程，战时对伤员进行早期治疗和紧急救治工作的人防工程。

③防空专业队工程，保障防空专业队掩蔽和执行某些勤务的人防工程，一般包括专业队队员掩蔽部和专业队装备（车辆）掩蔽部两部分。

④人员掩蔽工程，用于保障人员掩蔽的人防工程，按等级分为一等和二等。

⑤配套工程，除上述四种以外的战时保障性人防工程，如区域电站、区域供水站、人防物资库、食品站、生产车间、人防汽车库、警报站以及核生化监测中心等工程。

（2）人防工程的火灾危险性　人防工程多处于封闭状态，绝大多数没有与大气直接连通的外窗，与内部连通的孔洞少，面积也较小；一旦发生火灾，后果比地上建筑可能更严重。一般而言，人防工程火灾危险性具有以下特点：

1）由于建筑密封性好，散热困难，火场温度会迅速增高，同时，因为燃烧不充分，会产生浓烟和大量有毒气体。

2）多数人防工程内部格局复杂，疏散难度大。

3）储存物品多、杂，火灾荷载大。

4）内部纵深大，由于浓烟、高温、缺氧、有毒、视线不清、通信中断等原因，灭火人员难以接近起火点、观察判断火情，救援困难。

2. 消防设施的设置范围

（1）室内消火栓　建筑面积大于300m² 的人防工程及电影院、礼堂、消防电梯间前室和避难走道应设置室内消火栓。下列人防工程和部位宜设置自动喷水灭火系统；当有困难时，也可设置局部应用系统，局部应用系统应符合现行国家标准《自动喷水灭火系统设计规范》（GB 50084—2017）的有关规定：

1）建筑面积大于100m²，且小于或等于500m² 的地下商店和展览厅。

2）建筑面积大于100m²，且小于或等于1000m² 的影剧院、礼堂、健身体育场所、旅馆、医院等；建筑面积大于100m²，且小于或等于500m² 的丙类库房。

（2）自动喷水灭火系统　下列人防工程和部位应设置自动喷水灭火系统：

1）除丁、戊类物品库房和自行车库外，建筑面积大于500m² 丙类库房和其他建筑面积大于1000m² 的人防工程。

2）大于800个座位的电影院和礼堂的观众厅，且吊顶下表面至观众席室内地面高度不大于8m 时；舞台使用面积大于200m² 时；观众厅与舞台之间的台口宜设置防火幕或水幕分隔。

3）耐火极限不应低于3h 的防火卷帘。

4）歌舞娱乐放映游艺场所。

5）建筑面积大于500m² 的地下商店和和展览厅。

6）燃油或燃气锅炉房和装机总容量大于300kW 柴油发电机房。

（3）其他　图书、资料、档案等特藏库房、重要通信机房和电子计算机机房及变配电室和其他特殊重要的设备房间均应设置气体灭火系统或细水雾灭火系统。

营业面积大于500m² 的餐饮场所，其烹饪操作间的排油烟罩及烹饪部位应设置自动灭火装置，且应在燃气或燃油管道上设置紧急事故自动切断装置。

人防工程应配置灭火器，灭火器的配置设计应符合现行国家标准《建筑灭火器配置设计规范》（GB 50140—2005）的有关规定。

3. 消防用水量

设置室内消火栓、自动喷水等灭火设备的人防工程，其消防用水量应按需要同时开启的上述设备用水量之和计算。室内消火栓用水量，应符合表 7-41 的规定。

表 7-41　室内消火栓最小用水量

工程类别	体积 V/m^3	同时使用水枪数量（支）	每支水枪最小流量/(L/s)	消火栓用水量/(L/s)
展览厅、影剧院、礼堂、健身体育场所等	$V \leqslant 1000$	1	5	5
	$1000 < V \leqslant 2500$	2	5	10
	$V > 2500$	3	5	15
商场、餐厅、旅馆、医院等	$V \leqslant 5000$	1	5	5
	$5000 < V \leqslant 10000$	2	5	10
	$10000 < V \leqslant 25000$	3	5	15
	$V > 25000$	4	5	20
丙、丁、戊类生产车间、自行车库	$V \leqslant 2500$	1	5	5
	$V > 2500$	2	5	10
丙、丁、戊类物品库房、图书资料档案库	$V \leqslant 3000$	1	5	5
	$V > 3000$	2	5	10

注：消防软管卷盘的用水量可不计算入消防用水量中。

人防工程内自动喷水灭火系统的用水量，应按现行国家标准《自动喷水灭火系统设计规范》（GB 50084—2017）的有关规定执行。

4. 消防设施

人防工程具有下列情况之一者应设置消防水池：

1）市政给水管道、水源井或天然水源不能满足消防用水量。

2）市政给水管道为枝状或人防工程只有一条进水管。

消防水池的有效容积应满足在火灾延续时间内室内消防用水总量的要求；火灾延续时间应符合下列规定：

1）建筑面积小于 $3000m^2$ 的单建掘开式、坑道、地道人防工程消火栓灭火系统火灾延续时间应按 1h 计算。

2）建筑面积大于或等于 $3000m^2$ 的单建掘开式、坑道、地道人防工程消火栓灭火系统火灾延续时间应按 2h 计算；改建人防工程有困难时，可按 1h 计算。

3）防空地下室消火栓灭火系统的火灾延续时间应与地面工程一致。

4）自动喷水灭火系统火灾延续时间应符合现行国家标准《自动喷水灭火系统设计规范》（GB 50084—2017）的有关规定。

消防水池的补水量应经计算确定，补水管的设计流速不宜大于 2.5m/s；在火灾情况下能保证连续向消防水池补水时，消防水池的容积可减去火灾延续时间内补充的水量；消防水池的补水时间不应大于48h；消防用水与其他用水合用的水池，应有确保消防用水量的措施；消防水池可设置在人防工程内，也可设置在人防工程外，严寒和寒冷地区的室外消防水池应有防冻措施；容积大于500m³的消防水池，应分成两个能独立使用的消防水池。

当人防工程内消防用水总量大于10L/s时，应在人防工程外设置水泵接合器，并应设置室外消火栓。水泵接合器和室外消火栓的数量，应按人防工程内消防用水总量确定，每个水泵接合器和室外消火栓的流量应按（10～15）L/s计算。水泵接合器和室外消火栓应设置在便于消防车使用的地点，距人防工程出入口不宜小于5m；室外消火栓距路边不宜大于2m，水泵接合器与室外消火栓的距离不应大于40m。水泵接合器和室外消火栓应有明显的标志。

室内消火栓的设置应符合下列规定：

1）室内消火栓的水枪充实水柱应通过水力计算确定，且不应小于10m。

2）消火栓栓口的出水压力大于0.50MPa时，应设置减压装置。

3）室内消火栓的间距应由计算确定；当保证同层相邻有两支水枪的充实水柱同时到达被保护范围内的任何部位时，消火栓的间距不应大于30m；当保证有一支水枪的充实水柱到达室内任何部位时，不应大于50m。

4）室内消火栓应设置在明显易于取用的地点；消火栓的出水方向宜向下或与设置消火栓的墙面相垂直；栓口离室内地面高度宜为1.1m；同一工程内应采用统一规格的消火栓、水枪和水带，每根水带长度不应大于25m。

5）设置有消防水泵给水系统的每个消火栓处，应设置直接启动消防水泵的按钮，并应有保护措施。

6）室内消火栓处应同时设置消防软管卷盘，其安装高度应便于使用，栓口直径宜为25mm，喷嘴口径不宜小于6mm，配备的胶带内径不宜小于19mm。

单建掘开式、坑道式、地道式人防工程当不能设置高位消防水箱时，宜设置气压给水装置。气压罐的调节容积：消火栓系统不应小于300L，喷淋系统不应小于150L。

设置有消防给水的人防工程，必须设置消防排水设施。消防排水设施宜与生活排水设施合并设置，兼作消防排水的生活污水泵（含备用泵），总排水量应满足消防排水量的要求。

 **思考题**

1. 气体消防系统有哪些主要种类？什么情况下需要采用？
2. 二氧化碳灭火的主要机理是什么？
3. 二氧化碳灭火系统分为哪几类？简述二氧化碳灭火系统对防护区的基本要求。
4. 二氧化碳灭火系统有哪些主要设备？
5. 简述七氟丙烷灭火系统的适用范围、组成及主要部件。
6. 三氟甲烷灭火系统有哪些主要优点？
7. 简述IG541灭火系统的灭火机理。
8. 简述泡沫灭火系统的灭火机理和分类方法。

9. 常用的泡沫灭火剂有哪些？

10. 简述泡沫灭火系统的主要设备及其作用。

11. 简述细水雾灭火系统的灭火机理和特点。

12. 消防炮的特点有哪些？如何分类？

13. 大空间智能灭火系统适用于什么场所？

14. 汽车库、修车库、停车场消防给水设计有哪些基本要求？

15. 人防工程火灾危险性特点有哪些？

第 8 章

建筑热水供应系统

供给建筑物或建筑物内配水点所需热水的系统称为建筑热水供应系统。本章主要介绍建筑热水供应系统的基本分类和组成，热水供应方式，制备热水所需热源，主要的供热水设备，常用的管材和附件，系统设计与运行中的热水用水定额及水温、水压、水质要求，系统设计与施工、维保对管道布置、敷设与保温的具体要求。

■ 8.1　热水用水定额、水温、水压及水质

8.1.1　用水定额

生活用热水定额应根据建筑的使用性质、热水水温、卫生设备完善程度、热水供应时间、当地气候条件、生活习惯和水资源情况等确定。集中供应热水时，各类建筑的热水用水定额应按表8-1确定。建筑物卫生器具的一次和小时热水用水定额应按表8-2确定。

生产用热水定额应根据生产工艺参数确定。

表 8-1　热水用水定额

序号	建筑物名称	单位	最高日用水定额/L	使用时间/h
1	住宅 　有自备热水供应和沐浴设备 　有集中热水供应和沐浴设备	 每人每日 每人每日	 40~80 60~100	24
2	别墅	每人每日	70~110	24
3	酒店式公寓	每人每日	80~100	24
4	宿舍 　居室内设卫生间 　设公用盥洗卫生间	 每人每日 每人每日	 70~100 40~80	24 或定时供应
5	招待所、培训中心、普通旅馆 　设公用盥洗室 　设公用盥洗室、淋浴室 　设公用盥洗室、淋浴室、洗衣室 　设单独卫生间、公用洗衣室	 每人每日 每人每日 每人每日 每人每日	 25~40 40~60 50~80 60~100	24 或定时供应

（续）

序号	建筑物名称	单位	最高日用水定额/L	使用时间/h
6	宾馆 客房 　旅客 　员工	 每床位每日 每人每日	 120～160 40～50	 24 8～10
7	医院住院部 　设公用盥洗室 　设公用盥洗室、淋浴室 　设单独卫生间 　医务人员 门诊部、诊疗所 　病人 　医务人员 　疗养院、休养所住房部	 每床位每日 每床位每日 每床位每日 每人每班 每病人每次 每人每班 每床位每日	 60～100 70～130 110～200 70～130 7～13 40～60 100～160	 24 24 24 8 8～12 8 24
8	养老院 　全托 　日托	 每床位每日 每床位每日	 50～70 25～40	 24 10
9	幼儿园、托儿所 　有住宿 　无住宿	 每儿童每日 每儿童每日	 25～50 20～30	 24 10
10	公共浴室 　淋浴 　淋浴、浴盆 　桑拿浴（淋浴、按摩池）	 每顾客每次 每顾客每次 每顾客每次	 40～60 60～80 70～100	 12
11	理发师、美容院	每顾客每次	20～45	12
12	洗衣房	每千克干衣	15～30	8
13	餐饮厅 　营业餐厅 　快餐店、职工及学生食堂 　酒吧、咖啡厅、茶座、卡拉 OK 房	 每顾客每次 每顾客每次 每顾客每次	 15～20 10～12 3～8	 10～12 12～16 8～18
14	办公楼 　坐班制办公 　公寓式办公 　酒店式办公	 每人每班 每人每日 每人每日	 5～10 60～100 120～160	 8～10 10～24 24
15	健身中心	每人每次	15～25	8～12
16	体育场（馆） 　运动员淋浴	 每人每次	 17～26	 4
17	会议厅	每座位每次	2～3	4

注：1. 热水温度按 60℃ 计。

　　2. 表内所列用水定额均已包括在表 2-3 和表 2-4 给水用水定额中。

　　3. 本表以 60℃ 热水水温为计算温度，卫生器具的使用水温见表 8-2。

表 8-2　卫生器具的一次和小时热水用水定额及水温

序号	卫生器具名称	一次用水量/L	小时用水量/L	使用水温/℃
1	住宅、旅馆、别墅、宾馆、酒店式公寓			
	带有淋浴器的浴盆	150	300	40
	无淋浴器的浴盆	125	250	40
	淋浴器	70~100	140~200	37~40
	洗脸盆、盥洗槽水嘴	3	30	30
	洗涤盆（池）	—	180	50
2	宿舍、招待所、培训中心淋浴器			
	有淋浴小间	70~100	210~300	37~40
	无淋浴小间	—	450	37~40
	盥洗槽水嘴	3~5	50~80	30
3	餐饮业			
	洗涤盆（池）	—	250	50
	洗脸盆　工作人员用	3	60	30
	顾客用	—	120	30
	淋浴器	40	400	37~40
4	幼儿园、托儿所			
	浴盆：幼儿园	100	400	35
	托儿所	30	120	35
	淋浴器：幼儿园	30	180	35
	托儿所	15	90	35
	盥洗槽水嘴	15	25	30
	洗涤盆（池）	—	180	50
5	医院、疗养院、休养所			
	洗手盆	—	15~25	35
	洗涤盆（池）	—	300	50
	淋浴器	—	200~300	37~40
	浴盆	125~150	250~300	40
6	公共浴室			
	浴盆	125	250	40
	淋浴器：有淋浴小间	100~150	200~300	37~40
	无淋浴小间	—	450~540	37~40
	洗脸盆	5	50~80	35
7	办公楼　洗手盆	—	50~100	35
8	理发室　美容院　洗脸盆	—	35	35
9	实验室			
	洗脸盆	—	60	50
	洗手盆	—	15~25	30
10	剧场			
	淋浴器	60	200~400	37~40
	演员用洗脸盆	5	80	35
11	体育场馆　淋浴器	30	300	35

（续）

序号	卫生器具名称	一次用水量/L	小时用水量/L	使用水温/℃
12	工业企业生活间 淋浴器：一般车间	40	360~540	37~40
	脏车间	60	180~480	40
	洗脸盆或盥洗槽水嘴：一般车间	3	90~120	30
	脏车间	5	100~150	35
13	净身器	10~15	120~180	40

注：一般车间是指现行《工业企业设计卫生标准》（GBZ1—2010）中规定的 3、4 级卫生特征的车间，脏车间指该标准中规定的 1、2 级卫生特征的车间。

8.1.2　热水水温、水压

1. 水温

（1）冷水计算温度　冷水水温应以当地最冷月平均水温为依据。若无当地冷水温度资料，可按表 8-3 确定。

表 8-3　冷水计算温度

区域	省、市、自治区、行政区		地面水/℃	地下水/℃
东北	黑龙江		4	6~10
	吉林		4	6~10
	辽宁	大部	4	6~10
		南部	4	10~15
华北	北京		4	10~15
	天津		4	10~15
	河北	北部	4	6~10
		大部	4	10~15
	山西	北部	4	6~10
		大部	4	10~15
	内蒙古		4	6~10
西北	陕西	偏北	4	6~10
		大部	4	10~15
		秦岭以南	7	15~20
	甘肃	南部	4	10~15
		秦岭以南	7	15~20
	青海	偏东	4	10~15
	宁夏	偏东	4	6~10
		南部	4	10~15
	新疆	北疆	5	10~11
		南疆	—	12
		乌鲁木齐	8	12

（续）

区域	省、市、自治区、行政区		地面水/℃	地下水/℃
东南	山东		4	10~15
	上海		5	15~20
	浙江		5	15~20
	江苏	偏北	4	10~15
		大部	5	15~20
	江西	大部	5	15~20
	安徽	大部	5	15~20
	福建	北部	5	15~20
		南部	10~15	20
	台湾		10~15	20
中南	河南	北部	4	10~15
		南部	5	15~20
	湖北	东部	5	15~20
		西部	7	15~20
	湖南	东部	5	15~20
		西部	7	15~20
	广东、港澳		10~15	20
	海南		15~20	17~22
西南	重庆		7	15~20
	贵州		7	15~20
	四川	大部	7	15~20
	云南	大部	7	15~20
		南部	10~15	20
	广西	大部	10~15	20
		偏北	7	15~20
	西藏		—	5

（2）热水供水温度　热水供水温度是指热水供应设备（如热水锅炉、热水机组或水加热器）的出口温度。热水供水温度应控制在 55~60℃ 为好，因为温度大于 60℃ 时，将加速设备与管道的结垢和腐蚀，系统热损失增大，供水的安全性降低，而温度小于 55℃ 时，则不易杀死滋生在温水中的各种细菌，尤其是军团菌之类致病菌。表 8-4 中最高温度 70℃，是考虑到一些个别情况下，如专供洗涤用（一般洗涤盆、洗涤池用水温度为 50~60℃）的水加热设备的出口温度。

直接供应热水的热水锅炉、热水机组或水加热器出口的最高水温和配水点的最低水温可按表 8-4 确定。

表 8-4　最高水温和配水点的最低水温

水质处理情况	热水锅炉、热水机组或水加热器出口的最高水温(℃)	配水点最低水温(℃)
原水水质无须软化，原水水质需软化且有软化处理	≤70	45
原水水质需软化处理但未进行软化处理	≤60	45

2. 热水配水点水压

对于带有冷、热水混合器或混合龙头的卫生器具，从节水节能角度出发，希望其冷、热水供水压力完全相同。但工程实际中，由于冷水、热水管径不一致，管长不同，尤其是当采用高位冷水箱通过设在地下室的水加热器再供给高区热水时，热水管路要比冷水管长得多，相应的阻力损失比冷水管大。另外，热水还需附加通过水加热设备的阻力。因此，要做到冷水、热水在同一点压力相同是不可能的，只能达到冷水、热水水压相近。"相近"并不意味着降低要求。因为供水系统内水压的不稳定，将使冷热水混合器或混合龙头的出水温度波动很大，不仅浪费水，使用不方便，有时还会造成烫伤事故。从国内一些工程实践看，"相近"的含义一般以冷热水供水压差小于 0.01MPa 为宜。

在集中热水供应系统的设计中要特别注意 2 点：一是热水供水管路的阻力损失要与冷水供水阻力损失平衡；二是水加热设备的阻力损失宜小于 0.01MPa。为了使冷、热水供应系统在配水点处有相近的水压，设计时应注意以下几点：

1) 居住类建筑水压要稳定，且小于 0.35MPa。

2) 冷水、热水供水系统的分区应一致，为了保证冷、热水供水压力平衡，各区的水加热器、贮水器的进水，均应由同区的给水系统供给。

3) 集中系统中用水量较大的用户、定时供水或用水时间特殊的用户，宜设置单独的热水管网和局部加热设备。

4) 当给水管道的水压变化较大且用水点要求水压稳定时，宜采用开式热水供应系统或采取稳压措施。

5) 冷、热水系统均宜采用上行下给的方式。

配水立管自上而下管径由大到小的变化与水压由小到大的变化相应，有利于减少上、下层配水的压差，有利于保证同区最高层的供水压力。同时，不需专设回水立管，既节省投资，又节约了管井的空间。

6) 水加热设备冷水的管道上不应分支供给其他用水，以减少供水的相互干扰，从而减少供水系统的压力波动。

7) 水加热设备宜靠近热水用水的负荷中心。

尽量避免热水供水管路过长、造成系统最不利点供水压力不足的现象。尤其在高位水箱供水的情况下，冷水供最高用水点处距离近、阻力小，容易保证供水压力，为减少该点冷热水的压力差，应尽量缩短热水供水管路长度，即加热间应靠近热水用水的负荷中心。

8.1.3　热水水质要求及处理

1. 水质要求

生活用热水的水质指标应符合现行国家标准《生活饮用水卫生标准》（GB 5749—

2006），还应降低热水对管道结垢和腐蚀。由于水加热后，温度升高使钙、镁盐类溶解度降低，易形成水垢而附在管壁和设备内壁上，降低管道输水能力和设备的导热系数；同时水中的溶解氧也因受热而逸出，加速金属管材的腐蚀，直接影响热水系统的使用寿命、工程造价和维修费用。热水使管道结垢的影响因素有：水的硬度、水温、流速、管道材质、粗糙度、水中溶解氧含量、pH 值等，其中最主要的是碳酸盐硬度值（暂时硬度值）和水温。根据实践观察水温若处于 60℃ 以上，水中硬度以碳酸钙（$CaCO_3$）含量计，其值低于 150mg/L 时，管壁和加热设备中结垢量较少。当水中 $CaCO_3$ 含量大于 357mg/L 时结垢量明显增加。为了减少和降低热水管道及设备结垢量，对一定硬度的水应尽量控制水温不要太高，否则，要进行水质软化处理。

生产用热水对冷水水质的要求标准，应按产品的性质和生产工艺要求确定。

集中热水供应系统，加热前的水质是否需软化和进行水质处理，应根据水质、水量、水温、水加热设备的构造、使用要求等多种因素，经技术经济比较按下列规定确定：

1）当洗衣房日用热水量（按 60℃ 计算）大于或等于 $10m^3$，且原水总硬度（以碳酸钙计）大于 300mg/L 时，应进行水质软化处理；原水总硬度（以碳酸钙计）为 150~300mg/L 时，宜进行水质软化处理。

2）其他生活日用热水量（按 60℃ 计算）大于或等于 $10m^3$，且原水总硬度（以碳酸钙计）大于 300mg/L 时，宜进行水质软化或阻垢缓蚀处理。

3）经软化处理后的水质总硬度宜为：洗衣房用水，50~100mg/L；其他用水，75~150mg/L。

4）水质阻垢缓蚀处理应根据水的硬度、适用流速、温度、作用时间或有效长度及工作电压等选择合适的物理处理或化学稳定剂处理方法。

5）当系统对溶解氧控制要求较高时，宜采取除氧措施。

2. 水质处理

热水供应工程中如原水取自城市自来水，则水质处理主要是水软化处理和水稳定处理。

水质处理

（1）热水供应系统中水的软化处理　传统的水质软化处理方法有药剂法和离子交换法两类。一般采用离子交换的方法，原水硬度高且对热水供应水质要求高、维护管理水平高的高级旅馆及大型洗衣房等场所，其具体做法有：

1）全部软化法。全部生活用水均经过离子交换软化处理，流程如图 8-1所示。图中的离子交换柱为适用于生活用水软化的专用设备，即交换柱中的离子交换树脂的卫生标准应符合《生活饮用水输配水设备及防护材料的安全性评价标准》（GB/T 17219—1998）的要求。

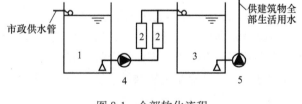

图 8-1　全部软化流程
1—贮水池　2—离子交换柱　3—软水池　4—水泵　5—供水泵

2）部分软化法。部分经过离子交换柱软化的原水与另一部分不经软化处理的原水混合，使混合后的水质总硬度达到上述指标。流程如图 8-2 所示。图中离子交换柱可用一般的设备，但其离子交换树脂亦应符合上述卫生标准要求。

（2）水质稳定处理　水质稳定处理可选用物理处理或化学处理，物理处理可采用磁水器、电子除垢器、静电除垢器、碳铝式离子水处理器、防腐消声处理器等多种新型的水处理装置。化学处理法如采用聚磷酸盐、聚硅酸盐等稳定剂。除氧装置

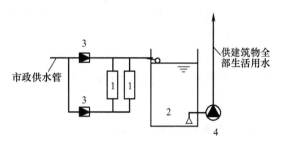

图 8-2　部分软化流程
1—离子交换柱　2—贮水池　3—计量水表　4—水泵

也在一些热水用水量较大的高级宾馆等建筑中采用。

设计选用上述水质软化与水质稳定方法时，需注意如下几点：

1）选用的药剂或离子交换树脂应符合食品级的要求。

2）水质稳定装置应尽量靠近水加热设备的进水侧。

3）符合生产厂家产品样本所提出的技术要求和使用条件。

■ 8.2　热水供应系统的分类、组成及供水方式

8.2.1　热水供应系统的分类

建筑内部热水供应系统按热水供应范围，可分为局部热水供应系统和集中热水供应系统。

1. 局部热水供应系统

采用小型加热器在用水场所就地加热，供局部范围内一个或几个配水点使用的热水系统称局部热水供应系统。例如，采用小型燃气热水器、电热水器、太阳能热水器等，供给单个厨房、浴室、生活间等用水。对于大型建筑，也可以采用很多局部热水供应系统，分别对各个用水场所供应热水。

局部热水供应系统的优点是：热水输送管道短，热损失小；设备、系统简单，造价低；安装及维护管理方便、灵活；改建、增设较容易。缺点是：小型加热器热效率低，制水成本较高；使用不如集中供热方便、舒适；每个用水场所均需设置加热装置，热媒系统设施投资较高，占用建筑总面积较大。

局部热水供应系统适用于热水用量较小且较分散的建筑，如一般单元式居住建筑、小型饮食店、理发馆、医院、诊所等公共建筑。

2. 集中热水供应系统

在锅炉房、热交换站或加热间将水集中加热后，通过热水管网输送到整幢或几幢建筑的热水系统称集中热水供应系统。

集中热水供应系统的优点是：加热和其他设备集中设置，便于集中维护管理；加热设备热效率较高，热水成本较低；卫生器具的同时使用率较低，设备总容量较小，各热水使用场所不必设置加热装置，占用总建筑面积较少；使用较为方便舒适。缺点是：设备、系统较复

杂，建筑投资较大；需要有专门维护管理人员；管网较长，热损失较大；一旦建成后，改建、扩建较困难。

集中热水供应系统适用于热水用量较大，用水点比较集中的建筑，如较高级居住建筑、旅馆、公共浴室、医院、疗养院、体育馆、游泳池、大型饭店等公共建筑，布置较集中的工业建筑等。

8.2.2　热水供应系统的组成

热水供应系统的组成因建筑类型和规模、热源情况、用水要求、加热和贮存设备的供应情况、建筑对美观和安静的要求等不同情况而异。图8-3所示为一典型集中热水供应系统示意图，由图可知，热水供应系统由热媒系统、热水供水系统、附件三部分组成。

1. 热媒系统（第一循环系统）

热媒系统由热源、水加热器和热媒管网组成。由锅炉生产的蒸汽（或高温热水）通过热媒管网送到水加热器加热冷水，经过热交换蒸汽变成冷凝水，靠余压经疏水器流到冷凝水池，冷凝水和新补充的软化水经冷凝循环泵送回锅炉生产蒸汽，如此循环完成热的传递作用。

2. 热水供水系统（第二循环系统）

热水供水系统由热水配水管网和回水管网组成。被加热到一定温度的热水，从水加热器出来经配水管网送至各个热水配水点，而水加热器的冷水由高位水箱或给水管网补给。为保证各用水点随时都有规定水温的热水，在立管和水平干管甚至支管设置回水管，使一定量的热水经过循环水泵流回水加热器以补充管网所散失的热量。

3. 附件

附件包括蒸汽、热水的控制附件及管道的连接附件，如温度自动调节器、疏水器、减压阀、安全阀、自动排气阀、膨胀罐（管）、膨胀水箱、管道补偿器、阀门、止回阀等。

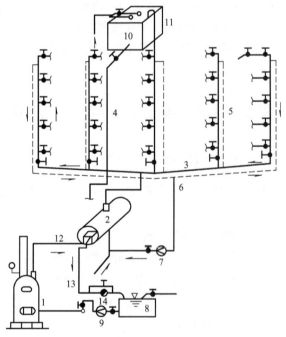

图8-3　热媒为蒸汽的集中热水系统
1—锅炉　2—水加热器　3—配水干管　4—配水立管
5—回水立管　6—回水干管　7—循环水泵　8—凝结水池
9—凝结水泵　10—给水水箱　11—透气管
12—热媒蒸汽管　13—凝水管　14—疏水器

8.2.3　热水供应系统的供水方式

与冷水系统相比，热水供应系统复杂得多。从不同角度，如热媒种类、加热方式、循环方式、循环动力、配水干管位置、压力工况等，可将热水供应系统分成不同的类别。

（1）按热媒种类分类　可分为蒸汽热媒和高温水热媒热水供应系统，前者发热设备为蒸汽锅炉，后者发热设备为热水锅炉。

（2）按加热方式分类　按热水加热方式不同，分为直接加热系统和间接加热系统，如图 8-4 所示。

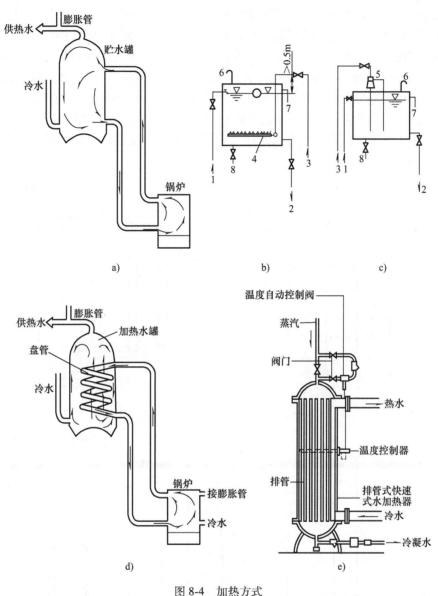

图 8-4　加热方式

a）热水锅炉直接加热　b）蒸汽多孔管直接加热　c）蒸汽喷射器混合直接加热

d）热水锅炉间接加热　e）蒸汽-水加热器间接加热

1—给水　2—热水　3—蒸汽　4—多孔管　5—喷射器　6—通气管　7—溢水管　8—泄水管

直接加热也称为一次换热，是利用燃气、燃油、燃煤等燃料和电力、太阳能、空气源或水源热能等，把冷水直接加热到所需热水温度，或者是将蒸汽或高温水通过穿孔管或喷射器直接通入冷水混合制备热水。直接加热具有热效率高、节能的特点；蒸汽直接加热方式具有设备简单、热效率高、无须冷凝水管的优点，但噪声大，对蒸汽质量要求高，冷凝水不能回收，需大量经水质处理的补充水，运行费用高等。直接加热方式适用于具有合格热媒且对噪声无严格要求的公共浴室、洗衣房、工矿企业等用户。

间接加热也称为二次换热，是将热媒通过水加热器把热量传递给冷水达到加热冷水的目的，在加热过程中热媒与被加热水不直接接触。优点是回收的冷凝水可重复利用，只需对少量补充水进行软化处理，运行费用低，噪声低，蒸汽不会对热水产生污染，供水安全稳定。间接加热方式适用于要求稳定、安全及要求噪声低的旅馆、住宅、医院、办公楼等建筑。

（3）按循环方式分类　为保证热水管网中的水随时保持一定的温度，热水管网除具有配水管道外，还应根据具体情况和使用要求设置不同形式的回水管道。当热水配水点停止使用热水时，回水管道的存在使管网中仍维持一定的热水循环流量，以补偿管网热损失，防止温度降低过多。热水供应系统按有无循环（回水）管分为全循环、半循环和无循环热水供应系统（见图8-5）：

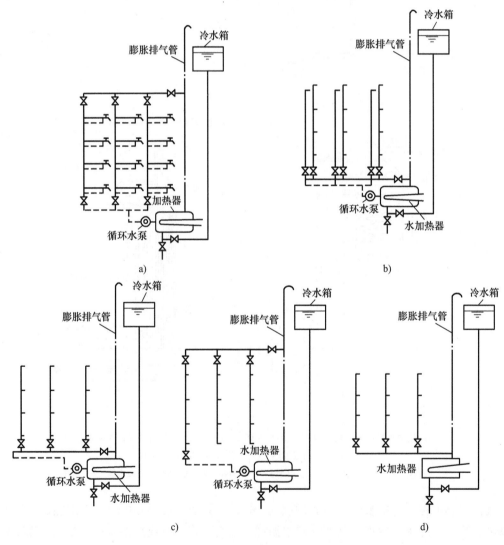

图8-5　热水系统循环方式

a）全循环　b）立管循环　c）干管循环　d）无循环

1）全循环热水供应系统。所有配水干管、立管和分支管都设有相应回水管道，可以保证配水管网任意点水温的热水管网。在配水分支管很短，或一次用水量较大时（如浴盆等），或对水温没有特殊要求时，分支管也可不设回水管道。全循环热水供应系统适用于要求能随时获得设计温度热水的建筑，如旅馆、高层民用建筑、医院、疗养院、托儿所等。

2）半循环热水供应系统。有立管循环和干管循环之分。立管循环热水供水方式是指热水干管和热水立管内均保持有热水的循环，打开配水龙头时只需放掉热水支管中少量的存水，就能获得规定水温的热水。干管循环热水供水方式是指仅保持热水干管内的热水循环。在热水供应前，先用循环泵把干管中已冷却的存水循环加热，当打开配水龙头时只需放掉立管和支管内的冷水就可流出符合要求的热水。半循环热水供应系统适用于对水温要求不甚严格，支管、分支管较短，用水较集中或一次用水量较大的建筑，如某些工业企业的生产和生活用水，一般住宅和集体宿舍等。

3）无循环热水供应系统。即不设回水管道的热水管网。无循环热水供应系统适用于热水供应系统较小、使用要求不高的定时供应系统连续用水的建筑，如公共浴室、某些工业企业的生产和生活用热水等。

（4）按循环动力分类　按热水管网循环动力不同，可分为自然循环方式和机械循环方式：

1）自然循环方式，即利用热水管网中配水管和回水管内的温度差所形成的自然循环作用水头（自然压力），使管网内维持一定的循环流量，以补偿热损失，保持一定的供水温度。实际使用自然循环的很少，尤其对于中、大型建筑采用自然循环有一定的困难。

2）机械循环方式，即利用水泵强制水在热水管网内循环，造成一定的循环流量，以补偿管网热损失，维持一定的水温。目前实际运行的热水供应系统，多数采用这种循环方式。

（5）按配水干管位置分类　按热水配水管网水平干管的位置不同，可分为上行下给式热水供水系统和下行上给式热水供水系统。

1）上行下给式热水供水系统回水管路短，工程投资省，不同立管的热水温差较小。缺点是：配水干管和回水干管上下分散布置，增加建筑对管道装饰要求；系统需设排气管或排气阀。适用于配水干管有条件敷设在顶层的建筑和对水温稳定要求高的建筑。

2）下行上给式热水供水系统的优点是热水配水干管和回水干管集中敷设，利用最高配水龙头排气，可不设排气阀。缺点是回水管路长，管材用量多，布置安装复杂。适用于配、回水管有条件布置在底层或地下室内的建筑。

（6）按换热设备位置分类　按照换热设备的位置不同，可分为下置式供水方式和上置式供水方式。下置式供水方式指换热设备在地下室；换热设备在屋面以上则为上置式供水方式。

（7）按压力工况分类　按热水系统是否敞开，可分为开式和闭式 2 类：

1）开式热水供水方式，即在所有配水点关闭后，系统内的水仍与大气相通，如图 8-6所示。该方式一般在管网顶部设有高位冷水箱和膨胀管或高位开式加热水箱，系统内的水压仅取决于水箱的设置高度，而不受室外给水管网水压及水加热设备阻力变化等的影响，可保证系统水压稳定和供水安全可靠。缺点是：高位水箱占用建筑空间和开式水箱易受外界污染。该方式适用于用户要求水压稳定，且允许设高位水箱的热水系统。

2）闭式热水供水方式，即在所有配水点关闭后，整个系统与大气隔绝，形成密闭系统。该方式应采用设有安全阀的承压水加热器，为了提高系统的安全可靠性，还应设置压力膨胀罐，如图 8-7 所示。闭式热水供水方式具有管路简单、水质不易受外界污染等优点，但供水水压稳定性较差，安全可靠性较差，适用于不宜设置水箱的热水供应系统。

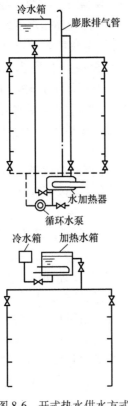

图 8-6 开式热水供水方式

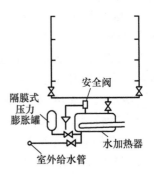

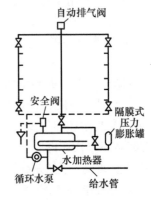

图 8-7 闭式热水供水方式

（8）按管网布局分类　根据建筑物的高度，可分为无分区和分区 2 种热水供水方式。为保持冷、热水压力平衡，分区的数量和位置宜与给水的分区一致。

（9）按循环流程分类　按照循环管道的走向不同，分为同程式热水供水系统和异程式热水供水系统。

1）同程式热水供水系统。每一个热水循环环路长度相等，虽然回水管道长度增加，循环水泵扬程增大，一次投资增加，但各环路阻力损失接近，对于防止系统中热水短路循环、保证整个系统的循环效果，保证各用水点能随时得到所需温度的热水和节水、节能有着重要作用。如图 8-8 和图 8-9 所示，分别为上行下给式同程式热水供水系统和下行上给式同程式热水供水系统。

2）异程式热水供水系统。每一个热水循环环路长度各不相等。如图 8-10 所示为上行下给式异程式热水供水系统。

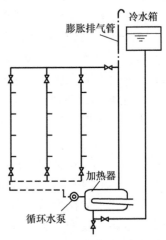

图 8-8 上行下给式同程式
热水供水系统

建筑物内的热水循环管道宜采用同程布置的方式，当采用同程布置困难时，应保证干管和立管循环效果的措施。

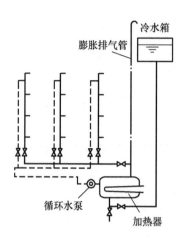

图 8-9　下行上给式同程式热水供水系统

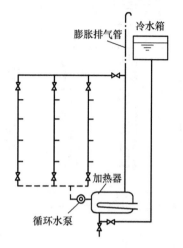

图 8-10　上行下给式异程式热水供水系统

（10）按水温调节功能分类　按照用水点是否可以调节水温，可分为单管式热水供水系统和双管式热水供水系统：

1）单管式热水供水系统。在配水点只有一根水管，供可直接使用的热水。优点是节约用水，使用方便；但由于使用时在卫生器具给水配件处热水不再与冷水混合，因此，热水水温应控制在使用范围内。该方式适用于工业企业生活间和学校的淋浴室。

2）双管式热水供水系统。配水点有一根热水管和一根冷水管，出水温度可以随使用者的习惯自行调节。该方式适用于淋浴时间较长的公共浴室。

选用何种热水供水方式，应根据建筑物用途，热源的供给情况、热水用量和卫生器具的布置情况进行技术和经济比较后确定。在实际应用时，常将上述各种方式按照具体情况进行组合。

例如：图 8-3 为蒸汽间接加热机械强制全循环干管下行上给的热水供水方式，它适用于全天供应热水的大型公共建筑或工业建筑。图 8-11 为热水锅炉直接加热机械强制半循环干管下行上给的热水供水方式，它适用于定时供应热水的公共建筑。图 8-12 为蒸汽直接加热干管上行下给不循环供水方式，适用于工矿企业的公共建筑、公共洗衣房等场所。

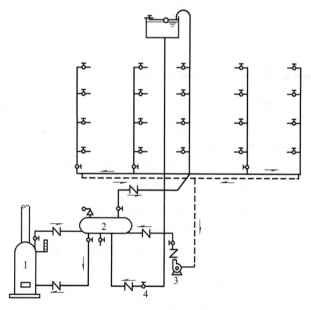

图 8-11　下行上给机械半循环方式

1—热水锅炉　2—热水贮罐　3—循环泵　4—给水管

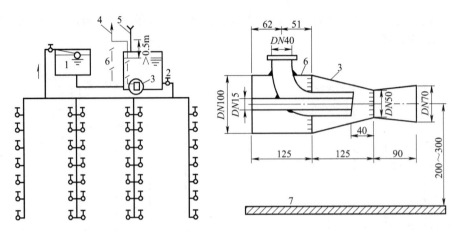

图 8-12　直接加热上行下给方式

1—冷水箱　2—加热水箱　3—消声射流器　4—排气阀　5—透气管　6—蒸汽管　7—热水箱底板

8.3　热源及供热水设备

8.3.1　热源

（1）集中热水供应系统的热源，可按下列顺序选择：

1）当条件许可时，宜首先利用工业余热、废热、地热和太阳能作热源。

①利用废热锅炉制备热媒时，引入其内的烟气、废气的温度不宜低于400℃。

②当日照时数大于1400h/年、年太阳辐射量大于4200MJ/m²及年极端最低气温不低于-45℃的地区，宜优先采用太阳能作为热源。以太阳能为热源的集中热水供应系统，宜附设一套电热或其他热源的辅助加热装置，使太阳能热水器在不能供热或供热不足时能予以补充。

③地热水资源丰富的地方应优先考虑利用，可用其作热源，也可直接采用地热水作为生活热水。但地热水按其形成条件不同，其水温、水质、水量和水压有很大差别，设计中应采取相应的升温、降温、去除有害物质、选用合适的设备及管材；设置贮存调节容器、加压提升等技术措施，以保证地热水的安全合理利用。

④具备可再生低温能源的地区宜采用热泵热水供应系统。

2）当没有条件利用工业余热、废热或太阳能等自然热源时，宜优先采用能保证全年供热的热力管网作为集中热水供应系统的热源。

3）当无上述可利用的热源时，选择区域锅炉房或附近能充分供热的锅炉房的蒸汽或高温热水作热源。

4）当上述条件不存在、不可能或不合理时，可设燃油、燃气热水机组或电蓄热设备制备等供给集中热水供应系统的热源或直接供给热水。

（2）局部热水供应系统的热源宜首先考虑无污染的太阳能热源。在当地日照条件较差或其他条件限制采用太阳能热水器时，可视当地能源供应情况，在经技术经济比较后确定采用电能、燃气或蒸汽为热源。当采用电能为热源时，宜采用贮热式电热水器以降低耗电功率。

（3）利用废热（如废气、烟气、高温无毒废液等）作为热媒时，应采取下列措施：

1）加热设备应防腐，其构造便于清理水垢和杂物。

2）防止热媒管道渗漏而污染水质。

3）消除废气压力波动和除油。

（4）升温后的冷却水，其水质如符合现行的《生活饮用水卫生标准》（GB 5749—2006）时，可直接作为生活用热水。

（5）采用蒸汽直接通入水中或采取汽水混合设备的加热方式时，宜用于开式热水供应系统，并应符合下列要求：

1）蒸汽中不含油质及有害物质。

2）当不回收凝结水经技术经济比较合理时。

3）应采用消声混合器，加热时产生的噪声应符合现行的《声环境质量标准》（GB 3096—2008）的要求。

4）应采取防止热水倒流至蒸汽管道的措施。蒸汽直接通入水中加热时，开口的蒸汽管直接插在水中，加热时，蒸汽压力大于开式加热水箱的水头，蒸汽从开口的蒸汽管进入水箱；不加热时，蒸汽管内压力骤降。为防止加热水箱内的水倒流至蒸汽管，应采取防止热水倒流的措施，如提高蒸汽管标高、设置止回装置等。

8.3.2　供热水设备与给水设备的差异

冷、热水系统的特性和功能差异导致供热水设备与给水设备存在差异。一般情况下，排气、防腐蚀对策等在给水设备中也应加以考虑。供热水等待时间和温度稳定性是选择供热水设备必须考虑的问题，同时，需要充分考虑排气、腐蚀、安全、管道伸缩等因素。

1. 热水与冷水特性不同导致的差异

1）排气对策。管道内的空气阻碍水的流动。如表 8-5 所示，热水与冷水相比，固体更易溶于其中，而气体难溶，溶于供热水系统内的空气容易分离。因此，在立管顶部及空气容易积聚的部位应设置自动排气阀或排气管，排除积聚的空气。同时，应设置适当的管道坡度使管内的气体容易集中于排气阀处。

表 8-5　水的温度和溶解度

物质	水的温度/℃					
	0	20	40	60	80	100
氯化钠（NaCl）	26.28	26.38	26.65	27.05	27.54	28.2
蔗糖（$C_{12}H_{22}O_{11}$）	179.2	203.9	238.1	287.3	362.1	485.2
空气	0.029	0.019	0.014	0.012	0.011	0.11
二氧化碳（CO_2）	1.71	0.88	0.53	0.36	—	—

注：表中所给出的物质溶解度，对氯化钠，指100g饱和溶液中溶解的物质质量（g）；对蔗糖，指100g水中溶解的物质质量（g）；对空气和二氧化碳，指在1大气压下，各种温度时溶解于1cm³水中的容积换算为0℃、1大气压下的容积。

2）防腐蚀对策。金属的腐蚀速度由 pH 值、溶解氧、流速、温度、沉淀物等各种因素综合决定，但同一条件下，温度越高反应速度越快。供热水管道常使用的铜管表面较软，流速高则易破坏内膜，使腐蚀速度加快，所以需要控制流速（宜在 1.5m/s 以下）。由于塑料管防腐性能好、施工方便，近年来多使用塑料管（如聚丁烯管，交联聚乙烯管等）。

3）安全对策。冷水加热时产生膨胀，在系统内应设置吸收这部分膨胀量的装置。在快速式热水器系统中，由于先开阀后点火的结构，膨胀不会引起问题；但是，在设置热水箱的供热水系统中，需设置安全阀或排出管（膨胀管）以解决膨胀问题。

4）管道伸缩对策。在供热水系统中，机械材料同样膨胀。特别是集中热水供应系统中的热水供水管和回水立管，由于管段长，伸缩量大，一般应设置伸缩管接头连接。

2. 热水与冷水使用目的不同导致的差异

1）热等待时间。除洗浴用水外，住宅热水一般是间断使用的，且一次使用时间较短，打开龙头后，若流出的热水没有达到使用温度，将影响使用效果。供热水系统性能的优劣取决于能否缩短热等待时间，能否持续供给适宜温度及足够流量的热水。

2）热水温度的安全性。一般情况下，热水系统以比较高的出水温度供给热水，这种热水和冷水通过混合水龙头变成所需温度的热水。对于贮存 60~90℃ 热水的容积式热水器，混合水龙头内的热水侧混合室温度高，外侧温度也高，应避免烫伤。即使采用确保稳定热水温度带有恒温器的水龙头，在流量变化较大时，也可能出现水温波动，存在温度过高的风险。

8.3.3 集中加热与贮热设备

1. 热水锅炉

集中热水供应系统采用的热水锅炉主要有燃煤、燃油、燃气和电热锅炉等。

燃煤热水锅炉有立式和卧式两种安装形式。如图 8-13 所示为快装卧式燃煤锅炉构造示意图，该类锅炉具有热效率较高、体积小、安装简单、使用燃料价格低、运行成本低等优点，但存在烟尘和煤渣对环境的污染问题，应用在国内受到限制，部分地区禁止使用燃煤锅炉。

燃油（燃气）锅炉的构造如图 8-14 所示。该类锅炉通过燃烧器向正在燃烧的炉膛内喷射雾状油（或通入煤气、天然气等燃气），燃烧迅速且较完全，具有构造简单、体积小、热效率高、排污总量少等优点。对环境有一定要求的建筑可考虑选用。

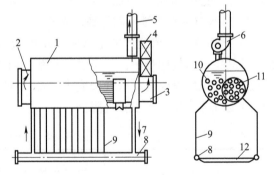

图 8-13 快装卧式燃煤锅炉构造示意图

1—锅炉 2—前烟箱 3—后烟箱 4—省煤器 5—烟囱
6—引风机 7—下降管 8—联箱 9—鳍片水冷壁
10—第 2 组烟管 11—第 1 组烟管 12—炉壁

2. 水加热器

集中热水供应系统中常用的水加热器有容积式水加热器、快速式水加热器、半容积式水加热器和半即热式水加热器。

1）容积式水加热器。容积式水加热器是内部设有热媒导管的热水贮存容器，具有加热冷水和贮备热水两种功能，热媒为蒸汽或热水，有卧式和立式之分。常用的容积式水加热器

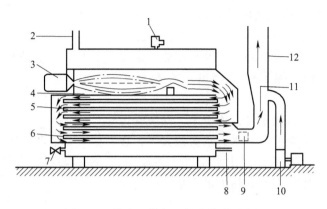

图8-14 燃油（燃气）锅炉构造示意图

1—安全阀 2—热媒出口 3—油（燃气）燃烧器 4——级加热管 5—二级加热管 6—三级加热管
7—泄空阀 8—回水（或冷水）入口 9—导流器 10—风机 11—风档 12—烟道

有传统的U形管型容积式水加热器和导流型容积式水加热器。

图8-15为U形管型卧式容积式水加热器构造示意图，共有10种型号，其容积为0.5~15m³，换热面积为0.86~50.82m²。U形管型容积式水加热器的优点是具有较大的贮存和调节能力，可提前加热，热媒负荷均匀，被加热水通过时压力损失较小，用水点处压力变化平稳，出水温度较稳定，对温度自动控制的要求较低，管理比较方便。但该加

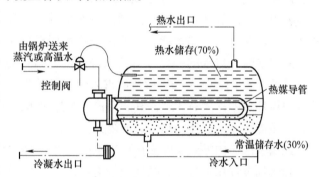

图8-15 容积式水加热器（卧式）构造示意图

热器中，被加热水流速缓慢，传热系数小，热交换效率低，且体积庞大，在热媒导管中心线以下约有20%~25%的贮水容积是低于规定水温的常温水或冷水，所以贮罐的容积利用率较低。此外，由于局部区域水温合适、供氧充分、营养丰富，因此容易滋生军团菌，造成水质生物污染。U形管型容积式水加热器这种层叠式的加热方式可称为"层流加热"。

导流型容积式水加热器是传统型的改进，图8-16为RV系列导流型容积式水加热器的构造示意图。该类水加热器具有多行程列管和导流装置，在保持传统型容积式水加热器优点的基础上，克服了被加热水无组织流动、冷水区域大、产水量低等缺点，贮罐有效贮热容积约为85%~90%。

2）快速式水加热器。针对容积式水加热器中"层流加热"的弊端，出现了"紊流加热"理论：即通过提高热媒和被加热水的流动速度，来提高热媒对管壁、管壁对被加热水的传热系数，以改善传热效果。快速式水加热器就是热媒与被加热水通过较大速度的流动进行快速换热的一种间接加热设备。

根据热媒的不同，快速式水加热器有汽-水和水-水两种类型，前者热媒为蒸汽，后者热媒为过热水。根据加热导管的构造不同，有单管式、多管式、板式、管壳式、波纹板式、

螺旋板式等多种形式。图 8-17 所示为多管式汽-水快速式水加热器，图 8-18 所示为单管式汽-水快速式水加热器，它可以多组并联或串联。这种水加热器是将被加热水通入导管内，热媒（即蒸汽）在壳体内散热。

快速式水加热器具有效率高，体积小，安装搬运方便等优点；缺点是不能贮存热水，水头损失大，在热媒或被加热水压力不稳定时，出水温度波动较大。仅适用于用水量大且比较均匀的热水供应系统或建筑物热水采暖系统。

3）半容积式水加热器。半容积式水加热器是带有适量贮存与调节容积的内藏式容积式水加热器，基本构造如图 8-19 所示，由贮热水罐、内藏式快速换热器和内循环泵 3 个主要部分组成。贮热水罐与快速换热器隔离，被加热水在快速换热器内迅速加热后，通过热水配水管进入贮热水罐，当管网中热水用量低于设计用水量时，热水的一部分落到贮罐底部，与补充水（冷水）经内循环泵升压后再次进入快速换热器加

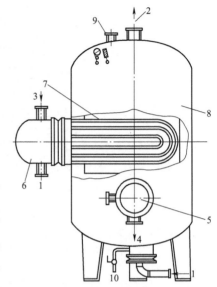

图 8-16　RV 系列导流型容积式
水加热器构造示意图

1—进水管　2—出水管　3—热媒进口
4—热媒出口　5—下盘管　6—导流装置
7—U 形盘管　8—罐体　9—安全阀　10—排污口

热。内循环泵的作用有 3 个：其一，提高被加热水的流速，以增大传热系数和换热能力；其二，克服被加热水流经换热器时的阻力损失；其三，形成被加热水的连续内循环，消除了冷水区或温水区。内循环泵的流量根据不同型号的加热器而定，扬程在 20～60kPa 之间。当热水用量达到设计用水量时，贮罐内没有循环水，如图 8-20 所示，瞬间高峰流量过后又恢复到图 8-19 所示的工作状态。

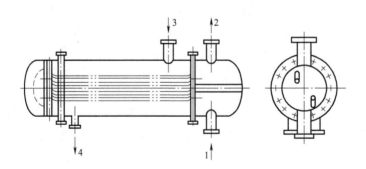

图 8-17　多管式汽-水快速式水加热器构造示意图
1—冷水　2—热水　3—蒸汽　4—凝水

半容积式水加热器具有体型小（贮热容积比同样加热能力的容积式水加热器减少 2/3）、加热快、换热充分、供水温度稳定、节水节能的优点，但由于内循环泵不间断地运行，需要有极高的质量保证。

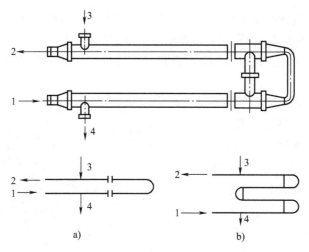

图 8-18　单管式汽-水快速式水加热器构造示意图

a）并联　b）串联

1—冷水　2—热水　3—蒸汽　4—凝结水

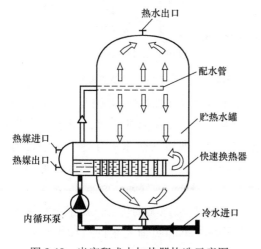

图 8-19　半容积式水加热器构造示意图

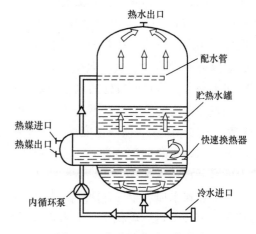

图 8-20　高峰用水时工作状态

　　图 8-21 所示为 HRV 型高效半容积式水加热器装置的工作系统图，其特点是取消了内循环泵，被加热水（包括冷水和热水系统的循环回水）进入快速换热器被迅速加热，然后由下降管强制送至贮热水罐的底部再向上升，以保持整个贮罐内的热水同温。

　　当管网配水系统处于高峰用水时，热水循环系统的循环泵不启动，

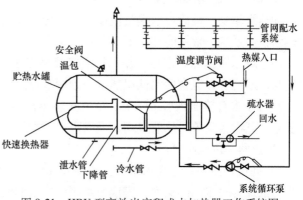

图 8-21　HRV 型高效半容积式水加热器工作系统图

被加热水仅为冷水；当管网配水系统不用水或少量用水时，热水管网由于散热损失而产生温降，利用系统循环泵前的温包可以自动启动系统循环泵，将循环回水打入快速换热器内，生成的热水又送至贮热水罐的底部，依然能够保持罐内热水的连续循环，罐体容积利用率为100%。

4）半即热式水加热器。半即热式水加热器是带有超前控制，具有少量贮存容积的快速式水加热器，其构造如图8-22所示。热媒蒸汽经控制阀和底部入口通过立管进入各并联盘管，冷凝水入立管后由底部流出，冷水从底部经孔板入罐，同时有少量冷水进入分流管。入罐冷水经转向器均匀进入罐底并向上流过盘管得到加热，热水由上部出口流出。部分热水在顶部进入感温管开口端，冷水以与热水用水量成比例的流量由分流管同时进入感温管，感温元件读出瞬间感温管内的冷、热水平均温度，即向控制阀发出信号，按需要调节控制阀，以保持所需的热水输出温度。只要

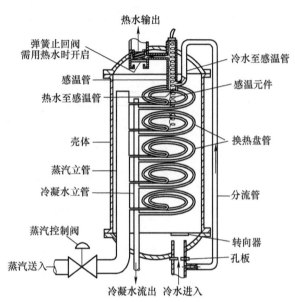

图 8-22　半即热式水加热器构造示意图

一有热水需求，热水出口处的水温尚未下降，感温元件就能发出信号开启控制阀，具有预测性。加热盘管内的热媒由于不断改向，加热时盘管颤动，形成局部紊流区，属于"紊流加热"，故传热系数大，换热速度快，又具有预测温控装置，所以其热水贮存容量小，仅为半容积式水加热器的1/5。同时，由于盘管内外温差的作用，盘管不断收缩、膨胀，可使传热面上的水垢自动脱落。

半即热式水加热器具有快速加热被加热水，浮动盘管自动除垢的优点，热水出水温度一般控制在±2.2℃内，体积小，节省占地面积，适用于各种不同负荷需求的机械循环热水供应系统。

3. 加热水箱和热水贮水箱

加热水箱是一种简单的热交换设备，适用于公共浴室、洗涤间等用水量较大而均匀的定时热水供应系统。常用的有以下3种：

1）水-水直接加热水箱。在水箱中安装高温水多孔管，高温热水通过多孔管直接进入水箱与冷水混合，混合后的低温热水供给用水点。设备简单，热效率高，噪声较小。

2）汽-水直接加热水箱。在水箱中安装蒸汽多孔管或喷射器，蒸汽直接通入水箱与冷水混合。其设备简单、热效率高，但噪声大。采用水射器比采用多孔管噪声小，或采用消声汽-水混合器，以减小噪声。

3）间接加热水箱。在水箱中安装排管或盘管，热媒在管内流动，通过排管或盘管的表面进行热媒与冷水的热交换，完成对水箱中冷水的间接加热。

热水贮水箱（罐）是一种专门调节热水量的容器，可在用水不均匀的热水供应系统中

设置，以调节水量，稳定出水温度。

8.3.4　局部加热设备

（1）燃气热水器　燃气热水器的热源有天然气、焦炉煤气、液化石油气和混合煤气 4 种。依照燃气压力有低压（$P \leq 5kPa$）、中压（$5kPa < P \leq 150kPa$）热水器之分。民用和公共建筑生活、洗涤用燃气热水设备一般采用低压，工业企业生产所用燃气热水器可采用中压。按加热冷水的方式不同，燃气热水器有直流快速式和容积式之分，图 8-23 和图 8-24 为 2 类热水器的构造示意图。直流快速式燃气热水器一般安装在用水点就地加热，可随时点燃并可立即取得热水，供一个或几个配水点使用，常用于家庭、浴室、医院手术室等局部热水供应。容积式燃气热水器具有一定的贮水容积，使用前应预先加热，可供几个配水点或整个管网用水，可用于住宅、公共建筑和工业企业的局部和集中热水供应。

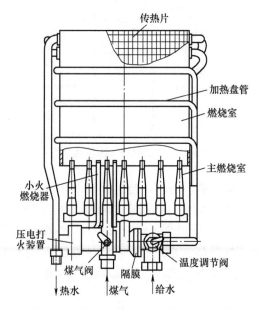

图 8-23　快速式燃气热水器构造示意图

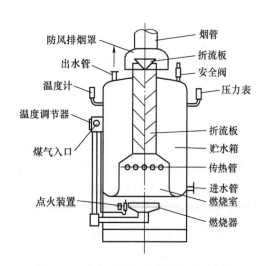

图 8-24　容积式燃气热水器构造示意图

（2）电热水器　电热水器是把电能通过电阻丝变为热能加热冷水的设备，一般以成品在市场上销售。电热水器产品分快速式和容积式两种。快速式电热水器无贮水容积或贮水容积很小，不需在使用前预先加热，接通水路和电源后即可得到被加热的热水。该类热水器具有体积小、重量轻、热损失少、效率高、容易调节水量和水温、使用安装简便等优点，但电耗大，尤其在一些缺电地区使用受到限制。

容积式电热水器具有一定的贮水容积，一般容积 $0.01 \sim 10m^3$。在使用前需预先加热，可同时供应几个热水用水点在一段时间内使用，具有耗电量较小、管理集中的优点。但其配水管段比快速式热水器长，热损失也较大。一般适用于局部供水和管网供水系统。典型容积式电热水器构造见图 8-25 所示。

（3）太阳能热水器　太阳能热水器是将太阳能转换成热能并将水加热的装置。其优点是：结构简单、维护方便、节省燃料、运行费用低、不存在环境污染问题。缺点是：受天气、季节、地理位置等影响难以连续稳定运行，为满足用户要求需配置贮热和辅助加热设施、占地面积较大，布置受到一定限制。

太阳能热水器按组合形式分为装配式和组合式两种。装配式太阳能热水器一般为小型热水器，即将集热器、贮热水箱和管路由工厂装配出售，适于家庭和分散使用场所。组合式太阳能热水器将集热器、贮热水箱、循环水泵、辅助加热设备等按系统要求分别设置而组成，适用于大面积供应热水系统和集中供应热水系统。

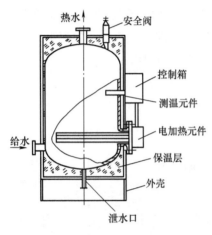

图 8-25　容积式电热水器构造示意图

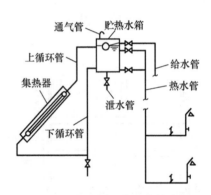

图 8-26　自然循环太阳能热水器

太阳能热水器按热水循环方式分为自然循环和机械循环两种。自然循环太阳能热水器（见图 8-26）是靠水温差产生的热虹吸作用进行水的循环加热，运行安全可靠、不需用电和专人管理，但贮热水箱必须装在集热器上面，同时，热水使用会受到时间和天气的影响。机械循环太阳能热水器（见图 8-27 和图 8-28）是利用水泵强制水进行循环的系统。贮热水箱和水泵可放置在任何部位，制备热水效率高，产水量大。为克服天气的影响，可增加辅助加热设备，如煤气加热、电加热和蒸汽加热等措施。

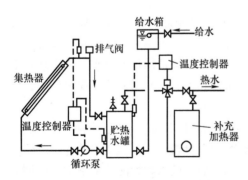

图 8-27　机械循环直接加热太阳能热水器

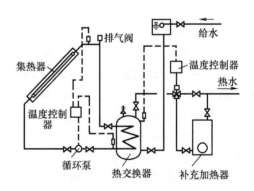

图 8-28　机械循环间接加热太阳能热水器

■ 8.4　热水供应系统常用管材和附件

8.4.1　管材及管件

（1）热水供应系统的管材和管件应符合现行产品标准的要求。

（2）热水管道的工作压力和工作温度不得大于产品标准标定的允许工作压力和工作温度：

1）聚丙烯（PP-R）管：应采用公称压力不低于 2.0MPa 等级的管材、管件。

2）交联聚乙烯（PE-X）管：其使用温度、允许工作压力及使用寿命参见有关规定。

3）PVC-C 管：多层建筑可采用 S5 系列，高层建筑可采用 S4 系列（不得用于主干管和泵房），室外可采用 S5 系列。

（3）热水管道应选用耐腐蚀、安装连接方便可靠的管材，一般可采用薄壁铜管、薄壁不锈钢管、塑料热水管、塑料和金属复合热水管等。住宅入户管敷设在垫层内时可采用聚丙烯（PP-R）管、聚丁烯管（PB）、交联聚乙烯（PE-X）管等软管。

（4）当选用塑料热水管或塑料和金属复合热水管材时，应符合下列要求：

1）管道的工作压力应按相应温度下的允许工作压力选择。

2）设备机房内的管道不应采用塑料热水管。

3）管件宜采用和管道相同的材质。

4）塑料热水管宜暗设。

8.4.2　管道和设备上常用附件

1. 自动温度调节装置

热水供应系统中为实现节能节水、安全供水，在水加热设备的热媒管道上应装设自动温度调节装置来控制出水温度。自动调温装置有直接式和间接式两种类型。

（1）直接式自动调温装置　一般由温包、感温原件和自动调节阀组成，构造原理如图 8-29 所示，安装方法如图 8-30a 所示。温度调节阀必须垂直安装，温包内装有低沸点液体，插装在水加热器出口的附近，感受热水温度的变化，产生压力升降，并通过毛细导管传至调节阀，通过改变阀门开启度来调节进入加热器的热媒流量，起到自动调温的作用。

（2）间接式自动调温装置　一般由温包、电触点压力式温度计、电动调节阀和电气控制装置组成，其安装方法如图 8-30b 所示。温包插装在水加热器出口的附近，感受热水温度的变化，产生压力升降，并传导到电触点压力式温度计。电触点压力式温度计内装有所需温度控制范围内的上下两个触点，例如 60～70℃。当加热器的出水温度过高，压力表指针与 70℃触点接通，电动调节阀门关小。当水温降低，压力表指针与 60℃触点接通，电动调节阀门开大。如果水温符合在规定范围内，压力表指针处于上下触点之间，电动调节阀门停止动作。

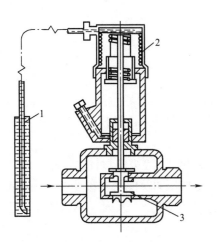

图 8-29　自动温度调节器构造示意图
1—温包　2—感温原件　3—调温阀

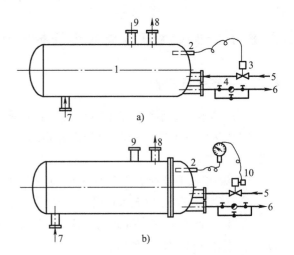

图 8-30　自动温度调节器安装示意图
a）直接式温度调节　b）间接式自动温度调节
1—加热设备　2—温包　3—自动调节阀
4—疏水器　5—蒸汽　6—凝结水　7—冷水
8—热水　9—安全阀　10—电动调节阀

2. 疏水器

热水供应系统以蒸汽作热媒时，为保证凝结水及时排放，同时又防止蒸汽漏失，在用气设备（如水加热器、开水器等）的凝结水回水管上应设疏水器；当水加热器的换热能确保凝结水回水温度不大于 80℃ 时，可不装疏水器。蒸汽立管最低处、蒸汽管下凹处的下部宜设疏水器。

（1）疏水器的选用　疏水器按其工作压力有低压和高压之分，热水系统通常采用高压疏水器，一般可选用浮筒式或热动力式疏水器。

如疏水器仅作排除管道中冷凝积水时，可选用 $DN15$、$DN20$ 的规格。当用于排除水加热器等用气设备的凝结水时，疏水器管径应按式（8-1）计算排水量后确定。

表 8-6　附加系数 k_0

名　　称	附加系数 k_0	
	压差 $\Delta P \leqslant 0.2\text{MPa}$	压差 $\Delta P > 0.2\text{MPa}$
上开口浮筒式疏水器	3.0	4.0
下开口浮筒式疏水器	2.0	2.5
恒温式疏水器	3.5	4.0
浮球式疏水器	2.5	3.0
喷嘴式疏水器	3.0	3.2
热动力式疏水器	3.0	4.0

$$Q = k_0 G \tag{8-1}$$

式中　Q——疏水器最大排水量（kg/h）；

　　　k_0——附加系数，见表 8-6；

G——水加热设备最大凝结水量（kg/h）。

疏水器进出口压差 ΔP，可按式（8-2）计算：

$$\Delta P = P_1 - P_2 \tag{8-2}$$

式中　ΔP——疏水器进出口压差（MPa）；

P_1——疏水器前的压力（MPa），对于水加热器等换热设备，可取 $P_1 = 0.7P_z$（P_z 为进入设备的蒸汽压力）；

P_2——疏水器后的压力（MPa），当疏水器后凝结水管不抬高自流坡向开式水箱时 P_2 =0；当疏水器后凝结水管道较长，又需抬高接入闭式凝结水箱时，P_2 按下式计算：

$$P_2 = \Delta h + 0.01H + P_3 \tag{8-3}$$

式中　Δh——疏水器后至凝结水箱之间的管道压力损失（MPa）；

H——疏水器后回水管的抬高高度（m）；

P_3——凝结水箱内压力（MPa）。

（2）疏水器的安装　应注意以下事项：

1）疏水器的安装位置应便于检修，并尽量靠近用气设备，安装高度应低于设备或蒸汽管道底部 150mm 以上，以便凝结水排出。

2）浮筒式或钟形浮子式疏水器应水平安装。

3）加热设备宜各自单独安装疏水器，以保证系统正常工作。

4）疏水器前应装过滤器，一般不装设旁通管，但对于特别重要的加热设备，如不允许短时间中断排除凝结水或生产上要求速热时，可考虑装设旁通管。旁通管应在疏水器上方或同一平面上安装，避免在疏水器下方安装。

5）当采用余压回水系统、回水管高于疏水器时，应在疏水器后装设止回阀。

6）当疏水器距加热设备较远时，宜在疏水器与加热设备之间安装回汽支管，如图 8-31 所示。

7）当凝结水量很大，一个疏水器不能排除时，则需几个同型号、同规格疏水器并联安装。一般适宜并联 2 个或 3 个疏水器，且必须安装在同一平面内。

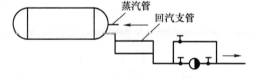

图 8-31　回气支管的安装

8）疏水器的安装方式，如图 8-32 所示。

3. 减压阀

汽-水换热器的蒸汽压力一般小于 0.5MPa，若蒸汽管道供应的压力大于水加热器的需求压力，应设减压阀把蒸汽压力降到需要值，才能保证设备使用安全。

减压阀是利用流体通过阀瓣产生阻力而减压并使阀后达到所需压力值的自动调节阀，阀后压力可在一定范围内进行调整。减压阀按结构形式可分为膜片式、活塞式和波纹管式 3 类。图 8-33 是 Y43H-16 型活塞式减压阀的构造示意图。

（1）蒸汽减压阀的选择与计算　蒸汽减压阀的选择应根据蒸汽流量计算出所需阀孔截面积，然后查有关产品样本确定阀门公称直径。当无资料时，可按高压蒸汽管路的公称直径选用相同孔径的减压阀。

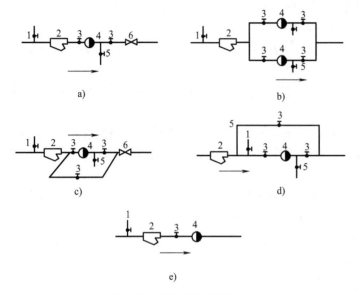

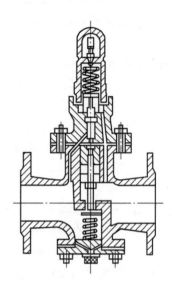

图 8-32　疏水器的安装方式

a）不带旁通管水平安装　b）并联安装
c）旁通管水平安装　d）旁通管垂直安装　e）直接排水
1—冲洗管　2—过滤器　3—截止阀
4—疏水器　5—检查管　6—止回阀

图 8-33　Y43H—16 型活塞式
减压阀构造示意图

蒸汽减压阀阀孔截面积可按下式计算：

$$f = \frac{G}{aq} \tag{8-4}$$

式中　f——所需阀孔截面积（cm^2）；

　　　G——蒸汽流量（kg/h）；

　　　a——减压阀流量系数，一般为 0.6；

　　　q——通过每 cm^2 阀孔截面的理论流量 $[kg/(cm^2 \cdot h)]$，可按图 8-34 查得。

【例 8-1】　已知某容积式水加热器采用蒸汽作为热媒，蒸汽管网压力（阀前压力）$P_1 =$ 0.55MPa（绝对压力），水加热器要求压力（阀后压力）$P_2 = 0.35$MPa（绝对压力），蒸汽流量 $G = 800$kg/h，求所需减压阀阀孔截面积。

【解】　按图 8-34 中 A 点（即 P_1）画等压力曲线，与 C 点（即 P_2）引出的垂线相交于 B 点，得 $q = 168$kg/h。

所需阀孔截面积为：$f = \dfrac{G}{aq} = \left(\dfrac{800}{0.6 \times 168} \right) cm^2 = 7.94 cm^2$

【例 8-2】　过热蒸汽温度为 300℃，$G = 1000$kg/h，$P_1 = 1.0$MPa（绝对压力），$P_2 = 0.65$MPa（绝对压力），求所需减压阀阀孔截面积。

【解】　按图 8-34 中 D 点（即 P_1）引垂线与 300℃的过热蒸汽线相交于 E 点，自 E 点引水平线与标线相交于 F，自 K 点（即 P_2）引垂线与 F 点的等压力曲线相交于 G 点，即得 $q = 230$kg/h。

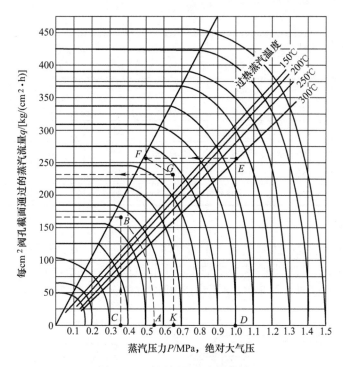

图 8-34　减压阀理论流量曲线

所需阀孔截面积：$f = \dfrac{G}{aq} = \left(\dfrac{1000}{0.6 \times 230}\right) \text{cm}^2 = 7.25 \text{cm}^2$

（2）蒸汽减压阀的安装　应注意以下事项

1）减压阀应安装在水平管段上，阀体应保持垂直。

2）阀前、阀后均应安装闸阀和压力表，阀后应装设安全阀，一般情况下还应设置旁路管，如图 8-35 所示，其中各部分的安装尺寸见表 8-7。

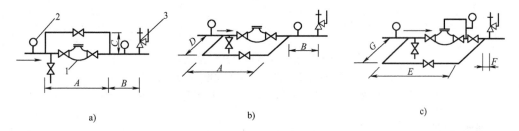

a)　　　　　　　　　　　　　b)　　　　　　　　　　　　c)

图 8-35　减压阀安装

a）活塞式减压阀旁路管垂直安装　b）活塞式减压阀旁路管水平安装　c）薄膜式或波纹管减压阀的安装

1—减压阀　2—压力表　3—安全阀

表 8-7　减压阀安装尺寸　　　　　　　　　（单位：mm）

减压阀公称直径 DN/mm	A	B	C	D	E	F	G
25	1100	400	350	200	1350	250	200
32	1100	400	350	200	1350	250	200

（续）

减压阀公称直径 DN/mm	A	B	C	D	E	F	G
40	1300	500	400	250	1500	300	250
50	1400	500	450	250	1600	300	250
65	1400	500	500	300	1650	350	300
80	1500	550	650	350	1750	350	350
100	1600	550	750	400	1850	400	400
125	1800	600	800	450	—	—	—
150	2000	650	850	500	—	—	—

4. 自动排气阀

为排除热水管道系统中热水气化产生的气体（如溶解氧和二氧化碳），以保证管内热水畅通，防止管道腐蚀，上行下给式系统的配水干管最高处应设自动排气阀。图 8-36a 所示为自动排气阀的构造示意图，图 8-36b 所示为其装设位置。

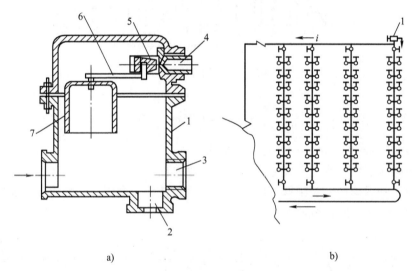

图 8-36　自动排气阀及其装设位置

a）自动排气阀构造示意图　b）自动排气阀装设位置

1—排气阀体　2—直角安装出水口　3—水平安装出水口　4—阀座　5—滑阀　6—杠杆　7—浮钟

5. 泄水装置

在热水管道系统的最低点及向下凹的管段，应设泄水装置或利用最低配水点泄水，以便在维修时放空管道中存水。

6. 压力表

1）密闭系统中的水加热器、贮水器、锅炉、分汽缸、分水器、集水器等各种承压设备均应装设压力表，便于操作人员观察其运行工况，做好运行记录，并可以减少和避免一些偶然的不安全事故。

2）热水加压泵、循环水泵的出水管（必要时含吸水管）上应装设压力表。

3）压力表的精度不应低于 2.5 级，即允许误差为表刻度极限值的 1.5%。

4）压力表盘刻度极限值宜为工作压力的2倍，表盘直径不应小于100mm。

5）装设位置应便于操作人员观察与清洗且应避免受辐射热、冻结或振动的不利影响。

6）在用于蒸汽介质的压力表与设备之间应安装存水弯管。

7. 膨胀管、膨胀水罐和安全阀

在集中热水供应系统中，冷水被加热后，水的体积会膨胀，如果热水系统是密闭的，在卫生器具不用水时，必然会增加系统的压力，管道有胀裂的危险，因此需设置膨胀管、安全阀或膨胀水罐。

（1）膨胀管　膨胀管用于由高位冷水箱向水加热器供应冷水的开式热水系统，膨胀管的设置应符合下列要求：

1）当热水系统由生活饮用高位冷水箱补水时，不得将膨胀管引至高位冷水箱上空，以防止热水系统中的水体升温膨胀时，将膨胀的水量返至生活用冷水箱，引起水箱内水体的热污染。通常可将膨胀管引入同一建筑物的中水供水箱、专用消防水箱（不与生活用水共用的消防水箱）等非生活饮用水箱的上空，设置高度应按下式计算：

$$h = H\left(\frac{\rho_1}{\rho_r} - 1\right) \tag{8-5}$$

式中　h——膨胀管高出生活饮用高位水箱水面的垂直高度（m）；

H——锅炉、水加热器底部至生活饮用高位水箱水面的高度（m）；

ρ_1——冷水密度（kg/m³）；

ρ_r——热水密度（kg/m³）。

以上参数如图8-37所示，膨胀管出口离接入非生活饮用水箱溢流水位的高度不应少于100mm。

2）热水供水系统上如设置膨胀水箱，容积应按式（8-6）计算；膨胀水箱水面高出系统冷水补给水箱水面的垂直高度可按式（8-7）计算；

$$V_p = 0.0006 \Delta t V_s \tag{8-6}$$

式中　V_p——膨胀水箱有效容积（L）；

Δt——系统内水的最大温差（℃）；

V_s——系统内的水容量（L）。

$$h = H\left(\frac{\rho_h}{\rho_r} - 1\right) \tag{8-7}$$

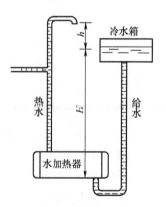

图8-37　膨胀管安装高度计算用图

式中　h——膨胀水箱水面高出系统冷水补给水箱水面的垂直高度（m）；

H——锅炉、水加热器底部至系统冷水补给水箱水面的高度（m）；

ρ_h——热水回水密度（kg/m³）；

ρ_r——热水供水密度（kg/m³）。

3）膨胀管上如有冻结可能时，应采取保温措施。

4）膨胀管的最小管径按表8-8确定。

5）对多台锅炉或水加热器，宜分设膨胀管。

6）膨胀管上严禁装设阀门。

表 8-8　膨胀管的最小管径

锅炉或水加热器的传热面积/m²	<10	≥10 且<15	≥15 且<20	≥20
膨胀管最小管径/mm	25	32	40	50

（2）膨胀水罐　闭式热水供应系统的日用热水量大于 30m³ 时，应设压力膨胀水罐（隔膜式或胶囊式），以吸收贮热设备及管道内水升温时的膨胀量，防止系统超压，保证系统安全运行。压力膨胀水罐宜设置在水加热器和止回阀之间的冷水进水管或热水回水管的分支管上。图 8-38 是隔膜式膨胀罐构造示意图。膨胀水罐总容积按下式计算：

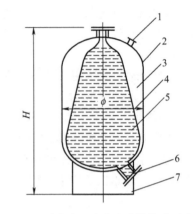

图 8-38　隔膜式压力膨胀水罐构造示意图
1—充气嘴　2—外壳　3—气室　4—隔膜
5—水室　6—接管口　7—罐口

$$V_e = H \frac{(\rho_f - \rho_r)P_2}{(P_2 - P_1)\rho_r} V_s \qquad (8-8)$$

式中　V_e——膨胀水罐总容积（m³）；

　　　ρ_f——加热前加热、贮热设备内水的密度（kg/m³），相应 ρ_f 的水温可按下述情况设计计算；加热设备为单台，且为定时供应热水的系统，可按进加热设备的冷水温度 t_1 计算；加热设备为多台的全日制热水供应系统，可按最低回水温度计算，其值一般可取 40~50℃；

　　　ρ_r——热水密度（kg/m³）；

　　　P_1——膨胀水罐处管内水压力（MPa）（绝对压力）；为管内工作压力+0.1（MPa）；

　　　P_2——膨胀水罐处管内最大允许水压力（MPa）（绝对压力）；其数值可取 1.10P_1 但应校核 P_2 值，并应小于水加热器设计压力；

　　　V_s——系统内热水总容积（m³）；当管网系统不大时，V_s 可按水加热设备的容积计算。

（3）安全阀　闭式热水供应系统的日用热水量≤30m³ 时，可采用设安全阀泄压的措施。承压热水锅炉应设安全阀，并由制造厂配套提供。开式热水供应系统的热水锅炉和水加热器可不装安全阀（劳动部门有要求者除外）。设置安全阀的具体要求如下：

1）水加热器宜采用微启式弹簧安全阀，安全阀应设防止随意调整螺丝的装置。

2）安全阀的开启压力，一般取热水系统工作压力的 1.1 倍，但不得大于水加热器本体的设计压力（一般分为 0.6MPa、1.0MPa、1.6MPa 3 种规格）。

3）安全阀的直径应比计算值放大一级；一般实际工程应用中，水加热器使用的安全阀的阀座内径可比水加热器热水出水管管径小 1 号。

4）安全阀应直立安装在水加热器的顶部。

5）安全阀装设位置，应便于检修。其排出口应设导管将排泄的热水引至安全地点。

6）安全阀与设备之间不得装设取水管、引气管或阀门。

8. 自然补偿管道和伸缩器

热水系统中管道因受热膨胀而伸长，为保证管网使用安全，在热水管网上应采取补偿管道温度伸缩的措施，以避免管道因为承受了超过自身所许可的内应力而导致弯曲甚至破裂。

管道的热伸长量按下式计算：

$$\Delta L = \alpha (t_{2r} - t_{1r}) L \qquad (8\text{-}9)$$

式中 ΔL——管道的热伸长（膨胀）量（mm）；

         t_{2r}——管中热水最高温度（℃）；

         t_{1r}——管道周围环境温度（℃），一般取 $t_{1r} = 5$℃；

         L——计算管段长度（m）；

         α——线膨胀系数[mm/（m·℃）]，见表 8-9。

表 8-9   不同管材的 α 值

管材	PP-R	PEX	PR	ABS	PVC-U	PAP	薄壁铜管	钢管	铝合金衬塑	PVC-C	薄壁不锈钢管
α/[mm/（m·℃）]	0.16	0.15	0.13	0.1	0.07	0.025	0.02	0.012	0.025	0.08	0.0166

补偿管道热伸长技术措施有两种，即自然补偿和设置伸缩器补偿。自然补偿即利用管道敷设自然形成的 L 形或 Z 形弯曲管段，来补偿管道的温度变形。通常的做法是在转弯前后的直线段上设置固定支架，让其伸缩在弯头处补偿，如图 8-39 所示。弯曲两侧管段的长度不宜超过表 8-10 所列数值。

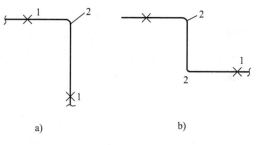

图 8-39   自然补偿管道
a）L 形弯曲管道 b）Z 形弯曲管段
1—固定支架 2—弯管

当直线管段较长，不能依靠管路弯曲的自然补偿作用时，每隔一定的距离应设置不锈钢波纹管、多球橡胶软管等伸缩器来补偿管道伸缩量。

表 8-10   不同管材弯曲两侧管段允许的长度

管材	薄壁铜管	薄壁不锈钢管	衬塑钢管	PP-R	PEX	PB	铝塑管 PAP
长度/m	10.0	10.0	8.0	1.5	1.5	2.0	3.0

热水管道系统中使用最方便、效果最佳的是波形伸缩器，即由不锈钢制成的波纹管，用法兰或螺纹连接，具有安装方便、节省面积、外形美观及耐高温、耐腐蚀、寿命长等优点。

另外，近年来也有在热水管中采用可曲挠橡胶接头代替伸缩器的做法，但必须注意采用耐热橡胶。

9. 分水器、集水器、分汽缸

1）多个热水、多个蒸汽管道系统或多个较大热水、蒸汽用户均宜设置分水器、分汽缸，凡设分水器、分汽缸的热水、蒸汽系统的回水管上宜设集水器。

2）分水器、分汽缸、集水器宜设置在热交换间，锅炉房等设备用房内以方便维修、操作。

3）分水器等的筒体直径应大于 2 倍最大接入管直径。其长度及总体设计应符合压力容器设计的有关规定。

■ 8.5 管道布置、敷设与保温

热水管网的布置与敷设，除了满足给（冷）水管网敷设的要求外，还应注意由于水温高带来的体积膨胀、管道伸缩补偿、保温和排气等问题。

8.5.1 管道布置

上行下给式配水干管的最高点应设排气装置（如自动排气阀，带手动放气阀的集气罐和膨胀水箱），下行上给配水系统，可利用最高配水点放气。

下行上给热水供应系统的最低点应设泄水装置（如泄水阀或丝堵等），有可能时可利用最低配水点泄水。

下行上给式热水系统设有循环管道时，回水立管应在最高配水点以下约0.5m处与配水立管连接。上行下给式热水系统可将循环管道与各立管连接。

热水立管与横管连接时，为避免管道伸缩应力破坏管网，应采用乙字弯的连接方式，如图8-40所示。

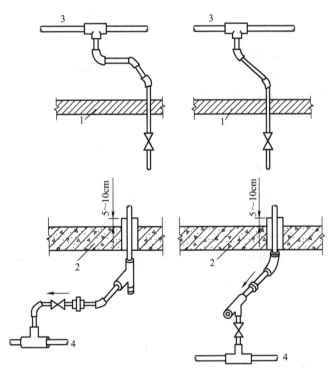

图 8-40　热水立管与水平干管的连接方式
1—吊顶　2—地板或沟盖板　3—配水横管　4—回水管

热水管道应设固定支架，一般设于伸缩器或自然补偿管道的两侧，间距长度应满足管段的热伸长量不大于伸缩器所允许的补偿量。固定支架之间宜设导向支架。

为调节平衡热水管网的循环流量和检修时缩小停水范围，在配水、回水干管连接的分干管上，配水立管和回水立管的端点，以及居住建筑和公共建筑中每一用户或单元的热水支管上，均应装设阀门，如图 8-41 所示。

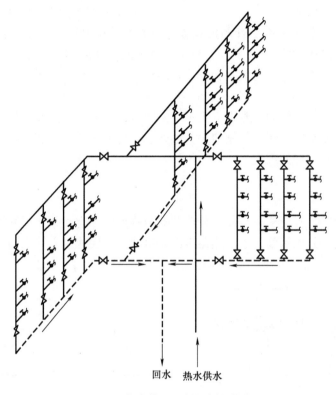

回水　热水供水

图 8-41　热水管网上阀门的安装位置

在热水管网下列管段上，应装设止回阀：

1）水加热器、贮水器的冷水供水管上，防止加热设备的升压或冷水管网水压降低时产生倒流，使设备内热水回流至冷水管网产生热污染和安全事故。

2）机械循环系统的第二循环回水管上，防止冷水进入热水系统，保证热水配水点的供水温度。

3）冷热水混合器、恒温混合阀等的冷、热水供水管上，防止冷、热水通过混合器相互串水而影响其他设备的正常使用。

8.5.2　管道敷设

热水管网有明设和暗设两种敷设方式。铜管、薄壁不锈钢管、衬塑钢管等可根据建筑、工艺要求暗设或明设。塑料热水管宜暗设，明设时，立管宜布置在不受撞击处，如不可避免时，应在管外加防紫外线照射、防撞击的保护措施。

热水管道暗设时，横干管可敷设于地下室、技术设备层、管廊、吊顶或管沟内，其立管可敷设在管道竖井或墙壁竖向管槽内，支管可埋设在地面、楼板面的垫层内，但铜管和聚丁烯管（PB）埋于垫层内宜设保护套。暗设管道在便于检修地方装设法兰，装设阀门处应留检修门，以利于管道更换和维修。管沟内敷设的热水管应置于冷水管之上，并且进行保温。

热水管道穿过建筑物的楼板、墙壁和基础处应加套管，穿越屋面及地下室外墙时，应加防水套管，以免管道膨胀时损坏建筑结构和管道设备。当穿过有可能发生积水的房间地面或楼板面时，套管应高出地面 50~100mm。热水管道在吊顶内穿墙时，可预留孔洞。

上行下给式系统中热水横干管的敷设坡度不宜小于 0.005，下行上给式系统不宜小于 0.003，配水横干管应沿水流方向上升，利于管道中的气体向高点聚集，并排放；回水横管应沿水流方向下降，便于检修时泄水和排除管内污物。这样布管可保持配、回水管道坡向一致，方便施工安装。

室外热水管道一般为管沟内敷设，当不可实现时，也可直埋敷设，保温材料为聚氨酯硬质泡沫塑料，外做玻璃钢管壳，并做伸缩补偿处理。直埋管道的安装与敷设还应符合有关直埋供热管道工程技术规程的规定。

8.5.3 管道支架

由于热水管道安装有管道补偿器，补偿器的两侧需设固定支架，以利均匀分配管道伸缩量。一般在管道上有分支管处，水加热器接出管道处，多层建筑立管中间，高层建筑立管之两端（中间有伸缩设施）等处均应设固定支架，见图 8-42。

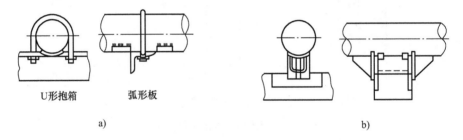

U形抱箍　　弧形板

a)　　　　　　　　　　　　　　　　　b)

图 8-42　管道固定支架

a）固定支架　b）单面挡板固定支架

1. 各种热水管道的支架间距

1）铜管的支架间距见表 8-11。

表 8-11　铜管的支架间距

公称直径 DN/mm	15	20	25	32	40	50	65	80	100	125	150	200
立管/m	1.8	2.4	2.4	3.0	3.0	3.0	3.5	3.5	3.5	3.5	4.0	4.0
横管/m	1.2	1.8	1.8	2.4	2.4	2.4	3.0	3.0	3.0	3.5	3.5	3.5

2）薄壁不锈钢管的支架间距见表 8-12。

表 8-12　薄壁不锈钢管的支架间距

公称直径 DN/mm	65~100	125~200	250~315
最大支承间距/m	3.5	4.2	5.0

3）衬塑钢管的支架间距见表 8-13。

表 8-13　衬塑钢管的支架间距

公称直径 DN/mm	15	20	25	32	40	50	70	80	100	125	150	200	250	300
保温管/m	2	2.5	2.5	2.5	3	3	4	4	4.5	6	7	7	8	8.5
不保温管/m	2.5	3	3.25	4	4.5	5	6	6	6.5	7	8	9.5	11	12

4）聚丙烯（PP-R）管的支架间距见表 8-14。

表 8-14　聚丙烯（PP-R）管的支架间距　　　　　（单位：m）

公称外径 De/mm	20	25	32	40	50	63	75	90	110
立管/m	0.5	0.6	0.7	0.8	0.9	1.0	1.1	1.2	1.5
水平管/m	0.9	1.0	1.2	1.4	1.6	1.7	1.7	1.8	2.0

注：暗敷直埋管道的支架间距可采用 1.0~1.5m。

5）聚丁烯（PB）管的支架间距见表 8-15。

表 8-15　聚丁烯（PB）管的支架间距

公称外径 De/mm	20	25	32	40	50	63	75	90	110
立管/m	0.6	0.7	0.8	1.0	1.2	1.4	1.6	1.8	2.0
水平管/m	0.8	0.9	1.0	1.3	1.6	1.8	2.1	2.3	2.6

6）交联聚乙烯（PEX）管的支架间距见表 8-16。

表 8-16　交联聚乙烯（PEX）管的支架间距

公称外径 De/mm	20	25	32	40	50	63
立管/m	0.8	0.9	1.0	1.3	1.6	1.8
水平管/m	0.3	0.35	0.4	0.5	0.6	0.7

7）PVC-C 管、铝塑（PAP）管的支架间距见表 8-17。

表 8-17　PVC-C 管、铝塑管的支架间距

公称外径 De/mm	20	25	32	40	50	63	75	90	110	125	140	160
立管/m	1.0	1.1	1.2	1.4	1.6	1.8	2.1	2.4	2.7	3.0	3.4	3.8
水平管/m	0.6	0.65	0.7	0.8	0.9	1.0	1.1	1.2	1.2	1.3	1.4	1.5

2. 热水管道设固定支架

热水管道应设固定支架，其间距应满足管段的热伸长度不大于伸缩器所允许的补偿量，固定支架之间宜设导向支架。

8.5.4　管道保温

热水供应系统中的水加热设备、贮热水器、热水箱、热水供水干、立管，机械循环的回水干、立管，有冰冻可能的自然循环回水干、立管，均应保温，以减少热损失。

热水供应系统保温材料应符合导热系数小、具有一定的机械强度、重量轻、没有腐蚀性、易于施工成型及可就地取材等要求。保温层的厚度可按下式计算：

$$\delta = 3.41 \frac{d_w^{1.2} \lambda^{1.35} \tau^{1.75}}{q^{1.5}} \qquad (8\text{-}10)$$

式中 δ——保温层厚度（mm）；

d_w——管道或圆柱设备的外径（mm）；

λ——保温层的导热系数[kJ/（h·m·℃）]；

τ——未保温的管道或圆柱设备外表面温度（℃）；

q——保温后的允许热损失[kJ/（h·m）]，可按表 8-18 取值。

表 8-18　保温后允许热损失值　　　　[单位:kJ/（h·m）]

管径 DN/mm	流体温度/℃					备注
	60	100	150	200	250	
15	46.1	—	—	—	—	
20	63.8	—	—	—	—	
25	83.7	—	—	—	—	
32	100.5	—	—	—	—	
40	104.7	—	—	—	—	
50	121.4	251.2	335.0	367.8		流体温度 60℃
70	150.7	—	—	—	—	只适用于热水
80	175.5	—	—	—	—	管道
100	226.1	355.9	460.55	544.3	—	
125	263.8					
150	322.4	439.6	565.2	690.8	816.4	
200	385.2	502.4	669.9	816.4	983.9	
设备面	—	418.7	544.3	628.1	753.6	

　　热水管、回水管、热媒水管常用的保温材料为岩棉、超细玻璃棉、硬聚氨酯、橡塑泡棉等材料，其保温层厚度可参照表 8-19 采用。蒸汽管用憎水珍珠岩管壳保温时，其厚度见表8-20。水加热器、开水器等设备采用岩棉制品、硬聚氨酯发泡塑料等保温时，保温层厚度可为 35mm。

表 8-19　热水配、回水管、热媒水管保温层厚度

管道直径 DN/mm	热水配、回水管				热媒水、蒸汽凝结水管	
	15~20	25~50	65~100	>100	≤50	>50
保温层厚度/mm	20	30	40	50	40	50

表 8-20　蒸汽管保温层厚度

管道直径 DN/mm	≤40	50~65	≥80
保温层厚度/mm	50	60	70

　　管道和设备在保温之前，应进行防腐蚀处理。保温材料应与管道或设备的外壁紧密相贴密实，并在保温层外表面做防护层。如遇管道转弯处，保温应做伸缩缝，缝内填柔性材料。

 思考题

1. 热水供应系统可分成哪些类型？试述各种类型的优缺点及适用条件。

2. 热水供应系统由哪几部分组成？简述各部分的主要作用。

3. 热水供应系统中除安装冷水系统相同的附件外，尚需加设哪些附件？试述它们的作用和设置要求。

4. 建筑热水供应系统的加热方式，加热设备的类型有哪些？各适用于什么场所？

5. 热水供应系统的常用管材有哪些？各有何优缺点？

6. 热水管道为什么要保温？保温层厚度如何确定？

第 9 章

建筑热水供应系统设计与计算

■ 9.1 耗热量、热媒耗量及燃料耗量计算

9.1.1 耗热量计算

集中热水供应系统的设计小时耗热量应根据用水情况和冷、热水温差计算。

1) 全日供应热水的住宅、宿舍（居室内设卫生间）、别墅、酒店式公寓、办公楼、招待所、培训中心、旅馆、宾馆的客房（不含员工）、医院住院部、养老院、幼儿园、托儿所（有住宿）等建筑的集中热水供应系统的设计小时耗热量应按式（9-1）计算：

$$Q_h = K_h \frac{mq_r C(t_r - t_1)\rho_r}{T} C_\gamma \tag{9-1}$$

式中　Q_h——设计小时耗热量（kJ/h）；

　　　m——用水计算单位数，人数或床位数；

　　　q_r——热水用水定额［L/（人·d）或 L/（床·d）等］，按表 8-1 采用；

　　　C——水的比热，$C=4.187\,kJ/(kg \cdot ℃)$；

　　　t_r——热水温度（℃），$t_r=60℃$；

　　　t_1——冷水计算温度（℃），按表 8-3 选用；

　　　ρ_r——热水密度（kg/L）；

　　　K_h——热水小时变化系数，可按表 9-1 采用；

　　　C_γ——热水供应系统的热损失系数，$C_\gamma=1.10\sim1.15$；

　　　T——每日使用时间（h），按表 8-1 采用。

表 9-1　热水小时变化系数 K_h 值

类别	住宅	别墅	酒店式公寓	宿舍（居室内设卫生间）	招待所、培训中心、普通旅馆	宾馆	医院、疗养院	幼儿园、托儿所	养老院
热水用水定额/［L/人(床)·d］	60~100	70~110	80~100	70~100	25~40 40~60 50~80 60~100	120~160	60~100 70~130 110~200 100~160	20~40	50~70

（续）

类别	住宅	别墅	酒店式公寓	宿舍（居室内设卫生间）	招待所、培训中心、普通旅馆	宾馆	医院、疗养院	幼儿园、托儿所	养老院
使用人（床）数	100~6000	100~6000	150~1200	150~1200	150~1200	150~1200	50~1000	50~1000	50~1000
K_h	4.8~2.75	4.21~2.47	4.00~2.58	4.80~3.20	3.84~3.00	3.33~2.60	3.63~2.56	4.80~3.20	3.20~2.74

注：1. K_h 应根据热水用水定额高低、使用人（床）数多少取值，当热水用水定额高使用人（床）数多时取低值，反之取高值，使用人（床）数小于等于下限值及大于等于上限值的，K_h 取下限值及上限值，中间值可用内插法求得。

　　2. 设有全日集中热水系统的办公楼。公共浴室等表中未列入的其他类建筑的 K_h 值可参照表 2-3 中给水的小时变化系数选值。

2）定时供应热水的住宅、旅馆、医院及工业企业生活间、公共浴室、宿舍（设公用盥洗卫生间）、学校、剧院化妆间、体育馆（场）等运动员休息室等建筑的集中热水供应系统的设计小时耗热量应按下式计算：

$$Q_h = \sum q_h(t_{r1} - t_1)\rho_r n_0 b_g C \tag{9-2}$$

式中　Q_h——设计小时耗热量（kJ/h）；

　　　q_h——卫生器具热水的小时用水定额（L/h），应按表 8-2 采用；

　　　C——水的比热，$C=4.187$ kJ/(kg·℃)；

　　　t_{r1}——热水温度（℃），按表 8-2 采用；

　　　t_1——冷水计算温度（℃），按表 8-3 选用；

　　　ρ_r——热水密度（kg/L）；

　　　n_0——同类型卫生器具数；

　　　b_g——卫生器具的同时使用百分数。住宅、旅馆，医院、疗养院病房，卫生间内浴盆或淋浴器可按 70%~100% 计，其他器具不计，但定时连续供水时间应大于等于 2h；工业企业生活间、公共浴室、宿舍（设公用盥洗卫生间）、剧院、体育馆（场）等的浴室内的淋浴器和洗脸盆均按卫生器具同时给水百分数（%）的上限取值；住宅一户带多个卫生间时，可按一个卫生间计算。

3）具有多个不同使用热水部门的单一建筑（如旅馆内具有客房卫生间、职工公用淋浴间、洗衣房、厨房、游泳池及健身娱乐设施等多个热水用户）或多种使用功能的综合性建筑（如同一栋建筑内具有公寓、办公楼、商业用房、旅馆等多种用途），当热水由同一热水系统供应时，设计小时耗热量可按同一时间内出现用水高峰的主要用水部门的设计小时耗热量加其他用水部门的平均小时耗热量计算。

9.1.2　热媒耗量计算

根据热水被加热方式的不同，热媒耗量应按下列方法计算：

1）采用蒸汽直接加热时，蒸汽耗量按下式计算：

$$G = (1.10 \sim 1.20)\frac{Q_h}{i_m - i_r} \tag{9-3}$$

式中　G——蒸汽耗量（kg/h）；

　　Q_h——设计小时耗热量（kJ/h）；

　　i_m——饱和蒸汽热焓（kJ/kg），按表9-2选用；

　　i_r——蒸汽与冷水混合后的热水热焓（kJ/kg），$i_r = 4.187t_r$；

　　t_r——蒸汽与冷水混合后的热水温度（℃）。

　　2）采用蒸汽间接加热时，蒸汽耗量按下式计算：

$$G = (1.10 \sim 1.20)\frac{Q_h}{\gamma_h} \tag{9-4}$$

式中　G——蒸汽耗量（kg/h）；

　　Q_h——设计小时耗热量（kJ/h）；

　　γ_h——蒸汽的汽化热（kJ/kg），按表9-2选用。

表9-2　饱和蒸汽性质

绝对压力 /MPa	饱和蒸汽温度 /℃	热焓/（kJ/kg）		蒸汽的汽化热 /（kJ/kg）
		液体	蒸汽	
0.1	100	419	2679	2260
0.2	119.6	502	2707	2205
0.3	132.9	559	2726	2167
0.4	142.9	601	2738	2137
0.5	151.1	637	2749	2112
0.6	158.1	667	2757	2090
0.7	164.2	694	2767	2073
0.8	169.6	718	2773	2055
0.9	174.5	739	2777	2038

　　3）采用高温热水间接加热时，高温热水耗量按下式计算：

$$G = (1.10 \sim 1.20)\frac{Q_h}{C(t_{mc} - t_{mz})} \tag{9-5}$$

式中　G——高温热水耗量（kg/h）；

　　Q_h——设计小时耗热量（kJ/h）；

　　C——水的比热，$C = 4.187$ kJ/（kg·℃）；

　　t_{mc}——高温热水进口水温（℃）；

　　t_{mz}——高温热水出口水温（℃）。

　　由热水热力管网的供热应采用供回水的最低温度计算，但热力管网供水的初温和被加热水的终温的温差不得小于10℃。

9.1.3　燃料耗量计算

　　1）燃油、燃气耗量按下式计算。

$$G = k \frac{Q_g}{Q\eta} \tag{9-6}$$

式中　G——热源耗量（kg/h，Nm^3/h）；

$\quad\quad k$——热媒管道热损失附加系数，$k = 1.05 \sim 1.10$；

$\quad\quad Q_g$——加热设备供热量（kJ/h）；

$\quad\quad Q$——热源发热量（kJ/kg，kJ/Nm^3），按表9-3采用；

$\quad\quad \eta$——水加热设备的热效率，按表9-3采用。

表 9-3　热源发热量及加热装置热效率

热源类型	消耗量单位	热源发热量 Q	加热设备效率 η（%）	备注
轻柴油	kg/h	41800~44000（kJ/kg）	≈85	η 为热水机组的 η η 栏中（　）内为热水机组的 η （　）外为局部加热的 η
重油	kg/h	38520~46050（kJ/kg）	—	
天然气	Nm^3/h	34400~35600（kJ/Nm^3）	65~75（85）	
城市煤气	Nm^3/h	14653（kJ/Nm^3）	65~75（85）	
液化石油气	Nm^3/h	46055（kJ/Nm^3）	65~75（85）	

注：表中热源发热量及加热设备热效率均系参考值，计算中应根据当地热源与选用加热设备的实际参数为准。

2）电热水器耗电量按下式计算。

$$W = \frac{Q_g}{3600\eta} \tag{9-7}$$

式中　W——耗电量（kW）；

$\quad\quad Q_g$——加热设备供热量（kJ/h）；

$\quad\quad 3600$——单位换算系数；

$\quad\quad \eta$——水加热设备的热效率95%~97%。

3）以蒸汽为热媒的水加热器设备，蒸汽耗量按下式计算。

$$G = k \frac{Q_g}{i'' - i'} \tag{9-8}$$

式中　G——蒸汽耗量（kg/h）；

$\quad\quad Q_g$——加热设备供热量（kJ/h）；

$\quad\quad k$——热媒管道热损失附加系数，$k = 1.05 \sim 1.10$；

$\quad\quad i''$——饱和蒸汽的热焓（kJ/kg），见表9-2；

$\quad\quad i'$——凝结水的焓（kJ/kg），$i' = 4.187 t_{mz}$；

$\quad\quad t_{mz}$——热媒终温（℃），应由经过热力性能测定的产品样本提供。

4）以热水为热媒的水加热器设备，热媒耗量按下式计算。

$$G = \frac{kQ_g}{C(t_{mc} - t_{mz})} \tag{9-9}$$

式中　Q_g——加热设备供热量（kJ/h）；

$\quad\quad G$——蒸汽耗量（kg/h）；

$\quad\quad k$——热媒管道热损失附加系数，$k = 1.05 \sim 1.10$；

$\quad\quad t_{mc}$、t_{mz}——热媒的初温与终温（℃），由经过热力性能测定的产品样本提供；

C——水的比热容，$C = 4.187\text{kJ}/(\text{kg} \cdot \text{°C})$。

9.2 热水用水量计算

9.2.1 热水用水量计算

设计小时热水量可按下式计算：

$$Q_{rh} = \frac{Q_h}{(t_{r_2} - t_1)C\rho_r C_\gamma} \tag{9-10}$$

式中　Q_{rh}——设计小时热水量（L/h）；

Q_h——设计小时耗热量（kJ/h）；

C——水的比热，$C = 4.187\text{kJ}/(\text{kg} \cdot \text{°C})$；

t_{r_2}——设计热水温度（°C）；

t_1——设计冷水温度（°C），按表8-3采用；

ρ_r——热水密度（kg/L）。

9.2.2 冷水量、热水量和混合水量换算

在冷热水混合时，应以配水点要求的热水水温、当地冷水计算水温和冷热水混合后的使用水温求出所需热水量和冷水量的比例。

若以混合水量为100%，则所需热水量占混合水量的百分数，按下式计算：

$$K_r = \frac{t_h - t_1}{t_r - t_1} \times 100\% \tag{9-11}$$

式中　K_r——热水混合系数；

t_h——混合水温度（°C）；

t_1——冷水水温（°C），按表8-3采用；

t_r——热水水温（°C）。

所需冷水量占混合水量的百分数，按下式计算。

$$K_1 = 1 - K_r \tag{9-12}$$

【例9-1】　某旅馆建筑，有300张床位150套客房，客房均设专用卫生间，内有浴盆、脸盆各1件。旅馆全日集中供应热水，加热器出口热水温度为70°C，当地冷水温度10°C。采用容积式水加热器，以蒸汽为热媒，蒸汽压力0.2MPa（表压）。

试计算：设计小时热水量，设计小时耗热量，热媒耗量。

1）设计小时耗热量 Q_h。

【解】　已知：$m = 300$，$q_r = 150\text{L}/(\text{人} \cdot \text{d})(60\text{°C})$，查表9-1可得：$K_h = (2.60 + 3.33)/2 = 2.96$

$t_r = 60\text{°C}$，$t_1 = 10\text{°C}$，$\rho_r = 0.983\text{kg/L}$（60°C），$T = 24\text{h}$，$C_\gamma = 1.10$。

按式（9-1）计算：

$$Q_h = K_h \frac{mq_r C(t_r - t_1)\rho_r}{T} C_\gamma$$

$$= \left[2.96 \times \frac{300 \times 150 \times 4.187 \times (60 - 10) \times 0.983}{24} \times 1.10 \right] (kJ/h) = 1256354(kJ/h)$$

2）设计小时热水量 Q_{rh}。

已知：$t_{r_2} = 70℃$，$t_1 = 10℃$，$Q_h = 1256354 kJ/h$，$\rho_r = 0.978 kg/L$（70℃）。

按式（9-10）计算：

$$Q_{rh} = \frac{Q_h}{(t_{r_2} - t_1) C \rho_r C_\gamma} = \left[\frac{1256354}{(70 - 10) \times 4.187 \times 0.978} \right] / (1.10)(L/h) = 4649(L/h)$$

3）热媒耗量 G。

已知：$Q_h = 1256354 kJ/h$，查表 9-2，在 0.3MPa 绝对压力下，蒸汽的汽化热 $\gamma_h = 2167 kJ/kg$。

按式（9-4）计算：

$$G = (1.10 \sim 1.20) \frac{Q_h}{\gamma_h} = \left(1.15 \times \frac{1256354}{2167} \right) (kg/h) = 667(kg/h)$$

9.3　热水管网水力计算

完成热水供应系统管道平面布置后，绘制热水管道系统图，选定加热设备，然后进行热水管网的水力计算。热水管网水力计算的目的是：

1）计算第一循环管网（热媒管网）的管径和相应的水头损失。

2）计算第二循环管网（配水管网和回水管网）的设计秒流量、循环流量、管径和水头损失。

3）确定热水供应系统循环方式，选用热水管网所需设备及附件，如循环水泵、疏水器、膨胀设施等。

9.3.1　第一循环管网的水力计算

1. 热媒为热水

以热水为热媒时，热媒流量 G 按式（9-5）计算。

热媒循环管路中的配、回水管道，其管径应根据热媒流量 G、热水管道允许流速，通过查热水管道水力计算表确定，并据此计算出管路的总水头损失 H_h。热水管道的流速，宜按表 9-4 选用。

表 9-4　热水管道的流速

公称直径/mm	15~20	25~40	≥50
流速/(m/s)	≤0.8	≤1.0	≤1.2

当锅炉与水加热器或贮水器连接时，如图 9-1 所示，热媒管网的热水自然循环压力值 H_{zr} 按下式计算：

$$H_{zr} = 10\Delta h(\rho_1 - \rho_2) \tag{9-13}$$

式中　H_{zr}——热水自然循环压力（Pa）；

　　　Δh——锅炉中心与水加热器内盘管中心或贮水器中心垂直高度（m）；

　　　ρ_1——锅炉出水的密度（kg/m³）；

ρ_2——水加热器或贮水器的出水密度（kg/m^3）。

当 $H_{zr} > H_h$ 时，可形成自然循环。为保证运行可靠，一般要求：

$$H_{zr} \geqslant (1.1 \sim 1.15) H_h \tag{9-14}$$

式中　H_h——管路的总水头损失（Pa）。

当 H_{zr} 不满足上式的要求时，则应采用机械循环方式，依靠循环水泵强制循环。循环水泵的流量和扬程应比理论计算值略大一些，以保证可靠循环。

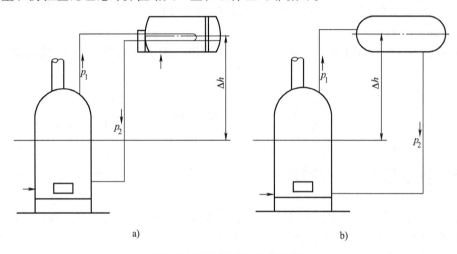

a) b)

图 9-1　热媒管网自然循环压力

a）热水锅炉与水加热器连接（间接加热）　b）热水锅炉与贮水器连接（直接加热）

2. 热媒为高压蒸汽

以高压蒸汽为热媒时，热媒流量 C 按式（9-3）或式（9-4）计算。

热媒蒸汽管道一般按管道的允许流速和相应的比压降确定管径和水头损失。高压蒸汽管道的常用流速见表 9-5。确定热媒蒸汽管道管径后，应合理确定凝水管管径。

表 9-5　高压蒸汽管道常用流速

管径/mm	15~20	25~32	40	50~80	100~150	≥200
流速/(m/s)	10~15	15~20	20~25	25~35	30~40	40~60

9.3.2　第二循环管网的水力计算

1. 配水管网的水力计算

配水管网水力计算目的主要是根据各配水管段的设计秒流量和允许流速值确定配水管网的管径，并计算管道水头损失。

1）热水配水管网的设计秒流量可按生活给水（冷水系统）设计秒流量公式计算。

2）卫生器具热水给水流量、当量、支管管径和工作压力同给水系统规定。

3）热水管道的流速。宜按表 9-4 选用。

4）热水管网水头损失计算。热水管网中单位长度水头损失和局部水头损失的计算与冷水管道的计算方法和计算公式相同，一般可按沿程水头损失的 25%~30% 进行估算，也可按照局部水头损失的计算公式逐一计算后累加；但热水管道的计算内径 d_j 应考虑结垢和腐蚀引起过水断面缩小的因素，管道结垢造成的管径缩小量见表9-6。

表9-6　管道结垢造成的管径缩小量

管道公称直径	15~40	50~100	125~200
直径缩小量/mm	2.5	3.0	4.0

热水管道的水力计算应根据采用的热水管材，选用相应的热水管道水力计算图表或公式进行计算。应注意水力计算图表的使用条件，当工程的使用条件与制表条件不相符时，应根据各自规定作相应修正。当热水管采用交联聚乙烯（PE-X）管时，管道水力坡降值可采用下式计算：

$$i = 0.000915 \frac{q^{1.774}}{d_j^{4.774}} \tag{9-15}$$

式中　i——管道水力坡降（kPa/m 或 0.1mH$_2$O/m）；

q——管道内设计流量（m³/s）；

d_j——管道计算内径（m）。

如水温为60℃时，可以参照图9-2的PE-X管水力计算图选用管径。如水温高于或低于60℃时，可按表9-7修正。

表9-7　水头损失温度修正系数

水温/℃	10	20	30	40	50	60	70	80	90	95
修正系数	1.23	1.18	1.12	1.08	1.03	1.00	0.98	0.96	0.93	0.90

当热水管采用聚丙烯（PP-R）管时，水头损失计算公式如下：

$$H_f = \lambda \frac{L v^2}{d_j g} \tag{9-16}$$

式中　H_f——管道沿程水头损失（mH$_2$O）；

λ——沿程阻力系数；

L——管道长度（m）；

d_j——管道计算内径（m）；

v——管道内水流平均速度（m/s）；

g——重力加速度，一般取 9.81m/s²。

设计时，可以按式（9-16）计算，也可以查水力计算表。

2. 回水管网的水力计算

回水管网不配水，仅通过用以补偿配水管热损失的循环流量。回水管网各管段管径，应按管中循环流量经计算确定。初步设计时，可参照表9-8确定。

表9-8　热水管网回水管管径选用表

热水管网、配水管段管径 DN/mm	20~25	32	40	50	65	80	100	125	150	200
热水管网、回水管段管径 DN/mm	20	20	25	32	40	40	50	65	80	100

为保证各立管的循环效果，尽量减少干管的水头损失，热水配水干管和回水干管均不宜

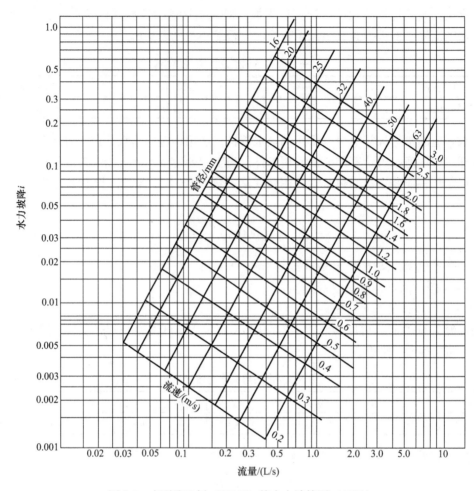

图 9-2　交联聚乙烯（PE-X）管水力计算图（60℃）

变径，可按其相应的最大管径确定。

■ 9.4　循环水量计算与水泵选择

热水循环管网较大，流程长，为保证系统中热水循环效果，一般多采用机械循环方式。机械循环又分为全日热水供应系统和定时热水供应系统两类。机械循环管网水力计算是在确定了最不利循环管路，即计算循环管路和循环管网中配水管、回水管的管径后进行的，主要目的是选择循环水泵。

9.4.1　循环流量确定

1. 全日热水供应系统热水管网循环流量计算

（1）计算各管段终点水温　可按下述面积比温降方法计算：

$$\Delta t = \frac{\Delta T}{F} \tag{9-17}$$

$$t_z = t_c - \Delta t \sum f \tag{9-18}$$

式中　Δt——配水管网中计算管路的面积比温降（℃/m²）；

　　　ΔT——配水管网中计算管路起点和终点的水温差（℃），按系统大小确定，一般取 $\Delta T = 5 \sim 10$℃。建筑小区 $\Delta T = 6 \sim 12$℃；

　　　F——计算管路配水管网的总外表面积（m²）；

　　　$\sum f$——计算管路终点以前的配水管网的总外表面积（m²）；

　　　t_c——计算管段的起点水温（℃）；

　　　t_z——计算管段的终点水温（℃）。

（2）计算配水管网各管段的热损失　计算公式如下：

$$q_S = \pi DLK(1 - \eta)\left(\frac{t_c + t_z}{2} - t_j\right) \tag{9-19}$$

式中　q_S——计算管段热损失（kJ/h）；

　　　D——计算管段外径（m）；

　　　L——计算管段长度（m）；

　　　K——无保温时管道的传热系数［kJ/(m²·h·℃)］；

　　　η——保温系数，无保温时 $\eta = 0$，简单保温时 $\eta = 0.6$，较好保温时 $\eta = 0.7 \sim 0.8$；

　　　t_c、t_z——同式（9-18）；

　　　t_j——计算管道周围的空气温度（℃），可按表9-9确定。

表 9-9　管道周围的空气温度

管道敷设情况	$t_j/℃$
采暖房间内明管敷设	18～20
采暖房间内暗管敷设	30
敷设在不采暖房间的顶棚内	采用一月份室外平均温度
敷设在不采暖的地下室内	5～10
敷设在室内地下管沟内	35

（3）计算配水管网总的热损失　将各管段的热损失相加便得到配水管网总的热损失 Q_S，即 $Q_S = \sum\limits_{i=1}^{n} q_S$。初步设计时，单体建筑的 Q_S 可按设计小时耗热量的 2%～4% 来估算，小区的 Q_S 可按设计小时耗热量的 3%～5% 来估算，其上下限选择可视系统的大小而定：系统服务范围大，配水管线长，可取上限；反之，取下限。

（4）计算总循环流量　求解 Q_S 的目的在于计算管网的循环流量。循环流量是为了补偿配水管网在用水低峰时管道向周围散失的热量。保持循环流量在管网中循环流动，不断向管网补充热量，从而保证各配水点的水温。管网的热损失只需计算配水管网散失的热量。

将 Q_S 代入下式求解全日供应热水系统的总循环流量 q_X：

$$q_X = \frac{Q_S}{C\Delta T\rho_r} \tag{9-20}$$

式中　q_X——全日热水供应系统的总循环流量（L/s）。

　　　Q_S——配水管网的热损失（kJ/h）；

C——水的比热，$C = 4.187 \mathrm{kJ/(kg \cdot \text{℃})}$；

ΔT——同公式（9-17），其取值根据系统的大小而定；

ρ_r——热水密度（kg/L）。

（5）计算循环管路各管段通过的循环流量　在确定 q_X 后，可从水加热器后第 1 个节点起依次进行循环流量分配，如图 9-3 所示，通过管段 I 的循环流量 q_{IX} 即为 q_X，用以补偿整个配水管网的热损失，流入节点 1 的流量 q_{1X} 用以补偿 1 点之后各管段的热损失，即 $q_{AS} + q_{BS} + q_{CS} + q_{IIS} + q_{IIIS}$，$q_{1X}$ 分流入 A 管段和 II 管段，循环流量分别为 q_{AX} 和 q_{IIX}。根据节点流量守恒原理：$q_{1X} = q_{IX}$，$q_{IIX} = q_{IX} - q_{AX}$。$q_{IIX}$ 补偿管段 II、III、B、C 的热损失，即 $q_{IIS} + q_{IIIS} + q_{BS} + q_{CS}$，$q_{AX}$ 补偿管段 A 的热损失 q_{AS}。

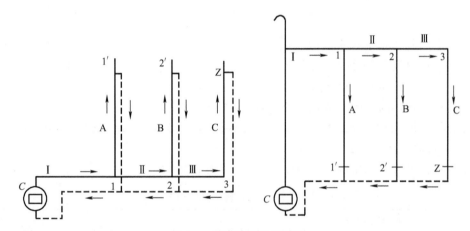

图 9-3　循环流量计算简图

按照循环流量与热损失成正比和热平衡关系，q_{IIX} 可按下式确定：

$$q_{IIX} = q_{IX} \frac{q_{BS} + q_{CS} + q_{IIS} + q_{IIIS}}{q_{AS} + q_{BS} + q_{CS} + q_{IIS} + q_{IIIS}} \tag{9-21}$$

流入节点 2 的流量 q_{2X} 用以补偿 2 点之后各管段的热损失，即 $q_{IIIS} + q_{BS} + q_{CS}$，$q_{2X}$ 分流入 B 管段和 III 管段，循环流量分别为 q_{BX} 和 q_{IIIX}。根据节点流量守恒原理：$q_{2X} = q_{IIX}$，$q_{IIIX} = q_{IIX} - q_{BX}$。$q_{IIIX}$ 补偿管段 III 和 C 的热损失，即 $q_{IIIS} + q_{CS}$，q_{BX} 补偿管段 B 的热损失 q_{BS}。同理可得：

$$q_{IIIX} = q_{IIX} \frac{q_{IIIS} + q_{CS}}{q_{BS} + q_{IIIS} + q_{CS}} \tag{9-22}$$

流入节点 3 的流量 q_{3X} 用以补偿 3 点之后管段 C 的热损失 q_{CS}。根据节点流量守恒原理：$q_{3X} = q_{IIIX}$，$q_{IIIX} = q_{CX}$，管道 III 的循环流量即为管段 C 的循环流量。

将式（9-21）和式（9-22）简化为通用计算式，即：

$$q_{(n+1)X} = q_{nX} \frac{\sum q_{(n+1)S}}{\sum q_{nS}} \tag{9-23}$$

式中　q_{nX}、$q_{(n+1)X}$——n、$n+1$ 管段所通过的循环流量（L/h）；

$\sum q_{(n+1)S}$——$n+1$ 管段及其后各管段的热损失之和（kJ/h）；

$\sum q_{nS}$——n 管段及其后各管段的热损失之和（kJ/h）。

n、$n+1$ 管段划分如图 9-4。

（6）复核各管段的终点水温　计算公式如下：

$$t'_z = t_C - \frac{q_S}{C q_X \rho_r} \qquad (9\text{-}24)$$

式中　t'_z——各管段终点水温（℃）；

$\quad\quad t_C$——各管段起点水温（℃）；

$\quad\quad q_S$——各管段的热损失（kJ/h）；

$\quad\quad q_X$——各管段的循环流量（L/h）；

$\quad\quad C$——水的比热，$C = 4.187\text{kJ}/(\text{kg}\cdot\text{℃})$；

$\quad\quad \rho_r$——热水密度（kg/L）。

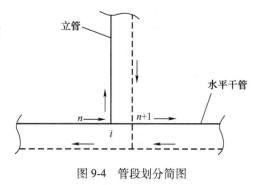

图 9-4　管段划分简图

如计算结果与原来确定的温度相差较大，应以公式（9-18）和公式（9-24）的计算结果：$t''_z = \frac{t_z + t'_z}{2}$ 作为各管段的终点水温，重新进行上述（2）~（6）的运算。

2. 定时热水供应系统机械循环管网循环流量计算

定时热水供应系统的循环水泵一般在供应热水前半小时开始运转，将水加热至规定温度后，循环水泵即停止工作。因定时供应热水时用水较集中，故不考虑热水循环，循环水泵关闭。

定时热水供应系统中热水循环流量的计算是按循环管网中的水每小时循环的次数来确定，一般按 2~4 次计算，系统较大时取下限；反之，取上限。

循环水泵的出水量即为热水循环流量，按下式确定：

$$Q_b \geq (2 \sim 4)V \qquad (9\text{-}25)$$

式中　Q_b——循环水泵的流量（L/h）；

$\quad\quad V$——热水循环管网系统的总水容积，包括配水管、回水管的总容积，不包括不循环管网、水加热器或贮热水设施的容积（L）。

9.4.2　循环水泵扬程确定

计算循环管网的总水头损失，公式如下：

$$H = (H_P + H_X) + H_j \qquad (9\text{-}26)$$

式中　H——循环管网的总水头损失（kPa）；

$\quad\quad H_P$——循环流量通过配水计算管路的沿程和局部水头损失（kPa）；

$\quad\quad H_X$——循环流量通过回水计算管路的沿程和局部水头损失（kPa）；

$\quad\quad H_j$——循环流量通过水加热器的水头损失（kPa）。

容积式水加热器、导流型容积式水加热器、半容积式水加热器和加热水箱，因容器内被加热水的流速一般较低（$v \leq 0.1\text{m/s}$），流程短，水头损失很小，在热水系统中可忽略不计。

对于快速式水加热器，被加热水在其中流速较大，流程也长，水头损失应以沿程和局部水头损失之和计算，即：

$$\Delta H = 10\left(\lambda \frac{L}{d_j} + \sum \xi\right)\frac{v^2}{2g} \qquad (9\text{-}27)$$

式中　ΔH——快速式水加热器中热水的水头损失（kPa）；

　　　λ——管道沿程阻力系数；

　　　L——被加热水的流程长度（m）；

　　　ξ——局部阻力系数，可参考图 9-5，按表 9-10 选用；

　　　d_j——传热管计算管径（m）；

　　　ν——被加热水的流速（m/s）；

　　　g——重力加速度，一般取 9.81m/s^2。

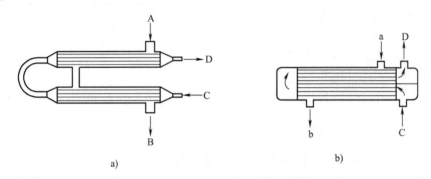

图 9-5　快速式水加热器局部阻力构造

a）水-水快速式水加热器　b）汽-水快速式水加热器

A—热媒水　a—热媒蒸汽　B—热媒回水　b—凝结水　C—冷水　D—热水

计算循环管路配水管及回水管的局部水头损失可按沿程水头损失的 20%～30% 估算。

表 9-10　快速式水加热器局部阻力系数 ξ 值

水加热器类型	局部阻力形式		ξ 值
水-水快速式水加热器	热媒管道	水室到管束或管束到水室	0.5
		经水室转 180° 由一管束到另一管束	2.5
	热水管道	与管束垂直进入管间	1.5
		与管束垂直流出管间	1.0
		在管间绕过支承板	0.5
		在管间由一段到另一段	2.5
汽-水快速式水加热器	热媒管道	与管束垂直的水室进口或出口	0.75
		经水室转 180°	1.5
	热水管道	与管束垂直进入管间	1.5
		与管束垂直流出管间	1.0

9.4.3　循环水泵选择

热水循环水泵通常安装在回水干管的末端，热水循环水泵宜选用热水泵，水泵壳体承受的工作压力不得小于其所承受的静水压力加水泵扬程。循环水泵宜设备用泵，交替运行。

循环水泵的流量按下式确定：

$$Q_b \geqslant q_X \tag{9-28}$$

式中　　Q_b——循环水泵的流量（L/s）；

　　　　q_X——全日热水供应系统的总循环流量（L/s）。

　　循环水泵的扬程

$$H_b \geqslant H_P + H_X + H_j \tag{9-29}$$

式中　　　　H_b——循环水泵的扬程（kPa）；

　　H_P、H_X、H_j——同公式（9-26）。

■ 9.5　集中热水供应系统加热设备的计算与选择

在集中热水供应系统中，起加热兼起贮存作用的设备有容积式水加热器和加热水箱等；仅起加热作用的设备为快速式水加热器；仅起贮存热水作用的设备是贮水器。上述设备的主要计算内容是确定加热设备的加热面积和贮热设备的贮存容积。

9.5.1　加热设备的计算与选择

1. 加热设备供热量的计算

在集中热水供应系统中，水加热设备的设计小时供应量应根据日热水量小时变化曲线、加热方式及水加热设备的工作制度经积分曲线计算后确定。当无上述资料时，可按下列方法确定：

1）容积式水加热器或贮热容积与其相当的水加热器、热水机组的供热量按下式计算：

$$Q_g = Q_h - \frac{\eta V_r}{T}(t_r - t_1)C\rho_r \tag{9-30}$$

式中　　Q_g——容积式水加热器的设计小时供热量（kJ/h）；

　　　　Q_h——设计小时耗热量（kJ/h）；

　　　　η——有效贮热容积系数；容积式水加热器 $\eta = 0.7 \sim 0.8$；导流型容积式水加热器 $\eta = 0.8 \sim 0.9$；

　　　　V_r——总贮热容积（L）；

　　　　T——设计小时耗热量持续时间（h），$T = 2 \sim 4h$；

　　　　t_r——热水温度（℃），按设计水加热器出水温度或贮水温度计算；

　　　　t_1——冷水温度（℃），按表8-3选用；

　　　　C——水的比热，$C = 4.187kJ/(kg \cdot ℃)$；

　　　　ρ_r——热水密度（kg/L）。

公式（9-30）的意义：带有相当量贮热容积的水加热器供热时，系统的设计小时耗热量由两部分组成：一部分是设计小时耗热量时间段内热媒的供热量 Q_g；一部分是供给设计小时耗热量前水加热器内已贮存好的热量，即 $\frac{\eta V_r}{T}(t_r - t_1)C\rho_r$。

2）半容积式水加热器或贮热容积与其相当的水加热器、热水机组的供热量按设计小时耗热量计算。

3）半即热式、快速式水加热器及其他无贮热容积的水加热设备的供热量按供水总干管的设计秒流量计算。

2. 水加热器加热面积的计算

容积式水加热器、快速式水加热器和加热水箱中加热排管或盘管的传热面积应按下式方法计算：

$$F_{jr} = \frac{Q_z}{\varepsilon K \Delta t_j} \tag{9-31}$$

式中　F_{jr}——水加热器的加热面积（m^2）；

　　　Q_z——制备热水所需的热量，可按设计小时耗热量计算（kJ/h）；

　　　K——传热系数 [kJ/($m^2 \cdot h \cdot \text{℃}$)]，$K$ 值对加热器换热影响很大，主要取决于热媒种类和压力、热媒和热水流速、换热管材质和热媒出口凝结水水温等；K 值应按产品样本提供的参数选用；普通容积式水加热器 K 值，见表 9-11；快速式水加热器 K 值，见表 9-12；

　　　ε——由于传热表面结垢和热媒分布不均匀影响传热效率的系数，一般采用 0.6~0.8；

　　　Δt_j——热媒与被加热水的计算温差（℃），根据水加热器类型按式（9-32）和式（9-33）计算：

表 9-11　普通容积式水加热器 K 值

热媒种类		热媒流速 /(m/s)	被加热水流速 /(m/s)	K/ [kJ/($m^2 \cdot h \cdot$ ℃)]	
				钢盘管	铜盘管
蒸汽压力 /MPa	≤0.07	—	<0.1	2302~2512	2721~2931
	>0.07	—	<0.1	2512~2721	2931~3140
热水温度 70~150/℃		<0.5	<0.1	1172~1256	1382~1465

注：表中 K 值是按盘管内通过热媒和盘管外通过被加热水。

表 9-12　快速式水加热器 K 值

被加热水的流速 /(m/s)	传热系数 K/[kJ/($m^2 \cdot h \cdot$ ℃)]							
	热媒为热水时，热水流速/(m/s)						热媒为蒸汽时，蒸汽压力/kPa	
	0.5	0.75	1.0	1.5	2.0	2.5	≤100	>100
0.5	3977	4606	5024	5443	5862	6071	9839/7746	9211/7327
0.75	4480	5233	5652	6280	6908	7118	12351/9630	11514/9002
1.0	4815	5652	6280	7118	7955	8374	14235/11095	13188/10467
1.5	5443	6489	7327	8374	9211	9839	16328/13398	15072/12560
2.0	5861	7118	7955	9211	10528	10886	—/1570	—/14863
2.5	6280	7536	8583	10528	11514	12560	—	—

注：表中热媒为蒸汽时，分子为两回程汽-水快速式水加热器将被加热水温度升高 20~30℃时的传热系数，分母为两回程汽-水快速式水加热器将被加热水温度升高 60~65℃时的传热系数。

1）容积式水加热器、半容积式水加热器的 Δt_j 为

$$\Delta t_{\mathrm{j}} = \frac{t_{\mathrm{mc}} + t_{\mathrm{mz}}}{2} - \frac{t_{\mathrm{c}} + t_{\mathrm{z}}}{2} \tag{9-32}$$

式中　t_{mc}、t_{mz}——热媒的初温和终温（℃）；

　　　t_{c}、t_{z}——被加热水的初温和终温（℃）。

　　热媒为压力大于 70kPa 的饱和蒸汽时，t_{mc} 按饱和蒸汽温度计算，可查表 9-2 确定，压力小于或等于 70kPa 时，t_{mc} 应按 100℃ 计算，t_{mz} 应由经热工性能测定的产品提供，可按 $t_{\mathrm{mz}} = 50 \sim 90$℃；热媒为热水时，热媒的初温应按热媒供水的最低温度计算，热媒的终温应由经热工性能测定的产品提供，当热媒初温 $t_{\mathrm{mc}} = 70 \sim 100$℃ 时，可按终温 $t_{\mathrm{mz}} = 50 \sim 80$℃ 计算；热媒为热力管网的热水时，热媒的计算温度应按热力管网供回水的最低温度计算。

　　2）快速式水加热器、半即热式水加热器的 Δt_{j} 为

$$\Delta t_{\mathrm{j}} = \frac{\Delta t_{\max} - \Delta t_{\min}}{\ln \dfrac{\Delta t_{\max}}{\Delta t_{\min}}} \tag{9-33}$$

式中　$\Delta t_{\max}$——热媒和被加热水在水加热器一端的最大温度差（℃）；

　　　$\Delta t_{\min}$——热媒和被加热水在水加热器另一端的最小温度差（℃）。

　　加热设备加热盘管的长度按下式计算：

$$L = \frac{F_{\mathrm{jr}}}{\pi D} \tag{9-34}$$

式中　L——盘管长度（m）；

　　　D——盘管外径（m）；

　　　F_{jr}——水加热器的传热面积（m²）。

9.5.2　热水器的计算与选择

1. 燃气热水器的计算

　　1）燃具热负荷。燃具热负荷按下式计算：

$$Q = \frac{KWC(t_{\mathrm{r}} - t_1)}{\eta \tau} \tag{9-35}$$

式中　Q——燃具热负荷（kJ/h）；

　　　W——被加热水的质量（kg）；

　　　τ——升温所需时间（h）；

　　　t_{r}——热水温度（℃）；

　　　t_1——冷水温度（℃），按表 8-3 用；

　　　K——安全系数，$K = 1.28 \sim 1.40$；

　　　η——燃具热效率，对容积式燃气热水器 η 大于 75%，快速式燃气热水器 η 大于 70%，开水器 η 大于 75%。

　　2）燃气耗量。燃气耗量按下式计算：

$$\phi = \frac{Q}{Q_{\mathrm{d}}} \tag{9-36}$$

式中　ϕ——燃气耗量（m³/h）；

Q——燃具热负荷（kJ/h）；

Q_d——燃气的低热值（kJ/m^3）。

2. 电热水器的计算

（1）快速式电热水器耗电功率，按下式计算：

$$N = (1.10 \sim 1.20) \frac{3600q(t_r - t_1)C\rho_r}{3617\eta} \tag{9-37}$$

式中　　N——耗电功率（kW）；

q——热水流量（L/s），可根据使用场所、卫生器具类型、数量、要求水温和 1 次用水量或 1h 用水量，参考表 8-2 确定；

t_r——热水温度（℃）；

t_1——冷水温度（℃），按表 8-3 选用；

C——水的比热，C = 4.187kJ/（kg·℃）；

ρ_r——热水密度（kg/L）；

3617——热功当量 [kJ/（kW·h）]；

η——加热器效率，一般为 0.95 ~ 0.98；

1.10~1.20——热损失系数。

（2）容积式电热水器耗电功率

1）只在使用前加热，使用过程中不再加热时，按下式计算：

$$N = (1.10 \sim 1.20) \frac{V(t_r - t_1)C\rho_r}{3617\eta T} \tag{9-38}$$

式中　　V——热水器容积（L）；

T——加热时间（h）；

其他符号含义同式（9-37）。

2）若除了使用前加热外，在使用过程中还继续加热时，按下式计算：

$$N = (1.10 \sim 1.20) \frac{(3600qT_1 - V)(t_r - t_1)C\rho_r}{3600\eta T_1} \tag{9-39}$$

式中　T_1——热水用水时间（h）；

其他符号含义同式（9-37）。

3. 太阳能热水器系统的计算

（1）热水用水量计算　详见 9.2 节。

（2）集热器总面积　集热器总面积应根据日用水量和水温、当地年平均日太阳辐射量和集热器集热效率等因素计算。

1）局部热水供应系统。太阳能集热器集热面积按下式计算：

$$A_s = \frac{q_{rd}}{q_s} \tag{9-40}$$

式中　A_s——太阳能集热器集热面积（m^2）；

q_{rd}——设计日用水量（L/d），可按不高于表 8-1 的下限取值；

q_s——集热器日产热水量 [L/（m^2·d）]，根据产品样本确定，可参考表 9-13。

表 9-13 列出了国内生产的几类太阳能集热器的日产水量和产水水温的实测数据，可供设计时选用。

表 9-13　国内生产的几类太阳能集热器的日产水量和产水水温

集热器类型	实测季节	日产水量/[kg/(m²·d)]	产水温度/℃
钢管板		70~90	40~50
扁盒	春、夏、秋 有阳光天气	80~110	40~60
铜管板		80~100	40~60
铜铝复合管板		90~120	40~65

2）集中热水供应系统。分为直接加热和间接加热两种系统，集热器面积有不同计算公式。介绍如下：

①直接加热供水系统的集热器总面积为

$$A_{jz} = \frac{q_{rd} C \rho_r (t_r - t_1) f}{J_t \eta_j (1 - \eta_1)} \tag{9-41}$$

式中　A_{jz}——直接加热集热器总面积（m²）；

q_{rd}——设计日用水量（L/d），同式（9-40）；

t_r——热水温度（℃），$t_r = 60℃$；

t_1——冷水温度（℃），按表 8-3 选用；

C——水的比热，$C = 4.187 kJ/(kg·℃)$；

ρ_r——热水密度（kg/L）；

J_t——集热器采光面上年平均日太阳辐照量 [kJ/(m²·d)]；

f——太阳能保证率，根据系统使用期内的太阳辐照量、系统经济性和用户要求等因素综合考虑后确定，宜取 30%~80%；

η_j——集热器年平均集热效率，按集热器产品实测数据确定，经验值为 45%~50%；

η_1——贮水箱和管路的热损失率，根据经验可取 15%~30%。

②间接加热供水系统的集热器总面积为

$$A_{jj} = A_{jz} \left(1 + \frac{F_R U_1 A_{jz}}{K F_{jr}}\right) \tag{9-42}$$

式中　A_{jj}——间接加热集热器总面积（m²）；

$F_R U_1$——集热器热损失系数 [kJ/(m²·h·℃)]，平板型可取 14.4~21.6，真空管型可取 3.6~7.2，具体数值按集热器产品实测数据确定；

K——换热器传热系数 [kJ/(m²·h·℃)]；

F_{jr}——换热器的传热面积（m²）；

A_{jz}——直接加热集热器总面积（m²）。

3）贮热水箱容积　太阳能集热系统贮热水箱容积可按下式计算：

$$V_r = q_{rjd} A_j \tag{9-43}$$

式中　V_r——贮热水箱容积（L）；

q_{rjd}——集热器单位面积平均日产 60℃热水量 [L/(m²·d)]，根据集热器产品的实测数据确定。无条件时，根据当地太阳辐照量、集热器集热性能、集热面积大小等因素按下述原则确定：直接供水系统为 40~80L/(m²·d)，间接供水系统为

$30 \sim 55 \mathrm{L}/(\mathrm{m}^2 \cdot \mathrm{d})$;

A_j——集热器总面积（m^2）。

4）循环泵。强制循环的太阳能集热系统应设循环泵。循环泵流量按下式计算：

$$q_x = q_{gz} A_j \tag{9-44}$$

式中　q_x——集热系统循环流量（L/s）；

q_{gz}——单位采光面积集热器对应的工质流量 $[\mathrm{L}/(\mathrm{m}^2 \cdot \mathrm{s})]$，根据集热器产品的实测数据确定，无条件时，可取 $0.015 \sim 0.02 \mathrm{L}/(\mathrm{m}^2 \cdot \mathrm{s})$；

A_j——集热器总面积（m^2）。

确定循环泵扬程按照直接加热和间接加热两种系统有不同的计算公式。直接加热太阳能集热系统循环泵的扬程按下式计算：

$$H_x = h_p + h_j + h_z + h_f \tag{9-45}$$

式中　H_x——循环泵扬程（kPa）；

h_p——集热系统循环管道的沿程与局部阻力损失（kPa）；

h_j——循环流量流经集热器的阻力损失（kPa）；

h_z——集热器与贮热水箱之间几何高差所造成的压力（kPa）；

h_f——附加压力（kPa），一般取 $20 \sim 50 \mathrm{kPa}$。

间接加热太阳能集热系统循环泵扬程按下式计算：

$$H_x = h_p + h_j + h_e + h_f \tag{9-46}$$

式中　H_x——循环泵扬程（kPa）；

h_p——集热系统循环管道的沿程与局部阻力损失（kPa）；

h_j——循环流量流经集热器的阻力损失（kPa）；

h_e——循环流量经换热器的阻力损失（kPa）；

h_f——附加压力（kPa），一般取 $20 \sim 50 \mathrm{kPa}$。

5）辅助热源。太阳能热水供应系统应设置辅助热源及加热设施。辅助能源宜因地制宜，选择城市热力管网、燃气、燃油、电、热泵等；辅助热源的供热量应按热水供应系统的耗热量计算；辅助热源及其水加热设施应结合热源条件、系统形式及太阳能供热的不稳定状态因素，经技术经济比较后合理选择、配置。辅助热源加热设备应根据热源种类及供水水质、冷热水系统形式等选用直接加热或间接加热设备；辅助热源的控制应在保证充分利用太阳能集热量的条件下，根据不同热水供水方式采用手动、全日自动控制或定时自动控制。

9.5.3　热水贮水容器的计算与选择

集中热水供应系统中贮存热水的设备有开式热水箱、闭式热水罐和兼有加热和贮存热水功能的加热水箱、容积式水加热器等。

集中热水供应系统中贮存一定容积的热水，其功能主要是为调峰时使用，贮存的热水可向配水管网供应。因为加热冷水方式和配水情况不同，存在着定温变容、定容变温和变容变温的工况，如图 9-6 所示。

如图 9-6a_1 所示为设于屋顶的混合加热开式水箱，若其加热和供应热水情况为预加热后供应管网，用完后再充水加热，再供使用，可认为水箱内热水处于定温变容工况。如图 9-6a_2 所示为快速加热，可保证水温，热水箱连续供水但仍存在不均匀性，可认为水箱处于定

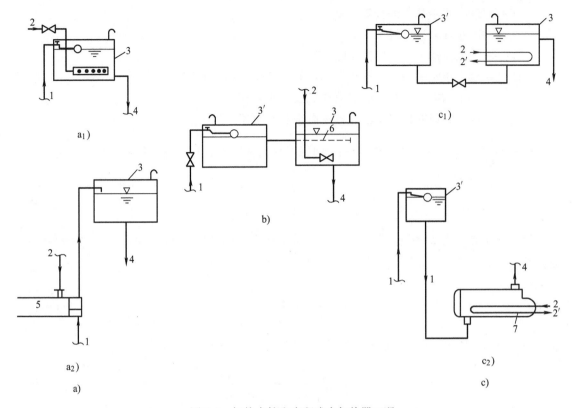

图 9-6　加热水箱和容积式水加热器工况

a) 定温变容工况　a_1) 预加热供水，用完后再加热　a_2) 连续供水　b) 定容变温工况

c) 变容变温工况　c_1) 溶剂式水加热器变温变容工况　c_2) 开式加热水箱变温变容工况

1—冷水　2—蒸汽　2′—凝结水　3—热水箱　3′—冷水箱　4—热水

5—快速式水加热器　6—穿孔进水管　7—容积式水加热器

温变容工况。如图 9-6b 所示为加热和供水系统处于定容变温工况。如图 9-6c_1 和 c_2 所示则是处于变容变温工况。

贮水器容积和多种因素有关，如：加热设备的类型、建筑物用水规律、热源和热媒的充沛程度、自动控制程度、管理情况等。从理论上讲集中热水供应系统中贮水器的容积，应根据建筑物日用热水量小时变化曲线及加热设备的工作制度经计算确定。当缺少这方面的资料和数据时，可用经验法计算确定贮水器的容积。

1. 理论计算法

按贮水器变容变温供热工况的热平衡方程求解：

集中热水供应系统中全天供应热水的耗热量应等于贮水器中预热量与加热设备的供热量之和减去供水终止后贮水器中当天的剩余热量，即：

$$Q_h T = V(t_r - t_1)C + Q_s T - \Delta V(t_r' - t_1)C \tag{9-47}$$

式中　Q_h——热水供应系统设计小时耗热量（kJ/h）；

　　　T——全天供应热水小时数（h）；

　　　V——热水贮水器容积（L）；

t_r——贮水器中热水的计算温度（℃）；

t_1——冷水计算温度（℃）；

C——水的比热，$C = 4187\text{J}/(\text{kg} \cdot ℃)$；

Q_s——供应热水过程中加热设备的小时加热量（kJ/h）；

ΔV——供水结束时，热水贮存器中剩余热水容积（L）；

t'_r——供水结束时，热水贮存器中剩余热水水温（℃）。

设 $K_1 = \dfrac{Q_s}{Q_h}$、$K_2 = \dfrac{\Delta V}{V}$，并取热水：1L = 1kg，代入式（9-47）后化简得：

$$V = \frac{1 - K_1}{(t_r - t_1) - K_2(t'_r - t_1)} \times \frac{Q_h T}{C} \tag{9-48}$$

当 $K_2 \approx 0$ 时，则 $\Delta V \approx 0$，为变容变温工况，不考虑备用贮存量时，加热贮存器的有效贮存容积为

$$V_1 = \frac{1 - K_1}{(t_r - t_1)} \times \frac{Q_h T}{C} \tag{9-49}$$

当 $K_2 = 1$，则 $\Delta V = V$，为定容变温工况，贮存热水的有效容积为

$$V_2 = \Delta V = \frac{1 - K_1}{(t_r - t'_r)} \times \frac{Q_h T}{C} \tag{9-50}$$

当 $t_r = t'_r$，为定温变容工况，贮存热水的有效容积为

$$V_3 = \frac{1 - K_1}{(t_r - t_1)(1 - K_2)} \times \frac{Q_h T}{C} \tag{9-51}$$

当 $t_r = t'_r$，且 $K_1 = 0$ 时，即热水在热水箱中全部预加热的定温变容工况，贮存热水的有效容积为

$$V_4 = \frac{Q_h T}{(t_r - t_1)(1 - K_2) C} \tag{9-52}$$

2. 经验计算法

在实际工程中，贮水器的容积多用经验法，按下式计算确定：

$$V = \frac{T Q_h}{(t_r - t_1) C \rho_r} \tag{9-53}$$

式中　V——贮水器的贮水容积（L）；

T——加热时间，按表 9-14 中规定的时间（h）；

Q_h——热水供应系统设计小时耗热量（kJ/h）；

C——水的比热，$C = 4.187\text{kJ}/(\text{kg} \cdot ℃)$；

t_r——热水温度（℃）；

t_1——冷水温度（℃），按表 8-3 选用；

ρ_r——热水密度（kg/L）。

表 9-14　水加热器的贮热量

加热设备	以蒸汽或95℃以上的高温水为热媒时		以≤95℃的低温水为热媒时	
	工业企业淋浴室	其他建筑物	工业企业淋浴室	其他建筑物
容积式水加热器或加热水箱	$\geq 30\min Q_h$	$\geq 45\min Q_h$	$\geq 60\min Q_h$	$\geq 90\min Q_h$
导流型容积式水加热器	$\geq 20\min Q_h$	$\geq 30\min Q_h$	$\geq 30\min Q_h$	$\geq 40\min Q_h$
半容积式水加热器	$\geq 15\min Q_h$	$\geq 15\min Q_h$	$\geq 15\min Q_h$	$\geq 20\min Q_h$

注：1. 半即热式、快速式水加热器的贮热容积应根据热媒的供给条件与安全、温控装置的完善程度等因素确定。

　　1）当热媒可按设计秒流量供应、且有完善可靠的温度自动调节和安全装置时，可不考虑贮热容积。

　　2）当热媒不能保证按设计秒流量供应，或无完善可靠的温度自动调节和安全装置时，则应考虑贮热容积，贮热量宜根据热媒供应情况按导流型容积式水加热器或半容积式水加热器确定。

　　2. 表中 Q_h 为设计小时耗热量。

3. 估算法

在初步设计或方案设计阶段，各种建筑水加热器或贮热容器的贮水容积（60℃热水）可按表 9-15 估算。

表 9-15　贮水容积估算值

建筑类别	以蒸汽或95℃以上的高温水为热媒时		以≤95℃的低温水为热媒时	
	导流型容积式水加热器	半容积式水加热器	导流型容积式水加热器	半容积式水加热器
有集中热水供应的住宅/[L/(人·d)]	5~8	3~4	6~10	3~5
设单独卫生间的集体宿舍、培训中心、旅馆/[L/(床·d)]	5~8	3~4	6~10	3~5
宾馆、客房/[L/(床·d)]	9~13	4~6	12~16	6~8
医院住院部/[L/(床·d)] 　设公用盥洗室 　设单独卫生间 　门诊部	4~8 8~15 0.5~1	2~4 4~8 0.3~0.6	5~10 11~20 0.8~1.5	3~5 6~10 0.4~0.8
有住宿的幼儿园、托儿所/[L/(人·d)]	2~4	1~2	2~5	1.5~2.5
办公楼/[L/(人·d)]	0.5~1	0.3~0.6	0.8~1.5	0.4~0.8

9.5.4　可再生低温能源加热系统

可再生低温能源主要是指利用浅层地下水，地面水，污水及空气等低温能源，代替传统热源为建筑提供热水、采暖等热源。通过热泵水加热系统方式来达到集热、加热水的目的。

1. 水源热泵机组

1）水源热泵的设计小时供热量为

$$Q_g = (1.05 \sim 1.10) \frac{mq_r C(t_r - t_1)\rho_r}{T_1} \tag{9-54}$$

式中　　　Q_g——水源热泵设计小时供热量（kJ/h）；

　　　　　T_1——热泵机组设计工作时间（h 或 d），一般 T_1 取 8~16h；

（1.05~1.10）——安全系数；

　　　　　m——用水计算单位数（人数或床位数）；

其他符号同式（9-30）。

2）水源总水量为

$$q = \frac{Q_j}{\Delta t_{ju}C\rho_v} = \frac{\left(1 - \dfrac{1}{cop}\right)Q_g}{\Delta t_{ju}C\rho_v} \tag{9-55}$$

式中　q——水源总水量（L/h）；

　　　Q_j——水源供热量（kJ/h）；

　cop——热泵释放高温热量与压缩机输入功率之比值，由设备商提供，一般取 3；

　Δt_{ju}——水源水进、出预换热器时的温差，$\Delta t_{ju} \approx 6 \sim 8℃$；

　C——水的比热，$C = 4.187 kJ/(kg \cdot ℃)$；

　ρ_v——水源水的平均密度（kg/L）。

3）水源水质应满足热泵机组或换热器的水质要求，当不满足时，应采用有效的过滤、沉淀、灭藻、阻垢、缓蚀等处理措施。如以污废水为水源时，应作相应的污水、废水处理。

4）以地下水为水源时，应采用封闭式集热系统，严禁换热后的水直接排放，应确保置换热量后的地下水全部回灌到同一含水层，且不得污染地下水资源；系统投入运行后，应对抽水量、回灌量及其水质进行定期监测。

5）循环泵流量与扬程。循环泵流量为：

$$q_x = \frac{(1.1 \sim 1.15)Q_j}{\Delta t C \rho_r} \tag{9-56}$$

式中　q_x——循环泵流量（L/h）；

　　　Q_j——水源供热量（kJ/h）；

　　　Δt——被加热水温升，预换热器取 $\Delta t = 5 \sim 7℃$，其他换热设备取 $\Delta t = 5 \sim 10℃$；

　　　C——水的比热，$C = 4.187 kJ/(kg \cdot ℃)$；

　　　ρ_r——热水的平均密度（kg/L）。

循环泵扬程为：

$$H_x = 1.3(H_b + H_e + H_p) \tag{9-57}$$

式中　H_x——循环泵扬程（MPa）；

　　　H_b——循环流量通过换热器的阻力损失（MPa），板式换热器一般取 0.05MPa 或由设备样本提供；

　　　H_e——循环流量通过热泵机组蒸发器或冷凝器的阻力损失（MPa），由设备样本提供；

　　　H_p——循环流量通过循环管路的阻力损失（MPa）。

6）水源热泵制备热水一般采用直接加热供水和热媒间接换热供水两种形式，应根据水的硬度、冷水和热水供应系统的形式等进行技术经济比较后确定选用何种形式。

7）水源热泵热水供应系统应设置贮热水箱（罐），其贮热水有效容积全日制集中热水供应系统应根据日耗热量、热泵持续工作时间及热泵工作时间内耗热量等因素确定，当其因素不确定时宜按下式计算确定：

$$V_r = (1.10 \sim 1.20) \frac{(Q_h - Q_g) T}{\eta (t_r - t_1) C \rho_r} \tag{9-58}$$

式中　V_r——贮热水箱有效容积（L）；

　　　Q_g——水加热器的设计小时供热量（kJ/h）；

　　　Q_h——设计小时耗热量（kJ/h）；

　　　T——设计小时耗热量持续时间（h），一般取 $T = 2 \sim 4h$；

　　　η——有效贮热容积系数，贮热水箱、卧式贮热水罐 $\eta = 0.80 \sim 0.85$，立式贮热水罐 $\eta = 0.85 \sim 0.90$；

　　　t_r——设计供应的热水温度（℃），$t_r = 50 \sim 55$℃；

　　　t_1——冷水计算温度（℃），见表 8-3；

　　　C——水的比热，$C = 4.187 kJ/(kg \cdot ℃)$；

　　　ρ_r——水的密度（kg/L）。

定时热水供应系统贮热水箱的有效容积宜为定时供应量最大时段的全部热水量。

2. 空气源热泵机组

1）空气源热泵热水供应系统设置辅助热源应根据当地最冷月平均气温确定，最冷月平均气温 ≥10℃ 的地区，可不设辅助热源；最冷月平均气温介于 0℃ 和 10℃ 之间的地区，可设置辅助热源；辅助热源经技术经济比较合理，投资省，就地获取的热源。采暖季节可用燃煤（气）锅炉、热力管网的高温热水或电力等作为辅助热源。

2）空气源热泵的供热量可按式（9-54）计算确定。当设有辅助热源时，宜按当地农历春分、秋分所在月的平均气温和冷水供水温度计算；当不设辅助热源时，宜按当地最冷月平均气温和冷水供应水温度计算。

3）空气源热泵热水供应系统应设置贮热水箱（罐），其贮存热水的有效容积应根据日耗热量、热泵持续工作时间及热泵工作时间内耗热量等因素确定，当其因素不确定时可按式（9-58）计算确定。

4）空气源热泵机组的其他设计可参考水源热泵机组设计。

■ 9.6　建筑热水供应系统的选择

9.6.1　供热水设备的选择

（1）选用局部热水供应设备时，应符合下列要求：

1）需同时供给多个卫生器具或设备热水时，宜选用带贮热容积的加热设备。

2）当地太阳能资源充足时，宜选用太阳能热水器或太阳能辅以电加热的热水器。

3）热水器不应安装在易燃物堆放或对燃气管、表或电气设备产生影响及有腐蚀性气体和灰尘多的地方。

4）燃气热水器、电热水器必须带有保证使用安全的装置。严禁在浴室内安装直接排气式燃气热水器等可以在使用空间内积聚有害气体的加热设备。

（2）集中热水供应系统的加热设备应根据用户使用特点、耗热量、热源、维护管理及卫生防菌等因素选择，并符合下列要求：

加热设备
的选择

1）热效率高，换热效果好、节能、节省设备用房。

2）生活热水侧阻力损失小，有利于整个系统冷、热水压力的平衡。

3）安全可靠、构造简单、操作维修方便。

4）具体选择水加热设备时，应遵循下列原则：

①当采用自备热源时，宜采用直接供应热水的燃气、燃油等为燃料的热水机组，亦可采用间接供应热水的自带换热器的热水机组或外配容积式、半容积式水加热器的热水机组。

②热水机组除满足前述基本要求外，还应具备燃料燃烧完全、消烟除尘、自动控制水温、火焰传感、自动报警等功能。

③当采用蒸汽、高温水为热媒时，应结合用水的均匀性、给水的水质硬度、热媒的供应能力、系统对冷热水压力平衡稳定的要求、设备所带温控安全装置的灵敏度、可靠性等，经综合技术经济比较后选择间接水加热设备。

④当热源为太阳能时，宜采用热管或真空管太阳能热水器。

⑤在电源供应充沛的地方可采用电热水器。

⑥选用可再生低温能源时，应注意其适用条件及配备质量可靠的热泵机组。在冬暖夏凉地区，宜采用空气源热泵热水供应系统；在地下水充沛、水文地质条件适宜、能保证回灌的地区，宜采用地下水源热泵热水供应系统；在沿江、沿海、沿湖、地表水源充足，水文地质条件适宜，以及有条件利用城市污水、再生水的地区，宜采用地表水源热泵热水供应系统。

（3）选用不同形式的间接水加热设备时，必须注意它们有不同的适用条件。

1）选择容积式水加热器时，应注意：

①热媒供应不能满足最大小时耗热量的要求。

②对温控阀的要求较低，由于调节容积大，要求温控阀的精度为±5℃。

③要求有不小于 30~40min 最大小时耗热量的贮热容积，供水可靠性及供水水温、水压的平衡度较高。

④设备用房占地面积大。

2）选择半容积式水加热器时，应注意：

①热媒供应较充足，能满足最大小时耗热量的要求。

②对温控阀的要求高于容积式，低于半即热式，由于它有一定的调节容积，要求温控阀的精度为±4℃。

③要求有不小于 15min 最大小时耗热量的贮热容积，供水可靠性及供水水温、水压的平衡度都较好。

④设备用房占地面积较大。

3）选择半即热式水加热器时，应注意：

①热媒供应必须充足，能满足设计秒流量所需耗热量时要求。

②热媒为蒸汽时，其最低工作压力不小于 0.15MPa，且供汽压力稳定。

③对温控阀的要求高。由于它的调节容积很小，所以对温控阀的精度要求为±3℃。

④一定要设有超温、超压的双保险安全装置。

⑤用水较均匀的系统。

⑥设备用房占地面积较小。

4）选择快速式水加热器时，应注意：

①用水较均匀的系统。

②冷水水质总硬度低，宜小于 150mg/L（以 $CaCO_3$ 计）。

③系统设有贮热设备。

（4）医院热水供应系统的水加热设备应按下列规定选择：

1）锅炉和水加热器不得少于 2 台，一台检修时，其余各台的总供热能力得小于设计小时耗热量的 60%。

2）医院建筑不得采用有滞水区的容积式水加热器。

9.6.2　热水管道系统设计要点

1）凡设集中热水供应系统的建筑均宜采用机械循环的方式，其优点是：使用方便舒适，节水，节能，尽管一次性投资增加了一些，但这对于严重缺水的我国国情来说，是完全值得的。

2）为了保证冷、热水供水压力平衡，冷水、热水供水系统的分区应一致，各区的水加热器、贮水器的进水，均应由同区的给水系统供给。

3）冷、热水系统均宜采用上行下给的方式，这样布置的优点是：配水立管自上而下管径由大到小的变化与水压由小到大的变化相应，有利于减少上、下层配水的压差，有利于保证同区最高层的供水压力。同时，不需专设回水立管，既节省投资，又节约了管井的空间。

4）供给热水系统水加热设备冷水的管道上不应分支供给其他用水，以减少供水的相互干扰，从而减少供水系统的压力波动。

5）水加热设备的位置宜靠近热水用水的负荷中心，尽量避免热水供水管路过长、造成系统最不利点供水压力不足的现象。尤其在高位水箱供水的情况下，冷水与最高用水点处距离近、阻力小，容易保证供水压力，为减少该点冷热水的压力差，则更应尽量缩短热水供水管路长度，即加热间应靠近热水用水的负荷中心。

6）机械循环的热水系统宜设计成同程循环，即相对每个用水点，热水的供水、回水距离之和宜基本相等。这样，系统使用时基本上不要调节，循环效果好、节约用水。

7）采用减压阀进行热水系统分区。高层建筑、超高层建筑的集中热水供应系统须进行分区。习惯的做法是采用分区高位水箱分别供给各区的冷水及作为各区热水的水源。这种做法供水安全、稳定可靠，但分区水箱须占很大的地方，工程投资加大，有效使用面积减少。近年来，比例式减压阀等能减静、动压的优秀产品的出现，为高层建筑热水供应系统的分区开辟了一条新的途径。即采用质量可靠的能减静、动压的减压阀分区可省去分区高位水箱，既省投资、省地方又方便设计。但在采用减压阀分区时应注意：减压阀的管径应按产品性能曲线（即出口压力与流量关系曲线）选定，不同生产厂家的产品性能曲线不能套用；减压比不宜太大，否则管内容易产生气蚀及噪声，如比例式减压阀减压比宜以 2∶1、3∶1 为佳；比例式减压阀后的实际压力，应经下式计算或查产品的出口压力与流量的关系曲线求得：

$$P_2' = \beta P_2 = (\beta/\alpha) P_1 \tag{9-59}$$

式中　P_2'——阀后出口动压力（MPa）；

　　　P_2——阀后出口静压力（MPa）；

　　　P_1——阀前进口压力（MPa）；

　　　β——阀体动压损失，应由生产厂家试验求得，如上海高桥水暖零件厂产品之β= 0.8~0.9；

　　　α——减压比，如减压比为2：1，3：1时，相应的α=2，3。

8）减压阀一般不宜串联，如必须串联减压，也不宜超过二级。当必须采用二级串联减压时，如图9-7所示，第二级减压阀前的进口压力应按下式计算：

$$P_3 = P_2' + 0.01h - 0.01h_w \tag{9-60}$$

式中　P_3——第二级减压阀前的进口压力（MPa）；

　　　P_2'——第一级减压阀后出口动压力（MPa）；

　　　h——两个减压阀之间高差（m）；

　　　h_w——管段的水头损失（m）。

为方便维修，一组减压阀应设两个，并联安装，互为备用。减压阀并联安装及减压阀前后所需配件，应符合如图9-8所示。减压阀安装前全部管道必须冲洗干净。使用过程中，过滤器应经常清洗，避免过滤器失效，水中杂质沉积在阀芯密封圈处，造成阀体减压失灵。减压阀体至少每6个月维修一次。

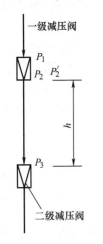

图9-7　减压阀串联安装计算简图

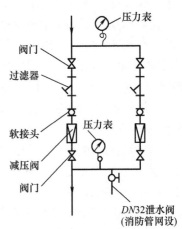

图9-8　减压阀并联安装示意图

住宅、公寓等建筑的减压阀宜设在公用处，以方便维修。机械循环热水供应系统采用减压阀分区时，应考虑低区部分的回水是否能循环的问题。旅馆、公寓、医院等公共建筑的热水供应系统宜采用如图9-9所示的方式。高层住宅因管道分区布置较困难，可以采用如图9-10所示的方式；采用这种方式时，必须注意循环水泵的扬程应加上减压阀减掉的压力值。

9.6.3　常用热水供应系统形式

在实际工作中，根据具体情况将各种基本热水供应系统进行优化组合，设计成综合的方案，常用的有以下几种系统：

1）开式或闭式上行下给强制全循环热水系统。

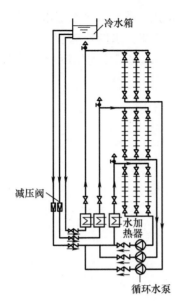

图 9-9　用减压阀分区、每区分
设水加热器的系统

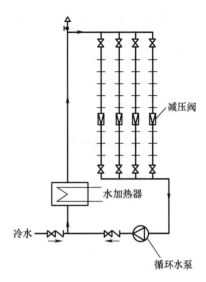

图 9-10　用减压阀分区、水加热器
不分区的热水供应系统

2）开式或闭式下行上给强制全循环热水系统。

3）开式或闭式上行下给半循环热水系统。

4）开式或闭式下行上给半循环热水系统。

5）开式或闭式上行下给不循环热水系统。

6）开式或闭式下行上给不循环热水系统。

7）开式上行下给倒循环热水系统。

8）开式下行上给倒循环热水系统。

9）开式或闭式加热器集中设置的分区强制全循环热水系统。

10）开式或闭式加热器分散设置的分区强制全循环热水系统。

 思考题

1. 常见热水供应系统有哪些？简述其特点及适应条件。

2. 全日制机械循环热水供应系统与定时机械循环热水供应系统中水泵的选择有何区别？

3. 热水配水管网与冷水配水管网的计算有何异同？

4. 热源有哪些种类？介绍一下常用的加热设备。

5. 某公共浴室有淋浴器 30 只、浴盆 5 只、洗脸盆 7 只，每天开放 4h，采用加热水箱由高压蒸汽直接加热，蒸汽压力为 20kPa，蒸汽量满足要求。室外给水管压力足够大，冷水温度为 10℃，加热至 65℃，试计算：

1）最大时热水用量（40℃）。

2）最大耗热量和蒸汽用量。

3）热水箱容积（不贮存热水）。

6. 某住宅楼 40 户，以 3.5 人/户计，采用集中热水供应系统，热水用水定额为 150L/（人·d），热水温度以 65℃计，冷水计算温度为 10℃。已知：水的比热容 $C = 4.19 \times 10^3$ J/（kg·℃），时变化系数 $K_h = 4.5$。采用容积式水加热器，热水每日定时供应 6h，蒸汽汽化热按 2167kJ/kg 计算，试计算：

1）最大时热水量。

2）设计小时耗热量。

3）蒸汽耗量。

4）容积式水加热器容积。

第 10 章

居住小区给排水及建筑中水工程

居住小区是指含有教育、医疗、文体、经济、商业服务及其他公共建筑的城镇居民住宅建筑区。在居住小区内，除了住宅以外，还应包括为小区内居民提供生活、娱乐、休息和服务的公共设施，如医院、邮局、银行、影剧院、运动场馆、中小学、幼儿园、各类商店、饮食服务业、行政管理及其他设施。居住小区内还应有道路、广场、绿地等。

按《城市居住区规划设计标准》（GB 50180—2018）对城市居住区规模划分：人口1000~3000 人的称为居住街坊；人口 5000~12000 人的称为五分钟生活圈居住区；人口达15000~25000 人的称为十分钟生活圈居住区。本章所指居住小区包含了 15000 人以下的居住街坊或五分钟生活圈居住区。对于人口在 15000 人以上的十分钟生活圈居住区，其用水和排水的特点已经和城市给排水的特点相同，属于市政工程范围。

居住小区的给排水有其自身的特点，其给排水工程设计既不同于建筑给排水工程设计，也有别于城市给排水工程设计。居住小区给排水管道是建筑给排水管道和市政给排水管道的过渡管段，其水量、水质特征及变化规律与服务范围、地域特征有关。小区给水、排水设计流量与建筑内部和城市给水、排水设计流量计算方法均不相同。本章主要介绍居住小区给水工程、居住小区排水工程及建筑中水工程。

■ 10.1 居住小区给水工程

10.1.1 居住小区给水水源

居住小区位于市区或厂矿区供水范围内时，应采用城镇或厂矿给水管网作为给水水源以减少工程投资。若居住小区离市区或厂矿较远，不能直接利用现有供水管网、需铺设专门的输水管线时，可经过技术经济比较，确定是否自备水源。若自备水源，居住小区供水系统应独立，不能与城镇生活饮用水管网直接连接。若以城镇管网为备用水源时，只能将城市给水管道的水放入自备水源的贮水池，经自备系统加压后使用，放水口与水池溢流水位之间必须具有有效的空气隔断。在远离城镇或厂矿的居住小区，宜自备水源。

在严重缺水地区，可采用中水作为便器的冲洗用水、浇洒道路和绿化用水、洗车用水和空调冷却等用水。设计中水工程时，应符合现行的《建筑中水设计标准》（GB 50336—2018）的规定。

10.1.2 居住小区设计用水量

居住小区给水设计用水量包含居民生活用水量，公共建筑用水量，绿化用水量，水景、娱乐设施用水量，道路、广场用水量，公用设施用水量，未预见用水量及管网漏失水量和消防用水量。其中，消防用水量仅用于校核管网计算，不属正常用水量。设计用水量应根据小区的实际规划设计的内容，各自独立计算后综合确定。

居住小区居民生活用水量，应按小区人口和表 2-3 的住宅最高日生活用水定额计算确定。居住小区内公共建筑用水量，应按其使用性质、规模，采用表 2-4 中的用水定额计算确定。

绿化浇灌用水定额应根据气候条件、植物种类、土壤理化性状、灌溉方式和管理制度等因素综合确定。当无相关资料时，居住小区绿化浇灌用水定额可按浇灌面积 1.0～3.0L/（m² · d）计算，干旱地区可酌情增加。公共游泳池、水上游乐池和水景用水量计算见第 11章。居住小区道路、广场浇洒用水定额可按浇洒面积 2.0～3.0L/（m² · d）计算。

居住小区内公用设施用水量，由该设施的管理部门提供水量计算参数，当无重大公用设施时，不另计用水量。居住小区管网漏失水量和未预见水量之和，可按最高日用水量的8%～12%计。居住小区消防用水量、水压及火灾延续时间，应按现行《建筑设计防火规范（2018 年版）》（GB 50016—2014）及《消防给水及消火栓系统技术规范》（GB 50974—2014）确定。

10.1.3 给水系统

居住小区的室外给水系统，其水量应满足居住小区内全部用水的要求，其水压应满足最不利配水点的水压要求。在居住小区发生火警时，管网上的消火栓能向消防车供水。多层建筑居住小区，应采用生活和消防共用的给水系统。

小区给水系统设计应综合利用各种水资源，宜实行分质供水，充分利用再生水、雨水等非传统水源；优先采用循环和重复利用给水系统。

居住小区的室外给水系统按城镇给水管网可提供的水压和水量划分为直接给水方式和调蓄增压给水方式。当城镇给水管网的水压和水量满足居住小区使用要求时，应充分利用现有管网的水压，采用直接供水方式。当水量、水压周期性或经常性不足时，应采用调蓄增压供水方式。调蓄设施一般采用贮水池，建筑范围较小的住宅组团和居住小区等可采用高位水箱、水塔。增压设备应优先采用变频调速水泵，也可采用水泵、水塔（包括高地水池）。

居住小区的加压给水系统，应根据小区的规模、建筑高度和建筑物的分布等因素确定加压站的数量、规模和水压。当市政水压不足时，多层或低层住宅不宜采用分散的加压系统；对于含有高层建筑的居住小区，当居住小区内只有一幢高层建筑或幢数不多且各幢所需压力相差很大时，宜分散设置增压设施；当小区内若干幢高层建筑位置较集中，高度和所需供水压力相近时，可共用一套调蓄增压设施或采用分片集中设置方式。

居住小区供水方式的选择受到许多因素的影响，应根据城镇供水现状、小区规模及用水要求，对各种供水方式的技术指标（如先进性、供水可靠性、水质保证、调节能力、操作管理、压力稳定程度等）、经济指标（如基建投资、动力消耗、供水成本、节能等）和社会环境指标（如环境影响、施工方便程度、占地面积、市容美观等）经综合评判确定。

管网叠压供水设备是近些年发展的二次加压供水设备，具有可利用城镇给水管网的水压而节约能耗、设备占地较小、节省机房面积等优点，在工程中得到了一定的应用。当小区采用叠压供水方式时，设计方案应经当地供水行政主管部门及供水部门批准认可；叠压供水的调速泵机组的扬程应按吸水端城镇给水管网允许最低水压确定；泵组最大出水量不应小于小区生活给水设计流量；叠压供水系统在用户正常用水情况下不得断水。叠压供水设备的技术性能应符合现行国家及行业标准的要求。

10.1.4　管道布置和敷设

居住小区给水管道有小区干管、小区支管和接户管 3 类，在布置小区给水管网时，应按干管、支管、接户管的顺序进行。

小区干管布置在小区道路或城市道路下，与城市管网连接。小区干管应沿水量大的地段布置，以最短的距离向大用户供水。为提高小区供水安全可靠程度，小区干管宜布置成环状或与城镇给水管连成环状。小区环状给水管网与城镇给水管的连接管不宜少于 2 条，当其中1 条发生故障时，其余连接管应能通过不小于 70% 的设计流量。

小区支管布置在居住街坊的道路下，与小区干管连接，一般为树状。接户管布置在建筑物周围人行道或绿地下，与小区支管连接，向建筑物内供水。

居住小区的室外给水管道应进行管线综合设计，管线与管线之间，管线与建筑物或乔木之间的最小水平净距，以及管线交叉敷设时的最小垂直净距，应符合表 10-1 的规定。居住小区室外给水管道外壁距建筑物外墙的净距不宜小于 1m，且不得影响建筑物的基础。当小区内的道路宽度小，管线在道路下排列困难时，可将部分管线移至绿地内。

表 10-1　居住小区地下管线（构筑物）间最小净距　　　　（单位：m）

种类	给水管		污水管		雨水管	
	水平	垂直	水平	垂直	水平	垂直
给水管	0.5~1.0	0.1~0.15	0.8~1.5	0.1~0.15	0.8~1.5	0.1~0.15
污水管	0.8~1.5	0.1~0.15	0.8~1.5	0.1~0.15	0.8~1.5	0.1~0.15
雨水管	0.8~1.5	0.1~0.15	0.8~1.5	0.1~0.15	0.8~1.5	0.1~0.15
低压煤气管	0.5~1.0	0.1~0.15	1.0	0.1~0.15	1.0	0.1~0.15
直埋式热水管	1.0	0.1~0.15	1.0	0.1~0.15	1.0	0.1~0.15
热力管沟	0.5~1.0	—	1.0		1.0	
乔木中心	1.0	—	1.5	—	1.5	—
电力电缆	1.0	直埋 0.5 穿管 0.25	1.0	直埋 0.5 穿管 0.25	1.0	直埋 0.5 穿管 0.25
通信电缆	1.0	直埋 0.5 穿管 0.15	1.0	直埋 0.5 穿管 0.15	1.0	直埋 0.5 穿管 0.15
通信及照明电缆	0.5	—	1.0		1.0	

注：1. 净距指管外壁距离，管道交叉设套管时指套管外壁距离，直埋式热力管指保温管壳外壁距离。

　　2. 电力电缆在道路的东侧（南北方向的路）或南侧（东西方向的路）；通信电缆在道路的西侧或北侧。一般均在人行道下。

室外给水管道与污水管道交叉时，给水管道应敷设在上面，且接口不应重叠；当给水管道敷设在下面时，应设置钢套管，钢套管的两端应采用防水材料封闭。

敷设在室外综合管廊（沟）内的给水管道，宜在热水、热力管道下方，冷冻管和排水管的上方。给水管道与各种管道之间的净距，应满足安装操作的需要，且不宜小于 0.3m。生活给水管道不宜与输送易燃、可燃或有害的液体或气体的管道同管廊（沟）敷设。

室外给水管道的覆土厚度，应根据土壤冰冻深度、车辆荷载、管道材质及管道交叉等因素确定。管顶最小覆土厚度不得小于土壤冰冻线以下 0.15m，车行道下的管线覆土厚度不宜小于 0.7m。

为便于小区管网的调节和检修，应在居住小区给水管道从市政给水管道的引入管段上设置阀门。居住小区室外环状管网的节点处，应按分隔要求设置阀门。管段过长时，宜设置分段阀门。从居住小区给水干管上接出的支管起端应设置阀门，室外给水管道上的阀门，宜设置阀门井或阀门套筒。

10.1.5　居住小区给水设计流量和管道水力计算

居住小区的供水范围和服务人口数介于城市给水和建筑给水之间，有其独特的用水特点和规律。因此，居住小区给水管道的设计流量既不同于建筑内部的设计秒流量，也不同于城市给水最大小时流量。居住小区室外给水管道的设计流量应根据管段服务人数、用水量定额及卫生器具设置标准等因素确定，并符合下列规定：

1）服务人数小于或等于表 10-2 中数值的室外给水管段，住宅应按第 2 章式（2-4）～式（2-7）计算管段流量；小区内配套的文体、餐饮娱乐、商铺及市场等设施按式（2-8）和式（2-9）计算节点流量。

2）服务人数大于表 10-2 中数值的给水干管，住宅按表 2-3 计算最大时用水量为管段流量；居住小区内配套的文体、餐饮娱乐、商铺及市场等设施的生活给水设计流量应按表 2-4 计算最大时用水量为节点流量。

表 10-2　居住小区室外给水管道设计流量计算人数　　　　　（单位：人）

$q_g K_h$	每户 N_g							
	3	4	5	6	7	8	9	10
350	10200	9600	8900	8200	7600	—	—	—
400	9100	8700	8100	7600	7100	6650	—	—
450	8200	7900	7500	7100	6650	6250	5900	—
500	7400	7200	6900	6600	6250	5900	5600	5350
550	6700	6700	6400	6200	5900	5600	5350	5100
600	6100	6100	6000	5800	5550	5300	5050	4850
650	5600	5700	5600	5400	5250	5000	4800	4650
700	5200	5300	5200	5100	4950	4800	4600	4450

注：1. 当居住小区内含有多种住宅类别及户内 N_g 不同时，可采用加权平均法计算。

2. 表内数据可用内插法。

3）小区内配套的文教、医疗保健、社区管理等设施，绿化和景观用水、道路及广场洒水、公共设施用水等，均以平均时用水量计算节点流量。不属于小区配套的公共建筑用水量均应另计。

小区室外直供给水管道应根据建筑物类型选择适当的设计秒流量公式计算管段流量；当建筑设有水箱（池）时，应以建筑引入管设计流量作为室外计算管段的节点流量。

小区给水引入管设计流量按上述要求计算，并考虑未预见水量和管网漏失量；计算时，在引入管计算流量基础上乘以 1.10~1.15 系数，这一点与城市给水管网计算类似。当小区室外给水管网为枝状布置时，小区引入管的管径不应小于室外给水干管的管径；不少于两条引入管的环状室外给水管网，当其中一条发生故障时，其余的引入管应能通过不小于 70%的流量；小区环状管道宜管径相同。

居住小区给水系统的水力计算是在确定了供水方式、布置完管线后进行的，计算目的是确定各管段的管径，校核消防和事故时的流量，确定升压贮水调节设备。管段设计流量确定后，求管段的管径和水头损失的方法与城市给水管网相同。水表的水头损失应按选用产品所给定的压力损失值计算；在未定具体产品时，可按下列情况取用：小区引入管上的水表，在生活用水工况时，宜取 0.03MPa；在校核消防工况时，宜取 0.05MPa。除水表外的其他局部水头损失可按沿程水头损失的 15%~20%计算。

居住小区的室外生活、消防合用给水管道，应在计算设计流量（淋浴用水量可按 15%计算，绿化、道路及广场浇洒用水可不计算在内）后，再叠加区内一次火灾的最大消防流量（有消防贮水和专用消防管道供水的部分扣除），并应对管道进行水力计算校核，管道末梢的室外消火栓从地面算起的水压，不得低于 0.1MPa。设有室外消火栓的室外给水管道，管径不得小于 100mm。

10.1.6　居住小区给水管网中的水泵房、水池和水塔

居住小区水泵房可单独建设，也可与公用动力站房合建。单独建设时，宜靠近用水大户，水泵机组的运行噪声应符合现行的国家标准《声环境质量标准》（GB 3096—2008）的要求。当给水管网无调节设施时，小区的给水加压泵站（房）宜采用调速泵组或额定转速泵编组运行供水。泵组最大出水量不应小于小区给水设计流量，生活与消防合用给水管道系统应以消防工况校核。

小区生活用水贮水池的有效容积应根据生活用水调节量和安全贮水量等确定，生活用水调节量应按流入量和供出量的变化曲线经计算确定，资料不足时可按小区最高日生活用水量的 15%~20%确定。安全贮水量应根据城镇供水制度、供水可靠程度及小区对供水的保证要求确定；当生活用水贮水池贮存消防用水时，消防贮水量应按国家现行的有关消防规范执行。为了保证水池清洗时不停止供水，贮水池宜分成容积基本相等的两格。

居住小区水塔和高位水箱（池）的有效容积，应根据小区生活用水量的调蓄贮水量、安全贮水量和消防贮水量确定，其中生活用水的调蓄贮水量可参照表 10-3 确定。水塔和高位水箱（池）最低水位的高程应满足最不利配水点所需水压。有冻结危险的水塔应有保温防冻措施。

表 10-3　居住小区水塔和高位水箱生活用水的调蓄贮水量

居住小区最高日用水量/m³	≤100	101~300	301~500	501~1000	1001~2000	2001~4000
调蓄贮水量占最高日用水量的百分数	30%~20%	20%~15%	15%~12%	12%~8%	8%~6%	6%~4%

10.2　居住小区排水工程

10.2.1　排水体制

居住小区排水主要有生活污水、生活废水和雨水，所采用的排除方式称为排水体制。居住小区排水体制分为分流制和合流制，采用哪种排水体制，主要取决于城市排水体制和环境保护要求；同时，也与居住小区是新区建设还是旧区改造以及建筑内部排水体制等因素有关。新建小区应采用雨污分流制，以减少对水体和环境的污染。居住小区内需设置中水系统时，为简化中水处理工艺，节省投资和日常运行费用，应将生活污水和生活废水分质分流。当居住小区设置化粪池时，为减小化粪池容积也应将污水和废水分流，生活污水进入化粪池，生活废水直接排入城市排水管网或中水处理站。

10.2.2　管道布置和敷设

小区排水管道的布置应根据小区规划、地形标高、排水流向等因素，按照管线短、埋深小、尽可能自流排出等原则确定。当排水管道不能以重力自流排入市政排水管道时，应设置排水泵房。特殊情况下，经技术经济比较合理时，可采用真空排水系统。

排水管道一般应沿道路或建筑物平行敷设，尽量减少与其他管线的交叉，如不可避免时，与其他管线的水平和垂直最小距离应符合表 10-1 的要求。当管道埋深浅于基础时，排水管道与建筑物基础的水平净距应不小于 1.5m；当管道埋深比基础深时，水平净距应不小于 2.5m。

小区排水管道最小覆土深度应根据道路的行车等级、管材受压强度、地基承载力等因素经计算确定。小区干道和小区组团道路下的管道，其覆土深度不宜小于 0.70m。生活污水接户管埋设深度不得高于土壤冰冻线以上 0.15m，且覆土深度不宜小于 0.30m。当采用埋地塑料管道时，排出管埋设深度可不高于土壤冰冻线以上 0.50m。管道的基础和接口应根据地质条件、布置位置、施工条件、地下水位、排水性质等因素确定。

居住小区排水管采用检查井连接，除有水流跌落差以外，各种不同直径的排水管道在检查井的连接宜采用管顶平接。排水管道转弯和交接处，水流转角应不小于 90°，当管径小于或等于 300mm，且跌水水头大于 0.3m 时可不受此限制。

10.2.3　居住小区排水量

1. 生活排水量计算

居住小区生活污水排水量是指生活用水使用后排入污水管道的流量，其数值应该等于生活用水量减去不可回收的水量，包括居民生活排水量和公共建筑排水量。

居住小区内生活排水的设计流量应按住宅生活排水最大小时流量与公共建筑生活排水最大小时流量之和确定。居住小区生活排水系统排水定额是其相应的生活给水系统用水定额的

85%~95%，居住小区生活排水系统小时变化系数与其相应的生活给水系统小时变化系数相同，应按表2-3确定。公共建筑生活排水定额和小时变化系数与公共建筑生活给水用水定额和小时变化系数相同，应按表2-4确定。值得注意的是，在负担的设计人口数较少的接户管和小区支管起端，按上述方式计算结果很小，不能按设计流量选择管径，只能用限制最小管径的方法解决。

2. 雨水排水量计算

计算公式和式（4-1）相同，不同的是在计算设计降雨强度时参数选用不同。设计重现期应根据地形条件和地形特点等因素确定，一般宜选用1~3a。

径流系数按表4-3选取，各种汇水面积的综合径流系数取加权平均值，即：

$$\psi_{av} = \frac{\sum F_i \Psi_i}{F} \tag{10-1}$$

式中　ψ_{av}——综合径流系数；

　　F_i——汇水面积上各类地面的面积（hm^2）；

　　Ψ_i——相应于各类地面的径流系数；

　　F——全部的汇水面积（hm^2）。

小区综合径流系数也可以根据建筑稠密程度按0.5~0.8选用，建筑稠密取上限、反之取下限。

居住小区的雨水管道的设计降雨历时包括地面集水时间和管内流行时间两部分，按下式计算：

$$t = t_1 + t_2 \tag{10-2}$$

式中　t——降雨历时（min）；

　　t_1——地面集水时间（min）；

　　t_2——排水管内雨水流行时间（min）。

地面集流时间 t_1 视距离长短、地形坡度和地面铺盖等情况而定，一般可选用5~10min。管内流行时间 t_2 按下式计算，即：

$$t_2 = \sum \frac{L}{60v} \tag{10-3}$$

式中　L——各管段的长度（m）；

　　v——各管段满流时的水流速度（m/s）。

居住小区排水系统采用合流制时，设计流量为生活排水流量与雨水设计流量之和，其中生活排水量可取平均流量。计算雨水设计流量时，设计重现期宜高于同一情况下分流制雨水排水系统的设计重现期。

10.2.4　排水管道水力计算

充分考虑城镇排水管网的位置、市政部门同意的小区污水和雨水排出口的个数和位置、小区的地形坡度等条件，合理布置小区排水管网，确定管道流向，最后进行排水管道的水力计算。水力计算的目的是确定排水管道的管径、坡度、埋深等，确定是否需要提升泵站。

1. 排水管道水力计算公式

排水管道的水力计算包括流量和流速的确定。

（1）流量　计算公式如下：

$$Q = Av \tag{10-4}$$

式中　Q——流量（m^3/s）；

A——过水断面面积（m^2）；

v——流速（m/s）；

（2）流速　计算公式如下：

$$v = \frac{1}{n}R^{2/3}I^{1/2} \tag{10-5}$$

式中　R——水力半径（m）；

I——水力坡度，采用管道坡度；

n——粗糙系数，铸铁管为 0.013；混凝土管和钢筋混凝土管为 0.013～0.014。

2. 生活排水管道水力计算

为了保证污水管道的正常运行，管道的设计充满度、设计流速、最小管径、最小设计坡度均有相应规定，在进行水力计算时，应予以遵守。

居住小区生活排水管道应按非满流设计，原因有三：为未预见水量留有余地；以利于管道通风，排除有害气体；便于管道的疏通和维护管理。小区室外生活排水管道最小管径、最小设计坡度和最大设计充满度宜按表 10-4 选用，管径大于 300mm 的管道最大设计充满度见表 10-5。

表 10-4　小区室外生活排水管道设计参数

管别	管材	最小管径/mm	最小设计坡度	最大设计充满度
接户管	埋地塑料管	160	0.005	
支管	埋地塑料管	160	0.005	0.5
干管	埋地塑料管	200	0.004	
		≥31.5	0.003	

注：1. 接户管管径不得小于建筑物排出管管径。

　　2. 化粪池与其连接的第一个检查井的污水管最小设计坡度取值：管径 150mm 宜为 0.010～0.012；管径 200mm 宜为 0.010。

表 10-5　污水管道的最大设计充满度

管径/mm	最大设计充满度
350～450	0.65
500～900	0.70
≥1000	0.75

为保证污水管道不发生淤积，生活排水管道最小流速为 0.6m/s。为防止流速过大冲刷损害管道，金属管道的最大流速为 10m/s，非金属管道的最大流速为 5m/s，设计流速应在最小流速和最大流速范围内。

在设计生活污水接户管和居住组团的排水支管时，设计流量很小，在满足自净流速和最大设计充满度的情况下，查水力计算图或水力计算表确定的管径偏小，容易发生管道堵塞。这时不必进行详细的水力计算，按最小管径和最小坡度进行设计。

居住小区污水不能自流排入市政污水管道时，应设置污水泵房。污水泵房应建成单独构筑物，并应有卫生防护隔离带。泵房设计应按现行《室外排水设计规范（2016 年版）》（GB 50014—2006）规定；水泵的流量应按小区最大小时生活排水流量选定，扬程按提升高度、管路系统水头损失及附加 2~3m 流出水头计算。

3. 雨水排水管道水力计算

居住小区雨水排水管道和合流制排水管道按满流设计，因管道内含有泥沙，为防止泥沙沉淀而堵塞管道，管内流速不宜小于 0.75m/s。最大流速和污水管道的要求相同。雨水和合流制排水系统的接户管、支管等位于系统的起端，由于汇水面积较小，计算的设计流量偏小，按设计流量确定管径排水不安全，因此也规定了最小管径和最小坡度，见表 10-6。

表 10-6 雨水管道的最小管径和横管的最小设计坡度

管别	最小管径/mm	横管最小设计坡度	
		铸铁管、钢管	塑料管
小区建筑物周围雨水接户管	200（225）	—	0.003
小区道路下干管、支管	300（315）	—	0.0015
雨水口的连接管	150（160）	—	0.0100

注：表中铸铁管管径为公称直径，括号内数值为塑料管外径。

居住小区排水接户管管径不应小于建筑物排水管管径，下游管段的管径不应小于上游管段的管径，有关居住小区排水管网水力计算的其他要求和内容，可按现行《室外排水设计规范（2016 年版)》（GB 50014—2006）执行。

10.2.5 排水管材选用及附属构筑物设置

1. 管材选用

小区室外排水管道应优先采用埋地排水塑料管。穿越管沟、过河等特殊地段或承压的地段可采用钢管和铸铁管。输送腐蚀性污水的管道必须采用耐腐蚀的管材，其接口及附属构筑物也必须采取防腐措施。当排水温度大于 40℃ 时，应采用金属排水管或耐热塑料排水管。

居住小区雨水排水系统可选用埋地塑料管、混凝土管或钢筋混凝土管、铸铁管等。

2. 检查井

为便于对管道系统作定期检查和清通，居住小区排水管与室内排出管连接处，小区排水管道交汇、转弯、跌水、管径或坡度改变处，以及直线管段上每隔一定距离应设检查井。小区生活排水检查井应优先采用塑料排水检查井。室外生活排水管道管径小于或等于 160mm 时，检查井间距不宜大于 30m；管径大于或等于 200mm 时，检查井间距不宜大于 40m。雨水排水管道上检查井的最大间距可按表 10-7 确定。

表 10-7 雨水检查井的最大间距

管径/mm	最大间距/m
150（160）	30
200~300（200~315）	40
400（400）	50
≥500（500）	70

注：括号内数值为塑料管外径。

检查井一般采用圆形，由井底、井身和井盖 3 部分组成。检查井的内径应根据所连接的管道管径、数量和埋设深度确定。井深小于或等于 1.0m 时，井内径可小于 0.7m；井深大于 1.0m 时，其内径不宜小于 0.7m。井深系指盖板顶面至井底的深度，方形检查井的内径指内边长。生活排水管道的检查井内应做导流槽。

3. 雨水口设置

雨水口是在雨水管渠或合流管渠上收集雨水的构筑物。路面上的雨水首先经过雨水口通过连接管排入雨水管渠。

居住小区内雨水口的布置应根据地形、建筑物位置，沿道路布置，下列部位宜布置雨水口：

1）道路交汇处和路面最低点。

2）建筑物单元出入口与道路交界处。

3）建筑雨水落水管附近。

4）小区空地、绿地的低洼点。

5）地下坡道入口处（结合带格栅的排水沟一并处理）。

雨水口的形式和数量应按汇水面积所产生的径流量和雨水口的泄流能力经计算确定。一般无道牙的路面和广场、停车场，用平箅式雨水口；有道牙的路面用边沟式雨水口；有道牙路面的低洼处且间隙易被树叶堵塞时用联合式雨水口。一个平箅雨水口可排泄 15~20L/s 的地面径流量。沿道路布置的雨水口间距宜在 25~50m 之间。连接管串联雨水口个数不宜超过 3 个。雨水口连接管长度不宜超过 25m。在低洼和易积水地段，应根据需要适当增加雨水口数量。当道路纵坡大于 0.02 时，雨水口的间距可大于 50m，其型式、数量和布置应根据具体情况计算确定，坡段较短时可在最低点处集中收水，其雨水口的数量或面积应适当增加。平箅雨水口箅口设置宜低于路面 30~40mm，在土地面上时宜低 50~60mm。雨水口深度不宜大于 1m，并根据需要设置沉泥槽。遇特殊情况需要浅埋时，应采取加固措施，有冻胀影响地区的雨水口深度，可根据当地经验确定。

10.2.6 污水处理设施

居住小区污水的排放应符合现行的《污水排入城镇下水道水质标准》（GB/T 31962—2015）和《污水综合排放标准》（GB 8978—1996）的规定。居住小区污水处理设施的建设应由城镇排水工程总体规划统筹确定，并尽量纳入城镇污水集中处理工程范围。当城镇已建成或规划了污水处理厂时，居住小区不宜再设污水处理设施，若新建小区远离城镇，小区污水无法排入城镇管网时，在小区内可设置分散或集中的污水处理设施。我国分散的处理设施主要是化粪池，由于管理不善，清掏不及时，达不到处理效果。当几个居住小区相邻较近时，也可考虑几个小区规划共建一个集中的污水处理厂（站）。

生活污水处理设施的设置应符合下列要求：

1）宜靠近接入市政管道的排放点。

2）居住小区处理站宜在常年最小频率的上风向，且应用绿化带与建筑物隔开。

3）处理站宜设置在绿地、停车坪及室外空地的地下。

4）处理站如布置在建筑物地下室时，应有专用隔间。

5）处理站与给水泵站及清水池水平距离不得小于 10m。

生活污水处理构筑物机械运行噪声不得超过现行的国家标准《声环境质量标准》（GB 3096—2008）和《民用建筑隔声设计规范》（GB 50118—2010）的要求。对建筑物内运行噪声较大的机械应设独立隔间。

10.3　建筑中水工程

中水是指各种排水经处理后，达到规定的水质标准，可在生活、市政、环境等范围内杂用的非饮用水，其水质介于给水和排水之间。建筑中水工程是指民用建筑物或居住小区内使用后的各种排水，如生活排水、冷却水及雨水等经过适当处理后，用于建筑物或居住小区作为冲洗便器、冲洗汽车、绿化和浇洒道路等杂用水的供水系统。工业建筑中生活污水、废水再生利用亦属于建筑中水。相对于城镇污水大规模处理回用而言，建筑中水工程属于分散、小规模的污水回用工程，具有灵活、易于建设、无须长距离输水和运行管理方便等优点，是一种较有前途的节水方式，尤其适合大型公共建筑、宾馆和新建高层住宅区。

10.3.1　中水工程的意义

随着建筑标准的提高，建筑给排水系统不断完善，建筑物的用水量不断增加，当地的淡水资源往往不能满足用水量的需求，即使当地有较充裕的淡水资源，由于给水量和排水量的增大，也会导致给水系统和排水系统的扩建（新建）费用、动力费和管理费用的增加，对水环境的保护带来一定困难。淡水资源丰富的地区如果不合理开发，也可能变成淡水资源严重匮乏的地区。鉴于上述情况出现了中水系统，并且现在已发展成一定规模。我国《绿色建筑评价标准》（GB/T 50378—2019）中，合理使用非传统水源是绿色建筑的评分项之一，总分值为 15 分，足见中水工程的重要性。

国内外工程实践证明，建筑中水回用具有明显的社会效益、环境效益和经济效益：

1）节约用水。根据不同类型的居住区统计，设置中水系统后，市政给水节水率在 20% 以上。根据北京市调查，对于科研事业单位可节水 40% 左右；对一般居民住宅，可节水 30% 左右。

2）减少污水的排放量，减轻对水体的污染。完善的中水系统或按要求设置污水处理厂可以有效缓解市政排水系统中管网超负荷输送和城市污水处理厂超负荷运行情况。

3）建筑中水工程回收利用建筑排水，就近开辟了稳定的新水源，既节省基建投资，又能降低供水成本，取得一定经济效益。

10.3.2　中水原水

1. 建筑物中水原水

中水原水是指被选作为中水水源的水。建筑物中水原水可取自建筑的生活排水和其他可以利用的水源。中水原水应根据排水的水质、水量、排水状况和中水回用的水质、水量选定。根据水质的污染程度，一般可按下列顺序取舍：卫生间或公共浴室的盆浴或淋浴等排水；盥洗排水；空调循环冷却系统排水；冷凝水；游泳池排水；洗衣排水；厨房排水；冲厕排水。

建筑中水原水主要根据建筑物内部可作为中水原水的排水量和中水供水量来选择确定，通常有以下 3 种组合：

1）优质杂排水。指杂排水中污染程度较低的排水，如冷却排水、游泳池排水、沐浴排水、盥洗排水、洗衣排水等。特点是有机物浓度和悬浮物浓度都低，水质好，处理容易，处理费用低，应优先选用。

2）杂排水。指民用建筑中除粪便污水外的各种排水，含优质杂排水和厨房排水。特点是有机物和悬浮物浓度都较高，水质较好，处理费用比优质杂排水高。

3）生活排水。含杂排水和厕所排水。特点是有机物浓度浮物浓度都很高，水质差，处理工艺复杂，处理费用高。

医疗污水、放射性废水、生物污染废水、重金属及其他有害物质超标的排水严禁作为中水原水。中水原水水质应以实测资料为准，在无实测资料时，各类建筑物各种排水的污染浓度可参照表 10-8 确定。

表 10-8　各类建筑物各种排水污染浓度表　　（单位：mg/L）

类别	住宅			宾馆、饭店			办公楼、教学楼			公共浴室			职工及学生食堂		
	BOD_5	COD_{Cr}	SS	BOD_5	COD_{Cr}	SS	BOD_5	COD_{Cr}	SS	BOD_5	COD_{Cr}	SS	BOD_5	COD_{Cr}	SS
冲厕	300~450	800~1100	350~450	250~300	700~1000	300~400	260~340	350~450	260~340	260~340	350~450	260~340	260~340	350~450	260~340
厨房	500~650	900~1200	220~280	400~550	800~1100	180~220	—	—	—	—	—	—	500~600	900~1100	250~280
沐浴	50~60	120~135	40~60	40~50	100~110	30~50	—	—	—	45~55	110~120	35~55	—	—	—
盥洗	60~70	90~120	100~150	50~60	80~100	80~100	90~110	100~140	90~110	—	—	—	—	—	—
洗衣	220~250	310~390	60~70	180~220	270~330	50~60	—	—	—	—	—	—	—	—	—
综合	230~300	455~600	155~180	140~175	295~380	95~120	195~260	260~340	195~260	50~65	115~135	40~65	490~590	890~1075	255~285

注："综合"是对包括以上 5 项生活排水的统称。

中水原水水量按下式计算：

$$Q_y = \sum \beta Q_{pj} b \tag{10-6}$$

式中　Q_y——中水原水量（m^3/d）；

　　　β——建筑物按给水量计算排水量的折减系数，一般取 0.85~0.95；

　　　Q_{pj}——建筑物平均日生活给水量，按现行国家标准《民用建筑节水设计标准》（GB 50555—2010）中的节水用水定额计算确定（m^3/d）；

　　　b——建筑物用水分项给水百分率，各类建筑物的分项给水百分率应以实测资料为准，在无实测资料时，可参照表 10-9 选取。

表 10-9　各类建筑物分项给水百分率　　　　　　　　（%）

项目	住宅	宾馆、饭店	办公楼、教学楼	公共浴室	职工及学生食堂	宿舍
冲厕	21.3~21	10~14	60~66	2~5	6.7~5	30
厨房	20~19	12.5~14	—	—	93.3~95	—
沐浴	29.3~32	50~40	—	98~95	—	40~42
盥洗	6.7~6.0	12.5~14	40~34	—	—	12.5~14
洗衣	22.7~22	15~18	—	—	—	17.5~14
总计	100	100	100	100	100	100

注：沐浴包括盆浴和淋浴。

2. 建筑小区中水原水

建筑小区中水原水的选择要依据水量平衡和技术经济比较确定，并应优先选择水量充裕稳定、污染物浓度低、水质处理难度小的水源。可供建筑小区选择的水源有：小区内建筑物杂排水；小区或城镇污水处理站（厂）出水；小区附近污染较轻的工业排水；小区生活污水。

小区中水原水的设计水质应以类似建筑小区实测资料为准。当无实测资料时，生活排水可按表 10-8 中综合水质指标取值；当采用城镇污水处理厂出水为原水时，可按城镇污水处理厂实际出水水质或相应标准执行。其他种类的原水水质则需实测。

小区建筑物分项排水原水量按式（10-6）计算确定；小区综合排水量，应按现行国家标准《民用建筑节水设计标准》（GB 50555—2010）的规定计算小区平均日给水量，再乘以排水折减系数计算确定，折减系数取值同式（10-6）。

小区中水原水的水量应根据小区中水用量和可回收排水项目水量的平衡计算确定。

10.3.3　中水水质标准

中水原水经过处理后，可作为冲厕、道路清扫、消防、绿化、车辆冲洗、建筑施工、景观环境用水、供暖及空调系统补充水、冷却设备补充等用水。不管何种用途，必须保证在任何情况下，均能绝对满足该用途的水质标准。

为保证中水作生活杂用水安全可靠，中水供水水质必须满足下列要求：

1）卫生上无有害物质，其主要衡量指标有大肠菌群数、细菌总数、余氯量、悬浮物量、生化需氧量及化学需氧量等。

2）外观上无使人不快的感觉，其主要衡量指标有浊度、色度、臭气、表面活性剂和油脂等。

3）不引起管道和设备的腐蚀、结垢和不造成维修管理困难，其主要衡量指标有 pH 值、硬度、蒸发残渣及溶解性物质等。

中水用途不同，其要满足的水质标准亦不相同。中水用作建筑杂用水和城市杂用水，如冲厕、道路清扫、消防、城市绿化、车辆冲洗、建筑施工等，其水质应符合现行国家标准《城市污水再生利用　城市杂用水水质》（GB/T 18920—2002）的规定，见表 10-10。中水用于建筑小区景观环境用水时，其水质应符合现行国家标准《城市污水再生利用　景观环境用水水质》（GB/T 18921—2019）的规定，见表 10-11。中水用于供暖、空调系统补充水时，其水质应符合现行国家标准《采暖空调系统水质》（GB/T 29044—2012）的规定，水质标准参考表 10-12~表 10-16。

中水用于冷却、洗涤、锅炉补给等工业用水时，其水质应符合现行国家标准《城市污水再生利用 工业用水水质》（GB/T 19923—2005）的规定，见表 10-17。中水用于食用作物、蔬菜浇灌用水时，应符合现行国家标准《城市污水再生利用 农田灌溉用水水质》（GB 20922—2007）的规定，规定的再生水用于农田灌溉用水基本控制项目及水质指标最大限值见表 10-18，再生水用于农田灌溉用水选择控制项目及水质指标最大限值见表 10-19。中水用于多种用途时，应按不同用途水质标准进行分质处理；当中水同时用于多种用途时，其水质应按最高水质标准确定。

建筑中水设计应合理确定中水用户，充分提高中水设施的中水利用率（即项目中水年总供水量与项目年总用水量的比值）。建筑中水应主要用于城市污水再生利用分类中的城市杂用水和景观环境用水等。当建筑物或小区附近有可利用的市政再生水管道时，可直接接入使用。

表 10-10　城市杂用水水质标准

项目		冲厕	道路清扫、消防	城市绿化	车辆冲洗	建筑施工
pH 值		6.0~9.0				
色度/度	≤	30				
嗅		无不快感				
浊度/NTU	≤	5	10	10	5	20
溶解性总固体/(mg/L)	≤	1500	1500	1000	1000	—
BOD_5/(mg/L)	≤	10	15	20	10	15
氨氮/(mg/L)	≤	10	10	20	10	20
阴离子表面活性剂/(mg/L)		1.0	1.0	1.0	0.5	1.0
铁/(mg/L)	≤	0.3	—	—	0.3	—
锰/(mg/L)	≤	0.1	—	—	0.1	—
溶解氧/(mg/L)	≥	—	1.0			
总余氯/(mg/L)		—	接触30min 后≥1.0，管网末端≥0.2			
总大肠菌群/(个/L)	≤	—	3			

表 10-11　景观环境用水的再生水水质指标

项目		观赏性景观环境用水			娱乐性景观环境用水		
		河道类	湖泊类	水景类	河道类	湖泊类	水景类
基本要求		无漂浮物，无令人不愉快的嗅和味					
pH 值		6~9					
5 日生化需氧量（BOD_5）/(mg/L)	≤	10	6		6		
悬浮物（SS）/(mg/L)	≤	20	10		—①		
浊度/NTU	≤	—①			5.0		
溶解氧/(mg/L)	≥	1.5			2.0		

（续）

项目		观赏性景观环境用水			娱乐性景观环境用水		
		河道类	湖泊类	水景类	河道类	湖泊类	水景类
总磷（以 P 计）/（mg/L）	≤	1.0	0.5		1.0	0.5	
总氮/（mg/L）	≤	15					
氨氮（以 N 计）/（mg/L）	≤	5					
粪大肠菌数/（个/L）	≤	10000	2000		500	不得检出	
余氯②	≥	0.05					
色度/度	≤	30					
石油类/（mg/L）	≤	1.0					
阴离子表面活性剂/（mg/L）		0.5					

注：1. 对于需要通过管道输送再生水的非现场回用情况必须加氯消毒；而对于现场回用情况不限制消毒方式。

2. 若使用未经过除磷脱氮的再生水作为景观环境用水，鼓励使用本标准的各方在回用地点积极探索通过人工培养具有观赏价值水生植物的方法，使景观水体的氮、磷满足本表的要求，使再生水中的水生植物有经济合理的出路。

①表示对此项无要求。

②氯接触时间不应低于30min 的余氯。对于非加氯消毒方式无此项要求。

表 10-12　集中空调间接供冷开式循环冷却水系统水质要求

检测项	单位	补充水	循环水
pH 值（25℃）	—	6.5~8.5	7.5~9.5
浊度	NTU	≤10	≤20 ≤10 （当换热设备为板式、翅片管式、螺旋板式）
电导率（25℃）	μS/cm	≤600	≤2300
钙硬度（以 CaCO₃ 计）	mg/L	≤120	—
总硬度（以 CaCO₃ 计）	mg/L	≤200	≤600
钙硬度+总碱度（以 CaCO₃ 计）	mg/L		≤1100
Cl⁻	mg/L	≤100	≤500
总铁	mg/L	≤0.3	≤1.0
NH₃-N①	mg/L	≤5	≤10
游离氯	mg/L	0.05~0.2 （管网末梢）	0.05~1.0（循环水总管处）
COD_cr	mg/L	≤30	≤100
异养菌总数	个/L	—	≤1×10⁵
有机磷（以 P 计）	mg/L	—	≤0.5

①当补充水水源为地表水、地下水或再生水回用时，应对本指标项进行检测与控制。

表 10-13　集中空调循环冷却水系统水质要求

检测项	单位	补充水	循环水
pH 值（25℃）	—	7.5~9.5	7.5~10
浊度	NTU	≤5	≤10
电导率（25℃）	μS/cm	≤600	≤2000
钙硬度（以 $CaCO_3$ 计）	mg/L	≤300	≤300
总碱度（以 $CaCO_3$ 计）	mg/L	≤200	≤500
Cl^-	mg/L	≤250	≤250
总铁	mg/L	≤0.3	≤1.0
溶解氧	mg/L	—	≤0.1
有机磷（以 P 计）	mg/L	—	≤0.5

表 10-14　蒸发式循环冷却水系统水质要求

检测项	单位	直接蒸发式		间接蒸发式	
		补充水	循环水	补充水	循环水
pH 值（25℃）	—	6.5~8.5	7.0~9.5	6.5~8.5	7.0~9.5
浊度	NTU	≤3	≤3	≤3	≤3
电导率（25℃）	μS/cm	≤400	≤800	≤400	≤800
钙硬度（以 $CaCO_3$ 计）	mg/L	≤80	≤160	≤100	≤200
总碱度（以 $CaCO_3$ 计）	mg/L	≤150	≤300	≤200	≤400
Cl^-	mg/L	≤100	≤200	≤150	≤300
总铁	mg/L	≤0.3	≤1.0	≤0.3	≤1.0
硫酸根离子（以 SO_4^{2-} 计）	mg/L	≤250	≤500	≤250	≤500
NH_3-N[①]	mg/L	≤0.5	≤1.0	≤5	≤10
COD_{cr}[①]	mg/L	≤3	≤5	≤30	≤60
菌落总数	CFU/mL	≤100	≤100	—	—
异养菌总数	个/mL	—	—	—	≤1×10⁵
有机磷（以 P 计）	mg/L	—	—	—	≤0.5

①当补充水水源为地表水、地下水或再生水回用时，应对本指标项进行检测与控制。

表 10-15　采用散热器的集中供暖系统水质要求

检测项	单位	补充水	循环水	
pH 值（25℃）	—	7.0~12.0	钢制散热器	9.5~12.0
		8.0~10.0	铜制散热器	8.0~10.0
		6.5~8.5	铝制散热器	6.5~8.5
浊度	NTU	≤3	≤10	
电导率（25℃）	μS/cm	≤600	≤800	

（续）

检测项	单位	补充水	循环水	
Cl⁻	mg/L	≤250	钢制散热器	≤250
		≤80（≤40①）	AISI304 不锈钢散热器	≤80（≤40①）
		≤250	AISI316 不锈钢散热器	≤250
		≤100	铜制散热器	≤100
		≤30	铝制散热器	≤30
总铁	mg/L	≤0.3	≤1.0	
总铜	mg/L	—	≤0.1	
钙硬度（以 $CaCO_3$ 计）	mg/L	≤80	≤80	
溶解氧	mg/L	—	≤0.1（钢制散热器）	
有机磷（以 P 计）	mg/L	—	≤0.5	

①当水温大于 80℃时，AISI304 不锈钢材质散热器系统的循环水及补充水氯离子浓度不宜大于 40mg/L。

表 10-16 采用风机盘管的集中供暖水质要求

检测项	单位	补充水	循环水
pH 值（25℃）	—	7.5~9.5	7.5~10
浊度	NTU	≤5	≤10
电导率（25℃）	μS/cm	≤600	≤2000
Cl⁻	mg/L	≤250	≤250
总铁	mg/L	≤0.3	≤1.0
钙硬度（以 $CaCO_3$ 计）	mg/L	≤80	≤80
总硬度（以 $CaCO_3$ 计）	mg/L	≤300	≤300
总碱度（以 $CaCO_3$ 计）	mg/L	≤200	≤500
溶解氧	mg/L	—	≤0.1
有机磷（以 P 计）	mg/L	—	≤0.5

表 10-17 工业循环冷却水水质标准

控制项目	pH 值	SS/(mg/L)	浊度/NTU	色度/度	COD_{cr}/(mgO₂/L)	BOD_5/(mgO₂/L)
循环冷却水补充水	6.5~8.5	—	≤5	≤30	≤60	≤10
直流冷却水	6.5~9.0	≤30	—	≤30	—	≤30

表 10-18 再生水用于农田灌溉用水基本控制项目及水质指标最大限值

序号	基本控制项目	灌溉作物类型			
		纤维作物	旱地作物 油料作物	水田谷物	露地蔬菜
1	生化需氧量（BOD_5）/(mgO₂/L)	100	80	60	40
2	化学需氧量（COD_{cr}）/(mgO₂/L)	200	180	150	100
3	悬浮物（SS）/(mg/L)	100	90	80	60

（续）

序号	基本控制项目	灌溉作物类型			
		纤维作物	旱地作物油料作物	水田谷物	露地蔬菜
4	溶解氧（DO）/（mg/L）	—		≥0.5	
5	pH 值	5.5~8.5			
6	溶解性总固体（TDS）/（mg/L）	非盐碱地区 1000，盐碱地区 2000			1000
7	氯化物/（mg/L）	350			
8	硫化物/（mg/L）	1.0			
9	余氯/（mg/L）	1.5		1.0	
10	石油类/（mg/L）	10		5.0	1.0
11	挥发酚/（mg/L）	1.0			
12	阴离子表面活性剂（LAS）/（mg/L）	8.0		5.0	
13	汞/（mg/L）	0.001			
14	镉/（mg/L）	0.01			
15	砷/（mg/L）	0.1		0.05	
16	铬（六价）/（mg/L）	0.1			
17	铅/（mg/L）	0.2			
18	粪大肠菌群数（个/L）	40000		20000	
19	蛔虫卵数（个/L）	2			

表 10-19　再生水用于农田灌溉用水选择控制项目及水质指标最大限值

（单位：mg/L）

序号	选择控制项目	限值	序号	选择控制项目	限值
1	铍	0.002	10	锌	2.0
2	钴	1.0	11	硼	1.0
3	铜	1.0	12	钒	0.1
4	氟化物	2.0	13	氰化物	0.5
5	铁	1.5	14	三氯乙醛	0.5
6	锰	0.3	15	丙烯醛	0.5
7	钼	0.5	16	甲醛	1.0
8	镍	0.1	17	苯	2.5
9	硒	0.02			

10.3.4　建筑中水系统形式及组成

中水系统包括中水原水的收集、贮存、处理和中水供给等一系列工程设施，可以作为建筑物或建筑小区的功能配套设施之一。中水系统是一个系统工程，它是通过给水、排水、水处理和建筑环境工程技术的有机综合，实现建筑或建筑小区的使用功能、节水功能和建筑环境功能的统一。它既不是污水处理厂的小型化，也不是给水、排水工程和水处理设备的简单拼接，而是要在工程上形成一个有机的系统。

1. 建筑中水系统形式

建筑中水系统是建筑物中水系统和建筑小区中水系统的总称。

（1）建筑物中水系统　建筑物中水系统是为一栋或几栋建筑物内建立的中水系统，系统框图见图 10-1。建筑物中水宜采用原水污、废分流，中水专供的完全分流系统，即生活污水单独排入城市排水管网或化粪池，以优质杂排水或杂排水作为中水原水，水处理设施在地下室或邻近建筑物的外部。建筑内部由生活给水管网和中水供水管网分质供水。建筑物中水系统具有投资少，见效快的特点。适用于用水量较大的各类建筑物，尤其是对于优质排水量较大的旅馆、饭店、公寓、办公大楼、大型文化体育和科研大楼等更为适合。

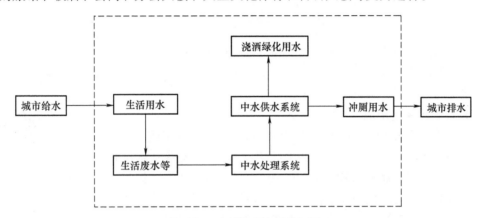

图 10-1　建筑物中水系统框图

（2）建筑小区中水系统　建筑小区中水系统是指在建筑小区内建立的中水系统。建筑小区主要指居住小区和公共建筑建筑区，统称建筑小区。建筑小区中水可采用以下系统形式。

1）完全分流系统。包括全部完全分流系统和部分完全分流系统。全部完全分流系统是指原水分流管系和中水供水管系覆盖全区建筑物并在建筑小区内的主要建筑物都建有废水、污水分流管系（两套排水管）和中水自来水供水管系（两套供水管）的系统。部分完全分流系统是指原水分流管系和中水供水管系均为区内部分建筑的系统。

2）半完全分流系统。就是无原水分流管系（原水为综合污水或外接水源），只有中水供水管系或只有废水、污水分流管系而无中水供水管系的系统。

3）无分流系统。是指地面以上建筑物内无废水、污水分流管系和中水供水管系的系统。

建筑小区中水系统框图如图 10-2 所示。这种系统的中水原水取自小区内各建筑物排放的污废水、小区或城市污水处理厂出水、相对洁净的工业排水。根据建筑小区所在城镇排水设施的完善程度，确定室内排水系统，但应使建筑小区室外给、排水系统与建筑物内部给、排水系统相配套。目前，小区内多为分流制，以优质杂排水或杂排水为中水原水。建筑小区和建筑内部给水管网均为生活给水和杂用水双管配水系统。

这种系统工程规模较大，管道复杂，但集中处理的费用较低，多用于建筑物分布较集中

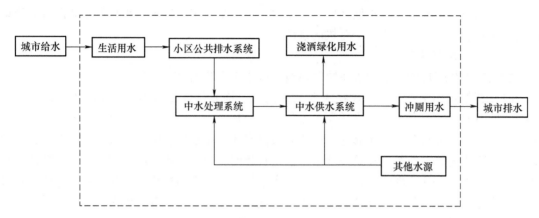

图 10-2   建筑小区中水系统框图

的住宅小区和集中高层楼群、机关大院和高等院校等。

中水系统形式的选择，应根据工程的实际情况、原水和中水用量的平衡和稳定、系统的技术经济合理性等因素综合考虑确定。

2. 建筑中水系统组成

中水系统由原水系统、处理系统和供水系统 3 个部分组成。

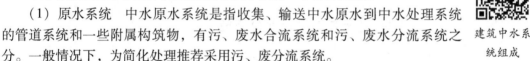

建筑中水系统组成

（1）原水系统　中水原水系统是指收集、输送中水原水到中水处理系统的管道系统和一些附属构筑物，有污、废水合流系统和污、废水分流系统之分。一般情况下，为简化处理推荐采用污、废分流系统。

原水管道系统宜按重力流设计，不能靠重力流接入的排水可采取局部提升措施。原水系统应设分流、溢流设施和超越管，宜在流入处理站之前能满足重力排放要求，以便出现事故时，可直接排放。室内外原水管道及附属构筑物均应采取防渗、防漏措施，并应有防止不符合水质要求的排水接入的措施。

职工食堂和营业餐厅的含油脂污水应经除油装置处理后，方可进入原水集水系统。

原水宜进行计量，可设置具有瞬时和累计流量功能的计量装置。

原水系统应计算原水收集率，收集率不应低于回收排水项目给水量的 75%，以利于提高设施效益。原水收集率按下式计算：

$$\eta = \frac{\sum Q_{\mathrm{P}}}{\sum Q_{\mathrm{J}}} \times 100\% \tag{10-7}$$

式中　η——原水收集率；

　$\sum Q_{\mathrm{P}}$——中水系统回收排水项目的回收水量之和（$\mathrm{m^3/d}$）；

　$\sum Q_{\mathrm{J}}$——中水系统回收排水项目的给水量之和（$\mathrm{m^3/d}$）。

（2）处理系统　中水处理系统是处理中水原水的各种构筑物及设备的总称，应由原水调节池（箱）、中水处理工艺构筑物、消毒设施、中水贮存池（箱）、相关设备、管道等组成。可分为预处理设施、主要处理设施、后处理设施 3 类。

1）预处理设施。用来截留大的漂浮物、悬浮物和杂物，包括化粪池、格栅、毛发聚集器和调节池。

以生活污水为原水的中水处理工程，应在建筑物粪便排水系统中设置化粪池，使污水得到初级处理，化粪池容积按污水在池内停留时间不小于 12h 计算。

中水处理系统应设置格栅，格栅宜采用机械格栅。设置一道格栅时，格栅条空隙宽度小于 10mm；设置粗细两道格栅时，粗格栅条空隙宽度为 10~20mm，细格栅条空隙宽度为 2.5mm。格栅设在格栅井内时，其倾角不小于 60°。格栅井应设置工作台，其位置应高出格栅前设计最高水位 0.5m，其宽度不宜小于 0.7m，格栅井应设置活动盖板。

以洗浴（涤）排水为原水的中水系统，污水泵吸水管上应设置毛发聚集器。毛发聚集器的过滤筒（网）的有效过水面积应大于连接管截面积的 2 倍，过滤筒（网）的孔径宜采用 3mm。过滤筒（网）具有反洗功能和便于清污的快开结构时，应采用耐腐蚀材料制造。

调节池的作用是对原水流量和水质起调节均化作用，保证后续处理设备的稳定和高效运行。调节池内宜设置预曝气管，曝气量不宜小于 $0.6m^3/(m^2 \cdot h)$。调节池底部应设有集水坑和泄水管，池底应有不小于 0.02 的坡度，坡向集水坑，池壁应设置爬梯和溢水管。调节池采用埋地式时，顶部应设置人孔和直通地面的排气管。对于中、小型工程，调节池可兼作提升泵的集水井。

2）主要处理设施。去除水中的有机物、无机物等，包括沉淀他、生物接触氧化池、曝气生物滤池等设施。

沉淀池有初次沉淀池、二次沉淀池和物化处理的混凝沉淀池。当原水为优质杂排水或杂排水时，设置调节池后可不再设置初次沉淀池。沉淀池宜采用静水压力排泥，静水头不应小于 15kPa，排泥管直径不宜小于 80mm。沉淀池集水应设出水堰，其出水最大负荷不应大于 $1.70L/(s \cdot m)$。二次沉淀池和混凝沉淀池的规模较大时，应参照《室外排水设计规范（2016 年版）》（GB 50014—2006）中有关部分设计；规模较小时，宜采用斜板（管）沉淀池或竖流式沉淀池。斜板（管）沉淀池宜采用矩形，沉淀池表面水力负荷宜采用 $1~3m^3/(m^2 \cdot h)$，斜板（管）间距（孔径）宜大于 80mm，板（管）斜长宜取 1000mm，斜角宜为 60°。斜板（管）上部清水深不宜小于 0.5m，下部缓冲层不宜小于 0.8m。竖流式沉淀池的设计表面水力负荷宜采用 $0.8~1.2m^3/(m^2 \cdot h)$，中心管流速不大于 30mm/s，中心管下部应设喇叭口和反射板，板底面距泥面不小于 0.3m，排泥斗坡度应大于 45°。

建筑中水生物处理宜采用接触氧化池或曝气生物滤池，供氧方式宜采用低噪声鼓风机加布气装置、潜水曝气机或其他曝气设备。接触氧化池曝气量可按 BOD_5 的去除负荷计算，宜为 $40~80m^3/kg$ BOD_5。接触氧化池处理洗浴废水时，水力停留时间不应小于 2h；处理生活污水时，应根据原水水质情况和出水水质要求确定水力停留时间，但不宜小于 3h。接触氧化池宜采用易挂膜、耐用、比表面积较大、维护方便的固定填料或悬浮填料。当采用固定填料时，安装高度不小于 2m；当采用悬浮填料时，装填体积不应小于池容积的 25%。

当主要处理采用其他处理方法时，如混凝气浮法、活性污泥法、厌氧处理法、生物转盘法等，应按国家现行的有关规范、规定执行。

3）后处理设施。中水水质要求高于杂用水时，应根据需要增加深度处理设施，如滤池、消毒处理设备。滤池的作用是去除二级处理水中残留的悬浮物和胶体物质，对 BOD、COD 和铁等也有一定去除作用。

中水处理必须设有消毒设施，消毒剂宜采用次氯酸钠、二氧化氯、二氯异氰尿酸钠或其他消毒剂。投加消毒剂宜采用自动定比投加，与被消毒水充分混合接触。当处理站规模较大并采取严格的安全措施时，可采用液氯作为消毒剂，但必须使用加氯机。采用氯消毒时，加氯量宜使有效氯为 5~8mg/L，消毒接触时间应大于 30min。当中水原水为生活污水时，应适当增加投氯量。

中水处理系统设计处理能力按下式计算：

$$Q_h = (1 + n) \frac{Q_z}{t} \tag{10-8}$$

式中　Q_h——处理系统设计处理能力（m^3/h）；

　　　Q_z——最高日中水用水量（m^3/d）；

　　　t——处理系统每日设计运行时间（h/d）；

　　　n——处理设施自耗水系数，一般取值为 5%~10%。

（3）供水系统　原水经处理后成为中水，首先流入中水贮水池，池内的中水经水泵提升和建筑内部的中水供水系统相连接。建筑内部的中水管网和给水管网相似，如图 10-3 所示。

中水供水系统与生活饮用水给水系统应分别独立设置。中水供水系统上应根据使用要求安装计量装置。中水供水管道宜采用塑料给水管、钢塑复合管或其他具有可靠防腐性能的给水管材，不得采用非镀锌钢管。中水贮存池（箱）宜采用耐腐蚀、易清垢的材料制作。钢板池（箱）内、外壁及其附配件均应采取防腐蚀处理。

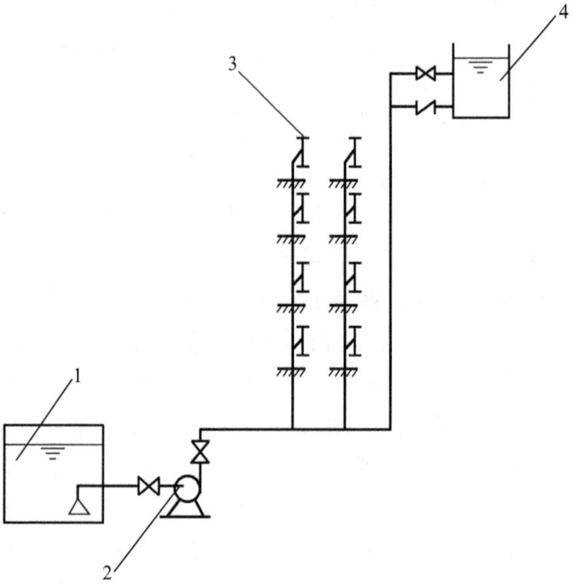

10.3.5　中水处理工艺流程

图 10-3　中水供水系统

1—贮水池　2—水泵　3—中水用水器具　4—中水供水箱

中水处理工艺流程应根据中水原水的水质、水量和中水的水质、水量及使用要求等因素，经技术经济比较后确定。

当以优质杂排水或杂排水作为中水原水时，因水中有机物浓度较低，处理目的主要是去除原水中的悬浮物和少量有机物，降低水的浊度和色度，可采用以物化处理为主的工艺流程，或采用生物处理和物化处理相结合的工艺流程，如图 10-4 所示。采用膜处理工艺时，应有保障其可靠进水水质的预处理工艺和易于膜的清洗、更换的技术措施。

当以含有粪便污水的排水作为中水原水时，因中水原水中有机物和悬浮物浓度都很高，中水处理的目的是同时去除水中的有机物和悬浮物，宜采用二段生物处理与物化处理相结合的处理工艺流程，如图 10-5 所示。

当利用污水处理站二级处理出水作为中水原水时，处理目的主要是去除水中残留的悬浮物，降低水的浊度和色度，宜选用物化处理或与生化处理结合的深度处理工艺流程，如图 10-6 所示。

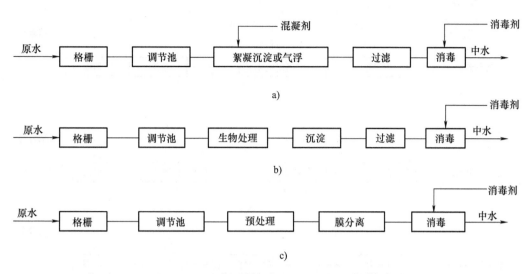

图 10-4　优质杂排水和杂排水为中水原水时的水处理工艺流程

a）物化处理工艺流程（适用于优质杂排水）　b）生物处理和深度处理相结合的工艺流程

c）预处理和膜分离相结合的处理工艺流程

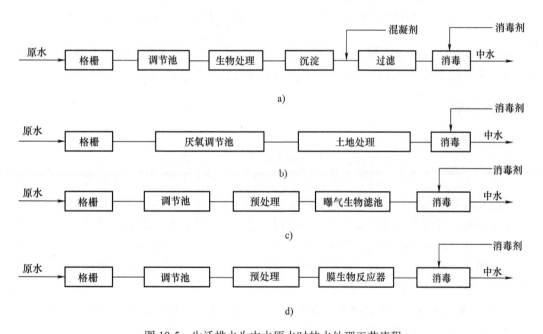

图 10-5　生活排水为中水原水时的水处理工艺流程

a）生物处理和深度处理相结合的工艺流程　b）生物处理和土地处理相结合的工艺流程

c）曝气生物滤池处理工艺流程　d）生物反应器处理工艺流程

其他的一些工艺组合，参见《建筑中水设计标准》（GB 50336—2018）。

中水用于供暖、空调系统补充水等其他用途时，应根据水质需要增加相应的深度处理设施。选用中水处理一体化装置或组合装置时，应具有可靠的设备处理效果参数和组合设备中主要处理环节处理效果参数，其出水水质应符合使用用途要求的水质标准。

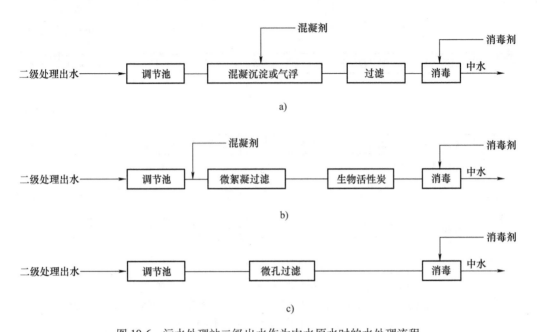

图 10-6　污水处理站二级出水作为中水原水时的水处理流程

a）物化法深度处理工艺流程　b）物化与生化结合的深度处理流程　c）微孔过滤处理工艺流程

中水处理产生的沉淀污泥、活性污泥和化学污泥，当污泥量较小时，可排至化粪池处理；当污泥量较大时，可采用机械脱水装置或其他方法进行妥善处理。

10.3.6　水量平衡

1. 水量平衡计算

水量平衡是指中水原水水量、中水处理水量、中水用水量和生活补给水量之间通过计算调整达到平衡一致，以合理确定中水处理系统的规模和处理方法，使原水收集、水质处理和中水供应几部分有机结合，保证中水系统能在中水原水和中水用水很不稳定的情况下协调运作。水量平衡应保证中水原水量稍大于中水用水量。水量平衡计算是系统设计和量化管理的一项工作，是合理设计中水处理设备、构筑物及管道的依据。水量平衡计算从两方面进行，一方面是确定可作为中水原水的污废水可集流的流量，另一方面是确定中水用水量。水量平衡计算按下列步骤进行：

1）实测确定各类建筑物内厕所、厨房、淋浴、盥洗、洗衣及绿化、浇洒等用水量，无实测资料时，可按表 10-9 估算。

2）初步确定中水供水对象和中水原水集流对象。

3）计算可集流的中水原水量：

$$Q = \sum Q_y \tag{10-9}$$

式中　Q——可集流的中水原水总量（m^3/d）；

Q_y——各种可集流的中水原水量（m^3/d），按式（10-6）计算。

4）据式（10-7）计算原水收集率，收集率不应低于回收排水项目给水量的 75%。

5）按下式计算中水最高日用水量为

$$Q' = \sum q_i' \tag{10-10}$$

式中　Q'——中水最高日用水总量（m^3/d）；

　　　q_i'——各类中水用水量（m^3/d）。

6）按下式计算中水日处理水量 Q_1：

$$Q_1 = (1 + n) Q' \tag{10-11}$$

式中　Q_1——中水用水总量（m^3/d）；

　　　n——处理设施自耗水系数，一般取值为 5%～10%。

7）按式（10-8）计算中水设施的处理能力。

8）计算不处理的溢流量或生活饮用水补给水量：

$$Q_2 = |Q - Q_1| \tag{10-12}$$

式中　Q_2——当 $Q > Q_1$ 时，为溢流中水原水量（从超越管排至城市排水管网）；当 $Q < Q_1$ 时，为补给水量（m^3/d）。

2. 水量平衡图

水量平衡的结果应绘制水量平衡图，图中应注明给水量、排水量、集流水量、不可集流水量、中水供水量、溢流水量和生活给水补给水量。通过对集流的中水原水项目和中水供水项目增减调整后，将满足各种水量之间关系的数值用图线和数字表示出来，使人一目了然。水量平衡图并无定式，以清楚表达水量平衡关系为准则，以能从图中明显看出设计范围中各种水量的来龙去脉、各量值及相互关系、水的合理分配及综合利用情况等为目的。

根据确定的各种用水量（或用水比例）和排水率，可绘出水量平衡图。如图 10-7 所示为某建筑小区中水工程的典型水量平衡示意图，图中括号内为中水处理站停用时的给水量和排水量。

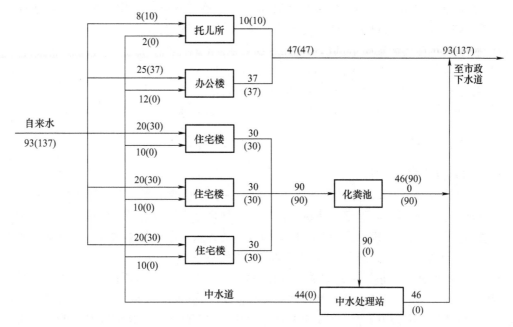

图 10-7　水量平衡示意图（单位：m^3/d）

3. 水量调节

中水系统中应设调节池（箱），其作用是调节中水原水量和处理水量的供求不均衡关系。调节池（箱）的调节容积应按中水原水量及处理量的逐时变化曲线计算。在缺乏上述资料时，其调节容积可按下列方法计算：

1）连续运行时，调节容积可按日处理水量的 35%～50% 计算。

2）间歇运行时，调节容积可按下式进行计算：

$$Q_{yc} = 1.2Q_{h}T \tag{10-13}$$

式中　Q_{yc}——原水调贮量（m^3）；

　　　Q_{h}——处理系统设计处理能力（m^3/h）；

　　　T——设备日最大连续运行时间（h）。

处理设施后应设中水贮存池（箱），其作用是调节中水处理水量和中水供水量需求不均衡关系。中水贮存池（箱）的调节容积应按处理量及中水用量的逐时变化曲线求算。在缺乏上述资料时，其调节容积可按下列方法计算：

1）连续运行时，调节容积可按中水系统最高日用水量的 25%～35% 计算。

2）间歇运行时，调节容积可按下式进行计算：

$$Q_{zc} = 1.2(Q_{h}T - Q_{zt}) \tag{10-14}$$

式中　Q_{zc}——中水调贮量（m^3）；

　　　Q_{zt}——日最大连续运行时间内的中水用水量（m^3）；

　　　Q_{h}、T 符号意义同式（10-13）。

3）当中水供水系统设置供水箱采用水泵-水箱联合供水时，其供水箱的调节容积不得小于中水系统最大小时用水量的 50%。

中水贮存池或中水供水箱上应设自动补水管，自动补水管上应安装水表或其他计量装置，其管径按中水最大时供水量计算确定，并应符合下列规定：

1）补水的水质应满足中水供水系统的水质要求。

2）补水应采取最低报警水位控制的自动补给方式。

3）补水能力应满足中水中断时系统的用水量要求。

利用市政再生水的中水贮存池（箱）可不设自来水补水管。

10.3.7　中水处理站

1. 位置选择及布置要求

1）中水处理站位置应根据建筑的总体规划、中水原水的来源、中水用水的位置、环境卫生和管理维护要求等因素确定。建筑物内的中水处理站宜设在建筑物的最底层，或主要排水汇水管道的设备层。建筑小区中水处理站和以生活污水为原水的中水处理站宜在建筑物外部按规划要求独立设置，且与公共建筑和住宅的距离不宜小于 15m。

2）处理站的面积应根据工程规模、站址位置、处理工艺、建设标准等因素，并结合主体建筑物实际情况综合确定。中水处理站应设有值班、化验、药剂贮存等房间，对于采用现场制备二氧化氯、次氯酸钠等消毒剂的中水处理站，加药间应其他房间隔开，并有直接通向室外的门。

3）处理站设计应满足主要处理环节运行观察、水量计量、水质取样化验监（检）测和进行中水处理成本核算的条件。

4）中水处理站应根据站内各建、构筑物的功能和工艺流程要求合理布置，满足构筑物的施工、设备安装、管道敷设、运行调试及设备更换等维护管理要求，并宜留有适当发展余地，还应考虑最大设备的进出要求。中水处理站内各处理构筑物的个（格）数不宜少于2个（格），并宜按并联方式设计。设备的选型应能确保其功能、效果、质量要求。中水处理构筑物上面的通道，应设置安全防护栏杆，地面应有防滑措施。设于构筑物内部的中水处理站的层高不宜小于4.5m，各处理构筑物上部人员活动区域的净空不宜小于1.2m。

5）中水处理站内的盛水构筑物应采用防水混凝土整体浇筑，内侧宜设防水层；建筑物内中水处理站的盛水构筑物，应采用独立的结构形式，不得利用建筑物的本体结构作为各池体的壁板、底板及顶盖。

6）处理站应设有适应处理工艺要求的采暖、通风、换气、照明、配电、通信等设施。

7）中水处理站内的自耗用水应优先采用中水。

8）处理站地面应有可靠的排水设施，当机房地面低于室外地坪时，应设置集水设施用污水泵排出。

9）中水站内的消防设计应符合现行国家标准《建筑设计防火规范（2018年版）》（GB 50016—2014）的有关规定，易燃易爆的房间应按消防部门要求设置消防设施。

2. 减振、降噪及防臭措施

（1）减振、降噪措施

1）尽量选用不产生或少产生振动和噪声的处理工艺和处理设备。

2）处理站设置在建筑内部地下室时，必须与主体建筑及相邻房间严密隔开，隔声处理以防空气传声。

3）所有转动设备其基座均应采取减振处理，用橡胶垫、弹簧或软木基础与楼板隔开。

4）所有连接振动设备的管道均应采用减振接头和减振吊架以防固体传声。

（2）防臭措施

1）尽量选用产生臭气较少的处理工艺。

2）对产生臭气和有害气体的处理工序必须采用密闭性好的设备。

3）处理站尤其是产生臭味的地方必须保障有良好的通风换气设施。

4）对不可避免的臭气和集中排出的臭气应采取防臭措施。常用的臭味处置方法有：

①隔离法：对产生臭气的设备加盖、加罩防止散发或收集处理。

②稀释法：把收集的臭气排到不影响周围环境的大气中。

③燃烧法：将废气在高温下燃烧除掉臭味。

④化学法：采用水洗、碱洗及氧气、氧化剂氧化除臭。

⑤吸附法：一般采用活性炭过滤吸附除臭。

⑥土壤法：将臭气用管道排至松散透气好的土壤中，靠土层中的微生物作用将空气中的氨等有臭气体转化为无臭气体。

⑦天然植物提取液法：将天然植物提取液雾化，让雾化后的分子均匀地分散在空气中，吸附并与异味分子发生化学反应，促使异味分子改变原有结构而失去臭味。

10.3.8　安全防护和监（检）测控制

1. 安全防护

为保证建筑中水系统的安全稳定运行和中水正常使用，除了确保中水回用水质符合卫生学方面的要求外，在中水系统敷设和使用过程中还应采取以下一些必要的安全防护措施：

1）中水管道严禁与生活饮用水给水管道连接。

2）中水管网中所有组件和附属设施的显著位置应配置"中水"耐久表示，中水管道外壁应涂浅绿色标志，以严格与其他管道相区别，埋地、暗敷中水管道应设置连续耐久标志带。

3）为避免误饮误用，中水管道上不得设置可供直接使用的水龙头。当装有取水接口时，必须采取严格的防止误饮、误用的措施，取水口处应配置"中水禁止饮用"的耐久标识，公共场所及绿化的中水取水口应设带锁装置，便器冲洗宜采用密闭型设备和器具，绿化、浇洒、汽车冲洗宜采用有防护功能的壁式或地下式给水栓。

4）为保证中水处理系统发生故障或检修时不间断供水，应设有应急补水（生活饮用水）设施。中水贮存池（箱）内的自来水补水管应采取防污染措施，自来水补水管应从水箱上部或顶部接入，补水管口最低点高出溢流边缘的空气间隙不应小于150mm。

5）室外中水管道与生活饮用水给水管道、排水管道平行埋设时，其水平净距不得小于0.5m；交叉埋设时，中水管道应位于生活饮用水给水管道下面、排水管道的上面，其净距均不得小于0.15m。中水管道与其他专业管道的间距按表10-1中给水管道要求执行。

6）中水贮存池（箱）设置的溢流管、泄水管均应采用间接排水方式，以防止下水道排水污染中水水质。溢流管应设隔网防止蚊虫进入，溢流管管径比补水管大一号。

7）中水管道设计时，应进行检查防止错接；工程验收时应逐段进行检查，防止误接。

2. 监（检）测控制

中水处理系统的正常运行和安全使用，除了工艺合理和设备可靠外，在日常的维护管理中还应进行必要的监测控制。卫生学指标是重要的监测内容之一，除了选择性能可靠的消毒剂外，同时还应设置监测仪表，从严掌握回用水的消毒过程，以保证消毒剂的最低投加量及其与回用水的接触时间。为了监测水质和平衡水量，可在系统的原水管上和中水管上设置取样管及计量装置，定期取样送检。经常性的检测项目包括流量、余氯、pH值和浊度等主要指标，有条件的可实现在线监测。

中水处理站一般设在地下或建筑物的地下室内，在处理过程中可能散发出一定臭味，为了减少操作人员直接接触中水的机会，处理站应根据处理工艺要求和管理要求设置水量计量、水位观察、水质观测、取样监（检）测、药品计量的仪器、仪表。中水系统应在中水贮存池（箱）处设置最低水位和溢流水位的报警装置。中水处理站耗用的水、电应单独进行计量。

中水处理站应建立明确的岗位责任制，各工种、岗位应按工艺特征要求制定相应的安全操作规程，运行人员必须经过专门培训，取得一定资格后方可上岗参加操作管理。

思 考 题

1. 居住小区如何分级？其给水排水设计主要包括哪几个方面的内容？

2. 居住小区供水方式的影响因素有哪些？

3. 在居住小区给水管道布置与敷设时应注意哪些因素？

4. 居住小区生活污水处理设施的设置有何要求？

5. 建筑中水系统由哪几部分组成？各自的作用是什么？

6. 常用的中水处理工艺流程有哪几种？试绘出各工艺流程图。

7. 某城镇新建 32 户住宅楼一幢，拟建中水工程用于冲洗便器、庭院绿化和道路洒水。每户平均按 4 人计算，每户有坐便、浴盆、洗脸盆和厨房洗涤盆各一只，当地用水量标准为 190L/（人·d）。绿化和道路洒水量按日用水量的 10% 计算，洗衣机用水量另加日用水量的 12%。经调查，各项用水所占百分数和各项用水使用中损失水量百分数见表 10-20，试作水量平衡。

表 10-20　各项用水占日用水量百分数及水量损失百分数

	冲厕用水	厨房用水	沐浴用水	盥洗用水	洗衣用水
占日用水量百分数（%）	31	21	33	15	12
水量损失百分数（%）	0	20	10	10	15

第 11 章

特殊建筑给排水设计

11.1 建筑水景设计

随着人居环境的不断改善，水景已不再仅是园林建筑的一部分，也成为建筑与建筑小区的重要部分。建筑水景是在建筑环境中，运用各种水流形式、姿态、声音组成千姿百态的水流景色，可以起到美化庭院、增加生气、改进建筑环境、装饰厅堂、提高艺术效果的作用。水景散发出的水滴具有调节空气湿度、降低气温、去除灰尘、构成人工小区气候的功能，起到净化空气、改善小区气候的作用。水池还可作为其他用水的水源，如消防、绿化、养鱼等。

11.1.1 水景的类型及选择

1. 水景分类

水景按照水流形态不同可分为以下几种：

（1）池水式或湖水式　在广场、庭院及公园中建成池（湖），微波荡漾，群鱼戏水，湖光倒影，相映成趣，分外增添优美景色。特点是水面开阔且不流动，用水量少，耗能不大，又无噪声，是一种较好观赏水池。常见形式有镜池（湖）与浪池（湖）。

（2）喷水（喷泉）　是水景的主要形式。在水压作用下，利用各种喷头喷射不同形态的水流，组成千姿百态的形式，构成美丽的图景，再配以彩灯，五光十色，景观效果更好。近年来，有使用音乐控制的喷泉，喷射水柱随音乐声音的大小而跳动起落，使人耳目一新，给人以美的享受，还可与各种雕塑相配合，组成各种不同形式的喷泉；适用于各种场合，室内外均可采用，如在广场、公园、庭院、餐厅、门厅及屋顶花园等。常见形式有射流（直射）、冰塔（雪松）、冰柱、水膜、水雾等。

（3）流水　使水流沿小溪流行，形成涓涓细流，穿桥绕石，引人入胜，可使建筑环境生动活泼，一般耗能不大；常见形式有溪流、渠流、漫流、旋流等，可用于公园、庭院及厅堂之内。

（4）涌水　水流自低处向上涌出，带起串串闪亮如珍珠般的气泡，或制造静水涟漪的景观，别有一番情趣。大流量涌水令人赏心悦目，可用于多种场合。常见形式有涌泉、珠泉等。

（5）跌水　水从高处突然跌落，飞流而下，击起浪花朵朵，景观雄伟；或水幕悬吊，飘飘下垂；若便水流平稳、边界平滑，则给人以晶莹透明的感觉。常见形式有水幕、瀑布、壁流、孔流、叠流等。在某些城市的中心广场，将宏大的水幕作为银幕放映电影，可谓是景中生景；建在建筑大厅内效果也不错。缺点是运行噪声较大，能耗高。

2. 水景造型的选择

水景形态种类繁多，没有固定形式可以遵循，应根据置景环境、艺术要求与功能选择适当的水流形态、水景形式和运行方式。一般原则如下：

1）服从建筑总体规划，与周围建筑相协调。以水景为主景观的要选择超高型喷泉、音乐喷泉，水幕、瀑布、叠流、壁流、湖水等以及组合水景。陪衬功能的水景要选择溪流、涌泉、池水、叠流、小型喷泉等。安静环境要选择以静为主题的水景，热闹环境要选择以动为主题的水景；总体设计应做到主次结合，刚柔并进。

2）充分利用地形、地貌和自然景色，做到顺应自然、巧借自然，使水景与周围环境融为一体。节省工程造价。

3）考虑建成后对周围环境的影响。对噪声有要求时尽量选择以静水为主的水景，喷洒水雾对周围建筑有影响时尽量不要选超高喷泉等。

4）组合水景水流密度要适当，以幽静淡雅为主题时，水流适当稀疏一些；以壮观为主题时，水流适当丰满一些；以活泼快乐为主题时，水柱数量与变化可以多一点。

11. 1. 2　水景给排水系统

建筑水景一般由水面建筑、照明系统、水池及给排水系统组成。给排水系统则由水源、水池、加压设备、供水管路、出水口或喷头、管路配件、回水管路、排水管道、溢水管路等部分组成。需要时增加水处理过滤装置。水景常见给水方式有以下 2 种：

（1）直流系统　如果水景用水量小，水源供水能满足使用要求，为了节省能量、简化装备，可采用直流方式。水源一般采用城市给水管网供水，也可采用再生水作为景观水源，使用后由水池溢流排入雨水或排水管中。

（2）循环系统　大型水景观或喷泉，由于用水量较大，喷水所需压力较高，城市供水不能满足需要。为了节省水，可以采用循环用水系统，即喷射后的水流回集水池，然后由水泵加压供喷水管网循环使用，平时只需补充少量的损失水量。损失水量包括蒸发、排污及随风吹散等部分。

对于小型水景，可在水池中设置潜水泵，就地循环，不必另建集水池和泵房。

11. 1. 3　水景系统的设计与计算

1. 系统设计

（1）给水管道系统　喷泉的给水管道分为水源引入管与喷泉配水管，配水管上装设喷头，为了保持各喷头的水压均匀，配水管常采用环形管，并使喷头在管上对称布置。每组喷头应有调节阀门，阀门常采用球阀，以便调节喷水量和喷水高度。管线布置应力求简短，流速不可过高，以减小压力损耗。管道安装技术要求较高，转弯应当圆滑，管径要渐变，接口要严密，安装喷头处必须光滑无缺口，无粗糙和毛刺。管道安装应有不小于 0.02 的坡度，坡向集水坑，以利泄空水池。

选用管材时，输水管可用铸铁管或钢管，配水管用钢管、塑料管、不锈钢管、复合管等。钢管应涂防腐材料。管路配件包括球阀、电磁阀、电动阀、蝶阀、止回阀、水位控制阀等。

为了保持池中正常水位，需设置补充水管，以补充喷水池的水量损失。补充水管可装设浮球阀或其他自动控制水位的设备。

（2）排水管道　池内要装设溢流管及排水管，排水管上需要安装闸门，在排水管的闸门之后，可与溢流管合并成一条总排水管，排入雨水管中。喷泉给排水系统如图 11-1 所示。

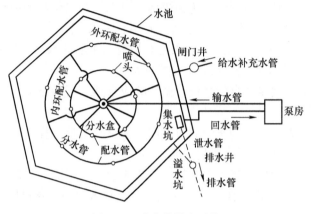

图 11-1　喷泉给排水系统

（3）加压设备　喷泉的加压设备多选用离心清水泵或潜水泵。有循环加压泵房时采用清水泵，无条件设加压泵房时采用潜水泵。根据喷头出口压力与流量经水力计算确定水泵流量和扬程。泵房宜设于喷水池附近，以便观察和调整喷水效果。也可将泵房置于喷水池之下的地下泵房，加压水泵可同时作为泄空水池排水之用。用加压泵排水时，排水出口要设置消能井。

（4）水源　水景水质应符合现行《地表水环境质量标准》（GB 3838—2002）相关条文规定要求。当喷头对水质有特殊要求时，循环水应进行过滤等处理。一般可采用生活饮用水、清洁的生产用水和清洁的河、湖水为水源。小型喷泉用水量很小的直流系统可采用自来水作为水源；大型喷泉采用循环系统时，如附近有适宜的生产用水或天然水源时，可以作为水源，也可采用自来水作为补充用水的水源。

（5）水池　水池（湖）是水景的主要组成部分之一，它具有点缀景色、储存水量和装设给排水管道系统的作用，也可装置潜水循环水泵。水池的形式有圆形、方形、多边形及荷叶边形等。池的大小视需要而定。池的深度一般不小于 0.5m。池底应有坡度坡向集水坑，以利检修和冬季泄空之用。如配水管路设于水池底上时，管上应铺设卵石掩盖而较为美观。小型水池可用砖石砌造，大池宜用钢筋混凝土制造。水池（湖）要求防水、防渗、防冻，以免损坏和渗漏，浪费水资源。

（6）灯光与音乐　喷水池喷出千姿百态的水景，如配以五颜六色的彩灯，则更增加动人的景色。灯光视需要而定，一般黄绿色视感度最强，红蓝色较弱，灯应距喷头较近，照光效果好。音乐喷泉的水柱随音乐声音的高低、强弱通过电控而起伏跳动，更增添喷泉的生动美妙之感，颇受人们喜爱。

（7）喷头　喷头是喷泉系统的主要组成部分，是喷射水柱的关键设备。射流的形状、流量依喷头的喷嘴类型及其直径而定，射流的高度与喷头前的水压有关。喷头布置成垂直或不同倾斜的角度，会影响喷头的喷射高度和喷射距离。

喷头种类繁多，可根据不同的要求来选用，以下介绍几种常用的喷头：

1）直射喷头。如图 11-2 所示，水流沿筒形或渐缩形喷嘴直接喷出，形成较长水柱，是喷头的基本形式。其构造简单，造价低廉。如果制成球形铰接，可以调节喷射角度。

2）散射式（牵牛花喷头）。水流在喷头内由于离心作用或导叶的旋转作用而喷出，散射成倒立圆锥形或牵牛花形。有时也用于工业冷却水水池中，如图 11-3a 和 b 所示；也可利用挡板或导流板，使水散射成倒圆锥形或蘑菇形，如图 11-3c 所示。

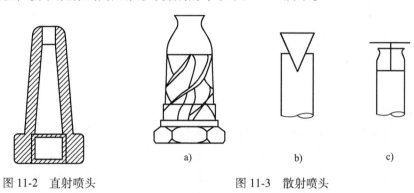

a)　　　　　　b)　　　　　c)

图 11-2　直射喷头　　　　　　　　图 11-3　散射喷头

3）掺气喷头。利用喷头喷水造成的负压，吸入大量空气或使喷出水流掺气，体积增大，形成乳白色粗大水柱，非常壮观，景观效果很好，也是常用的一种喷头，如图 11-4 所示。

4）缝隙式喷头。喷水口制成条形缝隙，可喷出扇形水膜，如图 11-5a 所示；或使水流折射而成扇形，如图 11-5b 所示；如制成环形缝隙则可喷成空心圆柱，使用较小水量造成壮观的粗大水柱，如图 11-5c 所示。

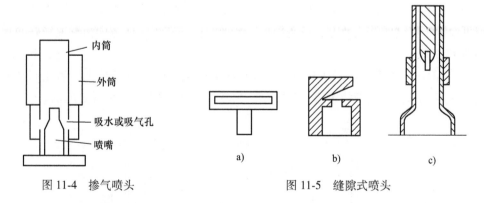

内筒

外筒

吸水或吸气孔

喷嘴

a)　　　　　　b)　　　　　c)

图 11-4　掺气喷头　　　　　　　　图 11-5　缝隙式喷头

5）组合式喷头。用几种喷头或同一种多个喷头构成一种组合喷头，可以喷出极其壮观的水流图案。这种组合的喷头种类繁多。如图 11-6a 所示为直射与散射组合成百合花形喷头；如图 11-6b 所示为用不同角度的直射喷头，组成指形或扇形水柱；如图 11-6 中 c 所示环形管上装设多个直射喷头，如使喷头装设的角度不同，可以形成各种形状的水柱图案；如图 11-6d 所示为空心体或半球体上装设多个小型直射式喷头，组成蒲公英花式组合喷头，可形成球形或半球形花式等。总之，可以根据设计需要，进行多种组合。

除此以外，常用喷头还有：涌泉喷头、半球形喷头、蒲公英喷头、集流直射喷头、旋转

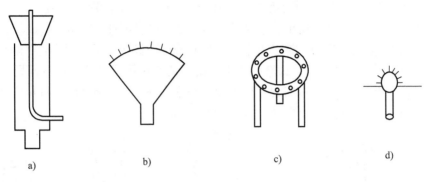

图 11-6　组合喷头

喷头、水雾喷头等。

喷头选择应根据喷泉水景的造型确定，为保证喷泉的喷水效果，首先必须保证喷头的质量。喷头材质应不易锈蚀、经久耐用、易于加工的材料，常用青铜、黄铜、不锈钢等金属材料。小型喷头也可选用塑料、尼龙制品。为保持水柱形状，喷头加工制作必须精密，表面采用抛光或磨光，各式喷头均需符合水力学要求。具体选择何种喷头应根据喷泉水景的造型确定，流量与扬程计算按厂家给出的产品性能参数确定。

（8）喷泉造型　运用基本射流可以设计出多种优美的喷泉造型。设计射流的形式、喷射高度、喷水池平面形状等方案时，应仔细考虑喷泉所处的位置、地形、周围建筑以及所要形成的气氛，必须使喷泉与建筑协调，增加建筑的美感，使人们在观赏时可以得到美的享受。

1）单股射流。由一股垂直上射的水柱形成，水柱高度根据需要而定，可由几 m 到几十 m，甚至可达百余 m。瑞士著名的莱蒙湖独股喷泉，水柱高达 140 余 m，可谓奇观。小型单股射流可设置于庭院或其他地方，设备简单，装设方便，在不大的范围内形成较好的景观效果，如图 11-7 所示。

2）密集射流。由多个单股射流组成不同高度的密集射流，形成较大型的几何图形，甚为壮观，适用于具有大视野的场合，如车站、广场、机场等处，如图 11-8 所示。

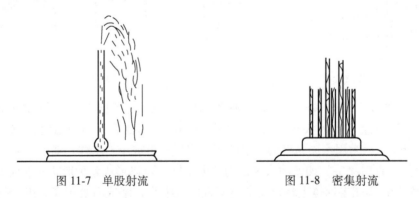

图 11-7　单股射流　　　　　　　　　　图 11-8　密集射流

3）分散射流。利用不同的射角和不同射程的射流组成分散射流喷泉，常用于公共建筑物的广场上，如图 11-9 所示。

4）组合射流。利用密集射流和分散射流组合而成，可以形成多种多样的美丽图形，适用于大型建筑前广场，如图 11-10 所示。

图 11-9　分散射流

图 11-10　组合射流

2. 系统计算

（1）喷泉水力计算步骤

1）根据总体规划选择水景形式。

2）各种型号规格喷头前的水压与出流量，喷水高度和射程之间的关系，均由试验获得，可参照各专业公司提供的资料选择喷头形式、射流高度、喷射半径、射流轨迹、喷头流量和喷头所需的水压，确定喷头数量。

3）计算管道系统的管径、循环流量、管道阻力，选择循环水泵，水景循环水泵不设备用泵。

4）计算并确定循环水泵房的工艺尺寸。

（2）跌流水力计算　水幕、叠流、喷泉水池中的水盘，水溢流流出，形成多种塔形水柱，如图 11-11 所示。

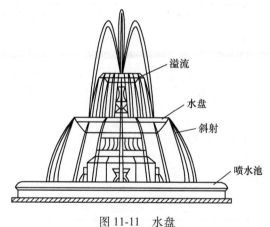

图 11-11　水盘

1）周边溢流水量计算。周边均匀溢流可按环形堰进行估算：

$$q = \pi D m \sqrt{2g} H^{3/2} \qquad (11-1)$$

式中　q——堰流量（$\mathrm{m^3/s}$）；

　　　m——流量系数，取值见表 11-1；

　　　H——堰前水头（m）；

　　　D——水盘直径（m）。

表 11-1　流量系数

堰口形式	直角	45°角	圆角	斜坡 80°~120°
m 值	320	360	360	340~380

　　周边分段流出可用各种水堰式计算。图 11-12 所示为三角堰，三角堰流量计算公式如下：

$$q = AH^{5/2} \qquad (11-2)$$

式中　q——三角堰流量（L/s）；

　　　A——与堰口夹角 θ 有关的流量系数，取值见表 11-2；

　　　H——堰前水头（m）。

图 11-12　三角堰

表 11-2　A 值与 θ 的关系

$\theta/(°)$	30	40	45	50	60	70	80	90	100	110	120	130	140	150	160	170
A	380	516	587	666	818	992	1189	1417	1689	2024	2455	3039	3894	5289	8637	16198

　　矩形堰计算公式如下：

$$q = AH^{3/2} \qquad (11-3)$$

式中　q——矩形堰流量（L/s）；

　　　A——与堰口宽度 b 有关的流量系数，取值见表 11-3；

　　　H——堰前水头（m）。

表 11-3　A 值与 b 的关系

b/m	0.05	0.10	0.15	0.20	0.25	0.30	0.35	0.40	0.50	0.55	0.60	0.70	0.80
A	99.6	199.5	298.9	398.6	498.2	597	697.5	797.2	996.8	1096.1	1195	1395	1594

　　图 11-13 所示为梯形堰。梯形堰流量计算公式如下：

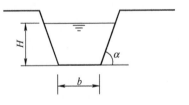

$$q = A_1 H^{3/2} + A_2 H^{5/2} \qquad (11-4)$$

式中　q——梯形堰流量（L/s）；

　　　A_1——与堰口宽度 b 有关的系数，取值见表 11-4；

　　　A_2——与堰口坡角 α 有关的系数，取值见表 11-5；

　　　H——堰前水头（m）。

图 11-13　梯形堰

表 11-4　梯形堰 A_1 值

b/m	0.05	0.10	0.15	0.20	0.25	0.30	0.35	0.40	0.45	0.50	0.55	0.60	0.70
A_1	66.4	132.9	199.3	265.7	332.2	398.6	465.0	531.4	597.9	664.3	730.7	797.2	930.9

表 11-5　梯形堰 A_2 值

α	5	10	15	20	25	30	35	40	45	50	55	60	65	70	75
A_2	16199	8038	5289	3840	3039	2454	2024	1689	1417	1189	992	818	661	526	380

2) 孔口及管嘴射流计算。在水盘的水面下，做成孔口或管嘴，在盘中水位的作用下，喷洒各种形式和不同角度的水柱，形成独特的景色。如图 11-11 中下部大水盘的孔口射流情况。

图 11-14 所示为水盘的孔口及管嘴，计算时可应用公式 $q = \mu F\sqrt{2gh}$（μ 为流量系数），管嘴水平喷射时，其水平喷射距离可按下式计算：

$$l = 2\Phi\sqrt{H + h} \tag{11-5}$$

式中　l——水平喷射距离（m）；

　　　Φ——流速系数，视孔口形式而不同，按表 11-6 采用；

　　　H——作用水头（m）；

　　　h——孔口距水池水面高度（m）。

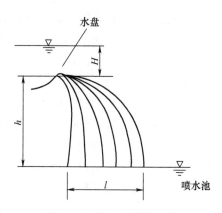

图 11-14　孔口或管嘴出流

表 11-6　孔口或管嘴的 Φ 值

孔口或管嘴类型	薄壁孔口	外管嘴	内管嘴	收缩形管嘴	扩张形管嘴
Φ 值	0.97	0.61~0.82	0.71~0.97	0.96	0.45~0.50

11.1.4　水景配套设施设计与计算

1. 水池计算

（1）水池平面尺寸　在设计风速下，水滴应不致被风吹到池外。水滴在风力作用下的飘移距离可按下式计算：

$$L = 0.03\frac{HV^2}{d} \tag{11-6}$$

式中　L——水滴飘移距离（m）；

　　　H——水滴最大降落高度（m）；

　　　V——设计风速（m/s）；

　　　d——水滴计算直径（mm），与喷头形式有关，参考表 11-7。

表 11-7　各种喷头喷洒水滴的直径

喷头形式	螺旋式	碰撞式	直流式
水滴直径/mm	0.25~0.50	0.25~0.50	3.00~5.00

喷泉水池的实际尺寸宜比计算值增大 1m 以上，以减少池水外溅。

（2）水池深度　喷泉水池不作其他用途时，池水深度不小于 0.5m，水面超高不小于 0.25m。如有其他用途，应满足其他用途要求。水池底部应有不小于 0.01 的坡度，坡向排水口或集水坑。

2. 排水设备计算

（1）溢流水量计算　为使水池中水位保持一定高度、进行表面排污和维持水面清洁，池中应设溢流口。如用漏斗式溢流口，溢流口溢流水量可用下式进行计算：

$$q = \mu F \sqrt{2gh} \qquad (11\text{-}7)$$

式中　q——溢流水量（m^3/s）；

　　　μ——流量系数，可取 0.49；

　　　F——过水断面面积（m^2）；

　　　h——口上水深（m）。

敞开式水池要考虑雨水泄流量，溢流口宜设在不影响美观且便于清除积污和疏通管道之处；口上设置格栅以防浮物堵塞管道，格栅的间隙应不大于排水管径的 1/4；大型池如设一个溢流口不能满足要求时，可设多个，均匀布置在池中或周边处，敞开式水池要考虑雨水泄流。

（2）泄水量计算　为便于水池和管道的维护及放空，池中需设泄水装置，泄水量可用下式计算：

$$T = 0.26 \frac{F}{d^2} \sqrt{H} \qquad (11\text{-}8)$$

式中　T——泄空时间（h）；

　　　F——水池面积（m^2）；

　　　d——泄水口直径（mm）；

　　　H——开始泄水时水深（m）。

泄水口上设置格栅，泄水管上设置闸阀，采用循环供水系统时，泄水口可兼作水泵吸水口，利用水泵排空。

3. 喷泉的水量损失和补充水量

喷泉在运行中会损失部分水量，必须进行补充，以维持正常工作。

（1）水量损失计算　一般包括风吹、溢流、排污、蒸发和渗漏等，可按循环流量或水池容量的百分数计算，其值见表 11-8。

表 11-8　水量损失

水景形式	占循环流量的比例（%）		溢流排污损失占池水容积的比例（%）
	风吹损失	蒸发损失	
喷泉、水膜、孔流等	0.5~1.5	0.4~0.6	3~5
水雾	1.5~3.5	0.6~0.8	3~5
瀑布、水幕、涌泉等	0.3~12.0	0.2	3~5
镜湖、珠泉等	—	—	2~4

（2）补充水量　除满足最大损失水量外，还要满足运行前的充水要求。充水时间一般可按 24~48h 考虑。对非循环的静水面（如镜池等），从卫生和美观考虑，每月宜换水 1~2次，或按表 11-8 的损失水量不断补充新水。

4. 喷泉控制方式

（1）手动控制方式　在水景设备运行后，喷水姿态固定不变，一般只需设置必要的手动调节阀，待喷水姿态调节满意后就不再变换。

（2）时间继电器控制方式　设置多台水泵或用电磁阀、气动阀、电动阀等控制各组喷头，利用时间继电器控制水泵、电磁阀、气动阀或电动阀的开关，从而实现各组喷头的姿态变换。照明灯具的色彩和照度也可同样实现变换。

（3）音响控制方式　在各组喷头的给水干管上设置电磁阀或电动调节阀，将各种音响的频率高低或声音的强弱转换成电信号，控制电磁阀的开关或电动调节阀的开启度，从而实现喷水姿态的变换。

1）简易音响控制法。在一个磁带上同时录上音乐信号和控制信号。为使音乐与水姿同步变化，应根据管道布置情况，使控制信号超前音乐信号一定的时间。在播放音乐的同时，控制信号转换成电气信号，控制和调节电磁阀的开关、电动调节阀的开启度、水泵的转速等，从而达到变换喷水姿态的目的。

2）间接音响控制法。利用同步调节装置控制音响系统和喷水、照明系统谐调运行。音响系统可采用磁带放音，喷水和照明系统采用程序带、逻辑回路和控制装置进行调节和控制。

3）直接音响控制法。直接音响控制法是利用各种外部声源，经声波转换器变换成电信号，再经同步装置谐调后控制喷水和照明的变换运行。

（4）混合控制法　对于大、中型水景，让一部分喷头的喷水姿态和照明灯具的色彩和强度固定不变，而将其他喷头和灯具分成若干组，使用时间继电器使各组喷头和灯具按一定时间间隔轮流喷水和照明，在任意一组喷头和灯具工作时，利用音响控制喷水姿态、照明的色彩和强度的变换。可使喷水随着音乐的旋律而舞动，照明随着音乐的旋律而变换，水景姿态变化万千。

11.2　游泳池给排水设计

11.2.1　游泳池类型与规格

游泳池的大小一般无具体规定，平面形状也不一定是矩形，实际设计中可采用不规则的形状，或加入一些弧线形。游泳池的平面尺寸和水深见表 11-9。

表 11-9　游泳池的平面尺寸和水深　　　　　（单位：m）

游泳池类别	最浅端水深	最深端水深	池长度	池宽度	备注
比赛游泳池	1.8~2.0	2.0~2.2	50	21, 25	—
水球游泳池	≥2.0	≥2.0	—	—	—
花样游泳池	≥3.0	≥3.0	—	21, 25	—
训练游泳池 运动员用	1.4~1.6	1.6~1.8	50	21, 25	含大学生
成人用	1.2~1.4	1.4~1.6	50, 33.3	21, 25	
中学生用	≤1.2	≤1.4	50, 33.0	21, 25	
公用游泳池	1.8~2.0	2.0~2.2	50, 25	25, 21, 12.5, 10	—
儿童游泳池	0.6~0.8	1.0~1.2	平面形状和尺寸视具体情况而定		含小学生
幼儿嬉水池	0.3~0.4	0.4~0.6			

（续）

游泳池类别	最浅端水深	最深端水深	池长度	池宽度	备注
	跳板（台）高度	水深			
跳水游泳池	0.5	≥1.8	12	12	
	1.0	≥3.0	17	17	
	3.0	≥3.5	21	21	—
	5.0	≥3.8	21	21	
	7.5	≥4.5	25	21，25	
	10.0	≥5.0	25	21，25	

11.2.2 水质和水温

1. 水质

游泳池初次充水和使用过程中的补充水水质应符合《生活饮用水卫生标准》（GB 5749—2006）的要求，人工游泳池水质卫生标准见表 11-10。

表 11-10　人工游泳池水质卫生标准

序号	项　目	标　准
1	水温	22~26℃
2	pH 值	6.5~8.5
3	浑浊度	≤5NTU
4	尿素	≤3.5mg/L
5	余氯	游离余氯：0.3~0.5mg/L
6	细菌总数	每 ml 不超过 1000 个
7	总大肠菌群	每 L 不得超过 18 个
8	有害物质	参照相关标准执行

2. 水温

游泳池内的水温，室内以 25~29℃ 为宜，儿童池为 28~30℃；有加热装置的露天游泳池采用 26~28℃，无加热装置时为 22~23℃。

11.2.3 给水系统

按节约用水的原则，应采用循环净化给水系统，而不应采用直流式供水系统。游泳池初次充水时间一般可用 24~48h，如条件允许，宜缩短充水时间。

游泳池的初次充水，以及使用过程中的补充水，应经补给水箱供水，以防止污染自来水水源，并控制游泳池的进水量。补充水的计算，应包括池面的蒸发损失、游泳者进出水池时带走的池水和过滤设备反冲洗时排掉的冲洗水，补充水量见表 11-11。

表 11-11　游泳池的补充水量

序号	游泳池类型	每日补水量占池水容积百分数（%）	
1	比赛池、训练池、跳水池	室内池 3~5	室外池 5~10
2	公共游泳池、水上游乐池	室内池 5~10	室外池 10~15

（续）

序号	游泳池类型	每日补水量占池水容积百分数（%）	
3	儿童池、幼儿戏水池	室内池≥15	室外池≥20
4	家庭游泳池	室内池3	室外池5

补给水箱的设置要求如下：

1）补给水箱水面与泳池溢流水面具有大约100mm的高差。

2）水箱容积不必太大，但水箱的进水量宜大，且应靠近泳池设置。

3）进水管可设两个进水浮球阀，或一个低噪声的液压式进水阀。进水间出口应高于游泳池溢流水位100mm以上，以防止水回流造成污染。

4）对游泳池连通管的直径，除了考虑初次充水的流量外，还应考虑补水时的阻力损失。连通管不必设阀门。

5）补给水箱的材料，可和生活贮水池（箱）相同，若采用钢筋混凝土或砖砌体作箱体时，池壁及池底应铺砌白瓷片；采用金属结构时，可用不锈钢焊接，也可用玻璃钢水箱，不可采用碳钢涂防腐油漆的水箱。

11.2.4　循环水系统

不同使用功能的游泳池应分别设置各自独立的循环系统，游泳池常用循环方式有顺流循环、逆流循环、混合循环3种，如图11-15所示。

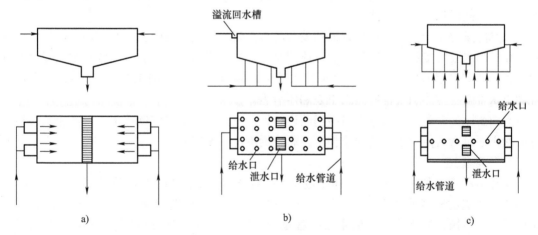

图 11-15　游泳池水流循环方式

a）顺流循环方式　b）逆流循环方式　c）混合循环方式

顺流循环的全部循环水量从游泳池的两端壁或两侧壁上部进水（也可采用四壁进水），由深水处的底部回水。底部回水口可与排污口合用。此方式能满足配水均匀、防止出现死水区的要求。设计时应注意进水口均匀布置，且各进水口与回水口的距离大致相同，以防止短流或形成死水区。

逆流循环方式在池底均匀布置给水口，循环水从池底向上供给，周边溢流回水；这种方式配水较均匀，底部沉积物较少，有利于排除表面污物，但基建投资费用较高。

混合循环方式从池底和两端进水，两侧溢流回水。

1. 循环周期

游泳池池水的循环周期见表 11-12，使用人数多可采用较短的循环周期；反之，则采用较长的循环周期。

表 11-12　游泳池池水循环周期　　　　　　　　　　　　（单位：h）

比赛池训练池	跳水池	俱乐部、宾馆内游泳池	公共游泳池	儿童池	儿童戏水池	公用按摩池	专用按摩池	家庭游泳池
4~6	8~10	6~8	4~6	2~4	1~2	0.3~0.5	0.5~1	8~10

2. 循环流量

循环流量可按下式计算：

$$q = \alpha V/T \tag{11-9}$$

式中　q——循环流量（m^3/h）；

　　　α——管道和过滤设备水容积附加系数，一般为 1.05~1.1；

　　　V——游泳池池水容积（m^3）；

　　　T——循环周期（h）。

3. 循环水泵

循环水泵可用单级单吸式离心水泵或潜水泵，一台工作，一台备用。所选水泵流量既要满足循环流量的需要，也要满足反冲洗时水量的需要。当反冲洗水量比循环流量大很多时，可将两台泵同时启动作反冲洗之用。

水泵的扬程等于循环水系统管道和设备的最大阻力以及水泵吸水池水面与游泳池水面高差之和。当水泵直接从游泳池吸水而形成闭路循环时，则不存在水面差问题。水泵吸水管内的水流速度宜采用 1.0~1.5m/s；水泵出水管内的水流速度宜采用 1.5~2.5m/s；水泵进水管和出水管上，应分别设置压力真空表和压力表。

室内游泳池管道与水泵进出口阀门的连接处，应设可曲挠橡胶软接头，以防止水泵运行时的噪声通过管道传至建筑物的结构上，影响周围房间的安静。

4. 循环管道

循环给水管内的水流速度不宜超过 2.5m/s；循环回水管内的水流速度宜采用 0.7~1.0m/s。管道材料多采用塑料给水管，有特别要求时，也可选用铜管和不锈钢管。管道耐压应满足水泵扬程的要求（一般水泵扬程是 20~30m）。由于塑料的线膨胀系数大于钢管，管道位置设计时必须考虑其可以伸缩而不致损坏。当池水要加热时，尤其要注意此问题。

循环管道宜敷设在沿池子周边的管廊内或管沟内，管廊、管沟应留入孔及吊装孔；沿池子周边埋地敷设的循环管道，当为碳钢管道时，管外壁应采取防腐措施；当为非金属管道时，应有保证管道不被压坏的防护措施。

11.2.5　水质净化与消毒

1. 预净化

当游泳池的水进入循环系统时，应先进行预净化处理，以防止水中夹带颗粒状物、泳者遗留下的毛发及纤维物体进入水泵及过滤器。否则，既会损坏水泵叶轮又影响滤层的正常工作。所以，在循环回水进入吸水管阀门之后、水泵之前，必须设置毛发聚集器。

毛发聚集器的原理与给水管道上的 Y 形过滤器相同，但因聚集器的过滤筒必须经常取出清洗，因此取出滤筒处的压盖不要采用法兰盘连接，而应采用快开式的压盖，否则每次清扫需要较长时间。

毛发聚集器一般用铸铁制造，其内壁应衬有防腐层，也有用不锈钢制造的，防腐性能较佳。过滤筒应用不锈钢或紫铜制造，滤孔直径宜采用 3mm。

国内生产的快开式毛发聚集器主要有 $DN100$，$DN150$，$DN200$，$DN250$ 等规格，当流量超过单个设备的过水能力时可并联使用。

2. 过滤

过滤是游泳池水净化工艺的主要部分。一般采用压力过滤器，其过滤效率高、操作简便且占用建筑面积少。专为游泳池设计的压力过滤器外壳和内件均用不锈钢制造，过滤器直径分别为 600mm 及 800mm，滤速约 40mm/h，最高处理水量可达 $15 \sim 25m^3/h$。单层滤料一般采用石英砂；双层滤料上层为无烟煤，下层为石英砂；三层滤料上层为沸石、中层为活性炭，下层为石英砂。过滤器经一段时间运行后，滤层积聚了污物，使过滤阻力加大而滤速降低，此时应对滤料进行反冲洗，反冲洗水源可利用游泳池的贮水而不必另设贮水池。

3. 加药及加药装置

水进入过滤器前，应投加混凝剂，使水中的微小污物吸附在絮凝体上，以提高过滤的效果。滤后水回流入池前，应投加消毒剂消灭水中的细菌。同时，为使进入泳池的滤后水 pH 值保持在 6.5 ~ 8.5，需投药调节 pH 值。

混凝剂一般宜用精制硫酸铝、明矾或三氯化铁等，投加量随水质及水温、气温而变化，一般投加量为 5 ~ 10mg/L，实际运行中可经检验而确定其最佳投入量。pH 值调整剂一般可用碳酸钠、碳酸氢钠或盐酸，投加量为 3 ~ 5mg/L，具体应根据池水的酸碱度而调整投药量。为防止藻类生长，可投加 1 ~ 5mg/L 硫酸铜。

投药方式应采用电动计量泵，其优点是能够进行定时、定量投加，当需要变更投药量时，可按需调整，使用方便。投药应用耐腐蚀的塑料给水管，或夹钢丝的透明软塑料管作为投药管。投药容器应耐腐蚀，并装有搅拌器。

4. 消毒

游泳池池水必须进行消毒处理。常用的消毒方法有氯消毒、紫外线消毒及臭氧消毒等，以氯消毒使用最多。

采用氯消毒时不要使用液氯，因氯有刺激性气味，可能对游泳者的眼睛产生刺激作用；同时，液氯属危险物品，在运输及使用过程中，易引起事故。常用氯片、二氧化氯及次氯酸钠溶液等作为消毒剂。固体消毒剂应调配成溶液后湿式投加。投氯量应满足消灭水中细菌的需要，一般夏季用量为 5mg/L、冬季用为 2mg/L，使游离余氯量为 0.4 ~ 0.6mg/L、化合性余氯为 1.0mg/L 以上。需定期取水样化验，调整投加量；一般采用电动计量泵投加消毒剂。

紫外线消毒和臭氧消毒是有效的杀菌方法，但成本较高，且无持续的杀菌效果，不能消灭游泳者带入的细菌，故用于游泳池的水消毒有其局限性。若采用这两种方法消毒游泳池水，需辅以氯消毒，以达到水质卫生标准要求的余氯量。

11.2.6 水的加热

设计标准较高的室内游泳池，应考虑对游泳池水加温，以适应冬季时使用。当有蒸汽供应时，可采用汽-水快速热交换器，水从加热管的管内通过，蒸汽从管间通过，不宜采用直接汽-水混合的方式。需要独立设置发热设备为游泳池水加热，或与热水系统合用发热设备时，宜用低压热水进行水的热交换。

池水加热时，可在循环回水总管上串联加热器，把水升温之后再流入游泳池，即循环过滤与水加热一次完成。加热器应接旁通管，以备调节通过加热器的流量；当夏季无须加热时，水由旁通管进入游泳池。串联加热器之后，循环水泵的扬程应将加热器的阻力计算在内。

游泳池补充水加热所需的热量，按下式计算：

$$Q = 4.1868q(t_r - t_b)/T \tag{11-10}$$

式中　Q——游泳池补充水加热所需的热量（kJ/h）；

q——游泳池每日的补充水量（L）；

t_r——游泳池水的温度（℃）；

t_b——游泳池补充水的水温（℃）；

T——加热时间（h）。

11.2.7 系统布置

图 11-16 所示为游泳池循环水处理系统布置示意图。循环水工艺流程应根据游泳池用途、水质要求、游泳负荷、消毒方法等因素，经技术经济比较后确定。

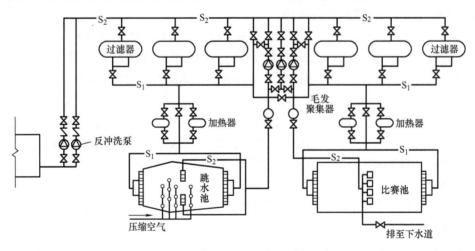

图 11-16　游泳池循环水处理系统布置示意图
S_1—处理后的进水　S_2—未处理的排水

11.2.8 附属装置

1. 进水口

顺流式循环系统的进水口设于池侧壁上，数量应满足循环流量的要求。为了使配水均匀不产生涡流和死水区，进水口直径一般为 40～50mm。进水端呈喇叭形，见图 11-17，水平间距为 2～3m。拐角处进水口与另一池壁的距离不宜大于 1.5m。因为最大水深不超过 1.5m，而回水口设在池底，故进水口设在水面下 0.5m 处，既可以防止余氯散失，也防止出现短流。进水口在壁面应设可调节水量的格栅，可使水流扩散均匀，又可调节各进水口的水量。

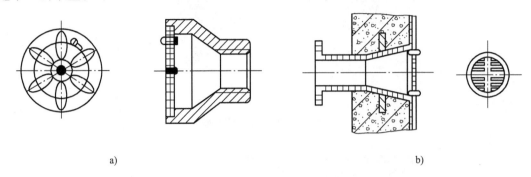

a)   b)

图 11-17　进水口形式

a) 可调进水口　b) 不可调进水口

2. 回水口

回水口设于池底的最低处，并同时要考虑回水时水流均匀，不出现短流现象。其流量与进水量相同，但数量应比进水口少，故回水口及其连接管均比进水口大，并应以喇叭口与回水管连接。喇叭口应设隔栅盖板，栅条净距不大于 15mm，孔隙流速不大于 0.5m/s。栅条用不锈钢制成，或用塑料管压注而成，应固定牢靠，如图 11-18 所示。

3. 泄水口

泄水口一般与回水口共用，在管道上设阀门控制游泳池水循环过滤或排放。

4. 吸污设备

游泳池使用后，池底会产生沉淀物，影响卫生，应在不排掉贮水的情况下能把污物吸出，一

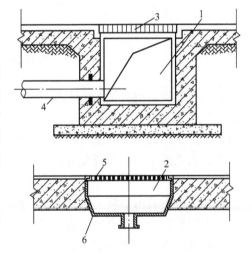

图 11-18　回水口形式

1—混凝土回水口　2—铸铁回水口　3—箅子
4—排水管　5—铸铁箅子　6—铸铁外壳

般将吸污口设在池壁水面下 0.4~0.5m 深处，视池面积的大小设一个或数个塑料制的吸污口。其位置及数量，以能使吸污器到达池底任何部位为准。吸污口是装于池壁带内丝扣的接头，外丝扣用于接管通向排污泵，内丝扣平时旋上堵头。使用时，接上吸污器的软胶管，启动吸污泵后，用手柄往返推动吸污器，即可将污物吸出。吸污口的安装方法与进水口相同。吸污泵可单独设置，也可利用循环水泵代替。

5. 溢流水槽（沟）

溢流水槽（沟）用于排除游泳者下水时溢出的池水，并带走水面的漂浮物。溢流水槽有池壁式和池岸式两大类。池壁式如图 11-19 所示，池岸式如图 11-20 所示。

池壁式溢水沟除了施工困难外，水面与池岸还存在 300~500mm 的高差，浪费空间，沟壁易黏滞污物，故近年极少使用。

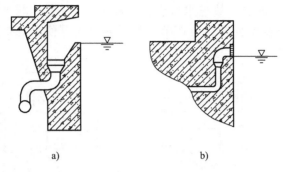

图 11-19　池壁式溢流水槽

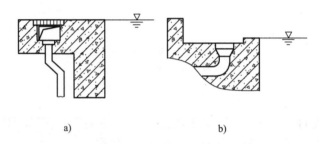

图 11-20　池岸式溢流水槽

池岸式溢流沟解决了以上问题，水沟宽度不小于 150mm，也不宜大于 200mm，沟面必须设栅盖，盖面既可以排除溢流水，又可以在上面行人。格栅用 ABS 塑料制作，栅面应有防滑措施。块状的塑料格栅仅能用于直线的溢水沟；条状拼装组合型的格栅，既能用于直线的水沟，也能随水沟的弧线而变化，使用灵活。

6. 水下灯

游泳池内安装水下灯，除了晚上开放照明美观外，也给游泳者增加了安全感。可按灯光颜色要求配置各种透明有色灯盖。灯具应暗藏于池壁之内，也可在浇筑池壁混凝土之前，把灯具的不锈钢外壳预埋于其内，待土建完成后，再穿电线及安装灯具。由于灯具安装于水中，且与人体接近，要求低压直流供电，电线及其连接方法均必须防水。

11.2.9　洗净与辅助设施

为了减少游泳者带入池内的细菌，在进入游泳池的必经通道上，设置强制淋浴及浸脚消毒池（有强制淋浴时，供游泳者使用的淋浴间不能取消）。强制淋浴应为自动控制，有人通过时，淋浴器才喷水，人通过后自动停止供水。

浸脚消毒池应设于强制淋浴之后，且有一定距离，防止淋浴水溅入而使消毒液稀释。消毒池长度不少于 2m，液深不少于 0.15m，消毒液余氯量不低于 10mg/L。消毒液的排放管应采用塑料给水管，并安装塑料阀门控制。为防止管道被杂物或泥沙堵塞，公称管径不宜小于 80mm。消毒液应中和或稀释后才能排入市政排水管网。

11.2.10　卫生设备排水系统

在游泳池的实际建设中，一般根据池水总表面积确定其卫生设备的数量，表 11-13 为我国一些游泳池实际设置的卫生设备数量统计数据。

表 11-13　卫生设备设置数量　　　　　单位：个/（1000m² 水面）

卫生设备名称	室内游泳池		室外游泳池	
	男	女	男	女
淋浴器	20~30	30~40	3	3
大便器	2~3	6~8	2	4
小便器	4~6	—	4	—

　　游泳池设于首层或楼层之上者，排放池水时应首先考虑重力排水；不能重力排放时应尽量利用循环水泵泄水。

　　室外的雨水，不应流向游泳池的溢水沟，以免雨量大时可能有少量雨水流入而污染游泳池。池岸周边应设雨水排水口及龙头，以备清洗溢水沟格栅及池岸之用。清洗水和雨水可合流入城市排水系统中。

11.3　绿地喷灌给排水设计

　　园林绿地草坪是为改善环境、增加美感、陶冶性情等目的而栽植的，因此，要求它们最好常年生长皆绿。喷灌是将灌溉水通过由喷灌设备组成的喷灌系统形成具有一定压力的水，由喷头喷射到空中，形成细小的水滴，均匀地喷洒到土壤表面，为植物正常生长提供必要水分的一种先进灌水方法。与传统的地面灌水方法相比，喷灌具有节水、节能、省工和灌水质量高等优点。喷灌的总体设计应根据地形、土壤、气象、水文、植物配置条件，通过技术经济比较确定。

11.3.1　绿地喷灌系统的组成与分类

1. 绿地喷灌系统的组成

　　喷灌系统通常由喷头、管材和管件、控制设备、过滤设备、加压设备及水源等所组成。

　　（1）喷头　喷头是喷灌系统中的重要设备。它是作用是将有压水流破碎成小的水滴，按照一定的分布规律喷洒在绿地上。为了达到喷灌系统的设计和使用的要求，选用喷头应符合以下条件：

　　1）在设计工作压力下，能够将连续水流破碎成细小水滴，具有良好的雾化能力。

　　2）在设计工作压力和无风条件下，具有一定的水量分布规律。

　　3）喷头材质具有良好的抗老化、耐腐蚀和抗机械冲击等性能。

　　4）结构合理、使用方便、经久耐用。

　　（2）管材和管件　用于绿地喷灌系统的管材和管件应该保证在规定的工作压力下不发生开裂和爆管现象，同时，应具有抗老化、不锈蚀、便于安装的性能。

　　塑料管比金属管更适合绿地喷灌，因为塑料管具有化学性能稳定、水力性能好、材质轻、密封性能好、施工期短等优点。

　　管件包括弯头、直通、三通、异径管、堵头和各种阀门等。

　　（3）控制设备　喷灌系统的运行靠各种控制设备来实现。按照控制设备的使用功能，可将其分为状态性控制设备、安全性控制设备和指令性控制设备。

状态性控制设备的作用是控制管网水流方向、流量和压力等状态参数，如各种球阀、闸阀、电磁阀和水力阀等。

安全性控制设备的作用是保证喷灌系统的运行安全和正常维护，如减压阀、逆止阀、空气阀、水锤消除阀和自动泄水阀等。

指令性控制设备包括各种自控阀门的控制器、遥控器、传感器、气象站和中央控制系统等。

（4）过滤器　当喷灌用水中含有固体悬浮物或有机物时，需采用过滤器对水中的杂质进行分离和过滤，以免堵塞系统中的阀门和喷头。按照不同的工作原理，可将过滤器分为离心过滤器、砂石过滤器、网式过滤器和叠片过滤器。

利用地表水或含沙量较大的地下水作为喷灌水源时，经常会用到过滤器。使用处理后的生活或生产废水作为喷灌用水，也可能需要过滤设备。过滤器的使用会增加喷灌系统的工程造价，但确实会给系统的运行和管理带来许多方便。

（5）加压设备　加压设备包括各类水泵、变频供水装置和高位水箱等，规划设计时应根据具体情况经计算选用。

（6）水源　绿地喷灌的水源有多种形式，市政或局域供水管网、中水回用、井、泉、湖泊、池塘、河流和渠道等都可能为喷灌系统提供良好的水源。无论采用哪种水源，首先应该满足喷灌系统对水质和水量的要求。

水源的条件对于喷灌系统的规划设计是至关重要的。进行喷灌系统的规划设计时，必须通过现场的勘察，对不同的水源进行分析和比较，选择技术上可行、经济上合理的供水方案。

2. 绿地喷灌系统的分类

绿地喷灌系统按照管道敷设方式、控制方式和供水方式不同有 3 种分类方式，具体介绍如下：

（1）按管道敷设方式分类

1）固定型喷灌系统。指管网的支、干管均为地下敷设的喷灌系统。固定型喷灌系统具有操作方便、易于维护管理和便于实现自动化控制等优点，但系统设计水平的要求较高，一次性投入较大。

2）移动型喷灌系统。指管网的干管为地下或地上敷设，支管均为地上敷设的喷灌系统。移动型喷灌系统的前期投资小，但使用和维护不便，难以实现自动化控制。

（2）按控制方式分类

1）程控型喷灌系统。指闸阀的启闭是依靠预设程序控制的喷灌系统。程控型喷灌系统操作简单、省时、省力，有利于提高绿地的养护质量，实现绿地的高效管理；系统的运行程序由园林专家根据植物的需水要求和气象条件事先设置，从而在使用中可以有效地避免人为因素对绿地养护的不利影响。只有不断地建立和完善能够独立运行的程控型喷灌系统，将来逐步实现区域性喷灌系统的集中化和智能化管理才有可能。另外，程控型喷灌系统能够轻松地做到夜间运行。提倡夜间喷灌的主要原因是：白天空气湿度低，蒸发损失大，夜间喷灌更有利于节水；白天多为用水高峰期，管网水压较低，夜间喷灌有利于保证喷头的工作压力。

2）手控型喷灌系统。指人工启闭闸阀的喷灌系统。手控型喷灌系统的投资成本略小于程控型喷灌系统，但这种系统不便于操作管理，绿地的养护质量受个人因素影响较大，不便实现智能化控制和区域性集中控制。

（3）按供水方式分类

1）自压型喷灌系统。指水源的压力能够满足喷灌系统的设计要求，无需进行加压的喷灌系统。自压型喷灌系统常见于以市政或局域管网为喷灌水源的场合，多用于小规模园林喷灌系统。

2）加压型喷灌系统。当水源是具有自由表面的水体，或水压不能够满足喷灌系统的设计要求时，需要在喷灌系统中设置加压设备，以保证喷头足够的工作压力。这样的喷灌系统称为加压型喷灌系统。加压型喷灌系统常见于以江、河、湖、溪、井等水体作为喷灌水源的场合。使用管网水源但地形高差太大，水压不足时，应采用加压型喷灌系统，大规模园林绿地和运动场草坪的喷灌多采用加压型喷灌系统。

11.3.2　喷头选型与布置

绿地喷灌系统的喷头选型与布置，首先应该满足技术方面的要求，包括喷灌强度、喷灌均匀度和水滴打击强度等。保证喷灌系统在技术上的合理性，既能满足绿地植物的生长需要，又能体现和突出喷灌方式的优越性；其次，应力求降低前期的工程造价和后期的运行费用，充分发挥优化设计的作用；最后应兼顾喷洒效果的景观要求，使运行中的喷灌系统能够为周边的环境增添一道绚丽的风景。

1. 喷头类型

喷头种类很多，有以下不同分类方法。

（1）按照非工作状态分为外露式喷头与地埋式喷头。

1）外露式喷头。指喷头暴露在地面，材质常用工程塑料、铝锌合金、锌铜合金、或全铜，早期的的喷灌采用此类喷头较多。

2）埋地式喷头。指埋藏在地面以下的喷头。工作时，喷头喷芯在水压作用下伸出地面，按照一定的方式喷洒；关闭水源时又缩回地面。优点是埋在地下，不影响园林景观效果、不妨碍人们活动，便于管理；喷头射程、射角和覆盖角度等性能易于调节，雾化效果好，适合不规则区域喷灌，可满足园林绿地与运动场草坪的专业化喷灌要求。

在城市园林绿地和运动场草坪喷灌系统中，埋地式喷头得到了越来越广泛的应用。图 11-21和图 11-22 所示为水轮驱动射流式喷头和水涡轮驱动喷头，二者均属于常用埋地式喷头。

图 11-21　水轮驱动射流式喷头

图 11-22　水涡轮驱动喷头

（2）按照非工作状态分为固定式喷头与旋转式喷头。

1）固定式喷头。工作时喷头喷芯静止不动，有压水流从预设的线状装孔喷出；具有构造简单、喷洒半径小、雾化程度高等优点，是庭院与小规模园林的优选产品。

2）旋转式喷头。工作时边喷洒边旋转的喷头。水流从一个方向或两个方向（成180°夹角）的孔口流出。射角、射程、与覆盖面积可以调节，是大面积园林和运动场的优选产品。

（3）按照射程分为近射程喷头、中射程喷头与远射程喷头。

1）近射程喷头。射程小于8m，固定式喷头常用此射程。

2）中射程喷头。射程为8~20m，适合大面积园林的喷灌。

3）远射程喷头。射程大于20m，适合大面积园林、高尔夫球场和运动场草坪的喷灌。常用于加压系统。

2. 喷头选型与布置

喷头选型可根据生产厂家提供的产品性能资料（即产品样本）确定，其中喷灌强度、有效射程、出水量、射角是喷头的主要技术参数，可在样本中查出。

（1）喷灌强度　指单位时间内喷洒在地面上的水深，一般用mm/h表示。

采用旋转喷头时，应通过调换喷嘴改变出水量的方法，保证不同旋转角度的喷头为绿地提供相同喷灌强度的水量。一般地，旋转角度为90°喷头的出水量应是180°喷头的一半，旋转角度为180°喷头的出水量应是360°喷头的一半。

按照喷灌强度的要求选择和布置喷头时，应该遵守的原则是：喷头的组合喷灌强度不得大于土壤允许喷灌强度。喷头选型时，首先根据土壤地质和地面坡度，确定土壤允许喷灌强度，然后再按照喷头布置形式推算单喷头喷灌强度。

（2）选择喷头的类型与布置时还要考虑以下因素。

1）喷灌区域大小。面积狭小的喷灌区域适合采用近射程喷头，这类喷头多为固定式的散射喷头，具有良好的水形和雾化效果；喷灌区域的面积较大时，使用中、远射程喷头，有利于降低喷灌工程的综合造价。

2）供水压力。不同类型喷头的工作压力也不相同。如果是自压型喷灌系统，应根据供水压力的大小选择喷头类型。当供水压力较低时，可选用近射程喷头，保证喷头的正常工作压力；供水压力较大时，可选用中射程喷头，有利于降低工程造价。对于加压型喷灌系统，喷头工作压力的选择也应适当。太低的工作压力会增加喷灌系统的工程造价，太高的工作压力则会增加喷灌系统的运行费用。喷头选定后，需要通过水力计算确定管网的水头损失，核算供水压力能否满足设计要求。

3）地貌及种植状况。如果喷灌区域地貌复杂、构筑物较多，且不同植物的需水量相差较大，采用近射程喷头可以较好地控制喷洒范围，满足不同植物的需水要求；反之绿地空旷、种植单一，采用中、远射程喷头可以降低工程造价。

（3）喷洒范围　喷灌区域的几何尺寸和喷头的安装位置是选择喷头的喷洒范围的主要依据。如果喷灌区域是狭长的绿带，应首先考虑使用矩形喷洒范围的喷头，可降低造价。安装在绿地边界的喷头，最好选择可调角度或特殊角度的喷洒范围，使喷洒范围与绿地形状吻合，避免漏喷或出界。

（4）工作压力　从理论上讲，喷头的设计工作压力应该在起正常工作压力的范围内，即：

$$P_{min} \leqslant P_设 \leqslant P_{max} \tag{11-11}$$

式中　$P_设$——喷头的设计工作压力（kPa）；

　　　P_{min}——喷头的最小工作压力（kPa）；

　　　P_{max}——喷头的最大工作压力（kPa）。

在规划设计中，考虑到电压波动或水压波动的可能性，为了保证喷灌系统运行的安全可靠，确定喷头的设计压力时，应满足下式条件：

$$1.1P_{min} \leqslant P_设 \leqslant 0.95P_{max} \tag{11-12}$$

如果喷灌区域的面积较大，可采用减压阀进行压力分区，使所有喷头的工作压力都能满足式（11-12）的要求，以获得较高的喷灌均匀度。

（5）喷头布置其他要求　喷头布置的合理性直接关系到喷灌均匀度和喷灌系统的工程造价。布置喷头时应该结合绿化设计图进行，充分考虑地形地貌、绿化种植和园林设施对喷射效果的影响，力求做到喷头布置的合理性。喷头的布置形式有矩形和三角形两种，主要根据地形情况选择使用；喷头的布置间距与当地的平均风速有关，同时也影响到喷灌系统的工程造价。

11.3.3　轮灌区划分

绿地喷灌系统中的轮灌区是指受单一阀门控制且同步工作的喷头和相应管网构成的局部喷灌系统；轮灌区划分是指根据水源的供水能力将喷灌区域划分为若干个相对独立的工作区域。划分轮灌区的主要目的在于解决水源供水不足的问题。对于一个 20000m² 绿地的专业化喷灌系统，如果所有的喷头同时喷洒，需水量会高达 200～300m³/h。这在许多情况下是难以实现的。所以，对于规模较大的喷灌系统，必须进行轮灌区划分，根据水源的供水能力给喷灌系统限量供水。

划分轮灌区的另一个原因是可以降低喷灌系统的工程造价和运行费用。因为划分轮灌区后，大大减小了喷灌系统的需水总流量，从而降低了喷灌系统的干管管径和管网成本。对于自压型喷灌系统，小水量供水自然可以降低喷灌系统的运行费用。

划分轮灌区也是为了满足不同植物的需水要求。不同的植物、在不同的时期，有不同的需水要求。所以，规划设计中应根据植物的需水特点，分区进行控制性供水，有效满足不同植物的需水要求。

1. 一般原则

（1）划分轮灌区应遵循以下原则：

1）最大轮灌区的需水量必须小于或等于水源的设计供水量，即：

$$Q_{轮max} \leqslant Q_供 \tag{11-13}$$

式中　$Q_{轮max}$——最大轮灌区的需水量（m³/h）；

　　　$Q_供$——水源的设计供水量（m³/h）。

2）在满足式（11-13）条件下，轮灌区数量应适中。轮灌区数量过多，给喷灌系统的运行管理带来不便，同时也有可能增加管道成本；轮灌区数量过少，则管道成本较高。条件允许时，可以技术和经济两个方面进行多方案比较后确定。

3）各轮灌区的需水量应该接近，保证供水设备和干管能够在比较稳定的工况下工作。

4）将需水量相同的植物划分在同一个轮灌区里，以便在绿地养护时对需水量相同的植物实施等量灌水。

（2）计算出水总量

喷灌系统全部喷头的出水总量为

$$Q = \sum_{i=1}^{n} q_i \qquad (11\text{-}14)$$

式中　Q——喷灌系统出水总量（m^3/h）；

　　　q_i——第 i 个喷头的出水量（m^3/h）；

　　　i——喷头序号；

　　　n——喷灌系统的喷头总数。

2. 计算轮灌区数量

假设整个喷灌系统的喷头总数为 n、第 i 个喷头的出水量为 q_i，由式（11-14）可得到喷灌系统全部喷头的出水总量为 Q。若 Q 供表示水源的设计供水量，那么，（$Q/Q_{供}+1$）的整数部分即为该喷灌系统的最小轮灌区数。从理论上讲，该喷灌系统的轮灌区数量可以是大于这个数值的任何整数。

但实际上，经常遇到的情况是：喷灌系统覆盖若干个地块，每个地块里又有不同的种植区域，且它们的需水量各不相同。这时应分别计算每个地块和每个种植区域里喷灌系统的出水总量，根据该喷灌系统的类型（自压型或加压型）确定轮灌区数量。如果是自压型喷灌系统，则应多考虑水量平衡的因素，除非采用变频加压设备。

11.3.4　管网设计

管网设计包括管网布置和管径计算，是喷灌系统技术设计的一个重要环节。管网设计的质量不仅影响到喷灌系统的技术指标，也直接关系到喷灌系统的工程造价和运行费用。

1. 管网布置

（1）一般原则　绿地喷灌系统的管网布置形式取决于喷灌区域的地形、坡度、喷灌季节的主风向和平均风速、水源位置等。一般情况下，依据以下原则：

1）力求管道总长度最短，以便降低工程造价，减小水锤危害。

2）尽量沿着轮灌区的几何轴线布置管道，力求最佳的水力条件。

3）同一个轮灌区里任意两个喷头之间的设计工作压差应小于20%，以求较高的喷灌均匀度。

4）存在地面坡度时，干管应尽量顺坡布置，支管最好与等高线平行。

5）当存在主风向时，干管应尽量与主风向平行。

6）充分考虑地块形状，力争使支管长度一致，规格统一。

7）尽量使管线顺畅，减少折点，避免锐角相交。

8）避免穿越乔、灌木根区，减小对植物的伤害，方便管线维修。

9）尽量避免与地下管线设施和其他地下构筑物发生冲突。

10）力争减少控制井数量，降低喷灌系统的维护成本。

11）尽量将阀门井、泄水井布置在绿地周边区域，以便于使用和检修。

12）干、支管均向泄水井或阀门井找坡，确保管网冬季泄水。

在执行以上原则时，有时会出现矛盾。应根据具体情况分析比较，分清主次，合理进行管网布置。

（2）布置形式　绿地喷灌系统的管网形式有丰字形和梳子形。在水源位置不变的情况下，丰字形布置可以带来更好的压力均衡，但有时会增加干管用量。规划设计时，应根据喷灌系统的水源位置选择管网的布置形式。

2. 水力计算

对于一般规模的绿地喷灌系统，如果采用塑料管件，可以利用下式确定管径：

$$D = 22.36 \sqrt{\frac{Q}{v}} \tag{11-15}$$

式中　D——管道的公称外径（mm）；

Q——设计流量（m^3/h）；

v——设计流速（m/s）。

式（11-15）的适用条件是：设计流量 $Q = 0.5 \sim 200 m^3/h$，设计流速 $v = 1.0 \sim 2.5 m/s$。鉴于同样流速下，管道的水力坡度（单位管长的沿程水头损失）随管径减少而增加的事实，建议当管径≤50mm 时，管中的设计流速不要超过表 11-14 规定的数值。

表 11-14　管道的最大流速

公称外径/mm	15	20	25	32	40	50
最大流速/（m/s）	0.9	1.0	1.2	1.5	1.8	2.1

另外，从喷灌系统运行安全的角度考虑，无论多大管径的管道，管道最大水流速度不宜超过 2.5m/s。

11.3.5　灌水制度与其他措施

1. 灌水制度

灌水制度包括轮灌区的启动时间、启动次数和启动的喷洒历时。

（1）启动时间　为了满足植物生长的需要，必须选择喷灌系统的启动时间，既要及时供水，又要避免过量供水。有经验的绿地养护人员会采用不同的方法来确定喷灌系统的启动时间。

1）土壤法。根据土壤情况判断灌水的必要性是最简单和最常用的方法，依据植物根区上半部分或上边 2/3 部分土壤的颜色和物理外貌，判断是否应该启动喷灌系统。常用工具有土壤螺旋钻、探测器、取样土钻等。张力计也被广泛用于多种植物。实地经验有利于指导使用土壤法。这类方法的最好指导。

2）植物法。

3）记录法。

（2）启动次数　单位绿地面积在 1 年中的需水总量称为灌溉定额。灌溉定额于日照、蒸腾和风速等气象条件、以及土壤和植物特性等因素有关，计算方法可参考有关文献。喷灌系统在 1 年中的启动次数可按下式确定：

$$\tau = \frac{M}{m} \tag{11-16}$$

式中　τ——1 年中喷灌系统启动的次数；

$\quad\quad M$——设计喷灌定额（mm）；

$\quad\quad m$——设计灌水定额（mm）。

（3）喷洒历时　每个轮灌取的喷洒历时与设计灌水定额、喷头的出水量和喷头的组合间距有关。如果喷头按三角形布置，喷洒历时可由下式确定：

$$t = \frac{hlm}{2000q} \quad\quad\quad\quad (11\text{-}17)$$

式中　t——轮灌区的喷洒历时（h）；

$\quad\quad h$——喷头布置三角形的高（m）；

$\quad\quad l$——喷头布置三角形的底（m）；

$\quad\quad m$——设计灌水定额（mm）；

$\quad\quad q$——喷头的出水量（m³/h）。

如果喷头按矩形布置，喷洒历时可由下式确定：

$$t = \frac{abm}{1000q} \quad\quad\quad\quad (11\text{-}18)$$

式中　a——横向喷头组合间距（m）；

$\quad\quad b$——纵向喷头组合间距（m），其余符号的意义同前。

2. 安全措施

绿地喷灌系统规划设计不能忽视安全设施。安全设施具体包括防止回流、水锤防护和管网的冬季防冻等。

（1）防止回流　对于以饮用水（如市政管网）作为喷灌水源的自压型喷灌系统，必须采取有效措施防止喷灌系统中的非洁净水倒流、污染饮用水源。导致回流的原因是供水管网产生真空，即时只是很短时间的真空状态。引起供水管网产生真空的原因，可能是附近管网检修、消防车充水或局部管网停水等。一旦产生真空，喷灌管网中所有的水，包括喷头周围地面的积水都可能被吸回供水管网。如果喷头周围的水已经被绿地肥料、除草剂或者是动物粪便所污染，情况将更为严重。

防止回流的设备是各类逆止阀。可将逆止阀安装在喷灌系统的干管上，也可以安装在支管上。若安装在支管上，必须位于该支管第一个喷头的上游。逆止阀的安装位置应便于使用和检修。

（2）水锤防护　阀门的突然启闭或事故停泵是引发水锤的直接原因。前者引起的水锤压力会达到管道正常工作压力的数倍，后者引起的水锤压力则会达到管道正常工作压力的几十甚至上百倍。防护措施有减小管路水流速度、管路上设缓闭式阀门等。

（3）冬季防冻　由于喷灌 PVC 管道在绿地喷灌系统中普遍应用，当充满管道内的水冻结时会产生膨胀，可能导致 PVC 管道破裂，所以，寒冷地区喷灌系统规划设计和设备安装的过程中，必须采取冬季防冻措施。应当了解当地冻土层深度，管道埋深应在冻土层以下。入冬前或冬灌后将喷灌系统管道内的水部分排泄，是防冻的有效方法之一。常用的泄水方法有自动泄水、手动泄水和真空机泄水等。

11.4　公共厨房给排水设计

11.4.1　设置与类型

厨房是大家非常熟悉的地方，根据使用要求的不同，厨房内容千差万别，各不相同。一个正规的厨房布置，需根据建筑性质、风格和厨房洗、切、配、烧、煮等加工流程，进行厨房工艺设计。设计时往往被作为二次设计的内容。如果结构与给排水专业总体设计时考虑不周，往往会造成难以弥补的缺陷；所以设计初期应按照厨房专业要求进行整体规划，必须做好二次设计的预留、预埋工作。有厨房与厨具专业人员参与协调则更佳，会使厨房建设更加完善和实用。

选择厨房的位置时，要考虑到副食、饭菜、食具的运送方便，要靠近给水、排水、供汽、供电等。医院厨房要考虑烟尘排放和噪声对病人的影响，噪声宜控制在 40dB 左右。医院厨房的面积，一般可按 $0.8 \sim 1.0 \mathrm{m}^2$/床来计算，如考虑管理用房，再加 $0.27 \sim 0.3 \mathrm{m}^2$/床。饭店厨房的面积与餐厅的面积比为一般 1.1：1；餐厅面积 $1.0 \sim 1.30 \mathrm{m}^2$/座，厨房分为主食加工、副食加工、备餐、食具洗涤、消毒、存放等。厨房墙面宜贴瓷砖，地面铺地砖。

11.4.2　设备的配备

厨房的设备有蒸饭箱、煮饭锅、摇锅、烤箱、炒灶以及去皮机、切菜机、切丁机、搅拌机、洗米机、和面机、根菜洗涤、剥皮机、球根剥皮机、碎菜机等。除此之外，还有保温配餐台、送饭车、冷藏库等。厨房设备种类繁多，品种发展很快，此处不可能列举齐全。厨房设备采用的能源多为燃气或高压蒸汽，以下介绍几种主要设备。

图 11-23　摇锅外形图

（1）摇锅　可用于煮汤、煮面条和饺子等，亦可用于长时间加热、煮物或浸烫菜蔬之用。摇锅一般为不锈钢制的双层夹锅，其外形如图 11-23 所示，摇锅性能参数见表 11-15。

表 11-15　摇锅性能参数表

适用燃气种类	天然气	外形	1660mm×1130mm×1150mm
燃气总压力	2000Pa	锅口直径	800mm
总热量	61.4kW	倾斜角度	60°
燃气接口	$1\frac{1}{2}$in	重量	210kg

（2）大锅灶系列　灶体由耐热、耐磨不锈钢弯曲成形，经表面处理后组装而成。锅与灶台间有 50mm 厚隔热砖，有给排水设备。其外形见图 11-24，其规格见表 11-16。

表 11-16　大锅灶系列规格表

型号	锅口直径/mm	外形尺寸 L×B×H/（mm×mm×mm）	燃气接口	给水	排水
FH-800	800	990×1170×800	DG40	DG15	DG50
FH-850	850	1040×1220×800	DG40	DG15	DG50
FH-1000	1000	1200×1390×800	DG40	DG15	DG50
FH-1100	1100	1320×1500×800	DG40	DG15	DG50
FH-800	800	1000×1100×800	DG40	DG15	DG50
FH-850	850	1040×1220×800	DG40	DG15	DG50
FH-1000	1000	1200×1300×800	DG40	DG15	DG50

（3）中餐灶系列　具有火力威猛、升温快捷等优点，能实现高效供菜，一般附设有自由水龙头、排水槽等设备，方便使用。中餐灶外形如图 11-25 所示。

图 11-24　大锅灶外形图　　　　　图 11-25　中餐灶外形图

中餐灶一般有单炉、双炉、三炉、四炉 4 种型号，适合于大、中、小餐厅根据需要选用。中餐灶系列规格性能见表 11-17。

表 11-17　中餐灶系列规格性能表

型号	外形尺寸（mm×mm×mm）	燃气接口	给水	排水	重量/kg
GFC-1	1200×1200×810	DG40	DG15	DG50	360
GFC-2A	1200×1200×810	DG40	DG15	DG50	450
GFC-2B	1200×1200×810	DG40	DG15	DG50	450
GFC-3	2300×1200×810	DG40	DG15	DG50	460
GFC-4A	2300×1200×810	DG40	DG15	DG50	470
GFC-4B	2300×1200×810	DG40	DG15	DG50	470
GFC-5	2300×1200×810	DG40	DG15	DG50	—
GFC-6	2300×1200×810	DG40	DG15	DG50	—

（4）蒸饭箱　蒸饭箱的构造必须严密，因箱内存有冷空气，在送入蒸汽后，必须把蒸饭箱的排气阀打开，等箱内的冷空气排尽后，将排气阀关闭。蒸饭箱使用的蒸汽压力为 0.4~0.8MPa，可用作蒸饭、蒸馒头或菜肴。由于蒸饭箱是直接将蒸汽送入，因此要求蒸汽必须清洁，并不得混入化学元素和消毒剂，如果不能保证，可将食物放入盒内再放入蒸汽箱。蒸饭箱的凝结水无法回到锅炉房，可直接排入附近的排水口。蒸饭箱的排气管必须接至室外。蒸饭箱必须附有压力表及安全阀。ZX-50 蒸箱外形如图 11-26 所示。

ZX 系列蒸箱性能见表 11-18。

图 11-26　ZX-50 蒸箱外形图

表 11-18　ZX 系列蒸箱性能表

型号	外形尺寸/(mm×mm×mm)	燃气接口	给水管	排水管
ZX-12.5	630×680×1140	DG25	DG15	DG50
ZX-25	860×860×1650	DG40	DG15	DG50
ZX-50	1010×950×1850	DG40	DG15	DG50
ZX-75	1010×1220×1850	DG40	DG15	DG50

（5）洗米机　以水的压力使大米旋转而洗净，水压式洗米机规格见表 11-19，外形如图 11-27 所示。

表 11-19　水压式洗米机规格表

型号	尺寸（直径×高）/(mm×mm)	能力/(kg/t)	水压/(kg/cm²)
XMJ-CX-1	560×800	20/8-12	0.8
XMJ-CX-1	630×900	50/12-20	0.8

（6）洗菜机　采用水涡动循环原理，被清洗物在水的涡动和冲刷下，在筒内做翻转运动，从而达到洗涤之目的。洗菜机外形如图 11-28 所示。

图 11-27　洗米机外形图　　　　图 11-28　洗菜机外形图

（7）冷冻机器　厨房中不可缺少冷冻机器，如不锈钢低温冷藏柜、低温水箱、工作台式冰箱等。冷冻机器 LC 系列冰箱参数如下：冷藏柜型号 DX2-370；尺寸 1210mm×700mm×900mm；电压 220V；制冷剂 F12；耗电量 170W；制冷温度−25～−32℃。

（8）洗碗机　洗碗机为封闭式洗涤箱，利用水的喷射达到洗涤的目的。箱内装数排喷头，食具通过洗涤后。再用蒸汽消毒（或用消毒剂），洗碗所用热水一般为 85℃。以 CXJ-3型自动洗碗机为例，其洗涤能力 3000 件/h；用水量 0.4t/h；热源为蒸汽；水箱温度 95℃；功率 1.5 kW；压力 1～1.2kg/cm²。该机不但能洗涤餐具，而且能洗锅盆、桶屉、托盘周转箱等大饮具。其外形如图 11-29 所示。

图 11-29　洗碗机外形图

（9）加热保温配餐台　是作为主副食的保温收纳之用，一般收容贮存物的数量不大，无一定规格，可用蒸汽或电力加热保温。加热保温配餐台外形如图 11-30 所示。

（10）隔油器　由于厨房的排水中含有大量油污，极容易堵塞管道，为使排水管道通畅，在食油污水比较集中的地方（如洗碗间、灶台刷锅、洗肉、鱼的地方等）设置隔油器是很有必要的。表 11-20 为隔油器性能及选型表。隔油器的设计应按下列规定：污水流量按设计秒流量；污水在池内

图 11-30　加热保温配餐台外形图

的流速不得大于 0.005m/s；停留时间为 2～10min；器内存油部分的容积不得小于该池有效容积的 25%；油脂及沉淀物的清除周期不大于 6d；隔油器出水管管底至池底的深度不得小于 0.6m。

表 11-20　隔油器性能及选型表

型号	性能			餐馆类别/（人/d）								
	有效容积/L	允许进水负荷/（L/min）	油脂设计收集量/kg	中餐	西餐	日本菜	面馆	小卖部	咖啡茶馆	工厂食堂	学校食堂	医院食堂
60-A 60-B 60-C	50	37.5	11.8	129	129	110	155	170	375	145	355	155

（续）

型号	性能			餐馆类别/（人/d）								
	有效容积/L	允许进水负荷/（L/min）	油脂设计收集量/kg	中餐	西餐	日本菜	面馆	小卖部	咖啡茶馆	工厂食堂	学校食堂	医院食堂
70-A 70-B 70-C	75	56.2	17.7	193	193	165	235	255	560	215	540	235
80-A 80-B 80-C	100	75.0	23.6	257	257	220	310	340	750	290	710	315
90-A 90-B 90-C	130	97.5	30.7	334	334	285	405	440	975	375	940	410
100-A 100-B 100-C	160	120.0	37.8	411	411	350	500	545	1200	460	1160	500
120-A 120-B 120-C	235	176.2	55.5	604	604	520	735	800	1760	680	1690	740
140-A 140-B 140-C	375	218.2	89.8	748	748	825	1170	1280	2180	1080	2700	1180
160-A 160-B 160-C	500	375.0	118.3	1286	1286	1100	1560	1705	3750	1440	3600	1575

隔油器计算举例：某餐厅每天供应 300 人就餐，按下列步骤选择隔油器。

1）首先计算进水量和收集的油脂量。

2）按表 11-20 选定一种隔油器，要求其允许进负荷和油脂设计收集量应大于 1）中的计算结果。计算中的有关参数按表 11-21 取值如下：

n——每日就餐人数，300 人/d；

g_n——每人耗水量，60L/人；

t^0——厨房日工作时间，720min/d；

k——流量安全系数，3.5；

g_u——每人油脂收集量，7g/人；

g_b——每人产生的余渣量，4g/人；

W——清洗周期，6d；

C——系数，0.001kg/g。

① 进水量计算：$Q = ng_n \dfrac{1}{t} k = (300 \times 60 \times 3.5/720)(\text{L/mm}) = 87.5(\text{L/min})$

② 油脂量计算

油脂收集量：$C_u = ng_u WC = (300 \times 7 \times 6 \times 0.001)\text{kg} = 12.6\text{kg}$

表 11-21　各类餐馆的参数值

餐馆类别	g_n	t^0	k	g_u	g_b
	耗水量/ （L/人）	工作时间/ （min/d）	水量安全系数/ （倍）	油脂量/ （g/人）	余渣量/ （g/人）
中餐	60	720	3.5	10	5
西餐	60	720	3.5	7	4
日本菜	70	720	3.5	5	3
面馆	50	720	3.5	3	1.5
小卖部	45	720	3.5	3	1.5
咖啡/茶馆	20	720	3.5	1	0.5
工厂食堂	45	600	3.5	3	2

注：如果已知日工作时间，表中的 t^0 改为 t，并按比例修正 g_n 得到计算耗水量。

余渣量：$C_b = ng_b WC = (300 \times 4 \times 6 \times 0.001) \text{kg} = 7.2 \text{kg}$

总油脂量：$G = C_u + C_b = (12.6 + 7.2) \text{kg} = 19.8 \text{kg}$

在表 11-20 中选取适当的隔油器，要求其允许排水量和总油脂收集量均应大于计算值，选择结果是 90-A，90-B 或 90-C。其中，A 型为明沟拉板式防水型，如图 11-31 所示；B 型为明沟拉板式防水防火型；C 型为地下式管道进水型。

根据使用地点具体确定型号，选中的隔油器允许进水负荷为 97.5L/min，油脂设计收集量为 30.7kg，均大于计算值，能满足使用要求。

隔油器的品种和规格众多，生产的公司、厂家也很多，各生产厂的型号不同，结构不一，有的比较简单，有的比较复杂（指滤网）。其目的：一是截留固体杂物，二是使油脂水进行油水分离（油脂浮于水面，污水排除，油脂定期清除）。设计者可根据选定厂家的产品进行设计。

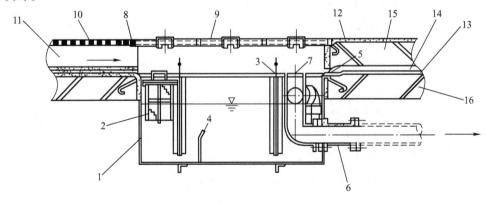

图 11-31　A 型隔油器示意图

注：图中编号注释见表 11-22。

表 11-22　隔油器主要部分名称及材料

编号	部件名称	材料	备注	编号	部件名称	材料	备注
1	主体	不锈钢	—	9	人孔盖板	不锈钢	花纹板
2	进水箱	不锈钢	3mm 网格	10	排水沟格栅	不锈钢	—
3	拉板	不锈钢	—	11	排水明沟	不锈钢	—
4	隔板	不锈钢	—	12	地面瓷砖		
5	防水沟	不锈钢	—	13	矿渣水泥		
6	弹性插孔型接头	橡胶	—	14	保护砂浆		
7	排水管	氯乙烯	—	15	防水垫层		
8	人孔支架	不锈钢	—	16	水泥预测板		

11.4.3　给排水工程设计

餐饮建筑应设置给排水系统，用水定额及给排水系统的设计应符合现行《建筑给水排水设计标准》（GB 50015—2019）的有关规定。

厨房给排水管道宜采用金属管道。对于可能结露的给排水管道，应采取防结露措施。

（1）给水　厨房的用水量应按《建筑给水排水设计规范》（GB 50015—2019）规定选用。饮食建筑的生活饮用水水质应符合现行国家标准《生活饮用水卫生标准》（GB 5749—2006）的有关规定。给水压力一般在 0.1MPa 以上，但不宜过高。

厨房的用水点有：灶台用水（冷水或冷热混合水）、泡冻肉池、洗菜池、洗菜机（叶类 12.16kg/3.56min，根茎类 16.5kg/3.55min）、洗米机、洗涤池、洗碗机等；另外，还需要冲洗地面、冲洗排水沟等。做饭用蒸汽量 0.5~1.0kg/人，如采用洗碗机，每 1000 个碗碟用蒸汽量 40~50kg/h。热水量则为 150~300L/h。

冷冻或空调设备采用水冷却时，应采用循环冷却水系统。卫生器具和配件应采用节水型产品。厨房专间洗手盆（池）水嘴宜采用非手动开关。

（2）排水　厨房排水应符合下列规定：

1）采用排水沟时，排水沟与排水管道连接处应设置格栅或带网框地漏，并应设水封装置。

2）采用管道时，其管径应比计算管径大一级，且干管管径不应小于 100mm，支管管径不应小于 75mm。

餐饮废水排放水质差别较大，一般而言，职工食堂污染物较少，营业类餐饮污染较重，其中西式厨房和西式快餐相对较轻，中餐及中式快餐店较重。表 11-23 所示为某单位职工食堂排水水质实测值和资料收集整理所得餐饮业排水水质相关参数。具体设计时，应考虑厨房的不同性质和规模大小合理选用。

表 11-23　餐饮类排水水质情况　　　　　　　　　　　　（单位：mg/L）

类别	动植物油	SS	COD_{Cr}	BOD_5
某职工食堂	21.5~89.6	277~487	312~4170	101~1340
餐饮业	200~400	300~500	800~1500	400~800

注：仅供参考，实际工程中如有实测数据，应以实测为准。

厨房排水量可按以下方法估算：

1）按就餐人次用水量，可参照现行的《建筑给水排水设计标准》（GB 50015—2019）的用水量的90%计算确定。

2）按餐饮净面积折算人数，一般按 0.85～1.3m²/人折算就餐人数，就餐次数为 2～4 次/d。

3）按排水设计秒流量，前提是厨房工艺设计完成，用水设备已确定。

隔油器选型也可参照用餐人数确定：用餐人数 50 人次/d＝1L/s；用餐人数 200 人次/d＝2L/s；用餐人数 400 人次/d＝4L/s；用餐人数 700 人次/d＝7L/s；用餐人数 1000 人次/d＝10L/s；用餐人数 1500 人次/d＝15L/s；用餐人数 2000 人次/d＝20L/s；用餐人数 2500 人次/d＝25L/s。

如果是中餐厨房，上述流量数值需放大 50%～100%。

在初步设计阶段，一般厨房工艺尚未确定，即使到了施工图阶段也往往跟不上设计要求。排水设计可预留排水设施，建议采取如下措施：

1）厨房需排水范围作降板处理，一般为 300mm，以便以后在 300mm 垫层内预埋排水支管和作排水沟。

2）预埋 DN100～DN200 排水管道至隔油处理设备。中小型排水接管可预留 DN150，大型厨房预留 DN200，其管道材质为离心铸铁管或耐高温的塑料排水管，接口标高应适当低一些，考虑厨房重力排水要求。

公共建筑内的餐厅厨房排水可能含有大量的油脂，根据《饮食建筑设计标准》（JGJ 64—2017）应进行隔油处理，隔油处理设施宜采用成品隔油装置。在当地市政污水管网和污水处理系统服务范围内时，隔油处理应达到地方相关标准；在市政污水管网和污水处理系统服务范围之外时，其隔油处理应达到国家和地方规定的排放标准。

隔油处理设备设置原则如下：

1）靠近排水点。公共厨房排水是含油量高、有机物含量大的污水，要达到排放标准，通常需要二级隔油，初级隔油器应尽量靠近排水点，在洗碗池、灶台排水处，应当就近设地上式隔油器，作为初步隔油、隔渣设施。第二级隔油器，宜设在下层设备间。特别是高层建筑顶部厨房，应考虑在厨房下一层。一层厨房间排水，隔油池宜设在室外总管上。

2）地下室厨房排水，应先通过隔油器处理后，再进集水井，用排水泵排出。避免厨房排水先排至集水井，再进入隔油器处理。其原因是：含油废水至集水井，油脂会积聚在集水井，集水井变成了隔油池，排水泵无法正常工作。再者，用潜水泵提升后进隔油器处理。隔油效果差。

隔油设备集中布置在专门房间内，需满足日常运行和管理要求。

1）建筑。位置宜设置在厨房的下层附近且便于清渣的专用机房内，平面净尺寸保证设备四周需留出安装、维护保养距离，并配上人钢梯和检修操作走道，净宽不少于 600mm，钢梯倾角不宜大于 60°，地面需考虑清洗和防滑措施，房间净高不小于 3.5～4.0m。

2）结构。需考虑隔油装置运行重量，根据设备处理工艺的高度确定，初步设计可按 2.0～2.5t/m² 估算。

3）暖通。考虑通风排气，换气次数不宜小于 20 次/h，并考虑除臭措施。

4）电气。灯具、开关、插座需考虑防爆措施，预留 220V 用电功率 1~2kW，防护等级 IP68。

5）给排水。选型、布置隔油设备以及隔油器进、出管道位置和标高。

6）日常清理要求。初次运行时，需在使用前注满清洁水；清除网筐或除渣筒上杂物宜每天一次，人工除油脂每天一次；隔油器本体底部沉积物清除周期，平均为每周一次。

11.4.4 其他设施与措施

（1）消防设施

1）营业面积大于 500m² 的餐厅，其烹饪操作间的排油烟罩及烹饪部位宜设自动灭火装置，且应在燃气或燃油管道上设置紧急事故自动切断装置。有关装置的设计、安装可按照厨房设备灭火装置有关技术规定执行。

2）其他部位按有关规范要求配置灭火设施。

（2）辅助设施

1）更衣间：按全部工作人员男女分设，每人一格更衣柜，其尺寸为 0.50m×0.50m×0.50m。

2）淋浴宜按炊事及服务人员最大班人数设置，每 25 人设 1 个淋浴器。设 2 个及 2 个以上淋浴器时男女应分设，每淋浴室均应设 1 个洗脸盆。

3）淋浴热水的加热设备，当采用燃气加热器时，不得设在淋浴室内，并设可靠的通气排气设备。

4）厕所应按全部工作人员最大班人数设置，30 人以下者可设 1 处，超过 30 人者男女应分设并均为水冲式厕所。男厕每 50 人设 1 个大便器和 1 个小便器，女厕每 25 人设 1 个大便器，男女厕所的前室各设 1 个洗手盆，所有水龙头不宜采用手动式开关，厕所前室门不应朝向各加工间和餐厅。生活粪便污水应经化粪池处理后再排入排水管网。

5）应设开水供应点。

■ 11.5 洗衣房给排水设计

1. 设置与组成

随着旅游及医疗事业的发展，和对旅馆、医院等公共建筑卫生要求的提高，这些建筑内洗涤量越来越大。同时为了改善人民的生活条件，保持衣着美观大方，床上用品整洁舒适柔软，一般在这些建筑中均设有各自独立的洗衣房。

洗衣房的组成与工作内容如下：

1）准备工作：检查、分类、编号、停放运送衣物的小车用地，也有在楼房内设有运送脏织品的滑道等。

2）生产用房：洗涤、脱水、烘干、烫平、压平、干洗、折叠、整理以及消毒等场所。

3）辅助用房：脏衣存放、清洗缝补、洁衣收发、洗涤剂库、锅炉房或加热间、配电室、空压机室、办公室、水处理间等。

4）生活用房：休息室、更衣、淋浴室、卫生间、开水间等。

2. 洗衣量

水洗织品的数量可根据使用单位提供的数量为依据。若使用单位提供洗衣数量有困难时，可根据建筑物性质参照表11-24确定。

表 11-24　建筑物性质确定洗衣数量

序号	建筑物名称	计算单位	干织品数量/kg	备注
1	旅馆、招待所： 六级 四~五级 三级 一~二级	每床位每月 每床位每月 每床位每月 每床位每月	10~15 15~30 45~75 120~180	旅馆等级见 《旅馆建筑设计规范 （2007 版）》 （JGJ 62—1990）
2	集体食堂	每床位每月	8.0	参考值
3	公共食堂、饭馆	每100席位每日	15~20	—
4	公共浴室	每100席位每日	7.5~15	—
5	医院： 内科和神经科 外科、妇科、儿科 妇产科 100病床以下的综合医院	每床位每月（每日） 每床位每月（每日） 每床位每月（每日） 每床位每月	40（1.6） 60（2.4） 80（3.2） 50	括号内为每日数量
6	疗养院	每人每月	30（1.2）	括号内为每日数量
7	休养所	每人每月	20（0.8）	括号内为每日数量
8	托儿所	每小孩每月	40	—
9	幼儿园	每小孩每月	30	—
10	理发室	每技师每月	40	—
11	居民	每人每月	6.0	—

注：1. 表中干织品数量为综合指标，包括各类工作人员和公用设施的衣物数量在内。

2. 大、中型综合医院可按分科熟练累计计算。

3. 旅馆、客房水洗织品数量可按一、二级旅馆 4.5~5.5kg/(d·间) 计算。

旅馆、公寓等建筑的干洗织品的数量，可按 0.25 kg/(d·床) 计算。

国际标准旅馆洗涤量如下：

1）一流高标准旅馆，每间房洗涤量为121b/d(5.44kg/d)。

2）中上等标准旅馆，每间房洗涤量为101b/d(4.5kg/d)。

3）一般标准旅馆，每间房洗涤量为81b/d(3.6kg/d)。

洗衣房每日洗衣量可按下式计算：

$$G_r = G_y n/d_y \qquad (11\text{-}19)$$

式中　G_r——每日洗涤量 [kg/(床·d)]；

G_y——每月洗涤量 [kg/(床·d)]；

n——床数；

d_y——洗衣房工作日数，一般可按 25d 计。

洗涤设备每个工作周期洗衣量可按下式计算：

$$G = mq/(nt) \qquad (11\text{-}20)$$

式中　G ——洗涤脱水机每个工作周期洗衣量（kg/工作周期），工作周期为 0.75h；

　　　m ——计算单位（人、床位）；

　　　q ——每个计算单位每月洗衣量（kg/人、kg/床位）；

　　　t ——每日洗涤工作周期数，一般为 6~10 个。

洗衣房包括熨平、烘干和压平等工序，不同工序所占工作量的比例如下：

1）熨平占 65%~70%（被里、枕套、床单、桌布、餐巾等）。

2）烘干占 30%~25%（浴巾、面巾、地巾等）。

3）压平占 5%（客衣、工作服等）。

干洗衣物量物尚无一定单位指标数字，只能按经验估计，按旅馆规模其干洗量约为 40~60kg/h 或每个床位每日 0.25kg 计算。

各种干织品的重量可按表 11-25 选用。

表 11-25　干织品单件重量

织品名称	规格	单位	干织品重量/kg	备注
床单	200~235cm	条	0.8~1.0	—
床单	167~200cm	条	0.75	—
床单	133~200cm	条	0.50	—
被套	200~235cm	件	0.9~1.2	—
罩单	215~300cm	件	2.0~2.15	—
枕套	80~50cm	只	0.14	—
枕巾	85~55cm	条	0.30	—
枕巾	60~45cm	条	0.25	—
毛巾	55~35cm	条	0.08~0.1	—
擦手巾	—	条	0.23	—
面巾	—	条	0.03~0.04	—
浴巾	168~80cm	条	0.2~0.3	—
地巾	—	条	0.3~0.6	—
毛巾被	200~235cm	条	1.5	—
毛巾被	133~200cm	条	0.9~1.0	—
线毯	133~200cm	条	0.9~1.4	—
桌布	135~135cm	件	0.3~0.45	—
桌布	165~165cm	件	0.5~0.65	—
桌布	185~185cm	件	0.7~0.85	—
桌布	230~230cm	件	0.9~1.4	—
餐巾	50~50cm	件	0.05~0.06	—
餐巾	56~56cm	件	0.07~0.08	—
小方巾	28~28cm	件	0.02	—
家具套	—	件	0.5~1.2	平均值

（续）

织品名称	规格	单位	干织品重量/kg	备注
沙发套	三人	件	1.5~2.5	—
沙发套	双人	件	1.0~2.0	—
沙发套	单人	件	0.5~1.2	—
擦布	—	条	0.02~0.08	平均值
男上衣	—	件	0.2~0.4	—
男下衣	—	件	0.2~0.4	—
工作服	—	套	0.5~0.6	—
女罩衣	—	件	0.2~0.4	—
睡衣	—	套	0.3~0.6	—
裙子	—	条	0.3~0.5	—
汗衫	—	件	0.2~0.4	—
衬裤	—	件	0.1~0.3	—
绒衣、绒裤	—	件	0.75~0.85	—
短裤	—	件	0.1~0.3	—
围裙	—	条	0.1~0.2	—
针织外衣裤	—	件	0.3~0.6	—
西服上衣	—	件	0.8~1.0	—
西服背心	—	件	0.3~0.4	—
西服裤	—	条	0.5~0.7	—
西服短裤	—	条	0.3~0.4	—
西服裙	—	条	0.6	—
中山装上衣	—	件	0.8~1.0	—
中山装裤	—	件	0.7	—
外衣	—	件	2.0	—
夹大衣	—	件	1.5	—
呢大衣	—	件	3.0~3.5	—
雨衣	—	件	1.0	—
毛衣、毛线衣	—	件	0.4	—
制服上衣	—	件	0.25	—
短上衣（女）	—	件	0.30	—
毛针织线衣	—	套	0.48	—
工作服	—	套	0.90	—
围巾、头巾、手套	—	件	0.10	—
领带	—	条	0.05	—
帽子	—	顶	0.15	—
小毛衣	—	件	0.10	—

（续）

织品名称	规格	单位	干织品重量/kg	备注
毛毯	—	条	3.0	—
毛皮大衣	—	件	1.5	—
皮大衣	—	件	1.5	—
毛皮	—	件	3.0	—
窗帘	—	件	1.5	—
床罩	—	件	2.0	—

不同标准旅馆的织品更换周期如下：一、二级旅馆按 1d 计；三级旅馆按 2~3d 计；四~五级旅馆按 4~7d 计；六级旅馆按 7~10d 计；职工工作服平均 2d 换洗一次。

3. 洗衣设备

洗衣设备主要有洗衣机、烘干机、熨平机、各种功能的压平机、干洗机、折叠机、化学去污工作台和带蒸汽、电两用熨斗的熨衣台及其他辅助设备。

（1）洗衣机　洗衣机是洗衣设备中主要机器之一，水洗可将织品和衣物的污渍去除干净，它是通过电器控制使滚筒时而正转，时而反转，使织品在筒内翻动和互相搓擦，同时经肥皂水的充分浸泡，将污渍擦落达到清洁的目的。根据织品污浊的程度，织品的多少来确定洗涤剂的用量和洗涤时间。织品洗涤后将肥皂水排净，放入清水进行漂洗，重复数次（一般为 2~3 次）漂净为止。漂净后排空水，进行脱水，脱水转数约 800r/min 以上，脱水后的含水率为 50%~55%。洗衣机外形图见图 11-32 所示。

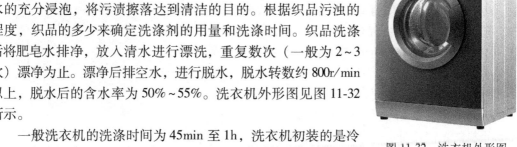

图 11-32　洗衣机外形图

一般洗衣机的洗涤时间为 45min 至 1h，洗衣机初装的是冷水，为缩短洗涤周期和提高洗涤质量，可将冷水用蒸汽或电加热。耗用蒸汽量为 0.5 kg/（kg 干衣）。

洗衣机的排水口瞬间排水量很大，因此排水管必须做大于 400mm×400mm×400mm 的承水槽接纳洗衣机排出的废水。洗衣机种类繁多，如果样本中资料不全时，可根据人数求出洗衣量，再根据表 11-26 数据求出洗衣机的规格、台数和耗水及耗汽量。

表 11-26　洗衣机干衣负荷和需水及需汽量

洗衣机滚筒直径/mm	滚筒单位长度的干衣负荷/（kg/m）	满负荷时洗涤所用的水量/（L/m）	蒸汽量及直径	
			蒸汽量/（kg/h）	管径/mm
1520	145	358	72	32
1370	118	322	59	32
1270	100	298	50	32
1220	93	286	46	25
1120	79	262	40	25
1070	71	251	35	25

（续）

洗衣机滚筒 直径/mm	滚筒单位长度的 干衣负荷/（kg/m）	满负荷时洗涤所用的 水量/（L/m）	蒸汽量及直径	
			蒸汽量/（kg/h）	管径/mm
1015	64	239	32	25
965	59	221	30	25
915	52	215	26	25
865	46	204	23	25
810	41	190	20	20
760	36	180	18	20

在一个洗衣房内宜有大小容量不同的数种洗涤脱水机，便于适应织品的不同品种和数量，可灵活运用。洗衣脱水机的布置一般应距分类台近一些，以减少运输的距离。与墙的距离一般是 800~1500mm，操作面前保持 1500~2500mm。

（2）烘干机　烘干机用来烘干经洗涤并脱水后的织物，如毛巾（面巾、手巾）浴巾、枕巾、地巾及工作服等；可以减少大面积晒场，不受气候的限制。床单、枕套、被单等床上用品一般情况下不用烘干机。烘干机的工作主要是通过滚筒的正反运转，使织品在筒内不断翻动、挑松、通过散热排管所散发的热流，经滚筒由抽风机把筒体内的湿气排出达到干燥的目的。烘干机是按滚筒容量（若干公斤织品）选择设备台数与型号。不宜选择同一型号，以选 2~3 种型号为宜。这也是为了适应织物的不同品种和数量，以便灵活运用。

图 11-33 所示为 Y743 翻滚式烘干机。

图 11-33　Y743 翻滚式烘干机

烘干机的蒸汽耗量各厂家提供数据相差很大，一般可以通过计算的方法或实测烘干机凝结水的办法来校正。例如，某烘干机的烘干能力为 40kg，送入烘干机的衣物含湿量为 35%，经烘干以后衣物剩余含湿量为 5%，则经烘干去除水分为

$$q = [40 \times (35\% - 5\%)] kg/次 = 12kg/次$$

烘干机的运行时间一般为 30min。则每小时的蒸汽耗量为

$$G_{汽} = 2 \times \{12[(100 - 20) \times 4.18 + 2260]\} / (2749 - 70 \times 4.18) = 25.35kg/h$$

假设由甩干机送入烘干机的衣物温度为 20℃，每小时烘干机工作为 2 次。则耗汽量为 27.55kg/h 这与实际调查烘干机的凝结水是基本相同的。但由于在洗衣过程中经甩干的衣物含湿量有可能大于 35%、衣物温度低于 20℃ 等因素，直接影响烘干机的耗汽量。在初步设计估算洗衣房耗汽量时，每 kg 甩干以后用以烘干的衣物蒸汽耗汽量按 0.8~1.0kg 蒸汽/（kg 衣物）计。

（3）烫平机　烫平机主要用于熨平洗涤并脱水后的织品（如床单、被单、枕套、桌布、窗帘等）；也可直接烫平不经晾晒、带有部分水分的织品。烫平机占地面积比较大，且两端需要一定的工作面积，往往烫平机布置在房子中间，两侧与其他设备间距一般相距 1500mm。

烫平机后接折叠机，在烫平机两端一般设有工作台。烫平机一般选用 2 台可以同容量亦可不同容量。烫平机外形如图 11-34 所示。

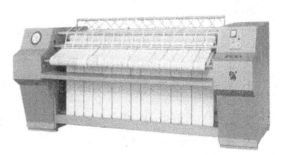

图 11-34　烫平机外形图

一般厂家提供的熨平机的耗汽量都偏大，有的还大很多。实际熨平机处理衣物的能力可以通过实测和计算来求得。如某熨平机每分钟处理衣物为 2.0kg/min，原来衣物通过甩干机甩干以后含湿量为 35%，经熨平后留有 5% 的水分，则其耗汽量为：

$$G_{汽} = \{1.1 \times 2.0 \times 60(35\% - 5\%)[(100 - 20)4.18 + 2260]\}/2260 = 45\text{kg/h}$$

通过实测，烫平机处理衣物能力为 100kg/h，其凝结水量为 48kg/h。其实际数字与计算相差不多，故在设计及计算管径时，烫平机处理每 100kg/h，其耗汽量为 50~60kg/(kg 衣物)。

烫平机四周应留有足够的操作面积。机前进衣处的宽度应不小于 2.5m，以放置手推车和留出工作人员操作的位置。出衣的一端应有不小于 2.5~2.8m 的宽度，以放置平板车和留出工作人员折叠衣物的位置。烫平机的两侧应有不小于 1.0m 的宽度，以便手推车的通过。

由于烫平机在运行过程中将衣物所含水分部分或大部分散发在房间里，因此烫平机上最好应设置天窗。有的厂家生产的烫平机附设排气装置，但有的不够理想。烫平机房间的屋顶和墙面要有防止结露的措施，并避免屋顶内表面产生凝结水流到烫平机和衣物上。

（4）熨平机　又称为整熨机、夹熨机、压平机。主要用于熨平各类衣服，根据不同的功能其形式多种多样一般用于水洗衣服的有万能熨平机、熨袖机、圆头熨平机（熨肩用）、裙、腰压平机等。夹熨机外形如图 11-35 所示，压平机外形如图 11-36 所示。

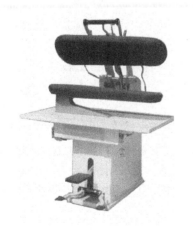

图 11-35　夹熨机外形图

压平机

图 11-36　压平机外形图

每台熨平机的生产能力约为干衣 20kg/h 左右，其耗汽量为 14~18kg/h。

（5）全自动干洗机　干洗机主要用于洗涤棉毛、呢绒、丝绸、化纤及皮毛等高级织品，其洗涤剂多用无色、透明、易挥发、不燃烧、具有优良溶解性的"过氯乙烯""全氯乙烯"等。

干洗机的工作原理如下所述。

1）洗涤剂的循环。即通过循环完成洗涤和净化工序，洗涤剂从清洁液箱进入滚筒，通过洗甩后溶剂从滚筒进入箱底，再由立式泵把较脏的溶剂从底箱抽出送入蒸馏箱，经蒸馏变成气体，进入冷凝器，经冷凝变成清洁的溶剂注入清洁液箱再次使用。溶剂由气体变为液体所流动的路线：滚筒—棉绒捕集器—风机—冷凝器—分水器—底箱。

2）热气的循环。作用是完成烘干工序，烘干温度为 30~85℃，经过加热器—滚筒—棉绒捕集器—风机—冷凝器—加热器。织品在溶剂热气循环作用下完成烘干工序达到干洗织品的目的，干洗特点为去污渍、不损料、不收缩、无皱纹、不褪色、不易虫蛀。

（6）人像精整机　适合宾馆、洗染店用以精整干洗或水洗后各种高档上衣（如外套、西服、两用衫、呢制服等），精整后的服装笔挺，无反光，无压熨痕迹，可获较好的感观效果。

人像精整机能让使用者像穿衣似的进行工作，采用蒸汽雾化加热，蒸汽气动内涨熨烫。人体胎架可 360°旋转，使用方便，工作效率高，劳动强度低，一般上衣只花一分钟左右即可整理完毕。

人像精整机装有精确的定时器，确保蒸汽、热风联合自动操作，即安全又方便，在工艺设计中须考虑蒸汽管道在使用时设冷凝水排除设施（即人像精整机附近设地漏作为冷凝水排除之用）。

（7）蒸汽-电两用熨斗　是手工熨衣用的主要设备，主要用于熨平客衣。

（8）化学去污工作台　对织品上的油质颜色、油渍、唇膏和圆珠笔油、墨水等，在干洗前要在化学去污工作台上去除干净。

4. 给水与蒸汽供应

给水水质应符合生活饮用水水质的要求，当硬度超过 100mg/L（$CaCO_3$）时宜进行软化处理。

洗衣房的冷、热水消耗量和排水量都很大，在设计时必须详细了解洗衣房所要承担洗衣的数量，并应适当考虑发展的需要。洗衣用水每公斤干衣为 45~55L；有热水供应的场所，冷水为 30L，热水为 15~25L。其他杂用水（如化碱槽、喷雾器等）每 kg 干衣为 3~5L。因此每公斤干衣全部用水量为 48~60L。有热水设备时，也可以按冷水为 3/5，热水为 2/5 的比例来计算。

洗衣程序：污衣放入洗衣机内，先用冷水冲洗 2~3 次，再放进洗涤剂或肥皂水，随后通入高压蒸汽。高压蒸汽阀门的开启时间约为 20min。使水温升至 80℃左右进行洗涤，洗衣机运转 30min 以后，再用冷水冲洗 2~3 次，这样每次洗衣总计时间为 50~60min。洗衣机内的水放净以后，便可将衣物取出，放在甩干机内进行甩干。经离心甩干的衣物含水率仍在 35%左右。有的洗衣机接入热水管，不设蒸汽管。

在接入洗衣机的冷热水管上均应装设空气隔断器，以防洗涤水倒流。

洗衣机的排水多为脚踏开关，放水阀打开洗衣机内污水在 30s 内全部泄出，约等于给水量的 2 倍，即每 kg 干衣排水量为 12L/min，一般在洗衣机放水阀的下端均设有带隔栅铸铁盖板的排水沟，其尺寸为 600mm×400mm。排水管管径不小于 100mm。

洗衣机的干衣负荷和需水量及汽量见表 11-26。

洗衣房的总用水量可按式（11-21）计算：

$$q_r = G_r q \tag{11-21}$$

式中　q_r——洗衣房的日用水量（L/d）；

G_r——洗衣房每日的洗衣量（kg/d）；

q——每 kg 干衣的耗水量（L/kg）。

给水管宜从外线总管单独接入，采用明管敷设，其管径按 1min 内充满洗衣机内容积槽体积所需水量计算，也可按洗衣机额定容量每公斤干衣的给水流量为 6L/min 来进行计算，但不小于洗衣机接管管径。用水小时变化系数为 1.5。

洗衣工作时间一般为一班制，每天工作 6h。对于大型宾馆洗衣房工作时间考虑两班制。按防火规范要求洗衣房如设在地下室除设有消火栓给水系统外，还应设有自动喷水灭火系统。

5. 排水

洗衣房内主要排水设备是全自动洗脱机、固定式洗脱机和全封闭干洗机，以及抽湿机、空压机等。其中湿洗机排水量大，排水流量应按设计秒流量考虑。洗衣房的排水设计应符合下列要求：

1）宜采用带格栅的排水沟排除废水。排水沟的有效断面尺寸，应满足洗衣机泄水不溢出地面。大型洗衣房的排水沟，应按同时两台湿洗机秒流量设计，其尺寸不宜小于 300mm×300mm，排水沟坡度不小于 0.005。

2）设备有蒸汽凝结水排除要求时，应在设备附近设排水沟或采用耐热型地漏用管道接至排水沟。

3）设在地下室的宾馆附属洗衣房，当洗衣房工艺布置尚未确定，宜采用 300 厚垫层，以便根据洗衣设备排水要求，布置排水沟；排水沟应直接通至附近集水坑。

4）排水温度超过 40℃ 或排水中含有有毒、有害物质时，应按有关规范要求进行降温或无害化处理后，再排入室外排水管道。

5）洗衣机排水流量和排水管径，应根据所选洗衣机型号资料确定。在洗衣机型号未定时，可以按洗衣机容量确定排水流量。例如：一台 1800L 全自动洗脱机洗衣时，其贮水量约为洗衣量 1/3，为 600L，排水时间一般不超过 2min，取 1min 排水时间，则排水量为 $Q_p = (1800×1/3÷60)$L/s = 10L/s，其排水管径为 $DN125 \sim DN150$。

思考题

1. 什么是水景？建筑水景常用在哪些场合？

2. 水景的基本分类有哪几类？如何选型？

3. 水景给排水由几部分组成？常见系统有那两种？常用哪种？

4. 常见的喷泉喷头有几种？如何选型？

5. 喷泉系统为何要设补充水系统？如何确定补水管管径？

6. 游泳池常见有几类？几何尺寸如何确定？

7. 游泳池给水系统常采用何系统？补充水如何确定？

8. 游泳池水质净化与消毒程序分几部分？常见的消毒方法有几种？

9. 绿地喷灌系统由哪几部分组成？

10. 绿地喷灌系统的分类有哪些？

11. 绿地喷灌系统自压型的条件是什么？加压型的条件是什么？

12. 喷灌喷头有几类？如何选择？

13. 公共厨房给排水设计有什么要求？

14. 洗衣房排水设计要点有哪些？

第 12 章

建筑给排水设计基础知识与设计实例

■ 12.1 建筑给排水设计基础知识

一个建筑物的兴建，一般都需要建设单位（甲方）根据建筑工程要求，提出申请报告（工程计划任务书），说明建设用途、规模、标准、投资估算和工程建设年限，申报政府建设主管部门。经主管部门批准后，由建设单位委托设计单位进行工程设计。

在上级批准的设计任务书及有关文件齐备的条件下，设计单位才可接受设计任务组织设计工作。建筑给排水工程是整个工程设计的一部分，其程序与整体工程设计是一致的。

12.1.1 设计内容与过程

设计内容主要包括：建筑给水、排水、消防、雨水、中水、热水和直饮水系统设计及建筑水景设计等，宾馆、医院还包括洗衣房、餐饮系统设计等。

建筑给排水工程设计的依据是任务书与建筑方案设计图。规模较大或较重要的工程项目设计，可分为 3 个阶段：方案设计阶段、初步设计阶段、施工图设计阶段。中等规模的可分为两个阶段：初步设计阶段、施工图设计阶段。较小规模的工程直接进行施工图设计。

设计的全过程中，需要进行现场踏勘、收集资料、与其他专业相互配合、互提资料、会签、管线综合等，并需要与业主、市政、自来水、环保等主管部门及时沟通与交流。

12.1.2 设计深度要求

1. 方案设计深度

（1）方案设计原则

1）建筑给排水方案设计阶段只出方案设计说明，不出图纸。

2）建筑给排水方案设计文件编制深度除满足有关行业标准的规定适用的要求外，尚应符合住房和城乡建设部批准的《建筑工程设计文件编制深度规定》（2016 年版）（以下简称"深度规定"）要求，深度规定于 2017 年 1 月 1 日开始实施，是依据《建设工程质量管理条例》（国务院第 279 号令）和《建设工程勘察设计管理条例》（国务院第 662 号令），在《建筑工程设计文件编制深度规定》（2008 年版）基础上修编而成。

3）方案设计文件，应满足编制初步设计文件的需要；对于投标方案，设计文件深度应满足标书要求。

4）设计宜因地制宜正确地选用国家、行业和地方建筑标准设计。

5）当设计合同对设计文件编制深度另有要求时，设计文件编制还应满足设计合同的要求。

（2）方案设计说明的内容深度

1）工程概况。

2）本工程设置的建筑给排水系统。

3）给水系统设计：

① 水源情况简述（包括自备水源及城镇给水管网）。

② 给水系统：简述系统供水方式；估算总用水量（最高日用水量、最大时用水量）。

③ 热水系统：简述热源，供应范围及系统供应方式；集中热水供应估算耗热量（系统及设计小时耗热量和设计小时热水量）。

④ 中水系统：简述设计依据及用途。

⑤ 循环冷却水系统、重复用水系统及采取的其他节水、节能减排采取的措施。

⑥ 管道直饮水系统：简述设计依据，处理方法等。

⑦ 其他给水系统（如非传统水源）的简介。

4）消防系统设计：

① 消防水源情况简述（城镇给水管网、自备水源等）。

② 消防系统：简述消防系统种类，水消防系统供水方式，消防水箱、水池等容积，消防泵房的设置等。

③ 消防用水量（设计流量、一次灭火用水量、火灾延续时间）。

④ 其他灭火系统、设施的设计要求等。

5）排水系统设计：

① 排水体制（室内污、废水的排水合流或分流，室外生活排水和雨水的合流或分流），污水、废水及雨水的排放出路。

② 给出雨水系统重现期等主要设计参数，估算污废水排水量、雨水量等。

③ 生活排水、雨水系统设计说明，雨水控制与综合利用设计说明。

④ 污水、废水的处理方法。

6）当项目按绿色建筑要求建设时，说明绿色建筑设计目标，采用的绿色建筑技术和措施。

7）当项目按装配式建筑要求建设时，给排水设计说明应有装配式设计专门内容。

8）需要专项设计（包括二次设计）的系统。

9）需要说明的其他问题。

2. 初步设计深度

初步设计是将方案设计确定的系统和设施，用图纸和说明书完整地表达出来。

（1）初步设计原则如下：

1）初步设计文件编制深度除满足建设部制定的"深度规定"适用的要求外，尚应符合有关行业标准的规定（工业项目设计文件的编制应根据工程性质执行有关行业标准的规定）。

2）初步设计文件，应满足编制施工图设计文件的前期需要。

3）设计宜因地制宜正确选用国家、行业和地方建筑标准设计。

4）当设计合同对设计文件编制深度另有要求时，设计文件编制深度还应同时满足设合同的要求。

（2）初步设计深度的内容要求　初步设计阶段的建筑工程给排水专业设计文件应包括设计说明书、设计图纸、设备表及主要材料表、计算书，下面分别进行介绍。

1）设计说明书

① 设计依据。

ⓐ 摘录设计总说明所列批准文件和依据性资料中与本专业设计有关内容。

ⓑ 本项目设计所执行的主要法规和所采用的主要规范、标准（包括标准的名称、编号、年号和版本号）。

ⓒ 设计依据的市政条件。

ⓓ 建设单位提供有关资料和设计任务书。

ⓔ 建筑和相关专业提供的条件图和有关资料。

② 工程概况。项目位置，工业建筑的火灾危险性、民用建筑的建筑分类和耐火等级，建筑功能组成、建筑面积及体积、建筑层数、建筑高度以及能反映建筑规模的主要技术指标（如旅馆的床位数，剧院、体育馆等的座位数，医院的门诊人次和住院部的床位数等）。

③ 设计范围。根据设计任务书和有关设计资料，说明用地红线（或建筑红线）内本专业的设计内容，以及与需要专项（二次）设计的如二次装修、环保、消防及其他工艺设计的分工界面和相关联的设计内容。当采用装配式时明确给排水专业的管道、管件及附件等在预制构件中的敷设方式及处理原则；预制构件中预留空洞、沟槽、预埋管线等布置的设计原则。

④ 建筑小区（室外）给水设计。

ⓐ 水源：由城镇或小区管网供水时，应说明供水干管方位、接管管径及根数、能提供的水压；当建自备水源时，应按照《市政公用工程设计文件编制深度规定》要求，另行专项设计。

ⓑ 用水量：说明或用表格列出生活用水定额及用水量、生产用水水量、其他项目用水定额及用水量（含循环冷却水系统补水量、游泳池和中水系统补水量、洗衣房、锅炉房、水景用水、道路浇洒、汽车库和停车场地面冲洗、绿化浇洒和未预见用水量及管网漏失水量等）、消防用水量标准及一次灭火用水量、总用水量（最高日用水量、平均时用水量、最大时用水量）。

ⓒ 给水系统：说明给水系统的划分及组合情况、分质、分区（分压）供水的情况及设备控制方法；当水量、水压不足时采取的措施，并说明调节设施的容量、材质、位置及加压设备选型；如系改建、扩建工程，还应简介现有给水系统。

ⓓ 消防系统：说明各类形式消防设施的设计依据、设置范围、设计参数、供水方式、设备参数及运行要求等。

ⓔ 中水系统：说明中水系统设计依据，中水用途、水质要求、设计参数。当市政提供中水时，应说明供水干管方位、接管管径及根数、能提供的水压；当自建中水站时，应说明规模、工艺流程及处理设施、设备选型，并绘制水量平衡图（表）。

ⓕ 循环冷却水系统：说明根据用水设备对水量和计量、水质、水温、水压的要求，以及当地的有关的气象参数（如室外空气干、湿球温度和大气压力等）来选择采取循环冷却水系统的组成、冷却构筑物和循环水泵的参数、稳定水质措施及设备控制方法等。

ⓖ 当采用其他循环用水系统时，应概述系统流程、净化工艺，复杂的系统应绘制水量平衡图。

ⓗ 各系统选用的管材、接口及敷设方式。

⑤ 建筑小区（室外）排水设计。

ⓐ 现有排水条件简介：当排入城市管渠或其他外部明沟时应说明管渠横断面尺寸大小、坡度、排入点的标高、位置或检查井编号；当排入水体（江、河、湖、海等）时，还应说明对排放的要求，水体水文情况（流量、水位）。

ⓑ 说明设计采用的排水制度、排水出路；如需要提升，则说明提升位置、规模、提升设备选型及设计数据、构筑物形式、占地面积、事故排放的措施等。

ⓒ 说明或用表格列出生产、生活排水系统的排水量，当污水需要处理时，应按照《市政公用工程设计文件编制深度规定》要求，另行专项设计。

ⓓ 说明雨水系统设计采用的暴雨强度公式（或采用的暴雨强度）、重现期、雨水排水量、雨水系统简介，雨水出路等。

ⓔ 雨水控制与利用系统：说明控制指标及规模；雨水用途、水质要求、设计重现期、年降雨量、年可回用雨水量、年用雨水量、系统选型、处理工艺及构筑物概况、加压设备及给水系统等。

ⓕ 各系统选用的管材、接口及敷设方式。

⑥ 建筑室内给水设计。

ⓐ 水源：由市政或小区管网供水时，应说明供水干管的方位、引入管（接管）管径及根数、能提供的水压。

ⓑ 说明或用表格列出各种用水量定额、用水单位数、使用时数、小时变化系数、最高日用水量、平均时用水量、最大时用水量。

ⓒ 给水系统：说明给水系统的选择和给水方式，分质、分区（分压）供水要求和采取的措施，计量方式，设备控制方法，水箱和水池的容量、设置位置、材质，设备选型、防水质污染、保温、防结露和防腐蚀等措施。

ⓓ 消防系统：遵照各类防火设计规范的有关规定要求，分别对各类消防系统（如消火栓、自动喷水、水幕、雨淋喷水、水喷雾、细水雾、泡沫、消防炮、气体灭火等）的设计原则和依据，计算标准、设计参数、系统组成、控制方式；消防水池和水箱的容量、设置位置；建筑灭火器的配置；其他灭火系统如气体灭火系统的设置范围、灭火剂选择、设计储量以及主要设备选择等予以叙述。

ⓔ 热水系统：说明采取的热源、加热方式、水温、水质、热水供应方式、系统选择及设计耗热量、最大小时热水量、机组供热量等；说明设备选型、保温、防腐的技术措施等；当利用余热或太阳能时，尚应说明采用的依据、供应能力、系统形式、运行条件及技术措施等。

ⓕ 循环冷却水系统、重复用水系统、饮水供应等系统的设计参数及系统简介。当对水质、水压、水温等有特殊要求时，应说明采用的特殊技术措施，并列出设计数据及工艺流程、设备选型等。

ⓖ 各系统选用的管材、接口及敷设方式。

⑦ 建筑室内排水设计。

ⓐ 排水系统：说明排水系统选择、生活和生产污（废）水排水量、室外排放条件；有毒有害污水的局部处理工艺流程及设计数据。

ⓑ 屋面雨水的排水系统选择及室外排放条件，采用的降雨强度、重现期和设计雨水量等。

ⓒ 各系统选用的管材、接口及敷设方式。

⑧ 中水系统。同前述中水系统部分。

⑨ 节水节能减排措施。说明高效节水、节能减排器具和设备及系统设计中采用的技术措施等。

⑩ 对有隔振及防噪声要求的建筑物、构筑物，说明给排水设施所采取的技术措施。

⑪ 对特殊地区（地震、湿陷性或胀缩性土、冻土地区、软弱地基）的给排水设施，说明所采取的相应技术措施。

⑫ 对分期建设的项目，应说明前期、近期和远期结合的设计原则和依据性资料。

⑬ 绿色建筑设计。当项目按绿色建筑要求建设时，说明绿色建筑设计目标，采用的主要绿色建筑技术和措施。

⑭ 装配式建筑设计。当项目按装配式建筑要求建设时，说明装配式建筑给排水设计目标，采用的主要装配式建筑技术和措施。（如卫生间排水形式，采用装配式时管材材质及接口方式，预留孔洞、沟槽做法要求，预埋套管、管道安装方式和原则等。）

⑮ 各专篇（项）中给排水专业应阐述的问题；给排水专业需专项（二次）设计的系统及设计要求。

⑯ 存在的问题。需提请在设计审批时解决或确定的主要问题。

⑰ 施工图设计阶段需要提供的技术资料等。

2）设计图纸。对于简单工程项目而言，初步设计阶段可不出图。如果需要出图，初步设计阶段的设计图纸一般包括以下两部分：

① 建筑小区（室外）应绘制给排水总平面图。

ⓐ 自建水源的取水构筑物平面布置图、水处理厂（站）总平面布置及工艺流程断面图，应按照《市政公用工程设计文件编制深度规定》要求，另行专项设计。

ⓑ 全部建筑物和构筑物的平面位置、道路等，并标出主要定位尺寸或坐标、标高，指北针（或风玫瑰图）、比例等。

ⓒ 给水、排水管道平面位置，标注出干管的管径，排水方向；绘出阀门井、消火栓井、水表井、检查井、化粪池等和其他给排水构筑物位置。

ⓓ 室外给水、排水管道与城市管道系统连接点的位置和控制标高。

ⓔ 消防系统、中水系统、循环冷却水系统、重复用水系统、雨水控制与利用系统等管道的平面位置，标注出干管的管径。

ⓕ 中水系统、雨水控制与利用系统构筑物位置、系统管道与构筑物连接点处的控制标高。

② 建筑室内给排水平面图和系统原理图。

ⓐ 绘制给排水首层（管道进出户层并绘制引入管和排出管）、地下室复杂的机房层、主要标准层、管道或设备复杂层的平面布置图。

ⓑ 绘制复杂设备机房的设备平面布置图。

ⓒ 绘制给水系统、生活排水系统、雨水系统、各类消防系统、循环冷却水系统、热水系统、中水系统等系统原理图，标注主干管管径、水池（箱）底标高、建筑楼层编号及层面标高。

ⓓ 绘制水处理流程图（或方框图）。

③ 设备及主要材料表。应列出设备及主要材料及器材的名称、性能参数、计数单位、数量、备注。

④ 计算书。

ⓐ 各类生活、生产、消防等系统用水量和生活、生产排水量，园区、屋面雨水排水量，生活热水的设计小时耗热量等计算。

ⓑ 中水水量平衡计算。

ⓒ 有关的水力计算及热力计算。

ⓓ 主要设备选型和构筑物尺寸计算。

3. 施工图设计深度

施工图设计原则如下：

1）建筑给排水施工图设计文件编制深度除满足建设部制定的"深度规定"适用的要求外，尚应符合有关行业标准的规定（工业项目设计文件的编制应根据工程性质执行有关行业标准的规定）。

2）施工图设计文件，应满足设备材料采购、非标准设备制作和施工的需要。对于将项目分别发包给几个设计单位或实施设计分包的情况，设计文件相互关联处的深度应当满足各承包或分包单位设计的需要。

3）设计宜因地制宜正确选用国家、行业和地方建筑标准设计，在设计文件的图纸目录或施工图设计说明中注明应用图集的名称；重复利用其他工程的图纸时，应详细了解原图利用的条件和内容，并作必要的核算和修改，以满足新设计项目的需要。

4）当设计合同对设计文件编制深度另有要求时，设计文件编制深度应同时满足本规定和设计合同的要求。

在施工图设计阶段，建筑给排水专业设计文件应包括图纸目录、施工图设计说明、设计图纸、设备及主要材料表、计算书。

（1）图纸目录 绘制设计图纸目录、选用的标准图目录及重复利用图纸目录。

（2）设计总说明

1）设计依据：

① 已批准的初步设计（或方案设计）文件（注明文号）。

② 设单位提供有关资料和设计任务书。

③ 本项目设计所采用的主要规范、标准（包括标准的名称、编号、年号和版本号）。

④ 工程可利用的市政条件或设计依据的市政条件：说明接入的市政给水管根数、接入位置、管径、压力，或生活、生产、室内、室外消防给水来源情况；说明污、废水排至市政排水管或排放需要达到的水质要求、污废水预处理措施，需要进行污水处理或中水回用时需要达到的水质标准及采取的技术措施。

⑤ 建筑和有关专业提供的条件图和有关资料。

2）工程概况。参照初步设计。

3）设计范围。参照初步设计。

4）给排水系统简介。主要的技术指标（如最高日用水量、平均时用水量、最大时用水量，各给水系统的设计流量、设计压力，最高日生活污水排水量，雨水暴雨强度公式及排水设计重现期、设计雨水流量，设计小时耗热量、热水用水量、循环冷却水量及补水量，各消防系统的设计参数、消防用水量及消防总用水量等）；设计采用的系统简介、系统运行控制方法等。

5）说明主要设备、管材、器材、阀门等的选型。

6）说明管道敷设、设备、管道基础，管道支吊架及支座，管道、设备的防腐蚀、防冻和防结露、保温，管道、设备的试压和冲洗等。

7）专篇中包括如建筑节能、节水、环保、人防、卫生防疫等给排水所涉及的内容。

8）绿色建筑设计。当项目按绿色建筑要求建设时，应有绿色建筑设计说明：

① 设计依据。

② 绿色建筑设计的项目特点与定位。

③ 给排水专业相关的绿色建筑技术选项内容及技术措施。

④ 需在其他子项或专项设计、二次深化设计中完成的内容（如中水处理、雨水收集回用等），以及相应设计参数、技术要求。

9）需专项设计及二次深化设计的系统应提出设计要求。

10）凡不能用图示表达的施工要求，均应以设计说明表述。

11）有特殊需要说明的可分列在有关图纸上。

（3）图例

（4）建筑小区室外给排水总平面图　应包括以下内容：

1）绘制各建筑物的外形、名称、位置、标高、道路及其主要控制点坐标、标高、坡向，指北针（或风玫瑰图）、比例。

2）绘制给排水管网及构筑物的位置（坐标或定位尺寸）；备注构筑物的主要尺寸。

3）对较复杂工程，可将给水、排水（雨水、污水、废水）总平面图分开绘制，以便于施工（简单工程可绘在一张图上）。

4）标明给水管管径、阀门井、水表井、消火栓（井）、消防水泵接合器（井）等。

5）排水管标注主要检查井编号、水流坡向、管径，标注管道接口处市政管网（检查井）的位置、标高、管径等。

（5）室外排水管道高程表或纵断面图

1）排水管道绘制高程表，将排水管道的主要检查井编号、井距、管径、坡度、设计地面标高、管内底标高、管道埋深等写在表内。

2）简单的工程，可将上述内容（管道埋深除外）直接标注在平面图上，不列表。

3）对地形复杂的排水管道以及管道交叉较多的给排水管道，宜绘制管道纵断面图。图中应标示出主要检查井编号、井距、管径、坡度、设计地面标高、管道标高（给水管道注管中心，排水管道注管内底）、管道埋深、管材、接口形式、管道基础、管道平面示意，并标出交叉管的管径、位置、标高；纵断面图比例宜为竖向 1∶50 或 1∶100，横向 1∶500（或与总平面图的比例一致）。

（6）自备水源取水工程　自备水源取水工程，应按照《市政公用工程设计文件编制深度规定》要求，另行专项设计。

（7）雨水控制与利用及各净化建筑物、构筑物平、剖面及详图 分别绘制各建筑物、构筑物的平、剖面及详图，图中表示出工艺设备布置、各细部尺寸、标高、构造、管径及管道穿池壁预埋管管径或加套管的尺寸、位置、结构形式和引用详图。

（8）水泵房平面图、剖面图

1）平面图。应绘出水泵基础外框及编号、管道位置，列出设备及主要材料表，标出管径、阀件、起吊设备、计量设备等位置、尺寸。如需设真空泵或其他引水设备时，要绘出有关的管道系统和平面位置及排水设备。

2）剖面图。绘出水泵基础剖面尺寸、标高，水泵轴线、管道、阀门安装标高，防水套管位置及标高。简单的泵房，用系统轴测图能表达清楚时，可不绘剖面图。

3）管径较大时宜绘制双线图。

（9）水塔（箱）、水池配管及详图 分别绘出水塔（箱）、水池的形状、工艺尺寸、进水、出水、泄水、溢水、透气、水位计、水位信号传输器等平面、剖面图或系统轴测图及详图，标注管径、标高、最高水位、最低水位、消防储备水位等及贮水容积。

（10）循环水构筑物的平面、剖面及系统图 有循环水系统时，应绘出循环冷却水系统的构筑物（包括用水设备、冷却塔等）、循环水泵房及各种循环管道的平面、剖面及系统图（或展开系统原理图）（当绘制系统轴测图时，可不绘制剖面图），并标注相关设计参数。

（11）污水处理 如有集中的污水处理，应按照《市政公用工程设计文件编制深度规定》要求，另行专项设计。

（12）建筑室内给排水设计图

1）平面图。

① 绘出与给排水、消防给水管道布置有关各层的平面，内容包括主要轴线编号、房间名称、用水点位置，注明各种管道系统编号（或图例）。

② 绘出给排水、消防给水管道平面布置、立管位置及编号，管道穿剪力墙处定位尺寸、标高、预留孔洞尺寸及其他必要的定位尺寸，管道穿越建筑物地下室外墙或有防水要求的构（建）筑物的防水套管形式、套管管径、定位尺寸、标高等。

③ 当采用展开系统原理图时，应标注管道管径、标高，在给排水管道安装高度变化处用符号表示清楚，并分别标出标高（排水横管应标注管道坡度、起点或终点标高），管道密集处应在该平面中画横断面图将管道布置定位表示清楚。

④ 底层（首层）等平面应注明引入管、排出管、水泵接合器管道等管径、标高及与建筑物的定位尺寸，还应绘出指北针。引入管应标注管道设计流量和水压值。

⑤ 标出各楼层建筑平面标高（如卫生设备间平面标高有不同时，应另加注或用文字说明）和层数，建筑灭火器放置地点（也可在总说明中表达清楚）。

⑥ 若管道种类较多，可分别绘制给排水平面图和消防给水平面图。

⑦ 需要专项设计（含二次深化设计）时，应在平面图上注明位置，预留孔洞，设备与管道接口位置及技术参数。

2）系统图。系统图可按系统原理图或系统轴测图绘制。

① 系统原理图。对于给排水系统和消防给水系统等，采用原理图或展开系统原理图将设计内容表达清楚时，绘制（展开）系统原理图。图中标明立管和横管的管径、立管编号、

楼层标高、层数、室内外地面标高、仪表及阀门、各系统进出水管编号、各楼层卫生设备和工艺用水设备的连接，排水管还应标注立管检查口，通风帽等距地（板）高度及排水横管上的竖向转弯和清扫口等。

② 系统轴测图。对于给排水系统和消防给水系统，也可按比例分别绘出各种管道系统轴测图。图中标明管道走向、管径、仪表及阀门、伸缩节、固定支架、控制点标高和管道坡度（设计说明中已交代者，图中可不标注管道坡度）、各系统进出水管编号、立管编号、各楼层卫生设备和工艺用水设备的连接点位置。复杂的连接点应局部放大绘制；在系统轴测图上，应注明建筑楼层标高、层数、室内外地面标高；引入管道应标注管道设计流量和水压值。

③ 当自动喷水灭火系统在平面图中已将管道管径、标高、喷头间距和位置标注清楚时，可简化绘制从水流指示器至末端试水装置（试水阀）等阀件之间的管道和喷头。

④ 简单管段在平面上注明管径、坡度、走向、进出水管位置及标高，引入管设计流量和水压值，可不绘制系统图。

3）局部放大图。对于给排水设备用房及管道较多处，如水泵房、水池、水箱间、热交换器站、卫生间、水处理间、游泳池、水景、冷却塔布置、冷却循环水泵房、热泵热水、太阳能热水、雨水利用设备间、报警阀组、管井、气体消防贮瓶间等，当平面图不能表达清楚时，应绘出局部放大平面图；可绘出其平面图、剖面图（或轴测图、卫生间管道也可绘制展开图），或注明引用的详图、标准图号。管径较大且系统复杂的设备用房宜绘制双线图。

（13）设备及主要材料表 给出使用的设备、主要材料、器材的名称、性能参数、计数单位、数量、备注等。

（14）计算书 根据初步设计审批意见进行施工图阶段设计计算。

（15）采用装配式建筑技术设计时，应明确装配式建筑设计给排水专项内容：

1）明确装配式建筑给排水设计的原则及依据。

2）对预埋在建筑预制墙及现浇墙内的预留孔洞、沟槽及管线等要有做法标注及详细定位。

3）预埋管、线、孔洞、沟槽间的连接做法。

4）墙内预留给排水设备时的隔声及防水措施；管线穿过预制构件部位采取相应的防水、防火、隔声、保温等措施。

5）与相关专业的技术接口要求。

12.1.3 设计程序

（1）根据建筑使用性质，计算总用水量，确定给水、消防、排水系统方案。

（2）确定给排水、消防设备（如水泵房、锅炉房、水池、水箱等）的安装位置、占地面积等。

（3）编写方案设计说明书。

（4）方案设计在建设单位认可、上级主管部门审批后，进行初步设计和施工图设计。

（5）计算并核准最大日用水量、最大小时用水量、耗热量、热媒耗量、消火栓、喷淋用水量，确定水池、水箱、热交换器的容积、水泵型号。

（6）向其他有关专业设计人员提供技术数据及要求。

1）向建筑专业设计人员提供：水池、水箱的位置及容积和工艺尺寸要求；给排水设备用房面积及高度要求；各管道竖井位置及平面尺寸要求等。

2）向结构专业设计人员提供：水池、水箱的具体工艺尺寸，水的荷重；水泵基础尺寸，机组重量；预留孔洞位置及尺寸（梁、板、基础或地梁等预留孔洞）等。

3）向采暖、通风专业设计人员提供：热水系统最大时耗热量、热媒耗量；泵房及设备用房的温度和通风要求等。

4）向电气专业设计人员提供：水泵机组用电量，用电等级；水泵机组自动控制要求，水池和水箱的最高水位和最低水位；其他自动控制要求，如消防的远距离启动、报警等要求。

（7）绘制给排水、消防平面布置图。

（8）绘制给排水、消防系统图。

（9）进行各系统水力计算，并标注管径、标高等。

（10）绘制卫生间、泵房、热交换间、水箱间平面及系统大样。

（11）计算工程量，编写工程量表。

（12）编写说明书、绘制图例。

（13）编写图纸目录。

（14）审图、各专业会签。

（15）出图。

12.1.4 设计图纸的表示方法

1. 图纸幅面与编排顺序

1）图纸幅面应符合《房屋建筑制图统一标准》（GB/T 50001—2017）条文规定：

①图纸幅面及图框尺寸采用表 12-1 的数据。

表 12-1　常用图纸尺寸及图框大小

图幅	A0	A1	A2	A3	A4
图纸大小/（mm×mm）	841×1189	841×594	420×594	420×297	210×297
图框大小/（mm×mm）	831×1179	831×584	410×584	415×292	205×292

②需要微缩复制的图纸，其一条边上应附有一段准确米制尺度，四条边上均附有对中标志，米制尺度的总长应为 100mm，分格应为 10mm，对中标志应画在图纸各边长的中点处，线宽应为 0.35mm，伸入框内应为 5mm。

③图纸的短边一般不应加长，长边可加长，但应符合表 12-2 的规定。

表 12-2　图纸长边加长尺寸　　　　　　　　　　　　（单位：mm）

幅面尺寸	长边尺寸	长边加长后尺寸
A0	1189	1486　1635　1783　1932　2080　2230　2378
A1	841	1050　1261　1471　1682　1892　2102
A2	594	734　891　1041　1189　1338　1486　1635　1783　1932　2080
A3	420	

注：有特殊要求的图纸，可采用 b×l 为 841mm×891mm 或 1189mm×1261mm 的幅面。

2）图纸编排顺序，应符合《房屋建筑制图统一标准》（GB/T 50001—2017）。工程图纸应按专业顺序编排。一般应为图纸目录、总图、建筑图、结构图、给排水图、暖通空调图、电气图等。各专业的图纸，应该按图纸内容的主次关系、逻辑关系，有续排列。

2. 常用线型、线宽及用途

基本线宽 b 应根据图纸类别、比例和复杂程度，按照《房屋建筑制图统一标准》（GB/T 50001—2017）中的规定选用，宜为 0.7mm 或 1.0mm，常用线宽为 0.25b、0.5b、0.75b、b；各种线型（虚线、直线、点画线等）的线宽及用途见表 12-3。

表 12-3　常用线型、线宽及用途

名称	线宽	用　　途
粗实线	b	新设计的各种排水和其他重力流管线
粗虚线	b	新设计的各种排水和其他重力流管线的不可见轮廓线
中粗实线	0.75b	新设计的各种给水和其他压力流管线；原有的各种排水和其他重力流管线
中粗虚线	0.75b	新设计的各种给水和其他压力流管线及原有的各种排水和其他重力流管线的不可见轮廓线
中实线	0.50b	给排水设备、零（附）件的可见轮廓线；总图中新建的建筑物和构筑物的可见轮廓线；原有的各种给水和其他压力流管线
中虚线	0.50b	给排水设备、零（附）件的不可见轮廓线；总图中新建的建筑物和构筑物的不可见轮廓线；原有的各种给水和其他压力流管线的不可见轮廓线
细实线	0.25b	建筑的可见轮廓线；总图中原有的建（构）筑物的可见轮廓线；制图中的各种标注线
细虚线	0.25b	建筑的不可见轮廓线；总图中原有的建筑物和构筑物的不可见轮廓线
单点长画线	0.25b	中心线、定位轴线
折断线	0.25b	断开界线
波浪线	0.25b	平面图中水面线；局部构造层次范围线；保温范围示意线等

同一张图纸内，相同比例的各图样，应选用相同的线宽组；相互平行的图线，其间隙不宜小于其中的粗线宽度，且不宜小于 0.7mm；图线不得与文字、数字或符号重叠、混淆，不可避免时，应首先保证文字等的清晰。

3. 比例

建筑给排水制图常用的比例宜符合表 12-4 的要求。在管道纵断面图中，可根据需要对纵向与横向采用不同的组合比例；在建筑给排水轴测图中，如局部表达有困难时，该处可不按比例绘制。

表 12-4　常用比例

名　　称	比　　例	备　注
区域规划图、区域位置图	1：50000、1：25000、1：10000、1：5000、1：2000	宜与总图专业一致
总平面图	1：1000、1：500、1：300	宜与总图专业一致
管道纵断面图	纵向：1：200、1：100、1：50 横向：1：1000、1：500、1：300	—
水处理厂（站）平面图	1：500、1：200、1：100	—
水处理构筑物、设备间、卫生间、泵房平、剖面图	1：100、1：50、1：40、1：30	—

（续）

名　　称	比　　例	备　　注
建筑给排水平面图	1：200、1：150、1：100	宜与建筑专业一致
建筑给排水轴测图	1：150、1：100、1：50	宜与相应图纸一致
详图	1：50、1：30、1：20、1：10、1：5、1：2、1：1、2：1	—

4. 字体

图纸中所书写的字体、管径的表示应符合《房屋建筑制图统一标准》（GB/T 50001—2017）规定。字体太大显得不美观、不协调，字体太小则无法辨认。建筑给排水工程图中，通常数字高为 3.5mm 或 2.5mm；字母字高为 5mm、3.5mm 或 2.5mm；说明文字及表格中的文字字高为 5mm 或 7mm；图名字高为 10mm 或 7mm。

5. 标高

设计图中在下列部位应标注标高。

1）沟渠和重力流管道的起讫点、转角点、连接点、变坡点、变尺寸（管径）点及交叉点。

2）压力流管道中的标高控制点。

3）管道穿外墙、剪力墙和构筑物的壁及底板等处。

4）不同水位线处。

5）构筑物和土建部分的相关标高。

标高标注应符合《建筑给水排水制图标准》（GB/T 50106—2010）和《房屋建筑制图统一标准》（GB/T 50001—2017）的规定。室内工程应标注相对标高；室外工程宜标注绝对标高，当无绝对标高资料时，可标注相对标高，但应与总图专业一致。压力管道应标注管中心标高；沟渠和重力流管道宜标注沟（管）内底标高。

在建筑工程中，管道也可标注相对本层建筑地面的标高，标注方法为 $h+x.×××$，h 表示本层地面标高（如 $h+0.250$）。标高数字应以米为单位，注写到小数点以后第三位。在总平面图中，可注写到小数点以后第二位。零点标高应注写成±0.000，正数标高不注"+"，负数标高应注"−"，例如，3.000，−0.600。

6. 管道类别与管径

管道用粗线绘制。在同一张图上的给排水管道，一般用粗实线表示给水管道，粗虚线表示排水管道；当平面图上多种管道并存时，可将管道断开，在中间加字母以区分，例如，J 表示生活给水管，W 表示污水管，Y 表示雨水管，XF 表示消火栓管等。具体要求参照《建筑给水排水制图标准》（GB/T 50106—2010）。

管径尺寸单位为 mm。对于水煤气输送钢管（镀锌或非镀锌）、铸铁管等管材，管径宜以公称直径 DN 表示，例如，$DN50$；对于无缝钢管、焊接钢管（直缝或螺旋缝）、铜管、不锈钢管等管材，管径宜以外径 $D×$壁厚表示，例如，$D108×4$；对于塑料管一般标注管道外径用公称直径表示；对于钢筋混凝土（或混凝土）管、陶土管、耐酸陶瓷管、缸瓦管等管材，以内径 d 表示管径，例如，$d380$。

7. 常用图例符号

给排水工程施工图的图样中，除详图外，平面图、系统图上各种管路用图线表示，而各种管件、阀门、附件、器具等一般都用图例表示，管道及附件图例见表 12-5。

表 12-5　管道及附件图例

序号	名称	图形符号	序号	名称	图形符号
1	给水管节点		23	疏水阀	
2	管道固定支架		24	闸阀	
3	管道支（托）架		25	截止阀	DN<50　DN>50
4	管道吊架		26	电动阀	
5	保温管、防结露管		27	减压阀	
6	多孔管		28	底阀	
7	地沟管		29	电磁阀	
8	保护套管		30	止回阀	
9	柔性防水套管		31	消声止回阀	
10	立管（X为管道类别）		32	蝶阀	
11	排水明沟		33	球阀	
12	排水暗沟		34	隔膜阀	
13	吸水喇叭口		35	浮球阀	
14	存水弯		36	延时自闭冲洗阀	
15	检查口		37	放水龙头	
16	清扫口（平面、系统）		38	皮带龙头	
17	通气帽（成品、铅丝球）		39	室外消火栓	
18	雨水斗（平面、系统）		40	室内消火栓（单口）	
19	排水漏斗（平面、系统）		41	室内消火栓（双口）	
20	圆形地漏（平面、系统）		42	水泵接合器	
21	洗衣机地漏		43	消防喷头（开式）	
22	方形地漏		44	消防喷头（闭式、下喷）	

（续）

序号	名称	图形符号	序号	名称	图形符号
45	消防喷头（闭式、下喷）		61	雨水口（单算）	G
46	消防喷头（闭式、上下喷）		62	雨水口（双算）	G
47	消防报警阀（干式）		63	挂式洗面盆	
48	消防报警阀（湿式）		64	台式洗面盆	
49	消防报警阀（干湿式）		65	立式洗面盆	
50	水流指示器		66	浴盆	
51	水力警铃		67	化验盆、洗涤盆	
52	离心水泵		68	盥洗槽	
53	温度计		69	污水池	
54	压力表		70	妇女卫生盆	
55	水表装置		71	立式小便器	
56	水表井		72	挂式小便器	
57	给水阀门井	V	73	蹲式大便器	
58	生产排水检查井	P	74	坐式大便器	
59	雨水排水检查井	R	75	淋浴器	
60	生活污水排水检查井	D	76	小便槽	

8. 管道及设备编号

在总平面图中，当给排水附属构筑物的数量超过 1 个时，宜进行编号，编号方法为"构筑物代号-编号"。给水构筑物的编号顺序宜为：从水源到干管，再从干管到支管，最后到用户；排水构筑物的编号顺序宜为：从上游到下游，先干管后支管。

当给排水机电设备的数量超过 1 台时，宜进行编号，并应有设备编号与设备名称对照表。

当建筑物的给水引入管或排水排出管的数量超过一根时，宜按图 12-1 所示进行编号。建筑物内穿越楼层的立管，其数量超过一根时，宜进行编号，如图 12-2 所示。

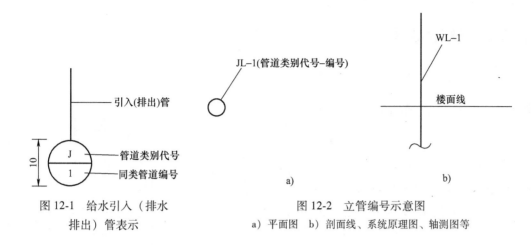

图 12-1　给水引入（排水
排出）管表示

图 12-2　立管编号示意图
a）平面图　b）剖面线、系统原理图、轴测图等

12.1.5　设计说明书

1. 多层民用与工业建筑给排水设计说明主要内容

（1）尺寸单位及标高标准　图中尺寸及管径单位以毫米计，标高以米计，所注标高，给水管道以管中心线计，排水管以管内底计。

（2）管材连接方式　给水管道用给水塑料管，胶粘连接。排水管采用硬聚氯乙烯管承插胶粘连接。室外排水管道采用双壁波纹管、橡胶圈接口。

（3）消火栓安装　消火栓栓口中心线距室内地坪 1.10m，安装形式详见国标图集《室内消火栓安装》（15S202）。

（4）管道的安装坡度　凡是图中没有注明的生活排水管道的安装坡度：$DN50$，$i=0.026$；$DN75$，$i=0.026$；$DN100$，$i=0.02$；$DN150$，$i=0.01$。

（5）检查口及伸缩节安装要求　排水立管检查口离地 1.0m，底层、顶层及隔层立管均设。若排水立管为硬聚氯乙烯管，每层立管设伸缩节一只，离地 2.0m。

（6）立管与排出管的连接　立管与排出管采用两个 45°弯头相接。

（7）卫生器具的安装标准　见国标图集《卫生设备安装》（09S304）。

（8）管线图中代号的含意　"J"代表冷水给水管，"R"表示热水给水管，"W"表示污水排水管道，"L"表示立管。

（9）管道支架及吊架作法　参见国标图集《室内管道支架及吊架》（03S402）。

（10）管道保温　外露的给水管道均应采取保温措施。材料可以根据实际情况选定，做法参见《国家建筑标准设计图集——给水排水标准图集》（S5）。

（11）管道防腐　埋地金属管道刷红丹底漆一道，热沥清两道；明露排水铸铁管道刷红丹底漆二道，银粉漆二道。

（12）试压　给水管道安装完毕应作水压试验，试验压力按施工规范或设计要求确定。

（13）未尽事宜　按《建筑给水排水采暖工程施工质量验收规范》（GB 50242—2002）执行。

2. 高层建筑设计说明主要内容

详见 12.2.4 设计实例的设计说明。

12.2 设计实例

广州市某四星级酒店建筑给排水工程设计。

12.2.1 设计任务及设计资料

1. 工程概况

本工程为广州市某四星级酒店，建筑面积 1.5 万 m^2，建筑高度 38.70m；其地上 11 层，地下 2 层；该酒店主体剖面示意图，如图 12-3 所示。地下 2 层为车库和设备用房；地下 1 层为车库和变、配电房。首层为大堂、休息厅和商务中心；2 层为餐厅及厨房；3 层~11 层为客房。客房有一室一套及二室一套两种类型，共计 180 套（每层 20 套）。餐厅每日就餐人数 300 人，酒店共有 360 个床位，酒店工作人员定为 100 人，其中客房服务人员 60 人。室内最冷平均气温为 10℃，根据建筑物的性质、用途及兴建单位要求，室内设有完善的给排水卫生设备及集中热水供应系统，要求全天供应冷、热水，热水供应最不利配水点设计水温按 55℃ 计，要求任何时刻都能达到设计水温。本酒店要求消防给水安全可靠，设置独立的消火栓给水系统及自动喷水灭火系统。每个消火栓箱内设破玻按钮，消防时直接启动消防泵。生活水泵要求自动启动，管道全部暗装敷设。

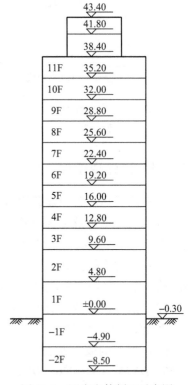

图 12-3 酒店主体剖面示意图

2. 设计条件

（1）给水水源 本酒店以城市给水管网为水源，分别从新港东路和东侧规划路的城市给水管网各引入一根 $DN150$ 给水干管作为本工程的生活及消防水源。给水干管埋深从管顶至地面为 1m，水压为 0.28MPa（约 28mH₂O），最冷月平均水温为 10℃，总硬度月平均最高值为 10.3°dH。

（2）排水条件 酒店的东侧规划路敷设有城市污水、雨水排水管网，管径分别为 $DN500$、$DN800$，管顶在地面以下 2.5m，坡度 $i=0.003$。

（3）热源情况 广州市无城市热力管网，需自设热水机组提供热源。

（4）卫生设备

1）地下层无卫生设备。

2）首层卫生设备。女卫生间：蹲式大便器 3 个，洗手盆 2 个；男卫生间：蹲式大便器 2 个，小便器 3 个，洗手盆 2 个；残疾人卫生间：坐式大便器 1 个，洗手盆一个。

3）2 层卫生设备。餐厅厨房：洗涤池 3 个，炉灶上设冷水龙头 5 个；女卫生间：蹲式大便器 3 个，洗手盆 2 个；男卫生间：蹲式大便器 2 个，小便器 3 个，洗手盆 2 个；包厢卫生间（6 间）：坐式大便器 1 个，洗手盆 1 个。

4）3 层至 11 层卫生设备。每套客房设专用卫生间，内有低水箱坐式大便器一个，冷、热水供应的浴盆、洗脸盆各一个。

（5）建筑图纸　建筑总平面图，地下 2 层平面图，地下 1 层平面图，首层平面图，2 层平面图，3 层至 11 层平面图，天面及电梯机房、水池平面，立面图。标准层平面图，如图 12-4 所示。

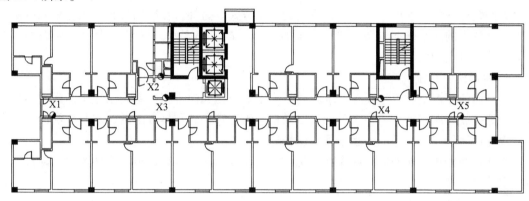

图 12-4　标准层平面图

12.2.2　系统设计方案确定

1. 生活给水系统

已知市政水压为 28m，按照建筑的高度，本酒店应采用分区给水方式。拟考虑地下 2 层~2 层利用市政管网压力直接供水，采用下行上给的供水方式。3 层~11 层由变频调速恒压供水设备供水，上行下给。因为市政给水部门不允许从市政管网直接抽水，故在地下二层泵房内设置生活贮水箱。

2. 室内外消火栓给水系统

根据《建筑设计防火规范（2018 年版）》（GB 50016—2014）有关建筑分类的规定可知，本酒店为建筑高度小于 50m 的一类高层公共建筑，应设室内、室外消火栓给水系统；估算建筑物体积 <50000m³，根据《消防给水及消火栓系统技术规范》（GB 50974—2014）表 3.3.2 可查得室外消火栓系统用水量为 30L/s，由表 3.5.2 可查得室内消火栓系统用水量为 30L/s，火灾延续时间为 3h。

室内消火栓系统静水压力小于 1.0MPa，竖向不分区，采用低位消防水池、消防主泵和高位消防水箱、稳压泵联合供水的稳高压消防给水系统，每个消火栓处设直接启动消防主泵的破玻璃按钮。消防主泵设在地下 2 层的水泵房内，直接从消防水池吸水。

选用 DN65 消火栓，水枪口径 19mm，衬胶水龙带长度 20m，充实水柱长度 13m。室外消火栓系统与室外生活给水系统合用管网，采用低压制系统，由市政给水管供水。

3. 自动喷水灭火系统

根据《建筑设计防火规范（2018 年版）》（GB 50016—2014）规定，本酒店除不宜用水扑救的部位外，均应设自动喷水灭火系统。按《自动喷水灭火系统设计规范》（GB 50084—2017）要求，本酒店火灾危险等级为中危险级 II 级，喷水强度为 8L/(min·m²)，作用面积为 160m²，火灾延续时间为 1h。本系统竖向不分区，采用低位消防水池、喷淋主泵和高位消防水箱、稳压泵联合供水的稳高压消防给水系统，喷淋主泵和湿式报警阀设在地下2层的水泵房内，每个防火分区均设水流指示器和信号阀，信号送入消防控制中心。

4. 热水给水系统

室内采取集中式热水供应方式，竖向分区与冷水系统相同。在屋面集中设置半容积式水加热器，由变频调速恒压供水设备提供冷水，水加热器出水温度为60℃。热水由室内热水配水管网输送到各用水点，采用上行下给的供水方式。另外，在屋面设置热水循环泵以保证干管和立管中的热水循环，循环管道为同程布置。高温热媒水（90℃）由设于屋面的直接式无压热水机组提供。

5. 生活排水系统

本酒店使用性质对卫生标准要求较高，为了减小化粪池容积，室内采用生活污水与生活废水分流排放，即在每个竖井内分别设置两根排水立管，分别排放生活污水与生活废水。同时，设专用通气立管，保证排水立管气流畅通。

生活污水经化粪池处理，餐厅厨房洗涤废水经隔油池处理后，再与生活废水一起排至城市排水管网。

6. 屋面雨水排水系统

采用重力流排水系统，屋面雨水经管道收集后排至城市雨水管网。设计重现期取5a。

7. 气体灭火系统

根据《建筑设计防火规范（2018年版）》（GB 50016—2014）和公安消防部门的有关规定，高层建筑内的高低配电房、发电机房等特殊重要设备房，应设置气体灭火系统。本酒店采用S型气溶胶预制式灭火系统，全淹没方式灭火。

8. 建筑灭火器配置

根据《建筑灭火器配置设计规范》（GB 50140—2005）规定，本酒店应按严重危险级场所配置灭火器，除配电房为E类带电火灾外，其他场所均为A类火灾。采用磷酸铵盐手提式干粉灭火器，存放在组合式消防箱内。

12.2.3 设计计算

1. 给水系统计算

（1）室内冷水系统的分区及计算

1）系统分区。竖向分两个区：2层及以下为低区，3层~11层为高区。2层餐厅吊顶作为管道转换层。

2）用水量标准及用水量计算。客房层每层有20套房间，每套客房设1个卫生间，包括浴盆1只（$N=1.0$）、洗脸盆1只（$N=0.75$）和坐便器1个（$N=0.50$），浴盆含淋浴转换器，洗脸盆用混合水嘴。

根据《建筑给水排水设计标准》（GB 50015—2019）表3.2.2，查得用水定额、使用时间和时变化系数进行计算。高、低区生活用水量计算表分别见表12-6和表12-7。

消防补充水量见本节消火栓给水系统和自动喷水灭火系统计算。

最高日用水量按下式计算：

$$Q_d = mq_d$$

最高日最大时用水量按下式计算：

$$Q_h = \frac{Q_d K_h}{T}$$

表 12-6　高区生活用水量计算表

序号	名称	用水单位数	用水定额	日用水量 Q_d/（m³/d）	时变化系数 K_h	供水时间 T/h	最大时用水量 Q_h/（m³/h）
1	客房	360 床	400L/（床·d）	144	2.5	24	15.00
2	工作人员	60 人	100L/（人·d）	6	2.5	24	0.625
3	管网漏失水量和未预见水量			15	1.0	24	0.625
4	合计			165	—	—	16.25

表 12-7　低区生活用水量计算表

序号	名称	用水单位数	用水定额	日用水量 Q_d/（m³/d）	时变化系数 K_h	供水时间 /h	最大时用水量 Q_h/（m³/h）
1	商务中心	900m²	8L/（m²·d）	7.2	1.5	12	0.90
2	餐厅	300 人	60L/（人·d）	18	1.5	12	2.25
3	工作人员	40 人	100L/（人·d）	4	2.5	12	0.83
4	车库冲洗	3000 m²	3L/（m²·次）	9	1.0	8	1.13
5	管网漏失水量和未预见水量			3.82	1.0	24	0.16
6	合计			42.02	—	—	5.27

酒店最高日用水量：（165+42.02）m³/d＝207.02m³/d；最大时用水量：（16.25+5.27）m³/h＝21.52m³/h。

3）设计秒流量计算公式。酒店为用水分散型建筑物，设计秒流量按下式计算：

$$q_g = 0.2\alpha\sqrt{N_g}$$

式中　q_g——计算管段设计秒流量（L/s）；

　　　α——根据建筑物用途而定的系数，酒店取 2.5；

　　　N_g——计算管段卫生洁具当量总数。

4）低区管网水力计算。首层为大堂和商务中心，2 层为餐厅。每层设有卫生间，平面图略。首层：女卫生间含有蹲式大便器 3 个，洗手盆 2 个；男卫生间蹲式大便器 2 个，小便器 3 个，洗手盆 2 个；残疾人卫生间有坐式大便器 1 个，洗手盆一个。2 层卫生间设置同首层，另设有 6 个包厢卫生间。2 层餐厅厨房 1 间，共有洗涤池 3 个，5 个冲洗龙头。

低区冷水管网水力计算结果见表 12-8，计算简图如图 12-5 所示。

表 12-8　低区给水管网水力计算表

管段	管段长度/m	卫生洁具数量						当量总数 N	秒流量/（L/s）	管径/mm	流速/（m/s）	水力坡度/（kPa/m）	水头损失/kPa
		洗手盆 $N=0.5$	洗涤池 $N=1.0$	蹲便器 $N=0.5$	坐便器 $N=0.5$	小便器 $N=0.5$	冲洗龙头 $N=1.0$						
0～1	0.5	0	0	1	0	0	0	0.5	1.20	32	1.27	1.351	0.676
1～2	0.5	0	0	2	0	0	0	1	1.60	40	1.27	1.139	0.570
2～3	0.5	0	0	3	0	0	0	1.5	1.71	40	1.36	1.301	0.651
3～4	1.0	0	0	4	0	0	0	2	1.81	50	0.85	0.382	0.382
4～5	0.7	0	0	5	0	0	0	2.5	1.89	50	0.89	0.414	0.290

（续）

管段	管段长度/m	卫生洁具数量						当量总数N	秒流量/(L/s)	管径/mm	流速/(m/s)	水力坡度/(kPa/m)	水头损失/(kPa)
		洗手盆 N=0.5	洗涤池 N=1.0	蹲便器 N=0.5	坐便器 N=0.5	小便器 N=0.5	冲洗龙头 N=1.0						
5~6	0.7	1	0	5	0	0	0	3	1.97	50	0.93	0.447	0.313
6~7	0.5	2	0	5	0	0	0	3.5	2.04	50	0.96	0.477	0.239
7~8	1.2	2	0	5	0	3	0	5	2.22	50	1.05	0.558	0.670
8~9	2.0	3	0	5	0	3	0	5.5	2.27	50	1.07	0.581	1.162
9~10	0.5	3	0	5	1	3	0	6	2.32	50	1.09	0.606	0.303
10~11	0.5	4	0	5	1	3	0	6.5	2.37	50	1.12	0.630	0.315
11~12	4.0	5	0	5	1	3	0	7	2.42	50	1.14	0.655	2.620
12~13	15	10	0	10	2	6	0	14	2.97	70	0.84	0.269	4.035
13~14	13	10	0	10	2	6	2	16	3.10	70	0.88	0.291	3.783
14~15	20	10	3	10	2	6	7	24	3.55	70	1.01	0.374	7.480
15~16	17	12	3	10	4	6	7	26	3.65	70	1.04	0.394	6.698
16~17	10	12	3	10	4	6	9	28	3.74	70	1.06	0.412	4.120
17~18	15	16	3	10	8	6	9	32	3.93	70	1.11	0.452	6.780
18~19	30	16	3	10	8	6	9	32	8.44	100	0.97	0.196	5.880
合　　计													46.97

注：1. 有大便器延时自闭式冲洗阀的给水管段，大便器延时自闭冲洗阀的给水当量均以0.5计，计算得到的q_g附加1.10L/s的流量后，为该管段的给水设计秒流量。

2. 管段0~18的流量为低区的设计秒流量，而管段18~19的流量为包括高区生活水箱补水在内的给水引入管的设计秒流量，其流量为低区设计秒流量叠加高区最大时生活用水量，即（3.93+16.25/3.6）L/s=8.44L/s。

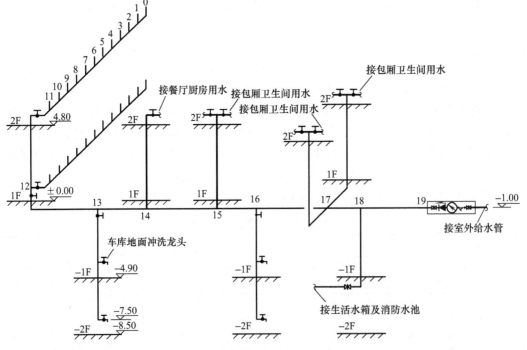

图12-5　低区冷水管网水力计算简图

2 层男厕最不利蹲便器为最不利点，其与引入管标高差为 $[5.8-(-1.0)]m=6.8m$，相当于 68kPa；管路水头损失为 $1.3\sum h_y=1.3\times46.97=61.1kPa$；最不利点流出水头 100kPa，水表水头损失为 20kPa，倒流防止器水头损失为 30kPa。

室内所需的压力为：

$$H = H_1 + H_2 + H_3 + H_4 = [68 + 61.1 + (20 + 30) + 100]kPa = 279.1kPa$$

市政给水管网压力 280kPa，满足低区供水要求。

5）高区冷水管网水力计算。高区冷水管网水力计算结果见表 12-9，计算简图如图 12-6 所示。

表 12-9　高区冷水管网水力计算表

管段	管段长度/m	卫生洁具数量			当量总数/N	秒流量/(L/s)	管径/mm	流速/(m/s)	水力坡度/(kPa/m)	水头损失/kPa
		洗脸盆 N=0.5	坐便器 N=0.5	浴盆 N=1.0						
0~1	1	1	—	—	0.5	0.1	15	0.58	0.985	0.985
1~2	0.5	1	1	—	1	0.2	20	0.62	0.727	0.364
2~3	1.2	1	1	1	2	0.4	25	0.75	0.748	0.898
3~4	3.2	2	2	2	4	0.8	32	0.84	—	—
4~5	3.2	4	4	4	8	1.41	40	1.11	—	—
5~6	3.2	6	6	6	12	1.73	50	0.82	—	—
6~7	3.2	8	8	8	16	2.00	50	0.94	—	—
7~8	3.2	10	10	10	20	2.24	50	1.05	—	—
8~9	3.2	12	12	12	24	2.45	50	1.15	—	—
9~10	3.2	14	14	14	28	2.65	50	1.25	—	—
10~11	3.2	16	16	16	32	2.83	50	1.33	—	—
11~13	5.5	18	18	18	36	3.00	70	0.85	0.274	1.507
13~14	8.5	36	36	36	72	4.25	70	1.21	0.522	4.437
14~15	8.5	63	63	63	126	5.61	80	1.13	0.372	3.162
15~16	8.5	99	99	99	198	7.04	80	1.42	0.579	4.922
16~17	6	180	180	180	360	9.49	100	1.10	0.244	1.464
17~泵	65	180	180	180	441	10.50	100	0.86	0.123	19.175
合计										36.91

注：1. 管段 0~1、1~2、2~3、3~4 的计算秒流量分别为 0.35L/s、0.50L/s、0.71L/s、1.00L/s，均大于该管段卫生器具给水额定流量累加值，故按给水额定流量累加值取。

2. 管段 0~17 的流量仅为单独计算冷水时的设计秒流量，而管段 17~泵 的流量为包括热水在内的高区给水系统的设计秒流量，按冷、热水总流量对应的当量值计算，即洗脸盆 N=0.75，浴盆 N=1.2，坐便器 N=0.5。

高区设计秒流量为 10.5L/s；总水头损失为 $h=1.3\sum h_y=47.98kPa$，约 $4.8mH_2O$。

6）变频调速恒压供水设备的计算和选择。水泵静扬程等于最不利配水点与贮水池最低水位之差：$[36.2-(-7.5)]m=43.7m$。混合水嘴流出水头 7m，泵房水头损失约 3m，水泵所需扬程为：$(43.7+4.8+7+3)m=58.5m$。

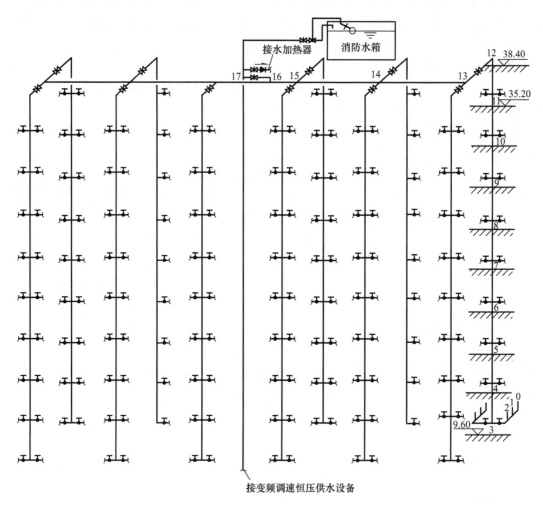

图 12-6　高区冷水管网水力计算简图

变频调速恒压供水设备按流量 $Q=10.5L/s$，扬程 $H=58.5m$ 选取。

配泵：50LG24-20×3 型主泵三台（二用一备），$Q=5\sim8.33L/s$，$H=49.5\sim66m$，$N=7.5kW/台$；32LG6.5-15×4 型副泵一台（一用），$Q=1.25\sim2.64L/s$，$H=66\sim46m$，$N=3kW$；$\phi800$ 隔膜式气压罐一个。

7）生活水箱容积计算。根据规范要求，生活水箱与消防水池应分开设置。生活水箱调节容积按高区最高日用水量的 25% 计算，$V=(25\%\times165)m^3=41.25m^3$。在地下 2 层泵房设置一个装配式不锈钢生活水箱，尺寸为 4m×4m×3m，水箱有效容积 43.2m³。

8）减压措施设置。经计算，各层配水横支管的水压均小于 0.35MPa，按规范要求，可不设置减压或调压设施。

（2）室外管网水力计算

1）引入管及水表选择。本酒店的给水引入管设计秒流量为 8.44L/s，选用 DN150 的钢丝网骨架 HDPE 复合给水管。水表选用 LXL 水平螺翼式水表，水表口径与引入管同径。

2）校核室外管网管径。火灾时管网最大流量等于室外消防流量与最大时用水量之和，

$Q = (30 + 21.52/3.6)L/s = 35.98L/s$，此时室外环网流速为 $2.12m/s < 2.5m/s$，满足要求。

2. 消火栓系统计算

（1）消火栓间距确定　按《建筑设计防火规范（2018 年版)》(GB 50016—2014) 要求，消火栓的间距应保证同层任何部位有 2 个消火栓的水枪充实水柱同时到达。

水带长度采用 20m，展开时的弯曲折减系数 C 取 0.8。由于两楼板间限制，$S_k \cos\alpha$ 取 3.0m，则消火栓保护半径 $R = 0.8L + S_k \cos\alpha = 19m$。

房间长度为 7.6m，走廊宽度为 1.8m，最大保护宽度为 9.4m，故消火栓的单排布置间距为

$$S_2 = \sqrt{R^2 - b^2} = (\sqrt{19^2 - 9.4^2})m = 16.5m$$

本酒店总长为 55m，在每层走廊上布置 4 个消火栓（间距 < 16.5m）。

（2）消防管道系统计算

1）消火栓及水枪水带的选择。选用 $DN65$ 消火栓，水枪口径 19mm，衬胶水龙带长度 $L = 20m$，充实水柱长度 $S_k = 13m$。

2）水枪流量及栓口压力计算

喷嘴压力：

$$H_q = \frac{\alpha_f S_k}{1 - \varphi \alpha_f S_k} = \left(\frac{1.21 \times 13}{1 - 0.0097 \times 1.21 \times 13} \right) mH_2O = 18.56 mH_2O$$

水枪喷嘴射流量：

$$q_{xh} = \sqrt{BH_q} = (\sqrt{1.577 \times 18.56})L/s = 5.41L/s > 5.0L/s，满足要求。$$

水带水头损失：

$$h_d = A_z L_d q_{xh}^2 = (0.00172 \times 20 \times 5.41^2) mH_2O = 1.01 mH_2O$$

故消火栓口所需的压力：

$$H_{xh} = H_q + h_d + H_k = (18.56 + 1.01 + 2) mH_2O = 21.57 mH_2O$$

3）消火栓环管计算。消防立管考虑三股水柱同时作用，为了简化计算，取消防立管流量 $Q = (5.41 \times 3)L/s = 16.23L/s$，采用 $DN100$ 钢管，$v = 1.87m/s$，$1000i = 70.5$。

根据规范确定本酒店室内消火栓用水量为 30L/s，考虑 6 股水柱同时作用，流量 $Q = 32.46L/s$，采用 $DN150$ 横干管，$V = 1.72m/s$，$1000i = 35.9$。消火栓系统水力计算结果见表 12-10，计算简图如图 12-7 所示。

表 12-10　消火栓给水系统水力计算表

管段	设计秒流量/ (L/s)	管长/m	管径/ mm	流速/ (m/s)	水力坡度/ (kPa/m)	水头损失/ kPa
0~1	5.41	3.2	100	0.62	0.087	0.278
1~2	10.82	3.2	100	1.25	0.313	1.002
2~3	16.23	30.7	100	1.87	0.705	21.644
3~4	16.23	6	100	1.87	0.705	4.23
4~5	16.23	18	150	0.86	0.0939	1.690
5~6	32.46	27	150	1.72	0.359	9.693
6~7	32.46	15	150	1.72	0.359	5.385
合计						43.92

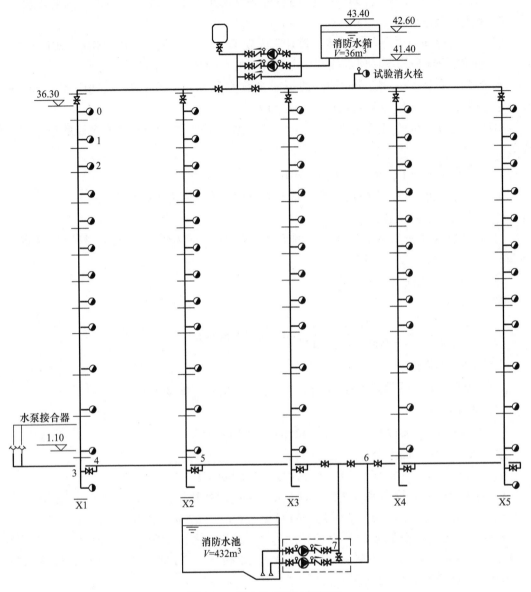

图 12-7 消火栓系统计算简图

（3）消防泵选择 消防泵流量：32.46L/s；最不利消火栓标高 36.3m，水池最低水位 −8.5m，局部水头损失按沿程水头损失的 10% 计算，由于《消防给水及消火栓系统技术规范》（GB 50974—2014）有规定：高层建筑、厂房、库房和室内净空高度超过 8m 的民用建筑等场所消火栓栓口动压不小于 0.35MPa，所以，栓口压力取 35mH$_2$O，消防泵扬程为：

$$H = [36.3 - (-8.5) + 35 + 1.1 \times 4.39]\,mH_2O = 84.63\,mH_2O$$

选 XBD12/40—L 型消防主泵两台（一用一备），其参数为：$Q = 35L/s$，$H = 90m$，$N = 75kW$。

为了保证平时和起火初期高层消火栓的水压，在屋面设置 50DLW15—12×2 型稳压泵两台（一用一备），其参数为：$Q = 4.17\mathrm{L/s}$，$H = 24\mathrm{m}$，$N = 3\mathrm{kW}$。另配置 $\phi 1000$ 隔膜式气压罐一个。

（4）消火栓减压　为了使消火栓各层压力均接近 H_{xh}，保证消火栓的正常使用，凡出口动水压力超过 0.50MPa 的消火栓，均应采取减压措施。经计算，6 层及以下的消火栓出口动水压力超过 0.5MPa，设置减压稳压消火栓。

（5）水泵结合器设置　因室内消火栓用水量为 30L/s，每个 SQS100—A 型水泵接合器的流量为 10~15L/s，故设置 2 个地上式水泵接合器。

（6）室外消火栓设置　因室外消防用水量为 30L/s，每个 SS100 型室外消火栓的流量为 10~15L/s，故室外消火栓数量不得少于 2 个，且间距不得大于 120m。因消火栓系统和自动喷水灭火系统各设有 2 个水泵接合器，该建筑物共设置 4 个室外地上式消火栓。

（7）消防贮水池　消防贮水按满足火灾持续时间内的室内消防用水量计算，即室内消火栓系统：$Q = 32.46\mathrm{L/s}$，$T = 3\mathrm{h}$；自动喷水灭火系统：$Q = 22.7\mathrm{L/s}$，$T = 1\mathrm{h}$（自喷系统用水量，见本节自动喷水灭火系统计算）。

消防贮水池有效容积为：

$$(32.46 \times 3.6 \times 3 + 22.7 \times 3.6 \times 1)\,\mathrm{m}^3 = 432\mathrm{m}^3$$

消防贮水池底面积为 $155\mathrm{m}^2$，水深 2.8m，加保护高 0.2m，人孔高 0.6m，水池总高 3.6m，有效容积不小于 $432\mathrm{m}^3$。

（8）高位消防水箱　本酒店为一类高层公共建筑，根据《消防给水及消火栓系统技术规范》（GB 50974—2014）第 6.1.9 条，采用临时高压消防给水系统的高层民用建筑必须设置高位消防水箱；第 5.2.1 对消防水箱的有效容积作了具体规定，应满足初期火灾消防用水量的要求。一类高层公共建筑的高位消防水箱有效容积不应小于 $36\mathrm{m}^3$。因此，将高位水箱设在酒店屋面，尺寸为 $4\mathrm{m} \times 3\mathrm{m} \times 3.5\mathrm{m} = 42\mathrm{m}^3$，有效容积为 $36\mathrm{m}^3$。

3. 自动喷水灭火系统计算

（1）设计基本数据　根据本建筑的功能及使用性质，火灾危险等级为中危险 II 级，其自动喷水灭火系统技术数据见表 12-11。

表 12-11　自动喷水灭火系统技术数据

作用面积/m^2	设计喷水强度/ $[\mathrm{L/(min \cdot m^2)}]$	喷头工作压力/ MPa	喷头流量系数	延续时间/h
160	8.0	0.1	80	1

考虑到建筑的美观要求，采用吊顶型玻璃球喷头，喷头采用 3.4m×3.4m 正方形布置。

（2）划分作用面积　在最不利层（11 层）划分最不利作用面积，矩形长边平行于最不利喷头的配水支管，短边垂直于该配水支管。作用面积为 $160\mathrm{m}^2$，按长方形计算：长边 $L = 1.2\sqrt{A} = (1.2\sqrt{160})\mathrm{m} = 15.2\mathrm{m}$，短边 $B = (160/15.2)\mathrm{m} = 10.5\mathrm{m}$。根据平面的尺寸和相关要求，在作用面积内布置 14 个喷头，如图 12-8 所示中虚线包围范围。实际作用面积为：$14 \times 3.4 \times 3.4 = 161.84\mathrm{m}^2$，符合要求。

（3）水力计算　自动喷水系统水力计算结果见表 12-12，计算简图见图 12-8。

表 12-12　自动喷水灭火系统水力计算表

节点	管段	节点压力/ MPa	喷头流量/ (L/min)	管段流量/ (L/s)	管径/ mm	流速/ (m/s)	管长/ m	管件当量 长度/m	计算 长度/ m	水力 坡度/ (MPa/m)	水头 损失/ MPa
1	1~2	0.100	80.0	1.33	25	2.71	3.4	0.2	3.6	0.0095	0.034
2	2~3	0.134	92.6	2.88	32	3.58	3.4	0.3	3.7	0.0120	0.044
3	3~4	0.178	106.7	4.66	40	3.64	1.7	0.3	2.0	0.0093	0.019
4	4~5	0.197	(172.6)	7.53	50	3.83	3.4	3.7	7.1	0.0077	0.055
5	5~6	0.252	(511.1)	16.05	80	3.19	3.4	0.8	4.2	0.0029	0.012
6	6~7	0.264	(399.6)	22.71	100	2.87	25	6.9	31.9	0.0017	0.054
7	7~8	0.318	—	22.71	150	1.54	55	7.4	62.4	0.0003	0.017
8		—	—								
合　　计											0.235

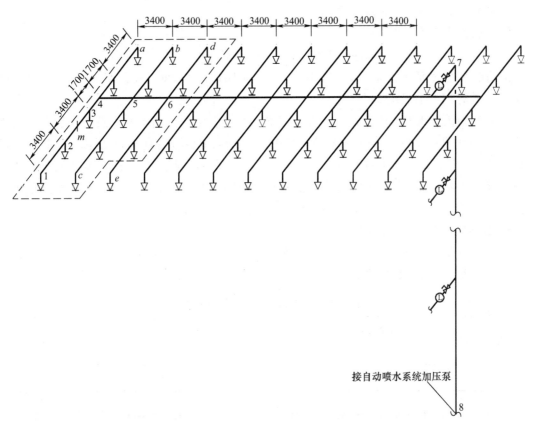

图 12-8　自动喷水灭火系统水力计算简图

喷头流量系数 $K=80$，第一个喷头工作压力 $P=0.1\mathrm{MPa}$，流量为

$$q_1 = K\sqrt{10P} = (80 \times \sqrt{10 \times 0.1})\mathrm{L/min} = 80\mathrm{L/min}$$

依次计算各点流量，列入表中。然后用特性系数法，计算各旁侧支管流量（表 12-12 中括号内的数据）。b 点至 c 点管段的流量为

$$q_{b-c} = q_{1-a}\sqrt{\frac{H_5}{H_4}} = \left(7.53 \times \sqrt{\frac{0.252}{0.197}}\right) \text{L/s} = 8.52\text{L/s}$$

依次计算各管段流量，节点 6 以后流量不再变化。经计算，系统的设计流量为 22.71L/s。

平均喷水强度：$(60\times22.71/161.84)$L$/($min$\cdot$m$^2)$ = 8.42L$/($min$\cdot$m$^2)$>8L$/($min$\cdot$m$^2)$；因喷头均匀布置，作用面积内任意 4 个喷头的平均喷水强度显然大于第一个喷头的喷水强度 $(80/3.4^2)$L$/($min$\cdot$m$^2)$ = 6.92L$/($min$\cdot$m$^2)$，满足规范所规定的大于喷水强度的 85% $(6.8$L$/($min$\cdot$m$^2))$的要求。

（4）喷淋泵选择　湿式报警阀、水流指示器的水头损失：2mH$_2$O；管道总水头损失：23.5mH$_2$O；喷头出流压力：10mH$_2$O；喷淋泵扬程为：$H_b = [37.60-(-8.5)+2+23.5+10]mH_2$O = 81.6mH$_2$O。

选 XBD8/20—100G/4 型喷淋主泵两台（一用一备），Q = 15～25L/s，H = 59.5～95.6m，N = 22kW。

为了保证平时最不利点喷头的水压，在屋面设置 LDW3.6—8×3 型稳压泵两台（一用一备），其参数为：Q = 1L/s，H = 24m，N = 1.1kW。另配置 ϕ800 隔膜式气压罐一个。

（5）减压孔板的设置与计算　根据规范要求，中危险级场所各配水管入口的压力均不宜大于 0.40MPa，凡动水压力超过规定值的配水管入口均需设置减压孔板减压。以 6 层为例，该层配水管入口的压力为 0.478MPa，剩余水头为 $(0.478-0.318)$MPa = 0.16MPa = 16mH$_2$O。需修正的剩余水头为

$$H_1 = \frac{H}{v^2} \times 1 = \left(\frac{16}{2.87^2} \times 1\text{mH}_2\text{O}\right) = 1.94\text{mH}_2\text{O}$$

按 DN100，H_1 = 1.94m 查表（《给水排水设计手册（第 2 册）》P796～799），得减压孔板孔径为 d = 48mm。

4. 热水给水系统计算

广州市无城市热力管网，本酒店自设集中热水机组作为热源，提供 90℃ 高温水作为热媒水。按要求取每日供应热水时间为 24h，取计算用的热水供水温度为 60℃，冷水温度为 10℃。根据本建筑物的用途，确定热水量定额（60℃）为旅客 200L/（床·d），员工 50L/（人·d）。

（1）日平均秒耗热量、日热水量

日平均秒耗热量：

$$Q_d = \frac{mq_r C\rho_r(t_r - t_1)}{86400} = \left[\frac{(200 \times 360 + 50 \times 60) \times 4187 \times 0.992 \times (60 - 10)}{86400}\right]\text{W}$$
$$= 180273.6\text{W} = 180.3\text{kW}$$

日设计热水量：

0.2×360+0.05×60＝75m^3/d，（60℃热水）

（2）设计小时耗热量、热水量

1）设计小时耗热量。根据用水单位数计算。查《建筑给水排水设计标准》（GB 50015—2019）表 6.4.1 中的热水小时变化系数值。本酒店共有 360 个床位，热水小时变化系数 K_h 取

5.35 计算，得：

$$Q_h = K_h \frac{mq_r C \rho_r (t_r - t_1)}{86400} = 5.35 \times Q_d = 964.6 \text{kW}$$

再按卫生器具 1h 用水量计算。酒店浴盆数目为 180 套（其他器具不计），取同类器具同时使用百分数 $b = 80\%$，查《建筑给水排水设计标准》（GB 50015—2019）表 6.2.1-2 卫生器具 1 次和 1h 热水用水定额及水温表，带淋浴器的浴盆用水量为 300L/h(40℃)，根据使用热水的卫生器具数计算，得：

$$Q'_h = \sum \frac{q_r (t_r - t_1) \rho_r N_o b C}{3600} = \left[\frac{300 \times (40 - 10) \times 0.992 \times 180 \times 80\% \times 4187}{3600} \right] \text{W}$$

$$= 1495261.1 \text{W} = 1495.3 \text{kW}$$

比较 Q_h 和 Q'_h，两者结果存在差异，为供水安全起见，取较大值作为设计小时耗热量，即 $Q_h = 1495.3 \text{kW}$。

2）设计小时热水量：

$$q_{rh} = \frac{Q_h}{1.163 \rho_r (t_r - t_1)} = \left[\frac{1495261.1}{1.163 \times 0.992 \times (60 - 10)} \right] \text{L/h} = 25921.2 \text{L/h} = 7.2 \text{L/s}$$

（3）热媒耗量：

$$G_{ms} = 1.2 \times \frac{3.6 Q_h}{C_B \times (t_{mc} - t_{cz})} = \left[1.2 \times \frac{3.6 \times 1495261.1}{4.187(88 - 62)} \right] \text{kg/h} = 59336.8 \text{kg/h}$$

（4）半容积式水加热器的选择 本设计采用<95℃高温水作为热媒，根据规范要求，半容积式水加热器的贮热量取 20min 过程中的 Q_h。

贮水容积：

$$V_e = \frac{S Q_h \times 1000}{1.163(t_r - t_1) \rho_r} = \left[\frac{20/60 \times 1495.3 \times 1000}{1.163 \times (60 - 10) \times 0.992} \right] \text{L} = 8640.6 \text{L}$$

总容积：

$$V = 1.05 V_e = (1.05 \times 8640.6) \text{L} = 9073 \text{L}$$

温差：

$$\Delta t_j = \frac{t_{mc} + t_{mz}}{2} - \frac{t_c + t_z}{2} = \left(\frac{88 + 62}{2} - \frac{60 + 10}{2} \right) ℃ = 40℃$$

换热盘管的面积：

$$F_{jr} = \frac{C_r Q_z}{\varepsilon K \Delta t_j} = \left(\frac{1.15 \times 1495261.1}{0.8 \times 1325 \times 40} \right) \text{m}^2 = 40.6 \text{m}^2$$

根据换热盘管的面积，选择两台 DFHRV—1600—4.5H 型半容积式水加热器，每台贮水容积 4.5m³，每台换热面积为 22.7m²。

（5）**热水管网水力计算**

1）配水管网水力计算。根据建筑物的用途和功能分区，3 层～11 层的客房供应热水。管网的设计秒流量计算公式与冷水系统相同，即：$Q_g = 0.2\alpha \sqrt{N_g}$，热水配水管网水力计算见表 12-13，计算简图见图 12-9。

表 12-13　热水配水管网水力计算表

管段	卫生洁具数量		当量总数	秒流量/（L/s）	管径/mm	流速/（m/s）	水力坡度/（kPa/m）	管长/m	水头损失/kPa
	洗脸盆 $N=0.5$	浴盆 $N=1.0$							
0~1	1	0	0.5	0.10	15	0.59		1.5	1.478
1~3	1	1	1.5	0.30	20	0.93	0.985	1.2	1.841
3~4	2	2	3	0.60	25	1.13	1.534	3.2	—
4~5	4	4	6	1.20	32	1.27	—	3.2	—
5~6	6	6	9	1.50	40	1.19	—	3.2	—
6~7	8	8	12	1.73	50	0.81	—	3.2	—
7~8	10	10	15	1.94	50	0.91	—	3.2	—
8~9	12	12	18	2.12	50	1.00	—	3.2	—
9~10	14	14	21	2.29	50	1.08	—	3.2	—
10~11	16	16	24	2.45	50	1.15	—	3.2	—
11~13	18	18	27	2.60	50	0.73	0.209	5.5	4.120
13~14	36	36	54	3.67	70	1.04	0.398	8.5	3.383
14~15	63	63	94.5	4.86	80	0.98	0.284	8.5	2.414
15~16	99	99	148.5	6.09	80	1.23	0.433	8.5	3.681
16~17	180	180	270	8.22	100	0.95	0.187	5.0	0.935
合计									17.85

注：水加热器的节点编号为 17。

总水头损失为 $\sum h=1.3\sum h_y=23.21$kPa。

2）回水管网水力计算。热水系统横干管和立管均采用泡沫橡塑制品保温（$\eta=0.7$）。保温厚度根据配管的管径不同而不同。设计水加热器出口水温按 60℃ 计，最不利配水点水温按 55℃ 计，故计算管段的最大温差为 $\Delta T=5$℃，热水配水管网热损失计算结果见表 12-14，计算简图见图 12-9。

表 12-14　热水配水管网热损失计算表（60℃）

节点编号	管段编号	管段长度 L/m	管径 DN/mm	保温系数 η	温降因数 M		节点水温 t_z/℃	管段平均水温 t_m/℃	气温 t_k/℃	温差 Δt/℃	热损失/（kJ/h）				设计循环流量 q_n/（L/h）	节点水温 t_L'/℃
					正向	侧向					每米 ΔW	正向 W	侧向 W'	累计 $\sum W$		
1	2	3	4	5	6	7	8	9	10	11	12	13	14	15	16	17
12′							55.00									55.00
3	12′~3	1.5	20	0.7	0.023		55.31	55.16	20	35.16	35.3	53.0		53.0	121.2	55.10
4	3~4	3.2	25	0.7	0.038		55.85	55.58	20	35.58	40.7	130.2		183.2	121.2	55.36
5	4~5	3.2	32	0.7	0.030		56.27	56.06	20	36.06	46.4	148.5		331.7	121.2	55.66
6	5~6	3.2	40	0.7	0.024		56.60	56.43	20	36.43	51.1	163.5		495.2	121.2	55.98
7	6~7	3.2	50	0.7	0.019		56.87	56.73	20	36.73	59.8	191.4		686.6	121.2	56.36
8	7~8	3.2	50	0.7	0.019		57.14	57.00	20	37.00	59.8	191.4		878.0	121.2	56.74
9	8~9	3.2	50	0.7	0.019		57.40	57.27	20	37.27	59.8	191.4		1069.3	121.2	57.12
10	9~10	3.2	50	0.7	0.019		57.67	57.54	20	37.54	59.8	191.4		1260.7	121.2	57.50
11	10~11	3.2	50	0.7	0.019		57.94	57.80	20	37.80	59.8	191.4		1452.0	121.2	57.88

（续）

节点编号	管段编号	管段长度 L/m	管径 DN/mm	保温系数 η	温降因数 M 正向	温降因数 M 侧向	节点水温 t_z/℃	管段平均水温 t_m/℃	气温 t_k/℃	温差 Δt/℃	每米 ΔW	正向 W	侧向 W'	累计 $\sum W$	设计循环流量 q_n/(L/h)	节点水温 t_L'/℃
12	11~12	3	50	0.7	0.018		58.19	58.06	20	38.06	59.8	179.4		1631.4	121.2	58.24
13	12~13	2.5	50	0.7	0.015		58.40	58.29	20	38.29	59.8	149.5		1780.9	121.2	58.54
18'	18'~18	30.1		0.7		0.229	55.00	56.59	20	36.59			1631.0	1631.0	120.3	55.00
18	18~13	2.5	50	0.7		0.015	58.19	58.29	20	38.29	59.8	149.5		1780.5	120.3	58.24
14	13~14	8.5	70	0.7	0.036		58.90	58.60	20	38.60	87.5	743.8		4305.2	242.4	59.28
19'	19'~19	30.1		0.7		0.229	55.51	57.10	20	37.10			1631.0	1631.0	100.3	55.02
19	19~14	2.5	50	0.7		0.015	58.70	58.80	20	38.80	59.8		149.5	1780.5	100.3	58.54
20'	20'~20	30.1		0.7		0.229	55.51	57.10	20	37.10			1631.0	1631.0	100.3	55.02
20	20~14	2.5	50	0.7		0.015	58.70	58.80	20	38.80	59.8		149.5	1780.5	100.3	58.54
15	14~15	8.5	80	0.7	0.032		59.35	59.13	20	39.13	80.6	685.1		8551.3	442.9	59.65
21'	21'~21	30.1		0.7		0.229	55.95	57.54	20	37.54			1631.0	1631.0	92.2	55.00
21	21~15	2.5	50	0.7		0.015	59.14	59.24	20	39.24	59.8		149.5	1780.5	92.2	59.26
22'	22'~22	30.1		0.7		0.229	55.95	57.54	20	37.54			1631.0	1631.0	92.2	55.00
22	22~15	2.5	50	0.7		0.015	59.14	59.24	20	39.24	59.8		149.5	1780.5	92.2	59.26
16	15~16	8.5	80	0.7	0.032		59.79	59.57	20	39.57	80.6	685.1		12797.4	627.4	59.91
	右环	221.1		0.7									11016.9	11016.9	540.1	
17	16~17	5	100	0.7	0.015		60.00	59.90	20	39.90	86.4	432.0		24246.3	1167.5	60.00
	合计				0.359											

计算步骤如下：

① 估计各管段终点水温：先求出各管段温降因数 M 值：

$M_{12'~3} = \dfrac{L(1-\eta)}{D} = \dfrac{1.5 \times (1-0.7)}{20} = 0.023$。把各管段计算 M 值填入表 12-14 第 6、7 项中。

后按与各管段温降因数成比例计算各管段温度降和终点水温：

$$t_3 = t_{12'} + M_{12'~3}\dfrac{\Delta T}{\sum M} = \left(55 + 0.023 \times \dfrac{5}{0.359}\right) ℃ = 55.31 ℃。将结果填入表 12-14 第 8 项中。$$

② 计算各管段热损失：先算出各管段的平均水温列入第 9 项，再根据与环境的温差（30~40℃），从《国家标准设计图集　管道和设备保温、防结露及电伴热》（16S401）中查得单位长度的热损失 ΔW，把数据列入第 12 项中。

由公式 $W = \Delta W \times L$，得 $W_{12'~3} = (35.3 \times 1.5)\,kJ/h = 53.0\,kJ/h$。把各管段计算 W 值列入表 12-14 第 13、14 项中。

③ 计算总循环流量：

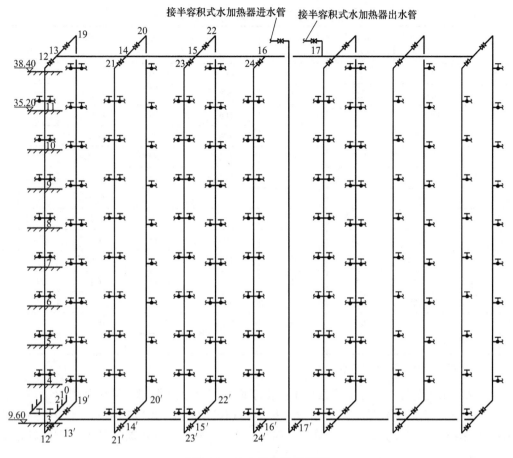

图 12-9　热水系统计算简图

$$q_{16\sim17} = \frac{\sum W}{C\Delta T\rho_r} = \left(\frac{24246.3}{4.187 \times 5 \times 0.992}\right) \text{L/h} = 1167.5\text{L/h} = 0.32\text{L/s}$$

④ 计算各管段的循环流量。从水加热器后第一个节点开始，依次分配各节点的循环流量，得：

$$q_{15\sim16} = q_{16\sim17}\frac{\sum W_{15\sim16}}{\sum W_{15\sim16} + \sum W_{右环}} = \left(1167.5 \times \frac{12797.4}{12797.4 + 11016.9}\right) \text{L/h} = 627.4\text{L/h}\text{。依次计算，}$$

将结果列入表 12-14 第 16 项中。

⑤ 复算终点水温：

$$t_{16}' = t_{17} - \frac{W_{16\sim17}}{Cq_{16\sim17}\rho_r} = \left(60 - \frac{432}{4.187 \times 1167.5 \times 0.992}\right)\text{℃} = 59.91\text{℃}\text{。依次计算后列入表 12-14 第}$$

17 项中。

由计算结果可知，各终点水温均在要求范围内，复算水温与估算水温（表 12-14 第 8 项）差约 0.5℃。

3）管网的循环水头损失计算结果见表 12-15，计算简图如图 12-9 所示。

总水头损失为 $\sum h = 1.3\sum h_y = (1.3 \times 7.92)\text{kPa} = 10.3\text{kPa}$。

表 12-15　循环水头损失计算表

管段	管段编号	管长 L/m	管径 DN/mm	循环流量 $q_x/(L/h)$	流速 $v/(m/s)$	水力坡度/ (kPa/m)	水头损失/ kPa
配水管	17~16	5	100	4976	0.16	0.008	0.04
	16~15	8.5	80	2698	0.15	0.001	0.01
	15~22	2.5	50	396	0.05	0.003	0.01
	22~22′	19.2	50	396	0.05	0.003	0.06
		3.2	40	396	0.09	0.009	0.03
		3.2	32	396	0.12	0.018	0.06
		3.2	25	396	0.21	0.074	0.24
		1.5	20	396	0.34	0.247	0.37
回水管	22′~15′	2.5	20	396	0.34	0.247	0.62
	15′~14′	8.5	32	792	0.23	0.062	0.53
	14′~13′	8.5	40	1656	0.37	0.116	0.99
	13′~16′	25.5	50	2698	0.35	0.077	1.96
	16′~17′	45	65	4976	0.39	0.067	3.02
合计							7.92

注：表中设计循环流量均为计算值的 4.3 倍。

4）循环泵流量计算。在工程设计中，由于循环流量计算繁琐，且因其值太小难以选到合适的循环泵，因此《建筑给水排水设计标准》（GB 50015—2019）第 6.7.5 条规定："配水管道的热损失，经计算确定，单体建筑可取（2%～4%）设计小时耗热量；配水管道的热水温度差（℃）按系统大小确定，单体建筑可取 5～10℃。

$$q_x = \frac{Q_s}{1.163\Delta t} = \left(\frac{3\% \times 964600}{1.163 \times 5}\right) L/h = 4976.4 L/h$$

设计循环流量为计算值的 $\frac{4976.4}{1167.5} = 4.3$ 倍。

5）循环泵选择

循环泵流量为 $q_x = 4976.4 L/h$，扬程为 $H_b = h_p + h_x + 20 = (10.3 + 20) kPa = 30.3 kPa$，选择两台 PH—101 型热水循环泵（一用一备），$Q = 5000 L/h$，$H = 4m$，$N = 0.1 kW$。

《建筑给水排水设计标准》（GB 50015—2019）第 6.7.10 条规定，水泵的扬程为 $H_b = h_p + h_x$。本计算中，其后附加了 20kPa，理由是实际计算的 $h_p + h_x$ 值太小，难以选到合适的泵，另外考虑水泵长期运行磨损的因素。但切忌选择扬程 H 过大的泵，否则将造成耗能高，且影响系统的冷热水压力平衡。

（6）热水供应系统工作流程　集中热水供应系统中水的加热、供给、循环、补充流程如图 12-10 所示。

5. 生活排水系统计算

（1）生活排水系统类型　本酒店内的生活污水与生活废水采用分流排放，出户后混合排入城市下水道。室内生活粪便污水需经化粪池处理后才允许排入城市下水道；餐厅厨房的洗涤废水经隔油池处理后排放。生活排水系统如图 12-11 所示。

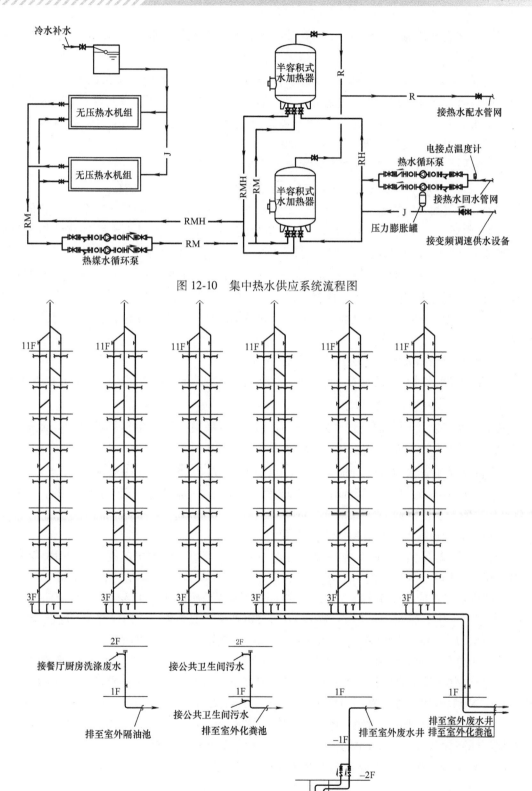

图 12-10　集中热水供应系统流程图

图 12-11　生活排水系统示意图

（2）排水管管径确定　客房（3~11层）属于排水分散型，排水设计秒流量计算公式为：$q_p = 0.12\alpha\sqrt{N_p} + q_{max}$。

卫生器具排水当量：大便器 $N_p = 4.5$；洗脸盆 $N_p = 0.75$；浴盆 $N_p = 3.0$；淋浴器与浴盆共用，排水当量不计。与浴盆、洗脸盆、淋浴器以及地漏连接的横支管管径均为 $DN50$，坡度一律采用 $i = 0.026$。与低水箱坐式大便器连接的横支管管径均为 $DN110$。排水横管采用 $DN110$ 排水塑料管，坡度一律采用 $i = 0.026$。

1）生活污水管管径。生活污水立管最下部设计秒流量为

$$q_p = (0.12 \times 1.5 \times \sqrt{4.5 \times 2 \times 8} + 1.5)\text{L/s} = 3.03\text{L/s}$$

其中 8 为层数（3 层需单独排水），2 为每根立管每层接纳坐便器的个数。此值小于 $DN75$ 设专用通气立管的排水量 5L/s。但规范规定，立管管径不得小于所连接的横支管管径，故选用立管管径 $DN110$，设计秒流量 3.03L/s 小于最大允许排水流量 10L/s。

2 层污水横干管末端设计秒流量为 $q_p = (0.12 \times 1.5 \times \sqrt{4.5 \times 2 \times 9 \times 5} + 1.5)\text{L/s} = 5.12\text{L/s}$，查本书附录 B 排水塑料管水力计算表，得：当 $h/D = 0.5$，$DN = 125\text{mm}$，相应坡度为 0.01 时，排水流量为 5.88L/s，流速为 1.06m/s。故采用 $DN125$ 排水塑料管，安全可靠，满足要求。

出户管的管径和坡度与 2 层污水横干管相同。

2）生活废水管管径。生活废水立管最下部设计秒流量 $q_p = (0.12 \times 1.5 \times \sqrt{(0.75+3) \times 2 \times 8} + 1)\text{L/s} = 2.39\text{L/s}$。

其中 8 为层数（3 层需单独排水），2 为每根立管每层接纳卫生器具的个数。此值小于 $DN75$ 设专用通气立管的排水量 5L/s，故选用立管管径 $DN75$。

2 层废水横干管末端设计秒流量 $q_p = (0.12 \times 1.5 \times \sqrt{(0.75+3) \times 2 \times 9 \times 5} + 1)\text{L/s} = 4.31\text{L/s}$，查表，得：$h/D = 0.5$，$DN = 125\text{mm}$，相应坡度为 0.01 时，其排水流量为 5.88L/s，流速为 1.06m/s。安全可靠，满足要求。

出户管的管径和坡度与 2 层废水横干管相同。

（3）地下 2 层集水井及潜污泵计算　根据《建筑设计防火规范（2018 年版）》（GB 50016—2014）规定：消防电梯的井底应设置排水设施，排水井的容量不应小于 2m^3，排水泵的排水量不应小于 10L/s。本设计中消防电梯井平面尺寸为 1.5m×1.5m，有效高度为 1m，有效容积为 2.25m^3。井底设两台潜污泵 50QW40—15—4（一用一备），性能参数为：$Q = 40\text{m}^3/\text{h}$，$H = 15\text{m}$，$N = 4\text{kW}$。排水采用 $DN100$ 涂塑钢管，$v = 1.28\text{m/s}$。

地下 2 层车库的其余集水井平面尺寸为 1.5m×1.5m，有效高度为 0.8m，有效容积为 1.8m^3。每个井底设两台潜污泵 50QW18—15—1.5（一用一备），性能参数为：$Q = 18\text{m}^3/\text{h}$，$H = 15\text{m}$，$N = 1.5\text{kW}$。排水采用 $DN80$ 涂塑钢管，$v = 1.01\text{m/s}$。

（4）检查井起始标高　污、废水起始检查井标高：$H = -0.3 - 0.7 - 0.2 = -1.2\text{m}$。其中：室外地面标高为 -0.3m，覆土厚度为 0.7m，排水管管径为 $DN200$。

（5）化粪池容积计算及选型　化粪池有效容积计算简化公式为：

$$V = \frac{\alpha N}{1000}\left(\frac{qt}{24} + 0.48aT\right)$$

客房人数 $N_1 = 360$，$\alpha = 70\%$；餐厅就餐人数 $N_2 = 300$，$\alpha = 10\%$；每人每日污水量 $q =$

$30L/(人 \cdot d)$；每人每日污泥量 $a=0.4\ L/(人 \cdot d)$；污水停留时间 $t=12h$；污泥清掏周期 $T=180d$。代入公式，得

$$V=\left[\frac{70\% \times 360+10\% \times 300}{1000}\times\left(\frac{30\times 12}{24}+0.48\times 0.4\times 180\right)\right]m^3=13.98m^3$$

选用 G6—16SQF 型化粪池一个，有效容积为 $16m^3$。

（6）隔油池容积计算及选型　餐厅厨房内共设有洗涤池 3 个，灶台水龙头 5 个。每个洗涤池排水流量为 $q=1L/s$，同时排水百分数为 $b=70\%$。每个灶台水龙头排水流量为 $q=1L/s$，同时排水百分数为 $b=30\%$。

厨房排水设计秒流量为：

$$q_p=\sum q_o N_o b=(1\times 3\times 70\%+1\times 5\times 30\%)L/s=3.6L/s$$

隔油池有效容积为：

$$V=60Q_{max}t=(60\times 3.6\times 10)m^3=2.16m^3$$

选用 GG—3SF 型隔油池一个，有效容积为 $3m^3$。

6. 屋面雨水排水系统计算

屋面雨水采用重力流，单斗排水的密闭式系统，如图 12-12 所示。

（1）暴雨强度计算　广州市暴雨强度公式为：

$$q=\frac{2424.17\times(1+0.533\lg T)}{(t+11)^{0.668}}$$

其中，重现期 T 取 5 年，降雨历时 t 取 5min，则：

$$q=\frac{2424.17(1+0.533\lg 5)}{(5+11)^{0.668}}=5.22L/(s \cdot 100m^2)$$

（2）雨水量计算和雨水斗选用　考虑雨水斗的距离和竖井的数量，本酒店共设置 6 根雨水管和 6 个雨水斗。每个雨水斗的汇水面积为 $155m^2$。每个雨水斗的设计排水量为 $Q_1=\psi qF=$ $\left(0.9\times 5.22\times\dfrac{155}{100}\right)L/s=7.28L/s$，查《建筑给水

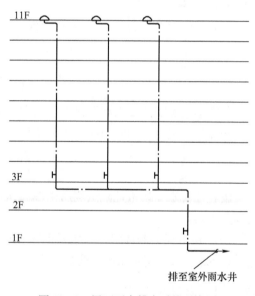

图 12-12　屋面雨水排水系统示意图

排至室外雨水井

排水设计手册（第三版）》上册表 3.3-6，单斗系统雨水斗口径为 100mm 时，最大排水能力为 16L/s，大于设计排水量 7.28L/s，所以选用 $DN100$ 的 87 型雨水斗。

（3）管径确定　由于是单斗系统，悬吊管和立管的管径采用雨水斗的口径 $DN100$。

2 层雨水横干管的设计流量 $Q_2=3\times Q_1=(3\times 7.28)L/s=21.84L/s$，敷设坡度为 0.01，查满流横管水力计算表，选用 $DN150$ 排水管，其最大排水能力为 22L/s，满足要求。

出户管的管径和坡度与 2 层雨水横干管相同。

7. 气体灭火系统计算

本酒店中的高低压配电房、发电机房等防护区，均设置 S 型气溶胶气体灭火系统。防护区采用全淹没灭火方式，设计成预制式灭火系统，下面以发电机房为例进行计算。

（1）防护区净容积　发电机房作为独立防护区，其长、宽、高分别为 8m、8m、3.6m，其中含建筑实体体积为 25m³。则防护区净容积为

$$V = (8×8×3.6-25)\,m^3 = 205.4m^3$$

（2）灭火剂设计用量　依据《气体灭火系统设计规范》（GB 50370—2005），发电机房的灭火设计密度不应小于 140g/m³，当 $V < 500m^3$ 时，容积修正系数 K_v 取 1。则灭火设计用量为

$$W = C_2 K_v V = (0.14 × 1 × 205.4)\,kg = 28.76kg$$

（3）产品规格选用　选用两台 S 型气溶胶灭火装置 QRR15/SL，每台装置气溶胶充装量 15kg，两台共 30kg，可满足火灾时灭火剂用量要求。

8. 建筑灭火器计算

（1）设计基本数据　根据《建筑灭火器配置设计规范》（GB 50140—2005）规定，本建筑属于严重危险级，可能发生的火灾为 A 类。单位灭火级别最大保护面积为 50m²/A，修正系数取 0.5（同时设有室内消火栓系统和自动喷水灭火系统），手提式灭火器的最大保护距离为 15m。

（2）设计计算　每个计算单元的保护面积为 $S = 1400m^2$，计算单元的最小需配灭火级别为

$$Q = K\frac{S}{U} = \left(0.5 × \frac{1400}{50}\right)A = 14A$$

考虑建筑美观的要求和手提式灭火器的最大保护距离为 15m，共设 4 个灭火器设置点，灭火器存放在组合式消防箱内，则每个设置点的最小需配灭火级别为

$$Q_e = \frac{Q}{N} = \left(\frac{14}{4}\right)A = 3.5A$$

按规范要求，严重危险级场所中单具灭火器最小配置灭火级别为 3A，故每个配置点设两具灭火器。

（3）建筑灭火器选用　采用磷酸铵盐干粉手提式灭火器 MF/ABC5（3A），每具灭火剂充装量 5kg，每个消防箱配置两具灭火器。

12.2.4　设计说明书

1. 生活给水系统

（1）系统选择　因城市管网常年可资用水头远不能满足用水点要求，故考虑二次加压，结合原始资料，室内给水系统采取分区供水方式，分为高、低两区。高区（3 层及以上）采取上行下给供水方式，即城市管网-地下生活水箱-变频调速恒压供水设备-高区各层用水点；低区（地下 2 层至地上 2 层）采用下行上给供水方式，即由城市管网直接供给低区各用水点。

（2）系统组成　由引入管、水表、地下生活贮水箱、变频调速恒压供水设备、给水干管、给水支管和附件等组成。

（3）主要设备及构筑物　变频调速恒压供水设备 1 套；二氧化氯发生器 1 台；装配式不锈钢水箱 1 个。

2. 消火栓给水系统

（1）系统选择　室内、室外消防用水量均为 30L/s，充实水柱取 13m，火灾持续时间为 3h。最不利情况下同一立管上同时出水三股水柱，消防立管管径为 DN100。

采用稳高压的消防给水系统：火灾初期为高位消防水箱→稳压泵→消防管网→消火栓；主泵启动后为地下贮水池→消防主泵→消防管网→消火栓。消防主泵的开启由消火栓处设置的碎玻按钮和总出水管上的压力开关控制，任一条件满足就联动启动主泵。也可人工就地开停泵，消防中心可开泵，也可停泵。

消火栓布置在明显、经常有人出入且使用方便的地方，其间距不大于 20m。每层设 5 个消火栓，在屋顶设有一个试验和检查用的消火栓。

室外消火栓系统与室外生活给水系统合用环状管网，采用低压制系统，由室外市政水管供水。市政供水压力为 0.28MPa，可满足室外消防用水量及水压要求。在环状管网上共设置 4 套地上式室外消火栓，其间距不超过 120m。室外设有 2 个消火栓系统水泵结合器，以便消防车向室内消防管网供水。

（2）系统组成　由消防水池、消防泵、消防管网、室内消火栓、室外消火栓、水泵接合器、阀门和配件组成。

（3）主要设备　XBD8/30—125G/4 型消防主泵 2 台，50DLW15—12×2 型稳压泵 2 台，ϕ1000 隔膜式气压罐一个。地下消防贮水池 1 个（432m³）；高位消防水箱 1 个（有效容积 36m³）。

3. 自动喷水灭火系统

（1）系统选择　本系统按中危险级按 Ⅱ 级设计，喷水强度为 8L/(min·m²)，作用面积为 160m²，设计流量为 22.71L/s，火灾延续时间为 1h。

采用稳高压的消防给水系统：火灾初期为高位消防水箱→稳压泵→喷淋管网→喷头；主泵启动后为地下贮水池→喷淋主泵→喷淋管网→喷头。喷淋主泵的开启由湿式报警阀上的压力开关控制，开泵 1h 后自动停泵。也可人工就地开停泵，消防中心可开泵，也可停泵。

湿式报警阀设在地下二层的水泵房内，每个湿式报警阀控制的喷头数不超过 800 个。每个防火分区均设信号闸阀、水流指示器及检验用试水阀，信号送入消防控制中心。在每个报警阀组控制的最不利点喷头处设末端试水装置。

喷头动作温度：餐厅厨房为 93℃，地下车库和吊顶内为 79℃，其他喷头为 68℃。喷头选型：车库和吊顶内采用直立型喷头，客房采用边墙型扩展覆盖喷头（K=115），其余均采用吊顶型喷头。

室外设有 2 个自动喷水系统水泵结合器，以便消防车向室内喷淋管网供水。

（2）系统组成　由消防水池、喷淋泵、湿式报警阀、喷淋管网、水流指示器、喷头、末端试水装置和水泵接合器组成。

（3）主要设备　XBD8/20—100G/4 型喷淋主泵 2 台，LDW3.6—8×3 型稳压泵 2 台，ϕ800 隔膜式气压罐一个。地下消防贮水池 1 个（432m³）；高位消防水箱 1 个（有效容积 36m³）。

4. 热水给水系统

（1）系统选择　由于本酒店对热水供应的要求较高，所以采用集中全天热水供应系统。冷水通过设于屋面的半容积式水加热器加热后，经热水配水管网输送到各用水点。本系统设置热水循环泵，保证干管和立管的热水循环。由于广州无城市热力管网，本设计采用直接加热式（DSJ）无压热水机组提供90℃高温热媒水。

（2）系统组成　由水加热器、配水管网、回水管网、循环水泵及附件等组成。

（3）主要设备　CWNS0.7—90—65型无压热水机组2台；PH—101型循环泵2台；DF-HRV—1600—4.5H型半容积式水加热器2台。

5. 生活排水系统

（1）系统选择　本酒店采用雨、污、废分流。酒店客房竖井设两根立管排水，共用一根通气立管。3层卫生间单独排水至2层横干管。地下2层设一个消防集水井和3个车库集水井，消防和地下室排水先汇入集水井，再由潜污泵提升排出。

生活污水经化粪池处理，餐厅厨房洗涤废水经隔油池处理后，再与生活废水一起排至城市排水管网。

（2）系统组成　生活排水系统由卫生洁具、排水管道、检查口、清扫口、潜污泵、集水井、室外排水管道、检查井、隔油池和化粪池等组成。

（3）主要设备及构筑物　50QW40—15—4型潜水排污泵2台；50QW18—15—1.5型潜水排污泵6台；GG—3SF型国标隔油池、G6—16SQF型国标化粪池各1个（均设在室外）。

6. 屋面雨水排水系统

（1）系统选择　屋面雨水排水系统采用重力流排水系统，屋面雨水经管道收集后排至城市雨水管网。设计重现期取5a，本酒店的屋面雨水排水工程与溢流设施的总排水能力不小于50a重现期的雨水量。

（2）系统组成　屋面雨水排水系统由雨水斗、雨水管道、检查口、清扫口、室外雨水管道、检查井等组成。

7. 气体灭火系统

（1）系统选择　本酒店中的高低压配电房、发电机房等防护区，均设置S型气溶胶气体灭火系统。防护区采用全淹没灭火方式，设计成预制式灭火系统。设计灭火浓度为$140g/m^3$，喷放时间大于120s，喷头温度小于180℃。本系统具有自动、手动操作两种启动方式。自动状态下，当防护区发生火警时，气体灭火控制器接到防护区独立火灾报警信号后立即发出联动信号（关闭通风空调等），经过0~30s时间延时，气体灭火控制器输出24V直流电，启动气溶胶自动灭火装置。S型气溶胶释放到防护区，控制器接收反馈信号，防护区门灯显亮，避免人员误入。

（2）系统组成　由发生剂罐、引发器和保护箱体等组成。

（3）主要设备　QRR15/SL型S型气溶胶灭火装置2台。

8. 建筑灭火器配置

本酒店按严重危险级场所配置灭火器，除电房为E类带电火灾外，其他场所均为A类火灾。采用磷酸铵盐手提式干粉灭火器MF/ABC5（3A），每具灭火剂充装量5kg。每个组合式消防箱配置2具灭火器。

9. 管道及设备安装

（1）给水管道及设备安装要求

1）室内给水管材采用薄壁不锈钢管，$PN=1.6$，卡环式连接；室外埋地给水管采用钢丝网骨架HDPE复合给水管，$PN=1.0$，热熔连接。

2）各层给水管道采用暗装敷设，横向管道在室内装修前敷设在吊顶中，支管以 0.003 的坡度坡向泄水装置。

3）给水管与排水管平行，交叉时，其距离分别大于 0.5m 和 0.15m，交叉处给水管在上方。

（2）消防管道及设备安装要求

1）消火栓系统

① 采用热浸镀锌钢管，$PN=1.6$。$DN \geqslant 100$ 时，采用沟槽式连接件连接或法兰连接；$DN<100$ 时，采用丝扣连接。

② 消火栓给水管的安装与生活给水管基本相同。

③ 为使各层消火栓出水流量接近设计值，动水压力超过 0.5MPa 处的消火栓为减压稳压消火栓。

2）自动喷水灭火系统

① 管道均采用热浸镀锌钢管，$PN=1.6$。$DN \geqslant 100$ 时，采用沟槽式连接件连接或法兰连接；$DN<100$ 时，采用丝扣连接。

② 设置的吊架和支架位置以不妨碍喷头喷水为原则，吊架与喷头的距离应大于 0.3m，与末端喷头距离应小于 0.7m。

③ 报警阀设在距地面 1.5m 处且便于管理的地方，警铃应靠近报警阀安装，水平距离不超过 20m，垂直距离不大于 2m，宜靠近消防警卫室。

④ 装置喷头的场所，应注意防止腐蚀气体的侵蚀，不得受外力碰击，定期消除尘土。

（3）热水管道及设备安装要求

1）热水管道采用薄壁不锈钢管，$PN=1.6$，卡环式连接。

2）热水立管上设阀门调节流量和压力。

3）热水立管与水平干管相连时，立管上应加弯管。

4）热水管穿屋面板、楼板、墙壁时需设金属套管，若地面积水时，套管应高出地面 50~100mm。

（4）排水管道安装要求

1）室内重力排水采用硬聚氯乙烯（PVC—U）排水管，热熔连接；室内压力排水采用涂塑钢管，$PN=1.0$，卡环式连接。室外采用 PVC—U 双壁波纹排水管（S2 型），密封橡胶圈连接。

2）洁具自带的存水弯和另外选用的存水弯及地漏的水封深度均不得小于 50mm。

3）排水立管在垂直方向转弯处，采用两个 45° 弯头连接。

4）排水立管穿楼板应预留孔洞，安装时应设金属套管。

5）立管沿墙敷设时，其轴线与墙面距离不得小于下述规定：$DN=50mm$，$L=100mm$；$DN=75mm$，$L=150mm$；$DN=110mm$，$L=150mm$；$DN=160mm$，$L=200mm$。

6）排水检查井中心线与建筑物外墙距不小于 1m。

7）排水管道穿越地下室外墙处，施工时需预埋 Ⅳ 型刚性防水套管。

10. 保温

室内明装的热水管道需做保温，保温材料采用泡沫橡塑，保温厚度根据配管的管径不同而不同，具体见《国家标准设计图　集管道和设备保温、防结露及电伴热》（16S401）。

11. 防腐

埋地镀锌钢管采用三油两布防腐，明装镀锌钢管刷富锌底漆一道，调和面漆两道。生活给水管刷蓝色，消火栓管刷红色，喷淋管刷橙色。

12. 节水、节能、减排

1）卫生器具和配件采用节水型产品，不得使用一次冲水量大于 6L 的坐便器。

2）本建筑 2 层及以下的生活用水利用市政压力直供，充分利用市政水压。

3）给水横支管的水压控制在 0.35MPa 范围内，避免卫生器具出水量过大。

13. 其他

本说明未详尽之处按《建筑给水排水采暖工程施工质量验收规范》（GB 50242—2002）和《自动喷水灭火系统施工及验收规范》（GB 50261—2017）执行。

附录 A 机制排水铸铁管水力计算表
($n = 0.013$) [d_e/mm, v/(m/s), Q/(L/s)]

坡度	$h/D = 0.5$								$h/D = 0.6$			
	$d_e = 50$		$d_e = 75$		$d_e = 100$		$d_e = 125$		$d_e = 150$		$d_e = 200$	
	v	Q	v	Q	v	Q	v	Q	v	Q	v	Q
0.005	0.29	0.29	0.38	0.85	0.47	1.83	0.54	3.38	0.65	7.23	0.79	15.57
0.006	0.32	0.32	0.42	0.93	0.51	2.00	0.59	3.71	0.2	7.92	0.87	17.06
0.007	0.35	0.34	0.45	1.00	0.55	2.16	0.64	4.00	0.77	8.56	0.94	18.43
0.008	0.37	0.36	0.49	1.07	0.59	2.31	0.68	4.28	0.83	9.15	1.00	19.70
0.009	0.39	0.39	0.52	1.14	0.62	2.45	0.72	4.54	0.88	9.70	1.06	20.90
0.01	0.41	0.41	0.54	1.20	0.66	2.58	0.76	4.78	0.92	10.23	1.12	22.03
0.011	0.43	0.43	0.57	1.26	0.69	2.71	0.80	5.02	0.97	10.72	1.17	23.10
0.012	0.45	0.45	0.59	1.31	0.72	2.83	0.84	5.24	1.01	11.20	1.23	24.13
0.015	0.51	0.50	0.66	1.47	0.81	3.16	0.93	5.86	1.13	12.52	1.37	26.98
0.02	0.59	0.58	0.77	1.70	0.93	3.65	1.08	6.76	1.31	14.16	1.58	31.15
0.025	0.66	0.64	0.86	1.90	1.04	4.08	1.21	7.56	1.46	16.17	1.77	34.83
0.03	0.72	0.70	0.94	2.08	1.14	4.47	1.32	8.29	1.60	17.71	1.94	38.15
0.035	0.78	0.76	1.02	2.24	1.23	4.83	1.43	8.95	1.73	19.13	2.09	41.21
0.04	0.83	0.81	1.09	2.40	1.32	5.17	1.53	9.57	1.85	20.45	2.24	44.05
0.045	0.88	0.86	1.15	2.54	1.40	5.48	1.62	10.15	1.96	21.69	2.38	46.72
0.05	0.93	0.91	1.21	2.68	1.47	5.78	1.71	10.70	2.07	22.87	2.50	49.25
0.06	1.02	1.00	1.33	2.94	1.61	6.33	1.87	11.72	2.26	25.05	2.74	53.95
0.07	1.10	1.08	1.44	3.17	1.74	6.83	2.02	12.66	2.45	27.06	2.96	58.28
0.08	1.17	1.15	1.54	3.39	1.86	7.31	2.16	13.53	2.61	28.92	3.17	62.30

附录 B 排水塑料管水力计算表（$n=0.009$）
[d_e/mm，v/(m/s)，Q/(L/s)]

| 坡度 | h/D=0.5 | | | | | | | | | | h/D=0.6 | | | |
| | $d_e=50$ | | $d_e=75$ | | $d_e=90$ | | $d_e=110$ | | $d_e=125$ | | $d_e=160$ | | $d_e=200$ | |
	v	Q	v	Q	v	Q	v	Q	v	Q	v	Q	v	Q
0.003	—	—	—	—	—	—	—	—	—	—	0.74	8.38	0.86	15.24
0.0035	—	—	—	—	—	—	—	—	0.63	3.48	0.80	9.05	0.93	16.46
0.004	—	—	—	—	—	—	0.62	2.59	0.67	3.72	0.85	9.68	0.99	17.60
0.005	—	—	—	—	0.60	1.64	0.69	2.90	0.75	4.16	0.95	10.82	1.11	19.67
0.006	—	—	—	—	0.65	1.79	0.75	3.18	0.82	4.55	1.04	11.85	1.21	21.55
0.007	—	—	0.63	1.22	0.71	1.94	0.81	3.43	0.89	4.92	1.13	12.80	1.31	23.28
0.008	—	—	0.67	1.31	0.75	2.07	0.87	3.67	0.95	5.26	1.20	13.69	1.40	24.89
0.009	—	—	0.71	1.39	0.80	2.20	0.92	3.89	1.01	5.58	1.28	14.52	1.48	26.40
0.01	—	—	0.75	1.46	0.84	2.31	0.97	4.10	1.06	5.88	1.35	15.30	1.56	27.82
0.011	—	—	0.79	1.53	0.88	2.43	1.02	4.30	1.12	6.17	1.41	16.05	1.64	29.18
0.012	0.62	0.52	0.82	1.60	0.92	2.53	1.07	4.49	1.17	6.44	1.48	16.76	1.71	30.48
0.015	0.69	0.58	0.92	1.79	1.03	2.83	1.19	5.02	1.30	7.20	1.65	18.74	1.92	34.08
0.02	0.80	0.67	1.06	2.07	1.19	3.27	1.38	5.80	1.51	8.31	1.90	21.64	2.21	39.35
0.025	0.90	0.74	1.19	2.31	1.33	3.66	1.54	6.48	1.68	9.30	2.13	24.19	2.47	43.99
0.026	0.91	0.76	1.21	2.36	1.36	3.73	1.57	6.61	1.72	9.48	2.17	24.67	2.52	44.86
0.03	0.98	0.81	1.30	2.53	1.46	4.01	1.68	7.10	1.84	10.18	2.33	26.50	2.71	48.19
0.035	1.06	0.88	1.41	2.74	1.58	4.33	1.82	7.67	1.99	11.00	2.52	28.63	2.93	52.05
0.04	1.13	0.94	1.50	2.93	1.69	4.63	1.95	8.20	2.13	11.76	2.69	30.60	3.13	55.65
0.045	1.20	1.00	1.59	3.10	1.79	4.91	2.06	8.70	2.26	12.47	2.86	32.46	3.32	59.02
0.05	1.27	1.05	1.68	3.27	1.89	5.17	2.17	9.17	2.38	13.15	3.01	34.22	3.50	62.21
0.06	1.39	1.15	1.84	3.58	2.07	5.67	2.38	10.04	2.61	14.40	3.30	37.48	3.83	68.15
0.07	1.50	1.24	1.99	3.87	2.23	6.12	2.57	10.85	2.82	15.56	3.56	40.49	4.14	73.61
0.08	1.60	1.33	2.13	4.14	2.38	6.54	2.75	11.60	3.01	16.63	3.81	43.28	4.42	78.70

参 考 文 献

［1］樊建军，梅胜，何芳．建筑给水排水及消防工程［M］.2 版．北京：中国建筑工业出版社，2009.

［2］中华人民共和国住房和城乡建设部，中华人民共和国国家质量监督检验检疫总局．给水排水工程基本术语标准：GB/T 50125—2010［S］.北京：中国计划出版社，2010.

［3］中华人民共和国住房和城乡建设部，中华人民共和国国家质量监督检验检疫总局．建筑给水排水制图标准：GB/T 50106—2010［S］.北京：中国建筑工业出版社，2010.

［4］中华人民共和国住房和城乡建设部，国家市场监督管理总局．建筑给水排水设计标准：GB 50015—2019［S］.北京：中国计划出版社，2019.

［5］樊建军，梅胜，何芳．建筑给水排水及消防工程［M］.北京：中国建筑工业出版社，2005.

［6］高明远，岳秀萍．建筑给水排水工程学［M］.北京：中国建筑工业出版社，2002.

［7］方正．建筑消防理论与应用［M］.武汉：武汉大学出版社，2016.

［8］中华人民共和国住房和城乡建设部，中华人民共和国国家质量监督检验检疫总局：2018 年版：GB 50016—2014［S］.北京：中国计划出版社，2018.

［9］中华人民共和国住房和城乡建设部，中华人民共和国国家质量监督检验检疫总局．自动喷水灭火系统设计规范：GB 50084—2017［S］.北京：中国计划出版社，2018.

［10］中华人民共和国住房和城乡建设部，中华人民共和国国家质量监督检验检疫总局．消防给水及消火栓系统技术规范：GB 50974—2014［S］.北京：中国计划出版社，2014.

［11］刘振印，张燕平．建筑给水排水设计常见问题解析［M］.北京：中国建筑工业出版社，2016.

［12］中华人民共和国住房和城乡建设部，国家市场监督管理总局．室外给水设计标准：GB 50013—2018［S］.北京：中国计划出版社，2019.

［13］中华人民共和国住房和城乡建设部，中华人民共和国国家质量监督检验检疫总局．室外排水设计规范 2016 年版：GB 50014—2006［S］.北京：中国计划出版社，2016.

［14］中华人民共和国建设部．饮用净水水质标准：CJ 94—2005［S］.北京：中国标准出版社，2005.

［15］中华人民共和国国家质量监督检验检疫总局，中国国家标准化管理委员会．生活饮用水卫生标准：GB 5749—2006［S］.北京：中国标准出版社，2007.

［16］中华人民共和国国家质量监督检验检疫总局，中国国家标准化管理委员会．城市给排水紫外线消毒设备：GB/T 19837—2005［S］.北京：中国标准出版社，2005.

［17］中国国家标准化管理委员会，中华人民共和国国家质量监督检验检疫总局．水喷雾灭火系统技术规范：GB 50219—2014［S］.北京：中国计划出版社，2014.

［18］中华人民共和国住房和城乡建设部，中华人民共和国国家质量监督检验检疫总局．泡沫灭火系统设计规范：GB 50151—2010［S］.北京：中国计划出版社，2011.

［19］中华人民共和国住房和城乡建设部，中华人民共和国国家质量监督检验检疫总局．二氧化碳灭火系统设计规范：2010 年版：GB 50193—1993［S］.北京：中国计划出版社，2010.

［20］中国消防协会．消防安全技术实务：2019 年版［M］.北京：中国人事出版社，2019.

［21］中国消防协会．消防安全技术综合能力：2019 年版［M］.北京：中国人事出版社，2019.

［22］王增长．建筑给水排水工程［M］.7 版．北京：中国建筑工业出版社，2016.

［23］中国建筑设计研究院．建筑给水排水设计手册：上、下册［M］.3 版．北京：中国建筑工业出版社，2018.

［24］中华人民共和国住房和城乡建设部，中华人民共和国国家质量监督检验检疫总局．人民防空工程设

计防火规范：GB 50098—2009 [S]. 北京：中国计划出版社，2009.

[25] 中华人民共和国住房和城乡建设部，中华人民共和国国家质量监督检验检疫总局. 汽车库、修车库、停车场设计防火规范：GB 50067—2014 [S]. 北京：中国计划出版社，2015.

[26] 中华人民共和国住房和城乡建设部. 游泳池给水排水工程技术规程：CJJ 122—2017 [S]. 北京：中国建筑工业出版社，2017.

[27] 中华人民共和国住房和城乡建设部，中华人民共和国国家质量监督检验检疫总局. 细水雾灭火系统技术规范：GB 50898—2013 [S]. 北京：中国计划出版社，2013.

[28] 中国核电工程有限公司. 给水排水设计手册：第 2 册 [M]. 3 版. 北京：中国建筑工业出版社，2012.

[29] 中华人民共和国国家质量监督检验检疫总局，中国国家标准化管理委员会. 生活热水水质标准：CJ/T 521—2018 [S]. 北京：中国标准出版社，2018.

[30] 中华人民共和国住房和城乡建设部，国家市场监督管理总局. 城市居住区规划设计标准：GB 50180—2018 [S]. 北京：中国建筑工业出版社，2018.

[31] 中华人民共和国住房和城乡建设部，中华人民共和国国家质量监督检验检疫总局. 建筑中水设计标准：GB 50336—2018 [S]. 北京：中国建筑工业出版社，2019.

[32] 中华人民共和国住房和城乡建设部，中华人民共和国国家质量监督检验检疫总局. 自动喷水灭火系统施工及验收规范：GB 50261—2017 [S]. 北京：中国计划出版社，2018.

[33] 王学谦，景绒，陈南. 建筑防火设计手册 [M]. 3 版. 北京：中国建筑工业出版社，2015.

[34] 中南建筑设计院股份有限公司. 建筑工程设计文件编制深度规定：2016 年版 [M]. 北京：中国建材工业出版社，2017.

[35] 中华人民共和国住房和城乡建设部，国家市场监督管理总局. 绿色建筑评价标准：GB/T 50378—2019 [S]. 北京：中国建筑工业出版社，2019.

[36] 中华人民共和国国家质量监督检验检疫总局，中国国家标准化管理委员会. 声环境质量标准：GB 3096—2008 [S]. 北京：中国环境科学出版社，2008.